审美学现代建构论
趣味与理性：西方近代两大美学思潮

彭立勋
美学文集

第三卷

彭立勋　著

中国社会科学出版社

总 目 录

前 言 ………………………………………………………………… 1
我的学术生涯 ……………………………………………………… 1

第一卷

美的欣赏 …………………………………………………………… 1
美感心理研究 ……………………………………………………… 57
审美经验论 ………………………………………………………… 299

第二卷

西方美学名著引论 ………………………………………………… 1
美学的现代思考 …………………………………………………… 281

第三卷

审美学现代建构论 ………………………………………………… 1
趣味与理性：西方近代两大美学思潮 …………………………… 207

第四卷

中西美学范式与转型 ……………………………………………… 1
中西美学文论纵谈 ………………………………………………… 341

审美学现代建构论

第一篇 审美学现代建构的理论思考

第一章 审美学学科定位与现代建构 3
- 第一节 审美学的学科定位与当代发展 3
- 第二节 西方现代审美学的主要形态 7
- 第三节 审美学的现代建构与学术创新 13

第二章 审美经验研究与现代科学方法论 18
- 第一节 当代美学研究重点的转移 18
- 第二节 更新审美经验研究的思维方式 20
- 第三节 用现代科学新成果分析审美经验 24

第三章 审美心理系统整体论 27
- 第一节 从整体性上把握审美心理特性 27
- 第二节 审美心理结构的多层次性 33
- 第三节 审美心理生成的动态性 39

第四章 审美认识结构方式论 44
- 第一节 形象观念与审美认识 44
- 第二节 审美认识结构的基本特点 48
- 第三节 审美认识结构的中介作用 53

第五章　审美情感结构方式论 ·············· 59
   第一节　审美情感活动的多种形式 ·············· 59
   第二节　审美愉快的不同层次 ·············· 65
   第三节　审美情趣的形成及其作用 ·············· 69

第六章　美感发生心理机制论 ·············· 73
   第一节　审美直觉的特点及其形成 ·············· 73
   第二节　审美形式感的产生机制 ·············· 77
   第三节　审美愉悦感发生的心理机制 ·············· 82

第二篇　审美学现代建构的西方资源

第七章　英国经验派的审美心理学说 ·············· 88
   第一节　从美的本体转向审美心理研究 ·············· 88
   第二节　审美内在感官学说 ·············· 90
   第三节　审美趣味学说 ·············· 95
   第四节　审美的观念联想和同情学说 ·············· 99

第八章　康德的审美哲学 ·············· 104
   第一节　批判哲学体系与审美判断力 ·············· 104
   第二节　美和鉴赏判断的分析 ·············· 104
   第三节　崇高和崇高感的分析 ·············· 104
   第四节　审美理想与审美理念 ·············· 104

第九章　西方现代心理学美学审视 ·············· 109
   第一节　西方现代心理学美学的作用 ·············· 109
   第二节　西方现代心理学美学的贡献 ·············· 111
   第三节　西方现代心理学美学的局限及启示 ·············· 114

第十章　现象学审美经验理论述评 ·············· 120
   第一节　审美经验的特点和过程 ·············· 121
   第二节　审美对象与审美知觉 ·············· 126

第三节　审美价值与审美经验 ·················· 130
　　第四节　意向性与审美主客体关系 ················ 134

第十一章　当代西方审美知觉理论辨析 ·············· 138
　　第一节　审美知觉的特殊方式问题 ················ 138
　　第二节　审美知觉的心理构成模式 ················ 138
　　第三节　审美知觉整体性与格式塔心理学 ············· 141
　　第四节　审美知觉表现性与"异质同构"说 ············ 141

第三篇　审美学现代建构的中国资源

第十二章　中西审美心理学思想比较 ··············· 142
　　第一节　中西审美心理学思想的理论形态差异 ·········· 142
　　第二节　对审美主客体关系认识的差别 ·············· 145
　　第三节　对审美心理结构及过程的不同理解 ············ 149
　　第四节　对审美观照心理特点的各别解释 ············· 153

第十三章　中国现代审美心理学建设回顾 ············· 158
　　第一节　中国现代审美心理学的形成和发展 ············ 158
　　第二节　对审美经验特质和心理机制的探讨 ············ 163
　　第三节　对艺术创造心理活动及特征的研究 ············ 167

第十四章　中西结合：中国现代审美学之探索 ··········· 172
　　第一节　借鉴西方美学观念阐释中国美学范畴 ·········· 172
　　第二节　中西结合建构文艺心理学体系 ·············· 175
　　第三节　中西美学和艺术审美经验比较研究 ············ 178

第十五章　建设中国特色现代审美心理学 ············· 181
　　第一节　推动中西审美心理学思想融合互补 ············ 181
　　第二节　实现中国传统审美心理学思想现代转换 ········· 184
　　第三节　确立现代审美心理学的科学方法论 ············ 186

附 录

彭立勋的审美学研究 ··· 李 梦 / 190
彭立勋美学研究的特色与学术成就 ··················· 陈池瑜 / 194

参考文献 ·· 201

趣味与理性：西方近代两大美学思潮

序 ··· 汝 信 / 209

绪 论

一 17—18 世纪西方美学形成和发展的历史背景 ··············· 212
二 17—18 世纪西方美学的发展进程和主导精神 ··············· 216
三 17—18 世纪西方美学发展中两大对立思潮 ··················· 221

第一篇 经验主义与理性主义美学概述

第一章 经验主义美学概述 ·· 226
第一节 经验主义美学形成的历史背景 ······················· 226
第二节 经验主义美学的思想渊源 ······························· 230
第三节 经验主义美学的发展过程 ······························· 236

第二章 理性主义美学概述 ·· 242
第一节 理性主义美学产生的历史背景 ······················· 242
第二节 理性主义美学的思想渊源 ······························· 248
第三节 理性主义美学的发展过程 ······························· 254

第二篇 经验主义美学（上）

第三章 培根 ··· 260
第一节 唯物主义的经验论 ··· 260

第二节　论人的美和美在整体 ·················· 263
第三节　诗与想象和虚构 ······················ 266
第四节　论建筑和园林艺术 ···················· 269

第四章　霍布斯 272
第一节　机械唯物主义的经验论 ················ 272
第二节　美与善的本质及审美情感 ·············· 275
第三节　想象、判断与诗歌 ···················· 280

第五章　洛克 285
第一节　经验主义的认识论体系 ················ 286
第二节　论作为复杂观念的美 ·················· 288
第三节　巧智与观念的联想 ···················· 290
第四节　审美教育与艺术作用 ·················· 293

第六章　舍夫茨别利 295
第一节　自然神论和剑桥柏拉图主义 ············ 296
第二节　美在形式或赋予形式的力量 ············ 297
第三节　审美的特殊感官及其特性 ·············· 302
第四节　艺术的道德作用和发展条件 ············ 305

第七章　艾迪生 309
第一节　"想象的快感"与审美心理 ············ 310
第二节　审美趣味及其培育 ···················· 315
第三节　艺术、自然与天才 ···················· 317

第三篇　经验主义美学（下）

第八章　哈奇生 323
第一节　"内在感官"和美感的特质 ············ 324
第二节　绝对美与相对美 ······················ 329

第九章　荷加斯 ·· 335
第一节　研究方法和思想基础 ································ 336
第二节　形式美的基本原则分析 ····························· 339
第三节　蛇形线的美及其体现 ································ 343

第十章　休谟 ·· 347
第一节　不可知论的经验论 ···································· 348
第二节　美学和哲学认识论的关系 ·························· 351
第三节　美的本质和成因 ······································· 353
第四节　趣味的心理特点和标准 ····························· 360
第五节　诗歌、悲剧和艺术发展 ····························· 368

第十一章　伯克 ··· 374
第一节　崇高感和美感的心理生理基础 ···················· 376
第二节　崇高和美的对象的性质 ····························· 383
第三节　诗表现崇高和美的特点 ····························· 390
第四节　趣味的内涵和普遍原则 ····························· 393

第四篇　理性主义美学

第十二章　笛卡尔 ·· 398
第一节　先验论的理性主义 ···································· 399
第二节　上帝的完满性与美的来源 ·························· 403
第三节　美的定义与形式美 ···································· 405
第四节　美感差异与审美心理 ································ 409
第五节　诗与想象和理性 ······································· 411

第十三章　布瓦洛 ·· 415
第一节　从理性出发的真善美统一原则 ···················· 416
第二节　模式化、凝固化的创作法规 ······················· 422

第十四章　斯宾诺莎 …… 427
第一节　实现"人生圆满境界"的哲学 …… 429
第二节　美丑观念与事物的圆满性 …… 432
第三节　想象、无意识与文艺创造 …… 440
第四节　情感、快乐与审美经验 …… 448

第十五章　莱布尼茨 …… 455
第一节　以单子论为核心的形而上学体系 …… 456
第二节　美的本质与"前定和谐" …… 460
第三节　审美趣味与"混乱的知觉" …… 465

第十六章　鲍姆加登 …… 471
第一节　美学作为独立学科建立的意义 …… 471
第二节　美学和美的定义 …… 476
第三节　美的认识与诗的创造 …… 481

第五篇　经验主义与理性主义美学的特点和理论体系

第十七章　经验主义与理性主义美学的特点 …… 488
第一节　经验主义美学的基本特点 …… 488
第二节　理性主义美学的基本特点 …… 494

第十八章　经验主义美学的理论体系 …… 501
第一节　美的感性特征和经验性质 …… 501
第二节　审美经验、内在感官和趣味 …… 508
第三节　艺术、想象与创造力 …… 515
第四节　崇高、喜剧和悲剧 …… 522

第十九章　理性主义美学的理论体系 …… 530
第一节　美的理性本质和超验性质 …… 530
第二节　审美认识和美的思维 …… 535
第三节　艺术、理性与规则 …… 542

第六篇　经验主义与理性主义美学的汇合和历史影响

第二十章　康德美学及其对经验主义和理性主义的调和 …………… 548
- 第一节　先验唯心主义哲学 ……………………………………… 549
- 第二节　美学：联结自然与自由的桥梁 ………………………… 552
- 第三节　美的分析 ………………………………………………… 555
- 第四节　崇高的分析 ……………………………………………… 563
- 第五节　艺术、天才和审美理念 ………………………………… 569
- 第六节　康德美学的调和特征 …………………………………… 578

第二十一章　经验主义、理性主义美学与西方近现代美学 ………… 587
- 第一节　经验主义、理性主义美学与法、德启蒙运动美学 …… 587
- 第二节　经验主义、理性主义美学与德国古典美学 …………… 593
- 第三节　经验主义、理性主义美学与现代西方美学 …………… 600

第二十二章　经验主义、理性主义美学的历史地位和当代价值 …… 613
- 第一节　经验主义、理性主义美学的历史地位 ………………… 613
- 第二节　经验主义、理性主义美学的当代价值 ………………… 619

参考文献 ……………………………………………………………… 626

人名译名对照表 ……………………………………………………… 635

术语汉英对照表 ……………………………………………………… 638

后　记 ………………………………………………………………… 640

审美学现代建构论

第一篇 审美学现代建构的理论思考

第一章 审美学学科定位与现代建构

第一节 审美学的学科定位与当代发展

审美学是美学的一门相对独立的分支学科，它以人的审美活动和审美经验作为特定的研究对象。审美活动是人的社会实践活动之一，主要包括两种形式，一是对一切具有审美价值的对象和艺术的欣赏；二是对艺术和一切审美对象的创造。人的实践活动是作为主体的人和作为客体的对象互相作用的结果，审美活动同样也是在审美主体和审美客体互相作用中发生的，但又具有不同于一般的实践活动和精神活动的特点。所以，审美学必须研究审美主、客体以及它们相互之间的关系，阐明审美活动的来源、性质和特点。审美经验是审美主体在审美欣赏和美的创造活动中产生的感受、体验以及在感受、体验的基础上形成的判断和评价，广义上它包括审美心理活动、审美评价活动以及在此基础上形成的审美趣味、审美理想、审美标准等各种审美意识。审美心理、审美评价和其他各种审美意识的性质、特点和规律，是审美学研究的主要内容。

就研究对象说，审美学和美学是部分与整体的关系。按照传统理解，美学应当包括美、美感和艺术的研究，也就是包括了审美学的研究内容。但就研究范式和方法上看，审美学却超越了美学的学科界限。比如，审美心理研究需要美学和心理学、艺术心理学等学科的交叉；审美评价研究需要美学和价值学、艺术批评学等学科的交叉；审美趣味、审美标准和审美理想的研究需要美学和文化学、社会学等学科的交叉；等等。所以，审美学在美学中具有相对独立性。认为有了美学，审美学就不能作为相对独立的学科存在，是没有根据的。

审美学和审美心理学有着密切关系，但两者又有区别。审美学研究人在审美欣赏和美的创造中的特殊感受和体验，就是研究审美心理活动。审美心理学专门以审美心理活动为研究对象，探讨审美心理的发生机制、审美心理的构成和过程，审美心理结构的形成和特点，审美的个性心理特点和差异性等，这是审美学中处于核心地位的重要部分。但审美心理学不是审美学研究的全部内容，也不能代替审美学，审美学还要研究审美评价和各种审美意识。它们虽然不能脱离审美感受和体验的心理活动，却是自觉地对后者的理性思考和深化，其形成要受到更多因素的影响，不能仅仅由心理学研究加以阐明。

审美学和艺术学也有着密切关系。艺术欣赏和艺术创造活动是审美欣赏和美的创造活动的最集中的表现。审美经验最集中、最典型的形态就是发生在艺术欣赏和艺术创造之中。审美学研究审美活动和审美经验，首先要研究艺术的欣赏和创造活动以及从中得到的审美经验，这就和艺术学的研究互相交叉。但审美学并不研究艺术学的全部问题，而只是研究艺术与审美经验相关的问题。另外，审美学又不限于艺术学，它不仅研究艺术中的审美经验，而且要研究一切审美活动中的审美经验。审美活动除艺术外，还包括审美文化、审美教育、产品的形象设计、日常生活审美、自然美的欣赏和环境美化等，这些审美活动中的审美经验也是审美学应当研究的。

20世纪以来，审美学在西方获得了长足发展，这是同当代西方美学发生的重大变革相联系的。美学史表明，美学思想的产生是同对人类审美活动和审美经验的观察与探讨分不开的。但是，在很长的历史时期里，西方美学的研究重点却不是人的审美经验，而是美的本体。美的根源和美的本质问题，是西方古代美学的中心问题。到了近代，由于哲学重点向认识论的转移和心理学思想的发展，美学的主要研究对象开始从审美客体转向审美主体，对审美经验和审美意识的研究逐步成为美学研究的中心问题。英国经验派美学和康德美学在推动美学重点向审美经验转移中起到关键作用。这一趋势在20世纪得到强势延续，心理学美学的发展使审美经验单独成为美学的一种研究对象，从哲学、心理学、艺术学等各种不同角度研究审美经验的学说和派别层出不穷。审美经验的研究取代美的本质的哲学探

第一章 审美学学科定位与现代建构

讨，名副其实地成为当代美学的主要研究对象，这种变革被公认为当代美学区别于传统美学的一个主要标志。《走向科学的美学》一书的作者托马斯·门罗早就指出了当代美学的这个巨大变化。他说："过去的美学曾一度被看作是一种'美的哲学'，一种主要旨在说明美和丑的本质的学科。"然而，"在当代的讨论中，这种词汇很少出现。取代它们的是一大批范围更加广泛的概念，即用来解释不同的艺术现象和艺术行为的概念"①。美学作为一种经验科学，已经主要倾向于对审美经验作现象的描述和研究，美学的这种变革必然推动审美学的学科发展。托马斯·门罗提出，科学美学应以描述和解释审美经验作为根本任务，包括审美形态学、审美心理学和审美价值学三个部分。审美形态学是通过对艺术形式的分析，研究激起审美经验的客体的结构性质；审美心理学是通过对人在艺术创造和欣赏过程中的行为和经验的分析，研究审美活动中主观经验方面的特征；审美价值学是通过对艺术作品之价值的评价的分析，研究审美价值的由来和标准。这可以说是对审美学内容和形态的一种较为全面的表述。

和美学研究重点转向审美经验同时出现的另一个重要变化，是艺术研究范式的转变。西方传统的艺术研究，首先关心的是如何寻找艺术的共同本质和特征。许多美学家从某种先验的范畴和概念出发，力图通过抽象的思辨，推论出艺术的本质，建立起艺术的定义。当代西方美学界和艺术界对这种艺术研究范式基本上都持批判态度，他们认为，像这样"用思考和推理的方式去谈论艺术，就不可避免地给人造成一种印象：艺术是一种使人无法捉摸的东西"②。要说明艺术的本质特征和创作、欣赏中的各种问题，必须从审美经验这种可以捉摸的东西出发。现象学美学家 R. 英伽登说："我认为把两种研究路线——（a）对艺术作品的一般研究和（b）审美经验研究（不管是在作者的创造经验的意义上还是在读者或观察者的接受经验的意义上）——相互对立起来是错误的。"③ V. C. 奥尔德里奇在《艺术哲学》一书中指出：一种合理的审美经验理论，乃是"讨论艺术哲

---

① [美] 托马斯·门罗：《走向科学的美学》，石天曙等译，中国文联出版公司1984年版，第147页。
② [美] 鲁道夫·阿恩海姆：《艺术与视知觉》，滕守尧等译，中国社会科学出版社1984年版，第1页。
③《英伽登美学文选》，华盛顿，1985年，第29页。

学诸基本问题的良好出发点"。他认为关于艺术的研究包含描述、解释和评价三种逻辑方式,三种方式既有区别又有联系,而每一种都必须结合对审美经验的考察来进行。他说:"描述位于最底层,以描述为基础的解释位于第二层,评价属于最上层。因此,在考察完作为基础的审美经验及其描述之后,我们就上升到检验解释性艺术谈论的逻辑,最后达到对审美经验在艺术作品中的完整表现予以评价性考察的高度。"①这种艺术研究范式的转变要求审美学的发展与之相配合。因此,乔治·迪基在《美学引论》中提出,当代美学应由审美哲学、艺术哲学、批评哲学三部分构成,这三部分都以审美经验的研究为基础。其中,艺术哲学、批评哲学分别以艺术作品、艺术批评为对象,审美哲学则是对审美态度、审美对象、审美经验以及三者关系所做的研究和描述,这就是审美学的一种形态。

从20世纪末开始,在后现代主义和西方文化新变化的推动下,审美文化、大众文化研究和日常生活美学、身体美学、环境美学、生态美学等开始走向美学的前沿,标志着美学全方位面向现实和生活的转型。和这些领域相关的不同于艺术的审美经验成为美学家关注的新热点,这也推动了审美学转向新的方向发展。费瑟斯通在《消费社会与后现代文化》中明确提出,在后现代的图象和符号浪潮推动下产生的艺术生活化和生活艺术化的双向交汇,已经形成了一种不同于艺术美学的新型审美经验。以往的审美经验研究主要限于艺术领域,对审美经验性质和规律的阐明,主要来自对艺术创作、欣赏、评价的经验的观察和总结。用这种审美经验理论来说明美的艺术之外的日常生活审美经验并不完全适用。接受美学的创始人耀斯在《审美经验与文学解释学》中就明确提出了日常生活中审美经验的地位、特征和界定问题,他根据杜威在《艺术即经验》中对审美经验的分析,认为审美经验根植于日产生活诸现象的审美质量之中,生活过程在恢复统一和谐的那一刻便获得了审美品质。所以,审美经验不仅和艺术相联系,也和实际经验具有密切关系。"审美经验可以与日常世界或者任何现实进行交流,并能够消除虚构和现实之间的两极对立。"②确立日常生活世

---

① [美]V.C.奥尔德里奇:《艺术哲学》,程孟辉译,中国社会科学出版社1986年版,第125页。

② [德]汉斯·罗伯特·耀斯:《审美经验与文学解释学》,顾建光等译,上海译文出版社1997年版,第184页。

界中的审美经验的特殊地位,标志着审美经验研究向生活世界的扩展。无独有偶,身体美学的创导者舒斯特曼在《实用主义美学》中同样是在重新审视"杜威旨在'恢复审美经验同生活的正常过程之间的连续性'的审美自然主义"中,找到了艺术与生活、美的艺术与实用的艺术、高级艺术与通俗艺术、审美的与实践的等二分观念在根本上的连续性。他认为"审美经验不应受制于艺术作为历史限定的实践的狭窄范围","作为审美经验的有目的的生产,艺术变得更值得向未来的在大量不同生活经验的素材中的实验开放,对这些生活经验进行审美塑造和美化"。① 这就为大众文化和通俗艺术的审美学研究开拓了道路。

当代世界美学发展处在全球化互动的文化语境中,西方当代美学的种种变革深刻影响着中国当代美学的发展。在中国的语境下,这些变革几乎是共时性的交互着完成的。随着美学研究重点和艺术研究范式的转变,以及美学面向现实生活的转型,审美经验的研究在我国已经得到并将会更加得到重视,审美学的学科建设也将会得到进一步发展。

第二节 西方现代审美学的主要形态

尽管西方美学从古代开始就有关于审美经验的论述,但审美学作为一门独立学科却是在西方近代才产生的。鲍姆加登1750年出版的一部研究感性认识的专著,采用了"Aesthetica"作为书名,以标示一种新的学科。美学史普遍认为,这就是美学作为独立学科的正式诞生。但"Aesthetica"一词的希腊文本意是"感性学",将它译为"审美学"比"美学"更加贴切。鲍姆加登在书中给美学下的定义是:"美学(自由艺术的理论、低级认识论、美的思维的艺术和与理性类似的思维的艺术)是感性认识的科学。"② 这里"感性认识""低级认识""美的思维""与理性类似的思维"等表述,与其说与美的本质有关,不如说与审美经验有关。这就证明这个被命名的新学科其实就是审美学。在鲍姆加登提出这一新学科名称前后,休谟也将"美学"作为一门与认识论相区别的学科单列出来。他认为认识

---

① [美] 理查德·舒斯特曼:《实用主义美学》,彭锋译,商务印书馆2002年版,第86页。
② [德] 鲍姆加登:《理论美学》,汉堡,1983年,第2页。

论的对象是理智,而美学的对象"是趣味和情感"。他还写了专门研究"趣味"的《论趣味的标准》等论文,这是名副其实的审美学著作。不过,审美学作为一种完整形态,还是在康德的《判断力批判》中才正式形成的。

《判断力批判》前一部分"审美判断力的分析"属于美学。第一部分是"美的分析论",所谓美的分析,在康德看来,并不是要分析客观现象何以为美,而是要分析为了判别某一对象为美时需要什么样的主观能力。所以,康德集中分析了鉴赏判断的特点。他说:"鉴赏是评判美的能力。但是要把一个对象称之为美的需要什么,这必须由对鉴赏判断的分析来解释。"[①]"鉴赏判断"(又译为"趣味判断")就是审美判断。康德根据认识论中四项范畴考察了鉴赏判断的特质,通过从质、量、关系、模态四个方面对鉴赏判断的分析,第一次全面完整地阐明了审美意识不同于逻辑认识和道德意识的特点与规律。接着,在"崇高的分析论"中,康德又将崇高的审美判断与美的鉴赏判断相比较,阐明了各自的特质和心理特点。再加上对"审美理念"和"审美理想"的分析与阐明,可以说,康德对审美意识活动和审美经验从哲学上作了全面、深刻的分析和论述,构建了审美学的完整形态,同时也提出了审美学中需要研究的基本矛盾和问题,为西方现代审美学的发展奠立了基础。

从19世纪末20世纪初开始以来的西方现代美学,学派林立,思潮纷繁。在这种学术背景中发展的审美学,逐渐形成了多种形式或形态,其中,审美哲学、审美心理学、审美艺术学构成现代审美学的三种主要形态,它们在学术来源和出发点、研究角度、研究内容、研究方法上均表现出不同的性质和特点。

一 审美哲学

审美哲学继承和发展了康德在审美研究上的思辨传统,主要是从特定的哲学体系和观点出发来考察与研究审美意识和审美经验,重点探讨审美意识的来源、审美主体与审美对象的关系、审美意识的本质和特点、审美意识的历史形成和作用等审美学的哲学问题。其中,有代表性和较大影响的主要有唯意志主义审美学、表现主义审美学、实用主义审美学、现象学

[①] [德]康德:《判断力批判》,邓晓芒译,人民出版社2002年版,第37页。

第一章 审美学学科定位与现代建构

审美学、分析哲学审美学等。

　　唯意志主义哲学的创立者叔本华认为，意志是世界的基础和本质，摆脱意志束缚，人才能得到解脱。他从唯意志论出发探讨和阐明审美活动和审美经验，把审美看作人从意志的痛苦中解脱出来的一种形式，提出了审美直观说。审美直观是非理性的、直观的认识方式，可以超越个别事物直达理念；在审美直观中，主体无所欲求，超越功利，审美主体和审美对象之间没有利害关系；通过审美直观，审美主体"自失于对象之中"，达到主客体合一的境界。直觉表现主义的倡导者克罗齐认为整个世界都是精神活动的体现，而直觉是最基本的活动，是一切精神活动的基础。直觉是一种脱离理性的低级的感觉活动，也是心灵赋予物质以形式的活动。物质、感受、情绪经过心灵综合作用获得形式，也就是表现，审美或艺术活动就是这种"直觉即表现"的活动。成功的表现就是美，其效果就是审美快感。叔本华的审美直观说和克罗齐的审美直觉说都具有强烈的主观性和非理性特点，在后来西方审美学发展中也产生了很大影响。

　　实用主义哲学的主要代表人物杜威提出了"经验的自然主义"，并将其运用于审美经验研究，强调审美经验和日常生活经验之间的连续性。他认为任何经验假如它是完整的"一个经验"，并且在自身冲动的驱动下得到实现的话，都将具有审美性质，这便是审美经验产生的基础和来源。审美经验和日常经验并无本质的区别，只有程度的差别。审美经验是自然中一般的、重复的、有序的方面和它的特殊的、偶然的、不定的方面所构成的和谐融合，因而它将一个完整的经验变得更为清晰、更为强烈、更为集中。

　　现象学的创始人胡塞尔将纯粹意识作为研究对象，创立了意向性理论。他认为意向性代表着意识的最普遍结构，朝向对象是意识的根本特性。一切意识都是关于对象的意识，一切对象都是意识的对象。意识活动和意识对象作为纯粹意识的有机因素，二者是不可分割的。现象学美学家杜弗莱纳和英伽登将意向性理论和现象学方法运用于审美经验研究，对审美经验与审美对象的关系、审美对象的形成和界定、审美经验的发生过程和特点以及审美价值与审美经验的关系等问题做出了独到的分析。他们认为，审美对象和审美知觉在审美经验中是不可分割的，二者相互依存。审美对象是在审美经验中形成的，艺术作品只是界定审美对象的基础，它只能在观赏者的审美经验中经过审美感知才能成为审美对象。审美经验和认识活动的对象是不同的,审美经验的对象不是一般知觉的实在对象,而是在审美经验中形成的审美对象。审美经验的发生包括审美的预备情绪、认识对象具有审美价值的特质、对构成的审美对象进行观照和产生愉快等基本阶段,其本质特点是构成审美对象,并通过情感观照体验对象的"质和谐"具有的审美价值。以上两种审美哲学不仅有特殊的哲学理论作支撑,而且有艺术的具体经验作证明,能够给以人以较大启发,因而在审美学研究中一直受到重视。

二 审美心理学

审美心理学又称心理学美学,是借鉴心理学的研究成果,从特定的心理学体系和观点出发,对审美经验和心理活动进行考察和研究,主要探讨审美心理的来源和生成、审美心理构成因素,审美心理过程、审美心理结构和特点、审美心理的个性特点及其形成、审美趣味和能力的培养等问题。西方现代审美心理学的主要代表有移情说、心理距离说、精神分析心理学美学、格式塔心理学美学等。

移情说和心理距离说是 20 世纪初占支配地位的两种心理学美学。移情说的奠基人是德国美学家费肖尔父子,其代表人物遍布德国、英国和法国,最杰出的代表人物是里普斯。里普斯的美学研究是从心理学出发的,他的代表作《美学》的副标题就是"美和艺术的心理学"。他认为美感产生于移情作用,移情作用是主体将自己的内心感受、情感、人格向客体"移植"或"外射"的活动,审美的移情不同于实用的移情,是一种不带任何实际利害的纯粹的审美观照。在审美移情活动中,审美主体即自我进入观照对象,对象的感性形式成为自我的载体。对象就是我自己,我的自我就是对象,自我和对象的对立消失了。审美的欣赏并非对于一个对象的欣赏,而是对于一个客观的自我的欣赏。审美欣赏的特征就在于在它里面感到愉快的自我和使我感到愉快的对象合二为一,两者都是直接经验到的自我。心理距离说的创立者是英国心理学家布洛。他用心理学的观点来解释康德的审美不涉及实际利害关系的性质和特点,认为心理距离是美感的一种显著特征和审美价值的一个特殊标准。心理距离是通过使客体摆脱人的实际需要和目的而取得的,它使审美主体抛弃了与对象的实际需要的联系,而专注于对于孤立的对象的形象的观赏。心理距离构成了一切艺术的

第一章 审美学学科定位与现代建构

共同因素,也成为一种审美原则。距离既不能太远,也不能太近,能否把距离的矛盾安排妥当是审美欣赏和艺术创造能否成功的决定条件。移情说和心理距离说都揭示了审美心理现象的某种特点,但并未对其做出完全科学的解释。

精神分析心理学美学和格式塔心理学美学都是在各自心理学派思想的基础上建构审美心理学说的。精神分析心理学美学是建立在弗洛伊德创立的精神分析心理学的基础之上的,精神分析心理学的核心理论是无意识理论。弗洛伊德认为,人的心理是由意识、潜意识和无意识三部分组成的,无意识是指被压抑的、不为社会规范所容的本能欲望,其中主要是性的本能欲望。人的整个精神过程是受无意识支配的,无意识的本能欲望在现实中受到压抑得不到满足,便在审美和艺术中通过想象得到满足。艺术想象通过升华作用,将性欲移向社会所容许的途径去发泄,既使性欲得到替代性满足,又与社会规范不相违背。欣赏者的审美快感便是从性欲的替代性满足中获得的,这种学说将性欲本能当作审美和艺术的动力和来源,具有强烈的主观性和非理性色彩。

格式塔心理学美学是格式塔心理学在审美心理研究中的具体运用。格式塔心理学认为,现象的经验是整体式的格式塔,即"完形",它不能解释为感觉元素的联合。心理学要研究的是整体,是有具体的整体原则的结构。鲁道夫·阿恩海姆将格式塔心理学理论系统地用于解释视觉艺术创造和欣赏的审美经验,形成了格式塔心理学美学。他认为,审美和艺术创造中的知觉整体性最为突出,知觉的整体性并不是对元素进行简单复制的结果,而是对元素的一种创造性的再现。知觉过程就是形成知觉概念的过程,知觉概念是知觉所形成的与刺激的性质相对应的结构图式,具有概括性。在艺术和审美经验中,通过知觉的完形和概括能力,可以使形式的结构与形式所呈现的意义的结构之间具有"同形性"。对于表现性的知觉是感受对象的审美特质的重要条件。知觉对象的表现性并非来自移情作用,"造成表现性的基础是一种力的结构",即外在对象的形式与内在精神具有同一的力的结构,也就是"同形同构"。这些新颖观点由于有心理实验作为支撑,又有审美和艺术创造的实例为佐证,对于解释审美经验的某些现象具有较重要的参考价值。

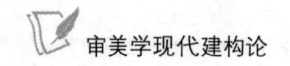

三 审美艺术学

审美艺术学和人们常说的艺术美学大致属于同一种形态，它既不是从某种哲学体系和观念出发对审美经验进行思辨的研究，也不是从某种心理学学说和观点出发对审美经验进行纯粹的心理学的分析，而是立足于艺术的实践，直接从艺术创作、欣赏、批评以及艺术史的经验事实出发，对艺术的审美经验和审美心理活动的特点与规律进行提炼和归纳。它对哲学和心理学成果的应用，都是着眼于解释艺术实践和经验现象。在现代西方美学中，这方面的成果很多，这里选择两部影响颇大的著作——《抽象与移情》和《艺术与幻觉》作为代表加以介绍。

《抽象与移情》的副标题是"对艺术风格的心理学研究"，由德国艺术理论和艺术史家W.沃林格著。作者主要从考察艺术风格的形态入手，通过对古代艺术的分析，对其审美经验形成的深层决定因素进行心理学的研究。他认为艺术风格的形态是由作为心理需求的"艺术意志"决定的，而艺术意志来自人对世界的心理态度即"世界感"。从艺术风格形态看，艺术意志具体表现为抽象和移情两种不同冲动。"移情冲动是以人与外在世界的那种圆满的具有泛神论色彩的密切关联为条件的，而抽象冲动则是人由外在世界引起的巨大的内心不安的产物。"[①] 移情冲动源于人对空间的依赖感、和谐感，而抽象冲动则源于人对空间的极大的心理恐惧和安定需要。移情冲动将自我沉潜到外物中，从外物中玩味自身，而抽象冲动则使单个物体独立于观照它的主体而存在，主体从中所享受到的并不是类似自身生命的东西，而是必然律和合规律性。从艺术表现上看，抽象冲动的特征是抑制对空间的表现，以平面表现为主；抑制具体的物象，以结晶质的几何线形式为主。上述抽象范畴的提出和对抽象冲动的心理依据、特点和作用的分析，都是颇为独到的，实际上成为后来西方现代派艺术的纲领。

《艺术与幻觉》的副标题是"绘画再现的心理研究"，作者是英国艺术史家冈布里奇。该书主要研究视觉艺术的审美经验，作者广泛运用了哲学、心理学和艺术史的研究成果，集中探讨了再现艺术与知觉心理的关系，提出了视觉艺术心理的知觉模式框架。他认为再现艺术不仅仅是或主

[①] ［德］W.沃林格：《抽象与移情》，王才勇译，辽宁人民出版社1987年版，第16页。

要不是视象的表现,"视"是由"知"制约和支配的。"知"就是由经验和学习而积淀的"预成图式"(schema),它在知觉的过滤中发挥着心理定向作用。一切再现都是以丰富的预成图式为基础的,知觉具有极大的探索性、建设性,它参照视觉刺激对在图式基础上形成的预觉不断进行修正和调整,再现艺术形象的创作过程也就是"图式—修正"过程。观赏者对艺术形象的释读是一种知觉投射活动,它以观念中的图式为基础并期待在形象中加以证实。观赏者在观赏中的参与作用使艺术品实现了向审美对象的转换,这些观点有大量艺术实例和实验作为支撑,具有一定说服力。

第三节 审美学的现代建构与学术创新

现代西方美学中审美学的发展,展现出审美学是一个包括多种形态的、由多种学科交叉构成的综合性学科。其中,既有从不同哲学体系和观点出发探讨审美意识活动规律和特点的审美哲学,又有从各种心理学体系和观点出发,阐明审美心理构成、过程和特点的审美心理学;既有结合价值哲学和艺术评价研究审美价值、审美理想和审美标准的审美价值学,也有主要从艺术实践出发,探索艺术创作、艺术作品和艺术欣赏的审美特点和规律的审美艺术学。正是多种形态的存在和多种学科的交叉,为审美学的现代构建开辟了广阔的创新空间。

审美学的现代建构需要扩大和推进多学科的交叉和融合,进一步向综合性的交叉学科发展。从西方现代审美学的不同形态发展来看,虽然分别从哲学、心理学、艺术学等单学科方面对审美经验进行的研究取得了一定的成果,但在对审美经验的解释上也都存在较大不足和局限性。这种不足和局限性来自两方面的原因:一方面,从哲学、心理学、艺术学等单学科方面进行的审美经验研究,主要是建立在某种特定的哲学体系、心理学学说或艺术学观点的基础之上的。这些体系、学说或观点多是强调研究对象的某个部分、某个侧面、某种特征,而忽视了对象各个部分、各个侧面、各种特征之间的紧密联系和互相作用,甚至将它们互相对立起来,这就免不了带有片面性、主观性,如果单独用它们来研究和解释审美经验必然会存在不足和局限。另一方面,从审美学的研究对象审美经验本身来看,其性质所具有的复杂性、特殊性、多样性和深刻性,也不是仅仅依靠某一种学科就能够全面、深入地加以揭示和探明的；仅仅依靠某个单一学科去研究和说明也就难免产生片面性和局限性。

由于审美经验具有心理活动的性质和特点，有的美学家便强调它仅仅"是一个心理学的问题"，单靠心理学的研究就"能清楚、系统地阐明它"。[①] 有的美学家将美学的对象和范围概括为美的哲学、审美心理学、艺术社会学三个部分，这也是将审美经验的研究仅仅归结成一种心理学的研究。[②] 其实，审美经验研究固然需要依靠心理学，但又不能局限于心理学。审美经验的多方面的复杂性质，它与主客观方面的多种关系，需要比心理学更为广泛的研究。比如，审美经验作为人的一种特殊意识活动，它是如何反映和评价客观世界的，如何认识它的本质和特点，把握它与人的其他诸意识活动的联系和区别等等，这更需要哲学的思考和回答。又比如，审美经验作为社会意识之一，它同整个人类社会生活的联系，它的起源和发展，它的社会历史制约性以及在人类文化中的地位和作用等等，这需要借助于社会历史的研究方法，需要从社会学、文化人类学、历史学、艺术史等学科的角度共同进行研究。再如，关于审美经验的类型和审美范畴的研究，关于创造和欣赏中审美经验的差异性和一致性的研究，关于审美经验的多样性和变化性的研究等等，又与艺术形态学、艺术创造和欣赏的一般理论乃至艺术批评相联系。至于要深入揭示和解释审美经验产生和审美愉快形成的大脑过程，那就更需要信息论、大脑科学的帮助。总之，美学要全面地分析和解释审美经验，除了要依靠心理学外，还需要借助哲学和多种人文科学、自然科学的成果来做综合思考。那种认为仅仅依靠心理学的结论和数据，就能清楚而系统地阐明审美经验的性质和规律的想法，是不切实际的，对于深入、全面地开展审美经验的研究也是不利的。

审美学的现代建构需要拓展和深化关于审美活动和审美经验的研究领域与问题，完善和创新学科体系。审美活动和审美经验是审美学的研究对象，也是构建审美学学科体系的出发点。但是，什么是审美活动和审美经验？它们的具体内涵和内容是什么？应当从哪些方面进行研究？包括那些需要研究和解决的课题等，都还是需要进一步探讨的问题。目前，人们普

---

① [美] M. C. 比尔兹利：《美学》，纽约：哈考特·布拉斯出版社1958年版，第7页。
② 《李泽厚哲学美学文选》，湖南人民出版社1985年版，第190页。

第一章 审美学学科定位与现代建构

遍认为审美经验主要是指人在欣赏和创造美和艺术时发生的心理活动,因此将审美心理活动研究作为审美学的研究重点,这是有一定道理的。审美心理是审美经验产生的出发点,是一切审美意识形成的基础。研究审美经验自然应以审美心理为主要对象,因而审美心理研究也应成为审美学的主体构成部分。但审美心理研究也需要进一步拓展研究领域和问题,这部分研究自然主要依靠心理学。不过需要注意的是,心理学的现有研究水平并不能解决审美心理研究的全部问题,仅仅运用一般心理学的理论也不足以解释审美心理的特殊性和复杂性。冈布里奇在谈到对于艺术的审美知觉研究时说:"心理学在那些知觉过程的惊人复杂性面前变得灵活了,没有人声称他完全了解了这种复杂性。"① R.阿恩海姆也说:"心理学家讲情感(feeling)也讲情绪(emotion),但这两个术语的区别公认为是不清楚的。……这里,心理学再次几乎不能说对艺术理论家提供了许多阐明。"② 这都说明,对于审美心理的研究要注重审美心理的特点和复杂性,不能局限于心理学的既有研究内容和一般结论,而是要紧密结合审美心理实际提出新问题并进行开创性探索。

审美的意识活动表现为心理活动,但又不限于心理活动。审美意识作为审美主体对于审美对象的反映和反应,具有复杂的结构和不同的水平、不同的层次,包括不同的形式,它既包括审美心理,也包括审美心理之外的其他各种审美意识形式。审美心理包括审美感觉、知觉、联想、想象、理解、情感、意志等心理活动和过程,是审美意识的不够自觉的、不够定型的形式。除此之外,包括审美观念、审美趣味、审美理想、审美标准等在内的审美意识形式,是审美意识中的自觉的、定型化的形式。审美心理和其他审美意识形式是互相关联、互相作用的。审美观念、审美理想、审美标准等意识形式是在审美心理活动的基础上形成的,但它是对于审美心理的提炼和升华,是通过自觉活动形成的定型化的思想观念。审美心理活动总是在一定的审美观念、审美理想、审美标准影响下发生的,是受这些审美意识形式制约的。此外,在审美心理活动的基础上,在审美观念和审美标准制约下,审美主体对于审美对象的审美价值所产生的审美判断和审

---

① [英]冈布里奇:《艺术与幻觉》,周彦译,湖南人民出版社1987年版,第28页。
② [美]鲁道夫·阿恩海姆:《走向艺术心理学》,洛杉矶,1967年,第308—309页。

美评价，也是审美意识的一种重要形式。以上所述，都是审美活动和审美经验相关的内容，也都是审美学需要研究的对象，当然是审美学的学科体系建设必须包含的各个组成部分。

从当前情况看，审美心理部分的研究比较受到重视，成果也比较丰富。相对而言，对于审美意识的起源、本质和特点的研究，对于审美理想、审美趣味、审美标准、审美价值、审美判断、审美评价等问题的研究，则显得较为不足。虽然在西方审美学研究中，关于这些问题也有一些较为深刻的论述，如休谟论审美趣味标准的共同性和差异性，康德论审美判断的性质和特点以及审美理想的内涵，现象学美学论审美对象和审美经验的关系以及艺术作品审美价值的生成，等等，但总的看来，成果并不理想。由于受到哲学观点的局限和存在问题的影响，许多西方美学家对于上述各种问题的看法仍较缺乏科学性，与审美实际相去甚远。因此，如何在正确的哲学观点和方法指导下，将美学和价值论、心理学、思维科学、社会学、艺术史和艺术批评等学科结合起来，对上述方面的问题做出深入的研究和科学地阐明，是完善和创新审美学学科体系的一项重要任务，也是审美学现代建构的一项重要工程。

审美学的现代建构还需要推进经验的研究和思辨的研究互相结合，不断丰富和创新研究方法。从美学史发展看，对审美经验的研究主要有两种途径和方法。一种是思辨的、哲学的途径和方法；另一种是经验的、科学的途径和方法。费希纳曾经用"自上而下的美学"和"自下而上的美学"来区别哲学的思辨的美学和心理学的实验的美学，说明它们在研究途径和方法上是不同的，如果用它来说明对于审美经验研究的两种途径和方法的区别，大致也是合适的。这两种研究方法各具特点，对于揭示审美经验的性质和特性具有不同的作用。一般说来，对于审美经验进行的经验的、科学的研究，是以经验的材料为基础的，它需要对反复产生的现象进行观察和实验，需要把思想见解作为能被测试和验证的假设，需要客观的数据和定量的分析，需要把理论放在有效的事实的基础上。这一切使它对审美经验的性质和特点的把握往往具有具体的、微观的、部分的、精确的特点；而对于审美经验进行的思辨的、哲学的研究，则是从形而上学的假说和某种哲学的构架出发的，它需要并非经验的逻辑分析，需要纯粹的理性思考，需要最高的科学抽象，需要构造出概念、范畴和理论的体系。这一

第一章　审美学学科定位与现代建构

切,使它对审美经验的把握往往具有概括的、宏观的、整体的、系统的特点。审美学研究的实践和进展说明,采用单独一种方法研究和揭示审美经验,都较难全面、深入地认识和揭示审美经验的性质、特点和各个方面的问题,只有将经验的、科学的方法和思辨的、哲学的方法两者有机结合起来,才有助于深化审美经验的研究。无论是经验的、科学的方法,还是思辨的、哲学的方法,它们本身都处在不断发展和更新之中。比如,现代心理学中经验的、科学的研究方法,就是多样的、综合的。它既重视精细的定量研究方法,又重视宏观的定性研究方法;既强调客观观察法和实验法所获的资料,也不排斥自我观察和内省法所获的数据,而是兼取各法之长。又比如,现代科学哲学、系统论、模糊学等都对思辨的、哲学的方法产生了很大影响,使思辨的、哲学的研究方法不断更新,并且更加多样化。这一切都说明,要将审美学的研究提高到新的水平,进一步推进审美学的现代建构,研究方法的丰富和更新是必不可少的。

第二章 审美经验研究与现代科学方法论

第一节 当代美学研究重点的转移

像哲学中其他各部门一样，美学在它的历史发展过程中，在研究范围和研究重点上，曾经发生过许多变化。如果说古代西方的哲学家们所着重探求的是世界的本源问题，那么，与此相适应，西方古代美学思想也主要是集中在探讨美的本源的问题上。从毕达哥拉斯派的美在和谐说到柏拉图的美在理念说，再到奥古斯丁的美在上帝说，无一例外地都把注意重心放在审美客体上。比较起来，对于审美主体的认识和研究则显得不足。但是，随着近代西方哲学的研究重点从本体论转向认识论，从认识客体转向认识主体，美学研究重点也逐步从审美客体转向审美主体，对于审美主体在认识和体验美的对象时的心理活动和心理能力的探讨，在美学中越来越引起人们的注意和兴趣。推动着美学研究重点的这种转变的，首先是英国经验论派的美学家。他们在西方美学史上率先提出趣味理论（the theory of taste），从心理学和生理学的角度对人的趣味能力和美感经验作了分析。康德批判地继承并发展了经验论派美学的趣味理论，他在《判断力批判》中对审美判断力作了深刻的哲学分析，从而使审美主体和审美经验的研究在美学中占有突出地位。

但是，从西方传统美学的总体和主流来看，毕竟还是以美的哲学探讨作为主要内容的。审美经验分析不可能取代美的哲学研究在美学中占有主体地位，真正把审美经验的分析作为美学研究的中心对象，以致取代了美的哲学研究在美学中的主体地位的，是当代西方美学。正如许多西方美学家所一致指出的，美学研究对象上的这一显著变化，是当代美学不同于传统美学的一个最为鲜明的特点。试看当代西方最有影响力的一些美学思潮

第二章　审美经验研究与现代科学方法论

和流派,从表现主义美学、自然主义美学、精神分析学的美学、格式塔心理学的美学,乃至现象学美学、符号学美学等,无一不是注重审美经验的描述和分析,并且结合着审美经验来探讨各种具体的艺术问题。由于把审美经验作为美学研究的出发点和重点对象,当代西方美学的研究命题和结构体系也相应发生了很大变化。许多当代有影响的美学家往往以审美经验作为构造全部美学体系的出发点,或作为研究所有美学问题的基础。如当代分析美学家乔治·迪基在《美学引论》中提出,当代美学的结构体系是由审美哲学、艺术哲学、批评哲学三部分构成的,审美哲学取代了传统美学中美的哲学。这三部分虽然研究的领域不同,但都无例外地以审美经验作为出发点和基础。这样,审美经验也就成了整个当代美学研究的一个支点。近几年来,我国美学界对审美主体和审美经验研究的展开和深入,无疑是同当代世界美学的发展趋势相一致的。

对于一些西方美学家试图以审美经验分析取代美的哲学探讨的主张,我们当然是不同意的。因为这种回避问题的办法不仅无助于美学中根本理论问题的解决,即使对于审美经验分析本身来说也是不利的。从辩证唯物主义观点看来,审美主体的意识活动毕竟是由审美客体引起的,是对后者的一种能动的反映,如果不以美的哲学探讨为前提和基础,审美经验的描述和分析也不可能深入进行。但是,在继续努力探讨美的本质问题的同时,加强对审美经验的研究,却是当代美学发展中一个不可忽视的任务。审美活动只能产生于审美客体和审美主体的相互关系和作用之中,主体因素的参与和影响是审美活动的一个十分重要的特点。审美的意识活动虽然是由审美客体所引起的,但客体的刺激必须经过主体的心理结构的中介才能形成审美经验。从这个意义上说,如果我们不注意研究审美主体以及审美主客体的相互关系,也就不可能真正弄清审美活动的内在规律。对于审美经验的分析,固然须以美的本质的研究作为理论前提,然而,对于美的本质的认识,又不能完全脱离人们的审美意识、审美经验去进行。因为一切科学都是依赖于人们对于客观现实的认识的,如果不凭借人们对于客体的美的认识,不借助于人的审美意识、审美经验,就无从接触客观存在的美,也不可能抽象出美的本质的理论。众所周知,美的本质问题在两千多年的美学思想发展中,一直是一个众说纷纭、莫衷一是的难题。当代西方美学家对于这个问题的回避态度,显然也和这个问题的解决所遇到的困难有关。为了使美学中的这个哥德巴赫猜想逐步得到解决，还有许多艰难的路要走，但达到这个目标可以采用多种途径。如果我们对审美经验的特性、内容、结构、功能等有了更深刻、准确的认识和把握，那么，对于唤起审美经验的客体的美的本质的理解也就可能进一步得到深入。

加强审美经验的研究，对于全面、深入地开展艺术问题的研究，促使美学理论与艺术实践紧密联系起来，也是具有重要意义的。有一种意见认为，审美经验分析无助于解决艺术文明的困惑，只有放弃由审美经验分析去了解艺术的企图，从审美经验分析转向"艺术纯粹分析"，即艺术的感性形式的客观分析，才能解释艺术文明。这种把审美经验分析与艺术研究互相割裂的看法，笔者认为是欠妥的。无论从理论上看还是从实际上看，审美经验分析和艺术研究的深刻联系都是无法否认的。艺术毕竟是人类审美意识的一种最完善、最集中的表现形式，艺术作品的创造离不开艺术家的审美经验，艺术作品的欣赏也离不开观赏者的审美经验，艺术作品作为审美对象，是在审美经验中获得实现的。可见，艺术的本质和审美的本质是完全统一的，要了解艺术作品是什么，首先必须对审美经验是什么做出回答。正如有的美学家所说，一种合理的审美经验理论，乃是"讨论艺术哲学诸基本概念的良好出发点"[①]。如果我们要真正认识艺术的本质特征，认识艺术创造、欣赏、批评的规律，就不能放弃对审美经验的分析。我们不否认研究艺术作品需要分析它的感性形式，但是孤立地、纯粹地分析感性形式，也不能对艺术作品做出完全科学的解释。因为艺术作品不仅仅是一种感性形式的存在，而是一种为了让人们把它作为审美对象来经验而创作出来的感性形式的存在。即使分析作为客体的艺术作品的形式和结构，我们也应该研究艺术作品在审美经验中呈现的客体的性质和存在的方式究竟是什么。许多研究成果表明，把艺术本体论和审美经验论两者相互结合起来，对于美学研究不仅是十分必要的，而且是富有成效的。

第二节　更新审美经验研究的思维方式

虽然对审美经验的研究，早已引起众多美学家的重视和兴趣，但是，

---

① [美] V. C. 奥尔德里奇：《艺术哲学》，程孟辉译，中国社会科学出版社 1988 年版，第 22 页。

第二章 审美经验研究与现代科学方法论

人们至今对其规律的认识还是有限的。有的当代西方美学家认为，迄今为止分析审美经验的人多半满足于赞美颂扬，而对于审美经验的主要内容进行透彻研究的人则寥寥无几。这可能是对已有的研究成果估计不足，但也反映出美学界对现有的研究水平的不满。如何在更高水平上对审美经验进行全面、透彻的研究，以求得对于它的特殊性质和规律有更深入、更切实的认识，的确是摆在当代美学家面前的一项艰巨任务。许多研究者都指出，对于审美经验的分析，应当借助于更多学科的共同合作，应当使美学、认识论、心理学、思维科学、社会学、文化人类学、文艺理论、文艺批评等各种学科相互交叉和结合起来，才能综合地、全方位地开展研究，并且更加富有成效。这当然是一种很重要的意见，但要在现代水平上对审美经验做出新的、深入的分析，还必须借鉴现代科学方法论，在更新思维方式和吸收当代科学新成果两方面做出更大的努力。

传统思维方式的一个根本特点，就是按照"孤立因果链的图式"[①] 思考对象，它"把一切事物都看作由分立的、离散的部分或因素构成"[②]。这种思维方式在审美经验的分析中一直很有影响，其结果就形成偏重于对审美经验的各个构成要素、各个组成部分、各种表现形式进行分离的、孤立的分析，或者简单地把某种构成要素的性质当作审美经验整体的性质，或者孤立地将某种表现形式的现象当作审美经验的全部规律。这就容易造成一叶障目，不见森林，难免对审美经验做出种种片面的解释。当代科学技术已经由分化转向整合，由研究简单性现象发展到关注对象的复杂性，这就必然引起方法论基础的更新。为适应这种变化，一种新的思维方法形成并发展起来，这就是系统方法论。系统方法论突破了习惯的思维方式，它把事物看作由各部分、各要素在动态中相互作用、相互联系而形成的系统，要求从整体出发，把对象始终作为一个有机的整体，从对象本身所固有的各个方面、各种联系上去考察对象，从系统与要素、整体与部分、结构与功能的辩证关系上去把握对象，从而能够把微观和宏观、还原论和整体论结合起来，以适应复杂性问题的解决。由于审美经验不是一种简单

---

① ［美］冯·贝塔朗菲：《一般系统论：基础、发展和应用》，林康义等译，清华大学出版社1987年版，第10页。
② ［美］冯·贝塔朗菲：《一般系统论：基础、发展和应用》，林康义等译，清华大学出版社1987年版，第14页。

的、纯一的心理现象，而是一种包含着许多异质要素的多方面的复合过程，是多种异质要素共同整合的结果，它的特性和规律只有在各种异质要素的整合中才能体现出来，因此，应用系统方法论这种新的思维方式或哲学方法论，对于纠正历来对于审美经验的一些片面理解，全面地、整体地认识审美经验的内容、过程、特性和规律，就显得特别适合和重要。

运用系统方法论对审美经验进行宏观研究，首先要着眼于对审美经验的整体特性的总体的分析和把握。系统方法论包括要素分析，但不限于要素分析，它特别强调整体性，强调综合对于分析的统摄性。以往的许多审美经验理论的一大弊病，就在于脱离整体去孤立地分析其要素，乃至把其构成要素的某种特性当作整体的功能特性。众所周知，实验美学曾经分别对形状、线条、色彩、音调、动作等所引起的感觉和情绪反应，做过许多心理实验和测量，试图由此去解释审美偏爱乃至全部审美心理活动的性质和规律。但是，这些实验和测量的数据却难以对审美经验的基本特性和普遍规律做出深入说明。它们对审美规律的解释不是捉襟见肘，便是自相矛盾，以致它们对审美经验研究的作用越来越被人们所怀疑。如果从思维方式上究其原因，其失误正是由于缺乏整体性观念，脱离了审美心理的整体结构方式而孤立地、分别地考察个别组成部分。西方一些很有影响的审美理论在解释审美经验的特性时，往往只注意到其构成要素的特殊性，却忽视了其要素构成方式的特殊性，所以在规定美感的特性时也仍然缺乏整体观念。它们或者强调美感即直觉（即低级的感觉活动），与理智无关（克罗齐）；或者认为美感只涉及情感，不能容纳认识（康德）；或者主张美感根源于无意识的欲望，不受意识支配（弗洛伊德）；等等。实际上，直觉、情感、欲望乃至无意识的深层心理因素，都不过是审美心理、审美经验的构成要素，它们各自孤立的性质或孤立性质的相加总和，都不能构成美感的整体特性和功能。茹科夫说："系统的性质和这种整体性（非加和性）是由其结构来决定的，即由系统的要素的相互作用方式和联系方式决定的，系统的这些要素有着强有力的内部联系，以致使系统保持自身质的规定性。"[1] 按照系统论观点，系统整体水平上的性质和功能，不是由其构成

---

[1] ［苏］尼·伊·茹科夫：《普通系统论和控制论的出现改变了世界科学的图景》，《哲学译丛》1979 年第 1 期。

第二章 审美经验研究与现代科学方法论

要素孤立状态时的性质和功能或它们的叠加所形成的，而是由系统内各个要素相互联系和作用的内部方式即结构所决定的。审美经验和其他经验的区别主要不在于其构成要素的多寡，它的整体特性也不能由它的构成要素的孤立的特性或其相加的总和来解释，而是要由它的全部心理构成要素相互联系、相互作用所形成的特殊结构方式来说明。如果我们不去认真研究在审美经验中感知和理解、知觉和情感、情感和理智、想象和思维、意识和无意识等各种异质要素是以何种特殊方式相互联系和作用的，不去认真分析美感中的特殊的认识结构、情感结构以及二者之间的相互关系，我们就无法从整体上去认识和把握审美经验的特性和功能。对于人们常常遇到的特殊的审美心理现象以及常常用于描述审美经验的特殊概念和范畴，如直觉性、愉悦性、形式感、移情作用、不确定性、意象、趣味、灵感等等，也就不能从整体上给予其科学的阐明。

为了从整体上认识和把握审美经验的特性，我们不仅应当在其内在结构要素的相互联系和作用中去进行研究，而且也应当在其各种外在表现形式的相互联系和统一中去进行分析。审美经验的外在表现形式是多种多样的，各种外在表现形式既有区别又有联系，各以不同特点显示出审美经验的共同性质和规律。我们既不能只考察审美经验的一种形式，而不顾另一种形式，也不能孤立地考察各种形式，而不顾它与审美经验整体之间的内在联系。例如，从活动方式上来看，审美经验有审美欣赏和艺术创造两种表现形式。前者在心理过程上表现为被动的感受方面较突出，所以又被称作审美观照或审美享受；后者在心理过程上则表现为能动的创造方面较突出，并常常伴随有激情、灵感等特殊心理活动。历来的美学家分析美感经验，往往侧重于对于审美观照和欣赏经验的考察，有的甚至将审美观照和艺术创造对立起来，而仅以前者来确定审美经验的特性，这就难免失之片面，如康德认为创造需凭天才，欣赏则凭鉴赏力。天才涉及的主要是理念内容，鉴赏力涉及的却是美之所以为美的形式。天才和鉴赏力是对立的，所以创造和欣赏也是对立的。由于康德主要根据鉴赏力来分析审美经验，所以便得出审美只涉及形式的片面结论。事实上，欣赏和创造作为审美经验的两种表现形式，是既有区别又有联系的，如果我们从它们与审美经验整体特性的内在联系中来考察它们各自的特点，就不会把它们互相对立起来。另外，从引起的对象来看，审美经验也可以表现为不同形式。例如自然对象、社会生活和艺术作品分别引起的审美经验，就是三种不同表现形式的经验。就艺术作品本身来说，也有偏重于表现的和偏重于再现的、偏重于形式的和偏重于内容的、偏重于抒情的和偏重于叙事的等区别，它们所引起的审美经验在表现形式上也带有各自的特点。如果我们在从宏观上分析和把握审美经验的总体特性时，不是在它们与审美经验整体的有机联系中来考察它们，看不到它们既相区别又相统一的辩证关系，就有可能陷于片面性而影响到对于审美经验性质的全面的、科学的认识。

第三节　用现代科学新成果分析审美经验

为了使审美经验研究达到现代水平，除了需要更新思维方式外，还需要吸收现代科学的新的成果到审美经验的分析中来。如果说，更新思维方式，应用系统方法论研究审美经验，是要在宏观层次上，对审美经验的各种构成要素、结构层次、活动方式等在总体上、在动态中进行综合性研究，以求把握审美经验的整体特性和功能，那么，吸收现代科学的新成果，则是为了深入揭示审美经验得以产生和实现的内在机制，使审美经验研究进入打开"黑箱"的微观层次。研究审美经验的内在发生机制，也有一个方法论问题。旧唯物主义美学家以审美客体为重心，把审美经验的产生过程看作客体向主体的运动，审美经验不过是审美客体作用或刺激主体的结果。在审美经验发生过程中，客体始终是主动的，而主体则是被动的、消极的，如经验论派美学家伯克认为美感的发生是对象的某些特性"通过感官的中介，在人心上机械地起作用"的结果。这种看法虽然在强调审美经验的客观来源和制约性上有其合理的一面，却忽视了审美主体在形成审美经验中的能动作用，因而不利于深入探讨审美经验发生过程的内在机制。另一方面，唯心主义美学家则以审美主体为重心，把审美经验发生过程看作审美主体向客体的运动，审美经验不过是审美主体的情感、态度作用于客体的产物。在审美经验发生过程中，审美主体始终是主动的，而审美客体则是被动的，或者是派生的。如当代影响极大的审美态度理论，认为只要主体采取审美态度，任何对象都可以成为审美对象，从而产生审美经验。这种看法在发现和探索审美主体在审美经验形成中的能动作用方面是有所贡献的，但是由于它忽视乃至否认审美经验发生的客观来源和制约性，因而也不利于探讨审美经验发生的内在机制。我们认为，在探讨审美经验的内在发生机制时，只有以辩证唯物主义的能动的反映论作为方法论基础，才可能找到正确方向。按照辩证唯物主义的能动的反映论，审美经验的发生过程既不是简单的客体向主体的运动，也不是单纯的主体向客体的运动，而是主客体之间的相互作用和双向运动的结果。这种看法既坚持了审美对象对审美经验发生的客观制约性，又强调了审美主体对审美经验发生的主观能动性，是完全符合审美欣赏和艺术创造的实际的。我们要深入揭示审美经验产生和实现的内在机制，就要着重研究审美主客体相互作用的特殊过程，对其形成的特殊心理机制和生理基础给予科学说明。为此，就需要把审美经验研究植根于现代心理学、生理学、脑科学等具体科学的最新成果之上。由于现代感觉心理学、认知心理学、神经心理学、神经生理学、大脑科学、人工智能等现代科学技术迅速发展，人们可以期望借助这些新的成果，从不同层次和不同方面去深入揭示审美经验发生和实现的复杂的心理机制和生理基础，使审美经验的分析建立在科学的根据之上。

在深入揭示审美经验发生的内在心理机制时，应该注意探索美感产生的中介因素问题。西方美学史上，关于审美经验产生的中介因素曾有过各种理论表述，如"趣味能力"说、"鉴赏力"说、"审美观念"说等。我国美学界也有美学家早就对美感形成的中介因素做过理论探讨，可惜这些重要观点长期没有得到深入研究和阐明。事实上，深入研究审美经验形成的中介因素，正是揭示审美主体在审美反映中的能动作用的内在机制的一个关键问题。美感作为一个复杂的、特殊的心理过程，它的发生不能仅仅看作对某一具体对象的直接反映，而是需要借助审美主体的一定的心理结构作为中介。现代控制论、信息论和心理学的发展，无疑为我们在现代水平上分析审美经验形成的中介因素问题，提供了更加坚实的理论基础。现代控制论提出，人的意识具有"信息—调节性质"，人的心理过程表现为双重决定作用：一方面，它受到从外部世界获得的非约束性信息的制约；另一方面，它又是受种族发生和个体发育中所积累的大脑的一切约束性信息影响的。这两种决定因素——外部的和内部的、外来的和内源的——总是处于密切的联系和交互作用之中。现代心理学吸收了控制论和信息论的思想，它对知觉的研究表明，人对周围世界的反映，不仅以对外部信息的生理知觉过程为前提，而且以主动地把这些信息转换为可以被理解的知觉映象和概念结构为前提。知觉的结构一方面是外部信号作用的结果；另一方面又来自主体，是主体贡献的结果。只有当一种信号可以从收信人已有的信息积累中被选择出来的条件下，这种信号才可能为收信人带来有意义的信息。这就意味着，在主体的意识中，应当存在着某种复杂的解释模型的系统，这些系统可以判读收入的神经信号。这种在人的实践和认识活动过程中所形成的各种解释模型的系统，为认识客体对象提供了"观察点""视角"和"解码系统"，因而在主体反映客体中起着中介因素的作用。[①] 现代认知心理学和皮亚杰的发生认识论，也从不同角度支持了上述思想。吸收这些新的科学成果，无疑可以使我们对审美经验发生中主客体相互作用的中介因素问题获得进一步的认识和科学的说明。当然，吸收现代科学的新成果来揭示审美经验发生的内在机制，探索审美经验形成的中介因素，是一项艰巨的、复杂的研究工程。一般的科学成果并不能代替对于审美经验的具体分析，一般的科学概念范畴也不能代替艺术审美中特殊的概念范畴。吸收现代科学的新成果必须从审美经验的实际出发，密切结合审美经验的特点和特殊规律，这样才能有助于审美经验内在发生机制的研究，促进审美经验理论的创新和发展。我们把审美主体在实践和认识中通过形象思维形成的形象观念或意象作为美感发生的一个中介环节来加以阐述，就是在这方面做出的一种尝试。如果我们在审美经验研究中，既注意了更新思维方式，又注意了吸收现代科学的新成果；既努力从宏观上去认识审美经验的整体特性和规律，又努力从微观上去揭示审美经验的具体的内在机制，那么我们就有可能把审美经验研究提高到一个新水平，取得新突破。

---

① 参见［苏］Ф. B. 拉札列夫、M. K. 特里伏诺娃《认识结构和科学革命》，王鹏令等译，中国社会科学出版社1985年版，第117页。

第三章　审美心理系统整体论

第一节　从整体性上把握审美心理特性

美学史上研究审美经验首先提出的一个问题是：审美的意识活动和科学的意识活动、道德的意识活动究竟有什么不同？审美心理活动有哪些特点？康德特别着眼于这个问题，他的《判断力批判》就是专门研究审美判断和逻辑判断以及功利的、道德的活动的区别。为此，他把人的心理功能分为知、情、意三个方面，认为审美判断只涉及情感的心理功能，因而是一种情感的判断。当然，他的区分是绝对化的、有缺陷的。但是由此可以看出对于审美心理的特点的确定是解释审美经验首先遇到的问题。因为这个问题涉及对审美经验的宏观的研究，所以更值得我们重视。那么，我们今天怎样去研究这个问题，才能科学地把握审美心理的特点呢？笔者认为从现代系统论的观点看，我们应该着重于审美心理整体性的研究，在审美心理的整体性上去把握审美心理的特点。

所谓审美心理的整体性，就是说审美心理是由多种心理要素组成的一种特殊的复杂的心理活动过程。各个构成要素互相联系、互相作用，形成一个有机的整体。正如现象学美学家英伽登所说，审美经验是一种多方面的复合过程，"包含了许多异质的要素"[1]。我们讲审美心理的要素，比较多地讲它的感知、想象、理解、情感，当然也有人讲到了注意、幻觉、欲望、意向等。但是审美心理的整体的特性不是由组成它的个别要素属性所决定的，也不是各个要素属性相加的总和。所以，我们理解的审美心理的

---

[1] ［波］R. 英伽登：《审美经验与审美对象》，《哲学和现象学研究》1961年第11卷第3期，第295页。

整体性，是把审美心理作为一个系统来看待的。整体性是系统的最重要的属性之一，系统论的创立者贝塔朗菲给系统这样定义：系统是相互作用着的诸要素的综合体。他把一般系统论看作关于"整体性"的一般科学。另一个系统论的研究者达姆讲到系统时说：系统必须以某种统一性和整体性为前提，系统的各组成部分因此而互相联系在一起。按照系统论的观点，任何一个系统的整体的特性，是不能由组成它的各个部分的特性简单地相加而引出来的。它是决定于组成整体的各个要素互相联系、互相作用形成的一种特殊关系和联系方式，即结构方式。"联系""关系""结构"这些词是系统论非常强调的词，它强调事物内部的各种联系，强调事物的内部结构，而不是孤立地分析它的各个部分。这种系统论的观点在方法论上是一个巨大的变革，它在心理学上被广泛地应用了，如流行于20世纪的格式塔心理学（又叫完形心理学），就把人的心理现象作为一个有整体性的观念系统来加以考察，强调心理活动的整体性。在这一方面它与传统的心理学，如结构主义心理学就不大一样。格式塔，准确地讲就是统体相关、完整的现象，内部各个要素是互相联系的。完整的现象具有它本身完整的特性，所以要把握它整体的特性不能把它割裂为简单的元素。而且作为一种心理现象，任何一种心理活动的整体特征都不包含于组成它的各个元素之内，它是由各个元素互相联系、互相作用形成的。美国当代美学家阿恩海姆把格式塔心理学运用于视觉艺术的研究，强调审美知觉中的完整特性，提出人们对于审美对象的欣赏是同形同构的。当人们欣赏一件美术作品时，美术作品是通过物质材料形成了一个完形的结构，而这个完形的结构要唤起鉴赏者在力的样式上与之相同的整个心理结构的反应。所以，"眼睛在观赏一幅已经完成的作品时，总是把这一作品的完整的式样和其中各个部分之间的相互作用知觉为一个整体"[①]。例如，我们欣赏米开朗基罗的杰作《创造亚当》，这幅画是由色彩、线条、构图构成的一个完形结构，它通过完形结构将一个特定事件的意义加以特定化的表现，因此，它在观众心中引起的心理活动"不是分别领悟它的各种信息，而是在我们心里面产生一种活跃的关系"，以完形的结构来作用于我们的整个心理。这就是

[①] [美] 鲁道夫·阿恩海姆：《艺术与视知觉》，滕守尧等译，中国社会科学出版社1984年版，第600页。

第三章 审美心理系统整体论

把审美心理作为一个整体,特别是把审美知觉作为整体来加以分析研究,从而掌握它的整体特征。阿恩海姆认为,不仅知觉经验是一种格式塔,整个心理现象也是格式塔。"人们的诸心理能力在任何时候都是作为一个整体活动着,一切知觉中都包含着思维,一切推理中都包含着直觉。"①

根据上述这些观点,结合审美经验的实际,我们认为在把握审美心理特性时,要注意对审美心理整体性的分析。我们不能把审美心理的整体特性简单地归结为审美心理构成中某个因素的属性,也不能把它机械地看作各种构成因素的属性相加的总和。审美心理的特性、审美经验和日常经验、科学认识、道德意识的区别,主要不在于它们的心理构成因素的多寡,而在于各种构成因素互相联系、互相作用的特殊结构方式。审美心理的特性是由各构成要素之间存在的那种联系和关系的特点所决定的。所以,我们必须把审美心理研究的重点放在对审美心理的特殊结构方式的分析上,并由此去考察审美心理不同于其他意识活动的整体特性。

从这种观点来审视美学史上和当代美学中许多有影响的审美心理学说,它们可以说是在不同程度上都忽视了审美心理的整体性问题。许多美学家往往只承认或强调审美心理中某个要素或某些要素,从某个要素或某些要素的属性去概括、说明审美心理的特性,而忽视了各种要素之间的特殊联系和关系,这样就难免出现绝对化、片面性。比如说,强调美感仅仅是一种直觉,或者认为审美只关系情感领域,这是一种片面性,康德、克罗齐就有这种倾向。还有另一种倾向,强调理念、强调认识,认为美感只是一种认识、是一种理念的活动,像新柏拉图学派就这样主张。他们都缺乏对于系统整体的研究,把审美心理中的某种要素的特性夸大了,这都是不了解审美心理的整体性。

那么,究竟如何从审美心理各构成要素的特殊联系和结构方式上去把握审美心理的特性呢?笔者认为至少要注意到以下几个方面。

第一,从感性和理性的统一上去把握审美心理的特性。审美心理活动与科学认识活动、道德意识活动是很不相同的,我们首先要承认这个差别,一个正常的人在自己的审美实践活动和审美体验中,就会感觉到这种

---

① [美]鲁道夫·阿恩海姆:《艺术与视知觉》,滕守尧等译,中国社会科学出版社1984年版,第5页。

差别。在科学的认识活动中，人们要认识对象的本质和规律，需要经过明显的从感性认识到理性认识、从现象到本质这样一个认识的上升过程，需要经过去粗取精、去伪存真、由此及彼、由表及里这样抽象的逻辑思考，然后形成理性的认识。一般科学研究活动对对象的把握，其认识活动的阶段性是比较明确、自觉的。我们现在的一般认识论都是讲科学的认识过程，但是审美恰恰从表面看来不是这样的。我们在感受美的时候，人们在把握对象的美的时候，不是像科学认识那样，有个从感性到理性的认识、从现象到本质的认识这样一种明显的自觉的过程，当然更不需要经过什么抽象的逻辑思维。在许多情况下，审美心理活动最突出的特点是，一见到美便马上整个身心便被震动、被吸引以至被陶醉，这个情况是任何人都能体验得到的。人们能够感受美，能够欣赏美，但是让他说出为什么，他往往说不出来。17世纪的唯理论哲学家莱布尼茨指出，艺术家对于什么好、什么不好尽管很清楚地意识到，却往往不能够替他们这种审美趣味找出理由，如果有人问他，为什么不喜欢某个作品，他就会回答说："我觉得这个作品缺乏一点我说不出来的什么。"不喜欢的作品缺乏一点你说不出来的什么，那喜欢的作品就具有一点你说不出来的什么。"我说不出来的什么"这句话，在西方经常被引用。当然，一般说这种现象在欣赏自然美、人体美和反映人体和自然美的艺术作品中是比较明显的；如果就文学作品的欣赏看往往还不一定是这样。这个现象很引起美学家的注意，所以围绕这个问题，形成各种学说，一直发展到克罗齐的直觉说。克罗齐讲的直觉与我们今天心理学讲的直觉意义不完全一样，它有特定的含义。克罗齐讲的直觉主要有两种含义：就主体方面讲，直觉是知觉以下的活动，最初的最低的感觉活动；就欣赏对象方面讲，人们感觉到的绝对不涉及内容和意义，而只是涉及对象形式、外观。他认为美感的活动就是属于人们知觉以下的最低级的心理活动，而所把握的对象也只是对象的外观和形式，不涉及它的意义。他认为这才是真正的审美心理，也才是审美心理特殊性的表现。很显然，这种说法是不符合辩证唯物主义认识论的，不符合人们的审美实践的。我们并不否认审美活动有感性的特点，但我们不能把美感归结为克罗齐说的这种直觉活动。审美活动中感性的因素很活跃，感知、情感很活跃，这与科学认识活动有很大的不同，甚至与道德的意识活动也有很大的不同。但从整体上看，美感的这种感性恰恰是和理性相联系的，是不脱离理性的。过去有的美学家实际上是强调了这种联系，一些具有唯物主义思想的美学家大都是从事实出发强调了这一点。车尔尼雪夫斯基说，美感认识的根源无疑是在感性认识里边，但美感认识与感性认识毕竟有本质的区别。把美感仅仅归结为一种感性认识活动是不符合实际的。在美感中理性活动渗透在感性中间，审美活动中属于感性的各种要素和属于理性的各种要素组成了一种特殊的联系、特殊的关系，从特殊联系和关系中产生了审美心理的整体属性。这种属性黑格尔讲得很好，黑格尔就是从感性和理性的统一中间去把握审美特性的。他认为审美也好，艺术也好，是必须有理性认识的，但他又讲理性认识不是回到抽象形式的普遍性，不是回到抽象思考的极端，而是停留在中途一个点上。在这个中途的停留点上，内容的实体性不是按照它的普遍性而单独地、抽象地表现出来，而是仍然融汇在个性里。这个思想很重要，无论是康德讲的"审美观念""审美理想"，还是黑格尔所说的"敏感"，他们都是讲的这点。他们并不完全脱离理性，但又不是讲抽象的理性。黑格尔讲审美是一种朦胧的概念认识，用我们今天的话讲，审美心理活动是一种形象思维，从感性和理性的整体上去把握，也就是说把它作为一种形象思维来把握。

第二，从情感和认识的统一上去把握审美心理的整体特性。从美感中的各种心理活动来看，情感的因素相当突出。过去我们把审美活动以至于艺术创作活动仅仅作为一种认识活动来研究，是对审美活动和艺术创作特点认识不够的表现。中西对审美心理有各种各样的说法，但都强调情感活动。如果与科学认识和道德意识活动比较，并不是说科学认识和道德意识没有情感活动，而是说在它们的心理活动中，认识和情感没有达到完全的统一，而在审美的心理活动中两者却达到了完全的统一，并且往往是以情感这种形式表现出来，整个审美心理活动是用情感的外在形式表现出来的，而其中包含着认识的内容，所以关于情和理的关系是美感研究中的一个核心问题。我们在把握审美心理的整体特点时不能只强调一个方面，因为实际上任何一种情感活动都是以认识作为基础的。人的情感活动是在认识过程中产生的，总是伴随着人们的认识过程的。情感是对客体和人的需要之间关系的反映，而客体和人的需要之间的关系是通过人的认识来掌握的，所以情感活动是不能脱离人的认识活动的。美感中的情感活动尤其如此，美学史上虽然有的美学家在研究审美和艺术经验时只是强调它的特点在情感，否认它和认识的联系，但是，也有许多美学家是既看到审美和艺术的情感特点，又看到审美的情感是和认识具有内在的、特殊的联系的。如黑格尔就非常强调艺术家在艺术美的创造的过程中须达到理解力与情感的统一，因为"在这种使理性内容和现实形象互相渗透融会的过程中，艺术家一方面要求助于常醒的理解力；另一方面也要求助于深厚的心胸和灌注生气的情感"①。这和中国古代美学思想中强调文学创作是"寓理于情""理以导情"的传统理论是完全一致的。有人认为，当代西方美学家在分析审美和艺术经验时都是只强调情感的，这也是一种不全面的看法。在当代西方美学家中，固然有像科林伍德那样主张艺术是作家自我的情感的表现的，但是也有持相反看法的。如著名的符号学美学家苏珊·朗格就不赞成科林伍德的艺术主张，而另提出艺术是表现"艺术家所认识到的人类情感"的看法。根据这种看法，苏珊·朗格强调艺术中情感和认识、理解是联系在一起的，艺术作为"情感的逻辑表现"（logical expression），实质上也是理智性的、认识性的。由新实验美学的倡导者丹尼尔·伯莱因提出的唤起理论，也强调欣赏者的愉快情感是由对艺术对象的认识引起的，从而从艺术欣赏经验这一方面，论证了审美心理中情感和认知是以特殊方式互相联系着的。

第三，从愉悦和功利的统一上去把握审美心理的特性。美感经验的突出特点是它具有愉悦的感受和感动的心理特殊形式。审美最后的体验是愉快的、是精神上的满足，因此西方的美学家对美感的概括很多就是把美感说成是快感。应该说愉悦性确实是审美心理的最重要特性，如果忽视了这一方面，我们就不可能找到它区别于科学认识和道德意识的地方。但是美感愉悦这种心理形式的背后是不是有社会功利内容呢？我们说还是有的。康德分析美感，认为它是超功利的。当代西方美学家倾向于否认美感的功利性，但也有持相反看法的。如桑塔亚纳就提出"审美快感的特征不是无利害观念"②。对于这个问题，我认为应当辩证地去理解。如果这个功利讲的是日常的人们的物质的需要，那么我觉得审美不涉及这方面的功利，画不能吃，音乐不能穿，艺术欣赏、美的欣赏恰恰不是为了这些，人们往往

---

① ［德］黑格尔：《美学》第一卷，朱光潜译，商务印书馆1979年版，第359页。
② ［美］乔治·桑塔亚纳：《美感》，缪灵珠译，中国社会科学出版社1982年版，第25页。

是摆脱了对于物质的欲求，才能够进入审美。但是，我们所讲的功利不是指这些，不是指人们实用的物质需要，而是指人们整个社会生活的制约性。从这点上说，我们不能说美感的愉悦感情是超功利的。它虽是以愉悦的审美形式表现出来，但为什么人们对这种东西感到愉快，对那种东西感到不愉快；为什么这件事可以引起我愉悦的感觉，而那件事相反，这和一定的社会生活条件有关系。表面上看人们审美的时候不能自觉地意识到社会功利意义，实际上已不自觉地受到社会生活条件的制约。正如普列汉诺夫所说：正是这样的社会生活条件，说明了一定的社会、一定的民族、一定的阶级具有这些而非其他审美趣味和概念。所以这个问题要回答它，必须从愉悦和功利的统一去解释它。如：为什么一些原始部落中的妇女，把脚上和手上戴着沉重的铁环当作美的装饰呢？为什么辛亥革命后，一些满清的贵族提着鸟笼子整天坐茶馆，而认为这是最好的美的生活乐趣呢？为什么在一定的时代，某种艺术作品特别流行，人们特别喜欢它，形成当时普遍的艺术趣味、艺术风尚？离开了愉悦和功利的统一，这些现象是不好说明的。

第二节　审美心理结构的多层次性

在审美活动中，审美心理各个要素之间有一种稳定的联系，这种稳定的联系就构成了所谓的审美心理结构。因为各个要素之间的稳定的联系具有多样性与复杂性，这就决定了审美心理结构是多层次、多等级的。审美心理构成中，各个不同的要素与要素之间的联系按照不同的水平而形成了不同的层次结构，因而我们在考虑审美心理的时候要注意分析它由低到高的不同层次，这样讲是把审美心理作为一个有机系统来看待的。系统的另一个属性就是它的层次性或者等级性。贝塔朗菲除了强调系统的整体性外，就是强调系统的等级性，他认为系统是一个等级的组织，这有好几种含义。首先，在系统中各个要素以及它们之间的联系由于水平的不同而形成了各种不同的层次，这就是等级性的一个含义。另一个含义，系统中的任何一个要素都可能是较低一级的系统，系统中包含的任何要素其本身也是一个小系统，我们研究的系统又可能是比这个系统更大一些的系统的一个要素。系统本身内部各个要素关系是按层次排列的，系统比其他更大的系统可能是一个要素，而它所包含的要素可能是比它更低一些的层次的系统，这样就由低到高形成了系统的各种层次。把审美心理作为一个系统来研究，从层次性、等级性上来说明审美心理的发展，说明它的结构的组成是比较科学的，而且可以防止许多片面性。

关于审美心理多层次结构，至少可从三方面来加以认识。首先，从审美的认识活动来讲，审美的认识活动是多层次的。审美的认识活动，我们谈得比较多的主要是审美的感知、审美的联想、审美的想象、审美的理解，这些都属于审美认识活动的不同层次，是由浅入深、由低级到高级的认识层次，基本上是符合人们的从感性到理性、由浅入深的认识水平的。不同层次的审美认识活动以形象观念为中心形成完整的审美认识结构。在审美经验理论中，各派美学家大都是承认审美感知这个层次的，因为对美的感受不能忽略感知，我们对美的事物的接触也是从感知开始的，始终不脱离感知。离开了感知，就美的欣赏而言，就无所谓美感可言，无所谓审美心理可言，就文学创作活动来说，它的审美心理构成始终离不开表象，表象还是以感知作为基础的。这个方面人们的分歧不是很大。现在的分歧是是否承认审美心理的认识活动也包含由浅入深这么一种层次性。有的美学家否认这个层次性，认为美的认识活动就是感知，认为联想、理解与真正的审美心理是无关的。所以有的美学家讲，加入了联想、加入了审美理解，就不是真正的美感或审美情感。在康德分析审美判断时已流露出这种倾向。康德讲美有自由美和附庸美两种，但他认为最纯粹的审美判断是对自由美的观赏。自由美不以对象的概念为前提，说该对象应该是什么，它只是为自身而存在的美。康德认为这个范围很狭窄，他认为欣赏一朵花，如果追究这朵花究竟是什么，这就不是对自由美的欣赏了。植物学家可以说花是植物的生殖器，真正对花作自由美判断的人，很少对花有这样理解，如果对花有这种理解，这就不是对花的自由美的欣赏。他认为，对自由美的欣赏是对对象形式本身的欣赏，而不是对对象意义的欣赏，这样他所举的自由美就非常有限。对自由美的欣赏完全不关系对象的意义，完全没有联想以至于理解活动参与，他认为这才是最纯粹的审美判断。至于附庸的美就不同了，涉及了对象的内容意义，涉及了对象的概念，他认为这并不是对对象最纯粹的审美判断，这种思想为很多美学家所接受。

克莱夫·贝尔的《艺术》是20世纪西方美学中很有影响的一部著作，

它主要是研究视觉艺术的,并且主要是以后期印象派的艺术实践作为基础来研究人们的审美经验的。他提出艺术是"有意味的形式"的著名论点,认为审美的情感来自艺术有意味的形式。什么叫审美情感呢?他说有意味的形式引起的情感叫审美情感。什么叫有意味的形式呢?他说能够引起审美情感的形式叫有意味的形式。西方美学家批驳他的这种相互循环的观点,认为两者都没有说得很清楚,但有一个意思他说得很清楚,那就是他认为真正的审美情感只涉及对象的形式,而不涉及对象的内容意义。他认为产生审美情感的时刻,人的审美视野中的物体绝不是激发联想的手段,而是纯形式。他排除联想,更排除理解,不是把美感心理作为一种系统来考察。

我们认为,审美的感知是很重要的,但它不只是这个层次,从整个审美的认识活动来看,感知毕竟还是较低的一个层次。只有不断地进入联想、想象、理解,审美的认识活动才能达到较高的层次。如果没有联想、想象、理解这些更高的认识活动参与,那么美的欣赏不可能有更深刻的美的感受,而从艺术创作来看,也不可能真正有美的创造。在一般的美的欣赏中,联想的活动对深化美感的作用是相当突出的。我们欣赏自然美,一般是因它的形式、色彩、声音、形体,形式感比较突出,因此感知的因素在美感的认识活动中占有较为突出的地位。但是,如有联想的参与就可以把美感推向前进,获得的美感就更加强烈。苏轼的《饮湖上初晴后雨》这首诗,就是通过联想作用把对西湖景色的感受引向更深的美感。"水光潋滟晴方好,山色空蒙雨亦奇。"这是写西湖本身的形态美,晴天看到西湖水光潋滟,波光闪动;雨天呢?西湖后边的山云雾缥缈,形成了一种朦胧美。后两句:"欲把西湖比西子,淡妆浓抹总相宜。"这就是一种联想作用,用西湖比西子是联想,这是加强了美感还是破坏了美感?加强了美感。茅盾写的《白杨礼赞》对西北高原上的白杨树产生那么强烈的美感,如果没有联想、想象参与,那是不可思议的。联想和理解包含着很丰富的内容,一般的艺术欣赏都是有联想活动参与的。欣赏者总是在自己的生活经验、情感积累基础上去感受艺术作品。这里不可能没有联想,不可能没有想象活动,不可能没有更深的理解活动,不然他不可能去再创造。我们的很多艺术作品恰恰是给欣赏者以联想、想象的余地,加上欣赏者自己的理解,因而使欣赏者获得了更广、更深的艺术境界。

关于审美心理多层次结构的第二个方面，是审美的情感活动。审美的情感是伴随着审美的认识活动而产生的，是与审美的认识活动互相作用的。审美的情感活动也是多层次的，审美感受可以从较浅的、较为简单的情感体验发展到较深的、较复杂的情感体验。由于情感与认识活动之间的不同层次的结合，与感知、联想、想象、理解不同层次的结合，就构成了各种不同的情感活动的形式，这一点对审美心理的研究是很重要的。研究审美心理中情感的各种形式，对我们艺术创作和艺术欣赏有很密切的关系。在审美感知的阶段有一定的情感活动的形式，在联想想象的阶段也有一定的情感活动的形式，而和更深的理解、更深的理智活动相结合又有一定的情感活动形式。不同水平上的情感活动与认识结合，可以形成各种不同的情感活动的形式。比如移情现象，这是审美情感活动的一个很重要的形式，是在一定水平上、主要是在联想的水平上，由于联想与情感的交互作用而形成的一个审美的情感活动的方式，这种方式对于进行艺术创作活动和艺术欣赏活动具有很重要的意义。

"移情"这个词是由德国美学家费肖尔父子最早提出来的，后来又由德国心理学家里普斯对它作了更进一步的解释。里普斯不是把移情现象作为人对客观现实的反映活动来说明，有很多观点是唯心主义的，但是不能因为他的错误解释而认为不存在移情现象。其实，它是审美情感中很特殊的一种形式，我们现在的任务是给它以正确的解释。从审美心理活动的层次来讲，它恰恰是审美的情感与联想互相作用所形成的一种情感活动层次。郑板桥画竹，就不只是画竹，实际上是人物性格的写照。他有一幅竹画题诗："咬定青山不放松，立根原在破岩中，千磨万击还坚劲，任尔东西南北风。"这就是移情作用。徐悲鸿的《奔马》如果没有移情作用，那么不会将马画得那么栩栩如生，这主要是在审美主体情感的作用下产生了一种类似的联想。类似的联想和审美主体的情感互相联系、互相作用，构成了一种特殊的情感活动方式，形成了一种美感的效果。中国古代画家郭熙说："真山水之烟岚，四时不同。"在画家的眼中，山水的景象四时是不一样的："春山淡冶而如笑，夏山苍翠而如滴，秋山明净而如妆，冬山惨淡而如睡。"春、夏、秋、冬四时的山峦自然景色被拟人化了，带上了人的感情。后来的画家讲的更为简要："春山如笑，夏山如怒，秋山如妆，冬山如睡。四山之意，山不能言，人能言之。"山本无什么感情可言，但在画家的眼中却成了笑、怒、妆、睡的有情之物，这显然是审美活动中的移情现象。不过这里有个特点，在这样一种移情活动中间，类似联想和我们一般拟人化的类似联想也有些区别。这种活动中由于情感的作用，唤起联想的事物和被联想的事物之间的联系有了更大的必然性。因而就人们的审美来讲，往往看不到联想的过程，也消解了联想的独自内容，于是自然事物的形象、其特征与人的感情活动在意识中间完全融为一体，所以我们在移情现象中有一个很突出的特殊的感觉，好像自然事物本身有了情感，好像自然事物本身它自己在活动，实际上这是人的情感联想的作用。

还有很多其他情感活动的形式，如触景生情，这是一种比较简单的活动形式，一般在审美感知的基础上就可以发生，当然更深的感情就有了联想活动。又如演员在舞台上表演，人物内心的体验对演员是非常重要的。斯坦尼斯拉夫斯基就非常强调演员进入角色，要求要有人物内心体验，这是一种审美体验的方式。再如我们的艺术欣赏中的同情、共鸣，这也是一种比较典型的审美感情活动的方式。过去有些美学家不承认审美中的这些情感活动属于美感，不承认它属于美感的心理活动，认为日常生活中的情感活动是不能进入审美经验的。这是不符合艺术欣赏实际的。如果我们观看戏剧或电影时产生的那种喜、怒、哀、乐都不能算审美的情感活动，那么除此之外，审美的情感活动还剩下什么呢？认为审美的愉悦才是审美的情感活动，那当然是一种审美的情感活动，但那是审美情感总体活动的结果，是一种总体效果。而且那种愉悦感动与这种情感也是有关的，因为这种情感若不是很强烈的，你最后得到的审美愉悦、审美满足也不会是很强烈的。所以越是激动人心的小说，越是激动人心的影片，越是打动人的感情，越是能使人得到精神上的满足，审美的愉快感也就越强烈。故而这些审美情感活动都应作为审美心理来研究，不应该把它排除在审美心理研究之外。

第三方面，审美心理中形成的一个总体体验，我们称作审美愉快。这也是多层次的，不能把它简单化。审美在我们精神上最后获得一个总的体验，是愉快的感受、愉快的情感。这种感受是美感的认识活动和美感的情感活动综合作用的结果。斯托洛维奇在《审美价值的本质》中讲到艺术作品有各种各样的功能，其中有审美的功能，可以使人获得愉快的感受。那么，审美功能如何来的呢？他认为是多种活动功能互相作用的结果，有着多种原因：有形式方面的原因，有内容方面的原因；有理智方面的原因，也有情感方面的原因。这是比较全面的分析，所以它是美感的认识活动和美感的情感活动相互交叉作用的结果。审美的愉快又有着由浅入深的过程，也是一个多层次的。在审美感知阶段，一般的是感官的快适感受，这一点我们从对自然美的欣赏中感受得比较突出，艺术美的形式这方面给我们的感官方面的感受也比较突出。这个快适感受主要是一种娱目悦耳的快感。因为我们审美的感官主要是视、听两种感官，我们审美的认识主要是通过视、听这两种感官来获得的。人们现在主要分视觉的艺术、听觉的艺术，像雕塑这种艺术虽然也可以通过触觉来加强人们的美感，但其主要还是一种视觉的艺术。所以我们说感官的快适感受主要是娱目悦耳，比如在欣赏自然美的时候，春天的繁花，秋夜的明月，山清水秀，莺歌燕舞，色彩光线，声音形态，在审美感知的阶段就伴随着快乐遂意之感。在艺术欣赏中，绘画的色彩鲜明、线条柔和，音乐的音调和谐、节奏明快，舞蹈的身姿婀娜等，这些东西首先是娱目悦耳。当然这是美感中比较低的一个层次，但这是美感向前进的一个基础，我们也不要把这个排斥在美感的愉快之外。当然它本身也不能说真正进入了美感的极境，固然它是进入美感的一个基础，也就是说感官的快适与美的认识的初级阶段是相联系的，因而就美的愉悦感动来讲，它是进入美的愉悦的初级阶段。它要向高一个层次发展，是向美感更深入过程的一个过渡，如果停留在这一个阶段，不能说没有获得审美感受，但是非常浅薄。当然这个阶段也很重要，不经过这个阶段也是不成的。如我们参观敦煌盛唐时期的壁画，首先是线条的流畅、自然、和谐吸引了你，使你感到愉悦。但如果只是停留在这个阶段，我们还没有完全领会美的奥秘，也没有获得真正美的情感的感动。更高的层次是什么呢？应该是愉心怡神。这种更高层次的愉心怡神的活动主要还是由于理智的满足、情感的陶冶。用一种哲学的术语讲，是从对象的感性形式中感受到了真和善相结合的普遍的理性内容，理智的满足加上情感的陶冶，使我们感到分外的满足，这是一种真正精神的享受，是较高一个层次。一般的欣赏者看电影、看小说是都能达到这个层次的。真正的美感是达到了这个层次，真正的美感的愉快亦是达到了这个层次才获得的。再进到更高的层次就是达到陶情移性。这是审美的感动的几个层次，从娱目悦耳到愉心怡神到陶情移性，整体来讲是不断深入的。过去有些美学家认为美感只是一种快感，降低到最低层次，把生理上的快感也笼统都叫作美感，反过来就把美感说成是生理上的快感；认为审美的快感仅仅就是生理的快感这显然是不对的，仅仅从生理的特点去解释美感显然是很不够的。虽然生理的快感并不是与美感毫无联系，但是真正来讲，即便是娱目悦耳也是心理的作用。康德讲，我们先有快感，然后才感到对象的美，才认识到对象的美，这不是真正的美感。应该先有审美判断，然后才产生快感，这才是美感。他的意思实际上是讲娱目悦耳的阶段也不仅仅是生理上的快感，而是有着认识的因素。这就是说美的一切愉快的感动，毕竟是一种精神上的愉快，而不只是一种生理上的快适。总之，从审美的认识活动、审美的情感活动以及审美总体产生的愉快体验这三个方面看，美感都是由浅入深的、具有不同水平的多层次的心理结构，不能把它简单化。

第三节　审美心理生成的动态性

审美心理作为一个系统，它是处在不断发展变化的动态之中的。用系统论的观点来讲，它是隐蔽地含有一定动态的一种心理结构，也就是说整个审美心理的生成是在审美的主客体的互相作用中的生成，是在同审美环境的互相作用下辩证运动的过程。我们不仅要考察审美心理是由哪些要素所组成的，它的稳固的结构是什么样的，而且要在审美心理具体生成的复杂过程中来看它是怎样发展变化的。只有考察审美心理生成的复杂过程及其动态的规律，才能对于很复杂的审美现象做出科学的解释。比如，同一部艺术作品在不同的欣赏者身上会产生不同的审美心理效应；甚至是同一个欣赏者，他欣赏同一部作品，由于审美主体方面心境的变化、生活经验的变化，或者由于审美环境的变化，时间地点不一样，生活条件不一样，他对作品的感受也不完全一样，这都是审美心理动态性的表现。在审美心理的实际发生、生成的过程中，由于主客体的互相作用，由于审美环境的作用，整个审美心理出现了类别性、差异性、变异性。就审美心理来讲，从它的稳定的结构来讲，虽然具有共同特点，但是在具体发生审美活动的时候，由于主客体各种条件的变化，构成它的要素的变化，外界的环境条件的变化，实际的审美过程是相当复杂的，不是那么简单的。条件不同的欣赏者，他在欣赏艺术的时候、欣赏美的对象的时候，他的审美心理活动不是完全一样的；不同时代、不同民族的欣赏者对美的感受、对艺术的感受也不是完全一样的。

  研究审美心理活动的动态性要注意两点：第一点，从系统论的观点看，审美心理的发生不是一种因果关系的链式反映，审美心理对美的反映不是一个被动的过程，而是一种能动的反映，是一个主客体互相作用过程。皮亚杰的《发生认识论原理》讲人的认识是不断建构的产物，而认识的建构则须通过主客体的相互作用。我们认识一个对象并不是说我们只受对象本身的影响，只受对象本身信息的作用，我们作为主体不断积累起来的经验知识对我们认识对象也产生了很重要的影响。现在有些控制论的研究著作讲人的心理过程是具有双重决定作用的，一个是外部世界的信息作用，叫非约束性信息；另一个是人的种族发生和个体发育中所积累在大脑中的信息作用，叫约束性信息。人的心理过程、意识活动便是由这两种信息——外部的和内部的、外来的和内源的——所双重决定的。这就是说人的心理过程一方面受到外部世界的决定；另一方面又受到主体的决定。审美心理的发生是很复杂的，不是一个美的对象就一定能引起我的美感。美的东西对有的人来讲不是审美对象。所以"非音乐的耳朵"并不能感受音乐的美，没有主体的条件是不行的，外界美的信息只有经过主体的某种心理结构才能被接受。主客体本身是变化着的，它们相互间的关系也是变化着的，因此审美心理必然是动态性的，这是原因之一。第二点，我们不要忽略环境的作用。从系统论来看任何系统都是处于一定的环境之中的，系统的特性不仅受内部的各种关系的决定，而且要受系统和环境之间的各种关系的影响。我们的审美活动总是发生在一定的社会、一定的时代、一定的具体审美环境之中的。由于环境条件本身的变化也给我们的审美心理造成一种变化，因而审美心理也是动态性的。

  那么，具体来说，影响我们审美心理动态性的主要因素是什么呢？各种不同的变动因素怎么影响到审美心理动态性呢？主要是以下三个方面。

  第一，审美客体方面的因素可以造成审美心理的动态性。审美客体本身虽然都是表现为美，但是美有各种不同的形态、各种不同的种类，不但有自然美、社会美、艺术美，而且对象也有崇高的、优美的、悲剧的、喜剧的，这就是审美客体的本身带来了变化。就艺术美来讲，有各种不同类型的艺术美，各种不同类型的艺术美有各种不同的特点，不同类型的艺术

第三章　审美心理系统整体论

美还有各种不同的方法、不同的风格创造出来的美。现实主义不同于浪漫主义，也不同于古典主义及形式主义。这个审美客体本身的千变万化就使审美心理结构形式处于变化之中，比如崇高的美感与优美的美感有很大的差别，崇高的审美心理与优美的审美心理虽然在构成要素的基本结构上有一致性，但实际上审美心理活动是各有特点的。单就审美的情感来讲，虽然崇高的美感和优美的美感在总体上都引起人们的愉快，但是伴随的情绪和情感反应却是很不同的。一般的优美的对象像"月下花前""溪水柳荫"，我们漫步在这些地方，一方面会感到美感的愉快，同时还引起我们其他感性的快感及其他情感的愉快，总体上是愉快的、调和的。优美的美感是一种调和的混合情感，然而，崇高的审美心理活动就不是这样了。崇高对象能引起审美愉快，但同时引起我们感性的不快和其他情感的不快，虽然就整体来说，不愉快的情感最后要转化为审美的愉快，但我们在接受对象的刺激时情感却是非常复杂的、混乱的、矛盾的，所以它是一种矛盾的混合情感。我们对崇高事物欣赏中除了愉快这种情感外，往往伴随恐惧、惊叹、崇敬、赞美多种性质复杂的情绪情感活动，这是在优美的情感活动中所没有的。如我们在观看敦煌艺术时，北魏的壁画给人的感受是相当独特的，它所表现的"佛"故事本身就是比较凄惨的，而且描写了一些比较残酷的场面，那些残酷的场面是为了歌颂佛崇高的精神，再加上它整个色彩运用造成了一种庄严的气氛，所以那种悲壮崇高的情调比较突出。可以肯定，这些画当时一定是要引起佛教徒一种非常崇高的、尊敬的感情的。不了解审美对象本身的特点，用另一种东西要求某一种艺术，要人家来削足适履，那是不行的。悲剧和喜剧也有很大的区别，我们不可能把欣赏《雷雨》时的心情与欣赏《今天我休息》时的心情混为一谈。虽然都是审美心理活动，但它们仍然是各有特点的。

第二，审美主体方面的因素对审美心理动态性的形成有很大的影响。审美主体的生活经验、思想感情、文化修养、个性心理特征乃至他个人的心境对审美心理产生很大的影响。生活经验、思想感情、文化修养、个性心理特征以至于心境不同的人，面对同一个审美对象，他的审美心理活动获得的感受有很大的差别，这是我们在一般的日常审美活动中都能感受到的。特别在艺术欣赏中，审美心理差别是很明显的，不同的人对审美对象的感知、联想、想象、理解和情感反应，无不受到主体方面条件的影响，这就使审美产生了千差万别的特点。审美的个体差异性，艺术中的各种不同个人风格就是由这里产生的。艺术作为一种审美现象，它从来不重复，因为个体本身是不重复的，没有两个人的生活经验、思想感情、文化修养、个性特征完全一致。

　　第三，审美环境的因素。从系统论来讲，各种系统都是处在一定环境中的，系统与环境是相互作用的。审美环境本身的发展变动也会引起审美心理的发展变动，形成一种审美心理的动态性。审美环境一是指整个大的社会环境，二是指具体的审美环境，这两方面都对审美有很大的影响。大的社会环境，简而言之，一定时代、一定民族、一定社会、一定阶级的物质生活条件以及观念形态的文化条件，这种大环境对于审美意识、审美心理产生的影响是不可低估的。任何审美主体、任何人对审美对象的信息的接受都是在一定的环境中进行的。审美主体的生活经验、文化修养、思想感情能超越生存的时代吗？能超越生存的民族吗？不能。审美主体本身是受到他生存的客观条件，包括精神条件及物质条件两方面的制约的。审美环境通过审美主体强烈地影响审美心理的发生，因而审美心理具有强烈的时代性、民族性、阶级性。我们参观敦煌艺术，从北魏早期的雕塑一直看到盛唐，给人最强烈的感受便是审美心理的动态性，其变化之大令人惊异。从北魏早期佛像的身材健壮到唐代的华丽生动，从北魏早期佛像的至高无上到唐代的慈祥亲切；风格上讲，从北魏的秀骨清像到唐代的丰满圆润，整个佛像的造型给人审美感受上的变化，实际上是各个时代社会生活变化在艺术中的一种反映。在那里我们看到彩塑和壁画是多么强烈地反映着不同的时代人们的理想、人们的心灵活动，同时也看到民族文化传统在艺术中起的重要作用。它虽然接受了印度佛教石窟艺术的影响，但毕竟还是中华民族的艺术，从洞窟的建筑形式到表现的艺术内容，从具体形象的刻画到各种具体的表现手段的运用，我们都能看到在不同社会环境的作用下，我们民族长期文化传统对佛教石窟艺术的影响。这都是社会大环境的影响，因而造成了审美心理的变化和发展。其次，具体的审美环境也很重要。人们的审美活动总是发生在一定的具体审美环境中的，比如我们欣赏艺术作品的时候，一定时期的艺术评论家的评论往往对我们的欣赏有一种导向作用，整个审美的气氛对我们也有影响。某种艺术趣味、艺术爱好在一定时期往往能形成一种风气。当然这种风气有它的社会根源，有社会心理方面的原因，但它一旦在某种时候形成了一种风气之后，作为一种具体审美环境，就可以对审美心理活动产生很大的影响。当代西方美学界一直为怎样给艺术下定义的问题所困惑。为此，阿瑟·丹托别出心裁地提出了一个概念——"艺术界"（artworld），认为这便是确定某物为艺术品的必要条件。他说："如果我们要把某物当作艺术品，就必须要求有某些是肉眼所不能看到的东西，如由艺术理论形成的气氛，对于艺术历史的知识，总之，要有一个'艺术界'。"① 乔治·迪基发挥他这个论点，提出了艺术是一种社会惯例的定义。所谓"社会惯例"也就是"艺术界"，其中包含着艺术环境、艺术气氛。例如，猩猩画的画，如果把它放在动物园里，可以说是动物"画"的东西，但若把它放在芝加哥美术馆里，也可以作为一个现代派的艺术作品。于是，迪基提出是不是艺术就决定于你周围的环境如何，为什么放在动物园里不能作为艺术，而放在美术馆里却成了艺术呢？"关键就在于社会惯例这个环境。"② 所以他说由艺术环境里的人授予对象以可供人欣赏的资格，这个东西就叫艺术品。当然，我们不同意这种观点，但它也从另一个角度给我们一些启发，说明人们对艺术的欣赏往往要受到周围环境的影响。

综上所述，审美客体方面的因素、审美主体方面的因素以及审美环境方面的因素，三者互相作用。这个作用可以用一个三角形来表示，它们分别处于三角形的三个顶端。由于审美客体、审美主体、审美环境在审美经验中的互相作用，造成了审美心理的动态性，造成了审美心理的变化发展的各种规律。美学和艺术研究的任务就是要在审美客体、审美主体、审美环境的互相作用中间来研究审美意识、审美心理及其发展的规律性，这样我们才能对审美意识乃至艺术现象做出科学的解释。

---

① ［美］乔治·迪基：《美学引论》，美国博布斯—梅里尔公司1971年版，第101页。
② ［美］乔治·迪基：《美学引论》，美国博布斯—梅里尔公司1971年版，第106页。

第四章 审美认识结构方式论

第一节 形象观念与审美认识

美感的基础是美的认识。美的认识和科学的认识有显著区别,它不是概念,不是抽象的逻辑思考。但是,美的认识也不是克罗齐所说的"直觉",不是单纯的感性活动。车尔尼雪夫斯基说:"美感认识的根源无疑是在感性认识里面,但美感认识与感性认识毕竟有本质的区别。"[①] 美感的认识虽然以感性认识为基础,并且始终保留着感性的因素,但它毕竟是以理性为主的认识活动,与感性认识有质的不同。在美感中,人们往往不经过明显的由感性到理性的过程,不需要抽象的逻辑思考,就能直接感到对象的美,这并不能否定美感中理性认识的主导作用,而只是表明美感中的理性认识在方式上有别于科学中的理性认识。美感中的理性认识不是如科学认识那样,抛弃感性印象,以概念、判断、推理的抽象形式出现,而是始终和感性印象、具体形象融合、交织在一起的,理性认识往往通过感性印象和具体形象的直接感受,不着痕迹地发挥作用。正如黑格尔所说:这种理性认识"不是回到抽象形式的普遍性,不是回到抽象思考的极端,而是停留在中途一个点上,……在这个点上,内容的实体性不是按照它的普遍性而单独地抽象地表现出来,而是仍然融合在个性里,因而显现为融合到一种具有定性的事物里去"[②]。黑格尔认为,美的认识不是回到抽象形式的普遍性,而是让普遍性仍然融合在个性里,即"停留在中途一个点上"。这个"中途点"是什么呢?就是形象观念。

[①] [俄] 车尔尼雪夫斯基:《美学论文选》,缪灵珠译,人民文学出版社1957年版,第30页。
[②] [德] 黑格尔:《美学》第一卷,朱光潜译,商务印书馆1979年版,第201页。

第四章　审美认识结构方式论

"形象观念"这个词，一般的认识论和心理学著作都很少提到它。但从人们的实际认识活动和心理活动来看，形象观念的存在也不可否认的。特别是在艺术创作和欣赏的活动中，形象观念的作用则尤为突出。福楼拜教他的学生莫泊桑如何写作时说："当你走过一个坐在门口的杂货商的面前，一位吸着烟斗的守门人面前，一个马车站的面前的时候，请你给我画出这杂货商和守门人的姿态，用形象化的手法描绘出他们包藏着道德本性的身体外貌，要使得我不会把他们和其他杂货商、其他守门人混同起来，还请你只有一句话就让我知道马车站有一匹马和它前前后后五十来匹是不一样的。"[①] 福楼拜这里所说的对于某个杂货商和守门人要"用形象化的手法描绘出他们包藏着道德本性的身体外貌"，就是明显地用形象观念来认识和把握现实的活动。如果说概念是抽象思维的基本形式和成果，那么，形象观念就是形象思维的基本形式和成果。形象观念和概念是有明显区别的，概念是抽象化的结果，它是舍弃了个别而只有一般，舍弃了现象而只有本质；形象观念是集中化的结果，集中化也要概括事物的一般、本质，但是不舍弃表现一般、本质的个别、现象。它不仅不舍弃这些现象、个别，而且要将表现着本质、一般的那种现象、个别加以集中和强化，使本质寓于现象之中，一般寓于个别之中。正如黑格尔所说："普遍的东西应该作为个体所特有的最本质的东西而在个体中实现。"[②] 这恰恰就是形象观念和抽象概念的主要区别之点。但是，形象观念也不同于表象，表象是感知过的事物不在人的面前而在人的脑中再现出来的形象。作为感性认识和理性认识的中间环节，表象既有具体性又有概括性，有着在个别中反映一般、在现象中反映本质的倾向，但是表象并没有超出感性认识的范围，它本身并不能深刻地反映事物的本质和规律。形象观念是以表象为基础并将它加工提炼而形成的，它剔除了表象中不能体现本质的现象，而又强化了体现本质的现象，因而能在现象中反映本质、在个别中反映一般。所以它不同于表象，它是理性认识的产物。我们说美的认识不只是感性认识，而主要是理性认识，其原因也就在于此。

[①] 文艺理论译丛编辑委员会编：《文艺理论译丛》1958年第3期，人民文学出版社1958年版，第175—176页。
[②] ［德］黑格尔：《美学》第一卷，朱光潜译，商务印书馆1979年版，第232页。

关于形象观念的形成及其逻辑地位问题，从现代心理学中是可以得到说明的。如上所述，在人的认识从感性认识发展到理性认识的过程中，表象作为中间环节起着过渡和桥梁作用。从生理机制上看，表象是人脑中由于刺激的痕迹再现（恢复）而产生的。这种痕迹，在人的不断反映外界事物的过程中反复地进行分析综合，因而产生了概括的表象。概括表象是从个别表象逐步积累融合而成的，它具有不受具体事物局限的概括的反映机能，因而成为从感知向思维过渡的直接基础。现代心理学指明，在表象的概括性向思维转化的过程中，一般可以有两条路线：一条路线主要是沿着抽象思维方向发展，通过抽象作用对表象进行加工改造，逐步舍弃表象的具体性、形象性，概括出事物的本质和一般性，最后形成概念；另一条路线主要是沿着形象思维方向发展，通过集中作用对表象进行加工改造，既概括出事物的本质和一般性，而又不舍弃表象的具体性、形象性，最后便形成形象观念。在形象观念的形成中，想象参与形象思维之中，对表象的融合和创造性的改造，也起了重要作用。当然，在一般人的认识中，这两条路线往往是互相联系的，但是从事不同活动的人却可以具有不同的优势。例如科学家更多地长于前一条路线，而艺术家则更多地长于后一条路线。表象向思维转化可以有两种不同的路线，从现代认知心理学关于双重编码（dual coding）的表象理论中也可以得到证明。根据这种理论，表象是双重编码的，既可以是图像编码，也可以是语言编码，而图像和语言在一定条件下是可以互译的。表象究竟是哪种编码，完全以课题为转移。[①]所以，它的发展可以有两种路线。

在美学史上，有关形象观念及其在美的认识中的重要作用的论述是不少的。康德在《判断力批判》中所提出的"审美理念"，大体说来就和我们这里所说的"形象观念"的含义是一致的。康德说："我把审美［感性］理念理解为想象力里的那样一种表象，它引起很多的思考，却没有任何一确定的观念、也就是概念能够适合于它，因此没有任何言说能够完全达到它并使它得到完全理解。"[②] 这就是说，审美理念是由想象力形成的，但是也要根据理性观念，它是理性观念的感性形象，能以个别具体形象表

[①] 参见朱智贤、林崇德《思维发展心理学》，北京师范大学出版社1986年版，第311、312页。
[②] ［德］康德：《判断力批判》上卷，邓晓芒译，人民出版社2002年版，第158页。

达出理性观念的内容及其引起的许多思想,以有尽之言传达出无穷之意。它"试图接近于对理性概念(智性的理念)的某种体现",但是又"没有任何概念能够与这些作为内在直观的表象完全相适合",不可能由任何明确的思想或概念把它充分地表达出来。①康德的"审美理念"和抽象概念是不同的,因为它是想象力所形成的一种形象显现,是个别具体形象,所以它不是抽象思维的对象,而是形象思维的对象。但是"审美理念"又不只是一般的表象,而"是想象力的一个加入到给予概念之中的表象"②,是想象力和悟性共同结合着活动的果实。所以,"审美理念"和抽象概念在具有概括性、普遍性这一点上又是有类似之处的。总之,按照康德的理解,"审美理念"是普遍与特殊、理性与感性的统一,它既不是概念又趋向概念,既不是表象又不脱离表象,这其实就是在讲形象观念。不过康德并不是把"审美理念"看作客观现实的反映,他常常排斥理性在审美中的作用,这是他的局限。所以,他讲的"审美理念"和我们所说的形象观念虽然具有共同的特征,但在性质、来源上并不完全相同。

黑格尔在《美学》中提到一种他称之为"敏感"(Sinn)的心理功能,并且认为审美观照主要借助于这种心理功能。他说:"在审美时对象对于我们既不能看作思想,也不能作为激化思考的兴趣,成为和知觉不同甚至相对立的东西。所以剩下来的就只有一种可能:对象一般呈现于敏感,在自然界我们要借一种对自然形象的充满敏感的观照,来维持真正的审美态度。'敏感'这个词是很奇妙的,它用作两种相反的意义。第一,它指直接感受的器官;第二,它也指意义、思想、事物的普遍性。所以'敏感'一方面涉及存在的直接的外在的方面,另一方面也涉及存在的内在本质。充满敏感的观照并不很把这两方面分别开来,而是把对立的方面包括在一个方面里,在感性直接观照里同时了解到本质和概念。但是因为这种观照统摄这两方面的性质于尚未分裂的统一体,所以它还不能使概念作为概念而呈现于意识,只能产生一种概念的朦胧预感。"③黑格尔这段话中包含着一个极其重要的思想,就是他认为审美的认识既不是单纯的感性认识,也

---

① [德]康德:《判断力批判》上卷,邓晓芒译,人民出版社2002年版,第158页。
② [德]康德:《判断力批判》上卷,邓晓芒译,人民出版社2002年版,第161页。
③ [德]黑格尔:《美学》第一卷,朱光潜译,商务印书馆1979年版,第166—167页。

不是抽象的概念认识，而是一种感觉与思考相结合、感性与理性相统一的心理功能。这种被称为"敏感"的心理功能，实际上也就是我们所说的形象观念。按照黑格尔的理解，审美认识中心理活动的最主要的特点，就是将对事物的外在方面的感受和内在本质的理解这两个对立的方面包括在一个方面里，"在感性直接观照里同时了解到本质和概念"，而不是让理性认识脱离形象观照，"使概念作为概念而呈现于意识"。黑格尔对于审美认识的形式及特点所做的分析，充满了辩证思想，是相当精辟和深刻的。

第二节 审美认识结构的基本特点

美的认识既是以形象观念作为基本形式，而形象观念又是在形象思维中形成的，这就决定了它和科学的认识、道德的认识在认识结构上具有明显区别，因而形成了许多特殊之点。如果我们结合审美鉴赏和艺术创作中审美经验的实际来看，那么，美的认识的特点便表现得十分显著。

"思与境偕"，即思想与形象的直接融合和统一，是美的认识的突出特点之一。在审美和艺术创作中，理性、思想不应当是一种抽象的概念认识，而应当是一种渗透在形象的感知和想象之中的对于事物本质意义的理解。这当然不是说在审美和艺术的认识活动中完全没有概念的因素和作用，而是说这种概念的因素和作用已经完全溶解在形象中，化成了形象的内在灵魂，因而再也不是以概念的形式出现。康德认为趣味判断要涉及一种"不确定的概念"或"不能明确说出的普遍规律"，黑格尔说审美认识是"在感性直接观照里同时了解到本质和概念"或"产生一种概念的朦胧预感"，他们讲的其实都是美感中的认识虽然包含像概念那样的普遍的理性内容，但是又并不以概念的形式出现，因而不同于抽象的概念认识。

潘德舆《养一斋诗话》说："理语不可入诗中，诗境不可出理外。"所谓"理语"就是概念，诗中不用概念并不是不要"理"，因为这种理是非概念所表达的思想感情。叶燮在《原诗》中把这种理称为"不可名言之理"，他说："唯不可名言之理，不可施见之事，不可径达之情，则幽渺以为理，想象以为事，惝恍以为情，方为理至事至情至之语。"所谓"不可名言之理"并不是说诗歌中的思想感情不必借语言表达。诗歌是语言的艺术，怎么可以不用语言呢？但是语言既可以表示抽象概念，也可以表示具体表象；既可以是概念性强的，也可以是形象性强的。所谓"不可名言之理"实即不用表示抽象概念的语言直接明白地说出之理，也就是诗中之理不可以概念出之，而应使之融合在形象的想象和描写之中，在形象中领会之，这就是"幽渺以为理"。这说明美的认识虽然必须有"理"，却又非抽象的概念之理。在这里，理性、理解、思想只渗透在形象的感受、联想和想象中，不着痕迹地发挥作用，正如钱钟书在《谈艺录》中所说："理之在诗，如水中盐，蜜中花，体匿性存，无痕有味，现相无相，立说无说。"①"鸡声茅店月，人迹板桥霜"（温庭筠《商山早行》），用六样景物巧妙地组合成一幅鲜明而独特的生活画面，诗人虽然没有用一字说明旅客思乡的焦急和赶路的辛苦，但是通过这些景物之间的联系，人们完全可以领略、理解到它包含的这种意义。欧阳修在《六一诗话》中称赞这两句诗写道路辛苦、羁愁旅思"见于言外"，就是说它包含的思想感情不是由诗人直说的，而是由形象间接体现的。诗歌中的比、兴手法之所以符合美的认识和形象思维的特点，正在于它不是直说，而是"写物以附意""因物喻志"，也就是将思想与形象融合为一体，使之成为"象下之意"。

诗歌创作如此，其他艺术创作也莫不如此。电影中的蒙太奇手法就是通过不同镜头的组接，以形象的形式来揭示事物的内部联系，表现出非概念所表达的对于事物的本质规律的理解。苏联著名电影导演普多夫金说："蒙太奇与思考是不可分割的。……蒙太奇就是要揭示出现实生活中的内在联系。"② 法国电影理论家马尔丹说："蒙太奇起着一种名副其实的理性作用，它使事件和人物之间产生了各种关系，或者使这种关系得到突出表现。"③ 例如伊文思导演的《苏德海》中，不止一次地将1930年资本主义危机时期人们毁坏粮食的镜头与一个面黄肌瘦、眼睛忧郁的儿童的感人镜头接在一起，两幅画面相接随即形成一种新的含义，思想和形象完全融合在一起，作者对于生活的本质意义的理解，直接通过形象的联想、想象，得到有力的体现。

"可解不可解之会"，确定性与非确定性的统一，是美感的认识的另一

---

① 钱钟书：《谈艺录》，中华书局1984年版，第231页。
② 《普多夫金论文集》，罗慧生等译，中国电影出版社1962年版，第141页。
③ ［法］马赛尔·马尔丹：《电影语言》，何振淦译，中国电影出版社1982年版，第128页。

个鲜明特点。在审美欣赏中，常常有这种情况，欣赏者被美的对象所吸引、所感动，若有所思，若有所悟，确实受到启发，受到鼓舞，但是如果要欣赏者立即把自己的理解明确地表达出来，却感到不那么容易。对于绝大多数欣赏者来说，在感受和领悟到对象的美时，往往是知其然而不知其所以然。如乌斯宾斯基在小说《振作起来了》中描写教师贾普什金在巴黎观赏雕塑维纳斯时的审美感受："一开始我就感到自身出现了极大的快乐，……有一种我自己无法了解的东西，朝着我的被歪曲的、折磨的、揉成一团的心灵吹了口气，立即使我挺直了腰杆，焕发了精神。"这就是欣赏者已受到对象美的感动而又觉得"自己无法了解"。这种情况的产生，主要也是由于美的认识不是依靠概念，而是依靠形象观念。欣赏者通过形象观念所获得的理解，总是结合着具体形象的感受的，是感受力和理解力的高度融合，它所包含的内容很难用一些确定的概念表达出来。人们常说欣赏作品"可意会而不可言传"，其原因正在于此。"夕阳无限好，只是近黄昏"（李商隐《乐游原》），这种渗透在古原黄昏、夕阳辉映的景色中的复杂情绪，是空虚怅惘的，还是留恋赞叹的？"流水落花春去也，天上人间"（李煜《浪淘沙令》），这种形象所构成的意境，是表现国破家亡的怨恨，还是相见无期的悲哀？这都不是单凭概念能说明的。

　　从可以意会来说，审美欣赏对于审美对象的把握，是具有一定的确定性的，而从不可言传即不可用明确的概念语言传达来说，审美欣赏对于审美对象的把握，又是具有某种非确定性的。叶燮在《原诗》中说："诗之至处，妙在含蓄无垠，思致微渺，其寄托在可言不可言之间，其指归在可解不可解之会。"创作和欣赏均需通过形象传达和理解到某种含义、意蕴、意味，故曰"可言""可解"，但是这种意义、意蕴、意味，是含蓄、微妙地隐含在形象之中的，虽可品赏、体味，却难以用概念直接说出，故曰"不可言""不可解"。这里所讲的正是美的认识中通过形象观念达到对某种本质意义的理解，却又难以用确定的概念明确说出的情况，亦即确定性与非确定统一的情况。艺术创作中所要求的某种含蓄、蕴藉，也正是适合了美的认识的这个特点。《诗品序》中所说的"文有尽而意有余"，《沧浪诗话》中所说的"言有尽而意无穷"，《六一诗话》中所说的"含不尽之意见于言外"，以及司空图所说的"韵外之致""味外之旨"等等，都是说艺术形象中包含着非确定概念所能表达和穷尽的丰富、复杂的内容和意义，欣赏者不可能从概念去把握它，而必须通过对形象的联想、想象，反复咀嚼，反复回味，才能达到对它的把握和理解。唯其如此，艺术作品才更耐人寻味，欣赏者才能获得更大的审美享受。

形象观念和概念虽然都可以揭示现实的本质规律，体现某种思想意义，但是，在形象观念基础上形成的艺术形象所体现的思想意义，不仅较之概念要曲折、隐晦，而且也更复杂、丰富。这就使欣赏者对艺术形象的理解，不可能像对概念的理解那样确定，而是有可能呈现出多样性、变化性，这也是美的认识中确定性与非确定性相统一的一种表现。所谓"形象大于思想"，就是指欣赏者直接从形象中所领会的思想意义，往往超出作者主观思想上企图明确说出的东西，或者是作者主观思想上未曾自觉理解的东西。不仅欣赏者和作者之间对艺术形象的理解可以有相当的差异，在欣赏者相互之间对艺术形象的理解也可能会有很大的分歧。人们常说"诗无达诂"，就是讲的这种情况。钟嵘在《诗品》中评阮籍的诗作，认为"厥旨渊放，归趣难求"，就是说对于形象中包含的旨趣，难以达到确定的理解。在审美欣赏中，欣赏者对艺术形象咀嚼玩味，反复体会，从多方面领悟、把握形象的内容、意义，所谓"仁者见仁，智者见智"，只要不是牵强附会、主观臆测，是完全符合美的认识的规律的，它是审美理解需要通过形象的感受、联想和想象来进行的必然结果。当然，所谓审美理解不如概念那样明确和确定，绝不意味着它的含混模糊和不受任何制约。艺术形象的内容不管如何复杂、丰富，也都应是对于现实的本质的反映，而且内容也必然是由艺术形象本身来体现的。因此，对艺术形象的理解，从基本倾向和范围来说，又应当是明确和确定的。

"寓理于情"，理解与情感互相交融，也是美的认识的一个重要特点。黑格尔说："在这种使理性内容和现实形象互相渗透融合的过程中，艺术家一方面要求助于常醒的理解力；另一方面也要求助于深厚的心胸和灌注生气的情感。"[①] 美的认识和美感意识，不仅是理性与感受、思想和形象的统一，而且也是理智与情感、思想和激情的结合。科学认识中的理解和思考主要是在概念和逻辑推理的形式中进行的，概念和逻辑推理只要求符合客观真理，正确反映客观事物及其规律，不应该有也不需要有情感因素的

---

① ［德］黑格尔：《美学》第一卷，朱光潜译，商务印书馆1979年版，第359页。

参与。由于概念和逻辑推理的抽象性质,要从情感上给人以感染也是难以达到的。对于抽象概念,如生产关系、剩余价值、商品、货币等等,主要是理不理解的问题,而不是感不感动的问题。所以,概念的认识是可以不通过情感作用的。美的认识恰恰不是这样。在美的欣赏和创造中,理解、思考是在形象观念的形式中进行的。审美对象所理解和思考的就是寓一般于个别、寓本质于现象的形象本身,形象的感知、联想、想象和理解、思考相结合,必然会引起一定的情感。对于活生生的形象所表现的审美价值,人们不可能不抱有一定的情感态度。黑格尔说:"艺术兴趣和艺术创作通常所更需要的却是一种生气,在这种生气之中,普遍的东西不是作为规则和规箴而存在,而是与心境和情感契合为一体而发生效用的。"① 这就是说,在审美和艺术创作中,对普遍的东西的理解是和审美主体的情感体验交织在一起的。"慈母手中线,游子身上衣。临行密密缝,意恐迟迟归。谁言寸草心,报得三春晖。"孟郊的这首《游子吟》可以称得上是人性美的赞歌,其中所蕴含的深刻意味,与其说是纯粹理智的产物,不如说是理智和情感共同结出的果实。中国古典美学向来重视艺术创作中理和情、思想和情感相结合的审美意识规律。刘勰在《文心雕龙》中反复强调创作中"理"和"情"、"志"和"情"是互相联系、互相渗透的,把它看作互相交织在一起的有机整体。《文镜秘府论》提出诗须"抒情以入理",《沧浪诗话》提出诗"尚意兴而理在其中",进一步揭示了审美意识活动中"寓理于情""理在情中"的特点,这都是强调艺术创作中的思想、理性不能脱离情感而孤立存在。别林斯基说,艺术中的思想不仅仅是艺术家的理智活动的结果,因为这种思想并不是抽象的理性观念,而是一种"诗情观念"。抽象观念是纯粹理智的果实,而诗情观念则是理智和情感共同结出的果实。所以,"诗情观念不是三段论法,不是教条,不是规则,它是活生生的情欲,它是激情"②。诗情观念既可以说是一种饱和情感的思想,也可以说是渗透思想的情感,是"思想和情感的互相融合"。就艺术创作来说,如果思想、理性没有被作家艺术家的感情所孵化、孕育,没有得到情

---

① [德]黑格尔:《美学》第一卷,朱光潜译,商务印书馆1979年版,第14页。
② 中国社会科学院外国文学研究所外国文学研究资料丛刊编辑委员会编:《外国理论家作家论形象思维》,中国社会科学出版社1979年版,第70页。

感的支持和渗透，那么这种思想、理性对于艺术作品仍然不过是外在的东西，不可能化为艺术形象的内在灵魂。创作如此，欣赏亦然。艺术形象对于欣赏者的影响，总是思想和情感同时发生作用的。欣赏者必得被艺术形象所感动，才能自然而然地接受作品的思想。在认识形象意义的同时，欣赏者也不能不产生情感反应。所以，欣赏中理解活动总是伴随着情感活动的。欣赏者越是被艺术形象唤起的情感所感染，就越是能对形象理解得深透。总之，创作和欣赏的美感心理活动都是理解和情感的互相渗透，理解不是单纯概念的理解，而是充满情感的理解。"情感使人了解得很清楚，但从理性上又解释不清楚，因而要表明它们的时候找不到词语和概念来确切地表明他的思想。"[①] 这大概就是美感的理解往往使人感到"可以意会而不可以言传"的另一原因吧。

第三节　审美认识结构的中介作用

形象观念不仅作为美的认识的基本形式，规定着美的认识的特殊性质和规律，而且以形象观念为基础所建构的美的观念，也作为主体的美的认识结构，在美的认识的产生中起着中介作用，从而使个体对美的认识过程区别于对于真与善的认识过程。

在审美经验中出现的一个明显现象是，人们对于对象美的认识，往往不是如科学认识那样，有明显的由现象到本质、由感性认识到理性认识的过程，也不需要经过抽象的逻辑思考。在许多情况下，人们往往是一见到对象的美，立刻就能够感受和欣赏它，并引起美感的愉悦。这种美的认识的情况，往往是一见如意或一见倾心的，它在自然美、人体美所引起的美感中，表现得十分突出。在一部分艺术美所引起的美感中也有类似情况。对于美感中认识活动的这种特点，美学史上有不少哲学家、美学家是特别注意的，只是他们并没有对这种美感心理的特殊现象给予科学的解释，反而由此得出美感只是感性认识的错误结论，从而也就把美感同理性认识完全对立起来了。其实，美的认识中一见如意或一见倾心的情况，并不说明

[①] 费霍奥语。载［意］克罗齐《美学的历史》，王天清译，中国社会科学出版社1984年版，第43页。

美感中没有理性认识，而只是表明美感中的理性作用具有不同于科学的逻辑认识的特殊形式。我们要了解美感的认识活动及其中理性作用的特点，就必须了解形象观念向美的观念的矛盾运动，了解美的观念作为主体的美的认识结构在美感产生中的中介作用。

我们知道，所谓形象观念并非从天而降或头脑自生的主观意识活动，而是在人们认识客观现实的过程中，通过形象思维活动，对现实进行认识和把握的一种形式。形象思维对现实的认识是多层次的、不断深入和发展的。形象观念可以说是形象思维的初级层次，因而也就是美的认识的初步成果。在初级或初步的形象观念的基础上，形象思维的矛盾运动继续向前发展，也就是对形象观念进一步进行分析综合、集中概括，一方面使形象观念的个别性、特殊性更加鲜明、更加生动、更加突出；另一方面又使形象观念的一般性、普遍性更加提高、更加强烈、更加集中。总之，形象思维是使一般的形象观念得到典型化，将其改造成为典型的形象观念。这种形象思维的深化运动和形象观念典型化的过程，在艺术创作中表现得最为明显和突出，它往往同形象的联想以及创造性想象活动结合在一起，突出地表现为艺术的典型形象的自觉的创造过程。石涛所说的"搜尽奇峰打草稿"，鲁迅所说的"杂取种种，合成一个"，都是从总体上论述作家、艺术家自觉地将表象提炼为形象观念，再将形象观念加以典型化的艺术加工过程。像王安石对"春风又绿江南岸"诗句所做的反复推敲，列夫·托尔斯泰对《复活》中玛丝洛娃在法院中出现时肖像描绘所做的近二十次修改，都具体展示出了作家形象思维的深化运动和形象观念典型化的过程。这个过程不仅表现在艺术创作中，在艺术欣赏中乃至人们日常的审美经验中也都是存在的。只不过比起艺术创作来，它们显得不那么自觉、不那么突出，特别是在人们的日常认识和审美经验中所进行的形象观念的典型化过程，往往是在耳濡目染、不知不觉的情况下进行的。如个人关于人体美的观念的形成，就是这样的，它是个人在日常生活诸多印象积累的基础上，在一定社会环境和文化教养的影响下，进行比较、选择、提炼、概括而形成的，虽然在心理过程上表现为不自觉的特点，但仍然是形象思维深化的产物，其中是渗透着理性作用的。

在形象思维进一步作用下所形成的典型的形象观念，是形象思维的高级层次。在形象观念中，以鲜明、突出的个别形象的感性形式充分体现着真和善的普遍的理性内容，达到了现象与本质、个别与一般、内容与形式、真与善的高度和谐与统一，因而它也就是美的认识的高级形态——美的观念。在美感经验中，人们见到美的对象和事物，立刻便能被吸引而欣赏它，这种一见如意或一见倾心的现象之所以产生，就是和欣赏主体已形成的美的观念的作用密切相关的。因为美感反映对象的美，并非简单直接地进行的，而是要通过美的观念的中介。欣赏者美感的发生，需有两方面的条件：一方面需有美的对象和事物的刺激和作用，这是美感的客观条件和客观来源；另一方面需有审美主体的美的观念与之相适合，这是美感发生的主观条件和主观因素。只有作为客体的美的对象与作为主体的美的观念互相一致、达到辩证统一时，才能唤起美感的心理活动。

我们说审美主体在形象观念的基础上，通过形象思维的进一步作用所形成的美的观念，在美的认识和美感的产生中起着中介作用，这从瑞士心理学家皮亚杰创立的发生认识论中也可以得到理论上的说明。皮亚杰认为认识起因于主客体之间的相互作用，认识的构成既不是外在客体的简单复本，也不仅仅是主体内部预先形成的结构的呈现，而是主体与外部世界的不断作用而逐步构成的一套结构。认识是不断建构的产物，建构构成结构，结构对认识起着中介作用，"因为客体只是通过这些内部结构的中介作用才被认识的"①。皮亚杰的发生认识论的一个重要特点就是重视主体在认识过程中的能动作用，重视对主体的认识结构和认识能力的分析。他说："一个刺激要引起某一特定反应，主体及其机体就必须有反应刺激的能力，因此我们首先关心的是这种能力。"② 所以，他不同意经验主义者的"人心如白板"的命题，也不同意行为主义者所提出的 S→R 的公式。他指出："这个公式不应当写作 S→R 而应当写作 S⇌R，说得更确切一些，应写作 S（A）R，其中 A 是刺激向某个反应格局的同化，而同化才是引起反应的根源。"③ 根据皮亚杰的认识理论，主体之所以能对客体的刺激做出积极的反应，是由于主体原来就具有能够同化这种刺激的某种图式。图式（Schema）是指动作的结构或组织，它表示主体的一种认识的功能结构。

---

① ［瑞士］J. 皮亚杰：《发生认识论原理》，王宪钿等译，商务印书馆1981年版，第16页。
② ［瑞士］J. 皮亚杰：《发生认识论原理》，王宪钿等译，商务印书馆1981年版，第60页。
③ ［瑞士］J. 皮亚杰：《发生认识论原理》，王宪钿等译，商务印书馆1981年版，第61页。

在认识过程中，主体把客体的刺激纳入原有的图式之内，这就是同化。主体受到客体的刺激或环境的作用而引起原有图式的变化，这叫作顺应。主体对客体的认识是主体图式同化客体信息的产物，而主体对客体的顺应又使主体图式获得革新。认识结构就是通过同化和顺应不断地得到发展，以适应新环境。皮亚杰的发生认识论的整个理论体系究竟如何评价，这里暂且不论。仅就它提出的主体对客体的认识需要通过内部结构的中介作用这一观点来说，无疑是辩证的、很有价值的。事实上，在认识的全过程中，主体都不是消极被动的机械的接受客体的刺激。主体与客体接触时，总是作为一个能动的系统出现的。主体内部已获得的思维成果，构成了认识客体的基础。客体总是在与主体原有思维成果的互相作用中被认识的，这就是皮亚杰所强调的主体认识结构的中介作用。我们强调美的观念在美的认识和美感产生中的中介作用，和皮亚杰提出的上述认识原理是一致的。如果借用皮亚杰的理论、概念，我们也可以说，美的观念就是主体的美的认识结构，是审美主体能够迅速、直接地对客体对象的美进行积极反应的一种心理能力。

关于审美或鉴赏的心理能力问题，在美学史上有许多美学家做过分析和论述。特别是西方近代以来，哲学家们逐步把认识论的研究重点转向认识主体，与此相联系，在美学上也开始把审美主体的经验和能力问题作为一个主要问题。英国经验主义的美学家们提出并论述了人的"趣味能力"（faculty of taste），认为这种趣味能力能够对于被观赏的对象的某些特性产生反应，从而形成审美的愉快。休谟说："理智传达真和伪的知识，趣味产生美与丑的及善与恶的情感。"[1] 就是说趣味是一种不同于科学认识能力的审美的心理功能。有些美学家另提出"内在的感官"说，认为"内在的感官"不同于外在的感官，它虽是一种感官的能力，却与理性密切结合，因而是一种审美的特殊感官。哈奇生说："把这种较高级的接受观念的能力叫作一种'感官'是恰当的，因为它和其他感官在这一点上相类似：所得到的快感并不起于对有关对象的原则、原因或效用的知识，而是立刻就

---

[1] 北京大学哲学系美学教研室编：《西方美学家论美和美感》，商务印书馆1980年版，第111页。

在我们心中唤起美的观念。"① 值得注意的是，哈奇生在这里明确地提出了"美的观念"（the idea of beauty）这一概念，并使之与"美的愉快"（the pleasure of beauty）直接相联系。康德在批判地总结经验主义美学和理性主义美学的基础上，对于审美主体的能动性和审美心理能力问题作了进一步的分析和论述。他提出鉴赏必须是主体固有的能力，这种能力就是每人内心中"鉴赏的原型"，他说："最高的典范，即鉴赏的原型，只是一个理念，每个人必须在自己心里把它产生出来，他必须据此来评判一切作为鉴赏的客体、作为用鉴赏来评判的实例的东西，甚至据此来评判每个人的鉴赏本身。"② 康德认为鉴赏的原型"是筑基于理性能在最大限量所具有的不确定的观念，但不能经由概念，只能在个别的表现里被表象着"，所以它"更能被称之为美的理想"。③ 实际上，康德所说的"美的理想"也就是美的观念。由此可见，将美的观念作为审美或鉴赏的心理能力来看待的思想，在美学史上是早已有之的。不过，以上关于审美能力或美的观念的论述，大都是从唯心主义观点出发的。他们把主体的审美心理能力说成是先天的或先验的，不仅否认它以对象的美作为形成的客观来源，反而主张以它去决定或规定对象的美丑，也就是要由主观的美感能力去决定客观对象的美，这当然是错误的。我们现在吸收了美学史上关于审美主体的能动性以及审美心理能力论述中的合理的思想，在辩证唯物主义的能动的反映论和现代科学心理学的基础上对它加以改造，提出美的观念作为主体的美的认识结构在美感中具有中介作用的论点，这有助于科学地说明美的认识和美感产生的内部心理机制，也有助于阐明美感形成中主客体之间的相互关系和作用。同时，确认美的观念在美感中的中介作用，既可以防止将美感简单地混同于一般的理性认识，忽视它的心理特点的错误看法，又可以避免将美感片面地归结为感性直觉或情感，否认它的理性认识的主导作用的偏颇见解。所以，它对于我们分析和研究美感心理或审美经验，是一个关键问题。

总之，在美的认识和美感心理的产生中，从美的对象所获得的刺激和

---

① 北京大学哲学系美学教研室编：《西方美学家论美和美感》，商务印书馆1980年版，第99页。
② ［德］康德：《判断力批判》上卷，邓晓芒译，人民出版社2002年版，第68页。
③ ［德］康德：《判断力批判》上卷，邓晓芒译，人民出版社2002年版，第68页。

信息，同大脑中作为美的认识结构的美的观念是互相联系、互相作用的。如果在审美主体感知到美的对象和事物时，经过美的认识结构的中介，发现与已有的美的观念相适合，两者达到一致，便会立刻感到对象是美的，于是迅速发生美感。这种情况在自然美、形式美的欣赏中随时可见，在社会美、艺术美的欣赏以及艺术美的创造中也相当普遍。如《红楼梦》中描写林黛玉和贾宝玉初次相见，黛玉面对宝玉，吃惊地想"像在哪里见过，何等眼熟"；宝玉细看黛玉，也感觉到"像远别重逢一般"，实际上这就是二人互相所给予的美的具体印象，恰与原已形成的美的观念相适合，因而一见倾心。鲁迅在谈到欣赏诗歌何以能使人灵魂为之震动和陶醉时说："盖诗人者，撄人心者也。凡人之心，无不有诗，如诗人作诗，诗不为诗人独有，凡一读其诗，心即会解者，即无不自有诗人之诗。无之何以能解？惟有而未能言，诗人为之语，则握拨一弹，心弦立应，其声澈于灵府，令有情皆举其首，如睹晓日……"① 这里所谓欣赏者心中"无不有诗"，就是指美的观念早在审美主体心中存在。当欣赏者阅读诗歌时，感到"有而未能言，诗人为之语"，也就是发现诗歌之美与自己心中已形成的美的观念恰相符合，所以"握拨一弹，心弦立应"，迅速产生美的认识，同时唤起强烈的美的情感的感动，理智的满足与情感的陶冶结合在一起，于是感到心灵无限兴奋和喜悦。这充分说明，在形象观念基础上形成的美的观念，不仅在美的认识中起着中介作用，而且也是导致美的情感的感动和愉悦的一个内在因素。从这个角度来看，我们可以说不了解形象观念就不了解美的观念，而不了解美的观念，也就不了解美的认识和美感。

---

① 《鲁迅全集》第1卷，人民出版社1981年版，第68页。

第五章　审美情感结构方式论

第一节　审美情感活动的多种形式

以美的认识作为客观内容和基础的美感，是以美的情感的感动作为主观形式和表现的。作为对客观事物的美的感受和体验的美感，如果没有情感活动，本身也就不存在了。所以，情感是美感心理活动中必不可少的因素，强烈的情感体验是美感区别于科学、道德意识活动的一个最为显著的特点。康德把人的心理功能分为知、情、意三方面，认为鉴赏判断（审美）只涉及主体的情感，与认识、伦理无关，这当然是极其片面的。但他强调了审美中情感的心理功能，这就能启发我们去注意审美的情感特点。无论是美的欣赏，还是艺术创造，没有情感是不行的。

在艺术欣赏中，如果艺术作品不能激起欣赏者的情感活动，就很难使艺术欣赏成为审美的享受；在艺术创作中，如果艺术家没有在认识现实的基础上产生强烈的情感活动，就不能对现实形成审美的反映并进行美的创造。

谈到美感中的情感活动，不少美学家都把它看成是一种快感，于是有美感即快感的说法。其实，美感中的情感体验并不限于快感（更不要说生理的快感）。在美的欣赏和美的创造活动中，审美主体的情感活动从其内容或表现形式来看，都是十分丰富和复杂的。根据现代系统论的观点，可以将美感中的情感活动看作一个具有不同层次结构的系统，在这个系统中，各个不同层次的情感具有不同的心理内容、特点和功能，然而它们又互相联系、互相依赖、互相作用，从而形成一个不可分割的有机整体，表现出美感中情感活动的整体的特征和运动规律。大致说来，美感中的情感活动包括以下三个层次：1. 由审美对象所引起的各种复杂的情绪和情感活动；2. 通过美的认识以及各种审美心理因素的综合作用而形成的美感的愉快的情感；3. 与审美理想相联系的审美情趣。现在，我们就来对美感中情感的不同层次以及它们的相互联系进行综合的考察，以探究美感中情感活动的特殊规律。

美感中审美主体的情感活动，都是伴随着审美主体对审美对象的认识过程而产生的。审美对象不是抽象的、一般的理论和概念，而是具体的、特殊的现实事物和艺术作品。这些现实事物和艺术作品作为审美对象，具有丰富复杂的内容和多姿多彩的形式，它们会引起审美主体多方面的感知、联想、想象、理解、思维，形成对审美对象的各种认识活动。这种审美的认识活动，必然会引起审美主体各种不同的情绪和情感活动。这种情绪和情感活动的突出特点是始终同对审美对象的形象的感知、联想、想象、理解相结合，并且同后者发生相互作用、相互影响。由于审美主体对审美对象所产生的感知、联想、想象、理解不同，审美主体的情绪和情感的性质、内容也就有所不同；同时，审美主体的不同的情绪和情感反应，也会使审美主体对审美对象的感知、联想、想象、理解产生差异。

在美的欣赏和创造中，由美的对象所引起的审美主体的复杂情绪和情感活动，表现为极其多样的形式，其中以触景生情、移情作用、人物内心体验、同情共鸣等情感活动形式最为多见，其在美感意识中所起的作用也最为显著。我们在这里主要考察这几种审美中常见的情感活动形式，并结合分析这一层次上美感中情感活动的一些特点。

触景生情。在自然美的欣赏或以自然景物为反映对象的艺术创作中，触景生情是最普通、最常见的一种审美的情感活动。《文赋》说："遵四时以叹逝，瞻万物而思纷；悲落叶于劲秋，喜柔条于芳春。"[1] 《文心雕龙》说："春秋代序，阴阳惨舒。物色之动，心亦摇焉。"[2] 这些都是说审美主体由于感受到不同的、变化着的自然景色，从而产生变动的、内容相异的情绪和情感活动。作家艺术家在观赏自然景物时，会"联类不穷"，形成丰富的联想和想象；同时也就会"情以物迁"，引起复杂的情绪和情感。如果观赏者过去曾经被一定的景物引起过一定的情绪和情感反应，形成一

---

[1] 北京大学哲学系美学教研室编：《中国美学史资料选编》上册，中华书局1980年版，第155页。
[2] （南朝）刘勰著、周振甫注：《文心雕龙注释》，人民文学出版社1981年版，第493页。

种情绪记忆，那么当他在观赏自然景物过程中又遇到类似的或相关的条件刺激时，便会形成条件反射，联想起过去有关的情绪记忆，这样，审美主体由对自然景物的感知、联想所引起的情绪和情感活动，就会愈加复杂、愈加浓烈。如陆游重游沈园，由眼前的景色而触发起过去与唐琬在此相遇的回忆，从而发出"伤心桥下春波绿，曾是惊鸿照影来"的慨叹，就是对自然景物的联想推动情感活动的一例。在艺术创作中，作家艺术家由自然景物所引起的想象和形象思维活动越是深入向前发展，与自然景物相结合的情绪和情感活动也越是浓烈与深刻。所谓"情瞳昽而弥鲜，物昭晰而互进"① 和 "登山则情满于山，观海则意溢于海"②，就是说在艺术构思中，对自然景物的想象和主观的情感抒发同时并进，互相交融，共同推动美感意识活动向前发展。

在美感活动中，一方面，对自然景物的感知、联想、想象、理解会引起审美主体的情绪和情感反应；另一方面，审美主体的情绪和情感反应又会影响和作用于对自然景物的感知、联想、想象、理解。所以，这是一个主客体相互交融、相互统一、相互结合的过程。《文心雕龙》中用"情以物兴""物以情观"八个字准确概括了这个审美意象的形成过程。"情以物兴"，故美感中的情感需由作为审美对象的自然景物所引起，并且同对自然景物的感知、联想、想象、理解等认识活动相伴随；"物以情观"，故美感中对自然景物的感知、联想、想象、理解等认识活动须受主体的情绪和情感的影响。审美主体的情绪和情感有差别，对自然景物的感受以及由此形成的审美意象也会有所不同。作为审美意象的自然景物形象，不是纯客观的自然景物，而是渗透着审美主体的情感在内的。"情、景名为二，而实不可离。神于诗者，妙合无垠。巧者则有情中景，景中情。"③ 从美感心理活动来看，对自然景物的认识总是与主体的情感活动相统一的。如果诗人、画家在描绘自然景物时，没有浓厚的情感渗透其中，那么，他所描绘的自然景物必然会因为缺乏生气灌注而失去艺术美的魅力。正如清代画家恽恪所说："秋令人悲，又能令人思，写秋者必得可悲可思之意，而后能

---

① 北京大学哲学系美学教研室编：《中国美学史资料选编》上册，中华书局1980年版，第156页。
② （南朝）刘勰著、周振甫注：《文心雕龙注释》，人民文学出版社1981年版，第493页。
③ （清）王夫之著、戴鸿森笺注：《姜斋诗话笺注》，人民文学出版社1981年版，第72页。

为之；不然，不若听寒蝉与蟋蟀鸣也。"①

移情作用。在以自然景物为审美对象的欣赏和创作活动中，本来没有感觉和感情的自然景物，反映在主观意识中，却好像具有人的感觉、感情、意志和活动，这种所谓"移情"作用，实际上是审美反映中情感和联想互相作用的结果，可以看作审美中情感活动的另一种表现形式。在这种形式中，情感的能动作用显得更为突出，情感与联想的联系也更为直接、更为紧密。意大利美学家缪越陀里分析过诗歌中表现移情作用的形象，认为在这些艺术形象中，无生命的东西被赋予人的感情和性格，主要就是由于诗人的"想象力受了感情的影响"。感情和想象力（联想、想象）互相作用和结合，便使诗人在联想和想象中产生了一种充满感情的幻觉，如"高兴时觉得花欢草笑，悲哀时感到云愁月惨"，便是想象力被情感所支配而产生的幻觉。俄国心理学家乌申斯基也分析过诗歌、神话以及人民语言中的移情现象，认为它主要是产生于"内心情感的联想"，这种心理活动的特点是联想受制于"内心情感的联系，两个表象联系着正由于它们二者在我们心中引起相同的内心情感"②。因此，这种联想形式本身就直接体现了情感和联想的相互作用和统一，联想中表象的联系和推移都是以联想者的情绪和情感为中介的，因而在联想中渗透着更为浓厚的感情色彩。如类似"风的怒吼，海的呼啸""树林在泣诉，春花在微笑"的描写，都可以看作"内心情感的联想"。以上缪越陀里和乌申斯基关于移情现象的解释，都抓住了在移情现象中情感和联想互相结合、互相作用的特点，能给我们以启发。如果我们细加分析，可以得出这样的结论：移情作用的心理基础，是审美主体在情感的能动作用下，由自然事物的特征与人的情感、活动的相似而形成的类似联想。不过，在这种类似联想中，情感的作用的存在，使唤起联想的事物与被联想的事物之间的关联更为直接、更为紧密，因而往往出现这样的情况：联想的过程和联想的独自的内容消失了，自然事物的形象特征与人的感情活动在意识中完全融为一体，这就使人直觉到自然事物本身也有了感情和活动。"西风愁起绿波间""菊残犹有傲霜枝"等描写，就是这一类的例子。

---

① 恽恪：《南田论画》，载《历代论画名著汇编》，文物出版社 1982 年版，第 329 页。
② ［苏］乌申斯基：《人是教育的对象》第一卷，郑文樾译，科学出版社 1959 年版，第 243—244 页。

第五章 审美情感结构方式论

　　内心体验。作家艺术家在审美地反映世界的过程中,总是情感与认识相伴随的。"一个有'艺术家气质'的人,当他在周围的现实世界中,看到了某一事物的最初事实时,他就会发生强烈的感动。"① 正是艺术家对生活的审美的情感态度,推动着他去反映一定的生活,进行美的创造。在创造艺术形象的美感意识活动中,艺术家也总是带着强烈的爱憎感情、带着肯定或否定的情感态度来构思和塑造作品中的人物。他会为他自己所构思的人物、情节所感动,在内心中掀起巨大的感情的波涛;他也会化身为作品中的人物,设身处地去体验他所创造的人物的情绪和情感;他不仅能和人物同甘共苦,而且还能在想象中过着人物所过的内心生活,感受到同人物完全一样的感情体验,这就是人物内心体验——创作美感中情感活动的一种重要形式。陀思妥耶夫斯基谈到自己的创作时说:"我同我的想象、同亲手塑造的人物共同生活着,好像他们是我的亲人,是实际活着的人;我热爱他们,与他们同欢乐、共悲愁,有时甚至为我的心地单纯的主人公洒下最真诚的眼泪。"② 巴金也谈到过类似的感受,他说:"我写《家》的时候,我仿佛在跟一些人一同受苦,一同在魔爪下面挣扎。我陪着那些可爱的年轻生命欢笑,也陪着他们哀哭,我一个字一个字写下去,我好像在挖开我的记忆的坟墓,我又看见了过去使我的心灵激动的一切。"③ 这都是说作家在想象中被自己所创造的人物所感动,对人物充满热烈的爱,和人物同忧同乐,对人物的内心体验达到非常强烈和深刻的程度。演员在创造角色时,也需要在想象中深入体验所扮演的人物的情绪和情感,进入角色,这样才能使创造的角色具有性格真实性和艺术美的魅力。斯坦尼斯拉夫斯基指出:演员的想象的最重要的特点之一,就是要能在想象中"唤起同角色本身的情绪和情感相类似的情绪和情感"④,以便"能够过着他所扮演的人物的丰富的内心生活"⑤。这都说明在人物形象创造的审美意识活动中,情感是始终和想象、形象思维等

---

① 《杜勃罗留波夫选集》第一卷,辛未艾译,新文艺出版社1956年版,第164页。
② 中国社会科学院外国文学研究所外国文学研究资料丛刊编辑委员会编:《外国理论家作家论形象思维》,中国社会科学出版社1979年版,第111页。
③ 《巴金论创作》,上海文艺出版社1983年版,第212页。
④ [苏]斯坦尼斯拉夫斯基:《演员自我修养》第一部,林陵等译,艺术出版社1956年版,第121页。
⑤ [苏]斯坦尼斯拉夫斯基:《演员自我修养》第一部,林陵等译,艺术出版社1956年版,第98页。

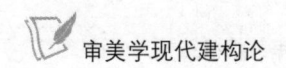

创造美感的心理活动相伴随、相结合的。

在人物内心体验中，作家艺术家一方面在想象中设身处地体验着人物的内心情感活动；另一方面又对所创造的人物抱有一定的情感态度，对人物进行着审美评价，这两方面是互相结合的。艺术家对人物内心情感活动的体验，总是以他对人物所抱的情感态度为前提的；同时，在对人物内心情感活动的体验中，也自然流露着艺术家本人对人物所抱的情感态度和所做的审美评价。所以，艺术家既可以带着对人物的肯定的情感态度和审美评价，去体验人物的内心情感活动，也可以带着对人物的否定的情感态度和审美评价，去体验人物的内心情感活动。李渔说："若非梦往神游，何谓设身处地。无论立心端正者，我当设身处地，代生端正之想，即遇立心邪辟者，我亦当舍经从权，暂为邪辟之思。"① 这里是讲在戏曲人物创造中，作者对两种根本不同的人物所做的内心体验，其中所流露的作者对人物的情感态度也显然是不同的。所以，人物内心体验实在是一种认识、体验和评价相结合的、复杂的、美感的情感活动形式。

同情共鸣。在艺术欣赏中，欣赏者对作品中人物的遭遇会在感情上产生共鸣，由人物的某种情绪引起相同的情绪，或者受到作者在形象中所抒发的情感的感染，产生与作者的情感相一致的情感，这就是艺术欣赏过程中常见的同情共鸣的心理现象。在共鸣中，欣赏者以认识作为基础，随着对艺术形象的感知、联想、想象、理解，对人物的感情活动以及作者的情感进行着深入的体验，使自己的感情和作品中的人物及作者的感情相互交流、融成一片，爱作者之所爱，憎作者之所憎，喜人物之所喜，忧人物之所忧，甚至化身为作品中的人物，在作品中"扮演一个角色"。《红楼梦》第二十三回描写林黛玉听到《牡丹亭》曲子后，由"不觉心动神摇"到"如醉如痴"，以至"不觉心痛神驰、眼中落泪"。在这里，作为欣赏者的林黛玉已经在审美经验中和作品中的杜丽娘化为一体。由此可见，共鸣是在欣赏者的感情和作品中表达的感情具有一致性的基础上产生的审美情感活动，欣赏者已有的心理经验和情绪记忆，在形成共鸣现象的过程中起着重要作用。在共鸣中，"感受者和艺术家那样融洽地结合在一起，以至感受者觉得那个艺术作品，不是其他什么人所创造的，而是他自己所创造的，

---

① （清）李渔：《闲情偶寄》，陕西人民出版社1998年版，第41页。

而且觉得这个作品所表达的一切正是他早就已经想表达的"①。由于共鸣作用，欣赏者可以迅速地、不知不觉地进入艺术形象的境界，深深受到作品中感情的感染，得到强烈的审美享受。所以，同情共鸣这种审美的情感形式是美感研究中特别值得重视的。

第二节 审美愉快的不同层次

在美的欣赏和美的创造中，审美主体充满着丰富、复杂的情绪和情感活动，其中最能表现美感特质的则是通过美感的认识结构和情感结构共同交互作用所产生的美的情感的愉快的感动，也就是通过美感意识中各种心理因素的综合活动，最后所获得的一种满足、喜悦和愉快的情感体验。之前美学家几乎都将美感归结为愉快的情感，因而往往把它作为美感研究中的主要论题，这固然表现出对美感的认识的片面性，但从另一方面来看，也说明了美感的愉快确实是最能表现美感特质的一种情感活动。

只要我们细心体察美的欣赏和创造的美感经验，便不难发现，随着审美主体对于对象的美的认识，必定会产生感情上的愉快以至精神上的陶醉。亚里士多德早就指出，对于艺术美的欣赏，能使人产生不同性质、不同程度的愉快感觉。尤其是音乐，亚里士多德称它是"一种最愉快的东西"，它所引起的美感"的确使人心畅神怡"。狄德罗也指出，对艺术的欣赏使人"产生一种心怡神悦的感受，它会使我们心花怒放"。车尔尼雪夫斯基也说过，一切美的事物在人心中所唤起的情感，都是"类似我们当着亲爱的人面前时洋溢于我们心中的那种愉悦"。我国古代美学思想对于美感中愉快的情感特点也有许多论述，如《乐记》中说："夫乐者乐也，人情之所不能免也。"就是讲音乐可以唤起人的美感，使人得到情感的愉悦。南朝画家宗炳认为欣赏山水自然美和反映自然美的山水画可以"畅神"，也就是说能使人产生精神上的愉快。清代焦循描述人们欣赏《赛琵琶》时的内心感受，有如"久病顿苏，奇痒得搔，心融意畅，莫可名言"②，也是说艺术欣赏能使人得到难言

---

① [俄]列夫·托尔斯泰：《艺术论》，耿济之译，人民文学出版社1958年版，第148页。
② （清）焦循：《花部农谭》，载郭绍虞主编《中国历代文论选》第三册，上海古籍出版社1980年版，第574页。

的满足、愉快。这种由美的认识而产生的愉快的情感体验，不只发生在欣赏的美感中，也发生在创作的美感中。许多作家艺术家都谈到过他们在形象创造中所体验到的愉快、满足、陶醉的精神状态，说明在艺术创作中由形象思维而形成的典型意象，不仅体现着美的认识，而且同时也伴随着美的感情的感动和愉快。

美感愉悦的情感是随美的认识而产生的。美的认识是感性和理性相统一的认识，它既不脱离感性表象，又以理性认识为主导。由于美的认识由感性认识向理性认识深入，其发展有深浅不同的程度，随着美的认识同时发生的美感愉悦情感也有不同的等差。在感性认识阶段，主要有感官的快适的感受和一般的满意的体验；进入理性认识阶段以后，主要的就是情感的感动、精神上的满足、愉快，以至心醉神迷。前者给人的感受是"娱目悦耳"，后者给人的感受则是"愉心怡神"；美感的愉快情感是以前者为基础，以后者为特质的。我们现在对这两种不同层次的美感的愉快情感进行具体的分析。

娱目悦耳。美感的愉快的体验往往同感官的快适的感受相联系，这不是偶然的。美的认识不能脱离对象的现象、形式，审美主体对于对象的美的反映也要以感觉活动为起点。车尔尼雪夫斯基说："美感是和听觉、视觉不可分离地结合在一起的，离开听觉、视觉，是不能设想的。"[①] 视觉、听觉同美的感受有着最直接的联系。视听感官接触到审美对象的现象、形式而引起快适和满意的感受，形成了美感中最初级的一种情绪体验，并成为构成美感中愉快的情感的感动的一个条件。在一般的审美欣赏中，这种感官的快适的感受表现得极为普遍。从观赏一朵鲜花到观赏一幅绘画，从聆听一阵莺鸣到聆听一支乐曲，伴随着对于审美对象的感性形式如色彩、线条、音调、节奏的感知，审美主体都会产生"娱目""悦耳"的快适感受，特别是在观赏自然现象之美时，这种感官的快适感受在美感中起着很重要的作用。"生生燕语明如翦，呖呖莺歌溜得圆""日出江花红胜火，春来江水绿如蓝"，这些自然美的声音、形态、色彩、光线均使观赏者感到快适惬意，以至于无法掩饰对自然美的热爱之情。在艺术欣赏中，作品的形式方面具有诱人的力量，也往往和它能引起感官快适的感受分不开。如绘画中色彩的鲜明、音乐中音调的和谐、舞蹈中身姿的婀娜、诗歌中韵律

[①] [俄] 车尔尼雪夫斯基：《生活与美学》，周扬译，人民文学出版社 1957 年版，第 42 页。

第五章 审美情感结构方式论

的配搭等，均可以给予欣赏者以娱目悦耳之感。

由审美对象所引起的感官的快适感受，虽然也是美感产生的一个条件，但它本身并不就等于美感，也不是美感的特质。正如对审美对象的感性形式的感知仅仅是美的认识的初步阶段一样，感官的快适感受也仅仅是美感中愉快的情感的感动的基础。如果说感官的快适感受作为美感中一种初级的情绪活动，只是与低级的心理过程（感觉、知觉）相联系，主要属于生理上的快适与满足，那么，情感的愉快感动则是与人的高级心理过程（创造想象、形象思维）相联系，根本上属于精神上的愉快与满足。我们既不能否定二者的联系，也不能忽视它们之间的根本区别。由于在美的认识中，对于对象美的感性形式和现象的感知，总是同对于对象美的理性内容和本质的想象、理解等理性认识结合在一起的，所以，美感中感官的快适感受也就不能完全脱离感情的愉快感动而孤立存在。尽管在欣赏不同种类的美或不同的审美对象时，美感中感官的快适感受和感情的愉快感动之间的关系不是完全相同的，但一般说来，真正深刻的美感是不能仅仅停留在感官的快感上的。随着美的认识的深入，美感的体验也必然由感官的快适的感受进到感情的愉悦的感动。

愉心怡神。美感的特质在于美的情感的愉悦的感动，即由于美的认识而获得精神上的满足、愉快、陶醉。美的认识是感性与理性、个别与一般、内容与形式相统一的形象思维活动，它包括了感知、理解、联想、想象等多种心理功能。这些心理功能的互相作用和辩证统一，使得审美主体能够通过个别的感性的形象的形式，直悟到真和善的普遍的理性内容，领会到自然和社会的本质规律，这样对具体形象的客观真理和社会规律的认识，必能使人得到非同寻常的感触和启发，从而感到精神的满足和愉快。亚里士多德说："人对于摹仿的作品总是感到快感"，之所以如此，是因为我们观赏这些作品时，"一面在看，一面在求知"。[①] 这种说法虽然显得比较简单，但它肯定了美感的愉快同形象的认识和求知密切相关，这是符合实际的。当然，美感的认识和科学的认识不一样，前者是具体形象的真理的认识；而后者则是抽象的原则原理的认识，所以美感的愉快不等于科学

---

① ［古希腊］亚里士多德、［古罗马］贺拉斯：《诗学·诗艺》，罗念生、杨周翰译，人民文学出版社1962年版，第101页。

认识中发现真理的愉快。正如鲁迅所说，艺术作品是将"人生诚理"体现于使人可以直接感受的具体形象之中的，所以欣赏者就能在感受具体形象中"与人生即会"，通过具体形象认识到"人生之阃机"，于是便感到"灵府朗然"，快然自足，这都说明美感的愉快是同美的认识——具体形象的真理的认识密不可分的。

在实际的审美活动中，美的认识和美的情感的愉快感动是契合为一、互相融合的。在许多情况下，人们往往感觉不到对美的对象的明显的认识过程，而是一眼见到美的对象就感到愉快喜悦，整个心身都受到震动。如莎士比亚戏剧中所写的罗密欧与朱丽叶初次相遇便觉对方非常合意，遂欢快异常；贝蒂娜一听到贝多芬的《月光奏鸣曲》，便觉神魂颠倒，整个灵魂为之陶醉。这种情况比较集中地表现了美的情感的愉快感动的特点，因而在美感研究中从来就是受到特别的重视的，有些美学家也据此否认美感中的愉悦情感起因于美的认识这一点。其实，在审美主体遇到上述美的对象之前，在日常生活中经过形象思维的作用，在意识中对客观事物进行比较、概括、综合、改造，已经形成了一般与个别、感性与理性高度统一的美的观念。这种美的观念是根源于客观事物的美，是客观事物的美的反映。然而，这种美的认识过程往往不为人所自觉，所形成的美的观念往往也不够明确、不够完全。一旦审美主体遇到某一美的对象和原有的美的观念恰相符合，美的观念遂变得更加鲜明、充实而完全，于是精神顿然获得满足，引起强烈的感情的愉快。由此可见，一接触美的对象就感到情感的愉悦也是基于美的认识的。

美感的愉快和审美过程中由审美对象所引起的其他各种相伴随的情绪和情感活动，属于美感中情感的不同层次，二者既有联系又有区别。如上所述，在审美过程中，由于对审美对象的各种具体内容和形式的感知、联想、想象、理解、思维，会产生多种性质的、内容复杂的情绪和情感活动。然而这些情绪和情感活动，只是美感心理活动的构成因素之一，是形成美感的一种必要条件，它们并不就是完全的美感。但这种情绪和情感活动是由审美对象所引起的，是和美的认识以及由此产生的美感愉快相伴随的，因而它不仅和美的认识密切相关，而且对美感中愉快的情感的感动的形成也有极大影响。譬如读一部小说或是看一部电影，随着它的情节的展开，你必然会被其中所描绘的现实生活和人物的思想感情所感动，从而对作品中的人物产生各种各样的情感反应。特别是对于你所同情的人物，你会倾注你全部的感情去热切地关注他的命运，他的快乐会使你高兴，他的痛苦会使你悲哀。如果没有这样的情感体验，那就很难深刻地感受艺术形象，也难以形成美的认识，更难引起美的情感的愉快的感动。所以，在艺术欣赏中，欣赏者越是受到作品的情感的感染、打动，便越是易于进入作品的艺术境界。同时，欣赏者也就在这种艺术境界中，使自己的各种情绪和情感得到正当的抒发，受到有益的陶冶。所以，通过审美中这种多样的、复杂的感情活动，最后所给予人的总的体验，仍然是精神的愉快、满足。亚里士多德指出，悲剧能使我们获得一种"它特别能给的快感"，而"这种快感是由悲剧引起我们的怜悯与恐惧之情，通过诗人的摹仿而产生的"①。就是说，悲剧所引起的审美愉快是和它所引起的特殊情感——怜悯与恐惧结合在一起的。怜悯和恐惧本来都是痛苦的感情，但是通过悲剧诗人的摹仿，人们可以在欣赏悲剧艺术中使这两种情感得到正当的抒发，进而受到健康的陶冶，这就是亚里士多德所说的悲剧的情感的"净化"作用。所以，在欣赏悲剧的过程中产生的哀怜之情虽然是一种痛感，但是由于它能使欣赏者的情感受到健康的陶冶，因而可以成为形成美感愉快的一个因由。可见，美感愉快和它所伴随的审美中的其他情感活动固然属于美感中情感的不同层次，但二者又是互相联系、互相影响的。美感愉快的形成既与审美对象所引起的其他情感活动有关，当然也会因它所伴随的其他情感活动的不同而具有不同的特色。所以，崇高的美感不同于优美的美感，悲剧的美感不同于喜剧的美感。可见美感作为一种情感活动，它的结构形态也是非常多样、复杂的，由此所形成的美感的种类也是不同的。

第三节　审美情趣的形成及其作用

美感中情感的另一个层次是审美情趣。所谓审美情趣，是指人在审美活动中表现出来的喜欢什么、不喜欢什么的情感的倾向性。它不同于某一具体的审美心理过程中的情绪和情感的活动，也不同于审美心理活动的整

---

① ［古希腊］亚里士多德、［古罗马］贺拉斯：《诗学·诗艺》，罗念生、杨周翰译，人民文学出版社 1962 年版，第 43 页。

合作用而产生的美感愉快,而是体现在个人审美活动中的一种主观的爱好。它虽是美感的成果,却又渗透在具体的审美感受中,并对美感中的其他情感活动产生重大的影响。审美情趣形成以后,就成为一个人的情操的组成部分。

审美情趣虽然直接表现为审美中情感的倾向和主观的爱好,但它的思想基础是审美理想,所以,它是同审美理想直接联系在一起的一种高级的社会情感。审美情趣和审美理想,都是审美的主观的、受社会制约的方面,如果忽视它们在美感形成中的作用,就不可能彻底认识审美意识的本质。审美理想是审美主体关于美的观念的最高体现,它集中表现了审美主体关于完善的、美好的、合乎愿望的生活的观念。一方面,它与一定的世界观相联系,具有深刻的理性内容;另一方面,它又同审美感受相联系,具有具体的感性形式。在审美活动中,审美理想成为审美主体衡量一切现实现象和艺术作品的审美价值的标准,具有不同的审美理想的主体,对于同一客观对象可以做出完全不同的审美评价。审美理想具体表现在审美情感的形式中,就形成审美情趣。所以,审美情趣和审美理想是完全一致的。审美理想是怎样的,审美情趣也必然会是怎样的。

审美情趣的形成同美感经验相关,但它又不仅仅是美感经验的直接结果。它同一个人的思想感情、生活经验、文化教养以及个性心理特点等,都有一定的联系;一定的社会生活条件以及在此基础上产生的整个社会意识,都对其形成起着制约作用。

审美情趣作为一种特殊的社会意识的表现,归根到底是为审美主体所处的社会物质生活条件所决定的。不同时代、不同民族、不同阶级之所以会具有不同的审美情趣,根本上取决于它们的不同的社会生活条件。普列汉诺夫在考察和分析了原始部落民族审美意识的形成过程以后,科学地指出:"为什么一定社会的人正好有着这些而非其它的趣味,为什么他正好喜欢这些而非其它的对象,这就决定于周围的条件。"[1] "这些条件说明了一定社会的人(即一定的社会、一定的民族、一定的阶级)正是有着这些而非其它的审美的趣味。"[2] 审美趣味和人的整个审美意识都不是孤立地产

---

[1] 《普列汉诺夫美学论文集》(1),曹葆华译,人民出版社1983年版,第332页。
[2] 《普列汉诺夫美学论文集》(1),曹葆华译,人民出版社1983年版,第320页。

生的,而是"与复杂的观念以及思想的进程密切联系在一起的",而且有时候正是在这些观念的影响下产生出来的。审美趣味与这些复杂观念的联系,也仍然是由一定的社会物质生活条件所决定的。所以,审美情趣虽然往往通过个人主观爱好的形式表现出来,却不仅仅是个人主观上偶然的产物。一个人喜爱什么审美对象,对什么样的现实事物和艺术作品最易产生美感愉快,这虽然具有个人特点,但个人的东西实质上都不能脱离一定的社会关系和社会条件的影响。不同时代、不同民族、不同阶级的审美趣味正是通过个人的审美爱好表现出来,并渗透在个人的审美感受中,对个人的美感的形成起着制约作用,从而使个人美感在一定程度上反映出美感的时代、民族和阶级的差异。狄德罗一点也不喜欢优雅和"感官享乐"的布歇的绘画,却对被称为"画面中的道德"的格勒泽的画表示最高的赞赏;列宁那样爱好贝多芬的音乐和托尔斯泰的小说,却不能从表现派、未来派、立体派的作品中得到任何快乐。表现在个人美感中的这种审美爱好的差异,其实正是反映了审美情趣受时代和阶级的制约的性质。

审美情趣的形成和个人的生活经验、思想感情、文化教养以及个人心理特征等也有密切关系,这就是审美情趣之所以总是带着个人特点的原因。一般说来,审美主体往往是根据自己的生活经验、思想情绪,来确定对审美对象的感知的选择和注意,来理解审美对象的意义,并且根据已有的生活经验和情绪记忆来进行联想和想象,补充和丰富审美对象的内容。由于生活经验、思想感情、情绪记忆的不同,人们在欣赏美的对象时,对审美对象的选择、感知、注意、联想、想象和情感反应也会不同,这样就形成了个人美感经验的差异。久而久之,在这种个人美感经验的基础上,就会形成带有个人特色的审美情趣。如王维的山水田园诗中所表现出来的那种对于静穆、悠闲、安谧的田园风光和山水景物的强烈爱好,就是同他自己所过的闲适、隐逸的生活以及思想上的清净无为的佛教色彩相联系的。又如李清照在她的后期词中特别喜欢描绘那种凄凉、凋残、灰暗的自然景物,这种审美情趣也是同她个人家破人亡、流离颠沛的遭遇以及由此而来的深愁惨痛的心境分不开的。同时,一个人在审美上的个人爱好和兴趣,又总是同他的性格、气质等个性心理特点有一定关系的。性格是由人对现实的稳固的态度以及与之相适应的习惯了的行为方式所构成的心理面貌的一个突出方面。气质是表现于心理活动的动力上的典型的、稳定的心理特点。性格、气质是形成个人心理特征的重要因素,最能显示出一个人的个性特点。无论是美的欣赏,还是艺术创造,一个人的美感意识活动总是深深印刻着他自己的个性心理特征的烙印。"慷慨者逆声而击节,酝藉者见密而高蹈,浮慧者观绮而跃心,爱奇者闻诡而惊听。"[①] 欣赏者性格、气质个性心理特点的不同,影响着对艺术作品的不同的审美爱好。"知多偏好,人莫圆该",人们在审美活动中表现出个人偏爱是合乎规律的,正当的个人审美爱好是应该保持的。审美爱好上的个人差异,正反映出人们审美需要的多样性和丰富性,它是审美活动中的一种正常现象。

审美情趣作为审美中的一种情感倾向,同美感中其他层次上的情感活动是互相依赖、互相作用的。一方面,审美情趣通过美感中其他层次上的情感活动得到具体的表现,并且在美感中其他层次的情感的基础上形成;另一方面,审美情趣在社会条件制约和个人因素影响下形成以后,又作为审美的主观方面,对于美感中由审美对象所引起的各种情感活动和美感愉快,起着一定的制约作用。面对同一审美对象,由于人们的审美情趣不同,可能会做出不同的审美评价,产生不同的情感反应。正是审美情趣的不同,制约着对审美对象的审美评价和情感反应,因而使美感愉快的情感的感动产生了巨大的差异。

总的说来,美感中的情感活动尽管具有不同的层次、不同的内容和表现形式,它们却是互相依存、互相联系、互相作用的有机整体。各个不同层次的情感在互相联系和作用的特殊方式和关系中,形成着作为整体的美感情感的特点和运行规律。

---

① (南朝)刘勰著、周振甫注:《文心雕龙注释》,人民文学出版社1981年版,第518页。

第六章　美感发生心理机制论

第一节　审美直觉的特点及其形成

人们在欣赏某一对象的美时，往往是一见到美的对象，立即就能认识到它的美，并引起相应的美的感受和感动。这种心理过程，往往不是如科学认识那样，有明显的从感性认识到理性认识的过程，也不需要经过抽象的逻辑思考。有时，人们虽然能够感受和欣赏对象的美，却不能马上明确地说出为什么喜爱和欣赏它的道理来，甚至感到来不及进行自觉的理性思考活动，仅仅在直接对于对象的感知活动中，就已对对象产生了美的感受。这是美感心理活动中一种非常引人注目的现象。有的美学家把这种美感心理现象称之为"一见倾心"。在对自然美、人体美的感受中，这种现象非常突出。古今中外的许多文学作品中都有男女一见钟情的描写，这里就包含着男女双方对于人体美"一见倾心"的审美心理现象。如莎士比亚在《罗密欧与朱丽叶》中描写罗密欧初次见到朱丽叶，便被对方的美貌所吸引："她皎然悬在暮天的颊上，像黑奴耳边璀璨的珠环；她是天上明珠降落人间！"罗密欧并没有来得及思考，美感便已产生。俄国著名诗人普希金在《致凯恩》一诗中回忆他和女友初次相识的情景："我记得那美妙的一瞬，在我眼前出现了你，有如昙花一现的幻影，有如纯洁之美的精灵。"在"美妙的一瞬"中，人们便感到美、领悟到美，不仅为之吸引，而且为之动情：激动，愉快，振奋……这种现象在对艺术美的欣赏中也常常出现。看一幅风景画，读一首山水诗，听一曲轻音乐……往往不是先经过一番抽象的逻辑思考，然后再来决定是否喜爱它、是否应产生美感，而是瞬刻之间便感到对象之美和自己意中的形象正相符合，一下子就被它所吸引、所感染。在艺术美的创造中，这种心理现象也是很引人注目的，如杜勃罗留波夫所说："一个有'艺术家气质'的人，当他在周围的现实世界中，看到了某一事物的最初事实时，他就会发生强烈的感动。他虽然还没有能够在理论上解释这种事实的思考能力，可是他却看见了，这里有一种值得注意的特别的东西，他就热心而好奇地注视着这个事实，把它摄取到自己的心灵中来。"[1] 对于以上这种心理现象，有的美学家又称之为"美感的直觉性"[2]。由于这种心理现象比较突出地反映出美的认识和感受的心理特点，所以在美学史上特别受到美学家的注意，有的甚至把它当作美感的基本特征。但是，对这种美感心理中的特殊现象如何做出科学的解释，至今却仍是一个有待研究的问题。

在美学史上，有不少美学家把这种被称为"直觉"的美感心理现象看成是一种纯感性的心理活动，并据此断定美感只是一种感性活动，和理性无关。这种看法可以拿克罗齐的观点作为代表。克罗齐认为直觉就是美感和艺术的特性，而他所说的"直觉"则是一种"最简单最原始的'知'"，"见形象而不见意义的'知'"。[3] 从认识过程说，它是在知觉以下的感觉活动，与理性无关；从认识内容上说，它是只见到混沌的形象，而不知对象的内容和意义。总之，在克罗齐看来，美感直觉仅仅是单一的感觉活动，它和联想、想象以至理性活动都是绝缘的。

从系统论来看，克罗齐以及类似于他的看法的错误是明显的。因为这种看法不是如实地将美感心理看作由各种心理要素互相联系、互相制约并具有特定功能的有机整体，而是将复杂的美感心理活动简化为某种单一的心理因素；它不是从美感的各种心理构成要素相互联系、相互制约的特殊方式，去认识美感直觉这种心理特性的形成，而是将美感心理的整体特性的表现归结为它的某一个组成要素的属性。事实上，所谓美感直觉的心理现象，是美感心理系统的整体特性的一种表现。这种整体特性是不能由构成整体的某一因素的属性来规定的。根据系统论"系统的完整性是由系

---

[1] 《杜勃罗留波夫选集》第一卷，辛未艾译，新文艺出版社1956年版，第164页。
[2] "直觉"（intuition）这一概念，心理学中对它尚无确定的解释，有的心理学书称它为"直觉思维"，其含义"是指不经过一步一步分析而突如其来的领悟或理解"。西方哲学家对直觉的性质有不同的理解，这里沿用美学中较普遍流行的这一概念，以说明美感心理的某种特点。
[3] 《朱光潜美学文集》第一卷，上海文艺出版社1982年版，第10页。

第六章　美感发生心理机制论

的结构、由要素联系的方式所决定的"①，我们要科学地说明和解释系统的任何一个整体特性，都必须了解和研究系统中各要素相互联系、相互制约的特殊方式。美感直觉虽然是一见倾心、带有直接感受的特点，但是，它是美感中的联想、想象、理解、思考在一种特殊方式中与感知相互联系、相互制约的结果，它不是排斥理性作用的纯感性活动，而是理性因素与感性因素相互联系、相互制约的一种特殊方式。

　　从控制论观点来看，人的大脑是一个复杂的控制系统，人脑对于客观对象的反映不是镜子似的反映，而是控制系统（思维主体在其中起着作用）同被控制的外部对象之间所发生的特殊信息过程。所以，人的心理过程是具有双重决定作用的。一方面，它受到从外部世界获得的非约束性信息的决定；另一方面，它又受到种族发生和个体发育中所积累的大脑的一切约束性信息所决定。前者是指对具体的客观对象的直接反映，主要是通过外部世界对感官的直接作用而实现的；后者则是指主体在长期社会实践中所积累的经验、所形成的认识以及人的各种社会需要。"这两个决定因素——外部的和内部的，外来的和内源的——处于密切的联系中，只能在思想上把它们分开。"② 事实上，人在意识到某一客观事物时，由于事物作用而产生的直接印象就会同已形成的有关知识、概念、思想发生联系。因为这种联系，人所感觉的东西才有一定的意义。人和动物心理的极其重要的差别，就在于动物对现实的反映只能借助于直接印象而实现，而人对现实的有意识的反映，始终是人从现实事物获得的直接印象同他所掌握的由社会经验形成的知识、概念、思想相互联系的产物，而不是单方面作用的结果。由于人的心理过程是从外部获得的非约束性信息和人脑中积累的约束性信息互相联系、互相作用的过程，人对现实的有意识的反映，始终是从事物获得的直接印象同过去形成的经验、知识、思想互相联系、互相作用的结果，所以，人在许多情况下才能将感知和理解直接统一起来，通过对事物直接印象的感知而立刻理解到它所包含的一定的意义，在个别的现象的感受中直接领悟到它的普遍内容。这就是马克思在《1844年经济学哲

---

　　① ［苏］尼·伊·茹科夫：《控制论的哲学原理》，徐世京译，上海译文出版社1981年版，第61页。
　　② ［苏］尼·伊·茹科夫：《控制论的哲学原理》，徐世京译，上海译文出版社1981年版，第145页。

学手稿》中所说的"感觉通过自己的实践直接变成了理论家"①。人在美感心理活动中所产生的直觉现象,恰恰就是从审美对象获得的非约束性信息与审美主体脑中积累的约束性信息相互作用的结果。通过这两方面的作用,对审美对象的直观印象和人在社会经验基础上形成的知识、观念、思想发生了相互联系,感觉和理解达到了直接的融合。所以,别林斯基正确地把这种美感心理的特殊现象称为"和思维性相结合的深刻的审美感觉"②。人们通过美感直觉能够立即判断和感受到对象的美,这不是一种单纯的、低级的感觉活动,而是感觉和理解、感性和理性通过一种特殊的方式互相联系、互相作用的结果。只是这样联系和作用不像科学认识那样具有明显的从感性认识上升到理性认识的过程,所以,它往往不能被人自觉地意识到。

在美感的心理活动中,感觉和理解、感性和理性之所以能以特殊方式互相联系、互相作用,并呈现为所谓"直觉"的心理现象,是和美的观念的中介作用分不开的。美感反映对象的美,并非简单直接地进行的,而是要通过美的观念的中介。人在日常个人经验、社会经验以及文化教养的影响下,通过对客观事物大量感性表象的提炼、概括,就会形成美的观念。美的观念是事物的美的规律在人脑中的反映。它既不同于抽象的概念,而具有感性形象的特征,同现实事物的个别表象相联系。同时,它又不同于事物的个别表象,而是对许多个别表象的集中概括,在个别形象中包含着真和善的普遍的理性内容。所以,美的观念虽是保持着感性因素,却是理性认识的成果,是在形象思维作用下,对生活中大量获得的感性表象进行加工、概括的结果。这种美的观念的获得在艺术创作中是自觉地、有意地形成的,而在一般的认识中,则是不自觉的、无意中形成的。每个人都有关于各种事物、人物的美的观念,如某个女子想象中的最理想的美男子,或某个男子想象中的最理想的美女子,就是一种美的观念。美的观念既经形成,便作为一种约束性信息保存在人的脑海里。一旦人在审美对象上获得的非约束性信息——对审美对象的直接印象,恰与作为约束性信息的美的观念相适合,于是两者之间便立刻发生了互相联系和互相作用。这就是

---

① [德] 马克思:《1844年经济学哲学手稿》,人民出版社1985年版,第981页。
② 《别林斯基选集》第二卷,满涛译,上海文艺出版社1963年版,第17页。

第六章　美感发生心理机制论

为什么人一见到美的对象，不需要再经过自觉的逻辑思考，而仅仅通过直接感知，就能判断对象的美并获得美的感受和感动的重要原因。如许多描写爱情的文艺作品中，男女主人公初次见面，便立刻为对方美的魅力所吸引，就是实例。对于美感心理中这种富于特性的现象，如果我们不是把美感作为一个有机整体，去深入揭示它的构成要素之间互相联系和作用的特殊方式，就很难探究到形成这种心理特性的奥秘。

第二节　审美形式感的产生机制

在美感经验中，审美主体对于对象所呈现出的形式往往具有一种特殊的感知和感受能力。对象的自然形式如色彩、线条、形体、音响、节奏、旋律，以及由这些形式变化所形成的形式规律，如平衡、对称、倾斜、变化、整齐、调和等，在审美的感知和感受中，似乎它们本身都具有某种意味和情感特性，审美主体在对于对象形式的直接感知中，同时也感受到它表现出的某种意味和情调，因而立刻产生了一定的情感和情绪反应。例如红色使人感到热烈、振奋，绿色使人感到宁静、满足；曲线使人感到流畅、简练，直线使人感到呆板、僵硬；平衡使人产生稳定感，倾斜使人产生运动感；等等。这种对于形式的特殊审美感受，就是人们常说的"形式感"，形式感在对艺术美的审美经验中表现得更为集中、更为强烈、更为突出。绘画能通过彩色、构图传达意味，音乐能通过音调、节奏表达情感，书法能通过线条、结构体现品格，凡此等等都与形式感密切相关联。缓慢、弯曲的舞蹈动作会使我们产生抑郁、悲哀之感，激烈、旋转的舞蹈动作又会使我们产生潇洒、欢快之感；颜真卿的书法使人感到端庄刚劲，赵孟頫的书法则使人感到清秀妩媚……这些都可以说是艺术欣赏的审美经验中的形式感在起作用。因此，我们可以说形式感是美感经验中普遍存在着的一种心理现象。

形式感不仅是审美经验中普遍存在的现象，而且也是审美经验中特有的现象，是审美经验与一般日常经验（普通感知）和科学认识活动相区别的重要特性之一。在科学认识活动中，无生命的自然对象无论怎样千变万化，在科学家看来，也不会成为体现和传达人的感情的形式。例如芍药、蔷薇，作为植物、花卉，它们本身并不具有感情。植物学家把它们作为科学认识的对象，也要求尽量客观地反映它们本身的自然属性，不能把它们看成带有感情的生物。然而，在诗人的笔下，芍药、蔷薇作为审美对象反映在诗人的美感意识中，却成了有情之物。"一夕轻雷落万丝，霁光浮瓦碧参差。有情芍药含春泪，无力蔷薇卧晓枝。"（秦观：《春日》）诗中描写了诗人对雨后晨光中的春花的独特审美感受，芍药、蔷薇不仅姿态显得娇美可爱，而且还充满着柔情蜜意。诗人的独特感受并不是指向植物学家所探究的花卉的某些自然属性，而是指向花卉那种表现情感的自然形式。自然的外在形式和诗人的内在情感在美感意识中达到了统一，对象的形式本身似乎在知觉中体现了某种特定的情感色彩，具有了人的情感性质。这种在艺术和审美经验中才会出现的特殊现象，被某些美学家称为"形式的表现性"或"事物的表现性"。"不仅我们心目中那些有意识的有机体具有表现性，就是那些不具意识的事物——一块陡峭的岩石、一棵垂柳、落日的余晖、墙上的裂缝、飘零的落叶、一汪清泉，甚至一条抽象的线条、一片孤立的色彩或是银幕上起舞的抽象形状——都和人体具有同样的表现性。"[1] 所谓"形式感"，也就是对于"形式的表现性"的知觉和感受。鲁道夫·阿恩海姆指出，在特殊的艺术观看方式中，在审美知觉中，对于事物或形式的表现性的知觉和感受具有特别的重要意义。"事物的表现性，是艺术家传达意义时所依赖的主要媒介，他总是密切地注意着这些表现性质，并通过这些性质来理解和解释自己的经验，最终还要通过它们去确定自己所要创造的作品的形式。"[2] 在艺术欣赏中，对于事物和形式的表现性的知觉和感受，使欣赏活动不再是一种对外部事物的纯认识活动，并使观赏者处于一种激动的参与状态，"而这种参与状态，才是真正的艺术经验"[3]。这种审美经验与那种对信息的纯粹理解即科学认识活动是有明显区别的。

那么，所谓"形式的表现性"，所谓"形式感"，作为审美知觉和感受的一种特殊表现，它们究竟是如何形成的呢？对于这个问题，美学家们从

---

[1] ［美］鲁道夫·阿恩海姆：《艺术与视知觉》，滕守尧等译，中国社会科学出版社1984年版，第623页。
[2] ［美］鲁道夫·阿恩海姆：《艺术与视知觉》，滕守尧等译，中国社会科学出版社1984年版，第620页。
[3] ［美］鲁道夫·阿恩海姆：《艺术与视知觉》，滕守尧等译，中国社会科学出版社1984年版，第631页。

心理学角度做过不同的解释，其中最有影响的两种解释就是移情说和同构说。

移情说源远流长，但它的主要代表人物是德国心理学家和美学家里普斯。里普斯认为，外在的自然形式之所以能够表现出内在情感，无生命的事物之所以能够具有人的感情性质，是由于审美主体把自己的主观情感"移置"或"外射"到外在的客观事物上去，"使它们变为在物的"，从而达到"物我同一"的结果。譬如观赏希腊建筑中的多立克式石柱，欣赏者会感到石柱在产生一种"耸立上腾"和"凝成整体"的活动，这是为什么呢？按照里普斯的说法，这是欣赏者以己度物，将自己心中的感受、情绪移到石柱上去了。所以，在移情作用中，"对象就是我自己""自我就是对象"。里普斯的移情说看到了在美感心理中，人的情感活动往往具有和对象直接融为一体的特点，但是，他把事物的表现性完全归结为欣赏者主观情感外射作用，否认它和对象本身的客观条件有关，也否认它和对象的认知有关，却具有极大的片面性。在美感意识活动中，欣赏者的主观情感虽然能影响主体对客体的认知和反映，却不能改变客观事物本身，因此感情只能渗透到对于客观事物的认知和反映中，却不能"移置"到外在于我们意识的客观事物上"使它们变为在物的"，而里普斯恰恰是混淆了这两者的原则区别。

美国当代美学家阿恩海姆看出了移情说在解释事物的表现性上所具有的片面性和局限性。他根据格式塔心理学的完形理论研究审美知觉与情感的关系和特点，另提出同构说来解释在审美经验中外在事物和形式何以具有表现性的问题。在阿恩海姆看来，在审美活动中事物所具有的表现性质，并不是由于审美主体把自己的某种情感从记忆中唤出并立即移入这件事物之中，而是由于这件事物的"视觉式样"本身就具有这种表现性。"一棵垂柳之所以看上去是悲哀的，并不是因为它看上去像是一个悲哀的人，而是因为垂柳枝条的形状、方向和柔软性本身就传递了一种被动下垂的表现性；那种将垂柳的结构与一个悲哀的人或悲哀的心理结构所进行的比较，却是在知觉到垂柳的表现性之后才进行的事情。一根神庙中的立柱，之所以看上去耸立上腾，似乎承担着屋顶的压力，并不在于观看者设身处地地站在了立柱的位置上，而是因为那精心设计出来的立柱的位置、比例和形状中就已经包含了这种表现性。"① 这就是说，事物的表现性就存在于事物本身的结构之中。在美感意识中，事物的外在形式之所以能够表现出人的内在情感，是因为事物的形式因素与它们表现的情感因素之间，"在结构性质上是等同的"，在结构式样上是相似的。"造成表现性的基础是一种力的结构"，这种"力的结构"既存在于自然现象中，也存在于人类社会中；既存在于外在事物中，也存在于内在情感中。当人们观赏某一自然事物或艺术作品时，这一事物或作品的"知觉式样"就会作用于人的大脑视觉区域，从而"在他的神经系统中唤起一种与它的力的结构相同形的力的式样"。这样一来，观赏者的欣赏活动就不再是一种对外部客观事物的纯认识活动。由于事物和作品的知觉式样的力的结构，在观赏者的头脑中唤起了与之相似或相同的情感的力的结构，所以观赏者便能在审美知觉中直接感受到形式的表现性，产生形式感。

  阿恩海姆的同构说没有看到人的审美经验与人的社会实践活动的联系，仅仅用某些抽象的"力的结构""力的式样"来解释形式的表现性，这就不可避免地会把形式和情感之间的错综、复杂的关系简单化。实际上在审美活动中，某一事物或自然形式并非只能唤起某一种情感，或只具有某一种情感性质，而是往往因人而异、因环境而异。同是垂柳，可以表现出"杨柳岸晓风残月"的凄凉情调，也可以表现出"春风杨柳万千条"的喜悦情调；同是夜月，可以像"徘徊枝上月，空度可怜宵"那样，成为寂寞悲愁的体现，也可以像"落月摇情满江树"那样，成为欢快幸福的象征。如果说一种事物的知觉式样的结构本身只能传达出一定的情感表现，那就难以具体解释审美中的许多复杂的心理现象了。

  尽管如此，同构说却突出地揭示了审美知觉的特点以及美感中认知和情感的特殊联系，并从这一点上接触到了美感心理活动不同于科学认识活动的某些特殊规律。阿恩海姆对"形式的表现性"及其形成的心理机制的解释，强调了审美经验中知觉的整体性，强调了知觉和理解的联系，尤其强调了知觉形式的结构和内在情感的结构在性质、方式上具有一致性，这些看法和系统论的思想原则是完全一致的。从系统论的观点看来，审美经

---

① [美]鲁道夫·阿恩海姆：《艺术与视知觉》，滕守尧等译，中国社会科学出版社1984年版，第624页。

验中的形式感同样是美感心理的整体特性的一种表现，不能把它仅仅看作一种简单的孤立的感知活动。根据格式塔心理学的研究，"人的诸心理能力在任何时候都是作为一个整体活动着，一切知觉中都包含着思维"[①]。"知觉不是对元素的机械复制，而是对有意义的整体结构式样的把握"[②]。知觉实际上是通过创造一种与刺激材料的性质相对应的一般形式结构来感知眼前的原始材料的活动。这种为知觉所把握到的一般形式结构或整体结构式样，阿恩海姆称之为"知觉概念"，它具有一定的概括性、简约性、抽象性。我们对于审美对象所产生的形式感，首先就是有赖于知觉对于这种一般形式结构的把握。由于这个一般的形式结构不仅能代表眼前知觉的个别事物，而且能代表与这一个别事物相类似的无限多个其他事物，所以，通过联想的中介作用（隐蔽的、非自觉的，而不是直接的、自觉的），这种呈现于知觉中的一般形式结构就和内在的情感中的相类似的形式结构互相形成泛化，基于同样结构图式的知觉样式和情感样式在对象形式的张力作用下直接融为一体，于是便形成形式的表现性和形式感。需要特别指明的是，基于同样结构图式的知觉样式和情感样式之间的联系和泛化，是在社会实践和人的活动的基础上，在人类历史和个体发育中逐渐形成的。因此，它必然要受到人的社会实践和活动的制约。但是，某种结构图式相同的知觉样式与情感样式之间的联系和泛化既经实践的反复作用在人类历史中形成，它就会相应地在人脑中积累为特定的心理结构图式。在这种心理结构图式作用下，一旦审美主体感知到审美对象的某种形式，便能直接感受到它所体现的意味和情感色彩。

总之，从系统论观点看来，形式感是美感心理整体的特点和功能的表现，它不能归结为简单的、孤立的感知活动。在对于形式的表现性的知觉中，不仅包含有理解，而且渗透着情感。知觉和情感的这种特殊联系，只有通过对知觉整体性和知觉与情感之间结构样式的系统分析，才能得到理解。知觉中呈现的结构样式与情感中呈现的结构样式的相同，使二者具有了趋向一致的功能。从更广泛的意义上来说，不仅是形式感，而且整个美

---

① ［美］鲁道夫·阿恩海姆：《艺术与视知觉》，滕守尧等译，中国社会科学出版社1984年版，第5页。

② ［美］鲁道夫·阿恩海姆：《艺术与视知觉》，滕守尧等译，中国社会科学出版社1984年版，第6页。

感心理不同于科学认识的突出特点,正是在这种认知活动与情感活动的特殊联系和互相作用所形成的结构方式。在科学认识中,科学家对于认识对象要求采取客观、冷静的态度,一般不需要也不可能和认识对象发生情感关系。科学家在科学研究中出现的情感活动,并不直接渗透到他对于研究对象的认识之中,也不可能在科学的认识成果中表现出来。可是在美感意识中,审美主体对于审美对象不可能也不应该是纯客观的、冷漠的态度,而必然地要与审美对象发生情感关系。审美主体对于审美对象的认知活动,始终是和审美主体的情感反应互相结合在一起的。审美主体的情感反应虽是由审美对象所引起的,它却直接渗透到审美主体的认识活动中,从而影响着对审美对象的感知。从这个角度说,我们可以说美感不是一般的知识判断,也不是单纯的认识活动,而是对事物及其形式的认知与内在情感反应的契合。所谓"形式的表现性",所谓"移情作用",实际上不过是美感反映中认知活动和情感活动互相渗透、互相契合的一种突出而特殊的表现形式。高兴时觉得花欢草笑,悲哀时感到云愁月惨,惜别时蜡烛可以垂泪,兴到时青山亦觉点头……这不都是在审美主体的情绪和情感作用下,审美主体对外在事物产生特定的感知、联想和想象的结果吗?在这种美感意识中,感知与情感之所以能达到直接融合,无情感的自然事物之所以会具有人的感情,往往是以一种特殊的联想活动作为中介的。在这种特殊的联想中,由于情感的作用,唤起联想的事物与被联想的事物之间具有了更大的必然联系,因而往往消失其联想过程,也消失其联想的独自的内容,于是自然事物的形象特征与人的感情活动在美感意识中完全融为一体,审美主体便似乎直接感知到自然事物本身也有了情感性质,事物的形式因而也就在审美知觉中获得了情感的表现性。

第三节　审美愉悦感发生的心理机制

在美感心理活动中,人们能够体验到一种特有的满足感和愉快感,这就是美感的一种功能特性——愉悦性。我国南朝画家宗炳认为欣赏山水自然美和反映自然美的山水画可以"畅神",车尔尼雪夫斯基说欣赏美的事物时会唤起"类似我们当着亲爱的人面前时洋溢于我们心中的那种愉悦",都是表达美感心理中产生的这种特殊的情感体验。这种满足感和愉快感不

第六章　美感发生心理机制论

仅发生在审美欣赏的心理活动中，也同样发生在美的创造、艺术创作的心理活动中。如柴科夫斯基在书信中谈到他进行乐曲创作时的感受："当主要乐思出现，开始发展成为一定形式时，我满心的无比愉快是难以用言语向您形容的。"[①] 西方美学家很早就把快感看作美感研究的中心问题，甚至提出美感即快感的主张，这固然表现出对美感认识上的片面性，但也从另一方面说明美感产生的愉快的情感体验确实是最能表现美感特质的一种情感活动。

过去的许多美学家（尤其是大部分心理学的美学家）往往把美感的愉快和一般的感官的快感混为一谈，只是从感官的快感来说明美感。如实验派美学家以筋肉感觉所产生的快感来解释形式美的欣赏的美感。据此说，眼睛在看曲线时比较看直线时不费力，曲线的筋肉感觉比较直线的筋肉感觉要更舒畅，所以我们观赏曲线能感到愉快。又如法国美学家顾约认为"享受美味的经验与美感的享受无殊"，天热时饮一瓶冰凉的鲜乳，能得到和欣赏一部田园交响曲同样的愉快。这些显然是把一般的感官的生理快感等同于美感的愉快，同时也就是认为美感的愉快的产生只是和感觉有关。我们并不否认美感和感官的快感有一定的关系，美感的愉快往往要以感官快感作为基础，但是美感的愉快和感官的愉快却有性质上的差别。一般感官的愉快是由于生理的、物质的需要的满足而产生的情绪反应，它只和人的感觉等低级心理过程相联系；美感的愉快是由社会的、精神的需要的满足而产生的情绪反应，它和美感的整个心理过程，特别是高级心理过程相联系。只是从生理上的感觉活动来说明美感的愉悦性的特点，当然是十分错误的。

也有美学家把美感中愉快的情感感动看成是美感心理中的一个构成要素，将它置于和审美感知、审美想象、审美理解等心理要素并列的地位，似乎美感愉快只是由某一种心理因素的作用所引起的，而不是美感中各种心理要素共同协调作用的结果。可是，人们的美感经验却证明，美感愉快的成因是相当复杂的，绝非某个单一的心理因素所能说明。如果我们认真分析一下欣赏艺术美所产生的愉快感动，那么，我们就会承认"艺术品所引起的享受是由它的许多方面产生的。这里有认识生活现象的喜悦，有对

[①]《柴科夫斯基论音乐创作》，逸文译，人民音乐出版社1984年版，第162页。

它们正确评价的公正感,有共同参与创造过程的愉快,有对创作技巧的赞叹,有对人的精神丰富性的感觉,也有吸收崇高的社会理想而感到的自豪"①。所以,把美感的愉悦性归结为某一个心理构成因素的特性是不恰当的。

从系统论来看,美感的愉快的情感感动不是由某种单一的心理因素引起的,也不是美感心理结构中的一个要素、一个成分,而是美感心理整体的功能属性。在系统论中,"功能"这一概念指的是系统与外部环境相互联系和相互作用的能力,即系统外部作用的能力。它是由系统整体的运动表现出来的,而首先是由系统的结构——系统内部各要素相互联系和相互作用的方式所决定的。所以,我们要了解美感愉悦的功能及其成因,就必须分析美感心理的特殊结构和美感心理整体的运动。

首先,从美感的认识结构及其运动来看。美感的认识结构以形象思维为中心,包括了感觉、知觉、表象、联想、想象、理解等心理要素。由于这些心理要素以形象思维为中心,互相配合、互相作用,形成了一种不同于科学、道德、宗教和实践—精神的掌握世界的方式,即艺术的、审美的掌握世界的方式。它是在感性和理性、现象和本质、个别和一般、偶然与必然的辩证统一中认识和反映世界的方式。经由这种特有的掌握世界的方式,审美主体能够通过审美对象个别的感性的形象形式,直悟到真和善的普遍的理性内容,领会到自然和社会的必然规律,把握到具体形象的真理。这种具体形象的真理的获得,必然会使人得到感触和启发,从而在生动、形象的感受中得到理智的、精神的、欲求的满足,从而产生一种肯定的、愉快的情绪体验。鲁迅论述艺术作品对人的特殊精神影响时说:"盖世界大文,无不能启人生之闷机,而直语其事实法则,为科学所不能言者。……虽缕判条分,理密不如学术,而人生诚理,直笼其辞句中,使闻其声者,灵府朗然,与人生即会。"② 正是由于艺术美能将"人生诚理"体现于使人可以直接感受的具体形象中,欣赏者才能够在感受具体形象中"与人生即会",通过具体形象体会到"人生之闷机",于是便感到"灵府朗然",快然自

---

① [苏]列·斯特洛维奇:《审美价值的本质》,凌继尧译,中国社会科学出版社1984年版,第172页。
② 《鲁迅全集》第1卷,人民出版社1981年版,第71—72页。

足。而这一切都是在美感的认识结构的基础上产生的。当然，美感的认识结构与美感的愉快感动的关系是十分复杂的。在许多情况下，人们往往是一见到美的事物就感到愉快，很难直接了解到这种愉快和美感的认识结构的联系。这主要是因为人们在日常生活实践中，经常不自觉地通过美感的认识结构，以特有的掌握世界的方式，对生活中的印象进行比较、概括、综合、改造，已经在意识中形成了感性和理性、个别和一般相统一的美的观念，只是这种不自觉地在意识中形成的美的观念尚显得不够明确、不够充实，而一旦遇到某一对象恰与已形成的美的观念相符合，美的观念遂得到鲜明而充实的体现，于是在理智上、精神上顿然感到满足，产生强烈的感情的愉快。俄国心理学家巴甫洛夫把情感的发生与大脑皮层动力定型的建立联系在一起。他认为情感是在大脑皮层上"动力定型的维持和破坏"。假如外界出现有关刺激使得原有的一些动力定型得到维持、扩大、发展，人就产生积极的情绪；如果外界条件不能使原来的动力定型得到维持，就会产生消极的情绪体验。从心理学的意义上说，动力定型可以理解为对客观现实的认识系统，这个系统的建立、发展和改变受当前事物和过去经验的影响，与人的愿望或意向联系着，因此成为情感的基础。由美感的认识结构所形成的美的观念，作为对客观现实的一个认识系统，在大脑皮层上建立了动力定型。当审美对象适应美的观念时，这一动力定型便得到维持和发展，这就是美感的愉快情感产生的心理和生理基础之一。

其次，从美感的情感结构及其运动来看。情感结构以审美对象所引起的情感体验为中心，包括情调、情绪、激情、心境等多种情感体验形式以及和情感相联系的意向、愿望、向往等。在美感心理结构中，情感结构和认识结构是互相联系、互相制约的。由于审美对象的不同，情感结构和认识结构的结合可以有各种不同的方式，因而形成了美感中情感活动的多种多样的表现形式。例如，在自然美的欣赏中和以自然景物为描写对象的艺术创作中，有触景生情、借景抒情、移情拟人等情感活动的表现形式；在艺术美的欣赏和以人物为描写对象的艺术创作中，有同情共鸣、人物内心体验、人物情感评价等情感活动的表现形式。由美感心理中的组成要素所构成的情感结构，和作为美感的整体功能的美感的愉快的情感感动是有区别的。包含在情感结构中的情感体验，可以是具有各种不同性质的：满意的和不满意的、喜悦的和悲痛的、爱怜的和憎恶的、愤怒的和恐惧的等等。但这些不同性质的情感活动，经过美感心理结构的整合，最后都要导致作为美感整体功能的愉快和满足感，这是因为美感的情感结构始终是和认识结构相互结合、相互制约的。两者的结合使艺术的、审美的掌握世界的方式，能够在认识与评价、主观与客观、理想与现实、自由与必然的辩证统一中反映世界，按照美的规律创造美的意象。同时，这种美的意象的创造和欣赏，使审美主体有益于社会实践的情绪、情感、愿望、意向，在理智的制约下，在想象的情景中，得到正当的抒发和泄导，从而使人的情操受到陶冶。如果说通过美感的认识结构及其运动，主要使人受到形象的真理的启迪，得到理智的满足，那么，通过美感的情感结构及其运动，则主要使人受到形象的善的感染，得到灵魂的净化。这就是美感的情感结构以及审美中丰富、复杂的情感活动，能够导致美感的愉快的总的体验的主要原因。亚里士多德在谈到音乐的美感作用时说："某些人特别容易受某种情绪的影响，他们也可以在不同程度上受到音乐的激动，受到净化，因而心里感到一种轻松舒畅的快感。因此，具有净化作用的歌曲可以产生一种无害的快感。"[1] 此外，他还特别论述了悲剧的欣赏能够引起人们怜悯和恐惧之情并使之得到净化，因而能使人产生一种特别的快感。所谓"净化"，按照亚里士多德的原意，即指通过艺术的欣赏和培养，使唤起的情感在理智的节制下得到适当的抒发，以有益于人的心理的健康和美德的形成。根据亚里士多德的分析，这种净化作用就是艺术欣赏中所激起的各种情绪和情感活动能够整合为美感的愉快感的一个关键。我们的艺术欣赏的经验一再证明，艺术形象越是能够打动我们的情感，越是使我们能够和艺术形象产生情感的共鸣，我们就越是能够体验到审美的满足感和愉快感。司汤达说："悲剧欣赏所带来的愉快，在于这种短促的幻想瞬间经常出现，在于情感状态，幻想瞬间就在它自己相间出现过程中把观众心灵展放开来。"[2] 所谓"幻想瞬间"，按照司汤达的解释，就是指戏剧中"激动人心

---

[1] 北京大学哲学系美学教研室编：《西方美学家论美和美感》，商务印书馆1980年版，第15页。

[2] ［法］司汤达：《拉辛与莎士比亚》，王道乾译，上海译文出版社1979年版，第12页。

的场面"出现时,观众如身临其境,与剧中人物发生情感交流和共鸣的时刻。他认为欣赏中"幻想瞬间"出现得越多,欣赏者的情感共鸣越强烈,就越能获得欣赏的愉快。这充分说明,美感的愉悦功能不仅和美感的认识结构有关,而且和美感的情感结构相连。它是美感的全部心理结构及其联系方式和运动所产生的特殊的心理效应。

第二篇 审美学现代建构的西方资源

第七章 英国经验派的审美心理学说

第一节 从美的本体转向审美心理研究

英国经验派美学是西方美学从古代向近代转换中最早形成的美学思潮之一，它以鲜明的特点和大陆理性派美学互相并列、彼此对立，共同构成17、18世纪西方美学发展的主线。它继承了以希腊美学为开端的西方古典美学传统，但又按照时代的发展和需要发展了西方古典美学传统，不仅对传统美学命题和范畴作了新的阐释，而且回答了时代提出的新的美学问题，阐明了一系列的新的美学概念和范畴，以原创性的理论贡献，将西方美学大大向前推进了一步，并对近现代西方美学发展产生了巨大的影响。

西方美学发展到近代出现了一个明显的变化，就是美学研究的主要对象由审美客体逐步渐向审美主体转变，对人的审美经验或审美意识的研究开始上升到美学研究的主要地位。这一趋向在英国经验派美学中表现得尤为突出，因而成为英国经验派美学在研究对象上的一大特点。这一趋向和特点的形成，同整个西方近代哲学的变化是一致的。从16世纪末到18世纪中叶的西欧哲学，无论是英国经验论还是大陆唯理论，都是将认识论放在突出地位；经验论和唯理论的分歧和论战，也都是以认识论问题为中心展开的。"近代思想的这两种倾向同古代思想的两种倾向的区别在于，近代思想的两种倾向有着共同的出发点，那就是思想着、感受着和知觉着的主体。"① 如果说，近代以前的西方哲学总的来说是以本体论的问题作为哲

---

① ［英］鲍桑葵：《美学史》，张今译，商务印书馆1985年版，第227页。

第七章　英国经验派的审美心理学说

学的中心问题，那么发展到近代，开始发生了根本的改变，认识论问题变成了日益突出的问题之一，这种转变直接影响到美学的定位。如果说，在文艺复兴时期以前，美学属于本体论、存在学说的一部分，那么在近代，美学已不再是以前那种纯本体论学科，而已成为认识论的学科，这正是近代美学的主要研究对象开始从审美客体向审美主体转变的哲学前提。

英国经验派美学之所特别重视审美主体、审美经验的研究，还与经验主义哲学的基本原理和方法直接相关。英国经验主义美学以经验主义哲学为基础，强调感性认识，重视感觉经验，倡导经验的观察和归纳，是其共同特点，也是它和理性主义美学的基本区别。经验派美学家把这一原则和方法贯彻和应用于美学具体问题的研究中，必然会将注意力集中于观察和研究审美主体在审美鉴赏和艺术创造中的感性经验，分析审美主体经验的性质、特点和形成的规律。经验派美学家的著作中虽然对美和艺术的本体论问题也有所涉及，但它们已不像西方古代美学家那样，主要努力于寻找美的本质和来源以及艺术的本质和来源这类形而上学的问题的答案，也不像古典主义者把研究兴趣主要放在艺术作品的内容和形式本身，寻求艺术作品创作的规范和原则，对艺术作品进行分类等。"相反，这个美学学派感兴趣的是艺术欣赏主体，它努力去获得有关主体内部状态的知识，并用经验主义手段去描述这种状态。它主要关心的不是艺术作品的创作，即艺术作品的单纯的形式本身，而是关心体验和内心中消化艺术作品的一切心理过程。"[①]

和研究对象从审美客体、美的本质开始主要转向审美主体、美感经验相伴随，英国经验派美学在研究方法上也由形而上的思辨研究开始主要转向形而下的经验研究，而且特别侧重对审美现象进行心理学和生理学的科学研究。这也是经验派美学的一大特色。西方美学从古希腊罗马的柏拉图、普罗提诺到中世纪的新柏拉图主义者奥古斯丁、阿奎那，都是从先验的理念出发，进行主观的甚至是神秘的哲学思辨，这种研究方法长期影响着西方美学发展。直到17世纪的大陆理性派美学，也仍然延续着这种影响。而英国经验派美学则受经验主义哲学方法的深刻影响，强调从感性经验出发，重视对客观现象的观察、实验，力求通过对经验的分析和归纳形

[①]　[德] E. 卡西勒：《启蒙哲学》，顾伟铭译，山东人民出版社1988年版，第310页。

成对于美学问题的理解和认识。洛克说:"我们的一切知识都是建立在经验上的,而且最后是导源于经验。"① 经验有两种,一为对外物的感觉;另一为对内心活动的反省,这两种经验都离不开人的心理活动,所以强调经验归纳,必然强调心理分析。正如吉尔伯特所指出:"洛克的新方法在于,不是把一般的理性真理,而是把特殊的心理现象变为每一种科学研究的出发点。"② 休谟认为,人的科学必须建立在经验和观察之上,他的精神哲学包括美学的一个突出特点,就是大量细致的经验的心理分析。这也是他提出美学研究需具有"哲学的精密性"的具体含义,他对美、趣味和悲剧快感等美学问题的研究都是建立在其对观察材料和经验的科学分析与归纳的基础之上的。伯克也是以经验的事实作为研究崇高与美以及审美趣味等美学问题的出发点,他还用亲身观察的经验材料来论证自己的观点,并且主要是从心理学和生理学的角度去研究和阐释美与崇高、审美经验、悲剧快感等美学问题,特别是对崇高感和美感的心理和生理基础作了独创性的分析。

英国经验派美学把审美经验或美感以及与之相关的感觉、联想、想象、情感等问题的研究提到首要地位,其研究成果中最具代表性、创新性的理论是"内在感官"说和"审美趣味"论,这两种学说在美学史上都产生了重大影响。有的美学史家称英国经验派美学思潮为"'内在感官'新学派",有的西方美学研究者称18世纪美学发展阶段是"趣味的世纪"。可以说,这两种关于审美经验的理论,最集中地表现出英国经验派美学的理论原创性和独特贡献。

第二节　审美内在感官学说

"内在感官"说由舍夫茨别利提出,哈奇生作了进一步发挥,他们都认为"内在感官"是一种不同于外在感官的天生的审辨美丑和善恶的能力,具有直觉性、非功利性、社会性和普遍性。这是在西方美学史上第一次明确指出美感的特殊的主体来源,对探讨美感形成的原因及其特性提供

---

① [英] 洛克:《人类理解论》上册,关文运译,商务印书馆1959年版,第68页。
② [美] K. E. 吉尔伯特、[德] H. 库恩:《美学史》上卷,夏丰乾译,上海译文出版社1989年版,第305页。

了一种重要参照。

舍夫茨别利是"内在感官"新思潮的开创者。他认为人天生就有审辨善恶和美丑的能力，审辨善恶的道德感和审辨美丑的审美感两者根本上是相通的、一致的。审辨善恶美丑不能靠通常的五官——视、听、嗅、味、触，而只能靠一种在心里面的"内在的感官"。所以，"内在的感官"是在五种外在的感官之外的一种特殊感官，是专为审辨善恶美丑而设的感官，后来有人又把这种感官称为"第六感官"。

舍夫茨别利认为，这种审辨善恶美丑的能力虽然不同于外在的感官，但是它在起作用时却和视觉辨识形色、听觉辨识声音具有同样的直接性，不需要经过思考和推理，所以，它在性质上还不是理性的思辨能力，而是类似感官作用的直觉能力。他说："眼睛一看到形状，耳朵一听到声音，就立刻认识到美、秀丽与和谐。行动一经察觉，人类的感动和情欲一经辨认出（它们大半是一经感觉就可辨认出），也就由一种内在的眼睛分辨出什么是美好端正的，可爱可赏的，什么是丑陋恶劣的，可恶可鄙的。这类分辨既然植根于自然（'自然'指'人性'——引者），那分辨的能力本身也就应该是自然的，而且只能来自自然。"[①] 这就是说，"内在的眼睛"或"内在的感官"对善恶美丑的辨识是直接的、不假思考的；而且这种分辨善恶美丑的能力是自然的，也就是天生的。

然而，舍夫茨别利又指出"内在的感官"毕竟和外在的感官有别，它不仅仅是一种感觉作用，而是与理性密切结合的。他将人分为动物性的部分和理性的部分，认为认识和欣赏美不能依靠前者，而需要借助后者。人的审美的能力或"内在的感官"不是属于动物性部分的低级的感官，而是属于理性部分的高级的感官。这里，舍夫茨别利实际上接触到美感的二重性问题，即：一方面，强调审美能力、审美活动的感性性质和不假思索的直接性；另一方面，他又把审美能力视为一种理性性质的活动。然而他却不了解也没有解决美感的感性活动和理性活动如何统一问题，而只能在两者之间徘徊。

哈奇生发挥了舍夫茨别的"内在感官"说，使这一学说具有完整的理论形态。他认为人具有两种根本不同的知觉，即对物质利益的知觉和对道

[①] 北京大学哲学系美学教研室编：《西方美学家论美和美感》，商务印书馆1980年版，第95页。

德善恶的知觉。前者引发人的物欲,后者则引起对人的行为的热爱与厌恶。与此相对应,人也有两种感官:一为接受简单的观念、感知对自己身体的利害关系的外在感官,即视、听、嗅、味、触五种外部的感官;二为接受复杂的观念、感知事物价值(善恶美丑)的内在感官。他有时又用"内在感官"特别地指称人们接受美的观念和分辨美丑的能力。他说:"这种由我们所观察的客体的某些形式或观念获得快感的能力,作者称之为感觉。为了区别我们通常以这个名称所称谓的那些能力,我们将把我们感受匀称美、秩序美、和谐美的能力称之为内在的感官。"① 这里哈奇生明显地将审美的"内在感官"与一般的感觉能力即外在感官相区别。在具体分析审美的"内在感官"和耳目等外在的感官的区别时,哈奇生指出,外在的感官只能接受简单的观念,感到较微弱的快感,而内在感官却可以接受复杂的观念,获得远较强大的快感。他说:"许多哲学家仿佛认为只有一种感官的快感,那就是伴随知觉的简单观念所产生的快感。但是叫作美、整齐、和谐的对象所产生的复杂观念却带有远较强大的快感。……因而就音乐来说,一个优美的乐曲所产生的快感远超过任何一个单音所产生的快感,尽管那个单音也很和婉、完美和嘹亮。"② 为了充分说明审美的内在感官和普通的外在感官的这种区别,哈奇生还以经验证明,人可以有视觉听觉而没有美与谐调的感觉。"就普通意义来说,许多人所具有的视觉和听觉的感官是够完善的,他们可以分别地接受所有的简单的观念,感到它们所产生的快感。……但是他们也许不能从乐曲、绘画、建筑和自然风景中得到快感,或是纵然得到,也比别人从同一对象得到的较微弱。"③ 从这些论述看出,哈奇生是竭力要为审美的内在感官找到理论和实际的依据的。他对于审美内在感官和视听外在感官所做的区分,有助于澄清经验派美学家将美感与感官快感混为一谈的看法。不过,他也没有真正了解美感与感官快感在性质上的分别,因为他所提到的"简单观念"与"复杂观念"、

---

① [英]哈奇生:《论美和德行两种观念的根源》,载[苏]奥夫相尼科夫《西方美学史》,陕西人民出版社1986年版,第125页。

② [英]哈奇生:《论美和德行两种观念的根源》,载[美] D. 汤森编《美学:西方传统经典读本》,波士顿,1996年,第121页。

③ [英]哈奇生:《论美和德行两种观念的根源》,载[美] D. 汤森编《美学:西方传统经典读本》,波士顿,1996年,第121页。

第七章　英国经验派的审美心理学说

"较微弱的快感"与"较强大的快感"的区别,并不是阶段上、性质上的分别,而仍然是程度上、数量上的分别。

尽管哈奇生对内在感官和外在感官作了区分,而且把内在感官称作"高级的知觉能力",但是,他又认为内在感官具有和外在感官相类似的直接性,正是根据这一点,他才把审美能力称作一种"感官"。他说:"把这种高级的感知的能力叫做一种感官是恰当的,因为它和其他感官有类似之处:它的快感并不起于对有关对象的原则、比例、原因或效用的知识,而是立刻就在我们心中唤起美的观念。"① 也就是说,审美的内在感官具有一接触对象立刻便在我们心中唤起美的观念并直接引起审美快感的特点,它和对"有关对象的原则、比例、原因或效用的知识"无关,因为知识要通过理性认识才能获得,不具有感觉的那种直接性。所以,他认为"最精确的知识也不能增加这种审美快感,虽然它可能添加一种因利益的预期或知识的增进而生的特殊的理性快感"②。显然,这里是把美感和知识、审美快感和理性快感看作互不相关的甚至互相对立的,排除了知识和理性在美感中的作用。哈奇生关于审美的内在感官具有直接性的看法,直接源于舍夫茨别利。

但是两者也有区别。如果说舍夫茨别利在阐述审美直接性时,还在感性或理性之间徘徊,那么,哈奇生则显然是后退了。在他看来,对美与和谐的知觉,只能说是一种感觉,因为它不包括理性的因素,不包括对各种原因的沉思。

结合美感的直接性,哈奇生还论述了美感不涉及个人利害打算的观点。他说:"美与谐调的观念,像其它感性观念一样,是必然令人愉快,而且直接令人愉快的;我们自己的任何决心或利害打算,都不能改变一对象的美丑。"③ 又说:"显然有些对象直接是这种美的快感的诱因,我们也有适宜于

---

① [英]哈奇生:《论美和德行两种观念的根源》,载 [美] D. 汤森编《美学:西方传统经典读本》,波士顿,1996年,第122页。
② [英]哈奇生:《论美和德行两种观念的根源》,载 [美] D. 汤森编《美学:西方传统经典读本》,波士顿,1996年,第122页。
③ [英]哈奇生:《论美和德行两种观念的根源》,载 [美] D. 汤森编《美学:西方传统经典读本》,波士顿,1996年,第123页。

感知美的感官，而且这种快感不同于因期待利益的自私而生的快乐。"① 在哈奇生看来，美感或审美的内在感官不涉及利害观念，这和道德感不涉及利害观念是相同的、一致的。"道德之追求并不出于追求者的利害计较或自爱，不出于他自己利益的任何动机。"② 正是在这一点上，道德感和审美感具有了相通性。哈奇生强调美感或审美的内在感官不涉及利害观念，对舍夫茨别利的内在感官说作了新补充，并对后世关于美感性质的研究产生了重要影响。

和舍夫茨别利一样，哈奇生也强调审美的内在感官和分辨美丑的能力是自然的、天生的，正如道德感也是自然的、天生的一样。他也讨论了美感与习俗、教育、典范等后天影响的关系，明确指出："对事物的美感或感觉力是天生的，先于一切习俗、教育或典范……教育和习俗可能影响我们的内在感官，如果它们原已存在，它们可以提高人心记住复杂结构的各部分并且加以比较的能力；在这种情形之下，如果最美的东西呈现在我们面前，我们所感觉到的快感就远远高于通常进行程序所能产生的。但是这一切都须先假定美感是天生的。"③ 这里，哈奇生虽然没有否认教育、习俗等后天因素对提高和扩大美感能力的影响作用，但重点则是在说明美感先于教育、习俗等而存在，是天生具有的。美感的存在有无并不决定于教育和习俗的影响；相反，教育和习俗的影响则必须以先天的美感或内在感官为前提。在他看来，美感是天生的，就像视觉、听觉、味觉等是天生的一样。这种把美感等同于生理感官而忽视它的社会性的看法，比起舍夫茨别利来也显然是倒退了。

审美的内在感官学说带有很强的猜测性质。是否存在一种不同于外在感官的内在感官？这是一个具有很大争议的问题，至今也未在心理学、生理学上得到实证。不过，它的提出凸显了审美感觉与一般感觉的区别，对于后来深入探讨审美心理活动的性质和特点还是具有启发作用的。

---

① [英] 哈奇生：《论美和德行两种观念的根源》，载 [美] D. 汤森编《美学：西方传统经典读本》，波士顿，1996 年，第 123 页。
② [英] 哈奇生：《论美和德行两种观念的根源》，载周辅成编《西方伦理学名著选辑》上册，商务印书馆 1964 年版，第 792 页。
③ 北京大学哲学系美学教研室编：《西方美学家论美和美感》，商务印书馆 1980 年版，第 100 页。

第三节 审美趣味学说

"审美趣味"学说作为英国经验派美学的核心理论,贯穿在艾迪生、哈奇生、休谟、雷诺兹、伯克等美学家的著作中,而其较完整的理论形态则是由休谟和伯克共同构建的。其理论内容包括趣味的内涵、性质和特点,趣味的心理构成因素,趣味的普遍标准及形成的基础,趣味普遍共同性和个别差异性的关系,趣味个别差异性形成的原因,趣味的先天因素和后天因素的关系,趣味的培养及其途径,等等。总的来说,经验派美学家都把"趣味"看作鉴赏、感受和审辨事物美丑的能力,是产生美感的心理功能,它和获得事物真假知识的认识能力是有明显区别的。感觉、想象、情感是"趣味"最基本、最活跃的构成因素。有的美学家将趣味和理性加以对比,强调二者之间的区别;有的则承认趣味与理性相关,也有的把判断力或推理列为趣味的组成部分之一。几乎所有美学家都肯定趣味具有共同性和普遍性,同时也肯定趣味具有多样性和差异性,并对它们之间的关系及各自形成的原因作了多方面的探讨。

休谟是对审美趣味的内涵、特点和标准问题作了全面探讨的第一人。所谓"趣味",在休谟著作中就是指鉴赏力、审美力,它是休谟和英国经验论美学考察和阐述美感或审美心理时运用的一个核心概念。按照休谟的理解,人性主要由理智和情感两个部分构成,前者关系知识和认识问题,后者则关系道德和审美问题,所以,趣味不同于理性。他说:"这样,理性和趣味的范围和职责就容易确断分明了。前者传达关于真理和谬误的知识;后者产生关于美和丑、德性和恶行的情感。前者按照对象在自然界中的实在情形揭示它们,不增也不减;后者具有一种创造性的能力,当它用借自内在情感的色彩装点或涂抹一切自然对象时,在某种意义上就产生一种新的创造物。"[①]

按照上述论述,趣味具有以下几个主要特点:第一,情感性。它不是像理性那样,根据已知的或假定的因素和关系,引导我们发现隐藏的和未知的因素和关系,以获得真假的知识,而是在一切因素和关系摆在我们面

---

① [英]休谟:《道德原则研究》,曾晓平译,商务印书馆2001年版,第146页。

前之后，使我们从整体感受到一种满足或厌恶、愉快或不愉快的情感。第二，主观性。它不是按照对象在自然界中的实在情形反映它们，而是基于人心特定的组织和结构，用借自内在情感的色彩涂抹一切自然对象。因此，"实存于事物本性中的东西是我们的判断力的标准，每个人在自身中感受到的东西则是我们的情感的标准"①。第三，创造性。这是和趣味的情感性和主观性密切相关的。正因为趣味不是像理性那样如实认识对象，而是要以主观感情渲染和改造对象，所以它就具有一种创造性的能力，能产生一种新的创造物。这就涉及想象的问题，休谟说："世上再没有东西比人的想象更为自由；它虽然不能超出内外感官所供给的那些原始观念，可是它有无限的能力可以按照虚构和幻象的各种方式来混杂、组合、分离、分割这些观念。"② 趣味的创造性正是借助于想象和情感的互相作用，按照虚构方式对感觉印象进行加工改造的一种无限的能力，它实际上是形象思维的一种体现。

基于以上对趣味和理性不同的特点的分析，休谟也肯定了趣味的多样性和相对性。他说："世人的趣味，正像对各种问题的意见，是多种多样的——这是人人都会注意到的明显事实。"③ 又说："如果你们是些聪明人，你们每个人就应当承认别人的趣味也可以是正当的。许多趣味不同的事例会使你承认，美和价值这二者都仅仅是相对的，它们存在于一种使人感到满意的感受之中。"④ 尽管如此，休谟却没有把趣味的多样性和相对性加以绝对化，成为相对主义。恰恰相反，他在承认审美趣味存在差异性和多样性这个客观事实的前提下，却要寻找和探求一种"足以协调人们不同感受"的共同的"趣味的标准"，论证作为一种普遍性褒贬原则的"趣味和美的真实标准"是确实存在的。

休谟驳斥了把趣味的相对性加以绝对化，不承认有普遍性原则的看法。他指出，人们对于艺术和美的感受和判断虽然存在分歧，但不能认为每一种看法都是正确的。例如，谁如果硬把微不足道的英国诗人奥吉尔看

---

① ［英］休谟：《道德原则研究》，曾晓平译，商务印书馆2001年版，第23页。
② ［英］休谟：《人类理解研究》，关文运译，商务印书馆1982年版，第45页。
③ ［英］休谟：《论趣味的标准》，载《古典文艺理论译丛》（5），人民文学出版社1963年版，第1页。
④ ［英］休谟：《论怀疑派》，载《休谟散文集》，上海三联书店1988年版，第7页。

成和米尔顿一样有天才,人们就一定会认为他是在大发谬论,把丘垤说成和大山一样高。这样的感受是荒唐而不值一笑的。同时,他又指出,创作是有规则的,这些规则的基础就是经验,"它们不过是根据在不同国家不同时代都能给人以快感的作品总结出来的普遍性看法"[1]。尽管人们的趣味存在差异和变化,但是那些伟大作家和优秀作品却能在不同时代、不同地方受到人们的共同赞赏和喜爱。"同一个荷马,两千年前在雅典和罗马受人欢迎;今天在巴黎和伦敦还被人喜爱。地域、政体、宗教和语言方面的千变万化都不能使他的荣誉受损。"[2] 真正的天才,其作品历时愈久,传播愈广,愈能得到人们衷心的敬佩,这说明审美趣味是具有共同性和一致性的。经过这些考察和分析,休谟得出结论:"尽管趣味仿佛是千变万化,难以捉摸,终归还是有些普遍性的褒贬原则;这些原则对一切人类的心灵感受所起的作用是经过仔细探索可以找到的。按照人类内心的原本结构,某些形式或性质应该引起愉快,其它一些引起不愉快……"[3] 这里,休谟不仅指出趣味的普遍原则是存在的,因而趣味的共同标准是可以找到的,而且认为这些普遍原则和共同标准是基于共同的人性,即"人类内心原本结构",也可以说是"人同此心,心同此理"。他说:"自然本性在心的情感方面比在身体的大多数感觉方面还更趋一致,使人与人在内心部分还比在外在部分显出更接近的类似。"[4] 这种人性上的普遍一致就是趣味具有普遍性、一致性的根本原因。总之,休谟对于审美趣味的研究,既承认趣味的多样性、差异性,又肯定趣味的一致性、普遍性。他虽然承认趣味的多样性、差异性、相对性,却没有走向相对主义,而是要努力确立趣味的普遍原则和标准,藉以协调趣味的差异,提高人的鉴赏力。

继休谟之后,伯克对趣味问题也作了专门论述。他在许多方面似乎都受到休谟的影响,但对趣味的性质和内涵以及趣味的普遍原则形成的基础

---

[1] [英]休谟:《论趣味的标准》,载《古典文艺理论译丛》(5),人民文学出版社1963年版,第4页。

[2] [英]休谟:《论趣味的标准》,载《古典文艺理论译丛》(5),人民文学出版社1963年版,第6页。

[3] [英]休谟:《论趣味的标准》,载[美]D.汤森编《美学:西方传统经典读本》,波士顿,1996年,第142页。

[4] [英]休谟:《论怀疑派》,载朱光潜《西方美学史》,人民文学出版社2002年版,第227页。

等问题，又作了比休谟更进一步的研究和探讨。关于趣味的性质和内涵，伯克明确指出："我对趣味这词的解释只不过是指心灵的官能，或是那些受到想象力与优雅艺术作品感染的官能，或是对这些作品形成判断的官能。"① 他认为趣味涉及三种心理功能：感官、想象力、判断力或推理能力。如他所说："所谓趣味，就其最普遍的词义，不是一个单纯的概念，它分别由感官的初级快感的知觉，想象力的次级快感，以及关于各种关系与人的情感、方式与行为推理官能的结论三部分组成。所有这一切都是形成趣味的必要条件，所有这一切的基本组成在人心中都是相同的。"② 在构成趣味的三种心理功能中，伯克认为感官和感觉是最基本的，感觉的缺陷会产生缺乏审美鉴赏力。在感觉的基础上，想象力和情感成为审美趣味中最活跃的因素。想象力可以按照新的方式改变从感官接受的观念或形象，所以它是一种创造力，和快乐、恐惧等审美情感的内容直接相关。伯克把判断力或推理也列为趣味的组成部分和必要条件之一，认为判断力的缺陷会导致错误的或拙劣的趣味。这是他提出的一个新观点。休谟并没有把理性和判断力作为趣味的基本组成部分，而只是强调趣味和理性、鉴赏力和判断力二者之间的联系。在这一点上，伯克比休谟更进了一步。

和休谟一样，伯克也探讨了关于趣味的普遍原则和共同基础问题。他肯定趣味存在有确定的原则和规律，并进而探讨了形成趣味的普遍原则和标准的基础，认为人性在感官、想象力和判断力三个趣味的组成部分方面大体上都是一致的。他说："人体了解外界对象的一切自然能力是感知、想象与判断。而且首先是与感知有关。我们确实而且必须假设所有人的感觉器官的构造几乎或完全相同，因此所有的人感知外界对象的方式完全相同或很少差异。"③ 在伯克看来，正因为感觉是确定的，不是任意的，而且，"人们的想象力的一致性与人们的感觉的一致性同样是非常接近的"，所以趣味的基础对所有人来说都是共同的，从而鉴赏就有了普遍的原则和标准。正如休谟认为趣味的共同标准是基于"人类内心结构"的一致，伯克也认为趣味的普遍原则是基于"人的器官的构造"的相同。这种仅仅从

---

① ［英］伯克：《论崇高与美》，A. 菲利普斯编，牛津大学出版社1990年版，第13页。
② ［英］伯克：《论崇高与美》，A. 菲利普斯编，牛津大学出版社1990年版，第22页。
③ ［英］伯克：《论崇高与美》，A. 菲利普斯编，牛津大学出版社1990年版，第13页。

人性乃至人的生理结构上来观察和分析美感和趣味的观点，表现了旧唯物主义的一般局限性。但他们坚持美感和趣味的普遍原则和客观标准，对反对美学中的主观主义和相对主义仍然起到了一定的历史作用。

第四节　审美的观念联想和同情学说

观念联想理论由霍布斯提出，洛克加以解释，到休谟又将它系统化，它是经验论哲学和美学的主要论证依据之一。按照经验论哲学家和美学家的论述，观念联想属于想象，它是在想象基础上从一个观念联系到另一个观念的心理活动。如果说判断是认识事物间差异的能力，那么，作为想象的观念联想则是认识事物间相似的能力。观念的联想和"巧智"是同一种心理活动，因为"巧智"也是把各种相似相合的观念结合在一起。对于许多重要美学现象，如美、趣味的差异、审美快感、诗的形象创造等，经验论美学家都运用了观念联想的理论去加以解释。洛克在论及有关审美和创作的心理活动时，首先使用了"巧智"（wit）概念。"巧智"是17、18世纪欧洲文艺界相当流行的一个术语，洛克却把它同"观念的联想"结合起来。他说："巧智主要见于观念的撮合。只要观念之间稍有一点类似或符合时，它就能很快地而且变化多方地把它们结合在一起，从而在想象中形成一些愉快的图景。"[1] 洛克区分了巧智和判断力的差别，认为巧智是把各种相似相合的观念结合在一起；而判断力则是把各种差别细微的观念加以仔细分辨，这已暗含着形象思维和逻辑思维的区别。值得注意的是，洛克指出巧智可以在想象中形成愉快的图景，使人感动并得到娱乐，而且巧智所呈现出的美，并不需要苦思力索其中的理性，令人不假思考就可以见到，这不但揭示了巧智的审美特点，而且也指出了"观念联想"在形成美感中的作用。

关于观念联想这种心理现象，洛克也作了细微的分析。他认为观念有两个来源：一为感觉，二为反省。同时，他认为观念的联想也有两种：一种是"自然的联合"，另一种是由机会和习惯而来的"习惯的联合"。前者

---

[1] ［英］洛克：《人类理解论》，载朱光潜《西方美学史》上卷，人民文学出版社1979年版，第210页。

主要是理性的作用，后者则往往不受理性的影响。关于后一种观念的联想，洛克写道："观念的这种强烈的集合，并非根于自然，它或是由人心自动所造成的，或是由偶然所造成的，因此，各人的心向、教育和利益等既然不同，他们的观念联合亦就跟着不同。"① 他举例说，一个音乐家如果惯听某个调子，则那调子只要在他的脑中一开始，各个音节的观念就会依着次序在他的理解中发现出来，而且出现时，并不经他的任何关心或注意。可见所谓习惯的观念联想，实则还是由于事物在时间、空间、性质、状貌等方面的接近而在人心中建立的联系，不过由于这种联系由于受个人因素影响，因而带有偶然性和特殊性。在审美活动中，习惯的观念联想是一种普遍现象。

洛克关于观念的联想的概念的提出，在审美心理研究中产生了很大的影响。休谟在论述美和同情作用以及悲剧时，就曾广泛使用了这一概念。哈奇生也曾用"观念联想"来说明人们审美爱好产生分歧的主要原因。

同情说是以观念联想为基础的，但它侧重于说明情感活动。这种理论认为，一切人的心灵在其感觉和作用方面都是类似的，凡能激动一个人的任何感情，也总是别人在某种程度上所能感到的，一切感情都可以由一个人传到另一个人，而在每个人心中产生相应的活动。这种人与人之间在感情上的互相感应和传达便是同情作用，这种同情作用被经验论美学家广泛用来阐释美的生成、审美愉快、文艺欣赏以及悲剧审美效果等，以致被有的美学史家称作"关于同情的魔力的原则"②。在论述审美心理活动中的观念联想和同情作用时，经验派美学家还涉及所谓"移情作用"的审美现象，因而它也是后来形成的移情说的滥觞。

运用同情说分析和解释审美快感和美的生成，休谟做得最为成功，也最有代表性，他明确地提出了美与同情作用及对象效用相关的学说，试图从心理功能上揭示美和快感的形成机制。休谟认为，大多数种类的美都是由同情作用这个根源发生的。同情是人性中一个强有力的原则，同情对于

---

① ［英］洛克：《人类理解论》上册，关文运译，商务印书馆1983年版，第376页。
② ［美］K. E. 吉尔伯特、［德］H. 库恩：《美学史》，纽约：麦克米伦公司1939年版，第256页。

第七章 英国经验派的审美心理学说

我们的美感有一种巨大的作用,"我们在任何有用的事物方面所发现的那种美,就是由于这个原则发生的"①。"例如一所房屋的舒适,一片田野的肥沃,一匹马的健壮,一艘船的容量、安全性和航行迅速,就构成这些各别对象的主要的美。在这里,被称为美的那个对象只是借其产生某种效果的倾向,使我们感到愉快。那种效果就是某一个其它人的快乐或利益。我们和一个陌生人既然没有友谊,所以他的快乐只是借着同情作用,才使我们感到愉快。"② 按休谟的解释,同情作用是基于因果关系的观念的联想。当我们看到任何情感的原因时,我们的心灵也立刻被传递到其结果上,并且被同样的情感所激动。看到对象的效用,我们便会联想它可以给其拥有者带来利益和引起快乐的效果,所以借着同情也感到愉快。对此,休谟举例说,房主向我们夸耀其房屋的舒适、位置的优点和各种便利细节。很显然,房屋美的主要部分就在于这些特点。这是为什么呢?休谟对此分析道:"一看到舒适,就使人快乐,因为舒适就是一种美。但是舒适是在什么方式下给人快乐的呢?确实,这与我们的利益丝毫没有关系;而且这种美既然可以说是利益的美,而不是形象的美,所以它之使我们快乐,必然只是由于感情的传达、由于我们对房主的同情。我们借想象之力体会到他的利益,并感觉到那些对象自然地使他产生的那种快乐。"③ 这里值得注意的是,休谟认为在同情作用中,虽然涉及对象的效用和对人的利益,但作为审美主体,我们只是借助于想象,设身处地体会到物主的利益,而实际上,对象"与我们的利益丝毫没有关系",即不涉及我们自己的利益。"这一学说实在是康德的'没有目的观念的合目的性'或他的'不关利害的快感说'的近似的前身。"④

伯克对同情这种审美心理现象也做过许多研究。他把同情看作社会交往必需的感情,同时又带有自我保存的性质。认为文艺欣赏和悲剧效果主要基于同情:"主要地就是根据这种同情原则,诗歌、绘画以及其它感人的艺术才能把情感由一个人心里传递到另一个人心里,而且常常能在不幸,苦难乃至死亡上嫁接上愉快。大家都看到,有一些在现实生活中令人

---

① [英] 休谟:《人性论》下册,关文运译,商务印书馆1983年版,第618—619页。
② [英] 休谟:《人性论》下册,关文运译,商务印书馆1983年版,第618页。
③ [英] 休谟:《人性论》下册,关文运译,商务印书馆1983年版,第401页。
④ [英] 鲍桑葵:《美学史》,张今译,商务印书馆1985年版,第236页。

震惊的事物,放在悲剧和其它类似的艺术表现里,却可以成为高度快感的来源。"① 这里涉及悲剧何以产生快感的问题。西方美学中向来有一种颇具影响的看法,就是认为悲剧能产生快感的原因在于它是虚构的。伯克不赞成此说。他指出,对于并非虚构的、真正的悲惨事件和人们的厄运,我们也会因受感动而感到愉快。无论是历史中所追述的,还是我们亲眼目睹的,灾难和厄运总是令人感动并感到欣喜。"这是因为当恐怖不太迫近时,它总是产生一种欣喜的感情,而同情则往往伴随着愉快,因为它产生于爱和社交感情。"② 悲剧同真正的灾难和不幸的差别,是在于它可由仿效的效果而产生快感,但实际上,真正的灾难和厄运比仿效的艺术和悲剧,能激发更大的同情,引起更大的快感。用"同情"来解释悲剧何以引起快感的特殊审美效果,是伯克的一个新贡献。虽然它也不无片面性,但比起用"虚构""模仿""技巧"等原因来说明悲剧快感的理论,伯克的看法更深入地接触悲剧美感的特殊心理根源,因而在美学史上是颇受重视的。

英国经验派美学促进美学研究重点转向审美主体和审美意识,对审美经验和审美能力的特性和规律作了创造性的研究,其影响是巨大而深刻的。康德是直接在英国经验主义美学影响下开始美学研究的,尽管他企图调和经验主义和理性主义美学,但是他的美学研究始终是侧重在对审美主体、审美意识、审美活动的考察和分析。正因为经验派美学突出地提示了审美活动的特点,同时也明显暴露了它存在的矛盾,康德才能在批判、综合经验派美学和理性派美学不同观点的基础上,对审美活动的特点和规律做出更深刻的分析。康德以后,从尼采、叔本华一直到20世纪各种现代美学流派,诸如表现主义、自然主义、直觉主义、实用主义、现象学、符号学各派美学以及各派心理学美学等,无不把对审美主体、审美经验的研究放在美学研究的中心位置。追根溯源,我们不能不看到经验派美学的历史影响。

由于英国经验派美学受到经验主义哲学片面强调感觉经验和感性认识作用的影响,同时,经验派美学家又强调美学是以情感为对象,因此在考

---

① [英]伯克:《论崇高与美》,A.菲利普斯编,牛津大学出版社1990年版,第41页。
② [英]伯克:《论崇高与美》,A.菲利普斯编,牛津大学出版社1990年版,第42页。

察和分析审美经验时，过分偏重审美的感性和直接性的特点，强调情感、情欲在审美中的作用，而较为忽视审美活动的理性方面，有的甚至认为审美是与理性无关的。经验派美学家偏重从人的情欲出发解释美学现象，尤其注重对审美经验的心理和生理基础的研究，但由于他们不能科学地了解人性和人的本质，脱离了人的社会实践和历史发展，仅仅把人看作具有固定不变的心理和生理特性的动物性的人，而不是看作社会的人，这就不能科学地说明审美现象和审美意识的社会性质。这些都显示出英国经验派美学的不足和局限性。

第八章 康德的审美哲学

第一节 批判哲学体系与审美判断力

第二节 美和鉴赏判断的分析

第三节 崇高和崇高感的分析

参见本卷《趣味与理性：西方近代两大美学思潮》第二十章第二节、第三节、第四节。

第四节 审美理想与审美理念

在"美的分析论"中，康德结合论述美的合目的性以及自由美和依附美的区分，论述了"美的理想"问题。在"崇高的分析论"中，康德在"纯粹审美判断的演绎"部分，结合论述艺术和天才，论述了"审美理念"问题。这两个问题，一个是从审美鉴赏方面谈的；另一个是从艺术创造方面谈的，但两个问题都集中涉及审美判断力和感性与理性、个别与普遍的关系问题，而且表现着康德美学思想的矛盾和发展，是值得特别重视的。

"美的理想"就是"美的普遍标准"或"鉴赏的最高典范"。康德指出，审美的规定根据不是客体的概念，因此，"要寻求一条通过确定的概念指出美的普遍标准的鉴赏原则是劳而无功的"①。但他认为，感觉（愉悦和不悦）的普遍可传达性，亦即这样一个无概念而发生的可传达性，一切时代和民族在某些对象的表象中对于这种情感尽可能的一致性，却提供了一种经验性的标准，"即一个由这实例所证实了的鉴赏从那个深深隐藏着的一致性根据中发源的标准"②。它对一切人都是共同的。每个人必须根据它来评判一切作为鉴赏的客体，甚至评判每个人的鉴赏本身，所以它是"鉴赏的原型"，这鉴赏原型便是"美的理想"。

康德说："理念意味着一个理性概念，而理想则意味着一个单一存在物、作为符合某个理念的存在物的表象。因此那个鉴赏原型固然是基于理性有关一个最大值的不确定的理念之上的，但毕竟不能通过概念、而只能在个别的描绘中表现出来，它是更能被称之为美的理想的，这类东西我们虽然并不占有它，但却努力在我们心中把它创造出来。但它将只是想象力的一个理想，这正是因为它不是基于概念之上，而是基于描绘之上的；但描绘能力就是想象力。"③

由此可见，美的理想一方面基于理性，涉及有关一个最大值（最高度）的不确定的理念；另一方面又不能通过概念，而只能在个别的描绘（形象）中表现出来，这种个别形象的描绘能力就是想象力。这种理性和想象力、不确定的理念和个别形象的结合，就在我们心中形成美的理想。通过美的理想，康德对审美判断中感性与理性、个别与普遍的关系作了最明确的揭示。但他又认为理想的美并非"做出了一个纯粹的鉴赏判断"的自由美，而是"由一个有关客观合目的性的概念固定了"的依附美，所以，"按照一个美的理想所作的评判不是什么单纯的鉴赏判断"。④

"审美理念"和"美的理想"在基本含义和内容上大致是一致的，但前者比后者在看法上更为成熟、论述上更为充分。什么是审美理念呢？康德说："我把审美［感性］理念理解为想象力的那样一种表象，它引起很多的思考，却没有任何一个确定的观念、也就是概念能够适合于它，因而

---

① ［德］康德：《判断力批判》，邓晓芒译，人民出版社2002年版，第67页。
② ［德］康德：《判断力批判》，邓晓芒译，人民出版社2002年版，第68页。
③ ［德］康德：《判断力批判》，邓晓芒译，人民出版社2002年版，第68页。
④ ［德］康德：《判断力批判》，邓晓芒译，人民出版社2002年版，第72页。

没有任何言说能够完全达到它并使它完全得到理解。很容易看出，它将会是理性理念的对立面（对应物），理性理念与之相反，是一个不能有任何直观（想象力的表象）与之相适合的概念。"①"审美［感性］理念是想象力的一个加入到给予概念之中的表象，这表象在想象力的自由运用中与各个部分表象的这样一种多样性结合在一起，以至于对它来说找不到任何一种标志着一个确定概念的表达，所以它让人对一个概念联想到许多不可言说的东西，对这些东西的情感鼓动着认识能力，并使单纯作为字面的语言包含有精神。"②

从以上论述可以看出，康德所谓的"审美理念"具有以下特征。

第一，审美理念是由想象力所形成的表象显现，所以它不同于理性理念，具有感性特征。理性理念是一种概念，是抽象的，没有感性的形象与之相切合。而审美理念却离不开感性形象，它须通过想象力所创造的形象显现出来，所以是个别的、具体的、丰富多样的。

第二，审美理念是从属于某一概念的，它可以使人想起许多思想，所以它不是属于低级的感性认识，不是单纯的表象。表象虽是个别的、具体的、形象的，却并不显示理性理念的内容。审美理念却需在感性形象中显出理性理念的内容，所以，它带有普遍性、概括性、思想性。

第三，审美理念虽然从属于某一概念，却又很难找出它所表现的是"一个确定的概念"；虽然可以使人想起许多思想，却又没有任何确定的思想与之完全相适应。这是为什么呢？因为在审美理念中，理性理念已经转化为感性形象，思想和概念已经渗透在感性形象中，普遍性、概括性是通过个别性、具体性得到表现的，也就是说，理性和感性、思想和形象、普遍和个别在审美理念中是统一的，所以，它虽然包含有理性、思想、普遍，却又不同于"确定的概念"和确定的思想。

综合以上关于审美理念的基本特点，可以看出，康德所说的审美理念，概括地说，就是理性理念的感性形象，是理性理念与感性形象的统一。这和我们今天所说的艺术典型，基本上是相近的。

审美理念是如何形成的呢？康德认为它是创造性的想象力，根据理性

---

① ［德］康德：《判断力批判》，邓晓芒译，人民出版社2002年版，第158页。
② ［德］康德：《判断力批判》，邓晓芒译，人民出版社2002年版，第161页。

中更高的原则，对实际自然所提供的材料进行加工改造而创造出来的。他说："想象力（作为生产性的认识能力）在从现实自然提供给它的材料中仿佛创造出另一个自然这方面是极为强大的。"① 就是说，形成审美理念的想象力不仅仅是一种对经验的记忆，而且还具有创造性，能够重新把经验加以改造，使其成为"某种胜过自然界的东西"。这种对经验的改造，不仅是根据一般的"联想律""模拟律"，而且是"按照着高高存在理性里的诸原则"。就是说，在形成审美理念中，创造性的想象是与更高的理性原则相结合的，它力求超出经验的范围，以企求达到理性理念的形象显现，从而赋予这些观念以一种客观现实的外貌。康德说："诗人敢于把不可见的存在物的理性理念，如天福之国、地狱之国、永生、创世等等感性化；或者也把虽然在经验中找得到实例的东西如死亡、忌妒和一切罪恶，以及爱、荣誉等等，超出经验的限制之外，借助于在达到最大程度方面努力仿效着理性的预演的某种想象力，而在某种完整性中使之成为可感的，这些在自然界中是找不到任何实例的。"② 按照康德的理解，一个理性理念可以有许多感性形象来显现它，但没有哪一个感性形象能够完全显现它。感性形象显现理性理念的程度是有差别的，只有在感性形象中达到理性的"最高度"，理性理念得到完满、充分显示的，才配称为审美理念。所以审美理念在显现理性理念中所达到的高度，是一般自然事物所不能比拟的，它也就是康德所说的"另一自然"。总之，审美理念虽是感性形象，却不是经验世界的简单复现，而是由想象力根据理性理念，对经验进行加工改造所创造出来的。这里，康德实际上是涉及了艺术创作如何对自然加工改造，亦即艺术创作的典型化问题。

康德的"审美理念"说，说明艺术创作既要有感性形象，又要表达出理性内容，指出了感性与理性、个别与普遍、形式与内容在艺术形象创造中的辩证统一关系。他认为审美理念虽然涉及概念，但是又不是表现某一确定的概念，它比概念更为丰富多样，在思想上具有许多"不可言说的东西"，也就是能够以有尽之言表达出无穷之意，使形象显现联系到许多不能完全用语言来表达的深广思致。这种看法对我们研究审美和艺术创作中

---

① ［德］康德：《判断力批判》，邓晓芒译，人民出版社2002年版，第158页。
② ［德］康德：《判断力批判》，邓晓芒译，人民出版社2002年版，第158—159页。

形象思维的特点和规律是很有启发作用的。康德对审美理念所做的分析和说明，已经包含了后来黑格尔提出的"美是理念的感性显现"说的雏形。通过对审美理念内涵的揭示，康德对审美意识的本质和特征作了最充分的概括，也对审美意识中感性与理性关系问题作了最深刻的回答。

第九章 西方现代心理学美学审视

心理学美学是西方现代美学中一个重要流派。各种心理学美学思潮和学说相继形成和迅速发展,在现代西方美学中发挥了重大影响作用,成为20世纪美学发展中一种十分引人注目的现象。美国著名美学家托马斯·门罗认为,现代美学正在"向科学转轨","在现代心理学和人文科学的基础上,尝试科学地描述和解释艺术现象和所有与审美经验有关的东西",已经成为美学发展的一大趋势。不少西方美学家提出,现代美学理论应该是由"哲学的美学"和"心理学的美学"两部分组成的,可见心理学美学在现代西方美学中的显著地位。

如何看待西方现代心理学美学在美学发展中所起的作用?怎样评价包括各种思潮和学说的心理学美学流派的成就和局限?如何正确吸收和借鉴现代西方心理学美学研究的成果以建立科学的心理美学体系?这些都是我们的美学研究面临的重要课题。新时期我国美学研究的一大进展,就是加强了对审美主体、审美经验以及文艺创造和欣赏的心理研究。与此相联系,各种西方现代心理学美学思潮和学说也相继被广泛地加以介绍和吸纳。鉴于各种现代心理学美学思潮和学说对我国当代美学发展产生的影响,对现代西方心理学美学作一个客观的全面评价,就显得非常必要了。

第一节 西方现代心理学美学的作用

对艺术和审美经验的心理学的阐释和研究,在西方美学中由来已久,诸如在亚里士多德对悲剧心理作用的分析中,在伯克对美和崇高两种经验区别的心理和生理基础的探讨中,都可以明显看到西方对艺术和审美经验进行心理学研究的传统。尽管如此,西方心理学美学作为一个美学流派的形成,却是在心理学作为一门独立学科诞生之后。一般认为,德国心理学家费希纳将实验心理学应用于对艺术和审美感知的研究，是心理学美学的发轫。而他的《美学导论》（1876）则被看作这门新学科开始的标志。正是费希纳和他创立的实验美学，为20世纪以来西方现代心理学美学的发展奠定了基础。

进入20世纪以来，在心理学美学的研究领域，除了移情说（里普斯、浮龙·李）、内模仿说（谷鲁斯）、心理距离说（布洛）等早期心理学美学的代表思想继续得到发展之外，最值得注意的是试图把现代心理学的新发展和新成就运用到艺术和审美经验研究之中，从而形成蔚为大观的各种心理学美学的新理论和新学说。托马斯·门罗在罗列20世纪艺术心理学的研究进展时，把它们归纳为十四个方面的理论，可见新理论涉及面之广泛，而其中最有影响和代表的理论，当推精神分析学和分析心理学美学（弗洛伊德、荣格）、格式塔心理学美学（考夫卡、阿恩海姆）、生物心理学（或新行为主义）美学（伯莱因）以及信息论美学（弗兰克、迈耶）等。

心理学美学在20世纪的长足发展，使它与西方传统的哲学美学几乎形成了并驾齐驱的局面。由于心理学美学在研究领域、研究对象、研究角度和方法上大都异于哲学美学，所以，它在推动西方现代美学的发展和演变中发挥了哲学美学所不能取代的特殊作用。

首先，心理学美学将美学研究的主要对象从审美客体转向审美主体，转向对艺术和审美经验的内部过程和机制的探究，从而对西方现代美学的走向产生了重大影响。传统美学的主要对象是关于美的性质的抽象的哲学探讨，而当代美学的中心内容则是对审美经验以及艺术问题的具体的研究。心理学美学对推动这种转变无疑起了主要作用。正如托马斯·门罗所说，心理学美学感兴趣的，既不是美的本质这类抽象问题，也不是对艺术作品进行描述，而是"要弄清究竟是艺术家个性中的什么力量促使他们创造艺术作品；是要理解欣赏活动的整个过程；是要理解这些创造活动和欣赏活动与艺术以外的其他人类经验的关系，以及它们与人类机体结构的关系"[①]。由于它集中探究审美主体经验的内部过程，因而必然给艺术研究带来了新的角度、新的途径。它不像艺术社会学那样，从艺术与社会的关系

[①] [美]托马斯·门罗：《走向科学的美学》，石天曙等译，中国文联出版公司1984年版，第71页。

上去探求艺术的社会来源和社会性质,也不像艺术形态学那样,从完成的艺术作品去描述艺术的形式和风格,而是集中于创造和欣赏艺术作品的主体身上,去探究艺术家和欣赏者的经验和行为,以便揭示艺术创造和欣赏的内部过程和心理机制。心理学美学探索和揭示审美主体心理奥秘的特殊功能和任务,是与哲学美学截然不同的。这种功能和任务也是美学中任何其他的研究所不能代替的。

其次,心理学美学推动了西方美学的研究方法从先验的向经验的转变。费希纳曾经用"自上而下的美学"和"自下而上的美学",来区别传统的哲学美学和由他创立的"实验美学",以说明美学研究中两种不同的方法。此后,各种心理学的美学将内省法、观察法和实验法应用于艺术和审美经验的研究,从而极大地促进了美学中的经验的研究。克雷特勒在《艺术心理学》中将心理学美学的主要特性归纳为两点。除了前面已论及的集中于艺术和审美经验的内部行为和过程以外,另一个主要特性就是"作为科学的学科,它是经验的"[1]。经验的研究明确规定了心理学美学的方法论,从而使它和哲学美学相区别。它不是从某种哲学的构架和先验的假说出发,对审美和艺术的问题作经验的逻辑分析或理论思考,而是以经验的材料为基础,并把思想和见解看作能被客观数据和有效事实测试和验证的假设。由于它强调研究需以对审美现象所进行的观察和实验为依据,将结论建立在直接经验到的具体事实上,因而推动了西方现代美学走向科学的发展趋势。

最后,心理学美学的研究面向艺术创作和欣赏以及各种审美活动的实际问题,不仅扩大了美学的研究范围,而且也促进了美学的应用研究,从而大大增进了美学研究中理论与实际的结合。在美的本质的抽象探讨和实际的审美活动之间,心理学美学起了一个中介作用。由于它与艺术和日常生活的审美经验具有密切联系,因而很有助于美学变得更有生气和实际指导性。

第二节 西方现代心理学美学的贡献

尽管对于西方现代心理学美学的各种学派、思潮、学说,人们的评价

---

[1] 参见 [美] H. 克雷特勒、S. 克雷特勒《艺术心理学》,美国杜克大学出版社1972年版。

可能是不一致的，但是从总体上来看，心理学美学在艺术和审美经验研究方面所做出的贡献，还是得到一致公认的。大体说来，这些贡献可以归纳为以下几个方面。

第一，由于心理学美学运用心理学中有效的概念和理论来解释审美经验，对于审美经验的心理过程、构成方式、组成因素等，作了更为具体、深入的描述和分析，从而加深了人们对审美经验的认识和了解。心理学关于人们认识过程、情感过程及其相互关系的研究，关于各心理过程的构成因素的研究，为心理学美学分析审美经验的特殊心理提供了基本理论和概念；关于人的个性心理特征的研究，为心理学美学分析审美经验的多样性、差异性和不同类型，提供了重要理论根据。心理学家和美学家在审美经验的框架中对审美感知、审美注意、审美想象、审美情感等心理过程，以及审美趣味和爱好的心理根据，进行了许多实验研究，提出了各种假说和理论，其中不乏富于启发性的学说和资料。例如格式塔心理学家对于审美知觉的整体性，表现性以及审美知觉和情感相互关系的研究，为理解审美知觉的心理过程及其特性，提出了一些新的构想。阿恩海姆的研究结果表明，审美知觉是对于审美对象的结构样式的完整的知觉，"知觉过程就是形成'知觉概念'的过程"[1]。"知觉概念"不仅是记录个别具体对象，而且把握了对象的一般形式结构和完形特征，因此审美知觉中包含有"理解""眼力也就是悟解能力"[2]，这一极有价值的论断有助于我们了解艺术和审美中知觉和理解的特殊联系，消除对于所谓"审美直觉性"的神秘观点。此外，阿恩海姆还对"表现性"这一重要的知觉范畴及其形成的心理、生理机制作了透彻的分析，认为"表现性就存在于结构之中"，由对象的结构性质所传达的表现性"是被视觉直接把握的"，"表现性乃是知觉式样本身的一种固有性质"[3]。这一创造性见解，接触到艺术和审美经验中最富特征的现象，为理解艺术创造和欣赏中形式与情感意义之间的关系开

---

[1] ［美］鲁道夫·阿恩海姆：《艺术与视知觉》，滕守尧等译，中国社会科学出版社1984年版，第55页。
[2] ［美］鲁道夫·阿恩海姆：《艺术与视知觉》，滕守尧等译，中国社会科学出版社1984年版，第56页。
[3] ［美］鲁道夫·阿恩海姆：《艺术与视知觉》，滕守尧等译，中国社会科学出版社1984年版，第624页。

第九章 西方现代心理学美学审视

辟了一个新的途径。

第二，在心理学美学展中，不同学派的心理学家和美学家运用不同的心理学说，从不同的侧面、在不同的层次上来揭示审美经验的某些特点，探究审美经验产生的心理和生理机制。这不仅丰富了人们对审美经验的特点的认识，而且开辟了揭示审美心理奥秘的多种途径。由于审美经验是一种比普通经验更为复杂的心理现象，它的性质和特点必然是一个多层次、多侧面的综合。因此，解释审美经验的理论不应是一维的，而应是多维的，不应是一个水平的，而应该是多水平的。例如精神分析学家提出了"潜意识"的概念，并着重阐述了它在艺术创造和审美经验中的地位和作用，使对艺术创造和审美经验的研究进入人的精神中更深的一个层次。虽然对于"潜意识"理论本身的科学性至今仍然具有很大的争议，但是，对心理学中这个新领域的探究，对于我们进一步探讨艺术创造和欣赏的某些特点和规律仍然是有帮助的。它除了吸引我们注意潜意识在艺术和审美中的作用外，也启示我们对幻想、梦幻、感情、愿望等心理因素在审美经验中的作用进行更加深入的思考。现在，不少美学家和心理学家都认为，艺术的创造过程既不是一种完全非理性的潜意识的活动，也不是一种完全受理性支配的、只有明确意念的意识活动。这种看法显然是吸收了精神分析理论中的合理成分而又排除了其片面性。又如新行为主义心理学家用生理唤醒学说来解释审美愉快产生的生理和心理机制，试图对引起审美愉快的客观刺激方面和主观反应方面给予具体解释。伯莱因认为，审美愉快的形成，从客观刺激方面看，"主要依赖于刺激图式的结构和刺激成分的互相关系"[1]，它们被包含在艺术作品中总称为"对照刺激物变量"；从主观反应方面看，则与"唤醒中向上或向下变化"相联系[2]，由于艺术作品和审美对象中"对照变量"的刺激，在观赏者大脑中形成唤醒的提高或降低，形成倒"U"形曲线。据此，伯莱因提出了"审美图式通过唤醒的作用而形成愉快效应"的假设，并分析了通过"渐近式唤醒"（唤醒促进机制）和"亢奋性唤醒"（唤醒减弱机制）来达到审美愉快的两种心理和生理机

---

[1] ［美］D. E. 伯莱因：《美学和生物心理学》，纽约：阿普尔顿—世纪—克罗夫茨出版社1971年版，第8页。

[2] ［美］D. E. 伯莱因：《美学和生物心理学》，纽约：阿普尔顿—世纪—克罗夫茨出版社1971年版，第9页。

制。尽管这种心理生物学观点的局限性十分明显，但它对于我们探究审美经验中愉快的特点及其形成的心理和生理原因，无疑又提供了一种新的参考。

第三，心理学美学对于审美经验的分析，由于多方面地结合着艺术创造和欣赏的实践经验，不断地扩大着自己的研究范围和领域，因而过去许多没有涉及或没有系统研究的艺术和审美问题能够被提出来加以较为系统的研究，这也有助于丰富人们对审美经验的认识，进一步充实艺术创造和鉴赏的理论。例如，对艺术创造和表现的过程的探讨；对艺术创作过程以及它和其他创造活动的区别的研究；对艺术创造力及其发展的研究；对艺术欣赏过程和特点的研究；对艺术创作、欣赏与个性关系的研究；对灵感、天才的研究；对艺术表现的动机的探讨；对艺术的非写实的、形式的成分和叙事的、内容的成分所产生的不同的审美心理效应的研究；对各门类艺术的审美反应特性及其互相比较的研究；对审美偏爱和审美标准的研究；对艺术审美经验与文化关系的研究；等等，都从各个不同的角度、不同层次提出和论述了艺术和审美中的复杂问题。这样广泛地研究审美经验，是心理学美学诞生以前的美学理论所不能比拟的。

第三节 西方现代心理学美学的局限及启示

尽管西方心理学美学对艺术和审美经验的研究已有许多贡献，我们也不应忽视甚至否认它对艺术和审美经验研究的局限性，不能忽视各种西方现代心理学美学学派在解决审美和艺术问题时所面临的困难和问题。有人对西方现代心理学美学的作用和成就估计过高、期望过大，甚至认为审美经验的全部性质乃至艺术创作的各种规律仅仅依赖心理学美学的理论和数据，便可以得到清晰的分析和全面阐明，这显然是一种不切实际的看法。对于像精神分析学这样有明显缺陷的美学理论，也有人不加分析地肯定，甚至把它当作解开艺术中难解之谜的灵丹，作为指导艺术创造和分析艺术作品的理论根据，这种认识当然有更大盲目性。其实，对于西方心理学在审美经验和艺术研究中存在的局限性和遇到的困难，有不少西方美学家的心理学家从不同方面已有所论及。如果我们能以马克思主义观点，从艺术和审美实际出发，对各种心理学美学的理论加以认真分析，那么，它们的局限性和缺陷是不难发现的。

首先，心理学美学的研究水平和解决问题的能力，显然是和心理学现有发展状况和科学水平联系在一起的。心理学作为一门独立学科，虽然已有一个多世纪的历史，但是，从总体上看，它还是一门尚未成熟的发展中的学科。由于心理现象的复杂性，心理学家还不可能在当前的科学水平上完全抓住心理的实质，许多心理现象并未在心理学研究中得到科学的解释，心理学本身的许多理论问题尚处在探索的阶段。像形象思维这种与审美经验和艺术研究有着密切关系的重大理论问题，在心理学中至今仍未得到充分的研究和阐明。心理学教科书在论述思维过程时，仍然只讲抽象的逻辑思维的规律，不讲具体的形象思维的规律。有的把形象思维和创造性想象混为一谈，否认它是一种独立的思维形式；有的把它和直觉思维（或称灵感思维）看成一回事，这都反映出心理学对形象思维这一重要的认识形式和心理现象还没有给予准确的把握和分析。此外，和审美经验及艺术同样有着密切关系的情感问题，在心理学的研究中也是一个较为薄弱的环节，甚至涉及情感这种心理过程的许多概念，在心理学中也缺乏准确的理解和说明。例如情绪（emotion）和情感（feeling）的概念区别就是一个问题。阿恩海姆说："心理学家讲情感（feeling），也讲情绪（emotion）。但这两个术语的区别公认为是不清楚的。……这里，心理学再次几乎不能说对艺术理论家提供了许多阐明。"[①] 由于许多与审美和艺术有密切关系的心理现象和心理过程并未在心理学中得到充分阐明和科学解释，所以，心理学美学对分析审美经验和艺术问题的作用和能力是有限的。

其次，当各种心理学美学派别用某种心理学说和实验结论来解释审美经验和艺术现象时，它们往往各自集中于说明审美经验和艺术的某一特别的方面，而忽视了其他方面。有的甚至是为已经形成的某种心理学说和观点寻求论据与例证，而将审美经验和艺术中某一特别的心理现象孤立地加以分析、片面地加以强调，将审美经验中本来互相联系、互相作用的因素分割和对立起来。不少学说和理论并不是建立在大量经验事实和科学分析的基础上，而是仍然带有浓厚的思辨色彩和主观臆想性质。所有的这些都

---

① ［美］鲁道夫·阿恩海姆：《走向艺术心理学》，洛杉矶：加利福尼亚大学出版社1967年版，第308—309页。

使各种西方心理学美学流派在解释审美经验和艺术问题时，带有相当大的片面性和主观性。这在弗洛伊德的精神分析的艺术理论中表现得特别突出。弗洛伊德认为，艺术和审美是通过升华作用使人被压抑在潜意识中的本能欲望在幻想中得到满足和补偿的一种方式；创作过程是受潜意识支配的。由于孤立地、片面地强调潜意识的本能欲望在艺术创造和审美活动中的地位和作用，排斥意识和理性对艺术和审美的支配和影响，弗洛伊德的精神分析美学理论带有强烈的反理性主义色彩。作为精神分析美学理论支柱的"潜意识"（即"无意识"）学说，本身也是一种主观臆测的产物，其中许多论断尚缺乏科学根据。弗洛伊德把潜意识看作人们的原始本能，主要是性本能，并以此来解释文艺创造和审美活动的动因，把审美愉快也看作"性感领域的衍生物"。① 这种泛性论只能使艺术和审美的研究走向生物学化，不可能对艺术和审美经验做出全面的、科学的分析和阐明。

即使在像格式塔心理学美学这样卓有建树的学派中，上述局限性也仍然难以避免。尽管阿恩海姆对于知觉的表现性进行了创造性研究，但他的理论支撑却是身心异质同构说。这种理论本身就带有浓厚的思辨色彩，缺乏科学试验的支持，这就使得他的"表现性基于力的结构"的主要结论，仍然带有很大程度的推论的性质。如果说，知觉的表现性仅基于力的结构，那么，为什么同一形式，同一力的结构，在不同时代、不同种族、不同个人的知觉中，却往往具有不同的表现性呢？看来，如果脱离了人类社会实践，仅仅从身心同构或物理力与心理力的对应关系上去解释知觉的表现性，不仅不能说明审美中的许多复杂现象，也难以对知觉表现性形成的原因做出真正科学的分析。

最后，心理学对于审美经验的研究，主要是借助于内省或实验的方法。自从德国心理学家费希纳1876年出版《美学导论》并创立实验美学以来，已经有许多心理实验被运用于审美经验的研究。其中，关于各种艺术的形成构成因素的审美反应的测验，关于审美趣味和偏爱的测验，关于艺术创造和欣赏能力的测验等，已经积累了相当丰富的资料并引出各种结论。然而，这些实验数据和结论常常是不充分的或矛盾的。虽然许多实验提供了客观的、有效的数据，但是从它引出的结论却不断地受到质疑。必

---

① 《弗洛伊德论美文选》，知识出版社1987年版，第172页。

第九章 西方现代心理学美学审视

须看到,对于艺术创造、欣赏乃至一切审美过程的实验研究,较之一般心理过程的实验研究,其难度要大得多。一般说来,对于审美和艺术知觉过程的实验研究,较易取得令人满意的成果;而对于审美和创作更深入的内心活动,比如想象、理解和情感的实验研究,则较难进行,也难以得出令人信服的结论。由于心理实验方法被用于审美经验研究时,受到实验条件的很大限制(例如不少测验是在艺术作品的个别组成因素被分离和孤立的情况下进行的),因此,这项工作对于理解审美经验的贡献更是极其有限的。人们对一些心理测验(如艺术创造和欣赏能力的测验)的信心已经越来越低,这不是没有根据的。甚至连主张美学应是一门科学的托马斯·门罗也不得不承认,"用精确的测量方法对美学进行研究是极为困难的"[①],"艺术和审美过程中的许多深层经验——例如音乐、绘画、诗歌给人们造成的某些特殊的情感和启示——则是相当复杂的和多变的,在目前还无法对其进行精确的测量"[②]。总的说来,我们虽然不能否认某些心理实验的数据和结论对于描述审美经验的作用,但仅仅依靠这些资料和结论,是不能对审美经验和艺术中已提出的重要理论问题做出完整的、系统的回答的。

西方现代心理学美学的上述局限性以及解决理论和实际问题中遇到的困难,使我们有理由相信,要正确回答和科学阐明审美经验和艺术创造中的复杂问题,单靠心理学美学是不可能的。审美经验和艺术创造的复杂性质与独特规律,它和主观、客观方面的多种关系,需要比心理学更广泛得多的研究。比如,审美经验和艺术创造作为人的特殊意识活动,它们是如何反映和评价客观世界的;它们和人的其他诸种意识活动的区别和联系;等等,这更需要哲学的思考和回答。又比如,审美经验作为社会意识之一,它同整个人类社会生活的联系、它的起源和发展、它的社会历史制约性以及在人类文化中的地位和作用等,这需要借助于社会历史的研究方法,需要从社会学、文化人类学、历史学、艺术史等多学科的角度进行研究。还有,关于审美经验的类型和审美范畴的研究,关于创造和欣赏中审美经验的差异性和一致性研究,关于审美经验的多样性和变化性的研究,

---

① [美]托马斯·门罗:《走向科学的美学》,石天曙等译,中国文艺联合出版公司1984年版,第75页。
② [美]托马斯·门罗:《走向科学的美学》,石天曙等译,中国文艺联合出版公司1984年版,第135页。

等等，又与艺术形态学、艺术创造和欣赏的一般理论乃至艺术批评相联系。至于要深入揭示和解释审美经验产生和审美愉快形成的大脑过程，那就更需要信息论、大脑科学的帮助。总之，美学要全面地分析和解释审美经验，需要借助哲学和多种人文科学、自然科学的成果来做综合的思考。那种认为仅仅依靠心理学和心理学美学的结论和数据，就能清楚而系统地阐明审美经验的性质和规律的想法，是不切实际的，对于深入、全面地开展审美经验和艺术创造的研究也是不利的。

就心理学美学本身来说，也面临着一个如何使其研究成果能经得起审美和艺术实际的检验，以保持其科学性和正确性的问题。从西方现代心理学美学的发展来看，心理学美学研究要沿着正确的方向前进，仍然必须有正确的哲学思想作指导。心理学中的一些根本问题，本来就同哲学的基本问题有密切联系，何况美学本来就属于哲学的领域。心理学美学研究只有在正确的哲学思想和理论原则指导下，才能取得真正科学的成果；它从经验或实验以及其他相关学科中获取的大量数据，更需要进行哲学的综合。如果没有哲学的帮助，要形成、解释、阐述心理学美学的概念、范畴、理论、假说并形成体系，将是不可能的。

20世纪以来，西方各种心理学派林立，与此相适应，各种心理学美学的理论和学说也往往各持一端，互相匹敌。如何在对各派心理学美学理论进行科学分析的基础上，综合来自各派理论的科学结论和假设，博采众长而又加以创新，以形成一种能更合理地解释审美经验的内部和外部过程及其心理机制的新理论，已经紧迫地提到日程上来。可喜的是，国内外美学界和心理学界的一些有识之士已经在进行这项工作，现在的任务是要继续推进这一工作，以求建立一个较为完整、系统的心理学美学（或审美心理学）的科学体系。

这里还有一个值得注意的问题，就是在建立心理学美学的科学体系中，绝不能仅仅满足于将一般的心理学的术语、概念、范畴、理论等简单地运用到艺术和审美经验的研究中来。审美经验乃是人在创造和欣赏美和艺术时所产生的特殊的心理过程和行为。作为一种心理过程，它和普通心理活动具有共同的性质和规律，因此，对它的描述和解释需以一般心理学的术语、概念、范畴、理论为基础。但是，作为一种特殊经验和特殊心理过程，它又具有不同于普通心理活动的特殊的性质和规律，特殊的心理结构和表现形态，而这一更具本质的方面，却又是一般心理学的术语、概念、范畴、理论所难以深入阐明的。一个不容忽视的事实是，直到今天，普通心理学对审美心理学家所研究的许多现象还不十分了解。"普通心理学迄今还没有详细而深入地研究那些较为深奥的情感和想象现象，因此美学不能从普通心理学那里了解许多有关这些现象的情况。"[①] 为了描述和分析审美经验的某些特殊心理机制，审美心理学家需要从观察和研究艺术创造、欣赏乃至全部审美经验的具体事实中，形成新的术语、概念和范畴，或对心理学中已形成的术语、概念和范畴做出新的解释。只有从实际出发，形成一系列科学地揭示审美心理特殊性质和规律的术语、概念和范畴，建立科学的现代心理学美学体系的任务才能真正完成。

[①] ［美］托马斯·门罗：《走向科学的美学》，石天曙等译，中国文艺联合出版公司1984年版，第72页。

第十章　现象学审美经验理论述评

在当代西方的各种审美经验理论中，现象学美学对审美经验的分析具有特殊的地位。现象学美学明确提出美学要以审美经验的分析作为基本任务，并力图从总体上描述和分析审美经验。现象学美学的代表人物 M. 杜弗莱纳在《审美经验现象学》中声称"本书的主要内容便是描述艺术引起的审美经验"[①]。作者以审美经验的分析为主旨，分别对审美对象、审美知觉以及两者之间的关系，作了极其详尽的、富于创造性的论述。这本著作被公认为现象学美学的经典性著作。另一位现象学美学的代表人物 R. 英伽登指出，现象学美学应以艺术家或观赏者与艺术作品的交流作为研究出发点，其中，"一方面导致作为审美对象的艺术作品的出现；另一方面导致创造的艺术家或审美地经验着的观察者或批评家的诞生"[②]。美学应当把对艺术作品（审美对象）的一般研究和对审美经验（包括作者的创造经验和观赏者的接受经验）的分析这两个方面相互结合起来。他在早年的现象学美学名著《文学的艺术作品》中已经试图这样做，在后来的一系列论述审美经验、艺术作品和审美价值问题的论文中，他使这种研究方向变得更加明确和令人信服。因此，对现象学美学来说，审美经验的描述和分析居于特别显著地位，并且具有从总体上把握的特点。

现象学美学对审美经验的分析采用了新的理论和新的方法，这就是现象学的创始人、德国哲学家爱德蒙德·胡塞尔提出的一系列原则和方法。胡塞尔提出哲学的研究对象既不是客观存在，也不是主观经验，而是所谓"纯粹现象"或"纯粹意识"。为此，他发展了他的老师布伦塔诺的意向性学说，主张把意识对象和意识活动合二为一。在胡塞尔看来，意识活动和

[①] [法] M. 杜弗莱纳：《审美经验现象学》，韩树站译，文化艺术出版社1996年版，第24页。
[②] 《英伽登美学文选》，华盛顿，1985年，第30页。

意识对象作为纯粹意识的有机因素，二者是不可分割的。一切意识都是关于对象的意识；一切对象都是意识的对象。意识存在着一种基本的结构，即意向性。意识对象便是由意识的意向性所构成的东西。现象学的"还原"方法，就是要求认识主体抛弃一切预先的假设，从而转向"现象"或"纯粹意识"，以便通过"直觉"，通过意识的意向性分析，从呈现在意识中的现象之中去把握事物的本质。现象学美学把这些理论和方法贯穿在对审美经验的研究中，从而对审美经验做出了独到的现象学分析。杜弗莱纳认为"审美经验揭示了人类与世界的最深刻和最亲密的关系"[1]，它在意向性概念中可以得到深刻阐明。在审美经验中，体现了意向性概念所包含的主体与客体的特殊相关性，正如意向性永远表现着意识和对象的相互依赖关系一样，审美对象和审美知觉也是相互依赖、相互制约的。此外，杜弗莱纳还指出："审美经验在它是纯粹的那一瞬间，完成了现象学的还原。"[2]被还原为感性的审美对象，也就是现象学还原所想达到的"现象"。英伽登虽然在哲学观点上和胡塞尔有所分歧，在美学的某些具体问题上也和胡塞尔有不一致之处，但他的理论仍多来自胡塞尔。他同样是根据意向性学说来分析审美经验，主张审美经验和审美对象是互相关联的；认为作为审美对象的艺术作品，既非实在客体，亦非观念客体，而是一种"意向性客体"。所有这些，都表现了现象学的审美经验理论和哲学理论及方法的深刻联系。现象学审美经验理论的突出特点，就是着重于审美经验与审美对象的相关性探讨，强调两者之间的相互依赖和相互制约性。

第一节 审美经验的特点和过程

审美经验的性质如何？它和日常经验以及认识的、道德的经验的关系是什么？这始终是当代西方审美经验理论所探讨的一个中心问题。对于这个问题，有两种大致相反的看法。一种看法是：审美经验是完全不同于其他经验的独特的经验。审美情感只是一种关于形式的情感，它和艺术再现生活的内容是不相关的。审美经验因此和日常经验具有本质的区别。另一

---

[1] [法] M. 杜弗莱纳：《美学与哲学》，孙非译，中国社会科学出版社1985年版，第3页。
[2] [法] M. 杜弗莱纳：《美学与哲学》，孙非译，中国社会科学出版社1985年版，第53页。

种看法是：审美经验和日常经验并无根本的差别。审美经验不能脱离日常生活经验，它不过是将日常生活经验加以完善化、组织化。所谓审美情感，实际上只是日常生活中各种经验的综合、均衡，所以并不存在独特的审美情感。当然，在这两种相反的看法之外，还有一种调和的主张，即既认为审美经验有别于日常经验和其他经验，同时又不使审美经验和日常经验对立起来。现象学美学基本上是强调审美经验不同于日常经验的，但在阐明审美经验的特性时，它却提出了一些独特的见解。

现象学美学认为审美经验是一种不同于日常经验的特殊的经验。对一个实在对象的认知和对一个审美对象的审美经验，是两种性质不同的意识活动。根据现象学关于意识活动和意识对象互相联系，意识活动总是指向意识对象的原则，现象学美学主张从审美经验和审美对象的关系中，去分析审美经验的主要特征。有关审美经验的一些理论往往将审美经验的对象和认识活动的对象混为一谈，认为现实世界的某种实在事物既是认识活动的对象，也必定是审美经验的对象。现象学美学家反对这种看法，他们强调审美经验的对象和认识活动的对象是有差别的。英伽登认为，一般的认识活动都必须始于对一实在事物的知觉，而审美认识则并非如此，"对象的实在对审美经验的实感来说并不是必要的，在审美经验中，我们喜不喜欢一件东西也并不取决于这种实在，因为这种实在作为感觉对象某个时刻的存在根本不影响我们的审美愉快或审美反感"[①]。在一般的认识活动中，我们指向对象的实在本身，而在审美经验中，我们却指向对象的其他特性，正是这些特性决定着对象的审美价值；在认识活动中，我们以一种调查者的态度借助感觉来获取对一个实在对象的知识，而在审美经验中，我们则被引向出现在直接经验中并有某种审美价值的对象。例如，当我们在审美经验中观赏卢浮宫里的维纳斯雕像时，我们产生的并不是对一块真实的大理石或一个真实的女人的简单知觉，虽然这种对一个实在对象的简单知觉是构成某些特殊的心理活动的基础，但我们很快就离开了这种感觉而转向了只有在审美经验中才能形成的另一种东西，这就是作为审美对象的"维纳斯"。作为审美对象的维纳斯绝不是一块大理石所给予我们的。事实

[①] [波] R. 英伽登：《审美经验与审美对象》，《哲学和现象学研究》1961年第11卷第3期，第291页。

第十章　现象学审美经验理论述评

上,这块大理石的许多属性不仅不能有助于审美经验,反而会妨碍这种经验的实现。例如"维纳斯"鼻梁上的一块污痕,或她的胸脯上可能由于水的侵蚀而产生的许多粗斑、空穴、水孔等等,就会有碍于对她的审美感觉。然而,在审美经验中,我们却会忽视这块大理石的这些特殊性质,好像根本就没有看到它们。相反,我们似乎看到她的鼻梁毫无瑕疵,胸脯平滑,所看到的洞穴都被填上。"我们在'思想'中,甚至在一种特殊的知觉反映中补充了对象的这些细节,使其在给定条件下有助于造成审美'印象'的最佳条件"①,以完全展示其审美价值。作为审美对象的"维纳斯"也不是以一个真实的女人身躯呈现给我们的,如果我们遇到一个像她这样的真实的断臂女人,便会体验到强烈的不快,并充满怜悯和同情等感情。但是在对维纳斯的审美知觉中,失去的臂膀并不是障碍。"在审美态度中,我们不知不觉地完全忘怀了肢体的残缺,断掉的臂膀。一切都产生了奇妙的变化,在这种方式'观看'下的整个对象完美无缺,甚至因为双臂未曾出现在人们视野里而更富魅力。"② 很显然,对于"维纳斯"的审美认识不同于对于一块真实的石头和一个真实的女人的认识,审美经验和认识活动各有不同的对象。审美经验的对象不是一般知觉的实在对象,而是在审美经验中形成的审美对象。

　　审美经验和认识活动各有其不同的对象,因此,在具体的发生过程上也是不同的。对此,英伽登作了较为详尽的分析。他指出,审美经验并不是人们常说的那种作为对某些感觉材料的反映的短暂经验,短暂的快感或恶感,而是一种包含许多异质要素的多方面的复合过程。那么,审美经验的具体过程是怎样的呢?英伽登把它描述为三个基本阶段。第一,是审美经验的预备阶段,这个阶段主要是完成从对一个实在对象的感觉向审美经验的诸方面的过渡,我们被对象的一种或许多特殊性质所打动,从而把注意力倾注在这种特质上。这种特质在我们身上唤起一种特殊情绪——英伽登称之为"预备情绪",正是这一情绪引出了审美经验的过程本身。审美的预备情绪的最重要功能,是使我们中断了关于周围物质世界的事物中的

---

① [波] R. 英伽登:《审美经验与审美对象》,《哲学和现象学研究》1961 年第 11 卷第 3 期,第 293 页。
② [波] R. 英伽登:《审美经验与审美对象》,《哲学和现象学研究》1961 年第 11 卷第 3 期,第 294 页。

"正常的"经验和活动,改变了我们的心理态度,亦即使我们从日常生活中采取的实际态度、从探究态度转变成特殊的审美态度,使我们的注意力从这种或那种性质的真实存在转移到特质本身上面。在我们对这些特质的直觉认识中,对于感觉到的事物的存在的信念便失去了它的约束力,用胡塞尔的话说,它就是被"还原"了。第二,审美对象的形成阶段,在这个阶段,审美特质本身(而不是它所依附的事物,或它赖以出现的背景)成了认识的对象。在审美认识过程中,我们获得的不是一种简单的特质,而是许多特质互相协调形成的一个整体,同一整体中存在的特质的相互影响可能产生出一种崭新的特质,它使构成它的互相影响的性质结为一体,并赋予这一整体一种性质特征,即"和谐质"或"格式塔质"。质和谐及其格式塔是审美对象的最高原则,一旦我们最终构成了质和谐,审美对象也就随着形成。"因此,我们必须掌握那些具有审美价值的特质,并将其综合起来,以求把握所有这些特质的和谐。只有在这种时候,在一种特殊的情感观照中,我们才能沉醉于构成'审美对象'的美的魅力之中。"[①] 第三,审美经验的最后阶段,这个阶段可以说是审美经验的登峰造极。它一方面是对已形成的审美对象的质和谐的观照(平静的注视);另一方面在观照的同时,产生了对质和谐的赞美、欣喜的情感反应,即对业已形成的审美对象的价值的承认的感觉。对审美对象的价值的承认,与对其和谐质的观照同时进行,互相配合,两者结为一体。通过直接的观照和激情与价值极高的审美对象交流是一种极大的愉快,因此能在我们身上造成愉快的心理状态。但这种愉快只是审美经验中的派生现象,而不是审美经验的本质或主要内容,如果忽视了审美经验的本质内容,即构成审美对象,经验质和谐以及通过情感观照经验它们的价值,那么所产生的快感便不是严格定义上的审美情感。

上述分析表明,现象学美学对审美经验的特点的分析确实是别具一格的,以往的审美经验理论,往往是从审美主体的态度或心理状态等方面来界定审美经验的特点,或者认为审美经验的特点在于对于对象保持一种非功利的态度或所谓"心理距离",或者认为审美经验与认识活动的区别在

---

① [波] R. 英伽登:《审美经验与审美对象》,《哲学和现象学研究》1961 年第 11 卷第 3 期,第 294 页。

第十章 现象学审美经验理论述评

于一为情感活动、二为理智活动，或者把美感看作快感，或者把美感归结为直觉。在现象学美学对审美经验特点的分析中，虽然我们也可以发现上述各种理论的影响，但是，它却基本上摆脱了将审美经验的分析局限于审美主体的心理态度和活动的传统模式，而从审美经验与审美对象的相互联系中，从审美主体和审美客体的互相作用中，来分析审美经验的特点和实质。审美经验不同于日常生活经验和探究性的认识活动的主要特点，它的基本功能，即在于在审美态度中专注于对象的审美特质，构成审美对象以及在情感观照中经验审美对象的价值。这是一个主体与客体、创造与接受、主动与被动相互作用、相互结合的过程。在这个过程中，一方面审美经验构成着审美对象；另一方面审美对象又规定着审美经验。如果说离开了审美经验，我们便不能了解审美对象，那么同样可以说，离开了审美对象，我们也不能认识审美经验。正如在审美经验中才能有审美对象的存在一样，也只有在与审美对象产生直接交流时才能有审美经验的发生和发展。现象学美学所提供的这种分析审美经验的方法以及它所得出的关于审美经验的主要特点的论断，无疑给审美经验的研究注入了新的东西。如果我们结合艺术作品欣赏的经验来看（如上文提到的对维纳斯的观赏），那么，这种分析也确实触及了一些带规律性的现象。事实上，在一般认识中把艺术作品作为一个实在的对象来探究，与在审美经验中把艺术作品作为一个审美对象来欣赏，我们所获得的东西是很不相同的。如果我们面对艺术作品时，不是把它作为一个审美对象来观赏，而是作为一个实在对象来探究，那么，我们将不会获得真正的审美经验，也不会对它们的审美价值取得正确的认识。从这个角度看，审美主体的意识活动究竟指向什么对象或对象的哪些方面，对审美经验的性质和形成，的确是有重要影响的。不过，英伽登把审美对象和实在对象完全分割开来，把审美经验和认识活动完全对立起来，只看到它们的区别，而看不到它们的联系，这就易走向片面性。他试图用审美对象来界定审美经验，可是，照他的理解，审美对象原是由审美经验构成的，也就是只能作为审美经验的关联物而规定自己。这样一来，现象学美学就陷入了一个循环往复的圈子，即一方面要用审美对象界定审美经验；另一方面又要用审美经验界定审美对象，这种循环同样表现在现象学的意向性概念对意识活动和意识对象关系的论述中。这种循环便给现象学美学界定审美经验和审美对象造成了理论上和方法上的双

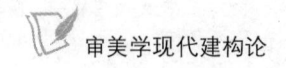

重困难。

第二节 审美对象与审美知觉

既然现象学美学家把审美经验的本质看作构成并经验审美对象，因此，他们认为如何界定审美对象便是分析审美经验的关键问题。英伽登和杜弗莱纳都对这个问题作了许多论述，特别是杜弗莱纳的《审美经验现象学》一书更是对这个问题作了专门的研究。

关于审美对象的界定，杜弗莱纳首先提出的是方法问题。如前所述，现象学美学认为审美对象是在审美经验中形成并与审美经验相关联的。那么，是否可以从审美经验出发去界定审美对象呢？杜弗莱纳认为不能这样做，原因是如果从审美经验出发，那就要力图使审美对象从属于审美经验，结果是赋予审美对象以宽泛的意义，即把被任何种类的审美经验审美化了的一切客体都看作审美对象。这样一来，审美对象就可以包括自然界中的对象，以及艺术家在着手创作以前想象中的意象等。但是，在这里为审美经验所下的定义是不严格的，因而也就不能赋予审美对象以严格的定义。根据现象学创始人胡塞尔晚年提出的"主体际性"（intersubjectivity）的概念，尽管没有意识便没有对象，我们却可以预先设定意识对象并先于意识论述。作为"意向性的分析"，现象学方法倾向于从分析意识对象开始，而把分析意识活动（意识对象的必然关联）放到下一步。因为分析涉及经验的对象要比分析作为行为的经验方便些。所以，现象学美学界定审美对象的方法是"把经验从属于对象，而不是把对象从属于经验"[1]。这样才能赋予审美对象以严格的意义，并进而为审美经验找到准确的定义。

既然不能从审美经验出发去界定审美对象，那么，究竟从何入手来为审美对象下定义呢？杜弗莱纳明确提出，现象学美学的途径是"要通过艺术作品来界定对象自身"[2]，也就是说"从艺术作品出发给审美对象下定义"[3]。这样做的好处是："由于谁也不怀疑艺术作品的存在和完美作品的真实无

---

[1] ［法］M.杜弗莱纳：《审美经验现象学》，韩树站译，文化艺术出版社1996年版，第7页。
[2] ［法］M.杜弗莱纳：《审美经验现象学》，韩树站译，文化艺术出版社1996年版，第7页。
[3] ［法］M.杜弗莱纳：《审美经验现象学》，韩树站译，文化艺术出版社1996年版，第7页。

第十章 现象学审美经验理论述评

伪,因之根据作品如来给审美对象下定义,审美对象就很容易确定了。"[①] 只要我们把艺术作品作为世界上存在物加以研究,就找到了审美对象存在的基础。

尽管现象学美学家主张从艺术作品出发去界定审美对象,但他们反复强调的是审美对象和艺术作品之间的区别。不管是英伽登还是杜弗莱纳,都把区分审美对象和艺术作品作为进一步界定审美对象的关键问题。英伽登虽然承认艺术作品是界定审美对象的基础,但是他又强调审美对象只能在观赏者的审美经验中才能形成,所以离不开主体的审美感知和审美态度。他说:"艺术作品可能被人感知的方式有两种:感知的行为可以发生在寻求审美经验时审美态度的关联中,也可以进入某种超审美的全神贯注中,在沉入科学研究或某种单纯消费者的关系中。"[②] 只有当对艺术作品的感知发生在审美态度、审美经验之中时,艺术作品才能作为审美对象呈现在观赏者的审美活动之中。杜弗莱纳也作了类似的论述,他说:"审美对象是审美地被知觉的客体,亦即作为审美物被知觉的客体。"[③] 但是,艺术作品作为一种存在物,可能被这样一种知觉所把握,这种知觉或者忽视其审美特质,例如观看演出时心不在焉;或者想要理解和解释它而不是感受它,例如艺术批评家所可能做的那样。在这样非审美地被感知时,艺术作品还不能成为审美对象。只有当艺术作品被审美地感知时,艺术作品才能实现它的审美特质,成为审美对象。"审美对象乃是作为艺术作品被感知的艺术作品,这个艺术作品获得了它所要求的和应得的、在欣赏者顺从的意识中完成的知觉。"[④] 总之,审美物件是被审美地感知的艺术作品。"审美对象和艺术作品的区别是:要有审美对象的显现,必须在艺术作品之上加上审美知觉。"[⑤]

前面说过,杜弗莱纳主张以艺术作品为基础来界定审美对象,但是,在说明了审美对象和艺术作品的区别之后,他又提出审美对象只能依凭审

---

① [法] M. 杜弗莱纳:《审美经验现象学》,韩树站译,文化艺术出版社1996年版,第7页。
② [波] R. 英伽登:《艺术价值和审美价值》,载《英伽登美学文选》,华盛顿,1985年,第92页。
③ [法] M. 杜弗莱纳:《审美经验现象学》,韩树站译,文化艺术出版社1996年版,第8页。
④ [法] M. 杜弗莱纳:《审美经验现象学》,韩树站译,文化艺术出版社1996年版,第8页。
⑤ [法] M. 杜弗莱纳:《审美经验现象学》,韩树站译,文化艺术出版社1996年版,第22页。

美经验才能界定自己,"审美知觉是审美对象的基础"①,从而强调审美对象和审美知觉是互相关联、不可分割的,"审美对象只有在审美知觉中才能完成"②。例如博物馆中展出的美术作品,如果没有被参观者进行审美的感知,那么,这些作品便不是作为审美对象而存在;如果它们只是被修养不高的人漫不经心地打量一下,那么,这些作品在这个人面前也没有作为审美对象而存在。

既然审美对象只有在审美知觉中才能实现和完成,那么,审美知觉究竟具有什么特点,并且又如何制约着审美对象呢?这是杜弗莱纳在论述审美对象和审美知觉的关联时所探讨的一个重要问题。杜弗莱纳指出:"审美知觉是极端性的知觉,是那种只愿意作为知觉的知觉,它既不受想象力的诱惑,也不受理解力的诱惑。……审美知觉寻求的是属于对象的真理、在感性中被直接给予的真理。"③ 在审美知觉中,主体既不是围绕着眼前的对象胡思乱想,也不是将眼前的对象纳入概念的确定性以便掌握它,而是全神贯注地、毫无保留地专心于对象的突出表现。这时对主体而言,唯一存在的世界既不是围绕对象的也不是形象后面的世界,而是属于审美对象的世界。如果知觉以这种方式对待对象,知觉在感性中就会给予对象一种自然存在的内在必然性,一种赋予对象以活力的意义,一种内在的感性的意义。而"审美对象不是别的,只是灿烂的感性。规定审美对象的那种方式就表现了感性的圆满性与必然性,同时感性自身带有赋予它以活力的意义"④。在杜弗莱纳看来,这种感性的圆满性与必然性,这种感性自身蕴含的意义,也就是构成审美对象的一些根本性质。在回答"美到底是什么"的问题时,杜弗莱纳也曾指出:"美是感性的完善,它以某种必然性的面目出现","美是某种完全蕴含在感性之中的意义,没有它,对象将毫无意义"⑤。如果我们记得杜弗莱纳在《审美经验现象学》中曾作的"我们不去界定美,而只考察什么是对象"的声明,那么,他在这里对美是什么所做的回答,实际上就是对审美对象的根本性质做出的一种界定。

---

① [法] M. 杜弗莱纳:《审美经验现象学》,韩树站译,文化艺术出版社 1996 年版,第 8 页。
② [法] M. 杜弗莱纳:《美学与哲学》,孙非译,中国社会科学出版社 1985 年版,第 67 页。
③ [法] M. 杜弗莱纳:《美学与哲学》,孙非译,中国社会科学出版社 1985 年版,第 53 页。
④ [法] M. 杜弗莱纳:《美学与哲学》,孙非译,中国社会科学出版社 1985 年版,第 54 页。
⑤ [法] M. 杜弗莱纳:《美学与哲学》,孙非译,中国社会科学出版社 1985 年版,第 20 页。

第十章 现象学审美经验理论述评

结合审美对象和审美知觉的关联，杜弗莱纳还论述了审美对象和审美要素（the sensuous element）之间的关系。"审美要素"这个术语，是杜弗莱纳在考察艺术作品如何向审美对象转化中所提出的一个关键性的术语。它所指的是艺术作品的材料被审美地感知时所变成的某种东西。杜弗莱纳指出，每一种艺术作品都有特定的物质（materials）作基础，例如颜料、石头、声音等。作品的物质共同构成作品的材料（matter），正是依靠这种基础，作品才能保存下来。但是，我们在审美地感知作品时，所关心的并不是这个材料本身，我们与之打交道的也不是原来的材料，而是"审美要素"。如果说艺术作品是由在物质基础上形成的材料构成的，那么，审美对象则可以说是由"审美要素"构成的，确切地说，审美对象是由审美要素扩大和发展而成的，审美对象是"审美要素的高度发展"[1]和"审美要素的灿烂光辉"[2]。从这个意义上说，审美对象可以被界定为"审美要素的组合"[3]。审美要素对于艺术作品转化为审美对象来说，是不可或缺的东西。"艺术作品只有通过呈现为审美要素才能存在。审美要素的呈现使我们可以把艺术作品理解为审美对象。"[4]当然，审美要素也不是审美对象的唯一构成因素。审美对象还有另一种关键性的构成因素，即意义，但审美对象包含的意义既不是非存在性的，也不是超验性的，它是审美要素固有的东西，是审美要素真正的结构。审美对象的所有意义都是在审美要素中给定的。因此，审美要素仍是构成审美对象的必要的基础。

杜弗莱纳和英伽登对审美对象所做的分析和界定，无疑是相当独特的。"审美对象"这个概念虽然在西方美学理论中早已有之，但不同的美学家对它的理解和解释并不完全一致，在当代西方影响甚大的"审美态度"理论中，审美对象简单地被理解为审美态度的衍生物，这种理论认为存在着一种特殊的审美态度——主体的某种精神状态，任何对象，无论它是人工制品还是自然对象，只要主体对它采取一种审美态度，它就能变成一个审美对象。总之，审美对象是由审美态度决定的。世界上并不存在一种固定不变的审美对象，审美对象与非审美对象也没有严格区别，一切要

---

[1] ［法］M. 杜弗莱纳：《审美经验现象学》，韩树站译，文化艺术出版社1996年版，第610页。
[2] ［法］M. 杜弗莱纳：《审美经验现象学》，韩树站译，文化艺术出版社1996年版，第610页。
[3] ［法］M. 杜弗莱纳：《审美经验现象学》，韩树站译，文化艺术出版社1996年版，第610页。
[4] ［法］M. 杜弗莱纳：《审美经验现象学》，韩树站译，文化艺术出版社1996年版，第610页。

以审美主体的态度为转移。如果我们将现象学美学家对审美对象的界定和上述理论加以比较，就会看出它们之间的差别。现象学美学家不但将审美对象严格限制在艺术作品的范围内，而且明确提出艺术作品是审美对象形成的基础。虽然艺术作品必须经过审美感知才能变为审美对象，但是审美感知或审美态度却不是构成审美对象的唯一条件。对于现象学美学家来说，与其说审美对象是由审美感知或审美态度决定的，不如说它是由作为客体的艺术作品和作为主体的审美知觉共同创造的。正是从这里出发，现象学美学把审美对象和艺术作品看成是既互相联系又互相区别的东西，从而赋予了审美对象以严格的定义。现象学美学对审美对象与艺术作品、审美对象与审美知觉、审美对象与审美要素相互关联的阐述，形成了一套逻辑严密、自成一体的审美对象的学说，它较之以前的有关审美对象的论述，不但理论上更为完备，而且在内容上也更为丰富。由于具体论述中较多地注意到审美欣赏的实际，所以，其中也不乏合理的见解。如认为审美对象"是在感性的高峰实现感性与意义的一致，并因此引起感性与理解力的自由协调的对象"①，就是一种较为深刻并富于启发性的见解。但是，也由于现象学理论和方法上的固有的弊病，免不了使现象学美学家在对审美对象进行界定时常显得自相矛盾，如杜弗莱纳一方面声称界定审美对象不能从属于审美经验；另一方面又说审美对象只能依凭审美经验才能界定自己。虽然杜弗莱纳首先强调要通过艺术作品界定审美对象，反对将审美对象从属于审美知觉，可是，他又强调"审美知觉是审美对象的基础"，"审美对象只有通过审美知觉才能实现"，也就是承认仍然要由审美知觉去界定审美对象。这里，同样存在着由于意识和对象的往复循环所造成的理论困难。

第三节 审美价值与审美经验

现象学美学不但对审美经验和审美对象以及两者的关系问题作了创造性的研究，而且对审美价值及其与审美经验的关系问题也提出了独特的看

---

① ［法］M. 杜弗莱纳：《美学与哲学》，韩树站译，中国社会科学出版社1985年版，第24—25页。

第十章　现象学审美经验理论述评

法。现象学美学的奠基人莫里茨·盖格尔认为"美学是关于审美价值的科学"①。审美价值或艺术价值应成为美学研究的特殊领域。他的美学研究重点之一就是关于审美价值的形成、特点以及它与人类生存的关系。他指出，只有一个事物对于主体来说具有意味和意义，它才是有价值的。艺术作品的审美价值只有通过主体的审美判断在直接体验和分析中才能领会和理解到。他说："审美价值是某种独一无二的东西，人们应该在每一个艺术作品中都重新实现它；它是一种个别价值，因此，人们只有通过直接体验才能接近它。"② 每一个关于审美价值的论断都必须得到一个使人们获得快乐的事实的证明，人们只有通过他们自己体验到的快乐才能领会审美价值；但是，他们对于快乐所持的态度却可以是有依据、有正当的存在理由的。这样，人们对快乐所持的态度就脱离了主观体验的领域，进入自认为具有客观性的领域中去了。人们可以通过指出存在于艺术作品之中的价值成分来为审美快乐辩护，正是这种价值成分为审美快乐提供了依据。审美判断因而是关于这个客观对象的特性的判断，它意味着这个艺术作品本身含有各种价值。

盖格尔认为，人们可以通过审美经验来感受和分析艺术作品的审美价值。这种分析的全部过程都必须在直接的领域中进行，它可能有两个阶段。第一个阶段是人们对价值的潜在领会过程。这是由"被体验的东西"构成的平面，不存在对于艺术作品中使我感到快乐的那种东西的确切的逻辑方面的理解。一般的审美享受就是在这个平面上产生出来的。第二个阶段是分析、揭示、感受这些特殊价值的过程，因为艺术作品作为一个整体就是建立在这些特殊价值基础之上的。分析需要进行长期的训练，它来自直接体验，同时又回到直接体验。分析有助于体验的不断深化，从而造成人们对一种新的综合统一体的体验。即使最透彻的分析也无法确定艺术作品的这种整体价值实际上是否表现出来了——人们只能体验这一分析仅说明了这种价值倾向。因此，审美判断完全可以拥有各种根据，却不具有证据。

盖格尔对构成艺术作品的审美价值的具体内容进行了深入独到的分

---

① [德] 莫里茨·盖格尔：《艺术的意味》，艾彦译，华夏出版社1999年版，第36页。
② [德] 莫里茨·盖格尔：《艺术的意味》，艾彦译，华夏出版社1999年版，第122页。

析，他根据各种审美价值和艺术价值的价值内容，将它们分成"形式价值""模仿价值"和"积极内容价值"三组，分别作了详细分析。他认为艺术作品的形式价值来自艺术中的和谐律动。"这种和谐律动就存在于这种赋予事物次序和连接方式的功能之中——这就是它最原始的审美意味。"① 模仿价值在于意象对本质的表现。对本质的表现具有双重意味："首先，它具有一种与和谐律动原理所具有的意味相似的意味，这是一个形式的侧面；其次，它还具有一个与艺术作品的内容相联系的侧面，这种意味与意向原理所具有的意味处在同一平面上。"② 积极内容价值是指艺术中超越了那些可以感知的东西的至关重要的生命成分和精神成分。这种精神成分，既是指隐含于艺术作品所表现的客观对象之中的精神内容，也是指通过表现方式所表现的艺术家的艺术观念所具有的精神内容。"审美的东西并不纯粹是形式，而且也是由存在于它的最深刻的本质之中的至关重要的生命内容和精神内容构成的。"③ 这些见解都是较为深刻的。

虽然艺术作品具有各种审美价值的价值内容和成分，但是，盖格尔却进一步指出，这些价值内容和成分的深层效果，必须通过主体的审美感知和经验才能实现。审美客体必须获得主观意味，并且影响自我的存在，它必须得到主体的体验。"把审美感知理解成为一种手段，客观对象借助于这种手段就可以实现它对于主体来说所具有的存在意味——这时我们看到了所有美学中最意味深长的一点：所有各种性质大相径庭的价值都在这个简单的点上汇聚到一起来了。"④ 通过审美经验，审美主客体统一起来，对象的审美价值才能得到实现。这种从审美主客体关系来理解审美价值的生成的看法，是颇具启发性的。

英伽登在其一系列现象学美学代表作中，也对审美价值的构成、特性及其与审美经验的关系问题作了独特的分析和论述。他着重研究了审美价值和艺术价值、审美对象和艺术作品的联系和区别。在他看来，艺术作品的艺术价值不是外在于作品自身的、由观赏者的愉快决定的主观的东西。"它不是在我们与艺术作品交流时我们的经验性体验或精神状态的一部分

---

① [德] 莫里茨·盖格尔：《艺术的意味》，艾彦译，华夏出版社1999年版，第146页。
② [德] 莫里茨·盖格尔：《艺术的意味》，艾彦译，华夏出版社1999年版，第162页。
③ [德] 莫里茨·盖格尔：《艺术的意味》，艾彦译，华夏出版社1999年版，第169页。
④ [德] 莫里茨·盖格尔：《艺术的意味》，艾彦译，华夏出版社1999年版，第153页。

或一方面，因而不属于愉快或欢乐的范畴"，"它把自己显现为作品本身的一种确定的特征"，"当它存在的种种必需条件都以作品自身的特性呈现时，它才存在"。① 艺术价值是艺术作品本身不可缺少的东西，它出现在诸有价值的属性的明确的集合体基础上，是在给定的范围里对象具有的诸价值属性的特殊集合体的结果。

在《文学的艺术作品》中，英伽登指出，文学作品是一种由几个不同质的层次组成的构造，这些层次主要包括语音构造、意义单元、观相系列、再现的客体及其各种变化等。其中，意义层次作为中心层次，为整个作品提供了结构框架。每一个层次都有一组本身特有的属性，起着形成特殊的审美价值属性的作用，这样就产生了一簇审美价值属性，由此构成整个作品中的复调的然而又是一致的价值属性。由多重审美价值属性构成的复调和声产生全新的格式塔属性，形成一个新的纽带，把作品中的各别层次连结为一个整体。这个具有审美价值的整体才是文学艺术作品，也才是我们审美经验的对象。

尽管英伽登一再肯定艺术作品本身具有审美价值属性，但是他又明确指出，审美价值和艺术价值是存在区别的。他说："'艺术价值'——如果我们终究要承认它存在的话——是在艺术作品自身内呈现的、在那儿并有它存在基础的某种东西。'审美价值'是某种仅仅在审美对象内、在决定对象整体性质的特定时刻才显现自身的东西。"② 要了解审美价值和艺术价值的区别，首先要回到我们在前面提到的审美对象和艺术作品的联系和区别上来。英伽登一方面指出艺术作品是界定审美对象的基础；另一方面又强调审美对象只能在观赏者的审美经验中才能形成。艺术作品是一种图式性的创作，包含着许多不确定的领域，它需要观赏者通过对作品的"具体化"和"重建"，去充实作品的图式结构，丰富不确定领域，使处在潜在状态的要素得以实现。如果对于作品的具体化发生在观赏者的审美态度内，艺术作品就会成为观赏者的审美对象，并对观赏者产生审美价值。要设立一个审美对象，观赏者的共同创造活动是必要的。由于观赏者的创造

---

① ［波］R. 英伽登：《艺术的和审美的价值》，载蒋孔阳主编《二十世纪西方美学名著选》（下），复旦大学出版社1988年版，第277页。

② ［波］R. 英伽登：《艺术的和审美的价值》，载蒋孔阳主编《二十世纪西方美学名著选》（下），复旦大学出版社1988年版，第278页。

活动不同，在同一个艺术作品基础上可能有几个审美对象，这些对象审美价值上可能是不同的。因此，英伽登说："大量审美上有价值的属性是在已构成的审美对象中显现出来的。……它们具体地呈现给经验。为了审美上有价值的属性得以成立，必须获得一种审美体验，因为唯有在这种体验中，这些特质才逐步实现的。"① 综上所述，英伽登一方面肯定艺术作品的艺术价值存在于自身，构成审美价值形成的基础；另一方面又强调审美价值不能脱离审美经验，唯有在审美经验中，艺术作品的审美价值才能实现。这种看法无疑是全面的、合理的。

第四节　意向性与审美主客体关系

审美对象和审美知觉的互相关系问题，是贯穿在现象学的审美经验理论中的一个核心问题。杜弗莱纳说："在连结它们的审美经验里面，可以区分对象和知觉。"② 这就是说，只要抓住了审美对象和审美知觉以及二者之间的相互关系来考察，审美经验的问题就可以迎刃而解，而所谓审美对象和审美知觉的关系问题，也就是美学中长期存在争论的审美中客体和主体的关系问题。

在解决审美中主体和客体的关系问题上，现象学美学家所根据的理论主要是胡塞尔的意向性的概念和原理。所谓意向性，就是指意识活动总是指向某个对象，不存在赤裸裸的意识，不存在把自身封闭起来的意识，意识总是对某种东西的意识。"认识体验具有一种意向（intention），这属于认识体验的本质，它们意指某物，它们以这种或那种方式与对象发生关系。"③ 按照胡塞尔的理解，朝向对象是意识的根本特性，因此，意向性代表着意识的最普遍结构。不过，由于胡塞尔在《逻辑研究》和《纯粹现象学通论》中哲学观点和立场有较大变化，所以，他的意向性理论也经历了一个发展过程。在《逻辑研究》中，胡塞尔主张意向行为是通过意向内容

---

① ［波］R. 英伽登：《艺术的和审美的价值》，载蒋孔阳主编《二十世纪西方美学名著选》（下），复旦大学出版社1988年版，第278页。
② ［法］M. 杜弗莱纳：《审美经验现象学》，韩树站译，文化艺术出版社1996年版，第5页。
③ ［德］埃德蒙德·胡塞尔：《现象学的观念》，倪梁康译，上海译文出版社1986年版，第48页。

（意义）指向对象的，对象外在于意识活动；而在《纯粹现象学通论》中，意义和对象已经合为一体，共同组成意向对象，对象成为意识的一部分。意识活动是由意向行为和意向对象构成的，所谓意向性理论就是研究意识如何通过意向行为而构成意识对象的。胡塞尔认为，传统的日常的观点总是把主体与客体相分离，意识的意向性结构则克服了这种分离。因为照他的看法，意识不能没有对象，离开了对象，意识就没有意义；同时对象也不能没有意识，离开了意识，对象也不具有什么意义。胡塞尔把意向性的概念置于哲学思考的中心，通过这一概念，他重新提出了主客观关系这一老问题，论证了主体和客体、意识和意识的对象是相互关联而不可分割的。

杜弗莱纳认为，意向性的概念所表明的主体与客体的特殊相关性，即主体与客体的姻亲关系，在审美经验中可以得到最充分的说明。一方面，审美对象必须通过审美知觉才能实现；另一方面，审美知觉也必须在指向审美对象中才能存在。所以，在审美经验中，达到了主体与客体、意识活动与意识对象的辩证统一。在《审美经验现象学》中，杜弗莱纳自始至终不断提出的一个问题就是，审美对象和知觉主体怎样共同形成审美经验？他指出：作为审美对象的构成成分和审美知觉的指向对象的审美要素，是知觉主体和审美对象共有的某种东西。审美要素"是知觉者与知觉物的共同活动"①，它表明主体和客体、意识和对象在审美中具有同一性。审美要素作为中介物（tertium quid），联结着两种主要的审美深度——被表现世界（审美对象）的深度和这一世界的观察者（审美主体）的深度，两种深度都涉及情感。按照杜弗莱纳对审美知觉过程的分析，"审美知觉的真正顶点存在于情感之中"②。"人这一主体正是通过情感，也仅仅通过情感，才呈现于审美对象。"③ 情感体现了两种审美深度的相互作用，所以通过情感这种手段，知觉主体和审美对象便达到了谐调一致。"情感不仅是审美知觉的顶点而且是它的节点，主体和对象在节点上结成审美经验，从而实现主体与对象的特有谐调。"④

根据胡塞尔的意向性概念和原理，意识不仅总是指向对象，而且具有

---

① ［法］M. 杜弗莱纳：《审美经验现象学》，韩树站译，文化艺术出版社1996年版，第4页。
② ［法］M. 杜弗莱纳：《审美经验现象学》，韩树站译，文化艺术出版社1996年版，第615页。
③ ［法］M. 杜弗莱纳：《审美经验现象学》，韩树站译，文化艺术出版社1996年版，第615页。
④ ［法］M. 杜弗莱纳：《审美经验现象学》，韩树站译，文化艺术出版社1996年版，第616页。

"构造"对象的能动作用。胡塞尔提出,意识和对象、世界之间的关系是"构成"的过程,意识并不是消极地接受某物的印象,而是积极能动地将这些印象综合为一个统一的经验,意识的这种积极能动的活动就是所谓"构造"。现象学美学家在运用胡塞尔这个观点分析审美经验时,十分强调审美主体在构成审美对象、形成审美经验中的能动作用。英伽登指出,不管是在艺术作品的创造中,还是在艺术作品的观赏中,审美经验都不仅存在被动性和接受性的阶段,而且具有主动性、创造性的阶段,在艺术作品的欣赏中,观赏者并不是以完全被动的或接受的方式行事,仅仅倾心于作品本身的接受和欣赏,而是具有积极性、创造性。"只要当已被理解的和再构造的艺术作品刺激欣赏者从观照阶段过渡到审美经验阶段,在这种审美经验中理解的主体超越艺术作品本身的图式并以创造的方式完成它,这时,欣赏者就从他经验开始的接受阶段转移到创造的阶段。"① 审美经验中的欣赏主体的创造性,不仅表现为猜测艺术作品中的某些不确定领域由什么样的审美意味属性来补充,而且还表现为直观想象审美意味的谐合是如何形成的。已经创作出来的艺术作品作为具有某种潜在因素的图式的实体,必须通过欣赏者的创造性活动,才能在"凝固化"中使其潜在因素变为现实,并赋予其审美意味属性,显示其审美价值。英伽登把经过观赏者的创造活动,以充实作品的图式结构,丰富作品的不确定领域,使作品的潜在的因素得到实现的过程,称为艺术作品的"具体化"和"重建"。他强调,只有经过观赏者在审美经验中对艺术作品的"具体化"和"重建",艺术作品的审美价值属性才能得到充分实现和直接显示,艺术作品才能成为审美对象。"审美对象并不是具体化本身,而恰好是文学艺术作品在具体化中得到表现时所完成的充分体现。"② "文学艺术作品只有在它通过具体化而被表现出来时才构成审美对象。"③ 由此可知,审美对象的创造不可能脱离作为审美主体的欣赏者的能动的活动。

现象学美学在分析审美经验时,将审美主体和审美客体结合起来进行研究,强调审美中主客体之间的互相关联和互相作用,强调审美主体的能

---

① 《英伽登美学文选》,华盛顿,1985年,第31—32页。
② [波] R. 英伽登:《文学的艺术作品》,伊文斯顿,1973年,第372页。
③ [波] R. 英伽登:《文学的艺术作品》,伊文斯顿,1973年,第372页。

动性、创造性，这些看法和以往美学研究强调主客分离和对立的观点及方法有着明显的不同，其中包含着一些有价值并富有启发性的论点。对于那种将审美对象简单地看作引起审美经验的刺激物，或者将审美知觉简单地看作对审美对象的接受的观点来说，现象学美学对审美中主客体关系的新见解，无疑是提出了一种严重的挑战。但是，现象学美学对审美主客体关系的理解和分析，并不是建立在一种正确的哲学基础之上的，因为现象学的理论和方法是以意识的存在、意识的活动为基础、为前提的。现象学所研究的"现象"是一种呈现在人的意识中的东西，所谓返回到"现象"也就是返回到意识领域，把一切东西都化为意识现象，从意识领域寻找世界的根本。正如联邦德国哲学家施太格缪勒所说："由现象学的还原所造成的在思想上'消除世界'之后所残存的东西，就是纯粹自我或纯粹意识的绝对领域。"[①] 胡塞尔的意向性概念是和所谓先验的概念相关联的，他认为意识构造对象的活动是"先验的"，先验的"构造"是意识的一种形式的能力、规范的能力，是一切经验得以成立、具有意义的必要的前提条件。由于意识的这种活动、这种"构造"是先验的，所以胡塞尔又把它称为"先验的意识"。尽管杜弗莱纳为胡塞尔的先验概念辩解，说它既反对自然主义，又反对唯心主义，可是，胡塞尔关于先验的意识、先验的构造的理论与康德的先验唯心主义却是一脉相承的，它的基本立场是主张世界是由人的意识活动"构造的"，也就是意识"构造"对象、主观创造客观。杜弗莱纳和英伽登对于审美中主、客体关系的基本观点和这一基本立场是一致的。他们不仅强调审美对象是由审美经验、审美知觉所"构造"的，而且也肯定审美主体和对象的谐调和统一是在先验的意识、先验的构造中实现的，这就使现象学美学关于审美主体和审美客体的论述，仍然无法摆脱以审美意识作为出发点去规定审美客体并达到主客体统一的唯心主义美学的旧路数。它和建立在辩证唯物主义的能动的反映论的哲学基础之上的科学的审美主客体辩证统一的理论，当然是不可同日而语的。

---

① ［德］施太格缪勒：《当代哲学主流》（上卷），王炳文等译，商务印书馆1986年版，第109页。

第十一章　当代西方审美知觉理论辨析

参见《彭立勋美学文集》（第一卷）《审美经验论》第五章"审美知觉理论"。

第一节　审美知觉的特殊方式问题

第二节　审美知觉的心理构成模式

如果说奥尔德里奇主要是从哲学上提出了一种关于审美知觉特性的新主张，那么，冈布里奇的名著《艺术与幻觉》则主要是结合视觉艺术的创作和欣赏的实际经验，用艺术史和艺术作品的大量例证分析，深入探讨了审美知觉的心理机制和特性问题。其著作的副标题是"绘画再现的心理研究"，说明要探讨的主要是视觉再现艺术中审美知觉的心理问题。传统看法将"视"和"知"区别和对立起来，导致有的美术家提出画家要恢复"天真的眼睛"、再现"视网膜的印象"的主张。冈布里奇认为这种主张不符合视觉心理学和再现艺术创作的实际。他认为，不存在单纯"视"的感觉，"视"是由"知"影响和制约的。这种"知"对"视"的作用，在视觉再现艺术的创作中，就是画家头脑中的预成图式对于观察、选择视觉对象并形成绘画的视觉形象的作用。所谓"预成图式"（schema）就是画家经过观赏、学习、经验而在大脑中积淀保留下来的一种形象观念记忆的模式。他说："没有一些起点，没有一些初始的预成模式，我们就永远不能把握不断变动的经验，没有范型便不能整理我们的印象。"[①] 摹仿和再现不

---

① ［英］冈布里奇：《艺术与幻觉》，周彦译，湖南人民出版社1987年版，第83页。

第十一章　当代西方审美知觉理论辨析

是视觉世界的忠实记录，而是一个相关模型的忠实建构，是"预成图式和修正"的漫长道路上的最终产品。"摹仿是通过预成图式和修正的节律进行的。预成图式不是一个'抽象'过程的产物，也不是一个简化取向的产物，它代表了近似的、松散的初始范型，这种范型逐渐精确化以适合于打算再现的形式。"① 由此，冈布里奇提出了"预成图式与修正"的公式，并将它作为视觉艺术再现中审美知觉的心理构成模式。

冈布里奇通过大量艺术实例表明，艺术源出于艺术家对现实世界的反映而不是视觉世界本身，艺术家为了用形象描绘视觉世界，需要一个发达的预成图式系统。他把这种预成图式称为艺术家摹写现实的"语汇表"，它在画家对视觉世界的观察、选择、再现中起着过滤器和心理定向的作用。为说明这一观点，冈布里奇将受过中国文人画传统熏陶的一位画家画的英国湖畔地区风景的作品，和英国浪漫主义时期一位画家所画的同一地区风景的作品进行比较，从中可以看到比较刻板的中国传统的语汇表是如何作为一个选择性的过滤器起作用的，这个过滤器只允许图式中存在的特征进入画家的视野。"画家只是被那些能用它的语言表现的母题所吸引，当他扫视风景时，那些能够成功地和他所学会运用的预成图式相匹配的景象会跳入他的注意中心，样式像媒介一样，创造一种心理定向——它使艺术家去寻找周围风景中那些他所能表现的方面，画画是一种主动的活动，因此艺术家倾向于去看他所画的东西而不是画他所看见的东西。"② 预成图式作为一种再现基础的将会通过最终精心完成的作品继续显示出来。

强调预成图式对艺术再现中审美知觉的制约作用，会不会导致重复和因袭呢？冈布里奇认为图式在知觉和再现中发挥作用的过程，是根据现实的视觉刺激对于预成模式不断进行调整、匹配、排错、修正的过程，因而也是一个不断探索和创新的过程。预成图式作为画家再现记忆形象的一根支柱在创作中逐渐得到修正，使之与画家想表现的东西相一致，通过制作、匹配、再制作，直到作品不再是第二手的程式，而反映出艺术家所希望把握的独特的和不可重复的经验。冈布里奇举英国著名画家康斯太勃尔为例，指出他认真临摹过18世纪风景画家柯岑斯教学生画各种典型的天空

---

① ［英］冈布里奇：《艺术与幻觉》，周彦译，湖南人民出版社1987年版，第70页。
② ［英］冈布里奇：《艺术与幻觉》，周彦译，湖南人民出版社1987年版，第80页。

云的景色的画,这是一系列可能性和图式。他将这些预成图式运用于对现象的探索性研究,而且在认知范围外表现并修正了这些图式,结果,"在描绘云这方面没有谁比康斯太勃尔画得更真实"①。

卡尔·波普尔的证伪主义认为,科学研究就是提出试验性的假说,对照观察不断检验和修正假说,排除证明不能成立的假说,分离出站得住脚的假说,这种观点使冈布里奇受到启发。在冈布里奇看来,"图式与修正"的再现知觉过程,也就是排出错误猜测不断进行校正的过程。他说:"真实的知觉过程是以和我们所发现的支配再现过程的'图式与修正'相同节律为基础的,这个节律以我们在进行猜测、按照经验对猜测进行修正时的经常性活力为前提。这种检验在某处遇到障碍,就会放弃这个猜测,再次进行尝试。"②"预成图式与修正"公式就是阐明这个真实的过程,它说明再现的知觉在根本上可以看作对一种预觉的检验和修正。在预成图式制约下形成知觉期待和预觉,再根据视觉世界中与图式相对等的刺激,对期待和预觉不断进行修正,直到初步肯定、证实这种预觉和期待,达到与对象外貌的对等、匹配,这是一个制作、匹配、再制作的过程。

冈布里奇对视觉再现中知觉的研究,既涉及视觉艺术的形象制作过程,也涉及作品形象的释读过程。艺术家将视觉世界再现为艺术形象,需要调动看过的图画的记忆和经验,通过试验性地将它们投射到一个有框架的景观上来再次检验母题;观赏者释读艺术家的画,也要调动对视觉世界的记忆和经验,通过试验性的投射检验他的形象。这就是冈布里奇所说的在形象释读中"观者的分担",这里涉及视觉再现艺术中幻觉的形成机制问题。通过对一些心理实验的分析,冈布里奇认为艺术幻觉的产生是与知觉的投射功能相联系的。在人们释读某些随机的、模糊的、不确定的形状时,知觉能从中认知出储存在头脑中的事物或形象并使之具象化,这就是知觉的"形象投射"功能。在释读形象中,观者必须调动他对视觉世界的记忆,将其投射到他眼前画布上笔触和色块的组合上去。"正是在这里,指导性投射的原则达到了顶点。可以说,形象并没有实在地附着于画布,

---

① [英]冈布里奇:《艺术与幻觉》,周彦译,湖南人民出版社1987年版,第170页。
② [英]冈布里奇:《艺术与幻觉》,周彦译,湖南人民出版社1987年版,第298页。

而只是在我们头脑中'制造了幻觉'。"① 艺术家制作的形象,就是要给观者提供一个知觉投射的"屏幕",通过画面上空白的或不确定的区域,充分激发观赏者投射的想象力,把观赏者纳入创造的魔圈中,让他经验某些"制作"的悸动,在形象投射中享受到愉悦。

冈布里奇提出的审美知觉的"预成图式与修正"的心理构成模式,是以大量艺术实践经验和实际例证作为根据的,具有一定的说服力。同时,它和瑞士心理学家皮亚杰提出的认知具有同化和顺应两种功能的理论也是不谋而合的。同化是主体把外界刺激整合于主体已形成的认知图式,顺应是指原有图式受到不易同化的刺激的影响而发生改变,形成新图式。同化或顺应之间的调节或平衡化的实现,就是认识上的适应。审美知觉的"预成图式与修正"心理过程,实际上也就是一种同化和顺应互相调节的过程。不过,冈布里奇并没有对预成图式的形成做出科学的解释,从而也就为他的理论留下了缺憾。

第三节 审美知觉整体性与格式塔心理学

第四节 审美知觉表现性与"异质同构"说

---

① [英]冈布里奇:《艺术与幻觉》,周彦译,湖南人民出版社1987年版,第188页。

第三篇 审美学现代建构的中国资源

第十二章 中西审美心理学思想比较

建设中国特色的现代审美心理学，需要大力推进中国传统审美心理学思想的体系建构和现代转型。而要实现中国传统审美心理学思想的现代转型，必须做好两方面的工作：一是要全面、深入地研究中国传统审美心理学思想的特点、优长和不足；二是要在保持本有特点和优长的基础上，积极吸纳西方审美心理学的长处，并用现代科学方法加以整合，从而使中国传统审美心理学思想得到科学化、系统化。这两方面的工作都要以对中西审美心理学思想各自特点和优长的深入认识和比较研究为基础。

第一节 中西审美心理学思想的理论形态差异

中西审美心理学思想是建基于中西两种具有不同背景和特色的文化的基础之上的。中西文化思想存在很大差别，而最根本的差别在于思维方式的不同。思维方式的不同可以从不同方面来看，比较明显的一点就是西方的思维方式重科学、重分析、重思辨，而中国的思维方式则重体悟、重直觉、重经验。王国维说："我国人之特质，实际的也，通俗的也。西洋人之特质，思辨的也，科学的也。"[①] 唐君毅认为，中西文化所重视之文化领域不同，西方文化中心在宗教与科学，中国文化中心在道德与艺术。科学与艺术，实际代表两种不同的思维方式。科学的思维方式是抽象的、分析的，艺术的思维方式是具象的、体验的。在这两种不同思维方式影响下，中西审美心理学思想在理论形态上具有明显差异。

---

① 于春松、孟颜弘编：《王国维学术经典集》（上），江西人民出版社1997年版，第101页。

第十二章 中西审美心理学思想比较

西方审美心理学思想在理论形态上的突出特点是概念、范畴含义明确，定义科学，逻辑论证充分，且多形成理论体系，这正是理论的、思辨的思维方式的产物。西方美学对美、审美和艺术的研究始于古希腊，柏拉图的美在理念说和亚里士多德的艺术模仿说成为西方美学包括审美心理学发展的两大支柱。围绕这两大学说形成的一系列审美概念、范畴，诸如"美本身""理念""迷狂""快感""模仿""真实""悲剧""净化"等，其内涵和外延都较严格，多用定义表述，分析论证充分，因而容易为人理解。其后产生的各种审美心理学说，如观照说、内在感官说、趣味说、同情说、移情说、心理距离说、无意识说、直觉说、快乐说、异形同构说等等，都以严格、科学的概念、范畴为基础，经过概念、判断、推理的逻辑论证，形成系统理论。尤其是康德对"鉴赏判断"的分析，堪称用理论思辨方法分析审美心理状态和主观能力的典范。在《审美判断力》中，康德根据哲学认识论中知性四项范畴（即量、质、关系、模态）来考察和分析鉴赏判断的特质，用一系列概念、判断、推理和充分论证，全面阐明了审美意识及心理的特征和规律。

与上述情况相比，中国传统审美心理学思想在理论形态上表现为另一种特点。中国传统美学包括审美心理学中的概念、范畴大都不像西方那样具有明确、科学的定义，缺乏严格的内涵和外延，其含义具有相当的含混性和多义性。由于对概念、范畴缺少深入的分析和充分的论证，也难于形成完整的理论体系，这恰恰是直觉的、体悟的、体验的思维方式的产物。老子说："道可道，非常道；名可名，非常名。"[①] 就是说，"道""名"这种范畴是不可用言语表达和说明的，只能靠体悟去心领神会。这样的范畴当然不可能用言语来定义，而是只可意会，不可言传。这种思维方式决定了中国传统美学和审美心理思想的特殊形态，使其不能达到西方那种理性思辨的程度。大致说来，在传统审美心理学思想中，有些概念、范畴的语言表达在含义上是明确、清晰的，理解上歧义不大，如"言志""缘情""心物感应""情景交融""以形传神"等。而更多概念、范畴的语言表达是模糊的、多义的，仅靠语言表达，不足以理解其真正含义，如"兴象""感兴""兴会""气韵""神韵""妙悟""兴趣""滋味""味外之味"

[①] 陈鼓应：《老子注释及评价》，中华书局1985年版，第53页。

"韵外之致""境界""意境""心斋""坐忘""虚静"等。这后一种概念、范畴在使用上意义较为含混，在理解上往往存在歧义。如对"气韵"这一重要审美范畴，就有多种理解，有的认为"气韵"就是"神韵"，"'气韵'、'神韵'即'韵'之足文申意"①，是指人的内在精神风貌栩栩如生的表现；有的认为它是指作品中蕴含的生机、气势、节奏和意蕴；有的将它理解成作品的风格和艺术家的人品；还有的认为它"就是与人的个性、气质相关的生命的律动和个体的才情、智慧、精神的美两者的统一"②。尽管这些概念、范畴含混、多义，但它们更加深刻地表现着中国人独特的审美趣味和艺术追求，也更加充分地体现出中国传统审美心理学思想的特色。

美学史家鲍桑葵在论及东方美学时指出："这种审美意识还没有达到上升为思辨理论的地步……这是另外一种东西，完全不能把它放到欧洲的美感自相连贯的历史中来。"③ 他明确指出东方（包括中国）审美意识与西方审美意识的区别是对的，但这种区别并不意味着两种不同形态的审美意识有高低优劣之分。中西审美心理学思想呈现出的不同理论形态，实际上是各有优长和局限的，两种不同形态的审美心理学思想应当各以对方之所长弥补自己之所短。西方审美心理学思想的优长在于它的科学性和系统性，依靠逻辑论证和科学实验，西方审美心理学提出了内涵明确、外延清晰的概念、范畴，形成了论据充分、论证缜密的理论命题，构建了完整的学说和理论体系，这种科学性和系统性正是中国传统审美心理学思想所缺乏的。但是，中国传统心理学思想的特殊形态，却为它带来了丰富性和深刻性的优点。人的心理活动和精神世界丰富复杂、变化微妙，审美心理和意识更加难以捉摸，面对这种特殊的研究对象，直觉的、体认的思维方式往往能获得理论的、思辨的方式所意想不到的结果。20 世纪后半期西方兴起的科学模糊学、混沌学，揭示出事物的有序与无序的统一、确定性与随机性的统一。在现实世界中许多问题的界限是不清晰的甚至是很模糊的，从把握审美心理的复杂多变和精深微妙来讲，概念、范畴的模糊性、多义

---

① 钱钟书：《管锥编》第 4 册，中华书局 1979 年版，第 1355 页。
② 李泽厚、刘纲纪主编：《中国美学史》，中国社会科学出版社 1987 年版，第 831 页。
③ ［英］鲍桑葵：《美学史》，张今译，商务印书馆 1985 年版，第 2、3 页。

性、丰富性、开敞性，恰恰具有了某种优势。对于难于捉摸的审美心理的精妙体验，包含丰富的言外之意的概念、范畴，往往成为精微之论。这不仅让中国美学家津津乐道，而且得到西方许多美学家的称道和认同。

第二节　对审美主客体关系认识的差别

　　审美主体与审美客体的关系问题是审美心理学的一个基本问题。审美经验的发生是来自审美主体还是审美客体？抑或是来自审美主体与客体的相互作用之中？围绕这一问题，中西审美心理学思想都有丰富的论述。其中既有共同之点，更有相异之处。要了解两者在认识上的差异，还是要从两者思维方式的不同说起。中西文化在思维方式上的差别，从更为根本的哲学层面看，可以说是辩证思维方式与形而上学思维方式的差别。西方哲学在古希腊是较多讲到辩证法的。到了近代，就出现了形而上学思维方式，占据了主导地位。中国哲学从古代一直到近代，占主导地位的是辩证思维。所以可以说，西方哲学以形而上学思维方式为主，中国哲学以辩证思维方式为主。西方的形而上学思维方式注重分析，着眼于事物的各个部分及孤立存在；中国的辩证思维方式注重综合，着眼于事物整体及普遍联系。在对事物对立统一的看法上，西方哲学比较强调对立面的对立和斗争；中国哲学比较强调对立面的统一与和谐。国学大师季羡林说："东方的思维方式，东方文化的特点是综合；西方的思维方式，西方文化的特点是分析……用哲学家的语言说即是西方是一分为二，东方是合二为一。"[①]美国当代著名文化心理学家尼斯比特也认为，西方文化在思维方式上以逻辑和分析思维为特征；而以中国为代表的东方文化，在思维方式上以辩证和整体思维为主要特征。中西文化在哲学思维方式上的区别，直接影响着中西审美心理学思想对审美主客体关系的认识。

　　西方哲学特别重视主客关系问题。古希腊哲学家所探讨的哲学问题，主要是本体论的问题，尚未充分注意到主体与客体的对立。中世纪哲学中主体与客体的对立主要表现为天（神）与人的对立。完全的意义上的主体

[①] 季羡林：《21 世纪：东方文化时代》，载《中西哲学与文化比较新论》，人民出版社 1995 年版，第 19—20 页。

与客体的关系问题,是在西方近代哲学中才充分尖锐地提出来的。近代哲学所突出的问题不是本体论的问题,而是认识论的问题。而主体和客体及其关系正是认识论研究的中心问题。近代哲学家将认识中的主体和客体彼此区分开来,是人类认识发展中一大进步。但是由于形而上学思维方式的影响,他们把主客、心物区分开来后,却看不到它们之间的相互依存和转化关系,往往将它们分裂和绝对对立起来,从而在不同程度上陷入二元论。随着主客体关系问题的研究,主体性原则成为近代哲学的一条更根本原则。从笛卡尔的"我思故我在"到康德的"先验自我",都强调人在主体与客体关系中的主导地位和作用,强调主客统一于主体,这种哲学思想构成了近代西方审美心理学关于审美主客体关系认识的基础。

统观西方近代至今各种有代表性的审美心理学说,基本倾向是强调审美活动中主客、心物的分裂和对立,强调审美主体对审美心理产生的决定作用。经验派美学的"内在感官"说主张人天生具有的审辨美丑、接受美的观念的审美特殊感官和能力,是决定事物的美并唤起审美感受的根源。"趣味"说认为是人的审美鉴赏力即"趣味"产生了美和丑的情感,并引起审美愉快,而审辨美丑的趣味标准是基于"人类内心结构",他们都比较忽略审美中的客体的作用。康德认为"审美的规定根据只能是主观的",鉴赏判断不是联系于客体和认识,而是联系于主体和情感。他说:"为了分辨某物是美的还是不美的,我们不是把表象通过知性联系着客体来认识,而是通过想象力(也许是与知性结合着的)而与主体及其愉快或不愉快的情感相联系。"① 康德美学贯穿着主体性原则,有助于人们充分认识审美中主体的作用,但他将审美中主客体分裂和对立起来,排斥客体作用,就片面化了。里普斯的"移情"说主张审美产生于移情作用。移情作用是一种外射作用,就是把我的知觉或情感外射到物的身上,使他们变为在物的。里普斯说:"审美的快感可以说简直没有对象。审美的欣赏并非对于一个对象的欣赏,而是对于一个自我的欣赏。"② 这是更加直接地将审美中作为自我的主体与作为客体的对象完全对立起来,认为审美经验的产生根本与客体对象

---

① [德]康德:《判断力批判》,邓晓芒译,人民出版社2002年版,第37页。
② [德]里普斯:《论移情作用》,载古典文艺理论译丛编辑委员会编《古典文艺理论译丛》第8册,人民文学出版社1964年版,第44页。

无关，而是来自主体自我。到了当代的"审美态度"说，便把主体的审美态度即"无利害关系"或"无转移"的注意当作审美中的唯一决定因素，认为是审美态度形成审美对象并唤起审美经验，这就将审美活动完全主观化了。

中国传统哲学虽然没有主体、客体这两个名词，却仍然讲到主客体关系。《中庸》讲"合内外之道"，内就是主体，外就是客体。不过，中国传统哲学讲得更多的是天人关系，即人与自然的关系。占主导地位的是体现出辩证思维的"天人合一"的思想，认为人是自然界的一部分，人的生活理想应该符合自然界的普遍规律，强调人和自然的统一与和谐关系。这种思想也影响着对主客、心物关系的看法。在中国哲学史上，主张主客分离、对立的思想不占主导地位，主要是强调两者的统一性。与此相联系，在中国传统审美心理学思想中，强调审美心理活动是由外物引起的，强调审美经验中主客体互相联系、互相作用、互相交融，共同形成审美感受和成果，构成了对审美主客体关系的基本认识。

强调审美心理起源于人心（主体）外感于物（客体）是中国传统审美心理学思想中既古老而又以一贯之的观点。《乐记》讲音乐创作，说："凡音之起，由人心生也。人心之动，物使之然也。感于物而动，故形于声。……乐者，音之所由生也，其本在人心感于物也。……感于物而后动，是故先王慎所以感之者。"① "人心感于物""感于物而后动"，这就是所谓"心物感应"说，它表达了一种朴素的唯物主义观点，这种美学观点对我国后世的审美心理学思想产生了长期的影响。《文赋》说："伫中区以玄览，颐情志于典坟。遵四时以叹逝，瞻万物而思纷；悲落叶于劲秋，喜柔条于芳春。"② 认为审美思绪情感皆由宇宙万物而引发。《文心雕龙》说："人禀七情，应物斯感，感物吟志，莫非自然。"③ "春秋代序，阴阳惨舒，物色之动，心亦摇焉。……岁有其物，物有其容；情以物迁，辞以情发。"④ 认为审美情志皆由外物感动而发生。《诗品序》说："气之动物，物之感人，故摇荡性情，形诸舞咏。"⑤ 认为物感心动情生是审美经验和文艺创造的起

---

① 北京大学哲学系美学教研室编：《中国美学史资料选编》，中华书局1980年版，第58—59页。
② 北京大学哲学系美学教研室编：《中国美学史资料选编》，中华书局1980年版，第155页。
③ （南朝）刘勰著、周振甫注：《文心雕龙注释》，人民出版社1981年版，第48页。
④ （南朝）刘勰著、周振甫注：《文心雕龙注释》，人民出版社1981年版，第493页。
⑤ （南朝）钟嵘著、陈延杰注：《诗品注》，人民文学出版社1962年版，第1页。

点。这都是对"心物感应"说的继承和发展,和西方片面强调审美主体对审美心理发生具有决定作用的观点形成鲜明对比。

更为难得的是,在"心物感应"说的基础上,中国审美心理学思想进一步形成了"心物交融"说,强调审美经验中主客、心物之间的互相联系、不可分割和互相作用、融为一体。刘勰说:"诗人感物,联类不穷;流连万象之际,沈吟视听之区。写气图貌,既随物以宛转;属采附声,亦与心而徘徊。"① 按照王元化先生的解释,"'随物宛转'是以物为主,以心服从物;……'与心徘徊'却是以心为主,用心去驾驭物。"② 总之,在文艺创作心理活动中,心物、主客是共同作用、互相影响的。他又说:"思理为妙,神与物游。""神用象通,情变所孕。物以貌求,心以理应。"③ "情以物兴,故义必明雅;物以情观,故词必巧丽。"④ 认为创作构思整个过程中神物、心物、情物两者之间都是彼此渗透、融为一体的。"情以物兴,物以情观"的概括提法,既肯定了审美心理的客观来源,又指出了审美主体的能动作用。王夫之同样认为审美感兴生成于主客、心物、内外之间的互相作用。他说:"形于吾身外者,化也;生于吾身内者,心也。相值而相取,一俯一仰之间,几与为通,而悖然兴矣。"(《诗广传》卷二)在《姜斋诗话》中,他透彻地论述了诗歌创作中情与景相生相融的关系,指出:"情景虽有在心在物之分,而景生情,情生景,哀乐之触,荣悴之迎,互藏其宅。"⑤ "情景名为二,而实不可离。神于诗者,妙合无垠。巧者则有情中景,景中情。"⑥ 这种"情景交融"说,深入揭示出审美心理中主客、心物内在统一的规律,将对审美主客体关系的认识推进到一个新的高度。它们是以辩证思维方式研究审美心理的成果,与西方审美心理学将审美主客体分离、对立起来的观点是完全不同的。

有一种流行看法认为中西美学区别在于西方美学强调"再现",而中国美学强调"表现",这是只看到部分现象,而忽视了中西美学的全部发

---

① (南朝)刘勰著、周振甫注:《文心雕龙注释》,人民出版社1981年版,第493页。
② 王元化:《文心雕龙创作论》,上海古籍出版社版1979年版,第74页。
③ (南朝)刘勰著、周振甫注:《文心雕龙注释》,人民出版社1981年版,第295、296页。
④ (南朝)刘勰著、周振甫注:《文心雕龙注释》,人民出版社1981年版,第81页。
⑤ (清)王夫之著、戴鸿森笺注:《姜斋诗话笺注》,人民文学出版社1981年版,第33页。
⑥ (清)王夫之著、戴鸿森笺注:《姜斋诗话笺注》,人民文学出版社1981年版,第72页。

展和本质区别。西方美学不是只强调客观模仿和再现,也强调主观外化和表现。移情说、欲望说、直觉说不都是强调主观情感和无意识的表现吗?中国古代艺术以诗、乐为主,故有"言志""缘情"之说,但它并没有将艺术和审美的主观表现与客观再现分割、对立起来,而是将两者联系和统一起来。不仅言志、缘情是来自自然现象和社会生活的感召,而且主观情感表现和客观事物再现在创作构思和表达中是融为一体的。这在"心物交融""情景交融"和"意境"等范畴和学说中得到充分体现,而且形成中国审美心理学思想的真正特点。

第三节 对审美心理结构及过程的不同理解

审美心理是如何构成的?它的心理过程和特点是怎样的?这是审美心理学研究的中心问题,西方美学比较重视对这一问题的探讨。由于哲学和心理学观点以及研究角度的不同,对此问题的看法也很不同。但是有一点是大致相同的,那就是各种不同看法和学说大都是用形而上学的分析思维方式来研究这个问题,往往只重视部分而忽略整体;只重视分析而忽略综合。西方古代美学尚无心理科学依据,仅根据哲学思想推断审美心理的构成和过程。柏拉图用"灵魂回忆"说来说明审美观照和美的认识过程,认为通过灵魂回忆,就可以观照到理念世界的"美本身",并且追忆到生前观照那美的景象时所引起的高度喜悦,进而陷入迷狂,这种解释显然是唯心主义、神秘主义哲学的体现。到了近代,随着自然科学的发展,许多哲学家试图纠正被唯心主义和神学歪曲的心理学思想,并给予科学解释。近代美学家也试图用这些心理学新观点来科学说明审美心理现象,从而推动了对审美心理过程和特点的深入研究。但是,当这些美学家用各种不同心理学说来解释审美经验时,往往受到形而上学思维方式的影响,忽视对审美经验和心理过程的全面的、整体的认识和把握,只注意到审美心理中某个突出因素和特别方面。有的脱离整体去孤立地研究审美经验的某个构成部分和因素,并且将这些构成部分和因素的特性当作审美经验整体的特性,以致以偏概全。有的片面地、孤立地强调审美心理中某种构成因素的功能和作用,将审美心理中本来互相联系、互相作用的因素互相分割和对立起来,肯定一个方面,排斥另一个方面。如洛克强调"观念联想"对审美心理的作用；莱布尼茨认为审美趣味就是"混乱的知觉"或"微知觉"；艾迪生将审美经验归结成"想象的快感"；休谟认为审美趣味只涉及情绪和情感。这种将审美心理构成因素孤立起来和对立起来的倾向，在现代西方审美经验研究中愈演愈烈。如克罗齐认为审美心理属于最简单最原始的"知"的"直觉"活动，与理性无关；弗洛伊德认为审美经验是本能、欲望的升华和满足，只涉及无意识活动；等等。可以说，西方现代心理学美学对于审美心理的结构、过程和特点，都缺乏全面的、完整的、辩证的解释。

中国古代哲学家、思想家的著述中，蕴藏着丰富的心理学思想。正如有的学者所指出，西方哲学重在求事理之道，中国哲学重在求人生之理。中国哲学特别重视对人的心、性的研究，这就必然涉及心理问题。在先秦诸子的著作中，就有对心理过程的各个方面的论述。但他们大都把心理过程作为一个整体，强调各种心理构成因素之间的联系和统一，而不是将它们分裂和对立起来。荀子是先秦诸子中讨论心理学问题最多的哲学家。他非常强调心理构成因素之间的联系，如"征知"说强调感、知觉需要"心"（思维）的参与，没有纯粹的感、知觉。又强调情感和思考之间的关系，说："情然而心为之择，谓之虑。"（《荀子·正名》）意思是情绪发生了，由心对之做出判断，就叫作思考。由于把人的心理看作一个相互联系、相互交汇的整体，所以中国古代心理学思想中没有知、情、意的截然分割。朱熹说："意者，心之所发；情者，心之所动；志者，心之所之。"（《朱子语类》卷五）可见意、情、志统一于心，是互相联系的整体。与这些思想相一致，中国传统心理学思想也十分注重审美心理过程的整体性和统一性。刘勰在《文心雕龙·神思》中，以艺术想象活动为中心，全面论述了文艺创作构思的心理活动，就是从整体上对审美心理构成和过程的认识和把握。他说"思理为妙，神与物游"[①]，指出艺术构思的审美心理活动中，主体与客体、精神与外物互相交接和作用，产生一系列心理过程。"物沿耳目"，讲审美感知；"思接千载""视通万里"，讲审美想象。感知、想象都离不开思想与情感；"神居胸臆，而志气统其关键"，志就是心志、思想，讲想象要受到思想、理性的统辖；"登山则情满于山，观海则

[①] （南朝）刘勰著、周振甫注：《文心雕龙注释》，人民出版社1981年版，第295页。

第十二章 中西审美心理学思想比较

意溢于海",讲想象与情感相互作用;"神用象通,情变所孕。物以貌求,心以理应",讲创作的审美心理是心与物、意与象、感知与想象、情感与理解各种要素有机联系的统一整体,既不是互相分割的,也不是相互对立的,充分体现了辩证思维。

审美心理过程中情感与认识或情与理两者的关系问题,是如何科学认识审美心理结构和特点的一个关键问题。西方审美心理学中一些有代表性的人物和学说,大都强调情感在审美经验中的作用,忽视认识和理性的作用,有的甚至主张审美经验只涉及情感,与认识和理性无关。休谟是英国经验派美学中专门论述情感、趣味和认识、理性关系的美学家。他提出"人性"是由理智和情感两个部分构成的,这两个方面分别由不同的学科进行研究。对理智和认识的研究属于认识论;对情感和趣味的研究属于伦理学和美学,他说:"伦理学和美学与其说是理智的对象,不如说是趣味和情感的对象。道德和自然的美,只会为人所感觉,不会为人所理解。"[①] 这就把理性、认识与趣味、情感对立起来,将其排除在美学及审美经验之外了。康德继承和发展了这种看法,他第一次将心理活动分为知、情、意三部分,分别为人的"认识能力、愉快和不愉快的情感和欲求能力"[②],它们被称为知性、理性和判断力,分别成为认识论、伦理学和美学的研究对象。他认为"鉴赏判断"或审美判断不涉及对于对象的认识,只与主体的愉快或不愉快的情感相联系。他试图由此寻找审美活动与认识活动和道德功利活动之间的区别,却把审美活动与认识活动绝对对立起来,把情感与理性绝对对立起来,否定了认识、理性在审美经验中的作用。后来,康德在论述"美的理想"和"审美理念"的范畴时,又引入了理性,认为审美理念就是理性理念的感性表现。可见,感性与理性、情感与认识的矛盾始终是贯穿在康德美学中的无法解决的内在矛盾。现代西方各种审美心理学说,大都比休谟和康德走得更远,在片面强调情感、直觉、无意识、欲望等对审美的决定作用中,陷入了非理性主义。

中国古代美学理论,向来重视对于文艺创作和审美经验中感情与思

[①] 北京大学哲学系外国哲学史教研室编译:《十六—十八世纪西欧各国哲学》,商务印书馆1975年版,第670页。

[②] [德]康德:《判断力批判》,邓晓芒译,人民出版社2002年版,第11页。

想、情与理相互关系的研究，形成了占据主导地位的情志一体、情理交融、以理导情、寓理于情的审美心理学思想，十分强调审美中感情与认识、情感与理性的相互统一和融合。在我国古代美学和文艺理论中，"理""义""志""思"等概念大体指文艺创作和审美心理中的思想认识和理性因素；"情""情性""情趣""情韵"等概念大体指文艺创作和审美心理中的感情和感性因素。较早对文艺创作和审美经验的认识影响较大的是"诗言志"和"诗缘情"两说，前者主要是根据"诗"的创作经验提出的；后者主要是根据"骚"的创作经验提出的。但"诗""骚"本身就是在某种程度上把"志"和"情"结合在一起的。《毛诗序》说："诗者，志之所之也，在心为志，发言为诗。情动于中而形于言。"① 这不仅讲了诗歌言志的性质，而且也谈到它的抒情的特点，把"志"和"情"统一起来了。从审美角度说，诗歌言志同时也就是表情，两者不能分离。孔颖达说："在己为情，情动为志，情志一也。"（《毛诗正义》）更加强调情、志二者是具有内在统一性的。

刘勰的《文心雕龙》在总结文艺创作和审美经验的基础上，广泛吸收了前人理论成果，更为自觉地意识到文艺创作中"志"和"情"不可分割的关系，并在理论上使二者成为一个有机统一的整体，明确提出了"情志"这一具有特殊内涵的美学范畴，使"情志"说成为中国传统美学阐明艺术和审美中感情与认识、情与理相统一规律的重要理论。《文心雕龙》十分重视情感在文艺创作中的作用，全书提到"情"和与之相关的概念的地方不胜枚举。但值得注意的是，刘勰并不是孤立地、片面地强调"情"，而总是强调"情"和"理"、"情"和"志"的互相联系、互相渗透。"情"和"理""志"不是同时并举，就是互文同义的。如"情动而言形，理发而文见"②，"志足而言文，情信而辞巧"③，都是将"情"与"理""志"并举。又如："情者文之经，辞者理之纬"④，"率志以方竭情"⑤，便是"情""理"和"情""志"互文。更其值得注意的是，《文心雕龙》还把

---

① 北京大学哲学系美学教研室编：《中国美学史资料选编》，中华书局1980年版，第11页。
② （南朝）刘勰著、周振甫注：《文心雕龙注释》，人民出版社1981年版，第308页。
③ （南朝）刘勰著、周振甫注：《文心雕龙注释》，人民出版社1981年版，第11页。
④ （南朝）刘勰著、周振甫注：《文心雕龙注释》，人民出版社1981年版，第346页。
⑤ （南朝）刘勰著、周振甫注：《文心雕龙注释》，人民出版社1981年版，第455页。

"情理""情志"作为一个词汇来用，如"情理设位，文采行乎其中"①，"必以情志为神明"② 等。这说明刘勰已经认识到艺术创作和审美经验中的感情和认识、理性是互相交织在一起的有机整体，审美心理既不是单纯的情感作用，也不是单纯的理性认识，而是二者化合为一的某种特殊的东西。这是中国古代美学对艺术创作和审美心理特性的认识的一个飞跃。

在为数众多的中国传统诗文理论中，虽然有的偏重义理，忽视感情；有的偏重感情，忽视理性，但总的来说，则是在克服各种片面性中，继承和发展了"情志"说。如清初杰出思想家黄宗羲论诗文，就是把"性情"和"理"结合在一起的。他反复强调"性情"对于诗的重要性，却不排斥"理"，并称"文以理为主"；他虽然重视"理"的作用，却又指出"理"必须通过"情"来表现，"情不至，则亦理之郛廓耳"③。所以，只有寓理于情，情理交融，才可以发挥"移人之情"的特殊审美作用。又如清代杰出文学家叶燮在《原诗》中提出诗人要以卓越的才、识、胆、力去反映理、事、情的主张，并特别论述了"情"和"理"互相依存和交融的关系，认为文艺创作是"情理交至"，"情必依乎理，情得然后理真"④。尤其值得称道的是，叶燮还对艺术创作和审美经验中的"理、事、情"的特点作了细致深入的考察，提出："惟不可名言之理，不可施见之事，不可径达之情，则幽渺以为理，想象以为事，惝恍以为情，方为理至事至情至之语。"⑤ 这就深刻揭示了文艺创作和审美心理活动的特点。可以说，情志一体、情理交融之说，和心物交融、情景交融之说，两者一起共同形成中国审美心理学思想体系的两大支柱，成为中国美学特有的范畴——意境的两个主要内涵，不仅充分体现出中国审美心理学思想的特点，也为世界美学做出了独特的贡献。

第四节 对审美观照心理特点的各别解释

审美观照又称审美静观，是对审美对象进行观赏和审视时的一种特殊

---

① （南朝）刘勰著、周振甫注：《文心雕龙注释》，人民出版社1981年版，第355页。
② （南朝）刘勰著、周振甫注：《文心雕龙注释》，人民出版社1981年版，第462页。
③ 北京大学哲学系美学教研室编：《中国美学史资料选编》，中华书局1980年版，第212页。
④ （清）叶燮：《原诗》，人民出版社1979年版，第32页。
⑤ （清）叶燮：《原诗》，人民出版社1979年版，第32页。

的心理活动方式和心理状态。中西审美心理学思想中，都有对审美观照中主体心理状态和特点的探究。在西方美学中，柏拉图最早提出"观照"的概念，认为审美需排除尘世的杂念，凝视、观照美本身。德国古典美学创始人康德明确提出"静观"的概念，认为审美判断是不带任何利害关系的愉快，它完全超脱实际生活的欲念和利害，只是对对象的形式起观照活动而产生愉快。自此以后，对审美观照中心理状态和特点的探究，基本上是围绕着"无利害性"这一核心问题展开的。其中，较有代表性的学说有叔本华的审美直观说、布洛的心理距离说和当代的审美态度理论。

叔本华的审美直观说是以他的唯意志论哲学为基础的。他认为，意志作为万物之源，是一种欲求，它所欲求的就是生命，因此可称其为生命意志。生命意志的本质就是痛苦，人要摆脱痛苦，就要舍弃欲求、摆脱意志的束缚，否定生命意志。而审美直观就是从意志和欲望的束缚中获得暂时的解脱的一种方式。审美直观"放弃了对事物的习惯看法""甩掉了为意志服务的枷锁""沉浸于对自然的直观中"，它使"注意力不再集中于欲求的动机，而是离开事物对意志的关系而把握事物"，"所以也即是不关利害，没有主观性，纯粹客观地观察事物"。① 总之，在叔本华看来，审美直观是对于意志和欲求的超脱，是对于个性的忘怀，是不考虑利害而对事物的纯粹直观。所以，抛弃欲求、不关利害、忘怀自我，就是审美直观的心理状态和特点。

康德和叔本华的"审美无利害关系"的理论，对布洛和当代审美态度理论倡导者产生了直接影响。不过，康德和叔本华是从思辨哲学出发论述审美无利害关系，而布洛和当代审美态度理论倡导者则力图把这一理论建立在心理学的科学基础之上。布洛用"心理的距离"来说明审美观照的特殊心理状态和主观态度。他认为，审美观照和日常经验是不同的。在日常经验中，人们对事物采取的是一种实际的态度，所以不能摆脱个人的实际需要和目的，不能超脱个人实际利害，因而也就不能"客观地"看待对象。而通过主体与对象保持一定的"心理距离"，主体成为摆脱个人实际需要和目的的主体；对象成为与人的实际利害无关的孤立绝缘的对象，主体和对象的关系就会发生变化，审美经验就会立即产生。当代审美态度理

---

① ［德］叔本华：《作为意志和表象的世界》，石冲白译，商务印书馆1982年版，第274页。

论把"无利害关系"和"无转移"的注意作为一种审美的观看方式,认为这种主体观看方式和态度的变化是使客体成为审美对象和让主体唤起审美经验的关键。

中国古代心理学美学思想中,不仅很早就有关于审美观照的心理状态和特点的论述,而且形成了独特的概念和范畴。先秦哲学家老子和庄子结合对道家哲学思想的阐述,提出了审美心理虚静说。老子哲学的最高范畴是"道",属于探讨宇宙、自然生成的本体论。按照《老子》一书中的解释,"道"是一种浑然一体的东西,听不见、看不见,不靠外力而存在。它是天下万物的根源,是世界发生、变化的总规律。老子认为,认识的最终目的在于认识"道"。但认识"道"必须用特殊的认识方法,这就是老子所说的"涤除玄鉴"。"涤除",就是洗濯、扫除;"玄"即"道";"鉴"指明镜,比喻内心。"涤除玄鉴"就是排除各种欲念,保持内心虚静,才能像镜子那样对玄妙之"道"进行观照。所以,他又提出"致虚极,守静笃",即排除主观成见,摒出利害观念,保持内心空虚和宁静。庄子进一步发展了老子这一观点,明确提出审美心理虚静说,他说:"唯道集虚。虚,心斋也。"[1] 意思是,只有"道"才能集结在空虚之中,这个空虚就是心斋。所谓"心斋",就是指排除了一切杂念干扰的空虚的心境。庄子认为,只有疏通内心("疏瀹而心"),洗净心灵("澡雪而精神"),清除各种欲念,摒弃一切理智,使心理状态绝对处于虚静,才能观"道",感知和把握天地之"大美""至美"。

老子和庄子的虚静说,对中国古典美学关于文艺创作理论和审美心理学思想的发展影响很大。南朝画家宗炳受其影响,在《画山水序》中提出"澄怀味象"和"澄怀观道"的审美心理思想。所谓"澄怀",也就是保持虚静空明的心境,这与老子说的"涤除玄鉴"、庄子说的"心斋"是一致的。宗炳认为,"澄怀"是审美观照必不可少的主观条件,只有"澄怀"才能"味象""观道",形成审美观照。"味象"之说,结合着审美实践,比老庄之说更能体现审美体验内涵。刘勰在《文心雕龙》中说:"陶钧文思,贵在虚静,疏瀹五藏,澡雪精神。"[2] 这是直接运用了庄子的说法,强

---

[1] 陈鼓应注释:《庄子今注今译》(上),中华书局1983年版,第117页。
[2] (南朝)刘勰著、周振甫注:《文心雕龙注释》,人民出版社1981年版,第295页。

调内心虚静是创作构思的必要心理条件。但从他论述创作构思心理过程来看，并不认同庄子将理智思考摒除在审美观照之外的看法，反而认为内心虚静和理性思考都是审美心理所需要的。

上述中西审美心理学思想中关于审美观照心态及特点的论述，虽然概念、范畴、学说各不相同，但在观点上却有惊人的相似之处，即都认为审美观照需要有一种与日常经验有别的心理状态，这种心理状态的主要特点就是要摆脱与对象之间的实用功利关系，排除一切欲念和利害考虑，让心理活动处在超功利的自由之中。但是，中西两种审美观照的心理学说毕竟是建立在不同文化和哲学思想的基础之上的，因而对审美观照心理的理解也存在着差别。第一，对审美观照心理的性质的看法有区别。西方的审美直观说、距离说和审美态度说把审美观照的特殊心理状态主要看作观赏者的"注意转向"或"无转移"的注意，也就是一种与日常经验不同的特殊的注意方式。叔本华说：审美直观就是"注意力不再集中于欲求的动机，而是离开事物对意志的关系而把握事物"[1]；布洛说：心理距离是通过"注意转向""使客体及其吸引力与人的本身分离开来而获得的"[2]；J. 斯托尼茨说：审美态度就是"对于任何意识到的对象的无利害关系的和同情的注意和观照"[3]。可见他们都是指对于对象的注意的指向性、选择性、集中性的改变，也就是注意方式的改变。中国的虚静说和澄怀说，则把审美观照的特殊心理状态看作一种人格表现和人生境界。"虚静""心斋""澄怀"都不是短暂的注意指向的转移，而是一个人长久具有的稳定的心理特点，涉及整个人格境界。所谓"疏瀹五藏，澡雪精神"，是指对主体内心的调节和整个心灵的净化，这显然是一种内涵更加深刻、丰富的范畴和思想。第二，对审美观照心理中主客体关系的看法有区别。西方的审美直观说、心理距离说和审美态度说都认为，一旦审美主体出现超越利害考虑的心理状态，那么任何对象便都可经由主体的作用而成为审美对象，并产生审美经验。叔本华甚至认为，在审美直观中摆脱意志束缚的认识主体"乃是世

---

[1] ［德］叔本华：《作为意志和表象的世界》，石冲白译，商务印书馆1982年版，第274页。
[2] ［英］布洛：《作为艺术因素与审美原则的"心理距离说"》，载《美学译文》（2），中国社会科学出版社1982年版，第96页。
[3] ［美］J. 斯托尼茨：《美学与艺术批评哲学》，波士顿，1960年，第35页。

界及一切客观的实际存在的条件,从而也是这一切一切的支柱"①。这显然是过于夸大了在审美观照中主体的作用,以致将主体的心理状态当作审美观照发生的唯一来源。相对比较而言,中国古代美学中的审美虚静说和澄怀味象说虽然也强调超越功利的心理状态是形成审美观照的必要条件,但也指出审美观照是由对象的审美特质引起的,是审美主客体互相作用的结果。如宗炳在强调审美主体"澄怀"的同时,也强调审美客体"象"的作用,他说:"山水以形媚道而仁者乐。"② 就是说山水以它的形象体现着道,本身具有审美的特质。只有既"澄怀",又"味象",主客体共同发挥作用,才能引起观赏者的审美愉悦。可以说,把主体审美心态和客体审美特质两方面结合起来说明审美观照心理的形成及其特性,是中国传统审美心理学思想的又一个重要特色,它深刻体现着中国文化特有的辩证思维。直到今天,这一思想传统仍然是值得重视的。

---

① [德]叔本华:《作为意志和表象的世界》,石冲白译,商务印书馆1982年版,第253页。
② 北京大学哲学系美学教研室编:《中国美学史资料选编》,中华书局1980年版,第177页。

第十三章　中国现代审美心理学建设回顾

审美心理学是美学和心理学相结合而形成的一个交叉学科。一般认为，审美心理学的研究对象是审美经验（包括审美欣赏和艺术创造），而研究的观点和方法则主要是心理学的。20世纪以来，中国的审美心理学研究在几代美学学者的努力下，不断向深度和广度突进，历经曲折，终于在20世纪八九十年代形成蔚为壮观的研究局面，成为百年中国美学发展中取得突破性进展的一个重要方面，对我国现代美学的建设起了有力的推动作用。认真总结和分析20世纪以来中国现代审美心理学的发展过程、主要成就、学术建设及存在的问题，不仅对于进一步推动我国审美心理学的学科建设是十分必要的，而且对于促进有中国特色的现代美学的建设也是很有意义的。

第一节　中国现代审美心理学的形成和发展

20世纪中国审美心理学的发展经历了巨大的起伏和波折，形成了两次研究热潮。第一次发生在二三十年代；第二次发生在八九十年代，这两次热潮的形成都有其特殊的社会文化背景，在研究上也表现出不同的特点，并对中国现代美学的形成和发展产生了重大的作用和影响。

20世纪中国美学是在西方美学直接影响下起步和形成的。最初对中国美学思想发展影响最为显著的西方美学思想，一个是以康德、叔本华、尼采等为代表的德国"哲学的美学"；另一个便是克罗齐的直觉美学和以移情说、心理距离说等为代表的近代心理学美学。这两部分美学思想，都极重视审美主体和审美心理的研究，有的就是专门研究审美主体和审美心理的，这就使得20世纪初直至二三十年代的美学研究自然把审美主体和审美心理的研究作为重点。一些有影响的美学家和美学著作甚至把审美主体或审美心理研究作为建构自己美学理论体系的核心。如 20 年代出版的范寿康的《美学概论》和陈望道的《美学概论》,几乎都是以里普斯的移情说作为主要的理论出发点的。而吕澂的《美学概论》和《美学浅说》不仅分别以里普斯的移情说和莫伊曼的"美的态度"说为蓝本,而且也是以研究美感经验为核心的。至 30 年代,朱光潜的《谈美》和《文艺心理学》出版,标志着中国现代审美心理学已经形成。《文艺心理学》不仅是我国第一部审美心理学的专著,而且也代表了当时我国审美心理研究的最高水平,它综合了康德、克罗齐形式派美学和布洛、里普斯、谷鲁斯等人的心理学美学两大思潮,并以此作为自己的根本观点和根本方法,同时又融入中国传统美学思想和艺术审美实践经验,建立了我国第一个以美感经验分析为核心的完备的心理学美学体系,从而对中国现代美学的发展产生了重大影响。与此同时,他还在国外出版了《悲剧心理学》,填补了审美心理学研究的一项空白。此外,在宗白华写于 30 年代和 40 年代初的一些美学论文中,也涉及审美心理或美感的许多重要问题,特别是对审美"静照"、艺术的空灵和意境的创造等所做的深入研究和精当阐发,对中国现代审美心理研究也起到了开拓作用。

20 世纪二三十年代在中国出现的审美心理研究的热潮,固然是"西学东渐"、各种现代心理学美学思潮被引进中国的结果,但也同中国当时的现实需要和文化状况有密切关系。只要我们认真分析一下五四新文化运动后接踵而至的教育界对于美育的倡导、文艺界对于"美化人生"和"生活艺术化"的追求等等思想和文化现象,便可知对审美态度和美感经验的热切探究,和上述现象一样,都这样或那样地反映出人们在黑暗现实中的苦苦精神追求。

20 世纪二三十年代的审美心理研究成果对中国现代美学的开拓作用和主要贡献,主要体现在两个方面。首先,它追随当时世界美学发展的新思潮、新趋势,引进和介绍了西方现代心理学美学的新观念、新学说、新方法,从而扩大了中国美学的研究视野和领域,促进了中国美学理论结构和观念的变化。其次,它试图把西方现代美学特别是心理学美学的观念和方法,与中国传统美学观念以及传统艺术实践经验结合起来。不论是用中国传统美学思想和艺术实践经验去说明西方美学观念和学说,还是用西方美学观念和学说来阐释中国传统美学的观念、概念和范畴,这些探索对于中国美学包括审美心理研究迈上中西结合的道路都起了开创作用。但是，二三十年代的审美心理研究毕竟还是中国现代审美研究的起步阶段，它的局限性是明显的。如对于西方现代美学思想的全盘吸收，并以此作为根本观点和根本方法来立论或建立体系，就明显表现出研究中的批判性、选择性和创造性的不足。这当然同研究者在哲学方法论上的偏颇是有密切关系的。

20世纪80年代在中国兴起的"美学热"中，对审美主体和审美心理的研究一扫长期以来备受冷落、无人问津的状况，再一次成为美学研究的重点。审美心理学的异军突起，对审美经验和审美心理的全面探讨和深入开掘，构成了这一时期中国美学研究的一大特色。除了大量翻译和评介西方当代心理学美学思潮和流派的代表著作之外，大批研究成果接踵而至，不仅见解纷呈，呈现出学术争鸣的局面，而且新意迭出，表现出勇于探索的精神，特别值得注意的是，这个阶段陆续出版了一批自成体系、影响较大的审美心理学或文艺心理学的专著。其中较有代表性的有《审美谈》（王朝闻）、《文艺心理学论稿》（金开诚）、《创作心理研究》（鲁枢元）、《审美心理描述》（滕守尧）、《美感心理研究》（彭立勋）、《文艺心理学》（陆一帆）、《审美中介论》（劳承万）、《文艺心理学教程》（钱谷融、鲁枢元主编）、《审美经验论》（彭立勋）、《喜剧心理学》（潘智彪）等。到了90年代，虽然"美学热"已经过去，但审美心理研究仍然方兴未艾，而且又出版了一批有新意、有深度、有特色的审美心理学或文艺心理学专著，如《艺术创作与审美心理》（童庆炳）、《文艺创造心理学》（刘烜）、《文艺欣赏心理学》（胡山林）、《走向创造的世界——艺术创造力的心理学探索》（周宪）、《审美心理学》（邱明正）、《现代心理美学》（童庆炳主编）、《新编文艺心理学》（周冠生主编）等。新时期20年来出版的审美心理研究著作无论从数量还是从质量来看，都超过了我国美学发展史上的任何时期。

审美心理研究在这一时期形成如此繁荣的局面，其原因是多方面的。是解放思想、实事求是思想路线的确立，推动了人文社科研究的思想大解放，久已忽视的关于人的研究和主体性研究重新得到重视，从而直接推动了审美心理研究的开展；是直接受到西方当代美学研究重点转向审美经验和审美主体的影响。西方美学研究重点的转移，在19世纪末、20世纪初

第十三章 中国现代审美心理学建设回顾

已经开始,到了20世纪中叶以后,随着各种心理学美学和经验美学流派的形成与发展,其主流趋势更为明显。但是,由于我国20世纪五六十年代的美学讨论主要集中于美的哲学问题,美学研究主要受当时苏联学术的影响,故而不仅忽视了审美经验研究,甚至把审美心理学等同于唯心主义。随着对外开放和西方当代美学影响的扩大,美学研究的重点必然会发生变化。最后,审美心理研究的突破也是我国美学研究发展自身的要求和必然趋势。在新时期解除了长期的思想桎梏之后,美学理论寻求新的突破,而在美的本质的哲学探讨难有进展、艺术理论研究又不易形成新突破的情况下,审美经验的心理学研究便成了美学发展的突破口。而长期以来对审美主体、审美经验研究的忽视和理论上的停滞状态,又为这个领域的探索者提供了创新机会和用武之地。正是审美心理研究的突破,带动了一系列美学和艺术问题的深入研究,并促进了美学研究方法的变化,从而推动新时期美学研究向着纵深发展。

20世纪八九十年代的审美心理研究热潮,与二三十年代的审美心理研究热潮既有联系又有区别。前者对于后者是继承中的发展、吸收中的创新、接续中的跨越。这种发展、创新和跨越,使八九十年代的审美心理学研究表现出如下的重要特点。

第一,研究范围十分广泛,视野非常开阔。美学家、文艺理论家和心理学家等从不同角度、不同层面,对审美经验的性质和特征、审美心理的结构和过程、审美心理的各个要素及其相互关系、艺术创作和审美欣赏的心理过程和各种特殊心理现象、艺术家的创造力和个性心理特征、中西审美心理学思想中的基本理论和范畴等等,都作了十分有益的探讨。过去的理论禁区被一一冲破,几乎所有与审美心理和审美经验有关的领域和问题都被涉及了。国外审美心理学的最新发展及其思想成果,都迅速在我国审美心理研究成果中反映出来。几十年的禁锢和封闭所导致的中国审美心理学与国外审美心理学发展之间的落差,似乎一下子都被弥补起来。

第二,研究深度不断深化,在一些重大理论问题上取得了突破性进展。纵观从80年代中期到90年代中期已出版和发表的审美心理研究成果,不仅涉及的问题越来越广泛,而且对问题的分析和阐释也越来越深化。在充分占有资料和进行创造性思维的基础上,一些重要理论问题的探索取得新的进展,从而使我国的审美心理学研究从整体上提高到一个新的水平。

如关于审美心理结构和美感形成的中介因素问题，先后有各种新说问世，大大深化了对这一问题的认识，其中关于审美心理形成的特殊机制的探讨及各种学说的提出，对于揭示审美心理的内在奥秘，无疑是一个新的贡献，尤其是"自觉的表象运动说""审美表象说""审美意象说""形象观念说""情感逻辑说"等的提出，使审美心理发生的特殊机制问题获得了许多新的认识。此外，如审美和艺术中情感的作用和特点问题，关于审美和艺术中认识活动的特性和形象思维问题，关于艺术创造中的直觉、灵感、非自觉性以及无意识活动问题，关于艺术家的个性心理及创造力问题等等，也都在理论上有了重要进展，其论述的深刻性和新颖性大大超过了以往的美学研究。

第三，广采博纳，力图兼收古今中外各种理论之长，形成自己的见解和体系。如果说20世纪二三十年代出版的审美心理研究著作，主要还是从西方美学某一个或几个理论观点出发来建构自己的体系，那么八九十年代出现的大批审美心理学著作，则摆脱了这种局限。许多著作虽然注意吸收当代西方心理学美学各种流派的学说，但又不只是把自己的立论局限于某一流派的某一学说的基础上，而是立足于审美和艺术的实践经验，借助各种观察和实验资料，兼收中西美学各种理论之长，加以融会贯通，拿来为我所用，以形成自己的见解和构建自己的体系。可以说，这是中国审美心理学建设逐渐走向成熟的一种表现。

第四，研究方法日趋多样化，跨学科研究进展迅速。在审美心理研究中，除了思辨的方法和逻辑的推理之外，各种经验的方法和实证的研究也都受到重视。虽然人们对于审美心理学和普通心理学的联系与区别还有不同看法，但许多审美心理学著作仍然引入了心理学常用的各种方法，并把它们同作品分析、创作经验分析以及作家艺术家传记分析结合起来。一些研究者把系统论、控制论、信息论的某些原则和方法运用于审美心理研究，取得了良好的效果。多数研究者认为审美心理研究应发展成为跨学科研究，并且进行了成功的实践。这一切都为审美心理学的发展注入了新的活力。

第二节　对审美经验特质和心理机制的探讨

尽管百年来中国审美心理学研究所涉及的问题颇为广泛，审美心理学的基本问题几乎全都纳入研究者的视野之内，但是，从整个学科建设来看，较为集中探讨和深入研究的主要是两大问题：其一是审美经验的特质和心理机制问题；其二是艺术创造的心理活动及其特征问题。20世纪中国审美心理学在学科建设上的成就主要反映在这两大问题的研究上。

审美经验的特质和心理机制问题，是审美心理学研究的最基本的问题，也是20世纪中国审美心理学研究提出来的第一大命题。20世纪30年代朱光潜在《文艺心理学》中，一开始就提出了"什么叫做美感经验？""怎样的经验是美感的？"等问题，并用了四章进行"美感经验的分析"，分别从"形象的直觉""心理的距离""物我同一""美感与生理"四个方面分析了美感经验的性质和特征。作者所得出的结论是："美感经验是一种聚精会神的观照。就我说，是直觉的活动，不用抽象的思考，不起意志和欲念；就物说，只以形象对我，不涉及意义和效用。要达到这种境界，必须在观赏的对象和实际人生之中辟出一种距离。同时，在这种境界中，观赏者常以我的情趣移注于物，产生移情作用。"显然，这些对审美经验性质和特征的认识和描述，基本上是综合了克罗齐的直觉说、布洛的距离说和里普斯的移情说等西方近代美学观点，在理论上还不能说有多少新的创造，但它第一次全面、系统地引进和介绍了现代西方关于美感经验的学说，并结合中国文艺的实践经验和传统美学理论，对之作了较好的综合和阐释，从而为我国审美心理学的建设提供了重要的参考和借鉴。

20世纪40年代蔡仪的《新美学》出版，书中"美感论"部分对朱光潜在《文艺心理学》中据以解释美感经验的西方诸说的错误作了批评，并以唯物主义认识论作为基础，对美感的性质和特征作了新的阐明。他认为，美感是在美的观念的基础上发生的。所谓美的观念，是人在对事物的认识过程中获得的具象性质的概念，即意象、意境。这种美的观念的渴求自我充足而完全的欲望，一旦得到满足，便发生美感。美感就是外物的美或其摹写之能适合于这美的观念，使它充足的欲求得到满足时所产生的情绪激动和精神愉快。蔡仪力图克服旧美感论的局限，使美感论建立在唯物主义的基础上，这对于把美感研究引向科学的道路起到了重要的积极作用。

20世纪60年代，朱光潜又发表了《美感问题》一文，这在当时美学界极少探讨美感问题的情况下是极为难得的。朱光潜在此文中超越了他在《文艺心理学》中对美感经验的分析，强调要研究美感中内容和形式、理性和感性这两对对立面之间的统一问题。他认为，近代西方美学在美感问题上可分两派，一派是心理学派；另一派是形式主义派，这两派"实际上有一个基本共同点，都片面地强调感性，都否认理性在审美活动中起任何作用"①。因此，必须重新研究审美的能力，即"审美的总的心理结构"，研究它包括哪些组成部分，在具体场合下怎样起作用，研究其中的感性活动和理性活动以及两者之间的关系。这些观点和问题的提出，对于深化美感问题研究起了重要作用，它直接影响了后来美学界对审美心理结构的进一步探讨。

20世纪五六十年代的美学大讨论中，李泽厚提出了"美感的矛盾二重性"的论点，以说明他对美感特性的新见解。所谓美感的矛盾二重性，就是美感的个人心理的主观直觉性和社会生活的客观功利性互相对立又互相依存，不可分割地形成为美感的统一体。至80年代，李泽厚又深化了这一观点，提出了"美感就是内在的自然的人化"。在"自然的人化"过程中，"社会的、理性的、历史的东西累积沉淀成了一种个体的、感性的、直观的东西"②，从而表现为美感的矛盾二重性。与此同时，李泽厚对审美心理结构和心理过程作了较为具体的描述，特别是对美感诸因素（知觉、想象、情感、理解）及其相互关系作了较为精细的分析，指出审美愉快是多种心理功能的总和结构，并且描述了审美心理的发展过程。这些观点不仅吸收了西方当代心理学美学的若干新成果，而且也同审美和艺术实际结合得较为紧密，因而在80年代的审美心理学研究中产生了较大影响。

从20世纪80年代到90年代，中国美学界对审美心理的研究继续向具体化、多元化的方向发展，致使美学研究的重点已逐步向美感、审美经验、审美心理方面转移。最引人注目的，便是陆续出版了一批研究美感或

---

① 《朱光潜美学文集》第3卷，上海文艺出版社1983年版，第419页。
② 《李泽厚哲学美学文选》，湖南人民出版社1985年版，第387页。

第十三章 中国现代审美心理学建设回顾

审美经验的专著,从而将中国审美心理学的学科建设推向了系统化、完整化的阶段。

首先,从宏观上对美感或审美经验的性质、特征和心理结构作了进一步探讨,提供了新的认识框架。

彭立勋在《审美经验论》(1989)中强调要从整体上去认识和把握美感或审美经验的性质和特点,并尝试运用现代系统论的成果,提出了"审美心理的整体性"原则,认为审美心理的整体特性不是决定于组成它的个别要素或各个要素相加的总和,而是决定于各种构成要素互相联系、互相作用的特殊结构方式。审美认识各要素、审美认识和审美情感等均以特殊方式相联系。美感的直觉性、形式感和愉悦性等现象特征,只有以审美认识和审美情感的特殊结构方式为依据,才能得到全面的、科学的阐明。

邱明正在《审美心理学》(1993)中对审美心理结构的建构、积淀和发展作了较为宏观的分析和论证,认为审美心理结构是人能动反映事物审美特性及其相互联系的内部知、意、情系统和各种心理形式有机组合的系统结构。它既是客体美结构系统和人自身审美实践内化的产物,又是主体在创造性的审美活动中能动创造的结果,是主客体双向运动、双向作用的结晶。一切客观存在的美只有经过同人的审美心理结构的相互作用,才能被人所感知和进行能动创造。

其次,从微观上对美感或审美经验产生的特殊心理机制和中介因素作了新的探索,形成了各有特色的学说。

滕守尧在《审美心理描述》(1985)中将审美经验的情感分为"知觉情感"和"审美快乐"两种,并对两者形成的心理机制作了新的描述。关于"知觉情感"(即情感表现性),作者主要是吸收了格式塔学派的"结构同形"说,同时又试图用社会实践理论去改造它,力求为"知觉情感"的阐释提供一个新的理论支点。关于"审美快乐",作者也认为"主要取决于心理结构与外部刺激物的不自觉的同形或同构"。它的产生有两个基本前提,一是主体的审美需要;二是类生命的审美对象的刺激作用。"每当主体克服重重干扰与类生命的审美对象本身的图式发生同构或契合时,内在紧张力便幻变出与审美对象同形的动态图式,有了确定的方向性和动

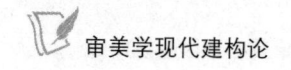

态的奋求过程，愉快便随之产生。"①

彭立勋在《审美经验论》中提出审美经验或审美愉快的发生是以主体审美认识结构为中介的新观点。作者认为主体在审美实践和认识中通过形象思维而形成的形象观念或意象，是审美认识的基本形式，由形象观念发展所建构的美的观念，便形成主体的审美认识结构。从客体的美的对象的作用到主体的审美经验或审美愉快的发生，不是简单的、直接的反映或反应，而是要以主体已形成的审美认识结构——美的观念作为中介，如果客体的美的对象和主体的美的观念恰相适合，美感迅即产生。美感的直觉特点和愉快特点，通过美的观念的中介作用说，可以从心理发生机制上得到较合理的阐明。

劳承万的《审美中介论》（1986）认为在审美客体到审美主体美感生成、定型之间，存在着一个由审美感觉、审美知觉、审美表象构成的"审美中介系统"。这个审美中介是造成美感差异的根本原因，也是"美感之谜"之所在。作者将这个审美中介系列称为"审美感知—审美表象"结构，认为作为审美中介的审美表象是由感觉、知觉过渡到思维的中介环节。审美表象具有二重性，即直观性和概括性，蕴含了艺术的形象思维的胚胎，是内同型和外同型的联合。审美表象一方面联系于审美主体的共通感；另一方面联系于客体的合目的性形式，所以美感是直接和审美表象联系着，要揭开美感之谜，抓住审美表象是重要一环。

最后，结合艺术和审美实际，对审美心理构成要素和心理过程进行全面、具体的分析和描述，深化了对审美心理活动特点和规律的认识。

滕守尧在《审美心理描述》中对审美经验中的四种心理要素——感知、想象、情感、理解分别进行了具体分析，认为这四种要素以一定的比例结合起来并达到自由谐调的状态时，愉快的审美经验就产生了。同时，作者还将审美经验过程分为初始阶段、高潮阶段和效果延续阶段，并分别作了描述。

蒋培坤在《审美活动论纲》中对审美心理因素和过程提出了另一种看法。他认为把审美心理要素概括为"四要素"是片面的，因为人类的审美活动不仅是一种认识活动，而且是一种价值实践。在审美过程中作为心理

---

① 滕守尧：《审美心理描述》，中国社会科学出版社1985年版，第325页。

功能发挥作用的,是两个系列的心理因素,一是由审美欲望、审美兴趣、审美情感、审美意志组成的价值心理要素;二是由审美感知、审美想象、审美理解等组成的认识心理要素。作者强调审美价值心理是人类审美的动因系统,是审美价值关系的心理表现,并认为在审美价值心理要素中,更需要注意的是意志在审美过程中的特殊作用,甚至可以把审美意志看作艺术和审美过程中人的主体性的集中表现。

邱明正在《审美心理学》中也认为审美心理过程包括认识过程、情感过程和意志过程,其心理内容和形式则有审美直觉、审美想象、审美理解、审美情感、审美意象、审美意志等,作者对上述各方面均有较详说明。

第三节 对艺术创造心理活动及特征的研究

艺术创造的心理活动及其特征问题,是20世纪中国审美心理学集中研究的另一个基本问题,这也是争论较多的问题之一。

20世纪30年代,朱光潜在《文艺心理学》中着重探讨了艺术创造中的想象和灵感问题,提出了以下主要看法:第一,艺术创造需依靠创造性想象。创造性想象具有两种心理作用,一为"分想作用";二为"联想作用"。文艺创作中的"拟人""托物""变形""象征"都是根据类似联想。第二,在艺术创造中,联想不依逻辑,却有必然性,这使它具有必然性的原因不是理智而是情感。创造的想象把原来散漫零乱的意象融成整体的就是情感,艺术是一种情感的需要,艺术家之所以为艺术家,不仅在于有浓厚的情感,而尤在于能把情感表现出来,把它加以客观化,使它成为一种意象。第三,创造的想象中产生的"灵感"大半是由于在潜意识中所酝酿的东西猛然涌现于意识。在潜意识中想象更丰富,情感的支配力更强大,因此创作受情感的影响大半都在潜意识中。朱光潜的论述,突出了创造性想象在艺术创造中的地位作用,并具体分析了艺术创造中创造性想象的机制和特点,可以说是抓住了艺术创造心理的关键,它实际上已接触到后来美学界、文艺界探讨的艺术创造的形象思维问题。

20世纪40年代,朱光潜的《诗论》正式出版。这本著作和差不多同时发表的宗白华的若干美学论文,都深入地探讨了艺术意境的创造问题,其中也涉及了对艺术创造的心理特点的认识。如朱光潜认为,诗的境界的创造必有"情趣"(feeling)和"意象"(image)两个要素。情与景的契合,我的情趣与物的意象往复交流,便是意境创造的突出心理特点。宗白华同样也认为,意境是"情"与"景"(意象)的结晶,"主观的生命情调与客观的自然景象交融互渗,成就一个鸢飞鱼跃,活泼玲珑,渊然而深的灵境"①。这些见解都涉及艺术创造中情感活动的特点及其与想象的关系问题。

蔡仪于20世纪40年代初出版的《新艺术论》中,对艺术的认识的特质作了新的研究,明确提出了"形象思维"的概念。他认为,概念具有抽象性和具象性二重特性,也有两种倾向:一是和表象相脱离的倾向;二是和表象相结合的倾向。由后者而形成的具体的概念,一方面经过意识的比较、分析、综合的过程,而将现实的一般的本质的属性能动地予以概括;另一方面又以所概括的本质的一般的属性为基础构成一个新的表象,或和某一表象比较紧密地结合。这种具体的概念便是形象的思维的基础。所谓形象的思维,也就是一般所谓艺术的想象,形象思维借助具体的概念可以施行形象的判断和形象的推理。形象思维是艺术的认识的基础,并由此造成了艺术的认识不同于科学的认识的特质。从认识过程来说,科学的认识主要是以感性为基础的智性作用来完成的,而艺术的认识主要是受智性制约的感性作用来完成的。蔡仪的这些见解,以认识论为基础,科学地阐明了艺术认识的特质,指明了形象思维的特有内涵和认识机制,对我国形象思维理论的形成以及艺术认识过程的研究,产生了重要影响。

关于形象思维和创作心理问题,在20世纪五六十年代的美学讨论中虽然也有所论及,但并未引起重视,而且后来又受到批判,所以有关这方面的研究较长时间处于停滞状态。1978年1月毛泽东《给陈毅同志谈诗的一封信》公开发表,其中肯定了"诗要用形象思维",于是美学界、文艺界重新就形象思维问题进行了热烈讨论。朱光潜、蔡仪、李泽厚、何洛、洪毅然等都参加了讨论,发表了各自的见解,其中,李泽厚的见解不同凡响,引人注目,并形成了广泛的争论,对此后关于创作心理的研究产生了较大的影响。在《形象思维再续谈》中,李泽厚提出:(1)艺术不只是认识,形象思维并非思维。"形象思维"一词中的"思维",只是在极为宽泛含义(广义)上使用的。艺术创作中的形象思维不是一种独立的思维方

---

① 宗白华:《美学散步》,上海人民出版社1981年版,第60页。

式，它是艺术想象，是包含想象、情感、理解、感知等多种心理因素、心理功能的有机综合体。用哲学认识论代替文艺心理学来解释艺术和艺术创作，是不符合艺术欣赏和艺术创作的实际的。（2）艺术的特征主要不在于形象性，而在于情感性。艺术的情感是艺术的生命所在。艺术创作将作者的主观情感予以客观化、对象化，艺术想象以情感为中介彼此推移，作家艺术家在形象思维中遵循的是情感的逻辑。（3）艺术创作、形象思维中经常充满灵感、直觉等非自觉性现象。作家艺术家应按自己的直觉、"本能"、"天性"、情感去创作，完全顺从形象思维自身的逻辑，不要让逻辑思维从外面干扰、干预、破坏、损害它。显然，李泽厚的上述观点同以往许多论述艺术创作和形象思维的著述相比，具有鲜明的反传统倾向，从而推动了人们对艺术创作的心理特征做一些新思考。当然，由于他在论述中往往过分强调了一个方面，而忽视了它和其他方面的内在联系，也表现出一定的片面性，因此，引起较多批评和争议也是必然的。

对形象思维的深入探讨，加之西方现当代美学思潮的大量引入，推动美学界、文艺界、心理学界对艺术创作的心理过程和特点展开了较为全面和深入的研究。20世纪从80年代初到90年代初，有一大批论文对文艺创作中情感的作用和特点、文艺创作中的灵感与直觉、文艺创作中的意识和无意识、文艺创作中理性与非理性的含义及其关系等问题，进行了多方面探讨，其规模之大、涉及问题之广、争论之热烈都是新中国成立以来所未曾有过的。

通过探讨和争鸣，大大深化了对文艺创作心理活动中许多特殊现象的规律性认识，并使对文艺创作心理活动的分析逐步进入深层心理结构领域。长期被忽视的文艺创作中的情感、直觉、灵感以及非自觉性和潜意识因素的作用问题，重新得到注意并得到新的阐释，同时它们与文艺创作中认识、理性、思维、意识、自觉性的相互作用和复杂关系问题也逐步得到多方面的揭示和说明。

特别值得注意的是，随着形象思维和创作心理研究的深入，陆续有一批研究创作心理的专著问世，这些著作不仅在构建文艺心理学的体系方面作了新探索，而且对文艺创造的心理活动作了全面、系统、深入的研究，在许多重要问题上提出了一些新的理论观点。

第一，关于文艺创作中认识活动的特点和形象思维问题。

金开诚在《文艺心理学论稿》（1982）中提出，文艺创造的心理活动的特点"就在于文艺创作中'自觉表象运动'占有突出的地位，它在自觉性、深广度和普遍性上都远远超过了其他创造活动所可能表现出的表象活动"①。作者认为，自觉的表象运动不同于一般的自发的表象活动，而是一种主要表现为自觉的表象深化、分化和变异，自觉的表象联想以及有意想象的心理过程，而创造想象则是文艺创造中最重要的自觉表象运动。作者还进一步指出，自觉表象运动具有具象概括作用，能够反映事物的发展、联系和本质，同时又以表象为材料，始终带有形象性，所以是形象思维。形象思维从心理内容上讲，就是自觉的表象运动。作者以表象运动为核心来分析文艺创造的心理特点，并对形象思维的心理内容作了具体说明，是富有新意的。

陆一帆在《文艺心理学》（1985）中对于文艺的形象思维也提出了一些新看法，认为文艺创作所用的是特殊的形象思维，而不是一般的形象思维，不应将两者混为一谈。一般的形象思维只沿着一般化道路进行形象概括，所得的是类型形象，而文艺的形象思维是沿着一般化与个性化并进的道路进行形象概括，所得的是典型形象。这有助于人们深入探讨文艺创作中形象思维的特点。

第二，关于文艺创造中情感的作用、形式及矛盾运动问题。

鲁枢元在《创作心理研究》（1985）中，着重探讨了情感在文艺创作中的地位和作用，以及文艺创作中情感活动的形式和特点，对文艺家的"感情积累""情绪记忆""心理定势""知觉变形"以及"创作心境"等作了具体而新颖的分析。作者认为，文艺家的情绪记忆是艺术创造过程中一系列感情活动的基本形态，是整个艺术创造活动的基础和内核。情绪记忆是文艺家感情积累的库房，是驰骋艺术想象力的基地。情绪记忆是一种自发的、自然的、散漫的、较被动的，有时是无意识的心理活动，艺术想象则是一种有目的、有定向性的更加积极主动的心理活动。在情绪记忆基础上展开的艺术想象，往往以灵感触发的形式表现出来。此外，作者认为文艺家的心理定势，特别是主观的情绪、心境对于形成艺术知觉也具有重要影响。

---

① 金开诚：《文艺心理学论稿》，北京大学出版社1982年版，第2页。

童庆炳在《艺术创作与审美心理》（1990）中认为，在文艺创作的情感活动内部有两对矛盾：一是自我情感与人类情感的矛盾；二是形式情感与内容情感的矛盾。尽管艺术家表现的是人类的情感，但必须找到自我的情感与人类的情感的结合点，使人类的情感与个人的情感融为一体。同时，创作者在面对由内容所引起的情感与由形式所引起的情感的矛盾时，需要完成形式情感对于内容情感的征服。

第三，关于文艺创造中直觉、灵感、潜意识的作用和心理机制问题。

陆一帆在《文艺心理学》中根据钱学森提出的灵感也是一种思维方式的意见，具体论述了灵感思维方式的特点，分析了灵感思维的过程，明确提出灵感思维包括意识和无意识两个认识阶段，认为灵感便是在意识思维的基础上，由无意识的思维中产生的。作者不仅提出了"无意识思维"的概念，还对无意识思维的种类（循轨思维、越轨思维和梦）及其思维过程作了说明，见解较独特。

刘烜在《文艺创造心理学》（1992）中认为文艺创造中的灵感是整合思维，心理上相互对立的因素在灵感状态下往往能相互配合，它总是包含着对未知事物的一种新的发现，同时它也是创作主体和创作对象的契合，并伴随着主体强烈的情感体验。作者还对创作中的直觉作了详细分析，认为直觉具有直接性、洞察性、倾向性和整体性，其动态构成是：直觉定势、对客观事物的感受、突然的领悟和直觉的发展。依作者看法，在顿悟这一点上，直觉和灵感是极为类似的。

吕俊华的《艺术创作与变态心理》（1987）集中对艺术创作中的潜意识作了介绍和分析，分别从潜意识的创造功能、潜意识与理性的矛盾、潜意识中的理性、潜意识与理性的统一几方面作了论述。作者认为，直觉、灵感、创造性思维都是在潜意识中完成的，潜意识是艺术创造力之所在或创造性的前提条件。关于素有争议的潜意识与理性的关系问题，作者认为潜意识之中有潜在理性，只是没有被意识到。作为潜意识重要组成部分的本能和感情，都有理性在其中发挥作用。同时，作者又指出，就创作全过程来说，意识与潜意识是你中有我、我中有你、互相渗透、互相转化、互相依存的。由于潜意识属于心理的深层结构，因此，科学地阐明它在艺术创造中的地位、作用和机制，对于揭示艺术创造的心理奥秘无疑是有重要意义的。

第十四章 中西结合：中国现代审美学之探索

第一节 借鉴西方美学观念阐释中国美学范畴

20世纪中国美学是在西方美学影响下，在不断探索西方美学和中国美学及艺术传统相结合、相交融中向前发展的，这一点在审美主体和审美经验的研究中表现得尤为突出，从而成为中国现代审美心理学建设的一个主要特点。中国现代审美心理学研究在20世纪前期和后期分别出现过两次热潮，这两次热潮形成的社会文化背景完全不同，在具体研究内容和方法上也有很大差异，但在体现这一主要特点上却是一脉相承的。

发生于20世纪初叶至30年代的中国现代审美心理学研究热潮，是在"西学东渐"，而中国传统文化又面临着现实危机的文化背景下发生的。如何认识和接受当时涌入的西方新的学术和文化思潮，如何重新认识和改造中国传统文化，是中国文化发展当时所面临的最迫切的现实问题。这个问题当然也直接影响着20世纪初中国美学的发展和建设，特别是审美心理学的发展和建设。20世纪之初，对中国美学思想发生影响最为显著的西方美学思想，一部分是以康德、叔本华、尼采等为代表的德国"哲学的美学"；另一部分便是克罗齐的直觉美学和以移情说、心理距离说等为代表的近代心理学美学。这两部分美学思想，都极重视审美主体和审美心理的研究，有的就是专门研究审美主体和审美心理的，这就使得20世纪初叶的中国美学研究在西方美学影响下，自然把审美主体和审美心理的研究作为重点之一，而在审美心理学建设中，如何接受西方美学的影响并之使与中国传统美学相结合的问题，也就显得特别明显和突出。

从20世纪初叶至30年代，在中国审美心理学研究中进行中西结合探索的代表人物，当推王国维、朱光潜和宗白华三人。他们各自以不同方

第十四章 中西结合：中国现代审美学之探索

式、不同途径进行中西美学比较和结合的尝试，不仅在审美心理学研究中表现出各自的特点，而且也做出了各自独特的贡献。他们探索的成功和不足，为中国现代审美心理学建设如何走中西结合之路提供了宝贵的经验和重要的启示。

王国维（1877—1927年）是把西方近代美学系统地介绍到我国来的第一人，同时他也是中国近代美学的开拓者。王国维的美学思想不限于审美心理的研究，但对审美经验的分析却是他美学思想中极为重要的部分。在对审美经验的看法上，王国维主要是接受康德、叔本华和尼采等人美学思想的影响。康德、叔本华都认为美在形式，不关内容和功利，因而审美具有超功利性，不涉及利害关系。这也是王国维对审美性质的基本看法，他说："美之性质，一言以蔽之曰：可爱玩而不可利用者是已。"[1] 又说："一切之美，皆形式之美也。"[2] 美既如此，审美亦然。审美主体对于审美对象"决不计及其可利用之点"[3]，"亦得离其材质之意义"[4]，才能于形式的玩赏中获得无限的美感愉悦。在艺术创作上，王国维也接受了康德的影响，主张天才论，但他也看出康德的天才论具有片面性，因而提出"古雅"范畴加以补救。可见他在接受西方美学影响时还是经过消化和分析的。

王国维对中国近代美学的最大贡献，不在于引进介绍西方美学新观念新方法，而在于他用接受过来的西方美学新观念、新方法批评中国古典文学和艺术，重新阐释中国古典美学思想，开拓出一条将西方美学与中国美学和文艺实际相结合的探索之路。在中国美学史上，王国维是自觉进行这种探索的第一人。但他这种探索有成功，也有不足。在前期写的《红楼梦评论》中，他完全从叔本华的哲学、美学原理特别是悲剧理论出发，基本上是把《红楼梦》这部伟大著作套入叔本华以唯意志论和悲观论为核心的哲学、美学思维模式中，不仅脱离作品实际，显得牵强附会，而且几乎完全抹杀了《红楼梦》深广的社会意义，这种探索显然不能说是成功的。但在后期写的《人间词话》中，王国维的探索却发生了两个重大转变，第一是对康德、叔本华等人的美学理论，从盲目崇拜转为独自思考，努力从他

---

[1] 于春松、孟颜弘编：《王国维学术经典集》（上），江西人民出版社1997年版，第137页。
[2] 于春松、孟颜弘编：《王国维学术经典集》（上），江西人民出版社1997年版，第138页。
[3] 于春松、孟颜弘编：《王国维学术经典集》（上），江西人民出版社1997年版，第137页。
[4] 于春松、孟颜弘编：《王国维学术经典集》（上），江西人民出版社1997年版，第138页。

们的思想羁绊下挣脱出来，做到有所选择有所扬弃；第二是研究的眼光更多地投向中国传统美学，试图从中国传统美学的特点和中国文艺实践经验出发，来借鉴西方美学理论和方法。这两大转变使王国维在探索中西美学结合道路上实现了新的跨越，结出了新的成果。

《人间词话》中的境界说，是王国维美学思想最高造诣的标志，也是他将西方美学理论与中国传统美学思想融合为一的结晶。"境界"或"意境"是中国古典美学中最具特色、最有代表性的范畴之一，它主要用于揭示文艺创作的特殊规律，也作为欣赏评价文艺作品特别是诗歌的美学标准，但从创作和鉴赏两方面看，意境都涉及审美经验、审美心理的基本特点和规律问题，因而它也是中国古典审美心理学思想中一个核心范畴。王国维不仅把这个审美范畴提到更为重要的地位，而且用西方美学的观点、概念和分析方法，结合中国文艺创作实际，对这一范畴作了新的阐释。他的基本观点是把"意境"解释为"情"与"景"、"意"与"境"两个方面的交融和统一，而且无论是"情"还是"景"，都必须达到"真"。"故能写真景物、真感情者谓之有境界。否则谓之无境界。"[1] 虽然把情与景统一作为意境的基本规定并非王国维独创，但他借用西方美学的概念对"情"与"景"作了明确的解释，认为"景"属于"客观""知识""想象"，而情则属于"主观""感情""志趣"，这就揭示了意境的审美心理构成因素及其关系，是以往的论述中所未见的。

王国维对意境说的另一个新贡献，是受到叔本华关于优美感和壮美感两种不同美感类型的思想的影响和启发，将意境区分为"有我之境"与"无我之境"。按王国维的界定，"有我之境"与"无我之境"的区别是明显的，前者是"以我观物，故物皆着我之色彩"；后者是"以物观物，故不知何者为我，何者为物"。[2] 同时，无我之境是"于静中得之"，故为"优美"；有我之境是"于由动之静时得之"，故为"宏壮"。[3] 这些观点和叔本华的相关美学思想是一脉相承的。叔本华认为，在产生优美感时，对象和主体是一种和谐关系，主体忘记了个体，忘记了意志，好像只有对象

---

[1] 于春松、孟颜弘编：《王国维学术经典集》（上），江西人民出版社1997年版，第325页。
[2] 于春松、孟颜弘编：《王国维学术经典集》（上），江西人民出版社1997年版，第325页。
[3] 于春松、孟颜弘编：《王国维学术经典集》（上），江西人民出版社1997年版，第26页。

第十四章 中西结合：中国现代审美学之探索

的存在而没有觉知这对象的人了，"就是人们自失于对象之中了"①，以致对于意志的任何回忆都没有留下来；而在产壮美感时，对象和人的意志是一种敌对关系，作为纯粹认识的主体要先强力挣脱客体对意志的不利关系，只是作为认识的纯粹无意志的主体，去把握对象中与任何关系不相涉的理念。这种对于意志的超脱需以意识来保存，所以经常有对意志的回忆伴随着。显然，这种审美观照的两种心理状态、两种美感类型，也就是王国维所谓"有我之境"与"无我之境"区别之由来。不过，王国维的两种境界之说并未脱离对中国古典诗歌的独特品鉴以及对中国传统美学思想的深刻领悟，所以，他于两种境界中似更赞赏"无我之境"，足见他的意境说是中西美学合璧形成的新成果。

第二节 中西结合建构文艺心理学体系

继王国维之后，在中国现代审美心理学研究中坚持走中西结合的探索之路，并向前推进，取得最明显成绩和最丰硕成果者，便是朱光潜（1897—1986年）。朱光潜受西方美学影响之深、之广，在中国现代美学家中是无人与之相比的，他几乎批判地研究了西方所有的重要美学学派，最系统地介绍了西方近现代的美学思想。他早期接受康德、克罗齐美学思想的影响，认为审美的基本性质是超功利的、直觉的；后来他系统研究了西方现代心理学美学，开始发现康德、克罗齐形式派美学的根本缺陷，对其有所批判。但他并没有完全抛弃康德、克罗齐的观点，而是试图用各派心理学美学的新理论，尤其是布洛的心理的距离说，去加以补充和修正。他综合了康德、克罗齐形式派美学和布洛、里普斯、谷鲁斯等人心理学美学两方面的特长，作为自己的根本观点和根本方法，又融入中国传统美学思想，将之用于审美经验研究，结合中外大量文艺创作和欣赏的实践经验，在《文艺心理学》中构建了我国现代第一个以美感经验分析为核心的审美心理学体系。这部心理学美学专著的出版，代表了当时我国审美心理研究的最高水平，标志着中国现代审美心理学已经形成。

《文艺心理学》的思路是从分析美感经验出发，探讨文艺创造和欣赏

---

① ［德］叔本华：《作为意志和表象的世界》，石冲白译，商务印书馆1982年版，第250页。

的心理活动及其规律。作者对美感经验的分析,是分别从"形象的直觉""心理的距离""物我同一""美感与生理"四个方面来考察美感的性质和特征。基本观点是:"美感经验是一种聚精会神的观照。就我说,是直觉的活动,不用抽象的思考,不起意志和欲念;就物说,只以形象对我,不涉及意义和效用。要达到这种境界,观赏者须与对象保持一种心理距离,并常以我的情趣移注于物,产生移情作用。"显然,这些对审美经验性质和特征的认识和描述,并没有超出克罗齐的直觉说、布洛的心理距离说和里普斯的移情说等西方美学观点,但作者不但对这些学说作了综合整理,而且作了"补苴罅漏"。在评介西方美学观点时,作者却引用了大量中国文艺创造的实际材料,使之互为参照,又常常以中国文艺创造的实践经验来论证自己的不同看法,如论述美感与移情、美感与联想的关系,就不仅介绍西方美学观点,而且能结合中国文艺创造的实际经验,对某些西方美学观点的片面性进行分析批判,并时时发表一些新的意见。

尤其值得注意的是,作者分析美感经验,描述创作心理时,又常常将西方美学的观点、范畴与中国古典美学中相关的思想、范畴进行比较,使之互相阐发、互相补充。如在分析美感经验时作者指出:"在美感经验中,我们需见到一个意象或形象,这种'见'就是直觉或创造;所见到的意象须恰好传出一种特殊的情趣,这种'传'就是表现或象征;见出意象恰好表现情趣,就是审美或欣赏。创造是表现情趣于意象,可以说是情趣的意象化;欣赏是因意象而见情趣,可以说是意象的情趣化。"[①] 这里不仅可以见出西方美学的直觉说、表现说、移情说的影响,而且也有中国美学的意象说、兴趣说、意境说的影响,从话语来看,也是中西美学结合的产物。此外,作者在论艺术想象和天才时,处处将西方美学中的创作理论和中国古典美学中的创作理论相比较,在论美感和美的类型时,将西方美学中的崇高与优美的范畴与中国美学中阳刚美与阴柔美的范畴相比较,也对深化审美心理学中一些重要理论和范畴的研究起到较好的作用。总体来看,《文艺心理学》建构的心理学美学体系,是以西方美学的理论和范畴为主体,而以中国传统文化特别是文学和美学思想为基础的。用意大利学者沙巴提尼(Sabattini)评论《文艺心理学》的话说,"是移西方文化之花接中

---

① 《朱光潜美学文集》第1卷,上海文艺出版社1982年版,第153页。

第十四章 中西结合：中国现代审美学之探索

国文化传统之木"①。

和王国维一样，朱光潜也把"意境"或"境界"看作中国古典美学的核心范畴，并且都努力探索用西方美学的新观念和分析方法来重新阐释这一传统美学范畴。在对意境的基本观点上，朱光潜与王国维似无根本区别，如王国维认为意境是"情"与"景"、"意"与"境"两者的交融和统一，朱光潜也认为意境是由"情趣"和"意象"两个要素构成的，是"意象与情趣的契合"。② 不过，朱光潜在解释"意象""情趣"以及两者的"契合"时，借用了克罗齐的直觉说和里普斯的移情说，同时根据布洛的心理的距离说，把意境看作诗人或诗的鉴赏者通过直觉与想象创造的超越实际人生世相的独立自足的天地，这些观点都是王国维论意境时所未有的。朱光潜着重用移情作用来解释意象与情趣往复交流与互相渗透的过程，从而更深入地揭示了意境形成的特殊心理机制。他说："从移情作用我们可以看出内在的情趣和外来的意象相融合而互相影响。比如欣赏自然风景，就一方面说，心情随风景千变万化，睹鱼跃鸢飞而欣然自得，闻胡笳暮角则黯然神伤；就另一方面说，风景也随心情而千变万化，惜别时蜡烛似乎垂泪，兴到时青山亦觉点头。这两种貌似相反而实相同的现象就是从前人所说的'即景生情，因情生景'。情景相生而且相契合无间，情恰能称景，景也恰能传情，这便是诗的境界。"③ 这就将西方的移情说与中国传统的"情景相生"说融合为一体了。朱光潜还认为王国维所提"有我之境"与"无我之境"的区别，实际是意境创造中有无移情作用的分别，所以"与其说'有我之境'与'无我之境'，似不如说'超物之境'和'同物之境'，因为严格地说，诗在任何境界都必须有我，都必须为自我性格、情趣和经验的返照"④。这虽然对王国维提出的两种境界类型的原意有所偏离，但也见出朱光潜另据移情说来为意境分类的新的尝试。另外，朱光潜以科学的分析方法、严密的逻辑论证和现代语言，把西方美学新观念注入意境这一中国传统美学范畴中，使过去这个范畴所蕴含的不够明确的思想得到具体而清晰的阐发。这和王国维对意境所做的直感式、评点式的阐

---

① 《朱光潜美学文集》第1卷，上海文艺出版社1982年版，第20页。
② 《朱光潜美学文集》第2卷，上海文艺出版社1982年版，第53页。
③ 《朱光潜美学文集》第2卷，上海文艺出版社1982年版，第54页。
④ 《朱光潜美学文集》第2卷，上海文艺出版社1982年版，第59—60页。

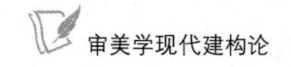

述，也是有很大区别的。

第三节　中西美学和艺术审美经验比较研究

和朱光潜同时，而且同样获得杰出成果的另一个探索中西美学结合之路的代表人物是宗白华（1897—1986年）。宗白华对西方哲学和美学，特别是德国哲学和美学做过系统的学习和研究，从康德、叔本华、尼采、歌德、席勒等许多西方哲学家、美学家和文学家那里吸收新鲜思想，同时，他又对中国传统哲学、美学和艺术做过潜心探索，特别是对老庄哲学以及体现于诗、画、书、建筑、音乐、戏曲等创作中的中国艺术精神和传统美学思想，具有精到的理解和深入的体会。这些条件加上他的特殊志趣，使他能在中西美学的结合上另辟蹊径，做出新的探索和贡献。他始终以中国古典文学艺术传统以及体现在其中的中国传统美学思想作为批评和研究的主要对象，主要采用中西比较的方法，将中国的美学思想、艺术传统与西方的美学思想和艺术传统互相进行比较，在比较中深化对艺术和审美的普遍规律的认识，在比较中鉴别中西艺术和美学观念的优劣，在比较中发掘中国艺术和传统美学思想的精微奥妙和基本特点。

宗白华对中西艺术的比较，是以绘画为中心，然后将诗词、书法、建筑、雕刻联系起来。他在较早发表的《论中西画法的渊源与基础》里，对中西绘画的不同艺术特点、不同表现方法，以及中西绘画美学思想的不同原则、不同倾向，作了详尽的比较分析，深刻揭示了以诗词、书画、建筑为代表的中国艺术的审美特点。他分析比较中、西绘画的不同境界特征和表现特点，指出中、西画法所表现的"境界层"根本不同：一为写实的，一为虚灵的；一为物我对立的，一为物我浑融的。中国画以书法为骨干，以诗境为灵魂，诗、书、画同属于一境层；西画以建筑空间为间架，以雕塑人体为对象，建筑、雕刻、油画同属于一境层。中国画运用笔勾的线纹及墨色的浓淡直接表达生命情调，透入物象的核心，其精神简淡幽微；而西洋油画则以形似逼真与色彩浓丽为其特色。绘画艺术特点的不同，导致中西绘画美学思想的差别，西洋传统艺术的中心观念是"模仿自然"与"形式和谐"。模仿自然是艺术的"内容"，形式和谐是艺术的"外形"，形式与内容成为西洋美学史的中心问题。然而在中国绘画美学中，这两者

第十四章　中西结合：中国现代审美学之探索

均处于次要位置。中国画学的六法，将"气韵生动""骨法用笔"放在前面，"气韵生动"即"生命的律动"，是中国画的对象；"骨法用笔"即以笔法取物之骨气，是中国画的手段，这最能说明中国绘画美学思想的特点。宗白华还深入分析比较了中西绘画艺术和美学思想特点所由形成的文化背景和哲学基础，因此，这种比较并不限于绘画，而是对中西艺术精神和美感的不同特点的比较分析。

和王国维、朱光潜一样，宗白华也极重视对中国美学的独特范畴"意境"的研究，但他的研究不仅在以西方美学观念和现代语言去阐释意境的意义和内涵，而是着重于研寻中国艺术意境的"特构"，以"窥探中国心灵的幽情壮采"。而要研寻中国艺术意境的"特构"，就需借助于中西艺术和美学思想的比较，因为只有在比较中才能突现各自特点，而这正是宗白华在《中国艺术意境之诞生》等研究意境的文章中运用的重要方法。他说："艺术家以心灵映射万象，代山川而立言，他所表现的是主观的生命情调与客观的自然景象交融互渗，成就一个鸢飞鱼跃，活泼玲珑，渊然而深的灵境；这灵境就构成艺术之所以为艺术的'意境'。"[①] 这里把意境看作主观与客观、情与景的交融互渗，似乎和以往的看法没有什么区别，但实际上这是宗白华从中国艺术创作特点分析中得出的结论，是经过与西方艺术创作相比较的结果。他强调"外师造化，中得心源"是意境创造的基本条件，认为艺术境界的显现，绝不是纯客观地机械地描摹自然，而以"心匠自得为高"，即中国画家常说的"丘壑成于胸中，既窊发之于笔墨"，和西洋画家刻意写实的态度迥然不同。所以，他又认为意境不是一个单层的平面的自然的再现，而是一个境界层深的创构。从直观感相的模写，活跃生命的传达，到最高灵境的启示，可以有三层次。西洋艺术里面的印象主义、写实主义相等于第一境层；浪漫主义、古典主义相当于第二境层；象征主义、表现主义、后期印象派旨趣在于第三境层。而中国自六朝以来，艺术的理想境界便是"澄怀观道"，静穆的观照和飞跃的生命构成艺术的两元，故而达到意境的层深。显然，这些比较分析已经深入接触到中国艺术意境的精微奥妙，对研究中国艺术意境的审美心理特点作了独特的贡献。

[①] 宗白华：《美学散步》，上海人民出版社1981年版，第60页。

20世纪前期我国审美心理学研究中对中西美学结合的探索，不仅取得了丰硕成果，而且积累了重要经验，它对我们今天接续历史，把中西美学结合的探索在审美心理学中继续向前推进，提供了许多有益的启示。20世纪前期中国审美心理学建设中进行中西美学结合探索的实绩说明，引进和吸收西方美学的新理论、新观念、新方法，使之与中国文艺创造和欣赏的实际经验以及传统美学思想结合起来，使中西美学互相比较、互相阐释、互相补充，既能使我们更好地消化和吸收西方美学包括西方心理学美学中合理的东西，也能使我们更准确、更深入地认识和把握中国传统美学的精髓和特点，促进中国传统的审美心理学思想向现代转换，使传统美学中的命题、学说、概念、范畴在当代眼光中，得到新的阐释和创造性发挥。王国维、朱光潜、宗白华等美学家从不同观点、不同角度对中国传统审美心理学思想的核心范畴"意境"所做的分析研究，就是这方面的典范。这一切说明，中西美学结合是建设和发展中国现代审美心理学的重要途径，对推进中国审美心理学的现代化、民族化具有重要作用。

第十五章　建设中国特色现代审美心理学

第一节　推动中西审美心理学思想融合互补

中国古代虽有丰富的审美心理学思想，但并无现代意义上的审美心理学或心理学美学。因此，建设中国特色现代审美心理学，推进审美学研究的现代化，不能单靠中国传统美学，必须引进外国、西方新的美学理论、观念和方法，吸取和借鉴其中科学的、合理的东西，以此改造传统审美心理学思想，并作为构建我们自己的新的审美心理学理论和体系的参照。否则，我们的审美心理学研究就会因缺乏新鲜的思想营养而停滞不前，就无法同世界各国的美学进行对话和交流。但是，引进和吸收外国、西方的美学理论、观念和方法，又不能盲目照搬，全盘西化，不能脱离中国文艺的实际和中国美学的传统，否则，我们的审美心理学将会失去创造性和民族特色，使建设有中国特色的现代审美心理学成为泡影。所以，建设和发展中国现代审美心理学的正确道路，只能将西方新的、科学的美学理论和方法与中国传统的、优秀的美学思想以及中国文艺实践结合起来。

20世纪中国美学是在西方美学和中国美学及艺术传统相结合、相交融中向前发展的，这一点在审美主体和审美经验的研究中表现得尤为突出，从而成为中国现代审美心理学有别于西方现代心理学美学的一个主要特点。形成于20世纪二三十年代的审美心理研究热潮和形成于八九十年代的审美心理研究热潮虽然有许多不同，但在体现这一主要特点上却是一脉相承的。从王国维、蔡元培到朱光潜、宗白华等一批早期的著名美学家，为这一特点的形成奠定了基础，尤其是朱光潜和宗白华先生，他们把西方美学和中国美学传统及艺术审美实践紧密结合起来，融会贯通，加以创造性地具体发挥，为在审美心理学中探索中西结合之路作了一项开拓性工作。

当然，即使是朱光潜、宗白华先生，也还没有完全解决建立有中国特色的现代审美心理学的问题。朱光潜先生虽然在把中国传统美学思想融入西方美学方面作了不少工作，但他建立的审美心理学，其根本观念和方法仍是西方的，体系、框架基本上也是西方的。宗白华先生以中国传统文学范畴为基础，用西方美学观点加以创造性的阐释，但并没有形成关于审美经验的完整的理论形态和体系。到了20世纪八九十年代，研究者综合中西古今，建构了一些审美心理学的体系，但从整个理论形态看，仍然较缺乏中国特色，对中国传统美学和艺术实践经验的吸收是局部的、零散的。因此，从总体上看，如何使西方现代心理学美学的观念、理论与中国传统审美心理学思想及中国的艺术审美实践经验相结合，真正建立起有中国特色的现代审美心理学，仍然是一个有待解决的问题。

中国传统美学的主要优势和特点，不是体现在对美的本质做思辨的、逻辑的推论，而是体现在对审美和艺术的经验做直感的、具体的描述。西方美学和中国美学传统的结合与融会，主要不是表现在美的哲学分析上，而是表现在审美心理和艺术经验（包括创作、欣赏和批评）的科学研究上。从王国维、朱光潜到宗白华等卓有建树的美学家，都不约而同地把中国传统美学的"意境"作为美学研究的核心范畴，力图把西方美学的新观念和科学方法注入中国这一传统的美学范畴之中，使过去这个范畴所包含的丰富却不够明确的思想内涵获得逻辑论证和创造性发挥。这其实是适应了中国传统美学的特点，在审美和艺术经验领域对中西美学融合所做的成功探索。

由于中西美学在理论形态和范畴、话语及表达方式上都存在明显的差异，因此，在两者的结合中，如何使双方互相沟通，在观点、概念、范畴上产生彼此关联，同时又保持各自的特色和优点，在融合、互补中进行新的理论创造，成为实践中一个难题。在解决这个难题时，20世纪前期在我国审美心理学研究中进行的中西美学结合的探索，有过多种多样的尝试，提供了许多好的经验。从王国维、朱光潜到宗白华，一方面对西方美学作了认真研究，真正弄懂弄通，而不是一知半解，生吞活剥；另一方面对中国传统美学和文艺又十分精通，具有很厚的功底，而不是浮光掠影，仅得皮毛，因而才能做到融会中西，兼取所长。在他们的探索中，既能准确地把握着中西美学的融通之点，又能充分展示中西美学各自的特色，做到异

第十五章 建设中国特色现代审美心理学

中有同,同中有异,在比较、融合、互补中实现观点和理论的创新。值得注意的是,在实现这一目标的过程中,王国维、朱光潜、宗白华都发挥了个人的独创性,采用了各种不同的方式。如王国维主要是运用西方美学的新理论、新观念和新方法,研究中国文艺创作和审美经验,对中国传统审美心理学思想范畴进行新的阐发;朱光潜则以西方美学理论和范畴体系为骨干,补之于中国传统美学思想和概念,试图建构一个中西结合的心理学美学体系,他更侧重于在中国传统美学和文艺创作经验的基础上,来消化和吸收西方美学的新思想、新理论,特别是各种现代心理学美学的理论;至于宗白华,则以中国艺术的审美经验以及中国传统美学思想为本位,着重于中西艺术审美经验和美学思想的比较研究,在比较中探寻中国艺术创造和审美心理的特色,揭示传统美学思想的精微奥妙。尽管他们各自探索中西美学结合的方式不同,但着眼点却都是要通过吸收、借鉴西方美学和继承、改造传统美学,形成独特的见解,创造新颖的理论。这一成功经验对于我们继续推进中西美学结合的探索是具有重要意义的。

虽然20世纪以来中国审美心理学建设沿着中西结合之路,获得了丰硕成果,但仍然存在一些不足。20世纪前期的中国审美心理学研究在中西结合上存在的一个主要问题,是由于受到当时文化语境的影响,面对当时处于强势地位的西方文化和美学思想,普遍存在有盲目崇拜的心理,自觉或不自觉地把形成于西方文化土壤、哲学基础及文艺传统之中的西方美学观念、理论、概念、范畴,无限扩大为一种普泛性的原则和标准,试图用它去套中国文艺创作实践和传统美学思想,结果就出现了"以西格中"和生搬硬套的现象,这就使中国现代审美心理学建设在民族化、本土化方面存在不足。由于20世纪后期,我国审美心理学建设和中西美学结合探索都中断了一段时期,而后来重新起步时,对西方现代、当代美学的亦步亦趋又被一些人当作"时髦","以西格中"、生搬硬套现象越演越烈,甚至出现有学者指出的"失语症"的问题,这就使美学的民族化、本土化问题变得更为突出。这个问题如不解决,势必影响有中国特色的现代美学及现代审美心理学的建设。要沿着中西结合之路建设有中国特色的现代审美心理学,必须着重解决好如何将现代西方美学包括现代西方各派心理学美学与中国文艺实践和传统美学思想相结合的问题,使其融入中国美学和文艺实践,具有中国特点,实现其"中国化"的转换。这就需要处理好美学理论与思想的普遍性与特殊性、世界性与民族性以及借鉴与创造的关系,在吸收和借鉴现代西方美学思想成果时,切记生吞活剥、盲目照搬,而要立足于中国美学和文艺实践,通过选择、消化、吸收、改造和创造性转化,使其与中国美学和文艺实践相结合,达到外为中用。鉴于此,我们必须调整中西美学结合研究的思维方式和方法论,改变以西方美学为本位和普遍原则,简单接受移植的研究方式,倡导中西美学之间的文化对话,把中西美学的结合看作对话式的、多声道的,而不是单向的或单声道的,使中西美学结合真正成为一种跨文化的互动,在真正平等而有效的对话的基础上,达到中西美学的互识、互鉴、互补。

第二节 实现中国传统审美心理学思想现代转换

建设中国特色的现代审美心理学必须解决的另一个重要问题是如何将中国优秀的传统美学思想,包括传统审美心理学思想与中国当代文艺实践和美学理论建设相结合,使其紧密结合当代实际,适应时代发展,具有时代内涵,实现其"现代性"的转换。这就需要处理好美学理论与思想的继承与发展、传统与现代、革故与鼎新的关系,善于以世界眼光,吸纳人类美学和文艺思想发展的先进科学成果,从时代高度,用新的观点和方法对传统美学思想、命题、概念、范畴给予科学阐释,并赋予其新义,从而达到推陈出新、古为今用。就审美心理学建设来说,就是要进一步加强对中国传统审美心理学思想的系统研究,推动其实现"现代性"转换。中国传统审美心理学思想不仅有其独特的观念、命题和概念、范畴,而且有其独特的理论形态和思维方式,而这些又是同中国传统文化和艺术审美实践经验的特点相联系的。我们一方面要通过系统研究,包括中西审美心理思想的比较研究,准确地、科学地揭示和把握其固有的特点;另一方面又要以马克思主义观点和方法作指导,借鉴世界美学的各种先进科学成果,对其观念、命题、概念、范畴及至整个理论体系进行重新认识和重新阐发,使中国传统审美心理学思想和理论体系在新的时代和历史条件下获得新内涵、新的发展,呈现为更为科学、更为完备的形态。这实际上就是在审美心理学研究领域进行中西美学结合探索的进一步深化,这项工作做得越好,建设有中国特色的现代审美心理学的基础就越扎实牢靠。

第十五章 建设中国特色现代审美心理学

尽管 20 世纪以来,特别是 80 年代以后,对中国古代审美心理学思想的研究已有重要进展,中国传统审美心理学思想的一些重要概念和范畴正在逐步得到较深入的阐释,中西审美心理学思想的不同特点也在比较中逐步得到较明晰的揭示,但是对中国古代审美心理学思想进行全面清理和系统研究仍嫌不足,对中国特有的审美心理学的范畴、概念和命题进行深刻挖掘和创造性阐发尤显得欠缺。把中国传统审美心理学思想中某些特殊范畴与西方心理学美学中的某些概念、范畴简单化地加以类比,甚至削足适履,将前者纳入后者框架和观念之中的情况,也影响着对于中国传统审美心理学思想的真谛和精髓的把握。针对现状,今后应着重从以下几个方面继续加强对中国传统审美心理学思想的研究。

首先,要对中国传统审美心理学思想进行全面、系统的发掘和整理。中国传统审美心理学思想不仅包含在哲学家著作和心理学思想文献中,而且大量包含在诗文理论、绘画理论、书法理论、音乐理论、戏剧理论以至园林建筑理论中,需要进一步做好全面发掘和系统整理工作,尤其对其观念、范畴和体系要作深入、系统的分析、研究。

其次,要进一步深入研究和揭示中国传统审美心理学思想的特点。中国传统审美心理学思想不仅有其独特的观念、命题和概念范畴,而且有其独特的理论形态和思维方式,而这些又是同中国传统文化和艺术审美实践经验的特点相联系的。准确地、科学地揭示和把握其特点,使其成为具有中国民族特色的传统审美心理学思想体系,是在新的现实条件下对其加以继承和发展的基础和前提。中西比较研究对于揭示中国审美心理学思想的特点不失为一种好方法,而且可以在比较中见出中西美学思想各自的优势和互补性。新时期以来这种比较研究有了较大进展,但要注意避免比较中的生拉硬扯、以偏概全及主观臆断等现象,使比较研究真正建立在对中西美学思想的科学分析和真知灼见的基础上。

再次,要从当代现实生活以及审美和艺术实践需要出发,按照时代特点和要求,对传统审美心理学思想进行新的审视和创造性阐释,赋予其新的时代内涵和现代表达形式,使其与当代审美观念与艺术实践相结合,成为构建有中国特色的现代审美心理学的有机组成部分。近年来,美学界和文艺理论界讨论的中国古典美学和文论的现代转型或现代转换问题,对于促进有中国特色的现代美学和文艺学建设是十分有益的。我们所理解的

"现代转型"和"现代转换",就是要从新的时代和历史高度,用当代的眼光对传统美学和文艺理论中至今仍有借鉴价值的命题、学说、概念、范畴进行新的阐述和创造性发挥,以展示其在今天所具有的价值和意义,从而使其与当代美学和文艺观念相交织、相融合,共同形成有中国特色的现代美学和文艺学的新的理论体系和话语体系。做好这项研究工作,需要研究者既有对中国古典美学和文论的透彻理解,又有对符合时代要求的当代审美意识和文艺观念的准确把握,使两者真正达到融会贯通、水乳交融。这是一项具有探索性和开拓性的工作,应当提倡探索多样的研究途径、研究方法,创造多种的理论形态和理论体系。我们应在过去研究成绩的基础上,更自觉地推动这项工作,使研究更系统化、更具有完整性。

最后,为了全面、系统地研究中国传统审美心理学思想,并使其特点和丰富内涵得到准确、深入地揭示,需要把对中国传统审美心理学思想的研究和对中国传统艺术的民族审美特点的研究相互结合起来。这方面,宗白华先生的美学研究已为我们提供了一个典范。他对于中国各门传统艺术的审美特点,诸如诗词歌赋、绘画书法、音乐戏曲、园林建筑等等,几乎都有精当而入微的考察和分析,从而深刻揭示出我们民族的美感的特殊性。这对于研究我们民族审美心理(创作、欣赏)的特殊规律,以及反映这种特殊规律的审美心理学思想,是有极重要意义的。美感的民族特点不是凝固不变,它将随着时代条件和社会生活的发展变化而发展变化。考察和研究我们民族美感或审美心理的特点,既要研究传统的艺术和审美实践经验,更要研究当代中国的艺术和审美实践经验,这样才能真正把握民族审美心理在新时代、新现实、新生活中的发展变化。总之,中国特色现代审美心理学的形成,既不能脱离中国传统艺术和审美的实践经验,也不能脱离中国当代艺术和审美的实践经验;既要反映中国传统艺术所体现的美感的民族特色,又要反映中国当代艺术所体现的美感的时代特点,即民族美感特色在新时代的新发展。只有建立在民族传统艺术和当代艺术实践经验基础上的现代审美心理学,才能具有鲜明的中国作风和中国气派。

第三节 确立现代审美心理学的科学方法论

20世纪以来中国审美心理学研究的发展历程还表明,要建立科学的现

第十五章 建设中国特色现代审美心理学

代审美心理学体系，必须使审美心理研究奠定在科学的方法论的基础之上。方法论有不同层次，最高层次的就是哲学方法论。审美心理学研究要沿着正确的方向前进，必须有科学的哲学方法论作指导。心理学中的一些根本问题，本来就同哲学的基本问题密切联系，何况美学本身就属于哲学的领域。审美心理学研究只有在科学的哲学方法论指导下，才能取得真正科学的成果，它从经验或实验以及其他相关学科中获取的大量资料，更需要进行哲学的综合。如果没有哲学的帮助，要形成、解释、阐述审美心理学的概念、范畴、理论、假说并形成体系，将是不可能的。建构有中国特色的现代审美心理学体系所需要的哲学方法论，既不是否定审美主体在审美经验中具有能动作用的机械唯物主义，也不是否定审美经验具有客观来源和制约性的主观唯心主义，而只能是辩证唯物主义，这也是近百年来中国美学发展向我们昭示的真理。马克思主义的实践论和辩证唯物主义的能动的反映论，应当是科学的心理学的方法论基础，当然也应当是科学的审美心理学的方法论基础。哲学的方法论的区别，不仅可以使我们能站在一个理论制高点上去审视、鉴别西方各种现代心理学美学流派和思潮，真正从中吸取科学的、合理的成果，避免生吞活剥、亦步亦趋，而且将使我们建构的科学的、现代的审美心理学体系真正具有不同于西方心理学美学的理论特色。

哲学的方法论只能包括而不能代替具体科学的方法论。审美心理学与和它密切相关的心理学一样，还是一门正在走向成熟的科学，它的具体的研究方法还处在发展和更新之中。现代心理学的研究方法很多，例如实验法、观察法、调查法、测验法、档案法等各有优势，可以互补。但不论运用哪种方法，都要遵循客观性原则。当代心理学受到习性学、计算机科学等方面的影响，着重在真实、自然条件下的研究，一般倾向于认为，心理学研究如果可能，应尽量应用自然观察法，或在实验室内进行自然观察。这种研究方法上的改变，必将对审美心理学的建设和发展产生重要影响。目前，西方审美心理学研究由于多是心理学家进行的，能较广泛地运用各种心理学研究方法，特别注重实验法和测验法等定量研究方法，并十分注重收集量化的资料，故研究结论具有较强的客观性、精确性。而我国的审美心理学研究由于多是美学家、文艺学家进行的，在研究方法上采用作品分析法和档案法——搜集有关文献资料（如作家、艺术家的创作体会、日

· 187 ·

记、自传等）较为普遍，而且采用自我观察法更重于采用客观观察法，收集的资料多为非量化的描述性资料，因而研究结论往往带有一定程度的主观性、推论性。这方面，我们的基本态度是放开眼界，更多地向西方先进的、科学的、实证的、实验的研究方法学习和借鉴，以补助我们的不足。当前审美心理学的发展趋势是越来越重视多种研究方法的综合运用，既重视精细的定量研究方法，又重视宏观的定性研究方法；既强调客观的观察法和实验法所获得的资料，也不排斥自我观察法和内省法所获得的资料；既注意实验室的研究结论，更注意自然观察的研究成果。总之，定量分析与定性分析、客观观察与自我内省、控制实验与自然观察，应当取长补短，互相结合，综合利用，只有这样才能有助于全面揭示审美心理活动的规律和机制。

建立在现代科学技术新成果基础之上的一般科学方法论，如系统论、控制论、信息论等，为各门科学提供了新的观察点和生长点，也给心理学提供了新的视角和研究方法。20世纪40年代以来，信息论、控制论、系统论等方法在心理学领域已经得到广泛运用，对审美心理学的发展也产生了重要影响。80年代以来，我国不少美学家已在采用这些新的科学方法上作了许多尝试。实践证明，从实际出发，在审美心理研究中成功地运用这些新方法，对于科学解释审美经验的心理结构、构建现代审美心理学体系都具有促进作用。

审美心理学虽然与一般的理论心理学息息相关，但与一般心理学又有显著区别。审美心理学要形成独立的学科并取得科学的成果，不能简单地套用一般心理学的方法，而必须形成适合本身研究对象和内容的独特的方法。审美心理学研究的不是一般的人类心理经验，而是特殊的审美心理经验。我们在看到两者所具有的一般性和共同规律的同时，必须更加重视探究后者的特殊性和特殊规律，这就需要有特殊的研究方法。一般的心理实验法所获得的资料和结论之所以在审美心理研究中往往缺乏说服力和适用性，原因就在于它不完全适合审美心理经验本身的特点。一般心理学研究方法的发展趋势将是越来越自然科学化，越来越强调定量分析的重要性；而审美心理研究则由于其研究对象本身具有更为复杂的社会人文内涵，具有社会性精神现象的微妙难测的特点，因此，要达到完全自然科学化和定量分析，肯定是难以实现的，这就使审美心理学的特殊方法问题成为审美学发展中不能不引起高度重视的一个问题。在这方面，我国的不少研究者已有一些探索和尝试。例如，对中国传统审美心理学研究中注重体悟性描述和整体性把握的思维方式和研究方法，重新给予认识，在新的科学水平上审视它对于审美心理研究独特的意义，并力求将它与当代西方日益缜密和科学化的心理学研究方法互相结合，达到优势互补，这可能对审美心理学研究的特殊方法的形成产生良好的作用。

美学发展的趋势表明，哲学的美学和科学的美学、思辨的美学和经验的美学、理论美学和应用美学将会互相补充，共同推动当代美学的变革和重建。在这个多元化、全方位的研究格局中，对审美主体、审美经验的研究将仍然会处于研究重点的位置，对审美主体、审美经验的研究将越来越趋向综合性和多学科性。这既是现代科学发展趋势所使然，也是审美经验研究向广度和深度发展的必然要求。实际上，新时期以来当代中国美学的发展已开始反映和展示了这一趋势。审美经验、审美心理乃至全部审美主体活动的复杂性和深刻性，审美心理区别于一般心理的特殊性质和规律，都表明审美主体、审美经验研究既不能不靠心理学，又不能单靠心理学。只有运用哲学、心理学、思维科学、语言学、符号学、社会学、文化人类学、艺术理论、艺术史、艺术批评等多学科的理论和方法，对审美主体和审美经验进行全方位、多角度的考察和研究，并使之互相联系起来，才能使审美经验的研究得到拓展和深化，才能使审美心理学研究有新的突破。深入揭示审美经验得以产生和实现的内在机制和奥秘，使审美经验研究进入微观层次，无疑是深化审美心理研究的一个难点和突破口。这就要求更多地吸收现代科学的新成果，使审美经验研究更多地奠基于现代认知心理学、神经生理学、大脑科学以及人工智能等现代科学的最新成果之上。当然，吸收现代科学的新成果，也必须从审美经验的实际出发，密切结合审美经验的特点和特殊规律，而不是用一般的科学成果代替对于审美经验的具体分析，用一般的科学概念范畴代替艺术审美中特殊的概念范畴，这样才能有助于审美经验内在发生机制的研究，促进审美心理学的创新和发展。

附录

彭立勋的审美学研究

李 梦

彭立勋，美学家，享受国务院政府特殊津贴。深圳市社会科学院原院长、顾问、教授，华中师范大学兼职教授、博士生导师。代表著作有《美感心理研究》《审美经验论》《美学的现代思考》《西方美学史》第二卷、《趣味与理性：西方近代两大美学思潮》等。

彭立勋教授是一位勤耕不辍、成果丰硕的美学学者。他的研究领域涉及美学理论、西方美学史、中西美学比较、文艺美学、环境美学等多个方面。其中，他在审美心理和审美经验研究方面用力最多，成果富有特色和开创性，对我国审美心理学的建设做出了独特贡献。

改革开放之初，伴随"美学热"的兴起，在华中师范大学任教的彭立勋根据教学需要，迅速将研究重点从文艺理论转向美学。但他不想重复前人的老路，经过对国内外美学研究现状的分析和思考，他感到仅从哲学思辨去解决美的本质问题，难以获得突破。美固然具有客观性，却不能脱离人的审美活动而存在。因为只有通过人的审美活动，客观对象才对人显现出美的价值。但长期以来，我国美学界对审美活动和审美经验的研究严重不足，自朱光潜的《文艺心理学》出版以来，近40年再也没有出现研究审美经验或审美心理的专著。而现代西方美学却越来越重视审美经验的研究，实现了从美的本质到审美经验的研究重点的转移。这一切，都使他感到审美经验研究是大有可为的。于是，他决定把对于审美主体和审美心理的研究作为主攻方向。

新时期审美心理研究的开拓之作

1985年，彭立勋的新著《美感心理研究》出版，这是新时期我国最早出版的审美心理研究专著之一。在书中，他将美学和心理学、认识论、文艺学、社会学等多种学科结合起来，对美感心理的性质、特点、要素、结构、过程、形态等作了比较全面、系统的研究和论述，对美感发生的心理机制作了新的探索。针对长期以来将美感归结为直觉或等同于快感等片面观点，书中强调美感"是由多种心理要素组成的、具有特定功能的有机整体"，"各个心理构成因素必须始终从部分与整体的相互联系和制约关系中，揭示其特征和活动规律"，并对美感意识中直觉和理性、情感和认识、愉悦和功利的辩证统一作了深入、具体分析。此书还提出，美感不是审美主体对审美客体的简单反映，而是主体和客体相互作用的能动过程。审美主体通过形象思维形成的"形象观念"，在美的认识和情感感动生成中起着中介作用，是了解美感发生心理机制的关键。此外，审美主体已形成的思想感情体系和个性心理特点（审美理想、审美情趣、审美能力等），对于美感心理效应的形成也起着折射作用，从而使美感心理的生成具有变异性和差异性。

《美感心理研究》出版后，反响很好，于1986年分别获得全国优秀畅销书奖和湖北省社会科学优秀成果专著二等奖。著名美学家蒋孔阳教授称其为"新时期审美心理研究的开拓著作之一"。

审美经验理论体系的提出

1987年，正当彭立勋继续深化对审美经验的研究，开始构思另一部新的著作时，他受国家教委派遣，到英国剑桥大学做高级访问学者。他带着研究课题去到剑桥，不但考察和研究了当代英国美学，也收集了与研究课题有关的大量资料，在反复比较、鉴别、分析、归纳中，逐步形成了新的思想。1988年回国后，彭立勋从华中师范大学调到深圳负责建立社会科学院，仍然念念不忘审美心理研究。1989年，凝结着他在剑桥研究心得的新著《审美经验论》出版。

相对于《美感心理研究》，《审美经验论》更加注重审美经验的复杂性和特殊性的考察，也更加注重对于审美心理特殊结构方式的研究，同时，在运用当代新学科、新方法和借鉴当代西方审美经验研究新成果方面，也作了更多新的尝试。书中运用系统论和系统方法，将全部审美心理活动作为一个特殊的系统，具体分析了审美心理的整体性、层次性和动态性。他提出："审美心理的特性既不在于其心理构成因素的多寡，也不是各种构成因素属性相加的总和，而是在于各种构成因素互相联系、互相作用的特殊结构方式。"全书以分析审美心理特殊结构方式为中心，重点论述了审美认识结构和审美情感结构，具体分析了它们各自的构成、特点、层次，以及两者之间联系和作用的特殊方式。同时，进一步指出，审美主体以形象观念为基础所形成的"美的观念"，作为审美认识结构的基本形式，在美感生成中起着中介作用。审美经验中的直觉性、形式感和愉悦感等，都与审美心理的特殊结构方式和美的观念的中介作用密切相关。书中还将审美经验分析与艺术研究结合起来，对艺术的审美特性和艺术美的创作规律提出了一些新的看法。

至此，彭立勋以"审美心理有机整体论""审美心理特殊结构方式论""美感发生中介机制论"和"审美生成主客体互动论"等为支撑，形成了一个较完整的审美经验的理论体系。中国社会科学院原常务副院长、中华全国美学学会会长，著名哲学家和美学家汝信评价该书说："作者提出了自己的审美经验理论体系，富有独创性，对有关审美活动的一系列重要美学问题的分析和解释都颇有新意，突破了前人的研究水平。"1994年，它获得广东省优秀社会科学研究成果专著一等奖。

在不断深化审美经验研究中，彭立勋始终关注国内外相关研究领域的新进展。他先后撰写了《审美经验与艺术研究的统一——当代西方美学研究特点的总体审视》《西方现代心理学美学的评价问题》《20世纪中国审美心理学建设的回顾与展望》等论文，对中外审美心理学研究的成就、经验、问题和发展等提出了自己的认识和评价。

对审美经验研究的资料整理

彭立勋也很重视对于审美经验研究的历史资料的整理和研究。他在英国考察和研究西方美学时，对重视审美心理研究并形成独特的"趣味理论"的英国经验主义美学产生了浓厚的兴趣,并且依凭剑桥大学得天独厚的图书资料优势,收集了较丰富的资料。

近年来,他以此为基础,对经验主义和理性主义两大美学派别作了全面、系统、综合、比较研究,于2009年出版了新著《趣味与理性:西方近代两大美学思潮》。此书以宏观视野,从西方近代哲学思想发展和转型的高度,来把握近代经验主义和理性主义两大美学思潮形成的根源和实质。认为西方近代哲学从本体论向认识论的重点转移,使美学的主要哲学基础发生重要变化,美学的主要研究对象由审美客体转向审美主体,对于审美经验或审美心理的研究成为西方近代美学的重点领域。而对于认识主体和审美主体的不同侧面的强调,则是形成两大美学思潮不同性质的根本原因。书中运用综合比较方法,对经验主义和理性主义两大美学派别的主要分歧、基本特点、关键理论和思想体系等进行了全面、系统、深入的研究,并对两大美学思潮的历史影响、局限和当代价值作了科学分析。学界认为,这部专著填补了我国西方美学史研究中的一个重要空白。

回顾自己的美学探索过程,彭立勋认为,美学是一门尚处在建设和发展之中的学科,许多基本问题都有待探索,只要坚持走自己的路,就会有广阔的创新空间。

(原载于《中国社会科学报》2013年3月25日)

彭立勋美学研究的特色与学术成就

陈池瑜[*]

彭立勋教授是我国20世纪80年代以来著名的美学家，他出版了《美感心理研究》《审美经验论》等多部著作，尤以对审美经验研究形成其特色。《美感心理研究》是体系完备、科学性和系统性较强的一部专著，有力地推进了新时期美感心理研究，是新时期我国审美心理学研究的重要成果。彭先生的《美感心理研究》《审美经验论》两本著作，在国内倡导了一种以审美心理与审美经验为中心的新的美学研究方法，开拓了新的美学研究领域，使国内美学研究在热衷于美的本体研究的同时，也充分关注美感心理研究和审美经验及艺术问题研究。在国内这一美学研究的新格局形成中，彭先生起到了积极的作用。彭先生的学术成果是多方面的。他治学严谨，勤奋用功，思维敏捷；他所取得的学术成果，为当代中国美学学科建设做出了积极的贡献。

彭立勋教授是我国1980年代以来著名的美学家，他出版了《美感心理研究》《审美经验论》《美学的现代思考》《西方美学名著引论》《趣味与理性：西方近代两大美学思潮》《西方美学史》第二卷等多部著作，尤以对审美经验研究形成其特色。他的这些学术成果，有力推进了新时期我国审美心理学研究，对我国当代美学学科建设做出了积极的贡献。

彭立勋先生1960年毕业于华中师范学院（后改名为华中师范大学）

---

[*] 陈池瑜，文学博士，清华大学美术学院教授，博士生导师，清华大学艺术学博士后科研流动站合作导师，全国艺术学学会常务理事，清华大学吴冠中研究中心学术委员，《清华艺术学丛书》主编，清华大学《艺术与科学》杂志副主编。享受国务院政府特殊津贴专家。

中文系，后留在中文系从事文艺理论教学和研究工作。1979年他与孙子威先生、周伟民先生组成文艺理论研究生指导小组，由孙先生任组长，开始在华中师范学院招收"文化大革命"后第一批文艺理论硕士研究生。我有幸成为这批文艺理论研究生的一位，成为彭先生的学生。记得彭先生给我们开设美学原理和西方美学课程，给我们细致讲解马克思《1844年经济学哲学手稿》中的美学思想，讲授柏拉图、亚里士多德、布瓦洛、康德、黑格尔、车尔尼雪夫斯基、里普斯、克罗齐的美学思想，使我们受益很大。彭先生是我的美学之启蒙导师。记得1981年彭先生一天晚上在华中师大作美学讲座，大教室爆满，三四百名学生包括理科、外语、历史、政治、中文系的学生都来听讲。当时学生们对美学和什么是美充满了好奇心，彭先生的演讲帮助学生解答相关的美学问题，获得学生的热烈称赞。由此可见1980年代初在中国兴起的美学热潮的一个侧面。1982年我毕业后，被分配到湖北美术学院工作，2001年我调入清华大学美术学院。彭先生1988年调入深圳市筹建该市社会科学院，后任深圳市社会科学院首任院长。1982年至1988年，我在武汉工作期间，经常回母校向彭先生讨教相关美学问题，记得一次彭先生将他翻译的西方当代美学家乔治·迪基等人的美学资料打印本送给我一份，我在讲授西方当代艺术理论时，曾作参考。彭先生出版的每一部新著都送给我，使我毕业后仍能不断学习彭先生的学术思想和最新的研究成果，这使我这位跨行到美术学院从事美术史论教学和研究的学生尤感亲切。毕业后能继续享受导师的教导、吸取导师的学术营养，对我来说是一种莫大的幸福。

  彭先生从1980年开始由原来侧重研究文艺理论转到美学理论和西方美学史研究方面，当时他属于新时期初期研究美学的新一代中青年学者。1980年6月他参加了第一次全国美学会议，并作大会发言。1980年10月他到北京师范大学参加全国高校美学教师进修班的研修活动，听取朱光潜、王朝闻、蔡仪、宗白华、李泽厚等老一辈美学家的讲演，开拓美学视野。他通过对中国美学现状的分析，认为我国当代的美学研究，三大美学派别都集中在美的本质问题上，而对审美心理研究较为欠缺。自1936年代朱光潜的《文艺心理学》出版后，四十多年间，未出现研究美感心理和审美经验的专著，直到1984年11月人民出版社才出版王朝闻先生的《审美谈》。而西方现代美学却越来越重视审美经验的研究，这使彭先生做出决定,将对美感心理和审美经验的研究,作为自己美学研究的主攻方向,力求在这一领域有所突破。经过几年的潜心研究,1985年彭先生的《美感心理研究》由湖南人民出版社作为"美学丛书"之一出版。王朝闻先生的《审美谈》和彭立勋先生的《美感心理研究》是新时期我国最早出版的两本审美心理研究的专著,拉开了新时期我国审美心理研究的序幕,在学术界均产生了较大影响,《美感心理研究》获得全国优秀畅销书奖和湖北省社会科学优秀成果二等奖。

《美感心理研究》对美感的心理结构和功能特征,进行了系统研究。作者将哲学认识论、心理学、文艺学、社会学多学科的相关原理加以运用,认为审美心理过程是一个有机结构,在美感活动中情感、想象、直觉、感知等心理因素是相互联系、相互作用的一个有机整体。该书还细致分析了审美意识活动的三组矛盾,即直觉与理性、情感与认识、愉悦与功能的辩证统一。通过对审美心理机制的分析研究,该书创造性地提出了若干新的观点,如认为审美主体在形象思维活动中产生的"形象观念"是达到美的认识与美的情感感动的中介,并对于"形象观念"这一范畴进行了充分的阐述。作者还将美感心理看成是一个动态的生成过程,认为审美主体在以往的审美体验过程中已经形成的思想感情、心理个性和审美理想、审美情感、审美能力,均对审美活动产生作用。因此,美感活动不能看成是审美主体对审美客体的简单复写,而是一个动态的能动的复杂的创造性过程。该书还广泛联系文艺创作与艺术欣赏及对自然美的审美欣赏的例证,对审美活动中知觉、联想、想象、直觉、情感、理解等心理因素问题,进行细致分析,建立起审美心理的结构模式。该书是美感心理研究体系完备、科学性和系统性较强的一部美学专著,有力推进了新时期美感心理研究,是新时期我国审美心理学研究的重要成果。

1987年5月,彭先生由国家教委派遣,作为高级访问学者赴英国剑桥大学进行研究工作。他在剑桥的一年中,集中对西方审美经验理论进行探讨。他回忆这一年的访问研究生活时说,这一年是其生平中研究时间最充裕、研究精力最集中、思考问题最深入的一年。他在剑桥大学国王学院的教堂中牛顿、罗素等巨人的雕像下沉思,在风景如画的剑河小桥上构想,大部分时间浸泡在高耸而宁静的剑桥大学图书馆中。我曾于2006年11月到该校艺术史系做过半年高级访问学者,剑桥小城分布着剑桥大学的各个

彭立勋美学研究的特色与学术成就

学院如国王学院、三一学院、达尔文学院等，这些学院都紧靠剑河，学术氛围引人入胜，自然环境优美无比。我在剑桥的半年，大部分都在伦敦、苏格兰、牛津和剑桥本地参观博物馆与美术馆，更多的是收集画册、艺术史等图像和文字资料。彭先生的大部分时间用在剑桥大学图书馆，收集和阅读在国内难于查到的西方有关审美经验和经验主义美学以及西方当代美学的最新资料。他如饥似渴地阅读，深入细致地整理辨析这些资料，逐步形成有关审美经验的新的思想。回国后很快完成了25万字的专著《审美经验论》，由长江文艺出版社作为"文艺美学书系"之一，于1989年出版。

《审美经验论》是新时期国内出版的以审美经验为研究中心的首部专著。该书建立起审美经验研究的新的体系，并以新的国际学术视野来阐述有关审美经验的重要问题。如第一编"审美经验研究与当代美学"，介绍了当代西方美学格局中的审美经验研究，指出当代西方美学的研究重点，已从美的本质的研究转向审美经验的研究，并介绍了以艺术研究为中心已成为西方当代审美经验研究的新的特点。该编还对审美经验研究与心理学的关系作了新的探讨，认为心理学对审美经验研究做出了重要贡献，心理学方法是审美心理研究的有效方法，但审美心理研究还不能完全局限于心理学方法，应将哲学的、思辨的方法和心理的、科学的方法结合起来。该书还尝试运用系统论和系统方法将审美经验中的心理活动诸因素看成是一个由特殊的结构方式组成的系统。在第二编"当代审美经验理论审视"中，借鉴西方当代美学和哲学、心理学研究成果，对审美经验与审美对象、审美态度理论、审美知觉理论、审美愉快理论，分别进行了深入探讨。该书另两编为"审美经验的系统研究"和"审美经验与艺术特性"。通过对审美经验的系统而深入地研究，彭先生又提出了若干新的学术观点。如认为审美心理的特点是由其构成因素的特殊结构方式决定的，审美愉快是审美认识和审美情感以特殊结构方式互相联系和作用所产生的整体效应。又如认为审美主体以形象观念为基础所形成的"美的观念"，在美感生成中起着中介作用。他还指出，美必须具有令人愉快的感性形式，但审美经验不等同于感官的快感，而是整个心灵的感动，美的感性形式中必然隐含着使人情理交融的真与善相统一的内容。彭先生进一步认为美就是真（自然、合规律性）与善（自由、合目的性）相统一的令人愉悦的感性形式，美只能生成于人与对象的审美关系之中，而在这一关系中审美经验和审美心理活动，起着至关重要的作用。彭先生从审美心理到审美经验，再到美的本体的研究，得出了若干新的见解，深化了相关美学问题的研究。著名美学家汝信先生评价此书："较深入而有系统地研究了过去我国美学界所忽视的审美经验问题，填补了我国美学研究中的一个空白。""作者提出了自己的审美经验理论体系，富有独创性，对有关审美活动的一系列重要美学问题的分析和解释都颇有新意，突破了前人的研究水平。在近年我国出版的美学专著中，该书确实是不可多得的佳作。"这部专著获得广东省优秀社会科学研究成果一等奖。尤其值得指明的是，彭先生的《美感心理研究》和《审美经验论》两本著作，在国内倡导了一种以审美心理与审美经验为中心的新的美学研究方法，开拓了新的美学研究领域，使国内美学研究在热衷于美的本体研究的同时，也充分关注美感心理研究和审美经验及艺术问题的研究。在国内这一美学研究的新格局形成中，彭先生起到了积极的作用。

彭先生1988年调入深圳市工作，任深圳市社会科学院院长、深圳市社会科学联合会主席。在繁忙的行政工作之中，彭先生仍在不断思考问题，写作发表了大量美学论文，不仅继续开展他一直擅长的文艺美学和西方美学研究，而且包括开展城市美学和环境美学这些与社会经济发展密切相关的新的美学课题的研究。1996年，他将这些论文结集为《美学的现代思考》一书，由中国社会科学出版社出版。他还担任了著名美学家、全国美学学会会长汝信先生主编的四卷本《西方美学史》的副主编。记得2000年彭先生在深圳组织召开了《西方美学史》编撰研讨会，积极协助汝信先生筹划这套多卷本的《西方美学史》的写作与出版，我也有幸参加了会议。这套《西方美学史》于2008年已全部出齐。其中，彭先生自己与另外二位学者合写了《西方美学史》第二卷《文艺复兴至启蒙运动美学》。《西方美学史》（四卷）是国家哲学社会科学基金项目，是目前国内出版的西方美学史中规模较大、资料较全且多新见的一部。出版后获得哲学界、美学界、文艺界广泛好评，被专家称为"达到了西方美学通史研究在当代中国的最前沿水平"。

彭先生在英国剑桥大学从事美学研究的过程中，对英国经验主义美学产生了浓厚的兴趣，收集了不少有关经验主义美学的研究资料。他近年来开始对英国经验主义美学和欧洲大陆理性主义美学进行专题研究，并于

2009年由中国社会科学出版社出版了《趣味与理性：西方近代两大美学思潮》。这部45万字的大作，对以英国培根、霍布斯、洛克、舍夫茨别利、艾迪生、休谟、伯克为代表的经验主义美学，及以法国的笛卡尔、布瓦洛，荷兰的斯宾诺莎，德国的莱布尼茨、鲍姆加登为代表的理性主义美学，进行了系统而深入地研究，在17—18世纪西方思想发生巨变的大背景下，考察经验主义与理性主义美学形成的原因和发展过程，对这两大学派代表美学家的主要美学思想与特点，及两派的关键理论问题和两派的汇合与历史影响等，均做出了细致分析与深入探讨，归纳总结出经验主义美学和理性主义美学的主要特点和成就，提出自己的见解。如认为经验主义美学是以对情感和趣味的研究为基点，强调美、美感和艺术的感性基础、经验性质以及强调情感想象的作用，而理性主义美学则以认识和理性为研究基点，强调美、美感和艺术的理性认识作用和超验性质。前者是采用的自下而上的经验归纳方法，后者采用的是自上而下的理性思辨方法。该著的另一特点是，将美学理论的阐释同美学史考察相结合，将美学问题的论证同美学家个案研究相统一，取得了突出的研究成果。汝信先生称赞此书："填补了我国西方美学史研究中的一个重要空白"，"大大超越了我国学术界过去对这一时期西方美学的研究水平"，"确实是难能可贵的富有创见的学术成果"。汝信先生的评价是实事求是的。此外我想补充说的是，从20世纪初"美学"一词翻译到中国，我们开始建立现代形态的美学学科，在起步和发展的早期阶段，加之大学美学教材建设的系统性要求，重点放在诸如《美学概论》《美学原理》和中外美学通史的学科建设方面。随着美学研究的深化，仅就美学史来说，在研究美学通史的同时，应该更多地加强断代史和美学流派及美学家个案的研究，这样能使美学史中的相关问题研究不断深入，使美学史的研究不断向前推进。彭先生的《趣味与理性：西方近代两大美学思潮》，在美学史之断代史和流派研究方面起到了良好的榜样作用。

彭先生的学术成果是多方面的，除上述几部大作外，他还在《中国社会科学》《哲学研究》《文学评论》《文艺研究》《学术月刊》《学术研究》等重要学术刊物上，发表了《〈1844年经济学哲学手稿〉审美理论初探》《论文艺的意识形态性与审美性的关系》《西方现代心理学美学的评价问题》《西方美学史学科建设的若干问题》《从笛卡尔到胡塞尔：现象学美学的方法论转型》《后现代主义与美学的范式转换》《后现代性与中国当代审美文化》《20世纪中国审美心理学建设的回顾与展望》《城市美学的研究对象和范围》《城市空间环境美与环境艺术的创造》等一百多篇美学论文，涉及马克思主义美学、西方美学、中西美学比较、中国当代美学、审美心理学、文艺美学、审美文化研究、城市美学和环境美学等诸多方面，这些论文都从不同方面论述和回答了美学研究和现代生活美学中的相关问题。彭先生治学严谨，勤奋用功，思维敏捷，他所取得的学术成果，为当代中国美学学科建设做出了积极的贡献。我作为彭先生的首届研究生，毕业后从文艺学研究发展到美术史论、艺术学和书画艺术美学研究等方面，现写作此文，研读彭先生的著作和论文，正好再次学习和研究了美学理论。感谢彭先生对我的栽培和教育，他的学术成果是丰富而深刻的，有待我们进一步学习和研究。

（原载于《美与时代》2013年第4期）

参考文献

一 外文著作

Dabney Townsend, ed., *Aesthetics: Classic Readings from the Western Tradition*, Boston, Jones and Bart Publishers, 1996.

George Dickie and R. J. Sclafani eds., *Aesthetics: a Critical Anthologe*, Bedford, st. Martin's, 1989.

Stven M. Chahn and Aaron Meskin, eds., *Aesthetics: a Comprehensiv Anthology*, Oxford, Blackwell Publishing Lid, 2008.

David E. Cooper, eds., *Aesthetic: The Classic Readings*, Oxford, Blackwell Publishers Lid, 1997.

Francis Hutcheson, *An Lnquiry into the Original of Our Ideas of Beauty and Virtue*, New York, Carlunel Pub. 1971.

David Hume, *Of the Standard of Taste, and other Essays*, Indianapolis: Bobbs–Morrill, 1980.

Edmund Burke, *A Philosophical Enquiry into the Origin of Our Ideas of the Sublime and Beautiful*, edited with an introduction by Adam Phillips, Oxford, Oxford University Press, 1990.

Peter Kivy, *The Seventh Sense: Francis Hutcheson and Eighteenth–Century British Aesthetics*, Oxpord, Oxford University Press, 2003.

Nipada Devakul, *Shaftesbury, Hutchson and Hume on the Theory of Taste*, Boston, Boston Cllege, 1982.

George Dickie, *The Century of Taste, The Philosophical Odyssey of Taste in the Eighteenth Century*, Oxford, Oxford University Press, 1996.

John Andrew Bernstein, *Shaftesbury, Rousseau, and Kant: an Introduc-*

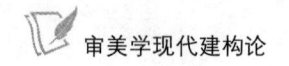

tion to the Conflict Between Aesthetic and Moral Values in Modern Thought, Rutherford, Fairlegh Dickinson Universitg Press, 1980.

Levis Baldacchino, *A Study in Kant's Metaphysics of Aesthetic Experience: Reason and Feeling*, Lewiston, Edwin Mellen Press, 1991.

R. Arnheim, *Toward a Psgchologg of Art*, Berkeleg and Los Angeles, Universitg of California Press, 1966.

A. R. Chandler, *Beauty and Human Nature: Elements of Psychological Aesthetics*, New York, D. Appleton – Centurg Compang, 1934.

R. Ingarden, "Aesthtic Experience and Aesthetic Object," *Philosophy and phenomenlogical Research*, Vol. 21, 1961 (3).

J. Stolnitz, *Aesthetics and Philosophy of Art Criticism*, Boston, Hoaghton Mifflin, 1960.

E. J. Colemen, ed., *Varieties of Aesthetic Experience*, Lanham, Universitg Press of America, 1983.

H. Kreitler, and Kreitler, S. *Psychology of Arts*, Durham, Duke Unirersitg Press, 1972.

D. E. Berlyne, *Aesthetics and Psychobiology*, New York, Appleton – Centurg – Crofts, 1971.

George Dickie, *Aesthetics: An Introduction*, New York, The Bobbs – Merrill company, 1971.

Michael Kelly, ed., *Encyclopedia of Aesthetics*, 4 vols., oxford, Oxford University Press, 1998.

Katherine Everett Gilbert and Helmut Kuhn, *A History of Esthetics*, New York, The Macmillan company, 1939.

Wladyslaw Talarkiewicz, *History of Aesthetics*, 3vols., Hague · Paris, 1970.

Monroe C. Beardsley, *Aesthetics, from Classical Greece to the Present, A Short History*, New York, The Macmillan Compang., 1966.

二　中文译著和著作

北京大学哲学系美学教研室编：《西方美学家论美和美感》，商务印书馆 1980 年版。

马奇主编：《西方美学史资料选编》（上、下卷），上海人民出版社 1987 年版。

《缪灵珠美学译文集》（三卷本），中国人民大学出版社 1987 年版。

伍蠡甫主编：《西方文论选》（上、下卷），上海译文出版社 1979 年版。

古典文艺理论译丛编辑委员会编：《古典文艺理论译丛》（5），人民文学出版社 1963 年版。

中国社会科学院外国文学研究所外国文学研究资料丛刊编辑委员会编：《外国理论家作家论形象思维》，中国社会科学出版社 1979 年版。

蒋孔阳主编：《二十世纪西方美学名著选》（上、下），复旦大学出版社 1988 版。

［古希腊］柏拉图：《柏拉图文艺对话集》，朱光潜译，新文艺出版社 1980 年版。

［古希腊］亚里士多德：《诗学》，罗念生译，人民文学出版社 1982 年版。

［英］洛克：《人类理解论》（上、下册），关文运译，商务印书馆 1983 年版。

［英］休谟：《人性论》（上、下册），关文运译，商务印书馆 1983 年版。

《人性的高贵与卑劣——休谟散文集》，杨适等译，上海三联书店 1988 年版。

《崇高与美——伯克美学论文选》，李善庆译，上海三联书店 1990 年版。

［德］鲍姆加登：《美学》，简明、王旭晓译，文化艺术出版社 1987 年版。

《狄德罗美学论文选》，人民文学出版社 1984 年版。

［德］莱辛：《拉奥孔》，朱光潜译，人民文学出版社 1979 年版。

［意］维柯：《新科学》，朱光潜译，人民文学出版社 1987 年版。

［德］康德：《判断力批判》，邓晓芒译，人民出版社 2002 年版。

［德］席勒：《审美教育书简》，冯至、范大灿译，北京大学出版社 1985 年版。

［德］黑格尔：《美学》（三卷本），朱光潜译，商务印书馆 1979 - 1981 年版。

［俄］车尔尼雪夫斯基：《美学论文选》，缪灵珠译，人民文学出版社

1957年版。

［德］叔本华：《作为意志和表象的世界》，石冲白译，商务印书馆1982年版。

《悲剧的诞生——尼采美学文选（修订本）》，周国平译，北岳文艺出版社2004年版。

［意］克罗齐：《美学原理》，朱光潜译，作家出版社1958年版。

［英］克莱夫·贝尔：《艺术》，周金环、马钟元译，中国文联出版公司1984年版。

［英］罗宾·乔治·科林伍德：《艺术原理》，王至元、陈华中译，中国社会科学出版1985年版。

《弗洛伊德论美文选》，张唤民、陈伟奇译，知识出版社1987年版。

［瑞士］荣格：《心理学与文学》，冯川、苏克译，三联书店1987年版。

［美］乔治·桑塔亚纳：《美感》，缪灵珠译，中国社会科学出版社1982年版。

［美］杜威：《艺术即经验》，高建平译，商务印书馆2005年版。

［匈］卢卡契：《审美特性》第1卷，徐恒醇译，中国社会科学出版社1986年版。

［德］恩斯特·卡西尔：《人论》，甘阳译，上海人民出版社1985年版。

［美］苏珊·朗格：《情感与形式》，刘大基等译，载《美学译文》（3），中国社会科学出版社1986年版。

［法］M.杜弗莱纳：《审美经验现象学》，韩树站译，文化艺术出版社1996年版。

［法］M.杜弗莱纳：《美学与哲学》，孙非译，中国社会科学出版社1985年版。

［波］R.英伽登：《对文学的艺术作品的认识》，陈燕谷、晓未译，中国文联出版公司1988年版。

［美］托马斯·门罗：《走向科学的美学》，石天曙、滕守尧译，中国文艺联合出版公司1984年版。

［美］鲁道夫·阿恩海姆：《艺术与视知觉》，滕守尧、朱疆源译，中国社会科学出版社1984年版。

［美］V.C.奥尔德里奇：《艺术哲学》，程孟辉译，中国社会科学出版

社1986年版。

［德］莫里茨·盖格尔：《艺术的意味》，艾彦译，华夏出版社1999年版。

［英］冈布里奇：《艺术与幻觉》，周彦译，湖南人民出版社1987年版。

［德］W.沃林格：《抽象与移情》，王才勇译，辽宁人民出版社1987年版。

［德］汉斯·罗伯特·耀斯：《审美经验与文学解释学》，顾建光等译，上海译文出版社1997年版。

《普列汉诺夫美学论文集》（1），曹葆华译，人民出版社1983年版。

［苏］列·斯特洛维奇：《审美价值的本质》，凌继尧译，中国社会科学出版社1984年版。

［英］鲍桑葵：《美学史》，张今译，商务印书馆1985年版。

［波］W.塔塔尔凯维奇：《西方六大美学观念史》，刘文谭译，上海译文出版社2006年版。

朱光潜：《西方美学史》，人民文学出版社2002年版。

汝信主编：《西方美学史》（四卷本），中国社会科学出版社2005－2008年版。

北京大学哲学系美学教研室编：《中国美学史资料选编》（上、下），中华书局1980年版。

郭绍虞主编：《中国历代文论选》（第一、二、三、四册），上海古籍出版社1979年、1980年版。

刘勰著、范文澜注：《文心雕龙注》，人民文学出版社1962年版。

叶燮著、霍松林校注：《原诗》，人民文学出版社1979年版。

王夫之著、戴鸿森笺注：《姜斋诗话笺注》，人民文学出版社1981年版。

李渔：《闲情偶寄》，陕西人民出版社1988年版。

于春松、孟颜弘编：《王国维学术经典集》（上），江西人民出版社1997版。

《朱光潜美学文集》（第一、二、三卷），上海文艺出版社1982年、1983年版。

蔡仪：《美学论著初编》（上、下），上海文艺出版社1982年版。

宗白华：《美学散步》，上海人民出版社1981年版。

《李泽厚哲学美学文选》，湖南人民出版社 1985 年版。

钱锺书：《谈艺录》，中华书局 1984 年版。

李泽厚、刘纲纪主编：《中国美学史》（第一、二卷），中国社会科学出版社 1984 年、1987 年版。

敏泽：《中国美学思想史》（第一、二、三卷），齐鲁书社 1987 年、1989 年版。

王元化：《文心雕龙创作论》，上海古籍出版社 1979 年版。

《马克思恩格斯选集》第 1－4 卷，人民出版社 1997 年版。

［德］马克思：《1844 年经济学哲学手稿》，人民出版社 1985 年版。

［英］罗素：《西方哲学史》（上、下卷），马元德译，商务印书馆 1982 年版。

刘放桐等编著：《新编现代西方哲学》，人民出版社 2000 年版。

周辅成编：《西方伦理学名著选辑》（上、下卷），商务印书馆 1964 年版。

［苏］B. A. 克鲁捷茨基：《心理学》，人民教育出版社 1985 年版。

［美］加德纳·墨菲、约瑟夫·柯瓦奇：《近代心理学历史导引》，林方、王景和译，商务印书馆 1980 年版。

［苏］尼·伊·茹科夫：《控制论的哲学原理》，上海译文出版社 1981 年版。

王雨田主编：《控制论信息论系统科学与哲学》，中国人民大学出版社 1986 年版。

［美］冯·贝塔郎菲：《一般系统论：基础、发展和应用》，林康义等译，清华大学出版社 1987 年版。

趣味与理性
西方近代两大美学思潮

序

汝 信

我以欣喜的心情读完了彭立勋同志的新著《趣味与理性：西方近代两大美学思潮》。首先要热烈祝贺这位多年老友在学术研究上与时俱进并取得了卓越的成就，同时也要为他的这部专著填补了我国西方美学史研究中的一个重要空白而感到由衷的高兴。

众所周知，在西方哲学史上，16世纪末至18世纪经验主义和理性主义两大派别的争论构成当时哲学思想发展的主要潮流，并成为古代和中世纪哲学向近代哲学演变的转折点。与此相应，以哲学为基础的西方美学思想的发展也经历了同样的过程，特别是美学作为一个严格意义上的独立的学科也正是诞生于这个时期，经验主义和理性主义的争论可以说是近代西方美学的助产士。这段历史在西方美学史上也是美学思想由古代和中世纪迈向近代的关键，其重要性是不言而喻的。但遗憾的是，过去在我国的西方美学史研究中对这一时期的美学发展及其重要代表人物仅停留于一般性的介绍和评述，而缺乏全面、系统、认真、深入的研究和探讨。彭立勋同志早在20世纪80年代在英国经验论哲学的故乡——著名的剑桥大学任高级访问学者时，即注意着力收集和研究有关经验论和理性派美学的资料，他的这一新著是经过长期潜心研究逐渐酝酿成熟的学术成果，我相信读者们都感受到这部著作的厚重的学术分量。

在我看来，本书的重大贡献在于用历史唯物主义观点为指导，对16世纪末至18世纪这两百年来的西方美学思想的发展进行了全面的观察，并做出了科学的概括和总结。在研究这段历史时，作者不是孤立地谈美学，而是紧密地结合当时西欧各国具体的历史条件，联系影响美学发展的各种社会因素如经济、政治、文化、艺术、思想等方面的实际状况，深入探讨西欧经验主义和理性主义两大美学派别的产生、发展和彼此交锋乃至相互交融的过程,并对重要人物及其思想进行深刻具体的分析,新意迭出,从而大大超越了我国学术界过去对这一时期西方美学的研究水平。这确实是难能可贵的富有创见的学术成果。

本书的一大特点是以西方思想发展的宏观视野把握近代经验主义和理性主义美学这两大派别的实质。作者强调指出,这一时期西欧美学思想受到哲学认识论转向的强烈影响。17—18世纪的西方哲学普遍地把理论建立在反省思维的基础上,从而使认识论哲学研究中占有主导的地位,这种由本体论转向认识论的重点转移,不仅在哲学发展中造成了重要的转折,使西方哲学推进到一个新阶段,而且也使西方美学赖以建立的哲学基础发生了重要变化,以前美学主要是以本体论为基础,现在则转向主要以认识论为基础了。其结果就是美学研究的主要对象由审美客体逐渐向审美主体转变,对人的审美经验或审美意识的研究开始上升到主要地位。无论是经验主义美学或者理性主义美学,它们研究的重点以及它们之间的分歧和争论,都是围绕着认识论问题而展开的。尽管这两个派别在一些重大问题上有不同的意见,甚至完全对立的看法,可是正如鲍桑葵所说,它们却有着共同的出发点,那就是"思想着、感受着和知觉着的主体"。两者都高扬审美主体的作用,只不过一方强调的是主体的感觉经验;而另一方面则重视主体的理性思维。本书紧紧地抓住这两个近代西方美学派别的显著特征,把认识论转折影响下产生的美学研究向审美主体的转变,看作美学思想由古代和中世纪迈入近代的关键,高屋建瓴,统观全局,理清了这一时期西方美学发展的脉络,这是应该予以充分肯定和高度评价的。

本书用大量内容丰富的材料说明,近代西方美学继承了以古希腊美学为开端的古典美学优秀传统,又按照时代的发展和需要而有新的发展,不仅对传统的美学命题和范畴作了新的阐释,而且回答了时代提出的新问题,提出和阐明了一系列新的美学概念和范畴,以新的观念和方法表述了一些新的美学和艺术理论,从而把西方美学的发展推进了一大步。可以说,经验主义和理性主义这两个美学学派对美学作为一个独立学科在近代西方的正式建立是立了大功的。如果没有它们的努力探索,也就没有后来的康德美学,当然也不会有席勒、谢林和黑格尔以及整个德国古典美学,那么西方美学的发展也完全可能呈现不同的面貌了。仅此一端,就足以说明本书对这一课题所做的研究,对帮助读者们理解全部西方美学史具有何等重要的意义。

为什么近代西方美学把重点转向审美主体？这是值得我们思考的问题。从本书的论述中可以看出，美学发展中的这一现象与哲学发展中的认识论转折一样，实际上是从文艺复兴到启蒙运动的整个西方社会思想发展进程的自然产物。不论是哲学上重视人作为认识主体的作用，或是美学上强调人作为审美主体的作用，其前都是要确认人作为主体的独立自主的自觉，首先需要人在思想上解放。文艺复兴和启蒙运动的伟大历史贡献就在于把人从宗教的绝对统治下解放了出来，恢复了人作为独立自主的主体的价值和尊严。布克哈特曾精辟地把意大利文艺复兴时期的文化概括为人的发现，实际上是把文艺复兴看作古希腊人文精神的复兴。康德则对"什么是启蒙运动？"给予了经典式的解答，认为启蒙运动就是人类脱离自己所加之于自己的不成熟状态，"要有勇气运用你自己的理智！这就是启蒙运动的口号"。在古希腊世界，人享有崇高的地位。索福克勒斯说，世上珍奇事物千千万万，唯有人最为伟大，而普罗泰戈拉则把人说成是万物的尺度。但是，希腊人却始终生活在命运的阴影下，摆脱不了这种超自然力量的支配，而化为俄狄浦斯那样的悲剧人物形象。换句话说，人还没有真正成为独立自主的主体。到了中世纪，人彻底异化了，完全屈服于自己创造出来的上帝的绝对权威之下，丧失了自主和自觉的能力，也就不成其为独立的主体而沦为异己力量的奴隶。经过文艺复兴和启蒙运动的洗礼，才使人重新站立起来，恢复理性的自由而成为独立自主的主体，亦即康德所说的使人脱离自己所加之于自己的不成熟状态，而勇敢地运用自己的理智。正是由于人成为这样的主体，人才能通过感觉器官真实地感受周围的世界，借助于理性思维去认识和理解这个世界，以丰富的情感去表现这个世界，并发展自己的审美能力去欣赏世界和人的艺术创造。近代西方哲学和美学为什么把研究目光转向主体，作为一门独立学科的美学为什么产生于近代，从这里可以求得基本的解答。如果本书能在这方面对读者有所启迪，那我认为作者的目的也就达到了。

2009 年 10 月

绪 论

一 17—18世纪西方美学形成和发展的历史背景

从文艺复兴时期开始，在欧洲许多国家中，资本主义经济在封建社会内部逐渐成长。特别是在1500年以后，随着海外航行和地理大发现，西欧国家的海外扩张大规模展开，通过海外殖民掠夺和贩卖奴隶，西欧各国财富迅速增加，从而极大地刺激了西欧本土经济的发展和资本主义生产关系的逐步形成。发生于16世纪的西欧"商业革命"和"价格革命"，以及从16世纪到18世纪不断开展的"圈地运动"等，有力地推进了资本主义原始积累的进程。进入17世纪，直到18世纪，西欧资本主义迅速向前发展，同时，各国资本主义发展的不平衡性也甚为明显，经济和政治状况差别较大。

荷兰在16世纪中期发展为西欧北部的主要商业中心，工场手工业十分发达。就在这一时期，荷兰爆发了反对西班牙殖民统治、争取独立的革命，并取得胜利，成立了西欧以至世界上第一个资产阶级共和国，从而为资本主义经济的发展开辟了广阔的政治道路。17世纪前半叶，荷兰经济得到更为迅速的发展，成为西欧最大的经济强国，同时在海外贸易和海外殖民方面也逐步取代了老牌殖民帝国葡萄牙的地位，成为全球最大的殖民帝国。但是，到17世纪末，荷兰逐步走向衰落，被具有更为优越的产业资本基础的英国所压倒。

英国作为西欧近代经济发展的最典型的国家，其资本主义原始积累大约开始于15世纪到16世纪初。到16世纪，英国农业中的商品生产有了增长，工场手工业也相当繁荣，商业势力已扩展到海外。16世纪后半期和17世纪初，英国建立享有专卖权的特许贸易公司扩大海外贸易，促进了工业生产发展。从16世纪开始一直延续到18世纪的"圈地运动"，促成了农村原有阶级结构的变化，为资本主义生产的扩大和发展创造了充分的劳动力条件。从事工商业经营的部分贵族形成"新贵族"阶层。资产阶的联合新贵族，借助农民和城市平民，打着宗教的旗帜，在17世纪40年代发动了资产阶级革命，并最终确立了君主立宪政制，从而宣告了资产阶级社会秩序的诞生。1688年英国资产阶级革命胜利后，城市工业进一步发展，大型手工业工场发达，在一些生产部门开始采用机器，18世纪中叶发生了工业革命。

法国在16世纪末年结束胡格诺战争，得到喘息机会，农业生产和工商业欣欣向荣。它的资本主义发展虽不如英国那样快，但仍走在欧洲大陆各国的前面。但是，直到17世纪下半叶，法国资本主义经济发展仍处于封建制度的束缚之中。到路易十四时代，法国封建专制制度发展到它的顶点，中央王权空前强大。法国的王权保证了民族国家的统一，它所实施的重商主义政策促进了工商业的发展，资产阶级对王权采取妥协让步的态度。在王权左右利用和调节之下，法国资产阶级和封建贵族势均为敌，互相利用，但两者之间的根本矛盾依然存在。18世纪，法国工商业进一步发展，手工工场日益发达，对外贸易十分活跃。经济上日趋巩固的资产阶级同封建专制王朝间的矛盾急剧发展。1789年，法国资产阶级领导第三等级发动反对封建专制制度的革命，它的胜利宣布了欧洲新的社会政治制度的确立。

17、18世纪，作为中世纪时沿袭下来的"神圣罗马帝国"的德意志，在经济和政治上远远落后于英国和法国。三十年战争（1618—1648年）使德意志遭到浩劫，土地荒芜，人口锐减，工商业凋零。战后缔结的条约，进一步加深了封建割据的局面，使整个国家长期陷入四分五裂的状态，在德意志境内共有300多个封建小邦，只有普鲁士王国比较强大。政治经济实力掌握在容克贵族地主手里。德国资产阶级依附于贵族，未能形成一支有效的反封建力量。然而，德国资本主义经济还是在逐步发展，资产阶级反对封建割据、争取民族统一的要求也日益增强。

和近代西欧资本主义经济和社会生产力的发展相伴随，近代西欧的自然科学发展取得了惊人的成就。近代欧洲的科学革命和经济革命是同时发生的。"欧洲的科学革命在很大程度上应归功于同时发生的经济革命。近代初期，西欧的商业和工业有了迅速发展。……这些经济上的进步导致技术上的进步；后者转而又促进了科学的发展和受到科学的促进。"① 17、18世纪欧洲以一系列的科学发现推进了近代科学革命，在许多重要领域都产生了伟大的科学人物，如天文学和物理学领域中的开普勒、伽利略和牛顿；电物理学领域中的格里凯、格雷和本杰明·富兰克林；化学领域中的罗伯特·波义耳、普列斯特利和拉瓦锡；生物学领域中马尔比基、列文虎克和罗伯特·胡克；等等。此外，在纯数学领域也取得了重大进展，其中包括笛卡尔对解析几何的贡献、莱布尼茨和牛顿对微积分各自独立的发明等。科学的发展和它带来的新概念不仅对近代哲学发生了深刻的影响，而且广泛影响了近代思想的形成，正如著名哲学家罗素所说："近代世界与先前各世纪的区别，几乎每一点都能归源于科学。"②

近代哲学是同近代科学一起形成和发展起来的，欧洲近代哲学的始祖是培根和笛卡尔。从他们开始到18世纪末，西方近代哲学得到了深入而系统的发展，出现了许多在当时及后世极具影响力的著名哲学家。这一时期哲学的发展有两个明显特点：一是新兴的资产阶级哲学反对经院哲学和传统宗教神学成为哲学发展的一个主要内容，这一方面是政治上反对封建势力的需要；另一方面也是发展自然科学的要求。二是认识论在哲学发展中占有十分重要的地位，哲学的注意力集中在认识主体与认识客体的关系方面。这也和自然科学的发展密切相关，因为自然科学的发展一方面向哲学提出在认识论和方法论上加以指导的要求；另一方面也使哲学家们对科学认识方法和研究方法做出哲学上的概括具有了可能性。在认识论的探讨中，形成了经验论和唯理论两种倾向或派别。在英国，培根、霍布斯、洛克、巴克莱和休谟等哲学家坚持经验论，片面推崇感觉经验，贬低理性思考的作用。在欧洲大陆，笛卡尔、斯宾诺莎和莱布尼茨等哲学家坚持唯理论，片面夸大理性思维的作用，否认感觉经验的可靠性。英国经验论和大陆唯理论的争论贯穿于17、18世纪。到了18世纪，除了存在唯理论和经验论的争论外，对西方近代哲学发展影响较大的还有一批法国启蒙思想家和以狄德罗为首的百科全书派的唯物主义哲学家。总的看来，这一时期的

---

① [美]斯塔夫里阿诺斯：《全球通史——1500年以后的世界》，吴象婴等译，上海社会科学院出版社1999年版，第249—250页。

② [英]罗素：《西方哲学史》下卷，马元德译，商务印书馆1982年版，第43页。

哲学思考都带有机械的、形而上学的特点。

17、18世纪在西欧兴起的启蒙运动，是欧洲资产阶级和人民大众反封建的思想文化运动。启蒙思想家在资本主义经济发展的基础上，在自然科学和唯物主义哲学的影响下，高举理性的旗帜，批判封建的社会制度和政治制度，抨击中世纪的神学教条，清除封建社会的传统和愚昧，宣扬自由、平等、民主和法制思想，幻想建立一个合乎理性的社会和国家。启蒙运动于17世纪最早在荷兰和英国的一批思想家中逐步形成，18世纪经法国的一批启蒙思想家将其推向高潮，同时在德国也有蓬勃的发展，并很快波及欧洲大多数国家。启蒙运动为摧毁腐朽的封建制度、确立资本主义制度作了思想上和理论上的准备。

17、18世纪西欧各国的文学艺术在不同领域中得到发展和繁荣。法国文学在17世纪达到全欧的最高水平，产生了古典主义潮流。这一文艺潮流在创作实践和理论上都以在希腊、罗马为典范，因而被称为"古典主义"或"新古典主义"。法国古典主义文艺与当时中央集权的君主专制政治和笛卡尔理性主义哲学有密切关系，作品宣扬个人利益服从封建国家的整体利益；宣扬理性至上，把理性作为文艺创作的最高标准；着重描写一般性的类型人物，强调各种文学体裁的界限，要求艺术形式完美。古典主义文艺以戏剧最为突出，代表作家是高乃依、拉辛和莫里哀。17世纪英国文学在革命和复辟时期最有成就的作家是弥尔顿，他的三部杰出诗作采用《圣经》题材，反映了英国资产阶级的革命情绪。18世纪英国文学最主要的贡献是现实主义小说，代表作家有笛福、斯威夫特、理查逊、菲尔丁、斯摩莱特等。这种小说以社会生活为题材，以普通人特别是中下层人物作为主人公，多半含有对社会现实的批判，反映了初期资本主义社会暴露出的种种矛盾。小说在人物性格的塑造、感情心理的刻画、环境的描写等方面都有创新，为后来英国和欧洲现实主义小说的发展准备了条件。18世纪在法国产生的以启蒙思想为内容的文学，代表作家是孟德斯鸠、伏尔泰、狄德罗和卢梭，他们的作品具有强烈的革命性和战斗性，最鲜明地体现出时代精神；德国启蒙文学的最重要作家是莱辛，他的戏剧作品鲜明地表达了反封建、反教会的思想感情。

17、18世纪西欧文艺，在绘画、雕刻以及音乐等方面也取得显著成就。在绘画方面，17世纪形成的荷兰现实主义画派，代表画家有伦勃朗、哈尔斯、维米尔和雷斯达尔等。他们怀着民族自豪感，用写实手法在作品中表现祖国人民的生活和自然风景，在肖像画、风俗画、历史画、风景画等各种绘画种类中都创作出杰出作品。其他著名画家有佛兰德斯的鲁本斯、凡·戴克，西班牙的委拉斯贵支、戈雅等，鲁本斯的作品以热烈的激情表达了对人生和自然的歌颂，成为巴洛克绘画的精华。17世纪兴起于意大利并风靡欧洲的巴洛克艺术，以其热烈奔放、运动强烈、奇特繁复和装饰华丽而自成一体，在西方美术发展中具有重要地位，其在建筑和雕刻上的代表人物有意大利的弗·博罗米尼和乔·洛·贝尼尼等。在音乐方面，著名作曲家有德国的巴赫和亨德尔、奥地利的莫扎特和海顿等，他们在宗教音乐、歌剧、奏鸣曲、协奏曲和交响曲等各种音乐形式上都创造了具有不朽价值的作品，表现了强烈的时代精神。

二 17—18世纪西方美学的发展进程和主导精神

17、18世纪西欧美学发展出现了不同的思潮、倾向和派别，它们或主要在一国形成和发展，或在多个国家发生作用和影响，各美学思潮、倾向和派别之间既彼此对立和区别，又相互影响和联系，从不同角度、以不同方式对美学的各个基本问题作了全面、深刻的探讨，同时还结合时代实践和需要，提出和解决了一系列新的美学问题，阐明了许多新的美学观点、概念和范畴，从而极大地丰富了西方美学思想，不仅推动了美学作为一门独立学科的建立，而且为形成西方美学完备的理论体系打下了基础。

17世纪在法国形成和发展起来的古典主义文艺潮流代表了当代欧洲文艺的最高水平，从而对欧洲文艺发展产生了广泛深远的影响。伴随着这一文艺潮流和创作实践而形成的古典主义美学，也因之成为17世纪欧洲最为人瞩目的美学思潮之一。和古典主义文艺实践一样，古典主义美学思想也是在法国专制王权的影响下，在笛卡尔的唯理主义哲学的基础上形成和发展起来的，其主要代表是高乃依和布瓦洛。如果说高乃依是法国古典主义戏剧美学思想的创始人，那么布瓦洛就是法国古典主义美学思想的集大成者。高乃依着重论述了悲剧的社会功用和目的、悲剧题材和悲剧人物，同时，对古代悲剧理论中的净化说和"三一律"等问题也做出了自己的解释，可以说是对他本人和古典主义戏剧创作实践的一个理论总结。布瓦洛的《诗的艺术》被认为是古典主义的法典，它以理性作为出发点，对古典主义文艺的衡量标准、创作原则、形式规则、体裁类别以及作家修养等进行了全面的论述和总结，涉及文艺与自然、美与真和善、理性与情感、典型与类型、内容与形式等重要美学问题。总的说来，法国古典主义美学具有双重性，一方面它反映着封建宫廷贵族的审美趣味和文艺理想，具有保守性；另一方面它也在一定程度上反映了时代对文艺新的要求，具有一定进步意义。它所提出的有关现实主义的创作主张，有利于推动文艺反映时代现实，但它将某些古典主义的形式规则奉为一切文艺的金科玉律，则有碍文艺随时代而发展，所以后来受到启蒙运动美学家的反对和批判。

17、18 世纪的英国作为欧洲先进国家，其哲学发展也处于领先地位。由培根奠基的英国经验主义哲学成为欧洲近代两大基本哲学派别之一。和经验主义哲学同时形成的经验主义美学，开辟了西方近代美学发展的一个新方向，成为西方美学从古代向近代转换中最早形成的美学思潮之一。英国经验主义美学的代表人物较多，包括培根、霍布斯、洛克、舍夫茨别利、艾迪生、哈奇生、霍姆、荷加斯、雷诺兹、休谟和伯克等，其中舍夫茨别利和哈奇生受到剑桥柏拉图主义思想影响，而雷诺兹则受到古典主义思想的影响。如果我们将培根、霍布斯和洛克看作英国经验主义美学的奠基者，那么，休谟和伯克则可看作英国经验主义美学的集大成者和总结者。英国经验主义美学将美学研究重点由审美客体转向审美主体，将审美经验或美感问题的研究提到首要地位，并从感性经验出发，着重从心理学和生理学的角度，对审美经验作了新的阐释，提出了"内在感官"学说和"趣味"理论，对审美能力或趣味的性质和特点、趣味的心理构成因素、趣味的普遍标准与个别差异，趣味形成的先天因素和后天因素等进行了全面探讨，促进了西方美学研究对象和研究方法的变化。同时，它在经验论哲学基础上，结合时代发展，对美、崇高、悲剧等重要美学范畴作了新的探讨，对于诗与想象、艺术与模仿、艺术与道德等艺术哲学问题也提出了许多新观点。这些新思想、新观点不仅显示出英国经验主义美学的启蒙性质，而且对法、德启蒙运动美学和稍后的德国古典美学都产生了直接的、重要的影响。当然，由于经验主义美学片面强调审美的感性特点和情感作用，忽视理性作用，在心理和生理研究中脱离了人的社会实践，因而也具有许多局限性。

和英国经验主义哲学的形成差不多同一时期，在欧洲大陆形成了理性主义哲学。与此相伴随，也形成了理性主义美学，正如经验派和理性派是16—18世纪西欧各国哲学的两个基本派别，经验主义美学和理性主义美学也是这一时期西欧美学的两大基本倾向和思潮。理性主义哲学和美学的主要代表人物产生在法、荷、德等欧洲大陆诸国。除了笛卡尔是理性主义哲学也是理性主义美学的创始人外，斯宾诺莎、莱布尼茨、沃尔夫和鲍姆加登等也是理性主义美学的主要代表人物。布瓦洛的美学实际上也是理性主义美学，理性主义美学家主要从先验的理性原则出发研究美学问题，对美的本质和来源着重从其理性基础上寻求解答，试图用"前定和谐""圆满性""完善"等理性观念来解释美的存在。他们或者把人的审美能力看作先天的良知良能，或者把审美活动看作一种不同于一般理性认识的特殊的认识形式，力图将审美活动归入认识论的范围，确立美学在认识论体系中的地位。因此，他们也较为忽视想象、情感等心理因素在审美和文艺活动中的重要作用。理性主义美学和经验主义美学既互相对立，又互相促进，共同推动了西方近代美学的发展。但由于理性主义美学片面强调理性，注重理性演绎，也和经验主义美学一样陷入片面性。

18世纪在法、德两国兴起的启蒙运动，是反对封建统治、破除宗教迷信的思想文化运动。在这场思想文化运动中，启蒙运动美学作为其中的重要组成部分发挥了重要作用。从整个发展来看，启蒙运动美学家几乎都是启蒙运动中重要的思想家、哲学家，他们的美学思想是和启蒙运动整个思想倾向紧密结合的，因此，启蒙运动美学具有反封建、反神学的鲜明倾向，充满着启蒙理性精神。启蒙运动美学的主要代表人物，在法国是伏尔泰、卢梭和狄德罗，在德国是温克尔曼、莱辛和赫尔德，其中尤以狄德罗和莱辛两人成就最为卓越，影响最为巨大。启蒙运动美学家基本上都是站在唯物主义哲学立场，有些直接受到英国唯物主义经验论和笛卡尔哲学中唯物主义的影响。他们从唯物主义观点来研究和阐明美学问题，对美的本质理论、艺术本质和创作理论、诗学、戏剧和绘画理论等都做出了新的卓越的贡献。狄德罗的"美在关系"说既肯定了美的客观基础和根源，又指出了人的主观对美的认识的作用，是以唯物主义观点解决美的本质问题的崭新尝试，对反对和批判唯心主义美学起了重要作用。狄德罗和莱辛把唯物主义运用于观察文艺问题，创造了符合时代要求的崭新的现实主义美学和艺术理论，对艺术和现实的关系、艺术的真实性和典型性、艺术想象和

绪 论

虚构以及艺术的倾向性和社会作用等问题都作了精辟论述,从而使西方的现实主义艺术理论提升到一个新水平。此外,狄德罗和莱辛建立的市民剧理论,莱辛通过诗画比较建立的新的诗学理论,对于扫除古典主义文艺的羁绊,促进适应资产阶级要求的文艺的形成,也起了巨大推动作用。由于启蒙思想家的唯物主义具有机械的、形而上学的性质,并且以普遍、抽象的人性来观察和分析社会历史问题,所以他们的美学思想也具有与上述问题相关联的弱点。

17、18世纪西欧产生的上述主要美学思潮是西方近代思想文化的一个组成部分。西方近代文化的核心价值观念,它与中世纪文化的根本区别,就在于它所倡导的理性精神。所谓理性,在西方文化中有多重意义。从哲学认识论来看,它是用以表示进行逻辑推理的认识的阶段和能力的范畴;从社会思想上看,它是指人人具有的普遍人性,合乎自然、合乎人性即为理性;从思想方式看,理性是指与宗教信仰对立的人类理智和"自然之光"。康德在解答"什么是启蒙运动?"这一问题时,认为启蒙运动就是人类脱离自己所加之于自己的不成熟状态。"要有勇气运用你自己的理智!这就是启蒙运动的口号。"① 恩格斯也指出,在启蒙运动中,"思维着的悟性成了衡量一切的唯一尺度","一切都必须在理性的法庭面前为自己的存在作辩护或者放弃存在的权利"。② 这都是对近代启蒙理性精神的最好注释。这种理性精神既是对文艺复兴以来人文精神的继承和发展,也是随着自然科学的兴起而出现的科学精神的体现。英国著名哲学家罗素说:"通常谓之'近代'的这段历史时期,人的思想见解和中古时期的思想见解有许多不同。其中有两点最重要,即教会的威信衰落下去,科学的威信逐步上升。旁的分歧和这两点全有连带关系。近代的文化宁可说是一种世俗文化而不是僧侣文化。"③ 他又说:"科学的威信是近代大多数哲学家都承认的;由于它不是统治威信,而是理智上的威信,所以是一种和教会威信大不相同的东西。……它在本质上求理性裁断,全凭这点制胜。"④ 由此不难理解,人们为什么将欧洲这段历史时期称为"理性的时代";也不难看到,

---

① [德]康德:《历史理性批判文集》,何兆武译,商务印书馆2005年版,第23页。
② 《马克思恩格斯选集》第3卷,人民出版社1972年版,第56页。
③ [英]罗素:《西方哲学史》下卷,马元德译,商务印书馆1982年版,第3页。
④ [英]罗素:《西方哲学史》下卷,马元德译,商务印书馆1982年版,第4页。

趣味与理性：西方近代两大美学思潮

科学战胜宗教，理性代替信仰，正是西方近代文化发展的主流。以启蒙精神为核心的西方近代文化，其主旨就是要在对神学批判的基础上，从根本上恢复理性的主导地位，弘扬理性精神，把理性精神变成人生存在的思想根基和行为准则。

这种理性精神深刻地渗透于近代欧洲哲学中。在17、18世纪的欧洲哲学中有着唯物主义和唯心主义、经验论和唯理论等各种派别的分野，但各派在提倡理性、限制信仰上却有着很大一致。培根等人的经验论哲学是以尊重和颂扬人本身所具有的认识能力，即与盲目的信仰相对立意义下的理性为前提的。正因为如此，威尔·杜兰在《世界文明史》中称培根是"理性的司晨者"①，并将其置于"理性时代的先驱地位"②。笛卡尔的唯理论哲学认为理性是知识的源泉，只有理性是最可靠的，他运用其所制定的理性演绎法建立起理性主义哲学体系。18世纪的法国唯物主义者和启蒙思想家对理性原则作了进一步的发挥，他们把理性当作人的本质，认为凡是合乎自然、合乎人性的就是理性，并把是否符合理性当作衡量是非善恶甚至美丑的根本尺度。到了德国古典哲学，康德把人的认识能力分为感性、知性、理性三个环节，认为理性是认识的最高阶段。黑格尔从唯心辩证法思想出发，认为理性是最完全的认识能力，也是思维和认识的最高阶段。他在批判包括康德在内的前人的理性主义的矛盾的基础上，建立了一个无所不包的理性主义体系。

西方近代美学是在西方近代哲学的直接影响下形成和发展起来的。因而，主导近代哲学发展的理性精神也必然主导着近代美学的发展。17、18世纪和启蒙运动时期的欧洲美学尽管有法国古典主义美学、英国经验主义美学、大陆理性主义美学、法国和德国启蒙运动美学等诸种美学思潮、派别的分野和更迭，但主导各种美学思潮和流别的人文精神就是理性精神。法国古典主义美学的基本精神是"理性"至上，把理性作为文艺创作的基本原则，认为文艺创作只有从理性才能获得光芒和价值，理性是构成普遍人性的核心，文艺需模仿自然，表现普遍人性。英国经验主义美学的基本原则是充分肯定人的认识能力、重视人的感觉经验对美学研究的作用。和

---

① ［美］威尔·杜兰：《世界文明史·理性开始时代》（上），东方出版社1999年版，第223页。
② ［美］威尔·杜兰：《世界文明史·理性开始时代》（上），东方出版社1999年版，第227页。

中世纪神学美学用思辨将美归结为彼岸的上帝完全相反,经验主义美学家通过感性经验的归纳,论证了美的现实存在,认为美既与对象的某种性质和特性相关,又依赖于人心的特殊构造和功能,是人可以认识和把握的。经验主义美学高度肯定了人作为审美主体的作用,把审美主体感受和鉴赏美的能力的研究放到突出的地位,提出了培养和提高人的审美能力的途径和方法,并将审美、艺术与道德、教育紧密结合起来。大陆理性主义美学的基本出发点是先验的理性能力,把理性看作人类普遍具有的判别是非、善恶、美丑的良知良能。理性主义美学家在理性基础上构建美的本质,明确提出美学的目的是感性认识自身的完善,是教导人们以美的方式去思维,审美虽属于感性范围,却具有类似理性的性质。法国和德国启蒙运动美学用理性作为衡量一切的尺度,对不合时宜的古典主义美学进行批判,将唯物主义运用于美学,认为文艺要真实地反映生活,同时作家要发挥想象、虚构、典型化的能动作用,使作品达到真、善、美的统一,对人起到教育和改造作用。所有这些美学主张,都充分体现了以人本精神和科学精神为支柱的现代理性精神,显示了近代美学的时代特色。

三　17—18世纪西方美学发展中两大对立思潮

17、18世纪西欧美学发展的一个显著特点是受到哲学认识论转向的影响,贯穿着经验主义与理性主义对立这条基本线索。如上所述,由于在实验自然科学基础上对认识论和方法论问题的深入而具体的研究,17、18世纪的哲学家普遍地把自己的理论建立在反省思维的基础上,从而使这一时期哲学思想的发展中认识论占有显著和重要的地位,认识主体与认识客体的关系问题成为哲学探讨的主要问题。这标志着西方哲学的发展产生了一次被称为认识论转向的重要的转折,哲学研究的重点从本体论转向认识论,这不仅推动西方哲学的发展进入一个新的阶段,而且也使西方美学赖以建立的哲学基础产生了重要变化。如果说,美学以前主要是以本体论为基础,现在则主要是以认识论为基础。围绕认识论,西方近代哲学形成了经验主义和理性主义两派的对立。两派之间及两派内部在关于认识对象、认识主体、认识的起源和途径以及认识的方法等问题上都存在分歧和争论。这两大哲学倾向和派别的对立和争论也渗透到美学研究中,直接影响到近代美学的发展,使17、18世纪西欧美学发展沿着经验主义和理性主义对立的基本线索而展开。不仅英国经验主义美学和大陆理性主义美学直接反映了两派思想、观点的对立,而且法国古典主义美学和法国、德国启蒙运动美学也无不受到两派思想、观点的影响。

从认识论本身来看,经验主义和理性主义两派的对立和争论首先是集中在认识的起源和途径问题上。经验主义认为一切知识都起源于感觉经验,人心原本是一块"白板"。认识必须先从感觉经验开始,然后才能由感觉经验引申出理性知识,因此理性知识必须以感觉经验为基础。理性主义则认为感觉经验没有普遍必然性,因此具有普遍必然性的理性知识不能来自感觉经验而只能来自理性本身,即来自理性本身固有的某种"天赋原则"或"天赋观念",他们虽然承认人的日常知识也大都来自感觉经验,却否认理性知识须以感觉经验为基础。以上即是经验派与理性派在认识起源和途径问题上不同答案,它也是划分经验主义和理性主义这两大流派的主要标准。至于两派在认识方法上的分歧则是受认识起源和途径问题上的分歧所制约的,经验派肯定了认识必须起源于感觉经验,则在认识方法上必然重视经验的归纳法;理性派肯定理性知识不能起源于感觉经验而只能起源于理性本身,则在认识方法上也就会强调理性的演绎法。

近代美学发展中经验主义和理性主义的对立正是奠基于两者在认识论的基本主张、基本原则上的分歧。经验主义美学家或受经验主义影响的美学家,其基本特点是强调从感性经验出发研究和解决各种美学问题,在方法上重视经验的归纳;理性主义美学家或受理性主义影响的美学家,其基本特点是强调从先验的理性原则出发研究和解各种美学问题,在方法上重视理性的演绎。在美的本质问题上,经验主义者重视美的感性特点,强调从审美对象的感性性质和形式因素以及审美主体的愉快的情感体验中来解释美。如英国经验主义美学家亨利·霍姆和荷加斯提出了形成美的对象的各种形式要素;休谟认为美的本质是对象的某种性质适合于主体的心灵结构而引起的愉快情感,简言之,美即愉快;伯克认为美是指物体中能引起爱或类似情感的某些性质,这些性质是纯然可感觉的对象的感性品质;等等。与此不同,理性主义者重视美的理性基础,强调从先验的理性原则出发去寻求美的普遍内容和形而上的意义。如莱布尼茨认为美在于世界的秩序、和谐,它来自上帝的理性和对世界的预先的安排——"前定和谐"。斯宾诺莎认为美与圆满性是统一的,所谓圆满性就是实在性,即事物的本质和必然性。事物的圆满性与否取决于事物的本性，与人的愉快感觉无关。沃尔夫和鲍姆加登都把美定义为"完善"，所谓完善，就是指事物符合它按本质所规定的内在目的，也就是对象所体现的目的和意义。虽然这种完善是指感性认识的完善，它需表现于感性形象，但它必须具有理性基础。

在美感和审美主体问题的认识上，经验主义和理性主义也存在明显分歧。由于西方近代哲学发生的认识论转向，认识主体问题在一定意义上成为17、18世纪哲学的一个中心问题。伴随着哲学研究重点的转变，西方近代美学的研究重点也由对客体的美的本质的探讨转向对主体的审美意识、审美经验的分析。这在经验主义美学思潮中表现尤为突出，使对美感活动进行心理学和生理学的分析成为经验派美学的一个基本特点。"审美趣味"或"鉴赏力"成为18世纪美学的一个核心概念，以至于有的美学史家将18世纪称为"趣味的世纪"。[①] 围绕着对审美主体的意识活动的分析，经验派和理性派各自从不同出发点，提出不同看法。经验派认为美学属情感研究领域，不同于一般认识论，所以着重应用心理学和生理学的观点分析美感经验，强调美感中感觉、联想、想象、情感和本能等因素的作用。如艾迪生认为美感是一种来自视觉对象的"想象的快感"，它来源于伟大、新奇和美的事物，具有直觉特点。休谟认为趣味和理性具有不同的功能，理性传达关于真与假的知识，趣味则产生关于美与丑的情感，前者具有客观性；后者则具有主观性、创造性。伯克认为审美趣味是由感官的初级快感、想象力的次级快感以及推理官能的经验三部分组成的，但他强调感官和感觉是一切美感的来源，想象力和情感是美感中最活跃的因素。经验派美学家中还有的指出"内在感官"是美感的特殊的主体来源，它是一种既不同于外在感官又不同于理性思考的审辨美丑的直觉能力。理性派美学家虽然也不否认美感与情感的联系以及审美趣味和理解力的区别，但他们主要是在认识论的框架内考察美感活动，即主要是分析美的认识活动的特点。如莱布尼茨认为审美趣味不同于理解力，是一些"混乱的知觉"，是一种"既是明白的又是混乱的"观念。鲍姆加登认为美学是低级认识论，

---

① [美] 乔治·迪基：《趣味的世纪：18世纪趣味的哲学巡视》，牛津大学出版社1996年版。

趣味与理性：西方近代两大美学思潮

是研究感性认识的科学，美是感性认识的完善，即由感官认识到的完善，所以审美活动是属于低级认识即感性认识的活动，但审美的感性认识中包含"理性类似的东西"，是"类似理性的思维"。理性派美学家中也有人认为审美是属于理性活动的，如笛卡尔就主张分辨美丑的能力来自先天的理性，审美和文艺虽然离不开想象和感性，但基础是理性。上述不论哪种看法，都还是把美感当作一种认识。

在文艺观点和主张上，经验主义或受经验主义影响的美学家同理性主义或受理性主义影响的美学家之间存在着更多分歧，涉及文艺标准和创作原则、文艺中理性与情感的关系、普遍性与个别性的关系以及内容与形式的关系等重要问题。如在理性主义哲学观点直接影响下形成的法国古典主义美学的代表人物布瓦洛，主张将理性作为文艺的最高标准和创作的基本原则，强调文艺的真和美都必须依靠理性、符合理性，文艺应模仿由理性统辖的、和真理一致的自然，即自然的普遍性、规律性，尤其是普遍的人性；主张作品塑造类型化的人物和性格，忽视人物的个性特点；轻视内容而过分重视形式技巧，把一些形式技巧凝固化、刻板化，当作永恒不变的尺度和规范。与此不同，经验主义美学家培根、霍布斯、艾迪生、休谟、伯克等则主张艺术应模仿粗犷的、未经雕饰的自然，同时强调艺术与哲学和理性的区别，高度重视想象和情感在文艺中的地位和作用，推崇艺术天才和创造性。而受到唯物主义经验论影响的法国启蒙运动美学的代表人物狄德罗则与古典主义美学原则针锋相对，主张把真实、自然作为对艺术创作的基本要求和衡量艺术作品的基本标准，把真实地反映现实作为艺术的首要任务，认为艺术的美在于"形象与实体相吻合"，与艺术的真实性是统一的。艺术的模仿对象不是古典主义者要求的理性统辖的自然，而是原始的、粗犷的、动荡的自然；作品中的人物不应当是类型化的，而应当是既具有某类人物普遍特点，又具有个性差异。艺术的真实不同于哲学的真实，应重视想象、虚构和情感的作用。艺术的形式、体裁、技巧等应随时代生活和文艺内容的变化而变化、创新，不应固守古典主义将之凝固化的某些形式、体裁和法则。

总之，在17、18世纪各种美学思潮、派别和各种美学理论、学说中，我们都可以看到经验主义和理性主义两种倾向、两种思潮的影响和对立。正是这两种倾向两种思潮的分歧和对立，使美学中理性与感性、内容与形式、普遍与特殊、主体与客体这一系列对立面的矛盾十分尖锐的暴露出来，而寻求这些对立面的辩证统一也就成为近代美学进一步发展的必然要求和面临的主要课题，因此，将两种倾向和潮流汇合起来，将上述对立面调和统一起来，便是后继的德国古典美学要做的主要工作。

第一篇 经验主义与理性主义美学概述

第一章 经验主义美学概述

第一节 经验主义美学形成的历史背景

经验主义美学产生于 16 世纪末，延续至 18 世纪中叶，主要发生在英国，它的形成和发展有其特殊的社会历史和文化背景。16 世纪以来，经过圈地运动、兴办工业以及海外掠夺，英国资本主义经济迅速成长，成为西方最先进的资本主义国家。资本主义的发展，与英国占统治地位的专制王权形成尖锐矛盾。资产阶级和新贵族要求取消封建专制制度的束缚，广大农民和城市平民要求摆脱封建专制制度的压迫。1640 年反对查理一世专制统治的革命开始爆发。革命经历了两次内战。第一次内战进行了四年（1642—1646 年），以代表资产阶级和新贵族利益的国会的胜利而结束，国王成为国会的阶下囚。1647 年查理一世逃跑，1648 年春王党在许多地方开始叛乱，再次挑起内战。当年 8 月，克伦威尔率领的军队击溃苏格兰军队，第二次内战胜利结束。1649 年根据最高法庭判决，查理一世被处死。随后议会通过取消上院和废除君主制的决议，并正式宣布英国为共和国。

共和国的领导权落入克伦威尔等高级军官手中。1653 年克伦威尔被宣布为护国公，共和国名存实亡。1658 年克伦威尔去世，国内政局动荡，资产阶级和新贵族积极策划斯图亚特王朝的复辟。1660 年查理返英即位，称查理二世（1660—1685 年）。1685 年查理二世死后，詹姆斯二世（1685—1688 年）继位，专制统治变本加厉。1688 年，代表工商业资产阶级和新贵族利益的辉格党和代表地主贵族利益的托利党联合发动政变，废黜詹姆斯二世，迎接其女儿玛丽和女婿荷兰执政威廉到英国为国王和女王，史称

"光荣革命"。经过这次政变，英国确立了立宪君主制，资产阶级和新贵族在政治上的统治地位逐步得到巩固。

英国资产阶级革命亦称清教徒革命，这场革命自始至终是在宗教外衣掩饰下进行的，这是英国革命的一个重要特点。英国国教是王权的工具和专制制度的支柱，反封建的斗争势必指向英国国教。16世纪中叶，加尔文派传入英国，其所宣传的教义和民主的教会组织形式，都符合资产阶级和新贵族的利益。受加尔文宗的影响，在英国出现一支新教教派——清教。清教徒反对英国国教，主张"纯洁"教会，清除国教中的天主教影响。他们只承认圣经是信仰的唯一权威，强调所有信徒无论平民还是国王在上帝面前一律平等。清教徒不仅在宗教会议和教会活动中批判主教制政府，还在议会内外积极进行反对专制王权的宣传鼓动工作，为英国资产阶级革命作了充分的思想和舆论准备。英国资产阶级革命的领袖均为清教徒。革命和复辟均贯穿着清教和国教的斗争。清教对17世纪以后英国的政治、经济、思想、文化、宗教等各个方面都带来了深远影响。

英国资产阶级革命是历史上资本主义对封建制度的第一次重大胜利，它对英国和整个欧洲都发生了巨大影响。革命为英国资本主义的发展扫清了道路，为英国建立世界工商业霸权和殖民帝国奠定了基础。到18世纪中叶，英国首先发生以大机器生产和广泛采用蒸汽动力为标志的工业革命，给英国带来更深刻的社会变化。

从16世纪到17世纪，随着资本主义经济的发展，近代自然科学也开始迅速发展起来。在英国，以波义耳（1627—1691年）和牛顿（1643—1727年）为代表的近代实验科学在机械力学、物理学、化学等领域取得了许多重大成就。实验自然科学的发展，必然向哲学提出在方法论和认识论上加以指导的要求，同时，依据自然科学的巨大成就和研究方法，哲学家们也完全有可能对科学认识方法和研究方法做出哲学上的概括和总结。因此，和实验自然科学的发展相伴随，英国经验主义哲学获得了深入而系统的发展。

英国经验主义和大陆理性主义两大哲学思潮，都是在近代自然科学迅速进步的基础上，在资产阶级反对经院哲学的斗争中产生和发展起来的。它们都以认识论作为哲学的主要问题，但在认识的起源、途径及方法等问题上却有明显的分歧。唯理论哲学家强调理性认识的可靠性和必然性，强调认识的理性来源，强调数学方法的普遍意义，倡导理性演绎法；经验论哲学家则强调感性认识的重要性和实在性，强调认识的经验来源，强调观察、实验，倡导经验归纳法。理性主义和经验主义两种哲学思想的斗争，构成16世纪末到18世纪中叶西方近代哲学发展的一个主要内容。

英国成为近代经验论的发祥地，与这个民族的理论传统和自然科学的发展状况有密切关系。长期以来，英国存在着强烈的注重个别事物的唯名论传统，而且素有自然科学实验的风气和崇尚工匠学问的传统，这些都是滋生经验主义认识论的肥沃土壤。英国经验主义哲学的主要代表人物有弗兰西斯·培根、霍布斯、洛克、巴克莱、休谟等，他们在认识论上的共同点，就是都承认知识和观念起源于经验这样一个原则。但他们对经验的理解很不一致，对感觉经验的来源和产生的原因也有很不相同甚至正相对立的看法，对感性认识和理性认识的关系问题也有相当差异的观点。因此，有的是唯物主义的经验论者，有的是唯心主义的经验论者；有的是可知论者，有的是不可知论者；有的保持较纯粹的经验主义形态，有的混杂有较多的理性主义成分。唯物主义经验论有力地批判了天赋观念论，断定感觉经验是知识的来源，同时肯定感觉经验是外界对象作用于人的感官而引起的，从而把唯物主义提高到一个新的阶段，但也表现出形而上学性和机械性的局限性。英国经验主义哲学不仅是英国经验主义美学形成的哲学基础，而且几乎所有经验主义哲学家都是重要的经验主义美学家，对英国经验主义美学发展做出了直接贡献。

英国经验主义美学的发展不仅同英国经验主义哲学直接相关，而且同英国当时的文艺实践密切相关。从16世纪中叶到17世纪初，随着资本主义经济的发展和民族国家的形成，英国文学出现文艺复兴时代的繁荣时期，诗歌、戏剧、小说、散文都很发达，产生了大批作家，人文主义思想在新文学的园地里结出丰硕成果。在所谓"伊丽莎白时代"，莎士比亚（1564—1616年）的戏剧创作把文艺复兴时期的英国文学推向高峰，并对后来英国文学的发展产生了极为深刻的影响。莎士比亚创作的思想性、艺术性、独创性和现实主义精神，不仅是英国文学的骄傲，也是英国作家的范例。而英国经验主义哲学和美学的奠基者弗兰西斯·培根和莎士比亚恰好处于同一时代，他也是英国文艺复兴时期最重要的散文作家。

17世纪的英国文学和英国资产阶级革命有着血肉联系。积极投身于革命的弥尔顿（1608—1674年）是17世纪中叶最杰出的英国诗人。他在王政复辟后，仍怀着高昂的战斗情绪，创作了《失乐园》等三部优秀诗篇，用《圣经》题材，表达出资产阶级清教徒革命的理想。他的诗歌一反文艺复兴时期诗人的绮靡之风，表现出庄严宏伟的风格特征。经验主义美学的杰出代表伯克在论述崇高的论文中，曾反复引用弥尔顿的诗歌作为例证。随着1660年斯图加特王朝的复辟，法国古典主义影响逐渐渗透到英国。约翰·德莱顿（1631—1700年）作为英国古典主义流派的创始人，在诗歌和戏剧上见出成绩，同时提出系统的古典主义理论，对18世纪英国古典主义文学有很大影响。18世纪初期，古典主义在诗歌创作中占统治地位，它在诗人蒲柏（1688—1744年）的创作中达到最高的发展。蒲柏还阐述了古典主义的诗的原理。这种古典主义的审美趣味，一直影响着英国经验主义美学的发展。

18世纪初期，由于出版物审查法的废止、社会舆论的兴盛、城市读者的增多，英国的期刊事业达到前所未有的繁荣，随之产生了新的期刊文学，其代表作家是斯蒂尔（1672—1729年）和艾迪生（1672—1719年）。他们先后创办《闲话报》和《旁观者》，发表许多描写风俗习惯和日常生活的小品文，这些作品为现实主义小说的发展开辟了道路。艾迪生还在刊物上发表了一系列美学和文学评论文章，成为英国经验主义美学的代表人物之一。

18世纪英国文学的最主要贡献是小说。笛福（1660—1731年）、斯威夫特（1667—1745年）、理查逊（1689—1761年）、菲尔丁（1707—1754年）、斯摩莱特（1721—1771年）等都是活跃于18世纪初到中叶的有影响的小说家。这个时期的小说主要是现实主义的，它在唯物主义思想的影响下，继承并发展了过去小说——主要是流浪汉小说的传统，以社会现实生活为题材，以普通人特别是中下层人物作为主人公，反映初期资本主义社会暴露出的种种矛盾，适应日益增长的中产阶级读者的要求。小说情节趋于集中，人物性格塑造、心理刻画、环境描写都有显著进步。它标志着英国现实主义小说发展迈上一个新阶段，为后来英国和欧洲现实主义小说的繁荣提供了条件。

英国小说艺术的巨大发展，其教化娱乐作用很快被以中产阶级为主的读者所接受，这是和当时读者群体的扩大和审美趣味的变化相联系的。

"随着工商阶级的发展,教育水平会提高,闲暇时间会增多。商人妻女很少涉足商业活动;职业阶层和乡村绅士家庭中的女性虽然教育稍好,也需设法消磨闲暇时光。那些由于清教诚实传统影响和社会地位及教育所限而对宫廷风格敬而远之的读者,尤其易于接受简明易读,又有严肃教育意义的'写实'文学。如果说深受商业、职业和伦理价值观影响的都市观众逐渐摈弃了戏剧表现的英雄主义偏见,英国小说的发展则迎合了读者对强调个人经历重要性的新型文学的要求。"① 英国期刊文学和小说艺术的发展以及读者审美趣味的变化,使审美经验、审美趣味和鉴赏问题的研究显得更为突出,这些都在英国经验主义美学的发展中有所反映。

18世纪英国的绘画艺术也取得突出的进展。在16、17世纪,德国画家荷尔拜因、佛兰德斯画家鲁本斯、凡·戴克都曾来到英国,他们的思想对英国美术界有很大影响,但英国本身却没有出现卓越的画家。到18世纪初叶,这种局面终于被打破,英国绘画在欧洲崭露头角,出现了不少杰出画家。如威廉·荷加斯(1697—1764年)、乔舒亚·雷诺兹(1723—1792年)、托马斯·庚斯勃罗(1727—1788年)等。他们虽然接受了洛可可艺术和古典主义艺术的影响,却植根于英国的生活土壤,发展出符合英国特点的"世俗的现实主义",在风俗画、肖像画以及风景画各方面都取得很大成就。荷加斯和雷诺兹不仅是画家,也撰有美学和艺术理论论著,对英国经验主义美学的发展做出了直接的贡献。

第二节 经验主义美学的思想渊源

经验主义和理性主义哲学和美学作为两种思潮和派别虽然形成于西方近代,但追本溯源,这两种不同的哲学和美学倾向却经历了漫长的历史过程。实际上,自有哲学以来,在人们对认识论问题的探讨中,就产生了经验主义和理性主义这两种不同的倾向。而与哲学紧密联系并成为其组成部分的美学思想,也就同时存在着这样两种不同的倾向。

恩格斯指出:"在希腊哲学的多种多样的形式中,差不多可以找到以

---

① [英]安德鲁·桑德斯:《牛津简明英国文学史》(上),谷启楠等译,人民文学出版社2000年版,第444页。

后各种观点的胚胎、萌芽。"① 西方近代经验主义和理性主义哲学和美学，都可以在希腊哲学和美学中找到其各自的胚胎和萌芽。莱布尼茨明确指出，洛克的系统和亚里士多德关系较密切，而他的系统则比较接近柏拉图，这充分说明了近代经验主义和理性主义是直接渊源于古希腊哲学的。众所周知，古希腊哲学是以本体论问题为中心的，哲学家们着重在研究世界的本原问题，但是，这不是说那时没有认识论问题研究。事实上，和本体论的研究相伴随，希腊哲学家们对认识论问题的探讨和论述也产生与发展起来。由于对认识对象、认识来源、认识方法和真理标准等问题上存在分歧，便产生了经验主义和理性主义两种倾向的分化与对立。而以哲学本体论和认识论为基础的古希腊美学，也出现了这样两种倾向的分化和对立。

希腊早期的唯物主义哲学家赫拉克利特（约公元前540—前470年）主张万物的本原是"火"，其他一切都是由火形成的。他认为宇宙万物是永远流动、变化的，而对立面的相互依赖和斗争则是事物变化的原因。他把事物变化的规律称为"逻各斯"，认为灵魂对于事物的认识，就是认识事物的"逻各斯"。赫拉克利特在希腊哲学史上最早探讨人的认识问题，将人的认识初步区分为感觉经验和理性认识这两种形式。他重视感觉经验，将它看作认识真理的前提，声称"凡是能够看到、听到、学到的东西，都是我喜爱的"②。同时又认为，就认识逻各斯的真理而言，理性认识（理解、思想、智慧）是更重要的。如果从肯定感性认识是认识真理的必要前提这点来看，赫拉克利特的认识论可以说是较早出现的一种经验主义倾向。和其哲学观点相一致，赫拉克利特认为美在于和谐，而和谐则在于对立的统一，他说："互相排斥的东西结合在一起，不同的音调造成最美的和谐；一切都是斗争中所产生的。"③ 同时，他强调美的相对性，否认有绝对永恒的美。他还肯定艺术是对自然的模仿，模仿也是用对立的东西制造出和谐来。

希腊智者派的开创者普罗泰戈拉（约公元前481—前411年）受赫拉

---

① 《马克思恩格斯选集》第3卷，人民出版社1972年版，第468页。
② 北京大学哲学系外国哲学史教研室编译：《西方哲学原著选读》上卷，商务印书馆1981年版，第25页。
③ 北京大学哲学系外国哲学史教研室编译：《古希腊罗马哲学》，商务印书馆1961年版，第19页。

趣味与理性：西方近代两大美学思潮

克利特关于万物变化的思想的影响，认为变动不居的感觉现象是真实的，万物处于运动变化之中。他提出"人是万物的尺度"，认为事物的存在是相对于人的感觉而言的，人的感觉是怎样，事物就是怎样。由此他断言"知识就是感觉"，主张只要借助感觉即可获得知识。这种极端的感觉论强调每个人的感觉都是可靠的，把感觉的相对性夸大成绝对的，因此走向了相对主义和怀疑论。普罗泰戈拉把感觉看成是真理的标准，可以说是以尖锐形式提出了经验主义认识途径。以这种极端感觉论为基础，智者派在美学思想上强调美的感性的愉悦的性质，认为"美是通过视听给人以愉悦的东西"[1]。同时又强调美的相对性，认为事物的美和丑因人区分它们的准则不同而不同。他们还认为艺术是为了给人以愉悦，不具有实用目的。

希腊哲学中唯物主义的重要代表、原子派创立者之一德谟克利特（约公元前460—前370年）认为原子与虚空是万物的本原。原子是一种最后不可再分的物质微粒；虚空则是原子运动的场所，也是实在的存在。他运用原子论来说明人的认识活动，认为由原子和虚空所构成的物质世界是人的认识的唯一对象，人的感觉和思想是事物不断地流溢出来的原子形成的"影像"作用于人的感官和心灵而产生的。这种"影像说"是一种素朴的反映论。德谟克利特还区分了感性和理性两种认识，在西方哲学史上最早系统论述了感性认识和理性认识的关系问题。他认为感觉只能认识事物的表面现象，是"暗昧的认识"；只有理性才能认识到事物的根本，即认识到原子和虚空，这才是"真实的认识"。虽然德谟克利特肯定理性认识比感性认识更深刻、更高级，但他并不贬低感性认识，而是认为感觉是认识的起点，理性认识必须以感性认识为根据。这实际上是提出了感性认识和理性认识相统一的问题，尽管他并没有认识到二者如何才能真正统一。德谟克利特从唯物主义反映论和经验论的立场来观察美学问题，他较多探讨了人的美以及审美和人的关系，既肯定身体的美，更重视精神的美，主张人体美应与智慧美相结合，认为"只有天赋很好的人能够认识并热心追求美的事物"[2]。他认为艺术起源于对自然的摹仿，诗人的创作需要灵感，对

---

[1] ［波］W. 塔塔科维兹：《古代美学》，杨力等译，中国社会科学出版社1990年版，第140页。
[2] 北京大学哲学系外国哲学史教研室编译：《古希腊罗马哲学》，商务印书馆1961年版，第108页。

于美的作品的观照能产生巨大的快乐。这与稍后柏拉图从唯心主义理念论出发的美学思想是迥然有别的。

古希腊哲学的集大成者亚里士多德（公元前384—前322年）着重批判他的老师柏拉图的唯心主义的理念论，同时也指出德谟克利特唯物主义原子论的缺陷。他提出"四因说"来说明事物存在和变化的本质和最初原因，认为最初原因有四种：质料因、形式因、动力因、目的因。这是一种企图调和唯物主义与唯心主义的折衷主义的理论。在认识论上，他提出了"蜡块说"，认为人的认识来源于感觉，"感觉的心灵"好比是"蜡块"，感觉就是外物印在蜡块上的痕迹。感觉是整个认识活动的起源和基础，"谁不感觉，谁就什么也不认识"①。这显然具有唯物主义反映论和经验论的倾向。不过，他又认为感性经验必须上升到理性认识，才能把握个别中的一般，获得真知识，强调理性认识优于感性认识。他虽然把灵魂比喻为蜡块，但又认为感觉只能接受事物"形式"而与"质料"无关，并且认为"能动的理性"是与对外界事物的感觉无关的，是脱离肉体从外部进入灵魂的"纯形式"，这就滑向了唯心主义唯理论。亚里士多德的美学思想基本上是建立在他的唯物主义反映论原则之上的。他不是从抽象的哲学思辨出发，而是从现实存在和艺术实践出发，用现实主义的观点，在客观的现实世界中去寻找美和艺术的本源和本质，认为艺术是对客观自然和生活的模仿，模仿的对象是"行动中的人""人的性格、情感和行动"。② 诗模仿生活，要在个别人物事件中见出必然性与普遍性，因此，诗比历史具有更高的真实性。结合艺术和现实，亚里士多德还指出美具有秩序、匀称、明确、体积、安排和有机完整等形式特征，并提出美与善既相关联又相区别的观点。他认为内容的模仿与形式的和谐是艺术能产生审美快感的原因，同时，充分肯定文艺的审美教育作用，提出悲剧是通过"怜悯"和"恐惧"的"净化"以引起愉悦效果的"净化说"。亚里士多德建立的唯物主义美学和现实主义文艺理论体系，与柏拉图美学思想相对立，代表着古希腊美学的最高成就，在西方美学史上具有巨大而深远的影响。

希腊化时期产生的伊壁鸠鲁学派具有明显的唯物主义和感觉主义倾

---

① ［苏］列宁：《哲学笔记》，人民出版社1993年版，第250页。
② ［古希腊］亚里士多德：《诗学》，陈中梅译注，商务印书馆1996年版，第27、38页。

向。其创始人伊壁鸠鲁（公元前341—前270年）继承和发挥了德谟克利特的原子论，在认识论上也坚持以原子论为基础的"影像说"，肯定认识得到影像来自客观对象的形式或性质。他十分强调感觉的作用，认为感觉不仅是认识的起源和依据，而且也是判别认识真假的标准。虽然他并不排斥理性，却认为理性依赖于感性知觉。和这种感觉论相一致，伊壁鸠鲁把美和感觉经验以及愉快感受联系在一起，认为只有令人愉悦的事物才是美的，愉悦是美的价值标准。罗马时期伊壁鸠鲁派的代表人物卢克莱修（约公元前99—前55年）在认识上也主张唯物主义的"影像说"，并强调感觉是认识的基础和来源，理性认识的正确性须以感觉为依据。他除了发挥伊壁鸠鲁美与快感相联系的观点外，还提出艺术起源于人类对自然的模仿和艺术随人类需要而发展的思想。

相传为罗马时代的朗吉努斯所撰的《论崇高》，和前此由贺拉斯所撰的《诗艺》，是在西方美学史上产生了很大影响的两部美学著作。但这两部著作在美学思想上有同也有不同。《诗艺》的主旨是阐明以希腊古典文化为典范的古典主义美学原则，强调文艺要符合自然、符合传统、符合法则、符合理性，以"合式"为标准。《论崇高》虽然在许多方面也肯定了古典主义的传统和原则，却以所提出的"崇高"这一新的美学范畴为中心，要求超出一般的理性和常规，更强调感情、想象、灵感、创造、天才在文艺中的作用。从崇高的特征和效果来说，作者强调的不是理智的说服，而是情感的感染，达到"使人狂喜"的强烈情感效果成为评价文艺优劣的首要标准。这标志着"文艺动力的重点由理智转到情感"[1]。正因如此，这部著作虽然后来也为法国古典主义者所看重，但它对英国经验主义和德国浪漫主义的实际影响却要大得多。

欧洲中世纪，为基督教服务的经院哲学和美学占据统治地位。但在经院哲学内部，却存在着唯名论和实在论两种倾向的争论。这一论争是围绕着一般（共相）与个别（殊相）的关系问题展开的。实在论认为一般（共相）先于个别事物而存在，是比个别事物更实在的客观存在；唯名论则认为只有个别事物才是真实存在的，一般（共相）仅仅是人用来表示个别事物的名称或概念。实在论是一种客观唯心主义，在认识论上主要表现

---

[1] 朱光潜：《西方美学史》，人民文学出版社2002年版，第113页。

为理性主义倾向；唯名论具有唯物主义性质，在认识上也主要表现为经验主义倾向。早期唯名论者中最著名的是阿伯拉尔（1079—1142年）。他批判了实在论者认为一般先于个别而独立存在的观点，也不赞成极端唯名论认为一般是空洞的名称或记号的观点，主张一般是有内容意义的、用以表达从个别事物抽象出来的事物的相似性的"概念"。客观存在的只有个别，没有一般。作为"概念"的一般只存在于人的思维中，它的形成实际上是不能离开对个别事物的感觉的。在美学思想上，阿伯拉尔认为诗的创作源于人的情感，是情感的表露和抒发，创作要表达真情实感。同时，又指出在对自然的审美观照中，主体的情感起着重要作用。"宇宙间没有永恒不变的美，事物的美总染上我们自己的感情。"[①] 这显然是从经验出发得出的结论。

13世纪的德国哲学家和自然科学家维特洛（约1230—1275年）在阿拉伯学者阿尔海森同名著作的基础上，写成了论著《透视学》。他在书中分析了视觉知觉问题，并且专门阐述了视觉和美的关系。关于视觉心理学中一系列问题的探讨，表现出作者向感觉经验偏斜的亚里士多德美学传统。作者认为美依赖于知觉，除了存在于简单对象的知觉中的那种美外，还有一种从某些视觉形式的结合中产生的美，这些结合是建立在合比例的基础之上的。美以被感知的视觉形式合比例的结合为前提。对于美的知觉和判断包含着主观因素，它依赖于人们的传统、习惯和气质等。这些迥异于经院论美学的探讨，在一定程度上开创了文艺复兴时期美学思想的先河。

文艺复兴时期美学的最重要的特点之一，就是同艺术实践最紧密地联系在一起。这种美学不是从抽象的哲学出发，而是立足于解决艺术的具体问题，因而带有鲜明的经验主义的特点。文艺复兴早期著名艺术家和科学家阿尔贝蒂（1404—1472年）在其论绘画、雕塑和建筑的艺术理论著作中，将具体的经验性研究与系统的理论阐发紧密结合起来，建立了一种新的艺术美学。他认为美根源于自然，存在于物体本身。"美是各个组成部分各在其位的一种和谐与协调。"[②] 这种和谐是大自然和事物的本性所存在

[①] [法] 阿伯拉尔：《是与否》，载缪朗山《西方文艺理论史纲》，中国人民大学出版社1985年版，第240页。

[②] [意] 阿尔贝蒂：《论建筑十书》，载 [苏] 奥夫相尼科夫《美学思想史》，吴安迪译，陕西人民出版社1986年版，第77页。

的。对于美的认知和判断,要依靠"直接感知",感觉经验是美感的基础。在艺术问题上,阿尔贝蒂主张艺术是自然的模仿,"师法自然"是艺术创造的基本原则。艺术美模仿自然美,需要进行集中和概括,表现美和追求美是艺术必须具有的性质和目的。这些美学主张具有唯物主义和经验主义倾向。

文艺复兴时期最重要的艺术家和科学家达·芬奇(1452—1519年)继承了古希腊以来的唯物主义认识论,强调感觉经验在认识中的作用,认为一切知识全部来自我们的感觉能力,"经验是一切可靠知识的母亲"[1]。但他同样重视理性认识,指出实践应当建立在正确的理论上。他从唯物主义认识论出发,提出了"镜子说",把文艺比喻为反映现实的一面镜子,主张文艺要以现实为源泉,艺术家要"努力从自然事物学习",做"自然的儿子"。同时,他认为艺术家不能停留在被动模仿自然上,而应当从自然中"提取精华",通过集中概括,创造"第二自然"。他还强调艺术要表现人、人的动作和精神状态,显示出文艺复兴时期美学的人文主义精神。结合论艺术,达·芬奇还指出美是客观事物的和谐比例,"美感完全建立在各部分之间神圣的比例关系上"[2],客观事物的美是美感的来源。这些唯物主义和现实主义美学观点,对包括经验主义在内的西方近代美学思想产生了重要影响。

第三节 经验主义美学的发展过程

英国经验主义美学从萌生、发展到尾声,大约经历了17—18世纪,从而成为主导当时英国美学的主要思潮,并且成为英国启蒙运动美学的主要形态和主要特点。如果从不同程度地受到经验主义哲学和方法的影响,以及在美学体系、范畴和观点上具有各种各样的内在联系来看,那么,英国经验主义美学的代表人物应当包括培根、霍布斯、洛克、舍夫茨别利、艾迪生、哈奇生、霍姆、荷加斯、休谟、雷诺兹、伯克等。但是,这些代表人物在哲学和美学思想上所接受的影响并不完全一致,有的甚至有很大差

---

[1] 北京大学哲学系外国哲学史教研室编译:《西方哲学原著选读》上卷,商务印书馆1981年版,第309页。

[2] 《达·芬奇论绘画》,戴勉编译,人民美术出版社1979年版,第28页。

别；在美学观点包括对同一美学问题的具体看法上，也并不完全相同，有的甚至互相对立。大致说来，培根、霍布斯、洛克、艾迪生、霍姆、荷加斯、休谟和伯克坚持和贯彻了经验主义原则和方法，其经验主义美学思想的特色最为鲜明；舍夫茨别利和哈奇生则或多或少地受到剑桥柏拉图主义思潮的影响，试图超越经验主义另辟蹊径；雷诺兹则较多地倾向于古典主义，力图使之与经验主义糅合起来，按照经验主义的方式发展。

培根创立的经验主义认识论和经验方法，为英国经验主义美学奠立了哲学基础，因而他也是经验主义美学的创始人。他的注重内在美与外在美相统一和整体美的美论，突出想象、虚构以及诗歌特点的诗论，体现了时代特色、审美与实用相结合的建筑园林艺术论，对传统美学命题进行独立思考，体现了美学的经验研究的特点，开了英国经验主义美学研究的先河。霍布斯继承和发展了培根的唯物主义经验论，并紧密结合心理学的传统和成果，重视对人的想象、思维以及情感、欲望等心理活动的研究，对经验论心理学美学的形成起了开拓作用。他分析了想象和判断两种认识能力的区别和联系，强调诗的创作更重于想象，同时需借助判断。他还从人的两种最基本情欲出发，指出了美、丑与善、恶的联系和区别，并对与审美相关的愉快、笑、怜悯等情感作了独特的分析，对以后从人的情感、情欲出发探讨美学问题产生了重要影响。洛克继承并详细论证了培根和霍布斯的唯物主义经验论原则，对经验主义认识论作了系统、广泛而深入的研究。正是洛克的经验主义认识论和新的方法论，在英国唤起了一个崭新的美学思潮，艾迪生、哈奇生、霍姆、休谟、伯克等，无不受到洛克思想和方法的影响。洛克把美看作一种"复杂观念"，提出并阐释了"巧智""观念联想""优美"等新的美学概念和范畴，这些都在后来一些经验论美学家的著作中被引用、充实和延伸。

如果说英国经验主义美学经过培根、霍布斯和洛克三位哲学家之手，已经奠定了坚实的基础，那么，它通过艾迪生、霍姆、荷加斯以及雷诺兹等批评家和艺术家的努力，则在与审美和艺术实践的进一步结合中，获得了丰富和拓展。艾迪生是文学家和评论家，他虽然在美学上并未完全摆脱古典主义的影响，但基本上是遵循洛克的经验主义哲学思想和方法，重视感觉和经验的作用。他以此为基础，着重探讨了审美和艺术中的想象问题，提出了"想象的快感"说，认为想象的快感是来自视觉对象的快感，它来源于伟大、新奇和美的事物,既不同于感官快感,也不同于悟性快感,具有直觉特点,自然和艺术在唤起想象的快感上各有优劣。这些论述比之其他同时代人较为深刻,他明确提出了"伟大"这一审美范畴,并使之与"美"相并列,同时推崇自然粗犷的崇高美。他对趣味或鉴赏力问题也有专门论述,分析了趣味或鉴赏力的内涵、标准和培养的途径,这些都成为后来的经验主义美学家探讨的重要话题。亨利·霍姆是苏格兰哲学家和评论家,他深受洛克影响,从感觉论和经验论出发,较多研究了审美感觉问题,把审美归入高级感觉;同时,他将美分为两种,即绝对美和相对美,指出绝对美存在于单一的客体中,相对美则包含在客体与客体的关系中,相对美和对象的功用相关,绝对美的构成因素则包括单纯、比例、秩序、统一和多样等。霍姆还专门论述了"宏伟"这一范畴,分析了它和美在对象特性及主体感受上的区别。他所研究的这些问题,和哈奇生、休谟、伯克的美学思想都有联系,而他重视审美的社会意义和艺术的教育作用,也继承和发扬了英国启蒙主义和经验主义美学的传统。

荷加斯是英国著名的画家和艺术理论家,他反对当时流行的古典主义的某些美学主张,特别是关于"理想美"的理论,认为大自然和现实生活是美和艺术的源泉。他遵从经验的研究方法,通过对审美对象的大量观察和归纳,提出了构成美的六项原则,认为适宜、多样、统一、单纯、复杂和尺寸恰当配合就能产生美。同时,他还提出蛇形线是最美的线条,成为在美学史上一个很著名的论断。这些观点不仅丰富了形式美的概念,而且也试图建立一种和道德原则相区别的审美原则。雷诺兹也是英国著名的画家和艺术理论家,但他在对待古典主义的态度上却和荷加斯恰恰相反。他坚持古典主义强调理性、强调遵循艺术规则的主张,认为艺术模仿自然必须掌握美的理想或"中心形式",再现"理想的美"和普遍化的自然。不过,雷诺兹的美学观点是充满矛盾的,他在坚持古典主义某些主张的同时,又试图用经验主义的观念去加以解释,并且从经验主义出发,提出了一些超出古典主义的美学观点,认为自然是美的观念的源头,艺术家必须不断地求助于自然;规则来自于对自然的观察和经验,趣味和天才可以不受规则约束,并且认为风俗习惯和观念联想是形成审美爱好的原因。从雷诺兹身上可以看到一种试图将古典主义和经验主义加以调和的倾向。

在英国经验主义美学发展过程中,古典主义一直有着较大影响。古典主义是17世纪在法国形成并发展起来的文艺思潮和美学观点，其哲学基础是理性主义，它强调理性在文艺创作中的作用，主张一切要有法则，一切要规范化，认为文艺具有普遍永恒的绝对标准。这种思潮在欧洲曾居于支配地位，对近代欧洲各国文艺的发展产生很大影响。在英国，古典主义的兴起迟于法国，它作为一个流派是随复辟王朝从法国回来之后才形成的。其在文学方面的代表人物是约翰·德莱顿（1631—1700年）和蒲柏（1688—1744年）。在18世纪英国的建筑、绘画以及戏剧等领域，古典主义也有表现。雷诺兹便是绘画方面古典主义的代表人物，正如吉尔伯特和库恩在《美学史》中所指出的，"从布瓦洛时期所形成的法国审美趣味的实际权威，至少在18世纪上半期还支配着英国"[①]。因此，在英国经验主义美学家中，有些人不同程度受到古典主义影响，如艾迪生、休谟等在某些地方都有所表现。但他们的经验主义立场和方法，使他们在美学上都超出了古典主义的框架。即使像雷诺兹这样主张古典主义美学观点的艺术家，也由于受到经验主义思想和现实生活发展的影响，而提出了一些超出古典主义范围的看法。"古典主义理论由雷诺兹按照艺术发展和社会生活的民族特点，改变为启蒙运动时期古典主义独具一格的英国变体了。"[②]

英国经验主义美学发展还受到来自英国的另一种不同思潮的影响，这便是剑桥柏拉图主义。剑桥柏拉图主义是17世纪产生于英国剑桥大学的一个哲学、伦理、宗教派别。其代表人物在哲学上主张柏拉图主义，特别是新柏拉图主义的观点，反对笛卡尔的心物二元论，认为在运动的世界后面有一个精神的推动者，上帝是一切运动、生命和心灵活动的源泉；反对唯物主义经验论，提倡天赋观念说，强调人心的能动性。这派思潮对18世纪英国美学的影响主要表现在舍夫茨别利和哈奇生两个代表人物身上。舍夫茨别利在哲学和伦理上多少受到剑桥柏拉图主义的影响，同时他又是一位自然神论者。他试图超越英国经验主义和古典主义美学，使美学建立在一个新的基础上。在美的问题上，他强调美的精神本质，认为创造宇宙和谐整体的自然神是美的根源，主张美在形式或赋予形式的力量，美和真、善

---

① ［美］K. E. 吉尔伯特、［德］H. 库恩：《美学史》，纽约：麦克米伦公司1939年版，第234页。
② ［苏］奥夫相尼科夫：《美学思想史》，吴安迪译，陕西人民出版社1986年版，第119页。

具有统一性；在审美问题上，他首创"内在感官"说，指出内在感官是天生能力，具有直觉特点，审美感和道德感都依靠内在感官，是相通的，属于社会性情感；在艺术问题上，他强调艺术和道德的联系，主张按照艺术规律发挥艺术的道德教育作用。尽管舍夫茨别利不受经验主义美学的束缚，但他却成为"洛克所唤起的那个'内在感官'新学派"①的发轫者。哈奇生是舍夫茨别利的忠实门徒，他不仅继承并发展了舍夫茨别利的主要美学观点，而且对之作了心理学的解释，并试图用经验主义的语言来加以表述。他发挥了"内在感官"说，认为内在感官是接受美的观念和分辨美丑的能力，是不同于外在感官的"较高级的接受观念的能力"。内在感官产生的美感具有感觉的直接性，也不涉及利害观念。美感能力是天生的，具有普遍性，审美差异的主要原因在于观念联想。同时，他根据审美快感的不同来源，将美分为绝对美和相对美，认为前者是单就一个对象本身看出来的美，后者是将一个对象与其他对象作比较看出来的美；前者基于多样统一，后者基于摹仿，这种对美的划分后来产生了广泛影响。

英国经验主义美学发展到休谟，可以说是进入了完全成熟阶段。休谟是英国经验主义哲学的完成者，同时也是英国经验主义美学的集大成者。他将美学纳入他所建立的以人性为研究对象的精神哲学体系，以新的观点和方法，全面探讨了近代美学提出的重大问题，从而把英国经验主义美学推向一个高峰。他强调美学和认识论有别，是对情感的研究，但又强调将"哲学的精密性"运用于美学，注重心理分析。他从主体和客体相互作用上研究美，认为美的本质是对象适合于主体心灵而引起的愉快情感，主体的情感决定着对象的美与丑，同时进一步从人心构造和功能上探讨了审美快感产生的原因，提出了美和同情作用及对象效用相关的"同情说"和"效用说"。他第一个从理论上全面阐述了"趣味"范畴，深入探讨了趣味的标准，具体论述了趣味的普遍性和差异性问题，代表了那个时代美感研究的最高水平。他对诗歌创作和悲剧的审美效应，以及艺术发展问题的探讨，也都以独特的论点和阐释，丰富了经验主义美学。

英国经验主义美学的完成者是伯克。无论是从对一系列重要美学范畴

---

① ［美］K. E. 吉尔伯特、［德］H. 库恩：《美学史》，纽约：麦克米伦公司1939年版，第234页。

的阐述来看，还是从美学研究方法来看，伯克都可以说是对英国经验主义美学作了一个总结。他最彻底地把经验主义原理和方法具体应用于美学研究，并使之带有心理学和生理学的显著特点。他深入研究了崇高与美这两个审美范畴，既分析了崇高感和美感不同的心理和生理基础，也讨论了崇高和美的对象的不同特质。第一次明确提出：崇高感源于自我保存的感情，主要心理内容是恐怖；美感源于社会交往的感情，主要心理内容是爱。崇高的快感由痛感转化而来，美的情感直接和爱相依存。形成崇高的对象的特性是体积巨大、晦暗、力量、无限、壮丽等；形成美的对象的特性是体积小、光滑、渐次变化、娇柔以及色彩明快而柔和等。结合论述崇高与美，伯克还论述了诗与画的区别。伯克的另一个贡献是承接休谟，对"趣味"的性质和内涵、趣味的普遍原则及其形成基础，作了进一步的分析和探讨，从而使英国经验主义美学独特的趣味理论更为完善。

第二章 理性主义美学概述

第一节 理性主义美学产生的历史背景

理性主义美学产生于17世纪初,延续和发展至18世纪中叶,主要发生在欧洲大陆的法国、荷兰和德国,和同时发生于英国的经验主义美学共同形近代西方两大美学派别和思潮。

在欧洲,经过15、16世纪的"文艺复兴",资本主义经济在封建社会内部逐渐孕育、成长,到了17、18世纪,资本主义经济加快了发展步伐。荷兰和英国都已率先进入了工场手工业阶段,资本主义经济在国民经济中已占有重要地位。随着资本主义经济的加快发展,新兴资产阶级和封建势力的矛盾日趋剧烈。如果说,发生于16世纪的德国宗教改革,已经揭开了资产阶级反封建斗争的序幕,那么,从16世纪末开始,欧洲已进入了早期资产阶级的反封建的革命时期,并且随着17世纪荷兰、英国资产阶级革命的胜利,而使人类历史进入一个资本主义的新时代。这个时期产生的以经验主义和理性主义为显著特征的哲学和美学,便是以这个翻天覆地的伟大变革的时代作为历史背景的。

以上是就经验主义和理性主义两大哲学和美学潮流产生的共同的大的时代背景来说的,具体到理性主义哲学和美学产生的国家的历史情况,则又和经验主义哲学和美学产生的英国有所不同。这主要是由于西欧各国的历史发展是不平衡的,西欧大陆一些国家的资本主义在发展程度和方式上,与英国呈现出一定的差异,因而在这些国家的经济和政治发展中也就表现出各自的特点。

在经验主义哲学和美学发源地的英国,资本主义经济发展得较快。从16世纪末到17世纪初,英国已是欧洲资本主义最发达的国家,资本主的工场手工业成为国内重要的生产方式。它不但具有相当强大的工商业资产阶级，同时在旧的封建贵族中还逐渐形成了一个资产阶级化的新贵族阶层。到了17世纪40年代，由于国内阶级矛盾的激化，发生了资产阶级革命。经过长期复杂的斗争，终于在17世纪80年代在英国建立了大资产阶级和新贵族联盟的君主立宪制，第一次在一个欧洲大国中确立了资本主义制度。英国经验主义哲学和美学的形成和发展，和英国资本主义的发展以及英国资产阶级革命的整个过程，在整体上是相适应的。以培根、霍布斯、洛克为代表的唯物主义经验论哲学，作为系统的世界观，集中表现着英国资产阶级在革命不同时期的意识形态。

在理性主义哲学和美学发源地的法国，资本主义发展则较英国缓慢。17世纪的法国，是西欧典型的封建君主制的国家。从16世纪60年代开始的长达30余年的宗教战争，使法国陷于四分五裂，生产遭到极大的破坏，严重影响了资本主义的发展。到17世纪初，路易十三和首相黎世留实行重商主义政策，促进工商业的发展。由此，资本主义工场手工业的生产规模迅速扩大，对外贸易大幅度上升。路易十四王朝进一步推行重商主义政策，鼓励商品出口，实行保护关税，使资本主义经济得到更大的发展。但是，在当时，法国基本上还是一个农业国，与荷兰和英国相比，它的资本主义经济仍然显得比较落后。与此相适应，当时在法国占统治地位的是封建贵族，资产阶级还没有强大到能战胜贵族，在政治上建立起自己统治的地步。法国君主专制的阶级基础是封建贵族阶级，但它在相当大的程度上也照顾和适应资产阶级的利益。绝对王权在维护封建统治的同时，也给资产阶级以发展余地，它本身就是建立在资产阶级与贵族阶级平衡妥协的基础上的。正如恩格斯所说："十七世纪和十八世纪的专制君主制……使贵族和市民等级彼此保持平衡。"[1] 资产阶级为了自身经济的发展，对君主专制表示支持和拥护，也并不拒绝同封建贵族实行一定的妥协。这种情况决定了17世纪法国资产阶级反封建的软弱性。法国资产阶级的这种两重性的特点在法国资产阶级的思想体系中必然会有相应的反映。笛卡尔创立的二元论和唯理论的哲学体系，既把一切都诉诸理性的权威，反映出当时法国资产阶级反封建的进步要求，又不能同作为封建统治精神支柱的宗教神学

---

[1] 《马克思恩格斯选集》第4卷，人民出版社1972年版，第168页。

彻底决裂，就是那一时期法国资产阶级两重性在理论上的典型表现。

在理性主义哲学和美学得到重大发展的德国，其资本主义经济的发展甚至比法国更缓慢。德国自16世纪宗教改革和农民战争失败后，封建诸侯的势力不断加强，各地封建诸侯为了争夺土地，分裂成天主教诸侯和新教诸侯两大派别。17世纪初，新教联盟和天主联盟两大对立集团矛盾加剧，加之欧洲其他国家插手，终于在1618年爆发了"三十年战争"。这场旷日持久的大规模的战争，直到1648年缔结《威斯特伐利亚和约》才告结束。战争使德国的社会经济遭到严重破坏，大批村庄被毁，人口损失极为严重，土地荒芜，工商业凋零。贵族地主为恢复经济，加快恢复奴隶制。战争进一步加深了封建割据局面，战后德意志分裂为300多个小邦，有1000多处骑士领地。农奴制的恢复和封建割据严重阻碍了德国资本主义发展，甚至使其长期处于停滞状态。17世纪末，德国工场手工业在整个工业生产中的比重还不到10%。它们不仅规模狭小，而且生产、销售和贸易大都依赖于封建王公贵族的生活消费和封建军队的耗资，尚未获得独立发展。处在这样的历史条件下的德国资产阶级必然在经济上对封建贵族有很大的依赖性，在政治上屈从于封建权力。同时，封建割据也使德国资产阶级的力量分散，无法形成一支有效地对抗封建权势的力量。所以，比起同时代的英法资产阶级来说，德国资产阶级要软弱和保守得多，对封建势力具有更多的妥协性。它虽然渴望资本主义经济的发展，却没有勇气在政治上开展对封建制度的斗争。德国资产阶级具有的极端软弱性必然在哲学等意识形态上反映出来。莱布尼茨的唯心主义的唯理论，特别是作为其哲学体系基础的具有宗教神学色彩的唯心主义的单子论，就是17世纪德国资产阶级特性在哲学领域中的反映。

在欧洲大陆，荷兰也是理性主义哲学和美学的发生地。较之法国和德国，荷兰是资本主义的发展另有自己的特点。在欧洲，荷兰是资本主义发展最早的地区和国家之一。16世纪末爆发的尼德兰资产阶级革命，以反对西班牙殖民统治的民族解放斗争的形式，推翻了西班牙在尼德兰的专制统治，在欧洲建立了第一个资产阶级共和国。此后，荷兰资本主义经济得到更快的发展。17世纪，荷兰进入"黄金世纪"，成为典型的资本主义国家。这个时期，荷兰的科学和文化事业也得到迅速发展。当时的荷兰与其他欧洲各国相比，具有较多的宗教自由、政治自由和学术自由，因此吸引不少欧洲其他国家的进步思想家和学者来此避难和开展学术交流。如笛卡尔就曾在荷兰定居从事哲学研究。但是，由于荷兰资产阶级革命采取了反西班牙的民族解放斗争形式，使一度加入革命行列的封建贵族和教会僧侣势力较少受到打击。它们在农村和教会部门还保持着较大势力，一些代表人物还窃取了部分权力。教会势力的活动严重束缚着人们的思想，阻碍着科学的发展，这表明荷兰资产阶级反封建斗争的任务尚未真正完成。斯宾诺莎建立的唯物主义唯理论的哲学体系以及无神论的思想，正是适应了荷兰资产阶级深入开展反对封建宗教势力的时代需要。

理性主义美学的理论基础是理性主义哲学，正如经验主义美学的理论基础是经验主义哲学。理性主义哲学和经验主义哲学都是近代哲学的重点从本体论转向认识论的结果。黑格尔说："近代哲学的出发点，是古代哲学最后所达到的那个原则，即现实自我意识的立场；总之，它是以呈现在自己面前的精神为原则的。中世纪的观点认为思想中的东西与实存的宇宙有差异，近代哲学则把这个差异发展成为对立，并且以消除这一对立作为自己的任务。因此主要的兴趣并不在于如实地思维各个对象，而在于思维那个对于这些对象的思维和理解，即思维这个统一本身；这个统一，就是某一假定客体的进入意识。"① 这说明，近代哲学的主要的和突出的问题不再是传统哲学的本体论问题，而是认识论问题，即思维和存在的统一问题。于是，在论证思维与存在的关系中就出现了两条途径，即经验主义哲学和理性主义哲学。他们所涉及的是感性和理性的关系即知识的起源和途径这一认识论的要害问题。"也就是说，一派认为思想的客观性和内容产生于感觉，另一派则从思维的独立性出发寻求真理。"②

近代哲学中认识论成为突出的问题以及认识论中出现两大派别和倾向，都与近代自然科学的发展状况密切相关。自然科学的进步是西方近代历史上最为重要的现象之一。在16—18世纪早期资产阶级革命时期，随着资本主义工场手工业和海外贸易的迅速发展，在当时生产力发展的基础上，自然科学进入了大踏步前进的时代，首先是天文学、力学和数学取得了巨大的成就。自然科学的发展不仅为自然科学研究方法的系统化和理论

---

① ［德］黑格尔：《哲学史讲演录》第4卷，贺麟等译，商务印书馆1997年版，第5—6页。
② ［德］黑格尔：《哲学史讲演录》第4卷，贺麟等译，商务印书馆1997年版，第8页。

化提出了迫切要求，而且也为从哲学上深入探讨认识理论和认识方法提供了依据和基础，这就使认识论成为哲学的突出问题不仅成为必要，而且有了可能。近代自然科学第一时期，以哥白尼为开端，以伽利略和开普勒等一大批科学家为中介，最后以牛顿为高峰和终结。这一时期自然科学的重大成就主要在力学、数学等部门，一大批杰出科学家在探索自然规律上的辉煌成果，最主要的就是建立起了一幅数学—力学的世界图景。这是一幅机械论的、形而上学的世界图景，它把自然界仅仅看成可以根据最简单的力学和数学原理来加以精确描述和计算的对象。近代认识论上两个派别、两种倾向的形成，就是与当时自然科学建立的这种机械论的世界图景密切相关的。"在某种程度上甚至可以说，近代哲学经验主义和理性主义的分野，最初就是从对机械论本身的两个主要因素，即力学原理和数学原理的偏重开始的；他们强调的正是观察、实验和逻辑推理及证明这两个不同的、但又一刻也不能相脱离的方面。"① 经验主义片面强调自然科学中的物理学因素，强调其中所用的观察、实验的方法；理性主义片面强调自然科学中的数学因素，强调其中所用的逻辑推理和计算证明。这两派各自强调感性和理性的理论以及各自偏重的归纳法和演绎法，正是当时自然科学中运用的方法的理论化和系统化。

值得注意的是，在理性主义哲学家和美学家中，有些就是对数学做出杰出贡献的科学家，如笛卡尔创立了解析几何，把变数引入了数学。正如恩格斯所说，"数学中的转折点是笛卡尔的变数"②。又如莱布尼茨和牛顿几乎在同一时期各自发明了微积分，用代表一个几何点运动的代数方程来描述几何图形。理性主义哲学家在构建哲学体系时，普遍采用了数学的方法。笛卡尔认为数学的推理确切而且明白，因此便把数学领域中所使用的演绎推理方法普遍化和绝对化，将理性演绎法作为唯一正确的认识方法。斯宾诺莎极度推崇几何学方法，把几何学方法加以绝对化和普遍化，采用几何学方法来研究和阐述自己的哲学思想并建立起其整个哲学体系。无论是笛卡尔还是莱布尼茨，他们在论证"天赋观念"说时，几乎都运用了数学原理作为例证。正如罗素所说："从笛卡尔到康德，欧洲大陆哲学关于

---

① 陈修斋主编：《欧洲哲学史上的经验主义和理性主义》，人民出版社1986年版，第16页。
② [德] 恩格斯：《自然辩证法》，人民出版社1971年版，第236页。

人类认识的本性，有许多概念得自数学。"①

近代理性主义和经验主义哲学的产生，除了受近代自然科学的直接影响外，也受到当时人文主义的社会文化思潮的重要影响。15、16世纪文艺复兴时期形成的人文主义思潮，肯定人、人性和人的价值，要求人的个性自由和平等，推崇人的感性经验和理性思维，注重人的现世享受，从而把人、人性从宗教神学的禁锢中解放出来，导致了思想自由、信仰自由和学术自由的倾向的加强，并使个人主义得到了发展。这种人文主义思潮在17、18世纪得到了更加深入和充分的发展。"人"比以往任何时候都更加显著地成为历史关注的中心，用人的眼光来观察问题贯穿于各个文化领域，这对近代哲学思想的形成具有重要影响。无论是培根对于人性尊严和力量的重视，还是笛卡尔对于人类理性和主体性的张扬，都是这种影响的表现。正如罗素指出："近代哲学大部分却保留下来个人主义的和主观的倾向。这在笛卡尔身上是很显著的，他根据自身存在的确实性建立全部知识，又承认'清晰'和'判然'（两样全是主观的）是真理的判断标准。"②

理性主义美学的产生和发展，和17、18世纪欧洲文学艺术的状况也有密切关系。法国17世纪与理性主义哲学和美学同时产生的古典主义文学，达到了全欧当时文学的最高水平，产生了长久的影响。这一文学潮流是在法国君主专制的政治基础上产生和发展起来的，而笛卡尔的理性主义则为它提供了哲学基础。它兴起于17世纪三四十年代，而在六七十年代即路易十四时代达到全盛时期。古典主义文学以戏剧成就最为突出，产生了卓越的悲剧作家高乃依、拉辛和喜剧家莫里哀。此外，寓言作家拉·封丹和文艺理论批评家波瓦洛也是其代表人物。波瓦洛的《诗的艺术》总结了古典主义作家的创作经验，把理性主义原则和法国文学实践相结合，提出一套系统的古典主义文学理论，成为古典主义文学运动中权威的美学法典。古典主义文艺理论强调文学创作必须服从"理性"，以"理性"作为衡量文学的最高标准，并从关于美的绝对性的学说出发，给文学创作制定了必须严格遵守的规则，促进了理性主义美学的发展。古典主义不仅是法国17世纪占统治地位的文学主潮，而且统治了欧洲文学200年之久。17世纪以

---

① ［英］罗素：《西方哲学史》下卷，马元德译，商务印书馆1982年版，第66页。
② ［英］罗素：《西方哲学史》下卷，马元德译，商务印书馆1982年版，第5—6页。

后，欧洲许多国家在不同程度和意义上也出现了古典主义文学流派。18世纪前期，德国文学理论家戈特舍德，在德国哲学家沃尔夫的理性主义影响下，接受波瓦洛《诗的艺术》的文学理论，提倡古典主义，对理性主义美学发展也起了一定作用。

第二节 理性主义美学的思想渊源

在西方哲学和美学史上，理性主义哲学和美学产生的思想源流可以上溯到古希腊哲学和美学。如前所述，在古希腊哲学中，本体论问题占有首要地位，但是在本体论问题之下，认识论问题也得到探讨和阐述。围绕认识论问题，产生了古希腊哲学中的经验主义和理性主义两种不同的倾向。以此为基础，在古希腊美学中也出现了经验主义和理性主义两种倾向。根据现有资料和研究，公元前6世纪由毕达哥拉斯（约公元前580—前500年）创立的毕达哥拉斯学派，是希腊哲学在认识论上理性主义倾向的最早的代表者，其美学思想也是古希腊"审美学说的一个最早范例"[①]。毕达哥拉斯学派曾经从事数学的研究，他们不是从感觉对象中引导出世界的本原，而是把数学作为万物的始基，认为数目本身是先于自然中的一切其他事物的。这是一种神秘的客观唯心主义，它在认识路线上不是从感性经验上升到理性的概括，而是直接从某种理性的抽象观念下降到经验世界的现实事物，从而开了理性主义的先河。毕达哥拉斯学派从数的理论和概念出发探讨和解释美学问题，认为美是和谐，而和谐则是由一定数量关系形成的，是不同要素的相互一致。他们从数学和声学的观点去研究音乐节奏的和谐，认为音乐节奏的和谐是由高低、长短、轻重各种不同的音调，按照一定数量上的比例所组成的，所以，音乐的基本原则在数量的关系。推而广之，他们认为"一切艺术都产生于数"，"没有一门艺术的产生不与比例有关，而比例正存在于数之中"[②]。这派学者还把数与和谐的原则应用于天体运动的研究，提出所谓"诸天音乐"或"宇宙和谐"的概念，认为天体在遵循一定轨道运行时，也产生一种和谐的音乐。这些美学观点后来对柏

[①] ［美］K. E. 吉尔伯特、［德］H. 库恩：《美学史》，纽约：麦克米伦公司1939年版，第8页。
[②] ［波］W. 塔塔科维兹：《古代美学》，杨力等译，中国社会科学出版社1990年版，第114页。

拉图产生了深刻影响。

　　柏拉图的老师苏格拉底（公元前469—前399年）主张哲学实行"心灵的转向"，从研究自然转向研究自我。他认为对于自然的真理的追求是无穷无尽的，感觉世界常变，因而将来的知识也是不确定的；要追求一种不变的、确定的、永恒的真理，不能求诸自然外界，而要返求于己，研究自我。自我即我的灵魂或心灵，也就是理智。为了避免依靠感官的帮助认识事物会使灵魂完全变瞎，他主张依靠"灵魂的眼睛"，到"心灵的世界"中去寻求存在的真理。为此，他采取的认识方法是："我首先假定某种我认为最强有力的原则，然后我肯定，不论是关于原因或关于别的东西的，凡是和这原则相合的就是真的；而那和这原则不合的我就看作不是真的。"[①] 这显然是从理性出发的认识途经。苏格拉底还强调探究体现了神的智慧和意志的事物的目的，认为事物的最终原因是"善"，这就是事物的目的性。他从这种观点去看美学问题，强调美与善、美与效用、美与目的性的联系，认为"任何一件东西如果它能很好地实现它在功用方面的目的，它就同时是善的又是美的，否则它就同时是恶的又是丑的"[②]。苏格拉底是欧洲哲学史上最早提出唯心主义目的论的，也是最早将美学问题纳入目的论的。

　　古希腊盛期的柏拉图（公元前427—前347年）继承和发展了毕达哥拉斯派和苏格拉底的唯心主义哲学思想，构建了欧洲哲学史上第一个庞大的客观唯心主义哲学体系，同时，他也是第一个系统阐述唯心论的理性主义认识论原则的哲学家。柏拉图的客观唯心主义理念论认为，我们的感官所接触到的具体事物所构成的世界，是不真实的虚幻世界，而由客观独立存在于事物和人心之外的"理念"所构成的理念世界，才是唯一真实的世界。理念是永恒不变的"真正的实在"，是万物的本原。现实世界的万事万物都是理念世界的摹本，是"分有"理念世界的结果。以此为基础，在认识论上，柏拉图认为只有理念世界才是知识的对象，只有认识到理念才算真正的知识。所以，知识是建立在理性基础上的，不涉及感觉世界。由

---

① 北京大学哲学系外国哲学史教研室编译：《古希腊罗马哲学》，商务印书馆1961年版，第175页。
② 北京大学哲学系美学教研室编：《西方美学家论美和美感》，商务印书馆1980年版，第19页。

感性知觉所获得的认识,在柏拉图看来,不是真的知识,而只是所谓"意见"。要达到对于理念的认识,获得真正的知识,不是依赖感觉,而是通过"回忆"。依柏拉图的说法,人的灵魂在进入肉体之前,寓居于理念世界之中,已具有对理念的知识。当灵魂投生到人体后,由于受肉体的玷污、纷扰,就把原有的理念知识暂时忘记了。后来经过"学习"即感觉的刺激,灵魂便能将它以前具有的知识回忆起来。这种回忆说虽然也提到感觉在回忆中有诱发作用,却否认理念知识与感觉有关,而认为它是先天的、内在于人的心灵的,因而认识就是灵魂的回忆,这是欧洲哲学史上第一个系统的唯心主义的先验论。柏拉图在认识上抬高理性贬低感觉、割裂理性与感性关系的观点,对近代理性主义哲学的形成产生了直接影响。

柏拉图的美学思想是建立在他的理念论和回忆说的基础上的。他认为美不在于具体事物,而在于"美本身"。"美的东西之所以是美的,乃是由于美本身。"[①] 所谓美本身,就是"美的理念",美的理念或美本身先于具体的美的事物,是个别事物的美的创造者。一个东西之所以美,完全是因为它们"分有"了美的理念。按照柏拉图的理解,人们对于美的理念或美的理念的认识,是通过的灵魂的回忆达到的。人的灵魂本来就具有美的理念的知识,不过在灵魂附在肉体上下降尘世之后,这种美的知识暂时忘掉了。而当人"见到尘世的美,就回忆起上界里真正的美"[②],因而感到欣喜若狂,乃至陷入迷狂状态。关于艺术,柏拉图也是从理念论出发来理解的。他认为艺术是由模仿现实世界而来的,而现实世界又是模仿理念世界而来的,所以,艺术只是"摹本的摹本""影子的影子",不可能提供理念世界的真知识,没有认识作用。这种鄙视艺术的观点,和他崇尚理性认识、贬低感性认识的观点是一致的。柏拉图从理性出发探讨美和艺术的思路和方法,对后来美学中理性主义倾向的发展产生了巨大影响。

希腊晚期产生的斯多阿学派,是一个存在时间很长、流行很广的哲学学派。它的学说和差不多同时代的以强调感觉为首要准则、以快乐和幸福为伦理宗旨的伊壁鸠鲁学说是对立的,主要是宣扬宿命论和带有浓厚宗教色彩的泛神论思想,其基本思想是理性统治世界。他们把赫拉克利特的火

---

① [古希腊] 柏拉图:《斐多篇》,载《古希腊罗马哲学》,商务印书馆1961年版,第177页。
② [古希腊] 柏拉图:《文艺对话集》,朱光潜译,人民文学出版社1980年版,第125页。

第二章 理性主义美学概述

和逻各斯看成一个东西,认为宇宙实体既是物质性的,同时又是创生一切并统治万物的世界理性。在认识论上,他们着重研究了知识的起源和真理的标准问题,并带有明显的折衷主义性质。尽管他们提出一切知识都必须从对个别事物的感觉出发,但又承认有先于经验的一般概念,而且认为只有通过理性才能认识到实在的体系。他们把"有说服力的"知觉作为"真理的正当标准",认为这种知觉符合实在对象,清楚明白,由之而产生的概念也总是清楚明白的,因而具有不可抗拒的说服力。其中一些代表人物还提出"健全理性是真理的一个标准"[①],这就偏向了理性主义。斯多葛学派注重伦理学,主张人的美德就是"顺应自然""顺应理性"。与此相适应,他们在美学上也非常注重道德美以及美与善的关系。在他们看来,人的美包括精神的、道德的美和感官的、形体的美两方面,而精神的、道德的美高于感官的、形体的美。真正的美是道德美。"他们只把美称作善",认为"一切善都是美的,善等于美"。[②] 斯多葛学派接受了希腊美学中关于美在于比例和对称的看法,同时又提出"合式"(decorum)作为美的原则。他们把比例和对称的概念运用于精神美,认为"精神美是心灵的各个部分在和整体的关系中以及相互关系中的均衡对称"[③],这些具有理性主义色彩的美学思想在希腊化时期影响极大。

罗马奥古斯都时代的著名文艺批评家和诗人贺拉斯(公元前65—前8年)在他的《诗艺》中提出了以希腊古典文化为典范的古典主义的美学主张,他对文艺本质的看法,基本上继承了传统的艺术模仿自然的观点,但他在要求文艺符合自然的同时,更强调文艺需要符合传统、符合法则、符合理性。他虽然不反对想象和感性,强调的却是理性对文艺创作的作用,认为"要写作成功,判断力是开端和源泉"[④],把理性思考的判断力作为文艺的来源,这显然是颠倒了文艺的源与流的关系,与他劝诗人到生活中找范本的说法是互相矛盾的。在人物性格描写上,他主张要符合传统人物的

[①] 北京大学哲学系外国哲学史教研室编译:《古希腊罗马哲学》,商务印书馆1961年版,第373页。
[②] [苏]舍斯塔科夫:《美学史纲》,樊莘森等译,上海译文出版社1986年版,第31页。
[③] [波] W. 塔塔科维兹:《美学史》第1卷,海牙·巴黎,1970年版,第194页。
[④] [古希腊]亚里士多德、[古罗马]贺拉斯:《诗学·诗艺》,罗念生、杨周翰译,人民文学出版社1962年版,第154页。

定型和某种人物的类型，注重普遍共性，而忽视人物个性，成为类型说的创始者。他把"合式"这个概念广泛运用于文艺，并按照"合式"的概念，为文艺创作制定了许多"法则"，要求文艺作品需"合情合理"、恰如其分、始终一致，体现普遍永恒的理性。这些观点和理性主义美学主张显然是一致的，因此，《诗艺》几乎成为后来法国古典主义美学立法者布瓦洛模仿的样板。

公元3世纪罗马帝国的哲学家和美学家普罗提诺（约204—270年）正式建立了新柏拉主义的哲学体系和美学体系。他继承并发展了柏拉图学说，认为世界的本原是"太一"，即神。"太一"是无所不包的、绝对超验的无形本体。世界万物都是从"太一"流溢出来的，太一依次流溢出理智（努斯）、灵魂，最后流溢出物质世界。人是灵魂与身体的复合体，个人灵魂本是赋有世界灵魂之神性的精神实体，主要表现为理性；而身体却不免因情欲使灵魂迷失理性。因此，灵魂必须清除一切欲望，从肉体中超脱，通过净化和升华，化为理性，回复神性，从而与神合一，这是人生的最高目的。由此出发，普诺提诺认为太一或神是全部美的终极本原，物体美不在物质本身而在物体分享了神所流溢的理式或理性。"一切事物之所以美，都由于理式。"① 艺术美也不在物质而在艺术家的心灵所赋予的理式。对于美的认识和观照，主要不是靠感觉，而是靠理性，理性是"一种为审美而特设的功能"。感官只能接受感性的物体美，物体美是最低级的，但是物体美也要心灵凭理性来判断。至于要认识更高级的美，如事业、行为、学问、品德的美，乃至最高的纯粹理式的美，就不能靠感官，而要靠纯粹的心灵或理性去观照。审美是灵魂升华的必要之途，它抛弃尘世感官的美，上升到最高的纯粹理式的美，使净化的灵魂与神契合为一。这种美学观点表现出明显抬高精神而否定物质、抬高理性而否定感性的倾向。

欧洲中世纪占统治地位的经院哲学被称作"神学的婢女"，其任务就是论证基督教的教条和教义。但在经院哲学内部，也仍然存在唯名论和实在论两种倾向论争，这一论争是围绕着一般（共相）与个别（殊相）的关系问题展开的。在认识论上，实在论主要表现为理性主义倾向；唯名论主要表现为经验主义倾向。关于唯名论派的哲学和美学，我们在前面的经验

---

① 北京大学哲学系美学教研室编：《西方美学家论美和美感》，商务印书馆1980年版，第58页。

主义美学概述中已经论及，这里再介绍实在论派的主要代表托马斯·阿奎那。托马斯·阿奎那（约1225—1274年）是经院哲学的集大成者，也是基督教神学美学的主要代表人物。他利用亚里士多德和其他哲学家、神学家的观点，提出了关于上帝存在的五个证明，认为上帝是世界的"第一推动者"和"第一原因"。在共相与个别的关系问题上，他认为共相是真实存在的，是独立存在的精神实体。共相有三种存在方式：它作为上帝创造世界的原型，存在于上帝的理智中；它作为上帝所创造的个别事物的本质，存在于事物中；它作为对个别事物的抽象概念，存在于人的理智中。这种观点没有直接否认个别的存在，是一种温和的实在论，但它认为共相的最高存在方式是内在于上帝之中，而上帝也以此为原型创造世界，因此，归根到底，共相即一般还是先于个别，独立于个别而存在。在认识论上，托马斯认为真正的知识不是对个别对象的感觉，而是认识一般的东西，这就需要理智。人的认识过程是从感觉到概念，从个别到一般。这里可以见出亚里士多德的影响。但是，他的认识论是建立在上帝为世界本原的基础之上的，认为人的灵魂是上帝创造的，具有能动的"理智之光"，人的认识不过是上帝通过启示把本来潜藏于人心中的知识启发出来的过程，这仍然是唯心主义先验论和理性主义的主张。托马斯的美学思想与其经院哲学思想一脉相承。他承认感性事物的美，认为"凡是一眼见到就使人愉快的东西才叫作美的"，并将完整、和谐、鲜明作为美的三个要素。但他又强调神是一切事物和谐和鲜明的原因，"事物之所以美，是由于神住在它们里面"。他对美与善的关系作了新的阐述，认为两者既不可分割又有重要区别，善需满足欲念，美却仅涉及认识功能，不关欲念，单靠认识就立刻使人愉快。审美或认识美要靠听觉和视觉，这都是与认识关系最密切、为理智服务的感官。最高的美具有神性的性质，需要借助于理性知识才可能被认识到。这些观点包含着后来的理性主义美学思想的萌芽。

文艺复兴时期德国最早的人文学者之一库萨的尼古拉（1401—1464年）继承新柏拉图主义，基本上以泛神论观点论证上帝和宇宙及其认识问题。他把人的认识分为由低到高的几个阶段，最低的是感觉以及想象，比感觉高一级的是理智，再高一级的是心智，最高级的认识是直觉认识。只有通过"心智的直观"，人的灵魂才可以与无限相联系，达到与神合一。以此为基础，他论证了美即多样性之统一的观点。美首先表现在比例与和谐之中的形式上的无穷尽之统一。这种统一逐渐展开，并由此产生出善与美的差别。最后，这两种因素通过爱的方式相联系。爱是从感性事物的美向更高级的精神的美的升华，是美之终极的顶峰。这里可以看出新柏拉图主义美学思想的影响。文艺复兴时期新柏拉图主义哲学和美学思想的代表人物玛尔西诺·费奇诺（1433—1499年），进一步对柏拉图的灵魂不死学说进行神学的解释。他认为宇宙是由上帝、天使、天体、人、动物、植物和原初物质组成的等级结构，在这个等级结构中，人的灵魂是沟通神圣世界与物质世界的中间环节，它既可通过沉思脱离肉体上升到认识上帝，又可从自身下降到认识有形事物的真理；认识就是灵魂的上升和下降活动。这种观点虽然肯定了人认识一切的能力，却宣扬了柏拉图的唯心主义唯理论。他从柏拉图爱的学说出，区分了肉体美和精神美，认为精神美是高级的、接近神性的美。美不是表现在各部分之间静止的比例关系上，而是表现为整体的"优美"和"光辉"，是神性的、精神的本原在身体上的表现。这种观点对后来理性主义美学发展也产生了影响。

第三节 理性主义美学的发展过程

大陆理性主义哲学和美学的产生稍晚于英国经验主义哲学和美学。理性主义哲学创始人笛卡尔比经验主义哲学创始人培根晚生35年，培根的《学术的进展》出版于1605年，而笛卡尔的《谈谈方法》则出版于1637年。尽管如此，理性主义和经验主义的发展却是相互促进、并驾齐驱，并且相互重叠、彼此交错。和英国经验主义美学一样，大陆理性主义美学从产生、发展到终结，大致经历了17—18世纪。所不同的是，英国经验主义美学代表人物都来自英国，而大陆理性主义美学代表人物却来自法国、荷兰、德国诸欧洲大陆国家。虽然理性主义美学特别是以理性主义为基础的法国古典主义文艺思想在英国也有较大影响，但在英国却没有产生理性主义美学的代表人物。我们当然不能像有的论著中所说，将理性主义看作"代表一种铁板一块"[①]的哲学和美学主张，但是理性主义和经验主义毕竟

---

① [英]约翰·科廷汉：《理性主义者》，江怡译，辽宁教育出版社、牛津大学出版社1998年版，第10页。

在哲学认识论的基础问题上存在着根本分歧,因此以理性主义哲学为基础而形成的美学思想,和经验主义美学思想在观点、方法上自然存在原则区别,而在其自身却必然具有相互的一致性和关联性。正是着眼于哲学基础和美学思想倾向上的一致性和关联性,我们才将笛卡尔、高乃依、布瓦洛、斯宾诺莎、莱布尼茨、伍尔夫、戈特舍德、鲍姆加登看作大陆理性主义美学的代表人物,不过这些代表人物在哲学和美学的许多问题上也仍然存在差别。就哲学形而上学来说,有的是唯心主义者,有的是唯物主义者;有的持二元论,有的持一元论;就认识论的倾向来说,有的保持较纯粹的理性主义形态,有的则在理性主义基础上吸纳了某些经验主义的成分;就美学研究方法来说,有的是从某种理性主义哲学体系出发,在体系的框架内对美学问题进行思辨的研究;有的则着眼于文艺创作实践,运用理性主义观点和原则,总结和概括美学理论和文艺法则。总之,他们是以不同的立场和方式共同推动着理性主义美学的发展。

正如黑格尔所说,近代哲学是从笛卡尔的思辨形而上学开始的。笛卡尔第一个以明确的哲学形式宣布了人的理性的独立,开创了近代理性主义的哲学思潮。他对于人类理性、自我主体以及先天观念的强调和张扬,不仅开创了一种哲学研究的全新方式,也为美学提供了一种全新的方法论。尽管笛卡尔没有写过系统的美学著作,但他所创立的理性主义哲学却为近代理性主义美学的形成奠定了基础,"他的整个体系包含了一种美学理论的大致轮廓"[1]。因此,他是近代理性主义美学的真正创始者和奠基者。在美学思想上,笛卡尔主要是结合哲学和艺术问题,对一些具体的美学问题进行了探讨,尚未形成完整的体系。他的形而上学通过理性推论,肯定了上帝是心灵和自然的创造者,当然也就认为上帝是美的来源。不过,在具体考察现实事物的美时,他又将美定义为"我们的判断和对象之间的一种关系",认为美是对象与人的外在感官和内在心灵之间的关系的适合、符合或协调,突出了判断美丑的主体价值标准。同时,他也指出美在对象的部分之间的比例和协调,强调美的整体性和统一性。他肯定美的相对性和美感的差异性,认为美感是包含着复杂心理活动的"理智的愉快"。尽管笛卡尔在哲学中抬高理性、贬低感性,但他并不否认想象和情感在文艺创

---

[1] [德] E. 卡西勒:《启蒙哲学》,顾伟铭等译,山东人民出版社 1998 年版,第 273 页。

趣味与理性：西方近代两大美学思潮

作中的独特作用。他的美学思想既具有理性主义的基本特点，也注意到审美问题的特殊性和复杂性，并不像后来法国古典主义者那样走极端。

以高乃依、布瓦洛为代表的法国古典主义文艺理论是在笛卡尔理性主义哲学的基础上发展起来的。古典主义文艺理论从两个方面推进和发展了理性主义美学。第一，它将笛卡尔的理性主义的方法论原则具体应用到文艺创作和文艺研究中来，在总结古典主义文艺创作经验的基础上，提出了理性主义的文艺美学原则；第二，它将理性主义的美学思想和文艺理论条理化、系统化，形成了一个完整的理性主义美学和文艺理论体系。法国古典主义文艺思潮兴起于17世纪30年代，而在路易十四时代达到全盛。如果说较早的沙坡兰和高乃依对戏剧的功能作用、戏剧创作以及戏剧"三一律"等的论述，只是对古典主义文艺理论的初步探讨，那么，在古典主义全盛时期产生的布瓦洛的《诗的艺术》，则是集古典主义文艺理论之大成，因而被称为古典主义的美学法典。布瓦洛应用笛卡尔的理性主义哲学原则来总结古典主义文艺的创作经验，分析和解决文艺问题，从而使理性主义具体转化为古典主义文艺的美学原则。他提出文艺创作要依靠和服从理性，凭理性获得价值，以理性为最高准则。文艺模仿自然，要以理性为统辖，表现自然的普遍性和普遍的人性，达到符合理性的真实。文艺应在理性基础上达到真善美的统一，把善和真与趣味融成一片。刻画人物要符合类型性和固定的性格模式。作品的形式安排、语言运用乃至体裁风格都要符合规范化的要求和凝固化的规则，等等。可以说，笛卡尔开创的理性主义哲学原则和方法，正是通过以高乃依、布瓦洛为代表的古典主义美学和文艺理论，才得以在美学和文艺领域中产生广泛而深刻的影响的。由于古典主义文艺思潮在法国乃至整个欧洲的广泛而持久的传播，"十七世纪的文学界，各方面都体现了笛卡尔连第一句话也从未写过的笛卡尔美学"[①]。

斯宾诺莎是继笛卡尔之后的另一个理性主义哲学的代表人物。他批判了笛卡尔的二元论，建立了肯定神即自然就是唯一实体的唯物主义一元论，同时进一步将笛卡尔的理性主义认识论原则系统化，强调普遍必然性知识，并把普遍性原则贯彻到哲学的各个方面，形成了从内容到形式都更为完备的理性主义哲学体系。他将知识论、伦理学和美学相互结合起来，

---

① ［法］埃米尔·克兰茨：《笛卡尔美学学说》，巴黎，1882年，第3页。

使理性主义美学获得了更完备的表述。在论述一般的美丑观念时，斯宾诺莎认为美丑不是指自然事物本身的性质，而是依据自然事物对于人的作用和感觉，对自然事物所做的一种价值判断。美丑与善恶和圆满、不圆满的概念一样，都属于按照人的感觉来解释自然的概念。同时，他又指出，作为按照自然本来面目来解释自然的概念，圆满性就是事物的实在性和本质。与这种圆满性相一致的美，不是对人的感觉而言的美，而是对于事物本质的理性直观。在论述人的心灵活动时，斯宾诺莎认为想象和理性是相互区别、相互对立的两种认识方式。想象是人的身体情状的观念，它以形象的方式而不是以概念的方式来认识事物。想象和联想的观念联系不同于理智的观念联系，理智的观念联系是客观的、逻辑的；想象的观念联系是主观的、情感的。尽管斯宾诺莎抬高理性，贬低想象，认为想象不能像理性那样达到对事物本质的正确认识，他却充分肯定了想象的特点及其在文艺创作中的特殊作用。他进而指出，情感与想象是互相联系、互相统一的，作为凭借身体情状而形成的观念，想象是对外物的认识，情感是对外物的反应。由想象—情感形成的同情作用在审美经验中具有重要作用，惊异、恐惧和轻蔑、嘲笑是形成崇高感和滑稽感的两种情感样式。这些论述进一步丰富和深化了理性主义美学的内容。

出生稍晚于斯宾诺莎的德国哲学家莱布尼茨，是理性主义哲学和美学的卓越代表，他接受并发展了笛卡尔的理性主义哲学，建立了以单子论为核心的客观唯心主义的形而上学体系，完成了大陆理性派哲学从二元论经过唯物主义一元论到唯心主义一元论的发展过程。在认识论上，他坚持先验论，认为普遍必然性的真理只能是心灵先天固有的，从而将理性主义推向极端。但他也吸收和结合了经验主义的合理成分，提出潜在的天赋观念论，承认"事实的真理"，强调个体性原则，等等。他从单子论的"前定和谐"说出发，论证了美的本质在和谐、秩序，和谐即是"多样性中的统一性"；和谐来自上帝的理性对于世界的预先规定和安排，因而美的本原来自上帝，这是将目的因引入对于美的解释中，试图在物质形式与实体形式、可感世界与理性世界之间建立起联系，以揭示某种最终的形而上学原因。同时，他又从单子论的认识论出发，阐述了美感属于既明白又混乱的认识，是一种"混乱的知觉"，具有知其然而不知其所以然、令人愉悦却不涉及功利的特点。审美虽然属于感性认识活动，却蕴含着理性内容。这就将美感纳入理性主义认识论框架中,并确立了美学在认识论体系中的地位。这一切使莱布尼茨的美学思想成为理性主义美学发展的成熟阶段的集中表现,并对后来德国理性主义美学发展产生了巨大影响。

莱布尼茨哲学的直接继承者沃尔夫以"一种死气沉沉的学究思想方式"[1],将莱布尼茨的哲学观点系统化和通俗化。这种所谓的"莱布尼茨—沃尔夫哲学"长时期在德国占据统治地位,对理性主义哲学和美学的发展具有较大影响。在哲学上,沃尔夫完全接受了莱布尼茨的单子论和前定和谐说,坚持唯心主义的唯理论。在他构建的庞大的哲学体系和各分支学科中,研究理性认识的逻辑学被放在哲学及其各学科总导引的地位,唯独感性认识没有专门学科进行研究。正是这一点促成鲍姆加登提出要建立一门研究感性认识的学科——美学。在美学思想上,沃尔夫强调"完善"(perfection)这一概念,认为美在于事物的完善。这种看法后来对鲍姆加登的美学思想产生了直接影响。

莱布尼茨和沃尔夫的理性主义哲学在文艺上的影响,主要表现在德国文艺理论家戈特舍德的诗学中。"如同在法国,布瓦洛的诗学符合笛卡尔的哲学一样,在德国,戈特舍德的理性主义的诗学也符合沃尔夫的笛卡尔—莱布尼茨的理论。"[2] 戈特舍德推崇和追随法国古典主义文艺思潮,他的《批判的诗学》和布瓦洛的《诗的艺术》如出一辙,片面强调理性对于文艺的作用,主张"哪一种趣味能与理性规定的规则一致,它就是好的趣味"[3]。认为作家只要依据理性,从道德准则出发,并掌握一套规则,就可以如法炮制出作品;艺术的本质和任务是对人进行理性和道德教育。围绕理性和想象及其与文艺的关系,戈特舍德和当时的苏黎世派展开论战,这从一个侧面反映出理性主义和经验主义、古典主义和浪漫主义在文艺问题上的根本分歧。

莱布尼茨和沃尔夫的理性主义哲学对于美学的影响,集中表现在鲍姆加登的美学理论中。鲍姆加登直接受业于沃尔夫,是沃尔夫哲学的信徒和

---

[1] [英]罗素:《西方哲学史》下卷,马元德译,商务印书馆1982年版,第123页。
[2] [意]克罗齐:《作为表现的科学和一般语言学的美学的历史》,王天清译,中国社会科学出版社1984年版,第55页。
[3] [德]戈特舍德:《批判的诗学》,载马奇主编《西方美学史资料选编》(上),上海人民出版社1987年版,第502页。

"个别加工者"。他根据沃尔夫关于低级认识能力（感性）和高级认识能力（理性）的划分，提出在认识论中，除了研究理性认识的逻辑学之外，还应建立一门专门研究感性认识的学科，即美学。他把逻辑学称为高级认识论，而把美学称为低级认识论，使两门独立学科彼此并列，从而在理性主义框架下，为美学在哲学的领地内赢得一席之地。他在沃尔夫的美的定义的基础上，进一步提出"美是感性认识的完善"的论断，从客体对象的完善和主体认识本身的完善两方面对美的本质作了新的界说。他在一定程度上克服了理性主义的局限，肯定了美学作为感性认识的科学价值，认为美的认识虽然属于感性认识，却具有与理性认识相类似的性质，是"类似理性的思维"，能够达到"审美的真"，表现出理性认识与感性认识相调和的倾向。同时，他也指出审美的真和逻辑的真在认识和把握真的途径和方式上是不同的，强调诗的感性化和个性化特征，充分肯定感知、想象、情感、幻想对于诗的创造的作用，这也在某种程度上突破了古典主义诗学的束缚。理性主义美学发展到鲍姆加登，已经进入尾声。尽管鲍姆加登仍然坚持理性主义立场，完全服从严格的理性规则，但他在理性法庭上为审美直觉辩护、充分肯定作为感性认识的美学和美的认识的地位和作用，也充分肯定了美的认识和文艺的特点，这在实际上已暴露出理性主义美学的片面性和内在矛盾，因而也就预示了理性主义美学的终结。

第二篇 经验主义美学（上）

第三章 培根

培根是西欧各国在近代最先出现的著名的资产阶级哲学家，是英国近代唯物主义和实验科学的真正始祖。他所创立的唯物主义经验论为英国经验主义美学奠立了哲学基础，因而他也是经验主义美学的创始人。

弗兰西斯·培根（Francis Bacon，1561—1626年）出身于英国一个新贵族家庭，其父母担任过伊丽莎白女王的掌玺大臣。他于1573年进入剑桥大学读书。大学毕业后第二年，作为英国驻法大使的随员，他在法国做了两年多使馆工作。1579年父死后回国，他从此开始进入律师界和政界，1584年被选为国会议员。但在伊丽莎白女王时代，培根却仕途坎坷，未获重用。直到詹姆士一世继位后，他才受到重用，1617年被任命为掌玺大臣，1618年又出任英格兰大法官，1921年因被控犯有受贿罪，被免去一切职务，从此结束政治生涯。此后，培根专门从事学术著述活动，直到逝世。其主要著作有《学术的进展》（1605）、《新工具》（1620）、《新大西岛》（1623）和《论说文集》（1597年初版，1612、1625年两次增订再版）等。

第一节 唯物主义的经验论

培根的时代正是英国资本主义迅速发展的时期。随着资本主义的发展，资产阶级在政治经济上的地位日益强大，它同封建主之间的矛盾日益激化，资产阶级革命的序幕已经拉开。资产阶级为了迅速发展资本主义生产，迫切要求摆脱各种封建传统思想的束缚，开拓知识领域和迅速发展科学技术。培根作为英国资产阶级和新贵族利益的代言人，适应时代的要求

第三章 培根

和资产阶级的需要，大力倡导发展科学技术，并对阻碍科学技术发展的封建神学和经院哲学进行了猛烈的批判。他认为，人是自然的仆役和解释者，人要改造自然必先要认识自然，只有知识才有力量驾驭自然。在《新工具》中，培根提出："人的知识和人的力量结合为一"①；"达到人的力量的道路和达到人的知识的道路是紧挨着的，而且几乎是一样的"②。这就是通常被人表达为"知识就是力量"的著名论断。这一论断集中表达了对知识和科学技术的作用的高度重视，对于将人们的思想从基督教神学和经院哲学的束缚下解放出来，对于推动科学技术发展，无疑起了巨大的推动作用。

在对经院哲学展开批判的基础上，培根继承了英国的唯物主义传统，并总结了当时自然科学发展的成果，建立了自己的唯物主义世界观，在欧洲近代哲学发展史上最先提出了一条唯物主义的认识路线。培根的认识论是以承认物质世界的客观性为前提的，他首先确认了认识的对象就是外部自然界，就是客观存在的经验事实，指出知识就是"对自然的解释"③。其次，他深入论述了认识的起源问题，强调人对外部世界的感觉经验才是认识的来源。他明确写道："全部解释自然的工作是从感官开端，是从感官的认知经由一条径直的、有规则的和防护好的途径以达于理解力的认知，也即达到真确的概念和原理。"④ 在强调认识来源于感觉经验时，培根还特别重视实验在认识中的作用。他说："一种比较真正的对自然的解释只有靠恰当的而适用的事例和实验才能做到，因为在那里，感官的裁断只触及实验，而实验则是触及自然中的要点和事物本身的。"⑤ 这就是说，人的认识不仅是对外部自然界直观的结果，还可以通过作为人的实践活动一部分的实验来获得，而且通过后一方式得到的认识会更加接近事物的本质。由于培根强调认识的来源是感觉经验，而且把经验作为对认识过程考察的整个立足点，所以在哲学史上他被看作经验论的创始者。但培根并不否认理

---

① 北京大学哲学系外国哲学史教研室编译：《十六—十八世纪西欧各国哲学》，商务印书馆1975年版，第9页。
② 北京大学哲学系外国哲学史教研室编译：《十六—十八世纪西欧各国哲学》，商务印书馆1975年版，第47页。
③ ［英］培根：《新工具》，许宝骙译，商务印书馆1984年版，第5页。
④ ［英］培根：《新工具》，许宝骙译，商务印书馆1984年版，第216—217页。
⑤ ［英］培根：《新工具》，许宝骙译，商务印书馆1984年版，第26页。

性思维在认识中的作用,而是主张把感性认识和理性认识结合起来。他虽然十分重视感觉经验在认识中的作用,但也看到感觉的局限性,提出要用"理性和普遍哲学的方法"来补其不足,在"经验能力与理性能力"二者之间"永远建立一个真正合法的婚姻"。最后,培根对认识过程问题也作了阐明,提出认识应遵循由浅入深、由低级向高级的路线循序渐进地向前发展;认为只有遵循一个正当的上升阶梯,"由特殊的东西进至较低的原理,然后再进至中级原理,一个比一个高,最后再上升到最普遍的原理;这样,亦只有这样,我们才能对科学有好的希望"[①]。尽管这些论述忽视了理性的飞跃作用,但仍然包含着合理因素。

  培根十分重视认识方法问题,并以其认识论为基础,提出了经验归纳法,作为在认识过程中所运用的逻辑方法。在《新工具》中,培根对经验归纳法和旧归纳法的区别、经验归纳法的目的、作用、规则和基本程序等都作了明确而具体的阐述。他强调运用归纳法的目的是探寻事物(性质、现象)的"形式"(即本质、规律),求得对客观事物规律的认识。为此,他要求归纳法必须以观察和实验为基础,认为凭借观察方法和实验方法搜集事实和材料,是运用归纳法的先决条件。培根把归纳和实验结合起来,从而赋予了归纳法以新的特点,它可以提供更为丰富、更为充实的认识材料。在收集到必需的感性材料以后,培根又主张运用理性方法对它们加以整理。他提出的归纳三表法,就是运用分析方法对感性材料进行整理的方法,而在此之后所运用的排斥法——对收集的材料进行"适当的拒绝和排斥",剔除非本质的性质,运用的也是理性的分析方法和比较方法。可以说,把归纳法建立在分析法的基础之上,这是培根的经验归纳法的又一大特点。培根认为,在分析、比较的基础上,排除否定的例证之后,便可根据肯定的例证,做出肯定的结论,获得"一个肯定的、坚固的、真实的和定义明确的形式"[②]。这样,归纳法才算真正完成了。培根的归纳法是对当时以观察、实验为特征的自然科学的研究方法在哲学上所做的概括和总结,是他开创的经验主义认识论在方法上的具体体现。这种经验方法既强

---

  ① [英]培根:《新工具》,许宝骙译,商务印书馆1984年版,第81页。
  ② 北京大学哲学系外国哲学史教研室编译:《十六—十八世纪西欧各国哲学》,商务印书馆1975年版,第55页。

调通过观察、实验收集材料，又重视对所收集的材料用理性方法加工整理，以求得合乎规律的结论，是符合从感性到理性、从个别到一般的人的认识过程的。但培根在提倡归纳法时，却没有看到归纳与演绎两者之间辩证统一的关系，而将同一认识过程的两个不同方面割裂开来，因而具有形而上学的片面性。尽管如此，培根的归纳法仍然为归纳逻辑的进一步发展和完善奠定了基础，因而被看作近代科学归纳法的创始人。

培根创立的经验主义认识论和经验方法，为英国经验主义美学的形成和发展奠定了基础。它促使美学发展由思辨的、形而上学的研究转向经验的、科学的研究，从而形成了英国经验主义美学重视对审美现象进行经验的、科学的，特别是心理学的研究的显著特色。培根自己没有写过专门的美学著作，但在《论说文集》中收有《论美》《说建筑》《说花园》等涉及美和造型艺术的文章，在《学术的进展》中论及诗和想象问题。他的这些具体美学观点既体现了经验研究的特点，也表现出对于传统美学命题的独立思考。

第二节 论人的美和美在整体

在《论美》中，培根集中论述了他对人的美的一些独到的看法。文艺复兴时期，由于人文主义思想影响，对于人的美的探讨受到重视。培根对于人的美的表述，同文艺复兴时期人文主义美学精神是一脉相承的，但在具体观点上，与文艺复兴时期乃至此前的一些传统看法又有明显区别。西方美学从毕达哥拉斯学派起，经过新柏拉图派一直到文艺复兴，片面强调美在形式因素的观点具有广泛而深刻的影响，形成一股顽强的美学思潮。而培根在论美时则一反这种形式主义观点。他说："论起美来，状貌之美胜于颜色之美，而适宜并优雅的动作之美又胜于状貌之美。"[1] 又说："美的精华在于文雅的动作。"[2] 培根所说的颜色之美固然是外在形式之美，而状貌（相貌、形体）之美也主要是外在形式之美，所以它们都不属于至上

---

[1] 《培根论说文集》，水天同译，商务印书馆1983年版，第157页。
[2] 北京大学哲学系美学教研室编：《西方美学家论美和美感》，商务印书馆1980年版，第78页。

之美,而只有优雅而适宜的动作之美,才被他称赞为美的精华或至上之美。为什么优雅而适宜的动作是美的精华呢?因为优雅而适宜的动作不仅表现为外在的物质的和形式的美,而且显示着内在的精神的和内容的美,是外在美与内在美、物质美与精神美、形式美与内容美的统一。在《论礼节与仪容》一篇短文中,培根对与人的行为举止相关的礼仪发表过以下看法:"全不讲求礼仪就等于教别人也不要讲求礼仪;结果使人对于自己减少尊敬之心;尤其是在与生人交往或办理正事的时候更不可不讲礼节;但是专讲礼节,并且把礼节推崇到比月亮还高的地位,那不但是烦冗可厌,并且要减少人家对言者的信任了。"[1] 这段话认为行为举止既要讲求礼仪,又不可过于讲礼仪;既要庄重,又要自然,应该和培根所赞赏的优雅而适宜的动作之美是一致的。显然,这不仅包含外在的形体和姿态之美,而且包含体现着人的道德和文化素养的风度之美、心灵之美。在培根看来,这种形于外而蕴于内的美远胜于单纯的形式美,因而是美的精华。

在谈到优雅而适宜的动作之美是美的精华时,培根还认为"美的精华是绘画所表现不出来的,是初睹所不能见及的"[2]。如何理解这一论断呢?这里包含两层意思:其一是作为美的精华的文雅动作之美,不仅是外在形式美,而且是内在心灵美,所以要认识和把握它,不能单纯依靠视觉等感官作用,还需要有理性的参与,这与把审美活动等同于直接的感觉活动的传统美学观点显然是有区别的。其二是作为美的精华的文雅动作之美,不同于相貌、形体的静态之美,而是一种动态之美,这种动态之美绘画是难以表现的。这和后来莱辛在《拉奥孔》中所阐述的绘画适宜于描绘静止的物体而不适宜于描绘流动的动作的观点,具有暗合之意。

从反对片面强调美在形式因素的观点出发,培根也批评了美在比例的看法。从毕达哥拉斯学派,到西赛罗、奥古斯丁等人,都一直强调物体美在于各部分之间的比例。文艺复兴时代艺术家们对技巧的辛勤探讨主要也是在比例方面,当时对比例的重视在 A. 丢勒的言论中表现得最为明显。丢勒是德国画家,后到意大利学习绘画技巧,他著有论画之作《论人体各部分之比例》,主张"按照比例规律来画男女形象"。培根明确反对美在比

---

[1] 《培根论说文集》,水天同译,商务印书馆1987年版,第184页。
[2] [英]培根:《论文集》,纽约,1883年,第147页。

例的传统看法。他说:"没有哪一种高度的美不在比例上现出几分奇特。"①在评论丢勒的绘画主张时,他写道:"很难断定在亚帕利斯和丢勒两位画家之中哪一位比较肤浅,丢勒要按照几何比例去画人像,而亚帕利斯却从许多面孔中选择最好的部分去画一个最美的面孔。我认为这两种画像不能叫任何人满意,除掉画家自己。"② 亚帕利斯是古希腊大画家,这里所批评的是他的画最美面孔的方法是一种拼凑法。上述两种画法虽有不同,但有一点却是共同的,就是都从人体各部分或形式因素的孤立存在中去寻找美,而忽略了整体美。为此,培根特别指明道:"我们常看到一些面孔,就其中各部分孤立地看,就看不出丝毫优点;但是就整体看,它们却显得很美。"③ 这是说,物体或人体的美不在其各个孤立的部分,而在其整体。这种看法与形式主义美学观点也是大相径庭的。

在批评上述两位画家画人像的方法时,培根又特别指出:"我并非说画家不应该把面孔画得比实际的更美,我只是说他在画的时候,应该凭一种得心应手的轻巧(就像音乐家奏出一个优美的曲调那样),而不是凭死规矩。"④ 这一方面说明培根并不否认绘画可以表现物体和静态的美;另一方面也说明培根所反对的是那种"凭死规矩"作画的机械的、死板的、形式主义的创作方法。与形式主义方法相对立,培根提倡艺术美的创造要凭一种灵气、机巧和神来之笔,一种富于想象力的创造。这种看法带有后来兴起的浪漫主义的色彩。

同主张外在美与内在美相统一的看法相一致,培根还论述了美与品德的关系。他分析了两种人的情况,一种人是虽有很美的外貌却没有优秀的才德,即"容颜可观而无大志",追求的多半是容止而不是才德;另一种人则是既有很美的外貌又有优秀的才德,如培根所列举的奥古斯塔斯大帝、法王"好看的"腓力普、英王爱德华四世、波斯王伊斯迈尔等,他们

---

① 北京大学哲学系美学教研室编:《西方美学家论美和美感》,商务印书馆1980年版,第77页。
② 北京大学哲学系美学教研室编:《西方美学家论美和美感》,商务印书馆1980年版,第77页。
③ 北京大学哲学系美学教研室编:《西方美学家论美和美感》,商务印书馆1980年版,第78页。
④ 北京大学哲学系美学教研室编:《西方美学家论美和美感》,商务印书馆1980年版,第77—78页。

"都是精神远大，志向崇高的人，然而同时也是当代最美的男子"。培根推崇的是后一种人，即把美和崇高品德结合在一起的人，他说："假如美落在人身上落的得当的话，它是使美德更为光辉，而恶德更加赧颜的。"① 这种强调以美增德，使美与善相结合和统一的思想，明显区别于文艺复兴时期强调和看重人体美的倾向，对后来英国美学家进一步研究人的外部美与内心美的关系以及美与善的关系有着深远影响。

第三节 诗与想象和虚构

在《学术的进展》一书中，培根提出了新的学术分类原则，按照这一原则，划分学术应依照人的理性能力。培根把人类的理性能力分为记忆、想象和理性三种。与此相适应，则把学术划分为历史、诗和哲学。在培根看来，诗虽是学术的一部分，但它与哲学有根本区别，哲学属于理性的领域，而诗歌则属于想象的领域。他说："诗是学问的一部分，在语言的韵律上大部分是受限制的，但在其他各方面是极端自由的；诗是真实地由于不为物质法则所局限的想象而产生的。"② 这里从心理能力、思维方式的角度突出了诗产生于想象，想象是诗的根本特点，它已接触到诗作为形象思维与哲学作为理性思维在思维方式上的区别。关于诗与想象的关系，文艺复兴时期也有过探讨，如马佐尼在《神曲的辩护》中认为"诗歌由虚构和想象的东西组成，因为它是以想象力为根据的"③。莎士比亚也说过："疯子、情人和诗人都是满脑子结结实实的想象。"④ 培根将诗与想象的关系作了更为明确、更为科学的界定，突出了想象是诗与哲学、历史相区别的根本特点，这就使对想象的研究在后来美学的发展中受到高度重视，特别是英国经验主义美学家，都极重视研究艺术、审美与想象力的关系问题。

培根认为，诗产生于想象，所以它在内容和创造上都是"极端自由"

---

① 《培根论说文集》，水天同译，商务印书馆1987年版，第158页。
② 伍蠡甫主编：《西方文论选》上卷，上海译文出版社1979年版，第247页。
③ 中国社会科学院外国文学研究所外国文学研究资料丛刊编辑委员会编：《外国理论家作家论形象思维》，中国社会科学出版社1979年版，第13页。
④ 中国社会科学院外国文学研究所外国文学研究资料丛刊编辑委员会编：《外国理论家作家论形象思维》，中国社会科学出版社1979年版，第13页。

的。诗的这一特性和想象的特性是一致的。"想象因为不受物质规律的束缚,可以随意把自然界里分开的东西联合,联合的东西分开。这就在事物间造成不合法的匹配与分离。"① 培根对想象所做的分析和论述,突出了想象的随意性、创造性,属于心理学所说的创造想象。它是以人的记忆表象作材料进行加工改造而创造出新的表象的心理活动,是文艺创造和审美活动中最重要的心理功能。

由于诗是创造想象的产物,所以诗具有虚构的特点,这是它和历史的区别。培根说:"诗无非是虚构的历史,它的体裁可用散文,也可用韵文。"② 这就是说,诗和历史的不同不在于形式是用散文还是用韵文,而在于内容是否可以和应该虚构。这一论断和亚里士多德在《诗学》中对历史家和诗人差别的论述可以说是一脉相承的。亚里士多德认为历史家和诗人的差别不在于一用散文,一用韵文,而在于一叙述已发生的事,一叙述可能发生的事,后者可以虚构。不过,对于诗为什么要求虚构,培根的解释和亚里士多德是有不同的。亚里士多德主要是从模仿说出发,认为诗对现实的模仿要按照可然律或必然律,带有普遍性。而培根则是从满足人心说出发,认为世界在比例上赶不上心灵那样广阔,事物的自然本性不能给人心以满足,诗作为"虚构的历史"可以起到在某些方面给予人心以满足的作用。他说:"'虚构的历史'之所以能予人心的一些满足,就是由于它具有一种比在事物本性中更宏伟的伟大、更严格的善和更绝对的变化多彩。因为真实历史中的行动和事迹见不出使人心满足的那种宏伟,诗就虚构出一些较伟大,较富于英雄气概的行动和事迹;因为真实历史所提出的成功与行动的结局不能那样符合善与恶的真价,诗就把它们虚拟得在报应上更为公正,更能符合上帝的启示;因为真实历史所表现的行动与事件比较普通,不那么错综复杂,诗便授予它们更多的离奇罕见的事物、更多的意外与互不相容的变化,这样,诗就显得有助于胸怀的宏敞和道德,也有助于愉快。"③ 这

---

① [英]培根:《学术的进展》,载《弗兰西斯·培根著作集》第3卷,伦敦,1870年,第343页。
② [英]培根:《学术的进展》,载《外国理论家作家论形象思维》,中国社会科学出版社1979年版,第14页。
③ [英]培根:《学术的进展》,载伍蠡甫主编《西方文论选》上卷,上海译文出版社1979年版,第248页。译文有所改动。

趣味与理性：西方近代两大美学思潮

显然是从诗对人心的满足和作用上来分析诗的虚构的必要性，对亚里士多德的论述作了新的阐发和补充，可以说是对诗的虚构的特点和作用从心理学上进行深入探讨的一个典范。同时，它也包含了诗应当比现实更高、更理想化的意思。

培根非常重视诗的作用，他认为诗通过对人心的满足，可以增进人的道德，也可以使人得到愉快享受，"诗所给予的是弘远的气度、道德和愉快"，这和贺拉斯关于诗的功用是寓教育于娱乐的观点是一致的，但培根在阐明这种作用时，更注重诗对于人的情感的影响和性情的陶冶。他说："诗在过去一向被认为分享得几分神圣性质，因为它能使事物的景象服从人心的愿望，从而提高人心，振奋人心。"① 又说："由于诗对人性及人的快乐的这些巧妙的逢迎，再加上它具有与音乐的一致与和谐，在不文明的时代与野蛮的地区，别的学问都被拒绝，唯有诗可以进门并得到尊重。"② 在西方美学史上，关于诗的作用一开始就有争议。柏拉图认为诗满足人的情欲，逢迎人心的无理性的、低劣的部分，主张把诗驱逐出"理想国"。这种观点经过中世纪一直有很大影响。和培根同时代的英国作家、清教徒斯蒂芬·高森（Stephen Gosson）就曾攻击诗是"罪恶的学堂"。1580年英国诗人和批评家锡德尼写了《为诗辩护》，驳斥高森对诗的指责，充分论述了诗"感人向善"的作用。培根对诗的作用的肯定，和锡德尼的观点是相呼应的，是对于文艺复兴人文主义传统的发扬。尽管培根也曾认为想象仅是连接记忆和理性的中间环节，同时又把诗歌置于科学和哲学之下，但这并不影响他赋予诗歌以应有的地位和作用。

关于诗的分类，培根认为最恰当的分类法，是把诗分为叙事的、戏剧的、寓言的三种。按照他的理解，叙事诗是模拟历史，戏剧诗是模拟一种可供人目睹的想象的行为，寓言诗则是用以表达对某种特殊目的和观念的叙述。在这三种类型的诗中，培根最重视寓言诗，因为它适合于表现科学真理和道德理想。这和培根重视诗的道德作用的思想是完全一致的，它们都是时代要求在美学上的反映和折射。

---

① ［英］培根：《学术的进展》，载朱光潜《西方美学史》，人民文学出版社2002年版，第198页。
② ［英］培根：《学术的进展》，载伍蠡甫主编《西方文论选》上卷，上海译文出版社1979年版，第248页。

第四节 论建筑和园林艺术

收集在论说文集中的《说建筑》《说花园》两文,表现了培根对建筑和园林的浓厚兴趣,同时也阐述了他关于建筑和园林艺术的许多重要美学思想,是美学和实用结合的研究成果。

关于建筑,培根提出了以实用为主、实用与美观相结合的原则。建筑既有实用功能,又有审美功能,它是实用和审美相结合的艺术,这是它和别的艺术相区别的一个重要特点。如何处理好建筑的实用功能和审美功能的关系,是建筑美学要研究的一个基本问题。由于建筑对象的不同,对于建筑的实用功能和审美功能的要求可以有所偏重,如一般住宅建筑和专门纪念式建筑,在实用功能和审美功能要求上是差别极大的。培根所论是用于居住的建筑,所以他特别强调实用功能是主要的,应予优先考虑。他说:"造房子为的是在里面居住,而非为要看它的外面,所以应当考虑房屋的实用方面而后求其美观;不过要是二者可兼而有之的时候,那自然是不拘于此例了。"① 这既强调了建筑应先考虑实用,同时也认为实用和美观二者"可兼而有之",是符合建筑的功能和建筑艺术的特点的。从中世纪到文艺复兴,由于经济、政治和文化思想的变化,建筑上也发生了明显的变化。中世纪建筑物大部分是基督教会(宗教)的,到文艺复兴时期,世俗建筑物大量增长,世俗建筑物远比宗教建筑物明显重要。在欧洲,富裕的中产阶级住宅迅速崛起,在英格兰,小庄园住宅如雨后春笋般地发展起来。② 这些变化必然影响到建筑观念上的转变。培根强调建筑的实用功能,认为美观应服从实用,并且认为那些专为美观的房屋建筑只能是诗人幻想的宫殿,诗人在想象中建造这些迷人的宫殿是不需要什么花费的。这和文艺复兴以来建筑观念上的转变,以及培根经验主义哲学的实用倾向,都是相关的。

培根非常重视建筑与环境的关系,认为"在不良的地点盖一所好房子

---

① 《培根论说文集》,水天同译,商务印书馆1987年版,第160页。个别译文据英文本改动。
② [英]帕瑞克·纽金斯:《世界建筑艺术史》,顾孟潮等译,安徽科学技术出版社1990年版,第252页。

的人是把自己囚在牢狱里"①。所谓"不良的地点",培根指出有不良的空气、不良的地势、缺水、缺林木和荫蔽、缺风景等属于自然环境方面的因素,也有不良的市场、不良的邻人、离大城市过远(会妨碍事务)或离大城市过近(会使物品价格昂贵)等属于社会环境方面的因素。当然,培根也认为所有的这些事情不一定会在一处,但应当对环境作周全考虑,以便尽其可能地采用其中的益处。

对于房屋建筑本身,培根总的要求是要达到"优美宜人"。为此,他具体设计了一个王公的宅邸作为典范,对它的建筑结构、各组成部分的功能、各建筑的外部造型和内部装饰、各部分建筑的关联、建筑与庭院的配合等等,都作了具体而细致的描述。从这些描述中可以看到在考虑适用的前提下,培根是很重视建筑本身的美化的。如提出大厅"应该美观而且宽大""客厅都要相当的美观",要有"精美的小圆顶阁""匀称而美观的拱门""美观的、开朗的、以柱子支持的阳台",等等。同时,他也特别重视建筑各组成部分之间、建筑和庭院以及各种建筑小品之间的和谐统一和变化多样,这也是体现了当时英国流行的审美理想和审美趣味的。

关于园林,培根首先强调的是它对于人的特殊意义与价值。他说:"园艺之事也的确是人生乐趣中之最纯洁者。它是人类精神底最大的补养品,若没有它则房舍宫邸都不过是粗糙的人造品,与自然无关。"② 这里从两方面来看园林的意义和作用:一是可以补养人类精神、增加人生乐趣,如娱乐耳目、休憩身心,使人得到休息和愉悦;二是可以使人工建筑与自然环境相结合、相统一,为人提供更宜于居住的生活环境。不仅如此,培根还认为园林是一个时代文明成果的一种标志。他说:"我们常可以见到当某些时代进于文明风雅的时候,人们多是先想到堂皇的建筑而后想到精美的园亭;好像园艺是较大的一种完美似的。"③ 这是考察西欧文化发展所得出的符合实际的结论,充分表现了培根对园林艺术的文化价值和审美价值的高度重视。

和论建筑时一样,培根为了表达他对园林艺术的要求和理想,也设计

---

① 《培根论说文集》,水天同译,商务印书馆1987年版,第160页。
② 《培根论说文集》,水天同译,商务印书馆1987年版,第165页。
③ 《培根论说文集》,水天同译,商务印书馆1987年版,第115—166页。

了一个王宫花园的模型,对花木的品种选择和配置,花园中园地的分割和布置,园中道路、小山、水体以及建筑小品的设置和安排等也都作了具体描述。在这些设计和描述中,除了巧妙的构思、多样的美感之外,最值得注意的,是培根的一个忠告:"就是不论你把它布置成什么样的形状,头一件事情却是不可过于繁复或人工太多。"① 这就是说,园林之美要重在自然景观和天然之趣,不可用人工代替自然、用繁复代替朴素。如果人工太多、过于繁复,破坏了自然之美,虽然"所为的是堂皇富丽,然而这于真正的园亭之乐却是没有什么帮助的"②。这种重视天然之美、要求人工与自然相协调的美学思想,无疑代表了西方园林艺术的精华,它和后来黑格尔在《美学》中主张的园林艺术是人类替精神创造的"第二自然"的思想是完全一致的。

---

① 《培根论说文集》,水天同译,商务印书馆1987年版,第169页。
② 《培根论说文集》,水天同译,商务印书馆1987年版,第172页。

第四章 霍布斯

霍布斯是欧洲近代史上第一个机械唯物主义哲学家,他在英国资产阶级革命风起云涌的时代,继承了培根的唯物主义的经验论,是英国经验主义哲学和美学的另一个重要的先驱人物。

霍布斯(Thomas Hobbes,1588—1679 年)出身于英国南部威尔特省一个牧师家庭,15 岁进入牛津大学学习,毕业后受聘为贵族家庭教师。他曾 3 次伴随贵族子弟游历欧洲大陆,结识了伽利略、笛卡尔、伽桑狄等各国著名学者,并研究了欧几里得几何学。在国内学者中,霍布斯和培根交往甚密,曾一度担任培根的秘书。1640 年英国内战爆发前夕,霍布斯流亡巴黎。1646 年,他受聘为流亡法国的英国王子(后来的查理二世国王)的数学教师。1651 年返回克伦威尔统治下的英国;同年在伦敦发表名著《利维坦》,其中阐述的专制主义的国家学说,正好适应了克伦威尔统治的需要。克伦威尔邀他出任行政部长,他婉辞不就。1660 年斯图亚特王朝复辟后,因受到国王查理二世的礼遇,而使其免受政治上的严重迫害。霍布斯的主要著作除《利维坦》(1651)外,还有《论公民》(1642)、《论物体》(1655)、《论人》(1658)等。

第一节 机械唯物主义的经验论

霍布斯一生活动的最重要时期正值英国资产阶级革命高涨时期。从 1640 年革命开始到 1649 年查理一世被处死、英国宣布成立共和国;从 1653 年克伦威尔实行护国公制到 1660 年查理二世回到英国登位、斯图亚特王朝复辟,所有这些重大政治事件,霍布斯都经历并参与了。作为一位早期的资产阶级启蒙思想家,霍布斯敏锐感觉到了时代的气息,看到了从封建制度向资本主义制度转变的社会发展趋势。在他的哲学体系中,社会政治思想相当突出，并且是和英国革命紧密配合的。他的社会政治思想反映了英国大资产阶级和上层新贵族的利益和要求，为正在形成中的以克伦威尔为首的大资产阶级和上层新贵族的专制政权的合法性提供了理论依据。

霍布斯的社会政治学说是以他的人性论为基础的。他认为无休止地追求个人利益和权力是人的本性，处于"自然状态"中的人们，单凭这种本性生活，便会陷入"一切人反对一切人的战争"状态之中。这种人与人之间相互敌视的战争状态极其不利于人类的生存和发展。为了求得生存，人的理性便提出人人应当遵守的共同生活的规则和公约，即"自然法"，其基本精神是"己所不欲，勿施于人"。由于"自然法"只具有道德上的约束力，人们便互相订立一种社会契约，放弃各自享有的自然权利，把一切权力交给统治者（一个人或一个集体），于是建立了国家。霍布斯的社会契约论的特点在于强调统治者并非缔约的一方，因此它不受契约的限制，享有绝对权力，被统治者对之必须绝对服从。这样一来，他就以社会契约论论证了专制制度的合理性。这种君主专制主义学说具有明显的反民主性质，但在当时历史条件下，他摒弃了君权神授论，坚持以人的观点来观察国家问题，是具有反封建意义的。

在哲学世界观方面，霍布斯发展了培根所开创的欧洲近代唯物主义。正如马克思所指出，霍布斯"消灭了培根唯物主义中的有神论的偏见"，并"把培根的唯物主义系统化了"。① 这主要表现在他坚持并论证了世界的物质统一性这一唯物主义的基本原则。在《论物体》中，霍布斯明确指出，哲学的对象是客观存在的物质实体，并把"物体"作为他的哲学体系的基本范畴。他认为，"物体是不依赖于我们思想的东西，与空间的某个部分相合或具有同样的广袤"②。世界上除了具有广延的物体之外，不存在其他任何东西，世界上一切变化都以物体为基础。一切事物的最一般原因在于运动，运动本质上是物体的位移。从世界统一于物质的观点出发，霍布斯批判了宗教神学所宣扬的上帝、天使、不死的灵魂等精神实体存在

---

① 《马克思恩格斯全集》第2卷，人民出版社1979年版，第165、163—164页。
② 北京大学哲学系外国哲学史教研室编译：《十六—十八世纪西欧各国哲学》，商务印书馆1975年版，第83页。

说，得出了无神论的结论，宣布"哲学排除神学"。① 同时，他也批判了法国哲学家笛卡尔的二元论，认为从事思想的东西必定是有形体的东西，决不能把思想同进行思想的物体分开。霍布斯的这些观点对推动西欧近代唯物主义的发展起了重要作用，但他的唯物主义思想带有明显的机械性。他运用17世纪力学中将一切事物均用机械运动的原理加以解释的方法，把运动仅仅归结为机械运动一种形式，并用机械运动的观点看待客观物质世界中所发生的一切，这就抛弃了培根哲学中包含的辩证法因素，走向机械决定论。

在认识论方面，霍布斯继承了培根的唯物主义经验论，肯定认识的来源是感觉经验。他说："如果现象是我们借以认识一切别的事物的原则，我们必须承认感觉是我们借以认识这些原则的原则，承认我们所有的一切知识都是从感觉获得的。"② 感觉来自事物本身的作用，它是对于感觉对象的种种性质或本性的观念。人们通过感觉获得关于对象的性质的种种知识，但感觉只是人们认识物体性质的方式。从没有感觉就没有认识的经验论立场出发，霍布斯批判了笛卡尔的天赋观念论，认为人的各种知识和观念的形成只能是后天的，而不可能是天赋的。较之培根的经验论，霍布斯的经验论夹杂了更多的唯理论成分，具有经验论和唯理论相混合的特征。他认为，真正的科学知识应是从原因求得结果，或从结果推知原因的知识，要获得这种知识不能凭感觉经验，而要靠运用推理方法的理性认识。他说："知识的开端乃是感觉和想象中的影像；这种影像的存在，我们凭本能就知道得很清楚。但要认识它们为什么存在，或者根据什么原因而产生，却是推理的工作。"③ 霍布斯虽然看到了理性认识和感性认识的区别，但他割裂了两者的有机联系，认为理性认识来自"理智"本身，这就和他的认识来自感觉经验的主张相矛盾，滑向了唯理论。同时，他把当作理性认识的方法即推理方法，仅仅看成是观念的机械的相加或相减，也明显表

---

① 北京大学哲学系外国哲学史教研室编译：《十六—十八世纪西欧各国哲学》，商务印书馆1975年版，第64页。
② 北京大学哲学系外国哲学史教研室编译：《十六—十八世纪西欧各国哲学》，商务印书馆1975年版，第90页。
③ 北京大学哲学系外国哲学史教研室编译：《十六—十八世纪西欧各国哲学》，商务印书馆1975年版，第66页。

现出机械论倾向。

在霍布斯运用他的机械唯物主义来研究人性和人的认识的过程中，紧密结合着心理学的传统和成果。他对人的感觉、记忆、想象、幻想、思维、推理、判断乃至情感、意向、欲望等等心理活动，都作了系统而深入地研究，并将它们纳入他的机械唯物主义哲学体系之中。"他可以说是英国经验派心理学的始祖。"① 在《利维坦》《论人》等著作中，霍布斯将机械唯物主义的哲学和心理学交织在一起，对审美活动和艺术创造等问题作了富有创见的阐述。"事实上，霍布斯是第一位以智力作工具去全力解决创作幻想这种概念的英国人。"② 他对经验论的审美心理学的形成，起到了开拓性作用。

第二节 美与善的本质及审美情感

霍布斯结合对人性的研究，对人的情感或激情作了具体而深入的论述。他把"激情"或"意向"称为人的"自觉运动的内在开端"。然后以意向和事物的不同关系区分出两种最基本的情欲：欲望和嫌恶。当意向是朝向引起它的某种事物时，就称为欲望或愿望；而当意向避离某种事物时，一般就称为嫌恶。欲望和嫌恶，这两个名词都来自拉丁文，两者所指的都是运动，一个是接近；另一个是退避。霍布斯又进一步指出，欲望和嫌恶两种情欲也就是爱和憎两种情感。他说："人们所欲求的东西也称为他们所爱的东西，而嫌恶的东西则称为他们所憎的东西。因此，爱与欲望便是一回事，只是欲望指的始终是对象不存在时的情形，而爱则最常见的说法是指对象存在时的情形。同样的道理，嫌恶所指的是对象不存在，而憎所指的则是对象存在时的情形。"③ 现代心理学认为情感是人对客观事物是否符合人的需要而产生的体验。凡能满足人的需要的事物，人会采取肯定的态度，从而产生爱、满意、愉快等肯定性质的体验；凡不能满足人的渴求的事物，或与人的意向相违背的事物，人会采取否定的态度，从而产

---

① 朱光潜：《西方美学史》，人民文学出版社2002年版，第200页。
② [美] K. E. 吉尔伯特、[德] H. 库恩：《美学史》，纽约：麦克米伦公司1939年版，第209页。
③ [英] 霍布斯：《利维坦》，黎思复等译，商务印书馆1985年版，第36页。

生憎恨、不满意、不愉快等否定性质的体验。情感的独特性质是由客观事物与人的主观需要、欲求和意向的关系所决定的。霍布斯关于情感产生的原因和情感的独特性质的分析，和现代心理学的观点是完全一致的。

和欲望或爱与嫌恶或憎恨两种基本情感性质相联系，霍布斯探讨了善恶问题。他说："任何人的欲望的对象就他本人说来，他都称为善，而憎恶或嫌恶的对象则称为恶；轻视的对象则称为无价值和无足轻重。因为善、恶和可轻视状况等语词的用法从来就是和使用者相关的，任何事物都不可能单纯地、绝对地是这样。也不可能从对象本身的本质之中得出任何善恶的共同准则。"① 这段论述说明，善和恶都是表明对象和人、客体和主体间价值关系的概念，善是人所欲望的对象，恶是人所嫌恶的对象，两者体现了对象对于人的不同价值。事物的善和恶都不是绝对的，而是和人、和主体相关的。判断善恶的标准不能从对象本身得出，只能从主体、从人身上得出。虽然霍布斯还看不到善恶观念和善恶标准都反映着一定社会、民族、阶级中人们的利益和实践要求，但他试图从人的自然本性说明善恶的来源，并从具有不同利益的人自身中寻求善恶标准，而反对从上帝意志或抽象精神中说明善恶来源和寻求善恶标准，仍然体现出了鲜明的唯物主义倾向。

霍布斯认为，善有三种，一种是预期希望方面的善，谓之美；另一种是效果方面的善，就像所欲求的目的那样，谓之令人高兴；还有一种是手段方面的善，谓之有效、有利。与此相对应，恶也有三种，一种是预期希望方面的恶，谓之丑；另一种是效果和目的方面的恶，谓之麻烦、令人不快或讨厌；还有一种是手段方面的恶，谓之无益、无利或有害。这里特别值得注意的是霍布斯将美和善以及丑和恶直接联系起来，认为美是善之一种，即"预期希望方面的善"；丑也是恶之一种，即"预期希望方面的恶"。关于美、丑与善、恶之间的关系，霍布斯还有一段颇为明确和深刻的论述：

拉丁文有两个字的意义接近于善与恶，但却不是完全相同，那便是美与丑。前一个字指的是某种表面迹象预示其为善的事物，后一个

---

① ［英］霍布斯：《利维坦》，黎思复等译，商务印书馆1985年版，第37页。

第四章 霍布斯

字则是指预示其为恶的事物。但我们的语言中，还没有这样普遍的字来表达这两种意义。关于美，在某些事物方面我们称之为姣美，在另一些事物方面则称之为美丽、壮美、漂亮、体面、清秀、可爱等等；至于丑，则称为恶浊、畸陋、难看、卑污、极度可厌等等，用法看问题的需要而定。这一切的语词用得恰当时，所指的都只是预示善或恶的外表。①

在霍布斯看来，美、丑和善、恶二者既有联系，又有区别。美"是某种表面迹象预示其为善的事物"，是"预示善的外表"。这里的"预示""表面迹象""外表"，在朱光潜先生的《西方美学史》中分别译作"指望""明显的符号""形状或面貌"，从而使意思更为显豁。换句话说，美是善在"形状或面貌"上的"明显的符号"，使人见到这种符号，就可以"指望"到善。② 由此可见，美以其外在表现形式预示着善，善是美的体现内容，美是善的表现形式。从体现内容上看，美与善是相联系的，从表现形式上看，美与善又是相区别的。丑与恶的关系可以此类推。我们知道，在西方美学史上，从苏格拉底开始，关于美与善关系问题的探讨一直持续不断，其中既有认为美与善是同一的，也有认为美与善是不同一的，还有主张美与善既有一致也有区别的。至于美与善相一致或相区别的表现和原因，则存在更多不同的见解。霍布斯上述见解的独创性不仅在于他既看到美与善的联系又看到美与善的区别，更在于他提出了美是以鲜明的外在形式体现出人可预示、指望的善的内容这一新鲜思想，从而丰富、深化了人们对美与善相互关系的认识。

在论述美丑与善恶的关系时，霍布斯指出，拉丁文中美与丑两个字所表达的意义，在英语中是用不同的字来表达的。"关于美，在某些事物方面我们称之为姣美，在另一些事物方面则称之为美丽、壮美、漂亮、体面、清秀、可爱等等。"这说明在霍布斯看来，美是体现为多种形态的，其中既有属于优美一类的，也有属于壮美一类的。这种看法预示了后来伯克对崇高和美两种观念的区分。

---

① [英]霍布斯：《利维坦》，黎思复等译，商务印书馆1985年版，第37—38页。
② 朱光潜：《西方美学史》，人民文学出版社2002年版，第203—204页。

从欲望和嫌恶这两种基本情欲出发，霍布斯又分析了愉快和不愉快两种对立的情感。他指出，被称为欲望的运动由于是生命运动的一种加强和辅助，从其表象和感觉方面说来就是高兴或愉快；而嫌恶的运动由于阻挠和干扰生命运动，从其表象和感觉方面说来就是不高兴或烦恼。由此，霍布斯认为，"愉快或高兴便是善的表象或感觉，不高兴或烦恼便是恶的表象和感觉"①。由于霍布斯把美丑与善恶看作相互联系的，所以可以推论愉快、不愉快也就是美、丑的不同表象和感觉。值得注意的是，霍布斯对愉快、不愉快的成因和性质又作了进一步考察，从而区分出两种不同的愉快。一种是"感觉的愉快"，这是由于对现实对象的感觉而产生的，包括视觉、听觉、嗅觉、味觉、触觉等方面的愉快；另一种是"心理愉快"，它是由于对事物的结局或终结的预见所引起的预期而产生的，这是一种精神上满足的愉快，不管其在感觉上愉快或不愉快都一样。不愉快也同样有此两种，一种是感觉方面的；另一种是对结果的预期方面的。由于经验派美学在考察美感时，多主张美感即快感，所以霍布斯对不同愉快情感的区分，对于全面地说明美感的愉快的性质是有重要的参照意义的。

霍布斯对笑的情感或喜剧感也提出了自己独特的看法。他认为大家习以为常的事，平淡无奇，不能引人发笑。凡是令人发笑的必定是新奇的，不期然而然的，笑的原因是由于发笑者突然感到自己的能干和优越。他说：

> 笑的情感不过是发现旁人的或自己过去的弱点，突然想到自己的某种优越时所感到的那种突然荣耀感。人们偶然想起自己过去的蠢事也往往发笑，只要那蠢事现在不足为耻。人们都不喜欢受人嘲笑，因为受嘲笑就是受轻视。②

以上这段论述见于《论人》。而在《利维坦》中，霍布斯也有类似观点。他说："骤发的自荣是造成笑这种面相的激情，这种现象要不是由于使自己感到高兴的某种本身骤发的动作造成的，便是由于知道别人有什么

---

① [英]霍布斯：《利维坦》，黎思复等译，商务印书馆1985年版，第38页。
② 朱光潜：《西方美学史》，人民文学出版社2002年版，第204页。

缺陷，相比之下自己骤然给自己喝彩而造成的。"① 这些看法的独特之点在于把笑或喜剧感的性质、原因解释为"突然的荣誉感"或"骤发的自荣"，从而在美学史上形成颇具影响的喜剧美感"鄙夷说"。对于笑的对象的鄙夷和由此而引起的自荣感，固然是笑中所包含的一种情绪，却不足以说明笑的情感的一切原因。用突然的荣耀感来解释"嘲笑"一类现象，固然也有一定的道理，但也难以用来说明一切喜剧所引起的笑的情感。所以，霍布斯对笑或喜剧感的看法带有相当的局限性。另外，霍布斯对笑或喜剧感的积极作用也缺乏认识，甚至认为笑是缺乏同情心的表现，是伟大人物不应有的。他说："多笑别人的缺陷，便是怯懦的征象。因为伟大的人物的本分之一，就是帮助别人，使之免于耻笑，并且只把自己和最贤能的人去相比较。"② 这显然把笑和喜剧感对丑恶现象进行否定性审美评价的积极作用给抹杀了。

尽管如此，霍布斯关于笑或喜剧感的独创性观点对后来关于喜剧感、滑稽感的研究却产生了很大影响。他强调笑是一种不期然而然的突发情感，这直接影响了康德。康德在《判断力批判》中提出："笑是由于一种紧张的期待突然转变成虚无而来的激情。"③ 同样强调了笑的情感的突发性。另外，霍布斯关于笑是一种自我荣耀感的看法也在后来的许多著名美学家那里得到发挥，如黑格尔指出："人们笑最枯燥无聊的事物，往往也笑最重要最有深刻意义的事物，如果其中露出与人们的习惯和常识相矛盾的那种毫无意义的方面，笑就是一种自矜聪明的表现，标志着笑的人够聪明，能认出这种对比或矛盾而且知道自己就比较高明。"④ 所谓"自矜聪明"，也就是一种自我优越感或荣耀感，应该说，黑格尔这种看法和霍布斯对笑的看法是有很大关联的。

除与喜剧感相连的笑的情感外，霍布斯还论及与悲剧相关的怜悯的情感。他说："为他人的苦难而悲伤谓之怜悯，这是想象类似的苦难可能降临在自己身上而引起的，因之便也称为共感，用现代的话来说便是同情。这样说来，对于巨恶元凶所遭受的灾祸，最贤良的人对它最少怜悯。同

---

① ［英］霍布斯：《利维坦》，黎思复等译，商务印书馆1985年版，第41—42页。
② ［英］霍布斯：《利维坦》，黎思复等译，商务印书馆1985年版，第42页。
③ ［德］康德：《判断力批判》，邓晓芒译，人民出版社2002年版，第179页。
④ ［德］黑格尔：《美学》第3卷，朱光潜译，商务印书馆1981年版，第291页。

样，那些认为自己最少可能遭受这种灾难的人，对之也最少怜悯。"① 这里指出，怜悯是由同情他人的苦难并想象类似的苦难可能降临在自己身上而引起的悲伤的情绪，此论和亚里士多德关于怜悯之情的看法十分相似。亚里士多德在《修辞学》中说："怜悯的定义可以这样下：一种由于落在不应当受害的人身上的毁灭性的或引起痛苦的、想来很快就会落到自己身上或亲友身上的祸害所引起的痛苦的情绪。"② 在《诗学》中，亚里士多德又指出，悲剧感的突出特点是引起我们的怜悯与恐惧之情并使这种情感得到陶冶。"怜悯是由一个人遭受不应遭受的厄运而引起的，恐惧是由这个这样遭受厄运的人与我们相似而引起的。"③ 这里虽然将怜悯与恐惧分立并论，但两者实则是互相联系的。霍布斯强调的正是这种联系，所以他认为怜悯不只是由于为他人的苦难而悲伤，还因为想象类似的苦难可能降临在自己身上，因而它是一种"共感"或"同情"。后来经验主义美学的另一个重要代表人物伯克，就是用"同情"来解释悲剧中的灾难、痛苦何以能使人得到快感，由此也可看出霍布斯的观点所产生的影响。

第三节　想象、判断与诗歌

霍布斯从经验论出发，强调一切观念都来源于感觉，他对想象的研究就是建立在感觉的基础之上的。他说："感觉是人类身体的器官和内在部分中的运动，是由我们所看到或听到的事物的作用引起的。幻象是这类运动在感觉之后所留下的痕迹。"④ 又说："想象便不过是渐次衰退的感觉。"⑤ 所谓"渐次衰退的感觉"，按霍布斯的理解，是指当物体已经移去或自己将眼睛闭阖时，被看到的物体仍然有一个映象保留下来，不过比看见的时候更模糊而已，这也就是现代心理学所说的记忆表象或表象。从霍布斯上述对想象的理解来看，他显然只看到想象的表象和记忆表象的联系，却忽

---

① ［英］霍布斯：《利维坦》，黎思复等译，商务印书馆1985年版，第42页。
② ［古希腊］亚里士多德：《修辞学》，罗念生译，生活·读书·新知三联书店1991年版，第89页。
③ ［古希腊］亚里士多德、［古罗马］贺拉斯：《诗学·诗艺》，罗念生、杨周翰译，人民文学出版社1982年版，第38页。
④ ［英］霍布斯：《利维坦》，黎思复等译，商务印书馆1985年版，第35页。
⑤ ［英］霍布斯：《利维坦》，黎思复等译，商务印书馆1985年版，第7页。

视了它们之间的区别，以致认为"想象和记忆就是同一回事，只是由于不同的考虑而具有不同的名称"①。现代心理学研究表明，想象和记忆是不同的心理过程，想象的表象和记忆表象是不同的。记忆表象基本上是过去感知过的事物形象的重现，而想象的表象则是经加工改造而创造的、新的没有直接感知过的事物的形象，霍布斯所说的"渐次衰退的感觉"应是指记忆表象而非想象的表象。

霍布斯将想象分为两种：一种他称之为"简单的想象"，"是按原先呈现于感觉的状况构想整个客体"②，例如构想以往曾经见过的一个人或一匹马时的情形就是这样。这实际上还是回忆。至于另一种想象，他称之为"复合想象"：

> 另一种想象则是复合的。例如把某次所见到的一个人和另一次所见到的一匹马在心中合成一个人首马身的怪物时情形就是这样。又如，当人们把自身的映象与他人行动的映象相结合时，就像爱读小说的人往往把自己想象为赫尔克里士或亚历山大那样，都是一种复合想象，确切地说来，这只是心理的虚构。③

关于这种复合想象，霍布斯在《论人》中也有类似描述。如说："感觉在一个时候显示出一座山的形状，在另一个时候显出黄金的颜色，后来想象就把这两个感觉组合成一座黄金色的山。"④ 从霍布斯对复合想象的论述看，这种想象的突出特点在于对记忆中的表象进行加工改造、重新组合，而独立地创造出新形象。所以它是创造想象。霍布斯指出这种想象"只是心理的虚构"，并且直接将它和文学的创造和欣赏联系起来，这对于揭示艺术创造和审美欣赏的特点和规律是有重要意义的。

霍布斯对想象的论述，同时也涉及类似联想这种心理活动。如上面所说爱读小说的人把自己想象为赫尔克里士或亚历山大，就是基于读者自己和小说人物所形成的类似联想。此外，他还注意到接近联想，如说："在

---

① ［英］霍布斯：《利维坦》，黎思复等译，商务印书馆1985年版，第8页。
② ［英］霍布斯：《利维坦》，黎思复等译，商务印书馆1985年版，第8页。
③ ［英］霍布斯：《利维坦》，黎思复等译，商务印书馆1985年版，第8页。
④ 朱光潜：《西方美学史》，人民文学出版社2002年版，第200页。

感觉中一个紧接一个的那些运动,在感觉消失之后仍然会连在一起。由于前面的一个再度出现并占优势地位,后面的一个就由于被驱动的物质的连续性而随着出现。"① 又说:"当我们想象某一事物时,下一步将要想象的事物是什么很难预先肯定;可以肯定的只是,这种事物将是曾经在某一个时候与该事物互相连续的事物。"② 经验派美学非常重视对观念联想问题的研究,并且将它和对一般审美活动的解释相联系。霍布斯已充分注意到观念联想的事实并对之作了描述,到了洛克就正式提出"观念的联想"这一重要概念。

在讨论"想象的序列或系列"时,霍布斯论述了想象和欲望的关系。他把"想象系列"或"思维系列"分为两种:一种是想象不受欲望控制的,因而"是无定向的、无目的的和不恒定的";另一种是想象受某种欲望控制的,因而是有目的的、恒定的。霍布斯在论述后一种想象系列的特点时说:"有了欲望,就会想到我们以往看到曾经产生过类似现有目标的某种方法,从这种思想出发,又会想到取得这种方法的方法;这样连续下去,直到我们能力所能及的某一起点为止。这种目的由于印象强烈而常常出现在心中,当我们思想开始迷走的时候,就立刻会被拉回原来的思路。"③ 在霍布斯看来,由于想象受欲望控制,因而使想象或思想具有明确的目的性和目标,这是人类所特有的心理活动,是探求、创造和发明的能力。他说:"心理讨论受着某种目的控制时便只能是探寻或发明的能力,拉丁文中称之为洞察力或洞见力。这就是为某种现存或过去的结果追寻出原因的过程;也可能是为某种现存或过去的原因追寻出结果的过程。"④ 这就是艺术创造和科学发明中常见的创造思维和创造想象。霍布斯的创见在于他指出了这种创造想象要受到欲望和目的的控制,因而具有高度的自觉性和能动性。

霍布斯把想象和判断看作不同的心理能力,他对想象和判断的区别也有独特的见解:

---

① [英] 霍布斯:《利维坦》,黎思复等译,商务印书馆1985年版,第12页。
② [英] 霍布斯:《利维坦》,黎思复等译,商务印书馆1985年版,第13页。
③ [英] 霍布斯:《利维坦》,黎思复等译,商务印书馆1985年版,第14页。
④ [英] 霍布斯:《利维坦》,黎思复等译,商务印书馆1985年版,第14页。

第四章 霍布斯

　　有时候，事物之间相似的地方是常人观察不到的，谁能观察到，人家就说他"聪明"。"聪明"在这里指"善于想象"。观察事物之间差异和不同，叫作辨别、分析，或判断。有时候事物之间不同的地方不容易看出来，谁能看出来，人家就说他善于判断。[①]

　　由此可见，想象是认识事物间相似的能力，判断则是认识事物间差异的能力，这两种认识能力是互相联系又互相补充的，但霍布斯又认为这两者之中判断力更为必要。"想象没有判断的帮助不是值得赞扬的品德，但是判断和察别无须想象的帮助，本身就值得赞扬。"[②] 但具体到诗歌创作，霍布斯又认为想象更为重要，想象与判断必需兼备。他说：

　　　　好的诗歌，不论史诗或戏剧，不论十四行诗，讽刺短诗，或其他体裁，里面判断与想象二者都是必需的。可是想象应该更重要些，因为狂放的想象能讨人喜欢，但是不要狂放得没有分寸以致讨厌。[③]

　　在英国经验论美学家中，培根第一个科学地论述了诗歌与想象的联系，指出诗歌产生于想象，想象是诗歌区别于历史、哲学的根本特点，因而显示出想象对于诗歌创作的重要性。霍布斯在培根美学思想的基础上，强调在诗歌创作中想象比判断更为重要、更为突出，这也就是肯定了诗歌乃至一切艺术的创作主要是形象思维。同时，霍布斯又指出想象需要有判断的帮助，在诗歌创作中想象与判断应当兼备和结合，这就说明形象思维和抽象思维并非绝对对立的，形象思维中也有理性和逻辑性，也需要理性的指导和作用。在对达文兰特《冈迪伯特》史诗的序言的答复中，霍布斯也曾明确指出："一个人如果准备写一部英雄体诗，去显示出英雄品质的可敬爱的形象，他就不仅要凭一位诗人的资格，去搜集他的材料，而且也

---

　　① [英]霍布斯：《利维坦》，载《外国理论家作家论形象思维》，中国社会科学出版社1979年版，第15页。
　　② [英]霍布斯：《利维坦》，载《外国理论家作家论形象思维》，中国社会科学出版社1979年版，第15页。
　　③ [英]霍布斯：《利维坦》，载《外国理论家作家论形象思维》，中国社会科学出版社1979年版，第15页。

要凭一位哲学家的资格，去整理他的材料。"① 这更说明诗歌创作既需要形象思维，也需要抽象思维；既需要想象，也需要判断。这些美学思想的形成，显然和霍布斯既重视经验论又混合唯理论的哲学思想密切相关。从强调想象需与判断相结合上看，霍布斯可以说把培根对诗与想象的研究又向前推进了一步。它对于后来西方美学家研究审美活动中想象力和判断力的关系，无疑产生了重要的启发作用。

霍布斯之所以认为诗歌必需兼备想象力和判断力，是和他对于诗歌美的认识密切相关的。他说："我不同意那些认为诗的美就在于虚构离奇的人。因为正如真实对历史的自由是应有的约束，逼真对诗的自由也是应有的约束。……一个诗人可以超越自然的实在的作品，但是决不可以超越自然的可思议的可能性。"② 这种关于诗歌须逼真、逼真才美的看法，和亚里士多德在《诗学》中对诗歌真实性的看法是一致的。亚里士多德认为诗描述按照可然律或必然律可能发生的事，带有普遍性，比历史更富于哲学意味。就是说，诗歌的真实性在于偶然性与必然性、个别性与普遍性的统一，这也就是霍布斯所说的"逼真"。诗要达到这种"逼真"之美，既需要充分发挥想象，也需要借助理智，也就是要把想象力和判断力、形象思维和抽象思维有机结合起来。

---

① 朱光潜：《西方美学史》，人民文学出版社 2002 年版，第 202—203 页。
② 朱光潜：《西方美学史》，人民文学出版社 2002 年版，第 203 页。

第五章 洛克

洛克是英国唯物主义经验论的又一重要代表人物。他在哲学上继承并详细论证了培根和霍布斯的唯物主义经验论原则，对唯物主义经验论的发展做出了重大的历史贡献。他虽然没有写过专门的美学著作，却为经验论美学的发展奠定了更为坚实的哲学基础，提供了新的方法论。有的美学史著作称他"唤起了一个崭新的美学思潮"[①]，如果从认识论和方法论的角度讲，这种看法是有一定道理的。

洛克（John Locke，1632—1704年）出生于英国萨莫塞特郡一个律师家庭。父亲拥护英国资产阶级革命，参加过反对王党军的战斗。洛克1646年到著名的威斯敏斯特学校学习；1652年进入牛津大学基督教会学院；1660年毕业后留校做教师。在牛津大学十余年期间，洛克除从事哲学研究外，还从事医药和实验科学研究，结交了当时新兴科学的许多著名学者，如波义耳、牛顿等。1668年加入英国皇家学会。1667年结识政治家阿希莱勋爵（后被封为舍夫茨别利伯爵），应聘为他的家庭医生和秘书，从此步入英国政界。阿希莱后来成为辉格党领袖，与王党势力进行了反复斗争。洛克在政治上深受其影响。1681年，阿希莱在政治斗争中失败被捕，洛克随之也逃亡荷兰，直到1689年"光荣革命"之后才回到英国。此后洛克在政府中担任过一些职务，但主要活动是从事著述。主要著作有《论宗教宽容的书信》（1689）、《政府论》（1689）、《人类理解论》（1690）、《关于教育的一些意见》（1693）等。其中，《人类理解论》是洛克的主要哲学著作。

---

① ［美］K. E. 吉尔伯特、［德］H. 库恩：《美学史》，纽约：麦克米伦公司1939年版，第233页。

趣味与理性：西方近代两大美学思潮

第一节 经验主义的认识论体系

洛克生活的时代，英国资产阶级革命经历了重大的反复。1688年的"光荣革命"以资产阶级和封建贵族实行妥协而告终，并最终确立了资产阶级和新贵族在英国的统治。恩格斯指出：洛克在政治上"是1688年的阶级妥协的产儿"[①]。作为"光荣革命"时期资产阶级主要的政治思想家，洛克的社会政治思想，同"光荣革命"后在英国存在的政治状况是完全相适应的。"光荣革命"的胜利使英国实现了从封建君主制到资产阶级和新贵族的立宪民主制的转变，洛克的任务就是要为这种转变提供理论辩护。在《政府论》中，洛克对作为封建专制理论基础的君权神授论进行了批判，并提出"自然权利"论和"社会契约"论，以论证公民社会的出现和国家的建立。他认为，在自然状态中，每个人都天生地享有自由、平等和对财产的占有等自然权利，人们建立政府的目的就是保护人民根据自然法而享有的自然权利。君主和政府的权力来源于人民通过民主协商而达成的社会契约。君主和政府也属于订契约的一方，必须受契约的约束，不能享有"绝对的权力"。如果君主和政府违背契约，侵犯人民的自然权利，人民就拥有反抗政府的权利。为了防止专制暴政，洛克提出"三权分立"的学说，即把立法权、执行权和对外权分属不同部门掌握，这实际上是服务于当时在英国业已确立的立宪君主制的政治制度。洛克的社会政治思想是从历史唯心主义出发的，但具有反对封建专制统治的进步作用，对资产阶级民主主义理论和国家制度的形成产生了巨大影响。

在哲学上，洛克继承了培根和霍布斯的唯物主义经验论，并建立起自己的经验主义的认识论体系。他在《人类理解论》一开头就指明，他的目的在于"探讨人类知识的起源、确度（certainty）和范围，以及信仰的、意见的和同意的各种根据和程度"[②]，也就是要对人类理智本身的性质和能力、知识的范围和界限进行考察。为了澄清知识的来源问题，洛克首先批判了唯心主义的天赋观念论，指出无论在思辨领域，还是在道德实践领

---

① 《马克思恩格斯选集》第4卷，人民出版社1972年版，第485页。
② ［英］洛克：《人类理解论》上册，关文运译，商务印书馆1983年版，第1页。

域，都不存在天赋观念。与天赋观念论相对立，洛克提出了有名的"白板"（tabula rasa）说。他认为人生之初，心灵犹如一张白纸，上面没有任何记号，没有任何观念。人的一切观念和知识都是外界事物在白板上留下的痕迹，都是"从经验来的"。他说："我们的一切知识都是建立在经验上的，而且最后是导源于经验的。"① 离开了经验，认识根本不可能发生。洛克进而认为经验有两种，一为对外物作用的感觉；二为对内心活动的反省，这便是知识的两个来源。他写道："这两种东西，就是作为感觉对象的外界的、物质的东西，和作为反省对象的我们自己的心灵的内部活动，在我看来乃是产生我们全部观念的仅有的来源。"② 这就是洛克在认识论问题上所坚持的经验论原则。

洛克认为观念起源于外物的性质或能力对我们感官的作用，而可被感知的外物的性质或能力则分为两种："第一性质"和"第二性质"。前者指物体的"广袤、形相、运动、静止、数目等等性质"；后者指由第一性质所派生的、使他物发生变化的能力，以及在我们感官上产生颜色、声音、气味、滋味和冷热、硬软等感觉的能力。虽然物体的两种性质都是观念的客观来源，但物体的第一性质的观念是和第一性质相似的，它们的原型确实存在于物体中；第二性质的观念则完全不与第二性质相似，外物本身并没有含有与观念相似的东西，它们只是物体中能产生感觉的一种能力。

洛克进一步对观念作了分析，提出了简单观念和复杂观念的理论。他认为，简单观念只能凭着感觉和反省两条途径获得，不是人心所能自己造成的。简单观念只含有一种纯一的现象，只能引起心中统一的认识，不能再分为各种不同的观念，它是原始的观念，是构成一切知识的基本材料。复杂观念是人心运用它自身的能力，利用简单观念为材料、为基础，将它们加以组合、比较、抽象而构成的。复杂观念虽是由各种简单观念构成的，可是人心可以任意把它们看成是一个完整的东西。在复杂观念理论中，洛克还提出应对具体的和特殊的观念进行概括，使之上升到"抽象观念"或"概括观念"的高度，不过，他所理解的"概括""抽象"，只是

---

① ［英］洛克：《人类理解论》上册，关文运译，商务印书馆1983年版，第68页。
② ［英］洛克：《人类理解论》，载北京大学哲学系外国哲学史教研室编译《西方哲学原著选读》上卷，商务印书馆1985年版，第451页。

把同一类的具体观念中的"共同成分"保留下来，而把其"特殊成分"去掉。

洛克把观念当作人心进行思维和推理的直接对象，而把知识说成是对观念间是否一致的知觉。他把知识划分为三个等级，即直觉的、辩证的和感觉的，认为直觉知识是人类所有知识中最明白、最确定的知识，辩证的知识也具有确实性和必然性，而感觉知识则不具有普遍性和必然性，因而是一种最不可靠、最不确定的知识。这显示洛克受到笛卡尔唯理论思想的某些影响，同他的唯物主义的感觉论思想是不相符的。

洛克对经验主义的认识论作了系统、广泛而深入的研究，详细论证了基于感觉经验基础上的人类认识的发展过程，制订了现代科学的认识论的基本原则。但洛克对于复杂而又辩证的认识过程及其本质并未做出完全科学的回答和说明。他通过对人类理智能力的考察，最后得出人的认识能力有限、认识范围狭窄的结论，也是不对的。他的两种经验和两种性质理论，也反映出他的唯物主义经验论本身具有相当大的不彻底性。所以，他的观点既深刻地影响了18世纪伟大的法国唯物主义者，同时也为英国唯心主义和不可知论哲学家所利用。

第二节 论作为复杂观念的美

洛克没有对美的问题作过专门论述，但他在《人类理解论》中讨论复杂观念时，举到美作为例证。他说：

> 像这样由若干简单观念结合而成的观念，我就称之为复杂观念——例如美、感激、人、军队、宇宙等等；虽然这些观念是由许多简单观念构成的，或者是由简单观念所构成的复合观念构成的，但是人心可以任意把它们中间的每一个看成一个完整的东西，并且用一个名称来称呼它。[①]

[①] [英]洛克：《人类理解论》，载北京大学哲学系外国哲学史教研室编译《西方哲学原著选读》上卷，商务印书馆1985年版，第460页。

第五章 洛克

按照洛克的解释，复杂观念是以简单观念为基础和材料构成的，而简单观念只能经由感觉和反省两种途径由经验获得，因此，由简单观念结合而成的复杂观念，也只能来源于经验，来源于作用于感觉的外界事物。洛克说："简单观念乃是心灵的一切组合的最终材料。因为简单观念全部都是从事物本身来的，关于这种观念，心灵所具有的不能够多于它所接受的，也不能够异于它所接受的。心灵不能具有别的可感觉的性质的观念，只能具有它凭借感觉从外界得到的；它也不能具有一个思维实体的任何别种作用的观念，只能具有它在自己本身之内所发现的。"[①] 这里，洛克明确指出简单观念全部都是从事物本身来的，是凭借感官从外界得到的，显示了唯物主义的基本原则。由此推论，以简单观念为基础和材料构成的复杂观念，包括美这种复杂观念，也都是来源于作用于感觉的外界事物，这无疑也是唯物主义的。但是，洛克又认为简单观念的获得有两种途径、两个来源，除了对外界事物的感觉这个来源之外，对内心活动的反省也是简单观念的一个来源，这和洛克关于两种经验的理论是一致的。这种脱离感官对外界事物的感觉，另外把对内心活动的反省当作认识和观念的独立源泉的看法，包含了明显的唯心主义成分。由此推论，如果把内心活动也看作复杂观念、包括美这种复杂观念的来源，那就可能滑向唯心主义。

洛克虽然强调复杂观念以来自经验的简单观念为材料，但又指出复杂观念"是由人心随意做成的"[②]，也就是说，它是人心的能力作用于简单观念的结果。洛克认为，心灵使用自己的能力于简单观念时，它所起的作用主要有三种：第一种是把若干个简单观念结合成一个复合的观念，造成一切复杂观念；第二种是把两个观念（不论是简单的或复杂的）并列起来，同时观察，但并不把它们结合为一，由此得到一切关系观念；第三种是把一些观念与其他一切在事实上和它们同时存在的观念分开来，这叫作抽象，由此造成全部一般观念。总之，心灵虽然不能制造简单观念，但它一旦得到简单观念之后，却可以凭借自己的力量，把它所具有的那些观念结合在一起，造成新的复杂观念。"心灵在这种使自己的观念重复和联结在

---

① ［英］洛克：《人类理解论》，载北京大学哲学系外国哲学史教研室编译《西方哲学原著选读》上卷，商务印书馆1985年版，第461页。
② ［英］洛克：《人类理解论》上册，关文运译，商务印书馆1983年版，第130页。

一起的能力里,有很大的力量使自己的思想对象发生变化、繁多起来,远远超出感觉或反省所供给它的东西。"① 这里,洛克已经看出了人的心灵在复杂观念形成中的主观能动作用。而作为复杂观念的美,不只是来源于感觉经验,它同时也经过了心灵的能动作用,是主客观统一的产物。

洛克将复杂观念分为三大类:一为情状(modes);二为实体(substances);三为关系(relations)。而情状这一类可以分为两种:简单的情状和混杂的情状。他把美归入混杂的情状这种复杂观念:

> 还有一些别的观念,是由几种不同的简单观念组合成复杂的。就如美,就是形相和颜色所配合成的,并且能引起观者的乐意来……这些观念我叫作混杂的情状。②

按照洛克的理解,"所谓情状的那些复杂观念,无论是怎样组合成的,亦并不含有自己存在底假定,它们只是实体的一些附性,或性质"③。从这一点讲,复杂观念中的情状观念和实体观念显然是不一样的,因为后者"代表着独立自存的一些独立的、特殊的事物",如铅的观念即是。由此可见,在洛克看来,属于情状的复杂观念的美,并非指独立自存的一些实体,而是指实体的一些性质。这些看法是颇富启发性的。再者,混杂的情状观念也不同于简单的情状观念,因为后者只是同一简单观念的各种组合,而前者则是几种不同的简单观念的组合。而美作为混杂的情状观念,亦是许多不同观念的组合体。按照洛克在这里对美所做的说明,可见美是由不同的形式因素配合而成的,并且是能引起观赏者快感的。这种从形式因素和快感体验来理解美的看法,后来在经验论美学中形成一种传统。

第三节 巧智与观念的联想

在《人类理解论》中,洛克还论到有关审美和创作的心理活动、心理

---

① [英]洛克:《人类理解论》,载北京大学哲学系外国哲学史教研室编译《西方哲学原著选读》上卷,商务印书馆1985年版,第460—461页。
② [英]洛克:《人类理解论》上册,关文运译,商务印书馆1983年版,第132页。
③ [英]洛克:《人类理解论》上册,关文运译,商务印书馆1983年版,第131页。

功能的一些问题。首先是关于巧智及其和判断力的分别问题，洛克写道：

> 巧智主要见于观念的撮合。只要各种观念之间稍有一点类似或符合时，它就能很快地而且变化多方地把它们结合在一起，从而在想象中形成一些愉快的图景。至于判断力则见于仔细分辨差别极微的观念，这样就可避免为类似所迷惑，误把一件事物认成另一件事物，这种办法和隐喻与影射正相反，而隐喻与影射在大多数场合下正是巧智使人逗趣取乐的地方，它们很生动地打动想象，受人欢迎，因为它的美令人不加思考就可以见到。如果用真理和理性的规则去衡量这种巧智，那对它就会是一种唐突，因为这样办，就会显出它并不符合这类规则。①

"巧智"（wit）是 17、18 世纪欧洲文艺界相当流行的一个术语，古典主义批评家往往把它和想象等同起来。洛克在这里也还是把巧智和想象相提并论，并且把它主要看作对于隐喻和影射（明喻）的运用。他区分巧智和判断力的差别，认为巧智是把各种相似相合的观念结合在一起，而判断力则是把各种差别细微的观念加以仔细分辨。这种看法和霍布斯关于想象和判断的区别的论述是一样的。不过，洛克指出巧智在想象中形成愉快的图景，使人感动并得到娱乐，而且巧智所呈现出的美，并不需要苦思力索其中的理性，令人不加思考就可以见到，却深刻揭示了巧智的审美特点。同时，他提出不能用真理和理性的规则去考察和衡量巧智，也已暗含着形象思维和逻辑思维是有区别的意思。这一切对于我们认识审美心理活动的特殊规律是很有价值的，后来艾迪生和伯克等都曾引用过洛克关于巧智和判断力区别的论述，足见它所产生的影响。

和想象相关，洛克还论述了"幻想的观念"。他认为幻想的观念和实在的观念是有区别的，它们的来源和它们所表象的东西都不一样。"所谓实在的观念，就是说在自然中有基础的。凡与事物的真正存在或观念的原型（archetype）相符合的，都属于这一类。所谓幻想的，或狂想的观念，

---

① ［英］洛克：《人类理解论》，载朱光潜《西方美学史》，人民文学出版社 2002 年版，第 205 页。

就是指那些在自然中无基础的观念而言,这就是说,它们和它们暗中指向的那个实在的事物——原型——不相符合。"① 这里以是否与自然中实际存在的事物——原型相符合作为区分实在的观念和幻想的观念的界限,实则是突出了幻想和想象创造新形象的特点。对此,洛克有进一步说明:

> 幻想的观念是简单观念的组合;那些简单观念在实在事物里从未结合或一起出现过,例如马头合上人身而成的理性动物,像神话所描写的怪物。②

这显然是指创造想象,它以创造性、新颖性为特点。从洛克这段论述看,他已注意到这种属于创造想象的幻想观念在神话和一切文艺创作中都起着特别重要的作用。

洛克在《人类理解论》中提出的"观念的联想"(association of idea),是经验论美学的一个重要范畴。关于观念联想这种心理现象,霍布斯早已注意到了,并且有所论述。不过他没有提出观念联想这个概念。洛克继承了霍布斯的观点,他不但正式确立了观念联想这一概念,而且也作了一些新的解释。霍布斯认为感觉是一切观念的来源,而洛克则认为观念有两个来源:一为感觉,二为反省。同时,他认为观念的联想有两种,一种是"自然的联合";另一种是由机会和习惯而来的"习惯的联合"。前者主要是理性的作用,后者则往往不受理性的影响。关于后一种观念的联想,洛克写道:"观念的这种强烈的集合,并非根于自然,它或是由人心自动所造成的,或是由偶然所造成的,因此,各人的心向、教育和利益等既然不同,因此,他们的观念联合亦就跟着不同。"③ 他举例说,一个音乐家如果听惯某个调子,则那调子只要在他的脑中一开始,各个音节的观念就会依着次序在他的理解中发现出来,而且出现时,并不经他的任何关心或注意。可见所谓习惯的观念联想,实则还是由于事物在时间、空间、性质、状貌等方面的接近而在人心中建立的联系,不过这种联系由于受个人因素

---

① [英]洛克:《人类理解论》上册,关文运译,商务印书馆1983年版,第349页。
② [英]洛克:《人类理解论》,载《外国理论家作家论形象思维》,中国社会科学出版社1979年版,第19—20页。
③ [英]洛克:《人类理解论》上册,关文运译,商务印书馆1983年版,第376页。

第五章　洛克

影响，因而带有偶然性和特殊性。在审美活动中，观念联想是一种普遍现象。洛克关于观念的联想的范畴的提出，在审美心理研究中产生了很大的影响。休谟在论述美和同情作用以及悲剧时，就曾使用这一范畴。

第四节　审美教育与艺术作用

《关于教育的一些意见》是洛克1683年在荷兰居留期间与友人克拉克夫妇的通信，1693年以此书名出版。这本书的内容主要是讨论教育问题，也涉及审美教育问题。结合论述人的教育问题，洛克探讨了人的美，认为人身上美的最高表现形式是优美，而优美是来自完善的行为和高尚的心灵的统一。他说：

> 有谁想探究受人喜爱的优美的根源何在，他就会发现优美来自完善的行为和这样一种心情之间的自然吻合，这心情只能作为与这一行为的动因相适应的东西来加以赞赏。……从这一崇高的心灵中自然地流露出来的行为，乃是心灵的基本特征，因而也受到我们的喜爱；而且这些行为恰如精神和内心情绪的自然变化，不可能是别的什么，而只能是一种自然的表露，且不带有任何牵强附会和矫揉造作的成分。我认为使某些人的行为光彩照人的美即在于此。①

洛克具体指出，具有人情味的、友好的和彬彬有礼的待人接物的态度，自制有度、能节制自己全部行为的自由禀性，等等，都是构成优美的行为，但他强调，这一切行为应当是从崇高的心灵和良好的天然禀赋中自然地流露出来，而不是装腔作势和矫揉造作的。在洛克看来，人的美应是内在美与外在美的和谐统一，优美乃是蕴于内而形于外的自然之美。这一思想继承了文艺复兴时期美学中人性美思想的精华，并在启蒙运动的美学和伦理学理论中得到了广泛的传播。

洛克对作为审美教育内容和手段的诗和艺术，持有保留态度。在《关

---

① ［英］洛克：《关于教育的一些意见》，载［苏］舍斯塔科夫《美学史纲》，樊莘森等译，上海译文出版社1986年版，第167页。

于教育的一些意见》中,他劝父母不要让儿童学诗,要"把他们的诗才压抑下去,使它窒息",因为"除掉对别无他法营生的人以外,诗歌和游戏一样不能对任何人带来好处","在诗神的领域里,很少有人发现金矿银矿"。这表明洛克对诗抱着一种极端功利主义的态度。洛克也不赞成让青年人学习音乐和绘画,因为要获得较好的演奏技巧和绘画技巧,都需要浪费很多时间,影响人把时间和精力用在那些最有用的和最有效的事情上。他说:"对于一个有身份的人来说,更重要的事情是学习。当需要得到松弛和恢复精神的时候,应该使身体得到某种锻炼,因为这种锻炼能放松精神,增强健康和力量。由于这两种原因,所以我不赞成绘画。"[①] 洛克认为,教育的最重要目的是使人的智力和体力得到和谐的发展,而绘画和音乐对此并无裨益。在艺术中,洛克把舞蹈看作一个例外,认为"它能使整个生命产生优美的运动,尤其重要的是,它能使富有活力的儿童具有男子气派,并具有自信心",即使如此,他仍然把舞蹈看作是一个有身份的人需要学习的一种"技能",因此,洛克对艺术作用的理解,是具有狭隘的实用主义观点的。

[①] [英]洛克:《关于教育的一些意见》,载马奇主编《西方美学史资料选编》上卷,上海人民出版社1987年版,第459页。

第六章　舍夫茨别利

17、18世纪的英国美学，除了作为主潮的经验主义美学思想和颇有影响的古典主义美学思想之外，还有一种受到剑桥柏拉图主义影响，在经验主义和古典主义之外另辟蹊径的美学思想。舍夫茨别利便是这股美学思潮的开拓者。舍夫茨别利虽然也受到经验主义哲学和美学的影响，但他的哲学和美学却未仿效同时代的任何模式。"舍夫茨别利将美学从古典主义体系和经验主义理论中移植到全新的土地上"①，他改变了整个美学问题的研究中心，旨在建立一个独立的美的哲学，从而对18世纪英国美学和欧洲美学发展都产生了重要影响。

舍夫茨别利（Shaftesbury，1671—1713年）是著名的英国政治家、辉格党领袖舍夫茨别利第一伯爵之孙，出生于伦敦。他早期教育受到J.洛克的指导，后进入温切斯特学院学习。1681年他往欧洲大陆旅行，接触了一些著名的文学家、艺术家和思想家，深受其影响。1689年回国后，深居简出，努力钻研古典作家的著作。1695年进入国会，在国会服务三年，至1698年议会解散。1699年继任为第三伯爵，在威廉三世统治时期参加过国会上院的许多会议。1711年因健康状况恶化到意大利疗养，后在那里去世。

1711年以前，舍夫茨别利很少发表著作。1711年他出版了三卷本的《论特征：关于人、习俗、见解、时代等》（以下简称《论特征》），其中收入了他的论文《论美德或功德》（1699）、《论热情的信》（1708）、《论戏谑和幽默自由》（1709）、《道德家们，哲学的狂想曲》（1709）、《独语，或对作家的忠告》（1710）和《杂感录》等。这些论文主要涉及哲学、宗教、伦理学和美学问题。

---

① ［德］E.卡西勒：《启蒙哲学》，顾伟铭等译，山东人民出版社1988年版，第310页。

趣味与理性：西方近代两大美学思潮

第一节 自然神论和剑桥柏拉图主义

舍夫茨别利是18世纪英国著名的自然神论者之一。自然神论是一种推崇理性原则，把上帝解释为非人格的始因的宗教哲学理论。舍夫茨别利批判了基督教的传统教义和迷信观念，他不同意基督教的上帝观念，认为上帝不是"一个处于世界之外的统治者"，而是一个"内在于自然之中的、充满一切力量的"至高存在者，是宇宙灵魂。他主张抛弃违反理性的"神的启示""奇迹"以及诸为此类的迷信，恢复合乎理性和人性的自然宗教。舍夫茨别利的自然神论是同柏拉图的哲学思想和术语奇怪地结合在一起的，他的哲学思想中具有明显的新柏拉图主义的神秘成分。他认为神是存在的，是"全知、全能、大慈大悲"的；神是宇宙的灵魂，是使物质有生命的目的因。在物质和精神的关系上，他高扬精神，贬低物质，认为精神是"能动的、首要的原则"，物质是"被动的、死的东西"，只有精神注入物质之中，物质才会有形式和生命。舍夫茨别利的自然神论否认人格化的上帝，把上帝与自然等同起来，主张用法则、规律解释启示，这种思想为唯物主义和无神论的发展开辟了道路。但它并没有摆脱宗教，在否认人格化的上帝的同时，它又断言有理性上帝，企图建立理性神学。恩格斯指出，在舍夫茨别利等人那里，"唯物主义的新的自然神论形式，仍然是一种贵族的、秘传的学说"[①]。

在哲学和伦理思想上，舍夫茨别利多多少少受到剑桥柏拉图主义者的影响。剑桥柏拉图主义者按照新柏拉图主义观点解释柏拉图的学说，既批判经院哲学的某些观点，也反对唯物主义经验论，坚持"天赋观念"说。他们强调人有一种天然的道德意识，是心灵固有的。舍夫茨别利突出了这一概念，一方面用它反对正统基督教的原罪学说；另一方面又用它批判人的天性是恶这样一种观点。他认为"人天生有德"，道德在人的本性中自有其根基。美德是自然的，而不是从外部灌输进去的。人天生有一种同情感，仁爱是人类心灵最基本的品质。人自身的构造使他能在一切仁爱的情感和行为中发现幸福，而在与仁爱情感和行为相反的东西中发现痛苦。所

---

① 《马克思恩格斯选集》第3卷，人民出版社1972年版，第394页。

以，道德的基础不在自私与自爱，而在宽厚与仁爱；不在理性或理智反省，而在"天然情感"。从这种认识出发，他反驳了理性主义哲学家把善归结为抽象理性的观点，认为道德和审美的判断一样，都是即刻做出来的，没有经过推理和思考，因而它们决非理性的功能，而依靠一种与外在感官相似的特殊感官，他把它称为"内在感官"或"道德感"。同时，他也批判了经验主义哲学家把道德和审美判断归结为感觉经验的观点，对洛克和霍布斯的哲学思想表示了不同意见。洛克认为人心如一张"白纸"，一切知识和观念都来自感觉印象，没有先天观念，也没有先天的道德感。舍夫茨别利反对这种看法，认为它把世界和人看成被动的机械的，使人类社会所需要的道德在人性中找不到根基。他写道："洛克把一切基本原则都破坏了，把秩序和美德抛到世界之外，使秩序和美德的观念（这就是神的观念）变成不自然的，在我们心中找不到它们的根基。"[①] 按照这种意见，道德只能是外部权威强加于意志的结果，这实际上等于取消了道德。舍夫茨别利还对霍布斯的人的天性"趋向偏私"和自然状态是不可避免的战争状态等观点进行了批判。他指出，霍布斯只不过给我们画了一幅人性恶的图画，对人的本性作了一个短视的、片面的结论。人性自私的说法不符合事实，相反，人的同伴感和各种社会性情感才是自然的。"我们确实知道，一切社会性的爱情、友谊、感激或任何其他属于慷慨这一类的情感，因它的本性，代替了利己的热情，使我们离开了自己，并且使我们不顾我们自己的便利和安全。"[②] 所以，真正的美德不是建立在利己主义和利害得失的考虑上，而是建立在仁爱和相互交往上。这种对人性的乐观态度和高尚的道德激情，渗透在舍夫茨别利的伦理学和美学思想中，并且对18世纪欧洲许多启蒙主义思想家产生了重要影响。

第二节　美在形式或赋予形式的力量

舍夫茨别利对美的看法是建立在宇宙和谐论的哲学思想基础之上的。

[①] ［英］舍夫茨别利：《一位勋爵给大学里一位年轻人的几封信》，载钟宇人等编《西方著名哲学家评传》第3卷，山东人民出版社1984年版，第18页。

[②] ［英］舍夫茨别利：《论美德或功德》，载周辅成编《西方伦理学名著选辑》上卷，商务印书馆1964年版，第764页。

这种宇宙和谐论深受新柏拉图主义的影响，肯定神是整个宇宙的灵魂，宇宙是一个和谐整体。按照舍夫茨别利的理解，宇宙不是霍布斯和洛克所说的"神的机械"，而是"神的艺术作品"。宇宙是一个有机整体，这有机整体的各部分都处于相互和谐和合目的性的统一体中。"这整体就是和谐，节拍是完整的，音乐是完美的"，整个宇宙就是一件美的艺术品，它使所有的形式和现象处于令人惊叹的协调之中。对于宇宙的和谐整体而言，组成它的一切部分都是必要的，恶与丑只是部分的，其功用只是为了衬托整体的和谐。正如莱布尼茨所说，在一切可能的世界中，这个世界是最好的。事实上，舍夫茨别利的这些看法和莱布尼茨的"前定和谐"说是颇为相似的，他们都是乐观主义者。舍夫茨别利还受到新柏拉图主义关于人天相应学说的影响，认为人是小宇宙，反映大宇宙，人心中善良品质所组成的和谐反映大宇宙的和谐，两者在精神上有密切联系。正是基于这种对宇宙和谐整体的认识，舍夫茨别利指出了美与和谐的内在一致性。他把大宇宙的和谐看作"第一性的美"，而人在自然界和自己的内心世界所见到的美则是"第一性美"的影子。同时，他又把和谐看作美的一个本质特征，指出：

凡是美的都是和谐的和比例合度的，凡是和谐的和比例合度的就是真的，凡是既美而又真的也就在结果上是愉快的和善的。[1]

舍夫茨别利所说的和谐，包含着有机整体合规律性与合目的性的意思，所以它不仅是美的本质特征，也是美和真、善相联系的内在根据。他还把美与和谐同事物的旺盛状况和功用便利相联系，从而明显表明了它们所具有的合规律性和合目的性的内涵。他说："比例合度的和有规律的状况是每件事物的真正旺盛的自然的状况。凡是造成丑的形状同时也造成不方便和疾病。凡是造成美的形状和比例同时也带来对适应活动和功用的便利。"[2] 这就是说，美在于生命的健康和活动的便利，而丑在于疾病和不便

---

[1] ［英］舍夫茨别利：《论特征》，载北京大学哲学系美学教研室编《西方美学家论美和美感》，商务印书馆1980年版，第94页。
[2] ［英］舍夫茨别利：《论特征》，载北京大学哲学系美学教研室编《西方美学家论美和美感》，商务印书馆1980年版，第94页。

利。这种看法和舍夫茨别利的目的论和宇宙秩序的概念是有联系的,它在后来一些美学家的著作中得到进一步发挥。

舍夫茨别利对美的看法受到自然神论和新柏拉图主义的影响。自然神论认为大自然的和谐与合乎目的,正是神这一宇宙始因存在的证明。舍夫茨别利同样认为,和自然融为一体的神是支配世界的超人力量,是宇宙的创造者。神既是创造宇宙这个和谐整体的最高的艺术家,当然也就是一切美的来源。他说:

> 真正的诗人事实上是一位第二造物主,一位在天帝之下的普罗米修斯。就像天帝那位至上的艺术家或造形的普遍的自然一样,他造成一个整体,本身融贯一致而且比例合度,其中各组成部分都处在适当的从属地位。①

这里,舍夫茨别利明显地将"天帝那位至上的艺术家"和"造型的普遍的自然"看作同一个意思,也就是把神和"普遍的自然"等同起来,表明了他的自然神论的立场;同时,他也明确地认为,宇宙这个和谐整体是由作为最高艺术家的神所造成的,诗人只是第二造物主,神才是第一造物主,因而才是美的根源。

由于受到新柏拉图主义影响,舍夫茨别利在物质和精神的关系上,不但把两者看成互相对立和彼此独立的,而且强调精神决定物质,认为精神是首要的,只有精神注入物质之中,物质才会有形式和生命。由于把精神和物质、形式和材料割裂开来,并且把精神和形式看作首要的、第一性的,所以,他认为美不在物质和物体本身,而在形式和精神。他说:

> 美的、漂亮的、秀丽的都决不在物质上面,而在艺术和构思设计上面,决不在物体本身,而在形式或赋予形式的力量。②

---

① [英]舍夫茨别利:《论特征》,载朱光潜《西方美学史》,人民文学出版社2002年版,第210页。
② [英]舍夫茨别利:《论特征》,载[美]S. M. 凯翰、A. 迈斯金编《美学:综合选集》,布莱克威尔出版公司2008年版,第80页。

按照舍夫茨别利的理解，美不在物质或物体本身，而在形式或赋予形式的力量。所谓"赋予形式的力量"，就是"构思设计"，就是精神和智慧。所以他进一步解释说："每当美的形式使你们惊叹不已的时候，它不是表明了这一点吗，不是说明了构思的美了吗？难道不是构思本身使人惊叹不已吗？如果你不是赞美精神，不是赞美精神的产品，那你赞美什么呢？要知道只有精神才赋予形式。凡是不体现精神的东西，凡是没有和缺乏精神的东西都是令人厌恶的；没有形式的物质本身就是畸形或丑。"① 可见，物质必须具有形式才美，没有形式的物质就是丑；而只有精神才能赋予形式，所以体现精神的东西才是美，不体现精神的东西就是丑，只有精神才是决定物质或物体本身美丑的本原。

舍夫茨别利认为美所由形成的形式分为三类，与此相对应，美也分为三类。这三类美由低级到高级排列。第一类美是"死形式"，"它们由人或自然赋予一种形状，但是它们本身却没有赋予形式的力量，没有行动，也没有智力"②，如金属、石头和人工制造的物品，还有作为一种物质现象的人体，都属于这一类。第二类美是"赋予形式的形式"，"它们有智力，有行动，有创造"，"这类形式具有双重美，因为在这类形式中既有形式（精神的产品），也有精神本身"。③ 和第一类美相比，这类美是较高级的，"由于有了第二类形式，死的形式才具有了自己的光彩和美的意义"④，像智力和心灵完美的人以及艺术创造的美，便属于这类美。第三类美是最高级的美，"这种美不仅创造了我们称之为单纯形式的那些形式，而且创造了赋予形式的形式本身。因为我们自己就是营造物质的出色的建筑师，我们能赋予毫无生命的物体以形式，用我们的双手使它们成形"⑤。如果说，是智力和心灵赋予无生命的物质以形式，那么，这种美就是赋予形式的智力和

---

① ［英］舍夫茨别利：《论特征》，载［美］S. M. 凯翰、A. 迈斯金编《美学：综合选集》，布莱克威尔出版公司 2008 年版，第 80 页。
② ［英］舍夫茨别利：《论特征》，载［美］S. M. 凯翰、A. 迈斯金编《美学：综合选集》，布莱克威尔出版公司 2008 年版，第 81 页。
③ ［英］舍夫茨别利：《论特征》，载［美］S. M. 凯翰、A. 迈斯金编《美学：综合选集》，布莱克威尔出版公司 2008 年版，第 81 页。
④ ［英］舍夫茨别利：《论特征》，载［美］S. M. 凯翰、A. 迈斯金编《美学：综合选集》，布莱克威尔出版公司 2008 年版，第 81 页。
⑤ ［英］舍夫茨别利：《论特征》，载［美］S. M. 凯翰、A. 迈斯金编《美学：综合选集》，布莱克威尔出版公司 2008 年版，第 81 页。

第六章 舍夫茨别利

心灵本身,所以它是"一切美的本原和源泉","建筑、音乐以及人所创造的一切都要溯源到这一类美"。① 这个所谓"一切美的源泉",也就是创造宇宙这个和谐整体的自然神。显然,舍夫茨别利这些观点和柏拉图在《会饮》篇中对于美的种类和等级的划分是相吻合的。

强调美和真、善的统一也是舍夫茨别利的一个重要的美学观点。他在论述形式必须经过观照、评判和考察,否则决不能有真正的力量时,就明确指出"美与善仍然是同一的"。② 他认为,美本身就带有深刻的道德性质,人通过观察现实的美和艺术的美而实现道德的完善,人分辨美丑的内心感觉和道德感是一致的。在善之外就谈不上真正的审美享受,离开美也无所谓道德之乐。道德美高于其他美的表现,"道德在一切精华瑰丽之中是最可喜的,那是人间事事的支柱和严饰,它维护团体,保护团结、友谊和人与人之间的交往;由于它,国家一如私人的家庭昌盛而幸福,如缺少了它,则任何美妙、卓越、伟大和有价值之事必凋残毁灭"③。所以,"美德对于每人,都是善"④,它最深刻地体现了美与善的内在统一。按照舍夫茨别利的理解,在美和善统一的形式中,美具有更高级的和决定性的意义,人好善而恶恶,就是因为善是美的而恶是丑的。正由于此,所以有的学者认为他的伦理思想是以美学思想为基础的。

舍夫茨别利对于美和真的统一也有论述。他认为"一切美都是真",没有真,美就无法存在;没有美,真正的真也同样无法存在。按照他的看法,"真"并非指理论和知识,而是意味着世界内在的理智结构,对这种结构,无法单凭概念去认识,也不能通过对一堆个别经验进行归纳加以把握,而只能直接地去体验,直觉地去加以理解。美的现象中便有这种经验和直觉的悟性。所以,真之全部具体意义只有在美之中才能被揭示出来。⑤

---

① [英]舍夫茨别利:《论特征》,载[美]S. M. 凯翰、A. 迈斯金编《美学:综合选集》,布莱克威尔出版公司2008年版,第81页。
② [英]舍夫茨别利:《论特征》,载[美]S. M. 凯翰、A. 迈斯金编《美学:综合选集》,布莱克威尔出版公司2008年版,第79页。
③ [英]舍夫茨别利:《论美德或功德》,载周辅成编《西方伦理学名著选辑》上卷,商务印书馆1964年版,第783页。
④ [英]舍夫茨别利:《论美德或功德》,载周辅成编《西方伦理学名著选辑》上卷,商务印书馆1964年版,第783页。
⑤ [德]E. 卡西勒:《启蒙哲学》,顾伟铭等译,山东人民出版社1988年版,第308—309页。

趣味与理性：西方近代两大美学思潮

总的看来，舍夫茨别利关于美的观点是深受自然神论和新柏拉图主义影响的。他把美的本原归结到精神和自然神，表明了他的美学观点的客观唯心主义性质。但是，舍夫茨别利对新柏拉图主义从根本上作了重新思考，使它适应于解决他同时代的哲学和美学所提出的种种问题。他不满意理性主义美学和经验主义美学运用抽象思辨或经验观察的方法去探讨美学问题，认为理性分析和心理内省只能把我们带到美的边缘，而不能使我们进入美的中心。他对美的沉思就是要说明如何去克服支配着18世纪一切认识论的基本冲突，并且把精神置于一种超越这种冲突的新的优势地位。在舍夫茨别利看来，美既不是笛卡尔意义上的"天赋观念"，也不是从洛克意义上的经验派生和抽象出来的概念。美不是纯偶然的东西，而是属于精神的本质，是精神的原始功能。[①] 这种试图克服理性主义和经验主义的冲突及片面性的探索，还是具有启发性的。另外，他强调美和善的统一，论述了道德美的概念，指出道德美高于其他各种美的表现，这在当时也是具有进步意义的。

第三节　审美的特殊感官及其特性

舍夫茨别利对美学的另一个重要贡献是他首先提出了审美的"内在感官"说，成为在英国颇有影响的"内在感官"新思潮的开创者。所谓"内在感官"（inner sense），就是指人天生就有的审辨善恶和美丑的能力，它既指审辨善恶的道德感，也指审辨美丑的审美感，这两者根本上是相通的、一致的，舍夫茨别利也把它称作"内在的眼睛""内在的节拍感"等等。在他看来，审辨善恶美丑不能靠通常的五官——视、听、嗅、味、触，而只能靠这种在心里面的"内在的感官"。所以，"内在的感官"是在五种外在的感官之外的一种特殊感官，是专为审辨善恶美丑而设的感官，后来有人又把这种感官称为"第六感官"。舍夫茨别利对这种"内在的感官"描述说：

> 心灵观听其他的心灵，就不能没有它的视官和听官，以之辨识比

[①] ［德］E. 卡西勒：《启蒙哲学》，顾伟铭等译，山东人民出版社1988年版，第317页。

第六章 舍夫茨别利

例，分别声音，审识前来的情操或思想。它不会让事物避过它的检查。它感觉出情感的柔和与粗糙、合意与不合意，并且能发现丑恶与美好、协合与不协合，其真切确实一如对于音乐的律度或对于可感知的事物的外表形象或表象。它不会对于与这些内容之一有关的情感不抱着仰慕狂热或憎恶讥讽，而对于与这些内容之另一有关的情感则否。所以否认人对于事物中崇高优美性有共同而自然的感觉，在正当考虑这事的人看来，只是一种作伪。①

这里所说"心灵观听其他心灵"的视官和听官，就是指"内在的感官"，它不仅辨识比例和声音，而且审识情感和思想，能感觉与发现事物和情感的丑恶与美好、崇高与优美。舍夫茨别利认为，这种审辨善恶美丑的能力虽然不同于外在的感官，但是它在起作用时却和视觉辨识形色、听觉辨识声音具有同样的直接性，不需要经过思考和推理，所以，它在性质上还不是理性的思辨能力，而是类似感官作用的直觉能力。他说：

　　眼睛一看到形状，耳朵一听到声音，就立刻认识到美、秀丽与和谐。行动一经察觉，人类的感情和情欲一经辨认出（它们大半是一经感觉就可辨认出），也就由一种内在的眼睛分辨出什么是美好端正的，可爱可赏的，什么是丑陋恶劣的，可恶可鄙的。这类分辨既然植根于自然，那分辨的能力本身也就应该是自然的，而且只能来自自然，这怎么能否认呢？②

这里明确指出了两点，一是"内在的眼睛"或"内在的感官"对善恶美丑的辨识是直接的，不假思考的；二是这种分辨善恶美丑的能力是自然的，也就是天生的。就"内在的感官"具有直接性而言，它不同于笛卡尔的抽象理性的"天赋观念"；就"内在的感官"是天生的能力而言，它又和洛克的人心生来如一张白纸的说法是正好相反的。

---

① ［英］舍夫茨别利：《论美德或功德》，载周辅成编《西方伦理学名著选辑》上卷，商务印书馆1964年版，第758—759页。
② ［英］舍夫茨别利：《论特征》，载［美］S. M. 凯翰、A. 迈斯金编《美学：综合选集》，布莱克威尔出版公司2008年版，第83页。

然而,"内在的感官"毕竟和外在的感官有别,它不仅仅是一种感觉作用,而是与理性密切结合的。舍夫茨别利将人分为动物性的部分和理性的部分,他认为认识和欣赏美不能依靠前者,而需要借助后者。他说:"如果动物因为是动物,只具有感官(动物性的部分),就不能认识美和欣赏美,当然的结论就会是:人也不能用这种感官或动物性的部分去体会美或欣赏美;他欣赏美,要通过一种较高尚的途径,要借助于最高尚的东西,这就是他的心和他的理性。"① 如果照这种说法,人的审美的能力或"内在的感官"就不是属于动物性部分的低级的感官,而是属于理性部分的高级的感官。

舍夫茨别利之所以强调人的审美感不是属于动物性的部分,而是属于人心和理性的部分,根本原因在于他把审美感和道德感看成是一致的、相同的。他说:"在心灵的内容或道德的内容上,与在平常的物体上或普通感官的内容上,有同样的情形。平常物体的形状、运动、颜色和比例,显现于我们的眼睛内,按照它们的各部分不同的尺寸、排列和布置,必产生美或丑。而在举止或动作中,一旦显现于我们的理解内,按照那内容的规则或不规则,也必定可见有显著的差别。"② 就是说,审辨举止、动作的规则或不规则(善或恶)的道德感,与审辨物体形式、比例的美或丑的审美感,在内容上是同样的。按照舍夫茨别利的看法,人的道德感是基于生而有之的"天然情感",这种天然情感是适合于社会生活的社会性的情感,所以,与道德感相通的审美感也应当是一种社会性的情感,而不是动物性本能的表现。他在《论美德或功德》中说:

> 不可能设想有一个纯然感性的人,生来禀性就那么坏,那么不自然,以致到他受感性事物的考验时,他竟没有丝毫的对同类的好感,没有一点怜悯、喜爱、慈祥或社会感情的基础。也不可能想象有一个理性的人,初次受理性事物的考验时,把公正、慷慨、感激或其他德行的形象接受到心里去时,竟会对它们没有喜爱的心情或是对它们的

---

① [英]舍夫茨别利:《论特征》,载朱光潜《西方美学史》,人民文学出版社 2002 年版,第 208 页。

② [英]舍夫茨别利:《论美德或功德》,载周辅成编《西方伦理学名著选辑》上卷,商务印书馆 1964 年版,第 758 页。

第六章 舍夫茨别利

反面品质没有厌恶的心情。一个心灵如果对它所认识的事物没有赞赏的心情，那就等于没有知觉。所以既然获得了这种以新的方式去认识事物和欣赏事物的能力，心灵就会在行动、精神和性情中见出美和丑，正如它能在形状、声音、颜色里见出美和丑一样。①

这里所说"以新的方式去认识事物和欣赏事物的能力"，就是道德感和审美感。舍夫茨别利认为心灵"在行动、精神和性情中见出美和丑"和"在形状、声音、颜色里见出美和丑"是一样的，就是说道德感和审美感是相同的。道德感是与怜悯、慈祥、公正、慷慨之类"社会感情"完全一致的，所以，审美感也是与"社会感情"密切联系的。从舍夫茨别利强调审美感与社会生活的联系及其社会性来看，他显然是想纠正经验派片面强调动物性本能的美学观点。

舍夫茨别利对美感的看法实际上包含着一个没有解决的矛盾。一方面，他把审美能力称为内在的感官，强调审美活动的感性性质和不假思索的直接性；另一方面，他又把审美能力与属于动物性部分的感官相区别，而将它视为一种理性性质的活动。那么，美感究竟是感性活动还是理性活动呢？对这个问题舍夫茨别利并没有认识清楚，所以，他只能在两者之间徘徊。感性活动和理性活动在审美活动中是可以统一而且应该统一的，但他对此并没有理解，而仍然只是把审美看成一种近似感性的直觉活动。E. 卡西勒认为舍夫茨别利在理性和经验之外建立起一种"直觉美学"，提出了"审美直觉"的概念。实际上，这种既非理性亦非经验的"直觉"正如审美的"内在感官"一样，只是一种带有神秘主义色彩的假设。不过，它对于后来者深入探讨审美活动的性质和特征，仍然是具有启发作用的。

第四节 艺术的道德作用和发展条件

尽管舍夫茨别利并非主要地从艺术作品的观点去研究美学问题，他对诗和艺术还是作了专门思考和论述。在《独语，或对作家的忠告》中，他

---

① [英]舍夫茨别利：《论特征》，载朱光潜《西方美学史》，人民文学出版社2002年版，第208—209页。

趣味与理性：西方近代两大美学思潮

广泛讨论了诗的道德作用、诗的创造、作家的修养以及文艺发展的社会条件等问题，提出了许多独创的见解。

关于艺术和道德的关系，一直是舍夫茨别利美学思想中占有重要地位的问题。由于他把美与善、审美感与道德感看成是统一的、一致的，所以自然地也就强调艺术和道德之间的紧密联系。他说：

> 内在的节拍感，社会美德方面的知识及其实践，对道德美的熟识及热爱，这一切都是真正的艺术家和正常的音乐爱好者必不可少的品质。因此，艺术和美德彼此结成了朋友，并从而使艺术学和道德学在某种意义上亦结成了朋友。[1]

这主要是从道德对艺术的影响和作用方面来谈道德和艺术的关系。按舍夫茨别利的看法，人心中善良品质所组成的"内在的节拍"或和谐反映着大宇宙的和谐，而这样"内在的节拍"又是认识和欣赏外在美的必备条件。所以，自己心灵不美的人就无法真正认识美和欣赏美。真正的艺术家和艺术欣赏者必须具备"内在的节拍感"，热爱道德美，才能创造和欣赏艺术美。从另一方面讲，艺术对道德的影响和作用也是巨大的。在《独语，或对作家的忠告》中，舍夫茨别利称赞古代的杰出诗篇"是对时代的一种殷鉴或一面明镜"，对于人的道德、心灵和性格的形成发挥着重要的教化作用。他说："这些诗篇不仅从根本上讨论道德问题，从而指出真实的性格和风度，而且写得栩栩如生，人物的音容面影宛若在眼前。因此，它们不但教导我们认识别人，而且主要的和它们的最大优点是，它们还教导我们认识自己。"[2] 又说："在这种创作的天才中，既有崇高的和平易的风格，又有悲剧的和喜剧的情调。然而作者却能独运匠心，尽管主人公有奇妙的或神秘的性格，其次要部分或次要人物却更清楚而且逼真地显出人性来。所以，在这里有如在一面明镜上，我们可以发现自己，窥见我们最详细的面影，刻画入微，适合我们自己来领悟和认识。即令是短短一霎间

---

[1] ［英］舍夫茨别利：《论特征》，载［美］K. E. 吉尔伯特、［德］H. 库恩《美学史》，纽约：麦克米伦公司，1939年版，第240页。

[2] ［英］舍夫茨别利：《论特征》，载《缪灵珠美学译文集》第2卷，中国人民大学出版社1987年版，第27页。

审视的人，也不能不认识了自己的心灵。"① 像这样突出地强调艺术对形成人的道德面貌和塑造人的心灵的教育作用，在英国启蒙主义美学家中，舍夫茨别利可谓第一人。

尽管舍夫茨别利如此强调艺术和道德的紧密联系，他却并没有将艺术和道德混为一谈，也没有抹杀艺术创作本身的特点。恰恰相反，他要求艺术必须在充分体现自身特点中发挥道德的作用，就是要把思想、道德、情感寓于艺术形象和人物性格的描绘之中。他称赞"诗人之父和巨擘"荷马的作品把人物刻画得惟妙惟肖，由人物自己表明自己，使思想感情表达得无迹可寻：

> 他并不描述品质或美德，并不谴责习俗，并不故作诙谐，也不由自己说明性格，而始终把他的人物放在眼前。是这些人物自己表明自己。是他们自己如此谈吐，所以显得在各方面都与众不同，而又永远保持其本来面目。他们各别的天性和习染，刻画得这样正确，而且一举一动莫不流露性情，所以比诸世间一切批评和注释，给予我们更多的教益。诗人并不装成道貌岸然耳提面命，也绝不现身说法，所以他在诗中殆无迹所寻。这就是大师之所以为大师。②

这可以说是论述文艺创作特点的一段绝妙文字，是对艺术创作规律的深刻认识和揭示。接着他还指出，艺术家不能仅仅依照人体形骸描绘美姿，更要临摹另一种生活，研究和描绘"心灵的优美和完善"，这样才能描绘出人物的美，成为为后世学术立法的真正大师。这种形神兼备的观点，也是颇谙艺术创作规律，并且同他重视艺术审美教育作用的思想相一致的。

作为一名启蒙主义思想家，舍夫茨别利在论述艺术发展的社会条件时，再三强调文艺的繁荣有赖于政治的自由，而自由的丧失也就是艺术的丧失。他举罗马为例说："罗马人自从开始放弃他们的野蛮习俗，向希腊

---

① [英] 舍夫茨别利：《论特征》，载《缪灵珠美学译文集》第2卷，中国人民大学出版社1987年版，第27页。
② [英] 舍夫茨别利：《论特征》，载《缪灵珠美学译文集》第2卷，中国人民大学出版社1987年版，第28页。

学会用正确的典范来培养他们的英雄、演说家和诗人之日起，就违反公道，企图剥夺世界人民的自由，因而也就很符合公道地丧失了他们自己的自由。随着自由的丧失，他们就不仅丧失了他们辞章中的力量，而且连他们的文章风格和语言本身也都丧失了。后来在他们中间起来的诗人都只是些不自然的长得很勉强的植物。"[①] 马克思指出，舍夫茨别利是洛克之后英国另一位自由思想的提倡者。他把这种自由思想也带到对艺术发展的考察中来。启蒙运动时期不少美学家和文艺理论家都很重视对文艺与政治自由之间密切关系的研究。舍夫茨别利之后，休谟在《论艺术和科学的兴起和发展》中、温克尔曼在《古代造型艺术史》中，也都着重论述过这一问题。这是当时上升资产阶级的政治要求在文艺上的一种反映。

---

① ［英］舍夫茨别利：《论特征》，载朱光潜《西方美学史》，人民文学出版社 2002 年版，第 213 页。

第七章 艾迪生

在英国 18 世纪美学发展中，艾迪生扮演着一个较为独特的角色，他的美学思想虽不十分系统，却富于独创性，而且在推动美学研究走向社会方面作了很大努力，因而在当时产生了较大影响。

艾迪生（Joseph Addison，1672—1719 年）是英国散文家、诗人、剧作家和文学评论家。他出身于一个乡村牧师的家庭。14 岁入伦敦查特豪斯公学，在该校结交了斯梯尔（Richard Steele，1672—1729 年）。1693 年在牛津大学毕业并获文科硕士学位。1697 年由于为 J. 德莱顿翻译的维吉尔《农事诗》撰写序言而崭露头角。1699—1704 年，游历欧洲大陆，结识了一些著名文人。回到伦敦后，加入辉格党领袖和文人的行列。1704 年发表了歌颂马尔巴勒公爵战胜法国的诗歌《战役》，获得极大成功，并对其以后事业前途产生重要影响。1705 年辉格党在大选中获胜后，艾迪生被任命为副国务大臣。1708 年任爱尔兰总督秘书。1710 年辉格党政府下台，艾迪生失去公职。1714 年乔治一世继位后，又被任命为爱尔兰事务大臣。除诗歌创作外，艾迪生还创作了歌剧《美丽的罗莎蒙德》和喜剧《鼓手》等。

艾迪生对英国文学的一大贡献，是他参与斯梯尔主办的《闲谈者》杂志，以及随后与斯梯尔合办刊物《旁观者》。《旁观者》于 1711 年 3 月 1 日创刊，每周 6 期，一直出到 1712 年 12 月 6 日；1714 年又续办一个时期。该刊内容广泛，注重社会实际，涉及时事政治、道德风尚、文学评论，乃至时装样式等；形式生动，文笔清雅，深受欢迎，每期在伦敦一地就能有大约 6 万名读者。艾迪生通过此刊在社会上传播他相信的当代"最好的观念"。他在《旁观者》上写道："如果将来人们说我把哲学从学院书斋带到俱乐部和会场，带到茶桌和咖啡馆，那我就满足了。"① 他的论述美学问题的文章，都是陆续在《旁观者》上发表的。

艾迪生在思想上具有启蒙主义倾向。他提倡理性，反对迷信，主张合理的教育。和霍布斯主张自私是人的本性相反，艾迪生主张善良是人的天性。他认为，善良的天性能够解决社会矛盾，导致个人幸福。它最鲜明地表现了美德，应该得到培养。在善良的一切表现形式中，乐善好施是最值得推崇的美德。在哲学上，艾迪生主要受霍布斯和洛克的影响，认为感觉是认识的唯一源泉，重视感觉的作用。在美学上，艾迪生虽然也受到古典主义的某些影响，但他的研究却坚持"从最接近真实感觉的经验事实出发"，"所遵循的正是洛克的方法"。② 从他"主张应该重估新古典主义批评意见，重视想象活动对作者和读者的作用"③ 来看，他的美学思想的经验主义性质是十分明显的。

第一节 "想象的快感"与审美心理

艾迪生以"想象的快感"为题发表于《旁观者》上的一组文章，是他的美学思想的集中表现。对于想象问题的讨论和研究，本来是英国经验主义美学的一个基本主题。培根提出诗产生于想象，属于想象的领域；霍布斯强调诗需要想象和判断，而想象比判断更为重要；洛克论述与审美和创作相关的巧智和观念的联想，这一切都是围绕想象问题展开的学说。艾迪生对于想象的快感的论述，显然是沿袭了经验主义美学这一主题。但他与前此对这一问题的研究也有不同，以前关于想象的理论主要涉及的是艺术创作的过程和经验，而艾迪生关于"想象的快感"的论述，则主要涉及的是欣赏者的经验，而不是艺术家的创作经验。就是说，他所探讨的主要不是创作过程的心理学，而是审美欣赏的心理学。

---

① ［英］安德鲁·桑德斯：《牛津简明英国文学史》（上），谷启楠等译，人民文学出版社2000年版，第436页。
② ［美］K. E. 吉尔伯特、［德］H. 库恩：《美学史》，纽约：麦克米伦公司1939年版，第237、233页。
③ ［英］安德鲁·桑德斯：《牛津简明英国文学史》（上），谷启楠等译，人民文学出版社2000年版，第435页。

第七章　艾迪生

　　在探讨"想象的快感"时，艾迪生首先对它的含义、种类、特点和作用作了清晰的说明。他说："我之所谓想象或幻想（我混杂使用这两个名词）的快感，指来自视觉对象的快感，或者是我们眼前当时确实有这些对象，或者是通过绘画、雕塑、描写，或任何类似原因，在我们心中唤起对这些对象的意象。"① 这段解释表明，想象的快感首先同视觉相联系，是由视觉所引起的。这是因为"视觉是我们一切感觉中最完满最愉快的。它以最多样的意象充斥心灵，同最遥远的事物接交，并且能维持最长久的作用而不疲劳，对自身的享受不感到厌倦"②。所以，它最适宜于想象的快感。其次，引起想象的快感的意象，可以是由视觉直接形成的，也可以是由记忆和想象"保留、改变和结合那些业已获得的心象"而形成的。正是基于此，艾迪生又将想象的快感分为两类：一类是"完全来自眼前对象的初级想象快感"；另一类是"来自视觉对象之意象的次级想象快感"，即由记忆和想象形成的意象所产生的快感。艾迪生将由绘画、雕刻、描写等艺术所形成的意象归为第二类即次级想象的快感。

　　艾迪生认为，想象的快感既不同于感官的快感，也不同于悟性的快感，它不像前者那么粗鄙，也不像后者那么雅致。这里所说感官的快感显然是指生理的快感，而悟性的快感则是指由理性思考活动产生的快感，"它基于一些新的知识或有益人心的教训"。通过将想象快感和悟性快感相比较，艾迪生指出了想象快感的特点，他说：

　　　　想象快感比诸悟性快感还有一个优点：它更明显更容易获得。只须张开眼睛，美景便映入眼帘。颜色自动地绘入幻想中，观赏者无须多予思考或多费心思。我们不知不觉就被所见的事物的对称感动，立刻称赞一个对象的美，而无须探讨它所以然的原因或诱因。③

　　从这段论述看，艾迪生所讲的想象快感就是审美快感，而他所讲的观赏者不假思考、不知不觉便立即被对象的美所吸引、所感动的情况，就是

---

① ［英］艾迪生、斯梯尔等：《旁观者》第3卷，伦敦，1945年，第277页。
② ［英］艾迪生、斯梯尔等：《旁观者》第3卷，伦敦，1945年，第276页。
③ ［英］艾迪生：《旁观者》，载《缪灵珠美学译文集》第2卷，中国人民大学出版社1987年版，第36页。

指审美感受的直觉性和非自觉性的特点。他在另一处写道:"我们从经验上发现:有一些事物的变化形态,在一眼见到时心灵就不假思索地判定它们是美或是丑。"① 这同样指出直觉性是审美感受的一个基本特点,是审美判断和理性判断的一个重要区别。正是基于此,艾迪生才认为想象快感比悟性快感更容易获得、更能够迷人,也更有益于身心。

艾迪生的创造性主要表现在他对想象快感来源的分析。他在研究实际观察外界事物所产生的想象快感时,指出"这些快感来自于伟大、非凡或美的事物的景象"②,并对此逐一作了论究。关于伟大,艾迪生认为它不仅指任何一个对象的体积巨大,而且指一片风光的全景的宏伟。他描述道:"这样的风景是旷朗的平野,苍茫的荒漠,耸叠的群山,峭拔的悬崖,浩瀚的汪洋,那里使我们感动的不是景象的新奇或美,而是一种粗豪的壮丽。"③ 伟大或壮丽的事物和景象之所以能引起想象的愉快,艾迪生认为是因为我们的想象就喜爱有一个对象来充满,或者喜爱抓住过分的超过它的掌握能力的对象。所以,我们一旦见到这种宏伟的景象,"便陷入一种愉快的惊讶中",我们在领悟它们之际,"感到灵魂深处有一种快乐的平静与惊异"。④ 艾迪生所说的伟大,就是朗吉努斯所讲的崇高。他关于伟大的论述,是朗吉努斯以来西方美学中有关崇高这一审美范畴的又一重要研究成果。他不仅对崇高对象的特征作了描述,而且对崇高感的心理特点也作了分析。关于崇高感是一种"愉快的惊愕"的看法,后来在伯克和康德对于崇高感的分析中得到发展。关于非凡或新奇的事物何以能唤起想象的快感,艾迪生的解释是因为它能使心灵感到一种愉快的惊奇,满足它的好奇心,使它得到它原来不曾有过的意象。人的心灵往往厌倦司空见惯的陈套的事物,非凡或新奇事物和景象足以排除心灵的餍足之感,使心灵转向新鲜的对象,不让注意力久留在单一对象上而浪费精神,从而使人生丰富多彩。对此,艾迪生举例说,景色之宜人莫过于河流、喷泉或瀑布,那里的景色不断地更换,每一霎间都以新鲜的事物悦目怡情。

---

① [英]艾迪生、斯梯尔等:《旁观者》第3卷,伦敦,1945年,第280—281页。
② [英]艾迪生、斯梯尔等:《旁观者》第3卷,伦敦,1945年,第279页。
③ [英]艾迪生:《旁观者》,载《缪灵珠美学译文集》第2卷,中国人民大学出版社1987年版,第38页。
④ [英]艾迪生、斯梯尔等:《旁观者》第3卷,伦敦,1945年,第279页。

第七章 艾迪生

在引起想象快感的三个来源中,艾迪生最重视的还是美,他说:

> 没有什么东西比美更能直接打动心灵深处,美立即在想象中弥漫着一种内在的快感和满足,它以最后一笔完成了伟大或非凡的事物。一旦发现它,就使人心荡神驰欣然向往,通过心灵的一切机能散发一种兴奋和愉快。①

上面我们说过,艾迪生认为由美所引起的想象快感具有直觉性特点,最易获得和最能迷人,所以也就最能"直接触及心灵深处","使人心荡神驰欣然向往"。结合审美快感,艾迪生这里还论到两个重要观点:一个观点是关于美和美感的相对性的。他说:"一件物比另一件物也许并不具有更多的真正的美或丑,因为如果我们人被构造成另外样子,现在我们觉得是可厌的东西,也许就会觉得它可爱。"② 也就是说,事物的美丑不是绝对的,它依赖于作为审美主体的人。接着又指出:"不同种类具有感知能力的生物各有其不同的美的观念,每一类生物对于自己同类的美最易受感动。"③ 推而广之,不同种类的人也各有不同的美的观念,因而对于同类人的美最易产生美感。这里,艾迪生已经接触到美感的社会性。"美感不是对一种美好现象的简单直觉,而是'类'(kind)的社会本能。"④ 另一个观点是关于形式的美和美感的。艾迪生认为,"这种美在于颜色的鲜艳或丰富多彩,各部分的对称和比例适当,物体的安排和布置,或者这一切的恰当配合和互相协调"⑤。虽然这些提法在西方美学中是早已有之的,但艾迪生将它和"同类的美"相提并论,认为它是艺术作品和自然本身所具有的,虽然不像人类的美在想象中唤起那么强烈的美感,却具有更大的普遍性。

艾迪生认为,尽管引起想象快感的三种属性中任何一种都是惹人注目

---

① [英] 艾迪生、斯梯尔等:《旁观者》第3卷,伦敦,1945年,第280页。
② [英] 艾迪生、斯梯尔等:《旁观者》第3卷,伦敦,1945年,第280页。
③ [英] 艾迪生、斯梯尔等:《旁观者》第3卷,伦敦,1945年,第281页。
④ [美] K. E. 吉尔伯特、[德] H. 库恩:《美学史》,纽约:麦克米伦公司1939年版,第238页。
⑤ [英] 艾迪生、斯梯尔等:《旁观者》第3卷,伦敦,1945年,第281页。

的，但如果它们相互结合起来，如"宏伟之中加上一点美或非凡的性质"，那么想象快感就因来之多个根源而更为强烈。三种属性不仅可以互相结合，而且能够互相促进，如"非凡或新奇使得伟大的愈伟大，美的愈美，从而给予我们的心灵以加倍的娱乐"①。艾迪生关于伟大、非凡和美互相结合、互相促进的看法，扩大了审美的范围和对象，是一种新观点，不仅对象的属性的结合可以增强想象的快感，而且主体的感觉的结合也可以增加想象的快感。对此，艾迪生举例说，小鸟的啁啾或瀑布的澎湃之声，可以令观赏者更加注意眼前风景的种种美色；阵阵花香袭人，也会使得风景的艳红新绿更加可爱。"所以凭借其他感觉的协助，视觉可以获得一种新的快感。"② 这里已涉及联觉在美感中的作用问题，是对审美心理的较为细微的分析。

艾迪生并不满足于指出想象快感的来源，他还试图探究这些来源之所以能引起想象快感的必然原因，但对此他却显得心有余而力不足。艾迪生认为，我们的生存的最高主宰创造了人类的灵魂，所以只有神能够是心灵的究极的、适当的、正确的幸福之根源。所以，是"神使得我们心灵自然而然乐于领悟伟大或无限的事物"，是"神在一切新奇或非凡的事物中加添一种神秘的快感"，也是"神使得人类身上的美爽心悦目"。"神使得这么多的东西显得美，以致整个宇宙显得更加绚丽更加悦目。神赋予我们周围一切事物一种能力，它们都能在我们的想象中唤起适意的意象；所以我们不能目击神的作品而漠然无动于衷，也不能环观众美而不感到一种神秘的快感或满意。"③ 这些论述颇带有新柏拉图主义的色彩，令人想到和艾迪生几乎同时的英国美学家舍夫茨别利关于美来自神（自然神）的创造的观点。看来，艾迪生并不满意仅仅停留在描述想象快感或审美快感的直觉性，而是试图揭示它所产生的理性原因。"按照艾迪生的意见，想象的快乐，虽起因于感性的东西，但其关联却具有道德、沉思和宗教的性质。"④

---

① ［英］艾迪生、斯梯尔等：《旁观者》第3卷，伦敦，1945年，第280页
② ［英］艾迪生：《旁观者》，载《缪灵珠美学译文集》第2卷，中国人民大学出版社1987年版，第40页。
③ ［英］艾迪生：《旁观者》，载《缪灵珠美学译文集》第2卷，中国人民大学出版社1987年版，第41、42页。
④ ［美］K. E. 吉尔伯特、［德］H. 库恩：《美学史》，纽约：麦克米伦公司1939年版，第239页。

尽管他的这些具体论述不过是一些主观臆断,但他试图探寻美感的必然动因的努力,仍然是对经验主义美学的一种超越。

第二节 审美趣味及其培育

想象的快感来源于伟大、非凡和美的事物,它既可由自然景象引起,亦可由艺术作品引起,这是想象快感产生的外在原因。对于观赏者来说,要产生想象快感,除了以上外在原因外,还需有主观条件,这就是趣味的问题。艾迪生看到了趣味在文艺欣赏中的重要作用,他问道:为什么几个读者尽管熟悉同一种语言,也都了解文字的意义,而对于同一篇作品的描写会各有不同的欣赏?我们看到有人读了一段描写深受感动,另有人却草草读过,漠然无动于衷;有人觉得这段描写非常逼真,另有人却看不出任何逼真或像真的地方,这种不同的衡鉴就是由于欣赏者的趣味或鉴赏力的差别。正是基于对趣味重要性的认识,艾迪生才就"如何才能知道我们是否具有良好的趣味"和"如何才能获得那种上流社会经常谈论的关于创作的良好趣味"两个问题专门发表了意见。他首先对"趣味"作了考证,认为大多数语言都用这个词来表示心灵的一种辨别能力,即辨别创作中最隐蔽的瑕疵和最细微的优点的能力。对于艺术作品的趣味,是一种"心智的趣味",但它和那种品尝刺激味觉的各种味道的感觉趣味,有着同样多的细微精妙所在。具有良好趣味的人,不仅可以辨别某个作者一般的妙处和缺陷,而且可以发现他不同于其他所有作者的独特的思想方式和表现手法,根据外来思想和语言的不同影响,还可以发现给他以影响的各个作者。根据以上认识,艾迪生给良好的趣味下了一个定义,指出良好的趣味是"心灵带着愉悦体味作者的美妙和怀着厌恶感受作者的缺陷的一种能力"[1]。

艾迪生对于趣味或鉴赏力的心理内涵也作了分析。他认为人们的趣味或鉴赏力的差别,要么是因为一个人的想象力比另一个人更完美,要么是因为不同的读者赋予文字的观念各不相同。一个人如果要具备真正的趣味或鉴赏力,希望对于一篇描写形成恰当的评价,他必须天生拥有良好的想象力,必须对一种语言里的各种字眼所蕴含的力度和能量进行仔细权衡,

---

[1] [英]艾迪生、斯梯尔等:《旁观者》第3卷,伦敦,1945年,第271页。

由此辨别哪些最意味深长,表达观念最贴切,它们与别的字结合使用,又会产生新的力量和美感。对此,他总结道:"想象必须是热(warm)的,才能使它从外界的东西所收到的形象留下模印。判断必须敏锐,才能够辨别哪些表现的方式最能尽量把这些形象体现得生动,装点得美妙。一个人如果在这两方面欠缺了一方面,他虽然能从一篇描写里得到个笼统的观念,决不能把美妙之处一一看出来。好比一个近视眼可以模糊地看见眼前的景物,却分不出其中各别的部分,也看不清里面绚烂和谐的五光十色。"[1]这里明确指出真正的良好的趣味应当包括热烈的想象力和敏锐的判断力,并使二者达到结合,才能达致对艺术作品的恰当衡鉴,是一种符合实际的、具有说服力的论断。关于想象力和判断力的区别和联系,以及二者在审美和艺术中的作用问题,也是英国经验主义家论述较多的一个问题。洛克曾经对巧智和判断力的区别有过精彩分析。他所说的巧智大体上和想象力一致。艾迪生十分佩服洛克关于巧智和想象力之别的思索和分析,他在分析趣味或鉴赏力时,既能看到想象力和判断力的区别,又能看到二者互相结合的必要性,应该说是颇有见地的。

对于一个人是否具有良好的趣味,艾迪生认为是有考察的方法和标准的。他提出可从两方面考察。首先,要通读古今名著。古典名著都经受了那么多时间和国家的考验;现代名著也得到我们同代人中文化修养较高者的赞许。如果一个人读了这类作品而没有感到特别欣喜,或者读着这些作品中颇受赞赏的章节而冷淡漠然和无动于衷,他就应该得出结论:不是作者缺乏令人赞叹的才艺,而是他自己缺乏发现这种才艺的能力。其次,要认真思考阅读和欣赏作品的感受。看他是否能感受到他读过的作者的杰出才艺或独特才能,是否能感受到凭借伟大作家的描述和凭借普通作者的描述在领会某一思想时所存在的差别。这里,艾迪生是以阅读古今名著和伟大作家时的感受作为衡量趣味高低的标准的。由于古今名著和伟大作家都是经过历史检验和普遍公认的,所以,这实际上是肯定了趣味的标准是具有普遍性和客观性的。

在谈到如何获得良好的趣味时,艾迪生指出,这种能力"在一定意

---

[1] [英]艾迪生:《旁观者》,载伍蠡甫主编《西方文论选》上卷,上海译文出版社1979年版,第571页。

上是人们生来就具有的",但是,"仍要有些方法来培养它和提高它,否则它就会很不稳固,而且对具备它的人来说也很少有什么用途"。① 至于培养和提高趣味或鉴赏力的途径,艾迪生提出以下几点:第一,精通伟大作家的作品。一个对优秀作品有兴趣的人,每读一次伟大作家的作品,都会从其高妙的艺术中发现新的美,或者受到更强烈的感染;同时,他也会自然而然地受到作品的那种思想方式和表达方式的影响。第二,同高雅而有才华的人物交谈,这种人物具有不同于普通人们的独特的思想方式和见解,因此,交谈自然会给我们一些原来未曾想到的启示,并且使得我们既享有自己的,也享有别人的才华和见解。这里,艾迪生特地提到一种文学史上经常出现的现象:"用同样方式写作的伟大天才人物很少单独产生,而是在一定的时期里一起出现,而且是一个整体。"② 他认为这就是天才人物互相影响、互相启发,因而共同体现着时代精神的结果。第三,精通古代和现代最杰出的批评家的著作。艾迪生认为杰出的批评家不应仅指出缺乏鉴赏力的人所谈论的机械的规则,而要探讨优秀作品中真正的精神和灵魂,并指出作品在我们心中唤起快感的各种来源,使艺术作品能唤起和激发读者的想象力,并赋予读者以伟大的心灵。他认为在这一点上朗吉努斯堪称榜样。总之,艾迪生强调趣味是对可塑的自然官能精心培育的结果,这和他本人致力于提高公众鉴赏力的实践是一致的。

审美趣味问题是英国经验主义美学的一个重要主题,也是经验主义美学所着重提出和深入探讨的一个重要的美学范畴。它所涉及的主要是关于审美主体感受和审辨事物美丑及艺术优劣的心理能力和心理活动问题。如果说舍夫茨别利的内在感官说是对这一问题的较早的理论,那么艾迪生的想象快感说和有关趣味的论述就是紧接着对于这一问题研究的推进,他们对以后的哈奇生、休谟、伯克等关于这一问题的深入研究都产生了影响。

第三节 艺术、自然与天才

在分别考察自然景物和艺术作品所引起的想象的快感时,艾迪生论及

---

① [英] 艾迪生、斯梯尔等:《旁观者》第3卷,伦敦,1945年,第271—272页。
② [英] 艾迪生、斯梯尔等:《旁观者》第3卷,伦敦,1945年,第272页。

艺术与自然的关系问题。他认为从如何适宜于使想象娱乐性情来看，艺术作品远不如自然景物。"因为虽然艺术作品有时也像自然景色一样美丽或新奇，但是它们却没有大自然那种浩瀚和无限，足以给予观赏者的心灵以巨大享受。"① 在艾迪生看来，引起想象快感的三个来源中，伟大较之新奇和美，更能为观赏者的心灵提供巨大的愉悦和享受。艺术作品虽然也能具有自然景色的美丽或新奇，却难具有自然景色的宏伟壮丽。比起艺术的精雕细琢来说，大自然的粗犷而任意的笔触就更加胆大高明。最为富丽堂皇的宫殿或庭园之美，都限于一个狭小的幅度，想象一经满足，便要求其他；然而，在大自然的广阔领域里，视觉可以毫无拘束地来往徘徊，饱飨无限丰富多样的形象而不为数量所制约。总之，大自然可以提供想象愉快的一切景色。艾迪生在美学思想上深受朗吉努斯《论崇高》一文的影响，他推崇自然粗犷的崇高美，这是他强调自然美胜过艺术美的重要原因。

然而，从另一个角度来考察，艾迪生又认为艺术美胜过自然美。他指出，艺术作品具有很大的力量，诗人的一篇描写往往能引起我们许多生动的意象，甚至比目击所描写的事物本身引起的还多。

> 凭借文字的渲染描绘，读者在想象里看到的一幅景象，比这个景象实际上在他眼前呈现时更加鲜明生动。在这种情形下，诗人似乎是胜过了大自然。诗人确实是在模仿自然的景物，可是他加深了渲染，增添了它的美，使整幅景致生气勃勃，因而从这些东西本身发生出来的形象，和诗人表达出来的形象相形之下，就显得浅弱和模糊了。②

按照艾迪生的看法，艺术美之所以胜过自然美，原因有二。其一是经过诗人的加工和渲染，艺术中创造的形象比实际事物的形象更加鲜明生动，因而更美。其二是诗人凭他的描写，可以任意将事物的许多妙处呈现在我们眼前，使我们看到现实注意不到或观察不到的许多方面。我们观赏一件事物的时候，对这件事物的意象也许是两三个简单的观念所组成的。

---

① ［英］艾迪生、斯梯尔等：《旁观者》第3卷，伦敦，1945年，第284页。
② ［英］艾迪生：《旁观者》，载伍蠡甫主编《西方文论选》上卷，上海译文出版社1979年版，第570页。

可是诗人在描摹这件事物的时候,或者给我们一个更复杂的意象,或者使我们心中唤起的意象全是最能激发想象的。也就是说,艺术中创造的形象比实际事物形象更为丰富、更为突出。这些看法实际上已经接触到艺术对自然的加工、选择、提炼以及典型化的问题。

在比较艺术和自然对想象快感的作用与各自的优劣后,艾迪生又提出了自然和艺术"互相助长和彼此补充"的观点。一方面,他认为自然如果肖似艺术会更令人喜爱,"自然景物愈像艺术品则愈可喜;因为设使如此,我们的快感就来自两个来源:由于景色悦目,也由于它们肖似其他东西。我们既乐于观赏又乐于比拟,可以设想它们是仿作或是天工"①。正由于此,我们往往喜爱布局甚佳,并有田野、草地、树林、河流参差变化的风景,喜爱从大理石的纹理中发现的偶然生成的树木、云彩和城池等景致,喜爱岩石和洞穴所形成的那种奇特的精细浮雕,它们仿佛产生于大自然的偶然设计。另外,艾迪生又认为艺术作品由于肖似自然而更美好,"因为这样就不但它的相似的形象可喜,而且它的样式也更为美满"②。一般地说,自然中有些景色比从艺术珍品所见到的更为宏伟庄严。因此,对伟大自然的任何程度的模仿所给予我们的快感,要比艺术所能给予的更崇高、更昂扬。为说明艺术作品肖似自然的优点,艾迪生举例说,英国的花园对于想象就不如法国的和意大利的花园那么引人入胜,更不如中国的园林那么动人遐想和迷人。因为英国园艺家不去顺其自然,而是尽可能地违背自然,把树木都剪成整整齐齐的几何图形。

艾迪生还对艺术引发的想象快感,即次级的想象快感形成的心理原因作了较深入的分析。他认为,艺术引起的想象快感来自心灵的活动,"它将从原来事物产生的意象同我们从表现这些事物的雕塑、绘画、描写或声音所接受的意象予以比较"③。通过这种比较,我们可以发现种种自然事物之间的符合或背离,正确地辨识意象之关系,从而激励和鼓舞我们去探索真理。艾迪生所说的人们在观赏艺术时,将艺术中的形象与实际事物相比

---

① [英]艾迪生:《旁观者》,载《缪灵珠美学译文集》第 2 卷,中国人民大学出版社 1987 年版,第 44 页。
② [英]艾迪生:《旁观者》,载《缪灵珠美学译文集》第 2 卷,中国人民大学出版社 1987 年版,第 44 页。
③ [英]艾迪生、斯梯尔等:《旁观者》第 3 卷,伦敦,1945 年,第 291—292 页。

较,就是指艺术对于现实的模仿。他认为艺术的想象快感源自艺术的模仿,这实际上是接受了亚里士多德《诗学》中的看法。《诗学》中分析艺术引起人的快感的原因说:"我们看见那些图像所以感到快感,就因为我们一面在看,一面在求知,断定每一事物是某一事物,比方说,'这就是那个事物'。"① 这也就是艾迪生所说的将艺术的意象与原物的意象相比较。后来哈奇生在论述相对美时,就是采用了艾迪生同样的观点,认为模仿性艺术美及其引起的快感是基于摹本与原型的符合或一致。艺术模仿既可描写伟大、非凡或美的事物,也可描写渺小、平凡或丑的事物。艾迪生认为这两种描写所引起的想象快感也是不同的,因为对于伟大、非凡或美的事物的描写,不仅能使我们"从艺术表现同原物的比较之中得到乐趣,而且对原物本身也极为满意",由于这双重作用,就更能获得想象的快感。此外,艾迪生还指出,艺术如果描写了最能引起内心激动和强烈情感的那些事物,那么,这种对于情感的模仿就能使我们得到兴奋和启发,引发我们的类似情感,因而快感也就变得更加广泛,引起多方面的愉悦。这就是说,艺术引起想象快感,不仅和认知(比较)活动有关,而且和感情活动有关。这里,艾迪生还回答了一个美学史上长期令人思索的问题:诗(悲剧)引起我们两种最主要的激情——恐怖与怜悯,这两种感情总是令人不快的,但何以它能转化审美快感呢?艾迪生的解释是:"这种快感并不真地来自恐怖的描写,而是产生于我们自己阅读时所形成的想法。当我们观看这些可怕的事物时,想到了它们对我们毫无危险,心里就觉得轻松。我们把它们看作是可怕的,同时又是无害的;所以,它们越显得可怕,我们就越能从自身的安全中获得快乐。"② 这种无害说,和亚里士多德关于悲剧的净化说有联系,但也有不同,它和后来伯克对于崇高感的心理分析,倒有些类似。

和其他经验主义美学家一样,艾迪生也十分重视想象在文学艺术创作中的作用。他说:"一个伟大的作家必须天生有健全和旺盛的想象力,以便能够从外界的事物取得生动的观念,把这些观念长期保留,及时把它们

---

① [古希腊]亚里士多德、[古罗马]贺拉斯:《诗学·诗艺》,罗念生、杨周翰译,人民文学出版社1982年版,第11页。
② [英]艾迪生、斯梯尔等:《旁观者》第3卷,伦敦,1945年,第298页。

组合成最能打动读者想象的形象和描写。"① 在艾迪生看来，艺术家之所以能创造出比自然美更高的艺术美，就是得力于想象和虚构。因为想象不仅将事物幻想为比眼见的更伟大、更奇、更美，还能觉察到所见事物的缺陷。诗人能够"以想象本身的一些观念来满足想象，也就是描写某一现实时，修缮自然使之更为完美，描写某一虚构时，把自然的组成部分，配合得比原来更美"②。和培根、霍布斯相一致，艾迪生同样认为想象力是诗人区别于哲学家的根本特点，"诗人应该尽力去培养自己的想象力，正好比哲学家应当尽力去培养自己的理解力"③。诗人与哲学家、想象力与理解力的区别，实际上涉及形象思维与抽象思维两种不同的认识方式问题。

和重视作家的想象力相联系，艾迪生也极重视作家的创造性和天才。他认为，艺术中第一流伟大的天才，并非求助于技巧或学识，而是仅凭"纯粹的天生才能"就创造出了使他们那个时代、使子孙后代惊诧的作品。在这些伟大的天生的天才人物身上，似乎有某种高贵而野性、狂放的东西，它的美是法国人称为文人才子的一切斟酌和修饰的美所远远不能比拟的。这些天生的天才人物"从来不受艺术规则的束缚和限制"，其想象力极为奔放和丰富，其作品描写充满想象的崇高美，他们"为一种天然的热情和冲动所驱使，导致了众多的事物概念的生成和崇高想象的迸发"。伟大天才的作品是独一无二、无法模仿的，它们具有使精神升华脱俗、使心声丰富超人的非凡冲动。艾迪生接着指出，荷马、品达和莎士比亚就是这种第一流的伟大天才。除了这第一类的伟大的天才外，艾迪生认为还有一种列入第二类的天才。这第二类的天才，是指"那些按照规则造就自己，使自己天赋才华的伟大服从于艺术的规范和限制的人"。这两类作家的天才以不同的方式表现出来，在第一类作家那儿，天才好像适宜气候下的肥沃的土壤，它在荒野上培育出一整片华贵植物，形成千姿百态的美的景观，没有特定的秩序和规则。在第二类作家那儿，天才同样是适宜气候下的肥沃土壤，然而却被铺设在林荫道上或花圃里，由技术熟练的园丁把它修剪成各种形状和美的形态。两类天才相比较，艾迪生显然是推崇第一类

---

① ［英］艾迪生、斯梯尔等：《旁观者》第3卷，伦敦，1945年，第294页。
② ［英］艾迪生、斯梯尔等：《旁观者》第3卷，伦敦，1945年，第299页。
③ ［英］艾迪生、斯梯尔等：《旁观者》第3卷，伦敦，1945年，第294页。

天才,而看低第二类天才。他在评论第二类天才的局限时说:

> 后一种天才的巨大危险是,他们让模仿太多限制了自身的能力,全部依照范本形成自身,没能让自己的天赋完全发挥作用。对最优秀的作家的模仿也比不上出色的原作;而且,我相信,大家可以发现,在思想方式或表达方式上没有独特之处,没有完全属于自己的东西的作者,极少能在世界上成为一位非凡人物。①

关于文艺创作中的天才与规则、独创与模仿的问题,一直是西方美学史上颇有争议的问题。17世纪统治欧洲的法国古典主义文艺思潮倡导模仿古典、遵循规则,对作家的想象力和创造性形成限制和束缚。这种文艺思潮在英国文坛也有很大影响,和艾迪生同时的著名诗人和文学评论家蒲柏就是古典主义文艺思想的鼓吹者,他公开提倡作家要"循规蹈矩",不要"超越雷池",以模仿古人为最高原则。艾迪生对于艺术的想象力、创造性和天才的强调和推崇,对于古典主义文艺思想可以说是一种反拨,它有助于人们正确地认识和掌握文艺的特点和规律。

---

① [英]艾迪生、斯梯尔等:《旁观者》第3卷,伦敦,1945年,第484页。

第三篇　经验主义美学（下）

第八章　哈奇生

哈奇生是舍夫茨别利之后英国另一个著名的道德哲学家和美学家。他继承并发展了舍夫茨别利的道德和美学思想，使之具有了较为系统的形式，并越来越强地带有对它们作心理学解释的趋向。如果说，舍夫茨别利是"内在感官"这个新思潮的开拓者，那么哈奇生则是"这个新思潮第一位通晓专业的代表人物"①。

哈奇生（Francis Hutcheson，1694—1746年）出生于爱尔兰北部的阿尔伯特，祖父和父亲都是长老会牧师。1710年他进入格拉斯哥大学，学习哲学和神学。1716年大学毕业后回到故乡，被阿尔斯特长老会任命为见习宣道士。1719年接受都柏林长老会邀请，在都柏林创办长老派学校，任该校校长长达10年。这是哈奇生道德和美学思想形成的重要时期，他成名的主要著作都是在这一时期写成的。1929年，哈奇生受格拉斯哥大学之邀担任道德哲学教授，直到去世。1938年，格拉斯哥长老派教务评议委员会指控他向学生宣扬"异端邪说"，如人无须上帝的帮助而仅靠本性便能辨别善恶等，但哈奇生的地位并未受到影响。休谟的《人性论》第三卷《道德学》脱稿后曾寄给他征求意见。

哈奇生的主要著作有《论美和德行两种观念的根源》（1725）、《论激情和感情的本性和表现，以例证说明道德感》（1728）和《道德哲学体系》（1755）等。其中，《论美和德行两种观念的根源》由两篇论文组成，即《论美、秩序、和谐、意匠》和《论道德上的善与恶》。第一篇论文专门论述美学问题，是英国首部专门论美学的著作；第二篇论文论述道德问题。

---

① ［美］K.E. 吉尔伯特、［德］H. 库恩：《美学史》，纽约：麦克米伦公司1939年版，第236页。

哈奇生一生从事伦理学、美学、形而上学和逻辑学等哲学诸领域的研究，但他的成就和影响主要还是在伦理学和美学方面。将美学和伦理学、美和善、审美感和道德感结合起来进行研究，是哈奇生美学思想的突出特色。在伦理学思想上，哈奇生深受舍夫茨别利的影响，他曾明确宣布《论美和德行两种观念的根源》一书的写作目的是"解释和辩护舍夫茨别利的学说"。这本书也是针对曼德维尔对舍夫茨别利思想进行抨击的，曼德维尔（Mandeville，1670—1733年）是在英国行业的荷兰医生兼哲学家，他在哲学思想上接近霍布斯。针对舍夫茨别利的《论特征》中的观点，曼德维尔在《蜜蜂的寓言》和其他著作里表示了相反的意见，他反对人生来就有道德的看法，认为德行起于荣辱感，而荣辱感起于自私，是教育、习俗和训练的结果，不是天赋的品质。同时，他断言社会的进步和和谐不是靠美德来实现的，而是靠个别人的利己主义来实现的。道德上的恶和肉体上的恶都是社会存在和进步所必需的。曼德维尔和舍夫茨别利的争论在英国文坛激起广泛的反响，而为舍夫茨别利辩护的便是哈奇生。哈奇生反对霍布斯尤其是曼德维尔关于人性邪恶的学说，发挥了舍夫茨别利关于"道德感"的理论。他认为，我们对于道德上善与恶的知觉，全然不同于那些对自然界的善或自然利益的知觉，接受道德行为的知觉的能力称为道德感。道德感从本质上来说是一种心灵在观察人的行为时，预先具有的对行为属性做出判断从而采取赞许或不赞许意见的机能。道德感是一种与生俱来的、与个人利害无关的感觉。道德感与教育、习俗没有必然联系，这些后天因素可以加强道德感却不能产生道德感。道德感不出于个人的利害计较和自己利益的任何动机，人们之所以趋善避恶，是因为善行使人愉快而恶行使人痛苦。仁爱之心是一切道德的基础，最高的善是"最大多数人获得最大幸福"。哈奇生没有看到道德感和人的社会历史的联系，也忽视了理智在道德感中的作用。但他的伦理思想成为英国思想家边沁的功利主义的先河，并对现代伦理学的一些重要流派产生了影响。

第一节 "内在感官"和美感的特质

哈奇生的伦理学思想和美学思想是紧密联系在一起的。如果说他的伦理学思想的主要成就集中反映在对"道德感"的研究中，那么，他的美学

第八章 哈奇生

思想的主要贡献也集中体现在对"美感"的分析探讨中。哈奇生对美感的分析是以舍夫茨别利提出的基本概念——"内在感官"作为出发点的。他进一步发挥了这一概念，建立起完整的"内在感官"学说。他认为人具有两种根本不同的知觉，即对物质利益的知觉和对道德善恶的知觉。前者引发人的物欲，后者则引起对人的行为的热爱与厌恶。与此相对应，人也有两种感官：一为接受简单的观念、感知对自己身体的利害关系的外在感官，即视、听、嗅、味、触五种外部的感官；二为接受复杂的观念、感知事物价值（善恶美丑）的内在感官。哈奇生提到的内在感官，包括意识、美感、公益感、道德感、荣誉感、荒谬感等许多种，而其中最为重要的便是道德感和审美感。他有时又用"内在感官"特别地指称人们接受美的观念和分辨美丑的能力。他写道：

> 这种由我们所观察的客体的某些形式或观念获得快感的能力，作者称之为感觉。为了区别我们通常以这个名称所称谓的那些能力，我们将把我们感受匀称美、秩序美、和谐美的能力称之为内在的感官；而把那种由情感、行为或有思维能力的人，即我们称之为德行的东西取得快感的先天能力，称作道德感。①

这里哈奇生明显地将审美的"内在感官"和"道德感"与一般的感觉能力即外在感官相区别，同时也指出了审美的内在感官和道德感具有内在的联系和一致性。在分析审美的"内在感官"和耳目等外在的感官的区别时，哈奇生指出，外在的感官只能接受简单的观念，感到较微弱的快感，而内在感官却可以接受复杂的观念，获得远较强大的快感。他说："许多哲学家仿佛认为只有一种感官的快感，那就是伴随知觉的简单观念所产生的快感。但是叫作美、整齐、和谐的对象所产生的复杂观念却带有远较强大的快感。……因而就音乐来说，一个优美的乐曲所产生的快感远超过任何一个单音所产生的快感，尽管那个单音也很和婉、完美和嘹亮。"② 为了

---

① ［英］哈奇生：《论美和德行两种观念的根源》，载［苏］奥夫相尼科夫《美学思想史》，吴安迪译，陕西人民出版社1986年版，第125页。原译文中"内在的感觉"统一译为"内在的感官"。
② ［英］哈奇生：《论美和德行两种观念的根源》，载［美］D. 汤森编《美学：西方传统经典读本》，波士顿，1996年，第121页。

充分说明审美的内在感官和普通的外在感官的这种区别,哈奇生还以经验证明,人可以有视觉听觉而没有美与谐调的感觉。"就普通意义来说,许多人所具有的视觉和听觉的感官是够完善的,他们可以分别地接受所有的简单的观念,感到它们所产生的快感。……但是他们也许不能从乐曲、绘画、建筑和自然风景中得到快感,或是纵然得到,也比别人从同一对象得到的较微弱。"[1] 从这些论述看出,哈奇生是竭力要为审美的内在感官找到理论和实际的依据的。他对于审美内在感官和视听外在感官所做的区分,有助于澄清经验派美学家将美感与感官快感混为一谈的看法。不过,他也没有真正了解美感与感官快感在性质上的分别。因为他所提到的"简单观念"与"复杂观念"、"较微弱的快感"与"较强大的快感"的区别,并不是阶段上、性质上的分别,而仍然是程度上、数量上的分别。

尽管哈奇生对内在感官和外在感官作了区分,而且把内在感官称作"高级的知觉能力",但是,他又认为内在感官具有和外在感官相类似的直接性,正是根据这一点,他才把审美能力称作一种"感官"。他说:

> 把这种高级的感知的能力叫作一种感官是恰当的,因为它和其他感官有类似之处:它的快感并不起于对有关对象的原则、比例、原因或效用的知识,而是立刻就在我们心中唤起美的观念。[2]

这就是说,审美的内在感官具有一接触对象立刻便在我们心中唤起美的观念并直接引起审美快感的特点,它和对"有关对象的原则、比例、原因或效用的知识"无关,因为知识要通过理性认识才能获得,不具有感觉的那种直接性。所以,他认为"最精确的知识也不能增加这种审美快感,虽然它可能添加一种因利益的预期或知识的增进而生的特殊的理性快感"[3]。显然,这里是把美感和知识、审美快感和理性快感看作互不相关的

---

[1] [英] 哈奇生:《论美和德行两种观念的根源》,载 [美] D. 汤森编《美学:西方传统经典读本》,波士顿,1996年,第121页。
[2] [英] 哈奇生:《论美和德行两种观念的根源》,载 [美] D. 汤森编《美学:西方传统经典读本》,波士顿,1996年,第122页。
[3] [英] 哈奇生:《论美和德行两种观念的根源》,载 [美] D. 汤森编《美学:西方传统经典读本》,波士顿,1996年,第122页。

第八章 哈奇生

甚至互相对立的，排除了知识和理性在美感中的作用。哈奇生关于审美的内在感官具有直接性的看法，直接源于舍夫茨别利。但是两者也有区别。如果说舍夫茨别利在阐述审美直接性时，还在感性或理性之间徘徊，那么，哈奇生则显然是后退了。在他看来，"对美与和谐的知觉，只能说是一种感觉，因为它不包括理性的因素，不包括对各种原因的沉思"①。从这个意义上说，有的学者认为哈奇生"发展了美学中的感觉论的原则，并反对笛卡尔和莱布尼茨的理性主义"②，是有一定道理的。

结合美感的直接性，哈奇生还论述了美感不涉及个人利害打算的观点。他说："美与谐调的观念，像其他感性观念一样，是必然令人愉快，而且直接令人愉快的；我们自己的任何决心或利害打算，都不能改变一对象的美丑。"③ 又说："显然有些对象直接是这种美的快感的诱因，我们也有适宜于感知美的感官，而且这种快感不同于因期待利益的自私而生的快乐。"④ 在哈奇生看来，美感或审美的内在感官不涉及利害观念，这和道德感不涉及利害观念是相同的、一致的。"道德之追求并不出于追求者的利害计较或自爱，不出于他自己利益的任何动机。"⑤ 正是在这一点上，道德感和审美感具有了相通性。

和舍夫茨别利一样，哈奇生也强调审美的内在感官和分辨美丑的能力是自然的、天生的，正如道德感也是自然的、天生的一样。针对洛克一派所持的人心如同白纸、"人对美和秩序的喜爱是便利、习俗和教育的结果"的观点，他专门讨论了美感与习俗、教育、典范等后天影响的关系，明确指出：

对事物的美感或感觉力是天生的，先于一切习俗、教育或典范……

---

① ［美］K. E. 吉尔伯特、［德］H. 库恩：《美学史》，纽约：麦克米伦公司1939年版，第241页。
② ［苏］舍斯塔科夫：《美学史纲》，樊莘森等译，上海译文出版社1986年版，第173页。
③ ［英］哈奇生：《论美和德行两种观念的根源》，载［美］D. 汤森编《美学：西方传统经典读本》，波士顿，1996年，第123页。
④ ［英］哈奇生：《论美和德行两种观念的根源》，载［美］D. 汤森编《美学：西方传统经典读本》，波士顿，1996年，第123页。
⑤ ［英］哈奇生：《论美和德行两种观念的根源》，载周辅成编《西方伦理学名著选辑》上册，商务印书馆1964年版，第792页。

趣味与理性：西方近代两大美学思潮

教育和习俗可能影响我们的内在感官，如果它们原已存在，它们可以提高人心记住复杂结构的各部分并且加以比较的能力；在这种情形之下，如果最美的东西呈现在我们面前，我们所感觉到的快感就远远高于通常进行程序所能产生的。但是这一切都须先假定美感是天生的。①

这里，哈奇生虽然没有否认教育、习俗等后天因素对提高和扩大美感能力的影响作用，但重点则是在说明美感先于教育、习俗等而存在，是天生具有的。美感的存在有无并不决定于教育和习俗的影响；相反，教育和习俗的影响则必须以先天的美感或内在感官为前提。他举例说，假如我们对统一性没有自然的美感，习惯就永远不会使我们想到事物之美；假如我们没有听觉，习惯永远不会使我们具有谐调感，这正如习惯永不能使盲人称赞事物为颜色鲜艳，或者使没有味觉的人称赞肉食为美味可口一样。这里，哈奇生表现出将美感混同于一般感觉的明显的倾向，这与他主张审美内在感官不同于普通外在感官的观点显然是互相矛盾的。在他看来，美感是天生的，就像视觉、听觉、味觉等是天生的一样。这种把美感等同于生理感官而忽视它的社会性的看法，比起舍夫茨别利来也显然是倒退了。

因为肯定美感出于人的本性，是先天具有的，所以哈奇生也承认人类美感具有普遍性，这种普遍性表现在人类在美感方面对多样中统一的普遍认可和赞扬。他说："如果是人人都喜爱较简单情况的统一性，而不是相反，即使看不出其中有什么利益来；况且如果当他们的能力愈益扩大，而能接受和比较更复杂的观念时，他们便愈益喜爱统一性，以及更复杂的固有美和相对美；这就足以证明人类的美感是普遍的了。"② 人类的美感既然具有普遍性，那么又何以会出现在审美爱好上的分歧呢？对这个问题，哈奇生是用经验论派常用的"观念联想"来解释的，他认为观念联想是人们在美感方面表现出爱好分歧的主要原因，而且往往会使得人们厌恶美的事物而喜爱不美的事物。例如，穷荒绝漠之地可以使人十分适意，假如他曾在那里度过他愉快的青春；柳暗花明之乡也可以使人十分不快，假如那里

---

① [英]哈奇生：《论美和德行两种观念的根源》，载北京大学哲学系美学教研室编《西方美学家论美和美感》，商务印书馆1980年版，第100页。

② [英]哈奇生：《论美和德行两种观念的根源》，载《缪灵珠美学译文集》第2卷，中国人民大学出版社1987年版，第74页。

是他曾受苦难的地方。"人们既然有着如此相差的性情，而且容易受如此多样的激情感染，以至种种不同的愉快或不快的观念可以和事物的形相或歌曲联系起来，所以无怪他们对事物的爱好有所分歧，即使他们的美感与谐调感完全一致。"① 他认为只要弄清审美爱好分歧的原因来自观念联想，就不会否定我们的审美的内在感官的一致性。可是他却没有想到，如果承认了观念联想对于美感形成的作用，就等于承认了美感和社会环境、习俗教育以及个人生活经验是有紧密联系的，是具有社会性的。这和他主张美感是天生的观点显然是相互矛盾的。美感或审美趣味的一致性和差异性的关系问题，是英国经验论美学着重探讨的一个问题，哈奇生明确提出并回答了这一问题，休谟后来对这一问题也作了进一步的思考和探索。

第二节　绝对美与相对美

在哈奇生的美学著作中，对美的问题的研究也占有重要地位。他对美的基本看法是把美作为由内在感官所接受的一种"观念"。他说："美，是指'在我们心中唤起的观念'；美感，是指'我们接受此种观念的能力'。"② 前者，他又称之为"美的观念"；后者，他又称之为"内在感官"。把美看作观念，这是经验论美学流行的一种看法，哈奇生是明确地提出这一看法的一位美学家，虽然他也认为事物本身的某些属性是能唤起我们美的观念和快感的，但是，他却否定这些事物属性本身是美的，也否定美在事物本身。在分析绝对美或固有美时，他明确指出：

> 所谓绝对美或固有美不是说事物的某些属性其本身就是美的，与感知的心灵无关。因为美，像其他感性观念的名称那样，当然指某一心灵的知觉。……假如没有一颗美感的心灵来观照事物，我真不知道

---

① ［英］哈奇生：《论美和德行两种观念的根源》，载《缪灵珠美学译文集》第2卷，中国人民大学出版社1987年版，第79页。
② ［英］哈奇生：《论美和德行两种观念的根源》，载《缪灵珠美学译文集》第2卷，中国人民大学出版社1987年版，第58页。

那些事物怎样能够称为美。①

论述上述观点时,哈奇生引用了洛克关于外物作用于感官有"第一性质"和"第二性质"的看法,认为美与和谐的观念是由第一性质的知觉唤起的,对形状和时间颇有关系,它们比冷、热、甜、苦等感觉更近似事物本身,后者与其说是有似事物的画像,不如说是感知的心灵所赋予的修饰。但是,哈奇生并没有由此引出美的观念来自事物的美的结论,反而认为是"美感的心灵"才决定了事物的美,进而肯定美即是"心灵的知觉"。所以,尽管哈奇生也指出了美的观念的唤起和事物的某些属性有关,但从他对美的基本观点来看,仍然是美的主观论者。

哈奇生对美的问题的主要贡献是对美所做的分类。他把美分为固有的(或绝对的)和比较的(或相对的)两种。在谈到这种分类的原则时,他指出:"这种美的分类法,是根据我们的审美快感,而不是根据事物本身。"②这和他否定美在事物本身的观点是一致的,所谓两类美,是从审美快感的两个来源来加以分别的。绝对美是单就一个对象本身看出来的,相对美是拿一个对象与其他相关的对象作比较才看出来的。他说:

> 我们所了解的绝对美是指我们从对象本身里所认识到的那种美,不把对象看作某种其他事物的摹本或影像,从而拿摹本和蓝本进行比较;例如从自然作品、人工制造的各种形式、人物形体、科学定理这类对象中所认识到的美。比较美和相对美也是从对象中认识到的,但一般把这对象看作另一事物的摹本或与另一事物相类似。③

由于绝对美是指从对象或事物本身所认识和感知的美,所以哈奇生进一步分析了对象或事物的什么属性能唤起或诱致美的观念。他首先讨论在

---

① [英]哈奇生:《论美和德行两种观念的根源》,载《缪灵珠美学译文集》第2卷,中国人民大学出版社1987年版,第61页。
② [英]哈奇生:《论美和德行两种观念的根源》,载《缪灵珠美学译文集》第2卷,中国人民大学出版社1987年版,第61页。
③ [英]哈奇生:《论美和德行两种观念的根源》,载北京大学哲学系美学教研室编《西方美学家论美和美感》,商务印书馆1980年版,第97—98页。

第八章　哈奇生

整齐形状上所见到的那种简单的美,指出"凡是能唤起我们美的观念的形状,似乎是那些具有多样中统一的形状"①,再推而广之,认为对绝对美的感知和愉快感觉都来自具有多样中统一的事物,引起绝对美观念的事物或对象本身的属性就是统一性与多样性的相互关系。

> 我们这里所说的事物之美,用数学的话来说,就好像是统一性与多样性的复比;所以,当物体的统一性相等,美按多样性而增减,当多样性相等,美则按统一性增减,这大致如此,而且一般适用。②

接着他列举统一性相等时,多样性能增加美的例子,如等边三角形的美不如正方形的美等;又列举多样性相等时,较大的统一性能增加美的例子,如等边三角形的美胜于不等边三角形等。圆柱体、三棱形、金字塔、方尖碑等,之所以比各部分不一致的粗劣形状更为悦目,就是由于它们具有显著统一性。我们对自然事物的美感,也建立在这一同样的基础之上。在我们称为美的这世界的各个部分,在几乎无限的多样中有着令人惊讶的统一。从日月星辰之美,到植物、动物之美,都基于多样中见统一。这是历来从形式上看美的美学家们所一致看重的一条规律。从古希腊的毕达哥拉斯派到中世纪的圣·奥古斯丁,再到文艺复兴时期诸艺术大师的论述,都强调了这条规律,试图从形式因素和数量关系上找美。哈奇生对绝对美的分析还是沿袭了西方美学中这一思想传统,不过他更具体地论述了多样统一的形式规律在宇宙中的广泛存在和丰富表现,并明确指出统一性是我们认可任何形式为美的普遍基础,这是具有新意的。他认为不仅视觉所感知的美体现了多样统一规律,听觉所感知的声音之美也是体现了多样统一规律。他说:

> 我们可以把谐调,或者说(如果可以这样称呼)声音之美,包括在固有美之内,因为通常认为谐调不是对任何事物的一种模仿。谐调

---

① [英]哈奇生:《论美和德行两种观念的根源》,载《缪灵珠美学译文集》第2卷,中国人民大学出版社1987年版,第62页。
② [英]哈奇生:《论美和德行两种观念的根源》,载《缪灵珠美学译文集》第2卷,中国人民大学出版社1987年版,第62页。

· 331 ·

往往唤起人们的快感而不知其原因。然而，我们知道，这种快感的基础乃是一种统一性。①

和谐或声音之美来自音调的多样中的统一，而不是来自模仿所产生的内容意义，所以，它也还是属于绝对美。不仅如此，哈奇生认为科学定理也可以包括在绝对美之中，因为科学定理虽只一条，而可包括的事例却无穷，这同样是在多样中见出统一，所以对科学定理的发明和认识必然引起一种喜悦，这种喜悦是一种感觉，不同于对定理的单纯知识，也是一种美。

相对美或比较美是指在模仿某一原型的对象上所感知的美，主要是模仿性艺术的美。哈奇生进一步解释道：

我们之所谓相对美，是指在一般被认为是模仿某一原型的事物上所领会到的这种美。这种美基于原型与摹本之间的符合，或者说一种一致性。原型，或为自然中的事物，或为某些既定的观念，因为如果有了一个已知的观念作为标准，而且有了确定这个观念或形象的规律，我们就可以作出美丽的模仿。②

艺术家或诗人在艺术作品中可以摹仿自然中已有的事物，也可以按照既定观念及其规律模仿想象中的任何事物，只要摹本与原型相符合或一致，便可以使我们产生愉快，形成相对美。哈奇生又认为"只为了获得相对美，就不一定需要原型也有什么美"③。模仿绝对美固然可能做出一个更美的作品来，但如果原型完全缺少美，一种正确的模仿也是可以很美的。他举描绘老年人丑陋的肖像画和描绘顽石荒山的风景画为例，认为如果描绘得好，也具有丰富的美。这也是亚里士多德在《诗学》中谈到过的看

---

① ［英］哈奇生：《论美和德行两种观念的根源》，载《缪灵珠美学译文集》第 2 卷，中国人民大学出版社 1987 年版，第 67 页。
② ［英］哈奇生：《论美和德行两种观念的根源》，载《缪灵珠美学译文集》第 2 卷，中国人民大学出版社 1987 年版，第 68 页。
③ ［英］哈奇生：《论美和德行两种观念的根源》，载《缪灵珠美学译文集》第 2 卷，中国人民大学出版社 1987 年版，第 69 页。

第八章 哈奇生

法。亚里士多德认为人天然地从模仿的东西中得到快感，事物本身使我们看到起痛感的，在经过真实描绘之后，在艺术作品中却可以使我们看到就起快感。也就是说，艺术通过正确模仿可以化自然丑为艺术美。不过哈奇生并非只是重复亚里士多德的观点，他不但提出了相对美的概念，而且强调了相对美和绝对美的区别，相对美并非都以绝对美为模仿的原型。他并且强调指出："这一见解同样适用于诗人们对自然事物或人物的描写；这种相对美，正是他们所应该首先努力以获得，作为他们的作品所特有的美的。"① 根据这种见解，诗人不应把他的人物性格刻画得尽善尽美，因为我们对于具有种种激情的非完美人物，比诸对确实从未见过的道德上十全十美的英雄，有着更生动鲜明的观念，也更易准确地判断他们是否符合摹本。这种非完美的性格能够更亲切地打动和感染我们，因为我们看到在他们身上刻画出种种倾向的对照，以及我们常常在自己心中感到的自私自利的激情与道德荣誉的心情之间的斗争。这些观点表达了启蒙运动时期英国现实主义艺术的要求。

哈奇生还分析了诗和艺术中其他相对美的表现，如显喻、隐喻、讽喻以及比拟等，它们之所以美，就是依靠彼此相似，不论它所比喻的主题或事物是否有美。他特别注意比拟，认为比拟是我们心灵的一种奇妙倾向，由于自然界的无生物和人的激情、情绪以及其他情况颇有相似之处，比拟就将前者作为后者的象征。"简而言之，自然界的事事物物，由于我们这种奇妙的比拟倾向，都可以用来象征其他事物，甚至最疏远的东西，尤其是那些同我们关系更密切的激情和人性的情况。"② 比如，海上的风暴象征愤怒；雨中的草木象征苦闷的人；茎蔓低垂的罂粟或凋谢的花朵，肖似一个少年英雄的死亡；等等。这里已涉及移情现象和联想的作用。

在哈奇生对美的分析中，表现出自然神论的影响和目的论的倾向。他在论证宇宙中丰富多彩的多样中的统一是唤起我们对美的感知的基础时，认为作为宇宙的美来感知的这种秩序、和谐和统一性，都是由神的智慧设计安排的。"宇宙中各种形式的完全合于规矩、构造的完美、全部的相似

---

① [英]哈奇生：《论美和德行两种观念的根源》，载《缪灵珠美学译文集》第2卷，中国人民大学出版社1987年版，第69页。
② [英]哈奇生：《论美和德行两种观念的根源》，载《缪灵珠美学译文集》第2卷，中国人民大学出版社1987年版，第70页。

之处，都是构思的推定。"① 这和莱布尼茨的"前定和谐"说是一致的。进一步说，多样中见出统一的对象之所以能唤起美感，使人感到愉快，也还是天意的安排。他说："我们一般设想，最大整体或宇宙万有的利益，乃是自然界的创造主的意图；所以当我们看到这意匠的任何部分实现于我们所认识的体系之中，我们是不能不感到愉快的。"② 总之，多样中见出统一使人感到愉快，原因是它实现了自然界创造主的意图或意匠。

总起来看，哈奇生的美学思想基本上是对舍夫茨别利美学思想的系统化和发挥，他"试图用经验主义语言表述源于舍夫茨别利的直觉美学的思想"③，促进了这些思想的广泛流行。他的美学思想在后来的英国美学、德国美学和法国美学中都有过一些影响，他的两种美的学说涉及自然美与艺术美、形式美与内容美的区分，在英国美学中得到进一步发挥，特别是表现在享利·霍姆的美学著作中。狄德罗对实在美和相对美的区分，康德对自由美和依附美的区分，也都和他对绝对美和相对美的区分有些类似。他的审美感和道德感相一致、审美不涉及知识和利害计较等看法，对康德关于审美判断的分析也有影响。

---

① ［英］哈奇生：《论美和德行两种观念的根源》，载［苏］奥夫相尼科夫《美学思想史》，吴安迪译，陕西人民出版社1986年版，第129页。
② ［英］哈奇生：《论美和德行两种观念的根源》，载《缪灵珠美学译文集》第2卷，中国人民大学出版社1987年版，第71页。
③ ［德］E.卡西勒：《启蒙哲学》，顾伟铭等译，山东人民出版社1988年版，第317页。

第九章 荷加斯

在英国经验主义美学发展中，荷加斯走的是偏重对象的审美性质分析的路线。他的《美的分析》是西方美学史上第一部专门研究对象的形式美的专著，该书因阐明蛇形线是最美的线条而闻名于世。

荷加斯（William Hogarth，1697—1764年）是英国画家和艺术理论家。他生于伦敦一个贫穷的教师家庭，从小就具有极强的模仿力和视觉记忆力，能靠记忆将舞台上的景物默画下来。15岁到银盘雕刻家E.甘布尔店里当学徒。1720年以雕刻师身份在伦敦独立开店营业，从事雕版印刷。业余时间学习油画，先在圣马丁的莱恩学院，后在J.桑希尔爵士门下学习。荷加斯是18世纪英国风俗画奠基人，在肖像画、风俗画和历史画方面有巨大贡献。他创造了一种谈天画，把许多肖像集中于一幅画中，类似于17世纪荷兰的团体肖像画，但比后者更富于戏剧性、更着重心理刻画。代表作有《征服墨西哥》（后名《印度皇帝》，1731）和《乞丐歌剧之一场景》（1728）等。他还创作了几套连续性组画以讽刺社会上的不良现象。其中著名的有《妓女生涯》（1731）、《浪子行径》（1735）、《文明结婚》（1743）等。《文明结婚》作为其代表作，确立了他在英国美术史上的重要地位。荷加斯的绘画，以娴熟的技巧，揭露18世纪英国社会的丑恶与腐朽，讽刺富人的乖僻，同情穷人的苦难，表现出鲜明的民主主义的启蒙思想。他的绘画都被复制成版画，广为发行，在社会上产生很大影响。

1753年荷加斯发表了他的艺术理论著作《美的分析》，这部著作通过对人体、雕塑和绘画作品的形式分析，来探讨令人困惑的形式美的形成原因，在经验主义美学著作中是"一本相当别出心裁的书"[1]。全书除序和导

---

[1] ［英］马德琳·梅因斯通等：《剑桥艺术史》（2），钱乘旦译，中国青年出版社1994年版，第270页。

言外，共有十七章。其中，第一章至第六章论述构成形式美的基本原则；第七章至第十四章论述线条、形体、明暗和色彩；第十五章至第十七章论述人的面部、体态和动作。

第一节 研究方法和思想基础

在《美的分析》"导言"中，荷加斯开宗明义说明了这部论著的目的和实现目的所采用的研究方法。他说："在这本短论中我努力说明，依据自然中什么原则我们认为某些东西的形式是美的，另一些东西的形式是丑的，某些东西的形式是优雅的，另一些东西的形式是不雅的。"[①] 这就提出了形式美的问题，并将它作为该书的主要论题。同时，他又说："我想比前人更详细些考察一下使我们可以形成形式的无限多样性的表象的线条的本质及其各种不同组合，从而说明这个问题。"[②] 这清楚地表明，在回答形式美构成的原因时，线条的性质以及它们的种种不同的组合，是作者所要重点考察和论述的对象。为此，作者在书中制作了两幅版画，画中列举出许多艺术和自然中的实例，并结合对这些图例的分析展开论述。他认为，要了解形式美在何处，就"必须通晓整个绘画艺术（单懂雕塑是不够的），而且要极为精通，以便有可能把探索的链条伸展到它的一切部分"[③]，而这正是作者在论著中所希望做到的。由此可见，荷加斯对于形式美的分析，不是从概念出发的，而是完全从实际出发的，是紧密结合艺术和自然的实际以及艺术创造的成功经验的，这可以说是该书在研究方法上的基本特点。

荷加斯认为，"美是由视觉见到的，是人人都公认的"[④]，所以，他对形式美的研究，非常重视感觉特别是视觉的作用，强调要"用我们自己的眼睛进行观察"[⑤]。他反对固守仅仅从艺术作品中抽取出来的教条式的法则，以此作为衡量事物形式美丑的标准，而主张人们以寻常方式，通过详

[①] ［英］威廉·荷加斯：《美的分析》，耶鲁大学出版社1997年版，第17页。
[②] ［英］威廉·荷加斯：《美的分析》，杨成寅译，人民美术出版社1986年版，第15页。
[③] ［英］威廉·荷加斯：《美的分析》，杨成寅译，人民美术出版社1986年版，第2页。
[④] ［英］威廉·荷加斯：《美的分析》，耶鲁大学出版社1997年版，第1页。
[⑤] ［英］威廉·荷加斯：《美的分析》，耶鲁大学出版社1997年版，第18页。

细、系统的观察艺术对象,从而获取关于形式美的完整知识。在他看来,读者无须对那些高深莫测的艺术术语、难懂的名词和貌似神奇的绘画雕刻收藏的不可思议之处感到玄奥和惶惑,"只要能够系统地、但同时又是以寻常的方式来观察艺术形式中的美和雅,他们(不分男女)就都大有可能像在自然形式方面一样精通艺术形式中的美和雅,而为那些死守着仅仅是从艺术作品中抽取出来的教条式的法规的人们所不及"①。在《美的分析》中,荷加斯始终以对于自然和艺术作品的系统观察作为基础,通过对观察所收集的事实材料进行分析和综合,然后形成对于形式美的看法和结论。这实际上就是运用了经验主义的认识方法——归纳法。经验归纳法的创立者培根就强调归纳法必须以观察和实验为基础,认为凭借观察方法和实验方法搜集事实和材料,是运用归纳法的先决条件。荷加斯在形式美研究中对于感觉经验和观察方法的强调,充分显示出他的美学研究方法的经验主义的特点。

荷加斯在艺术上是现实主义者。他的绘画始终面向现实,并深深植根于18世纪英国社会生活之中。同样,他的美学研究也主张从自然和现实事物出发,反对各种先入为主的教条式的偏见。在《美的分析》"导言"中,荷加斯对那些不从自然本身出发,而持先入为主的偏见的艺术家和鉴赏家进行了尖锐的批评。他说:"他们很少花时间、甚至根本不花时间去提高自己对自然对象本身的理解;因此,这些人只是根据仿造品而获得自己的最初印象,并且常常同样地盲目相信这些仿造品的缺点和优点,归根到底,他们也就完全忽视了大自然的创造,而这仅仅是因为大自然的创造不符合他们的先入为主的偏见。"②他甚至称这些人是"追踪影子而丢掉现实"的艺术作品的俘虏。在荷加斯看来,艺术作品相对于自然对象而言是流而不是源,因此,不能忽视大自然的创造和对自然对象本身的理解,而只是依据从"仿造品"中获得的先入为主的成见和偏见,作为指导创作和鉴赏的原则。他提醒读者注意:"由于人们的先入为主的成见和偏见,对象在画家的笔下可能会发生令人吃惊的变化。凡是想学会看到真实的人,

---

① [英]威廉·荷加斯:《美的分析》,杨成寅译,人民美术出版社1986年版,第16页。
② [英]威廉·荷加斯:《美的分析》,杨成寅译,人民美术出版社1986年版,第17页。

都要谨防虚伪的结论!"[1] 18 世纪的英国，古典主义艺术理论和审美趣味在艺术领域盛行。古典主义强调理性、规则、传统对于艺术的作用，对于以希腊、罗马为代表的古典艺术顶礼膜拜，甚至认为艺术的美不是来自自然，而是来自艺术家心中的理念。荷加斯反对这种流行的理论和趣味，他"同伯克一道坚持同新古典主义理论和审美趣味断绝关系"[2]。在《美的分析》中，荷加斯一再声称美就在自然本身，艺术家应该仿效大自然。他说："尽管大自然在自己的作品中常常忘记用美的线条，或者把美的线条与简单的线条混用，但大自然的作品不会因此而是不完善的"，"大自然甚至在自己的这些最拙劣的作品中，从来也不会完全丧失这种美的线条和种种精微奥妙之处"。[3] 这种美不仅是拙劣画家所望尘莫及的，甚至在那些备受称赞的超过大自然的尝试中也是见不到的。这些观点具有鲜明的唯物主义和现实主义色彩，是《美的分析》坚持理论结合实际和经验主义研究方法的思想基础。正如凯·埃·吉尔伯特所指出，荷加斯"在许多方面并不代表他那个时代。他的观念似乎接近法国批评家狄德罗的某些观点，而不是接近当时他的国家所流行的关于美和绘画艺术的各种传统观点"[4]。

为了应用观察的方法，了解形成物体表象的线条的性质及其多样性，荷加斯提出了一种观察对象形体的特殊方法，这就是"把对象当作一个由线条构成的壳儿来观察"[5]。具体地说，就是设想我们所观察的每一个对象都被挖得只剩下一个薄薄的壳儿，这个壳儿的内外都和这个对象的形状完全符合；这个薄壳是由很细的线组成的，这些细线挨得非常紧密，不论从外面或里面观察，眼睛同样能看见它们。荷加斯认为，采用这种观察方法，人们可以借助自己的想象力，仿佛使他的眼睛是处在对象内部似地观察这个对象。它的好处是可以"获得关于整个对象的更加确定的表象"[6]，

---

[1] [英] 威廉·荷加斯：《美的分析》，杨成寅译，人民美术出版社 1986 年版，第 18 页。
[2] [美] K. E. 吉尔伯特、[德] H. 库恩：《美学史》，纽约：麦克米伦公司 1939 年版，第 258 页。
[3] [英] 威廉·荷加斯：《美的分析》，杨成寅译，人民美术出版社 1986 年版，第 113 页。
[4] [美] K. E. 吉尔伯特、[德] H. 库恩：《美学史》，纽约：麦克米伦公司 1939 年版，第 263 页。
[5] [英] 威廉·荷加斯：《美的分析》，杨成寅译，人民美术出版社 1986 年版，第 20 页。
[6] [英] 威廉·荷加斯：《美的分析》，杨成寅译，人民美术出版社 1986 年版，第 19 页。

第九章 荷加斯

并且"可以对一个形体的所谓轮廓获得正确的、全面的表象"①。在《美的分析》中，荷加斯就是运用这种特殊的观察方法，把握和分析对象的表象所由形成的线条、构图、形体等形式要素，从中概括出相对独立的形式美规律。应当说，这种特殊观察方法和形式分析方法互相结合，不仅形成了《美的分析》在研究方法上的特点，而且对阐明作者的观点和结论发挥着特殊作用。

第二节 形式美的基本原则分析

荷加斯选择形式美问题作为研究的对象是有其理由的。他在《美的分析》"序"中指出，虽然美是人人都能感觉到的，可是解释美的原因的大量尝试却毫无成果，以致人们常常认为美是一个崇高的和特性过于微妙的概念，是很难作明白浅显的论述的。而当时出版的一本又一本有关这个问题的论著，虽然充满口若悬河的高谈阔论，但对所讨论的问题基本要点并没有提供任何理解。这些美学著作由于陷入观点上的自相矛盾，不能自圆其说，便"突然地不得已而转向大家已经走惯的议论道德美的老路，以便摆脱他们所遭遇的困难"。荷加斯不赞成这种将审美和道德混为一谈的观点和做法。他试图通过对形式美的研究，阐明审美原则和道德原则的区别，"提供一把确定的、绝对的、非道德性和非文学性的钥匙，以揭开美的本质之谜"②。荷加斯还相信，通过对形式美规律的把握，可以解决"美不可言传"和"趣味无争辩"的问题，找到一种准确可靠的审美标准。

荷加斯对形式美的基本规则深信不疑，他在《美的分析》"导言"结尾处说，这些规则各自在表现出吸引力和美的那些自然作品和艺术作品中发挥着特殊作用，如果它们配合得好，就会使任何绘画构图变得优雅和美。接着他对这些规则作了概括，说：

我所指的规则就是：适宜、多样、统一、单纯、复杂和尺寸——

---

① ［英］威廉·荷加斯：《美的分析》，杨成寅译，人民美术出版社1986年版，第20页。
② ［美］K. E. 吉尔伯特、［德］H. 库恩：《美学史》，纽约：麦克米伦公司1939年版，第258页。

所有这一切互相补充，有时互相制约，共同合作而产生了美。①

对于以上六条构成美的形式规则，荷加斯都结合着实例，逐一作了详细探讨和分析。

关于适宜。荷加斯认为，适宜是与美相关的第一的和基本的自然规律，它对整体的美具有最大的意义。所谓适宜，是指每个物体（不论出自艺术还是自然）的各部分适合于形成整个物体的目的，即对象的形式的合目的性。对象的体积、比例必须与它的目的、功能相适合，才能使人感到美，如果形式不合目的，也就失去了美。如造船时，船的每一部分的尺寸，都是按照它是否适合于航行而规定的。人体各部分的一般尺寸，也是适合于它们所应有的功能的。各个部分的适宜在很大程度上也决定各种对象的特点。如赛马用的马与战马在体质或外部特征上便大不相同，赛马用的马，其身体各个部分的尺寸最适宜于快跑，因此获得了与它的特点相协调的美的类型。荷加斯的适宜原则，强调了对象的各部分或形式对于其目的、功能、用途乃至观念的适应和符合，实际上已经涉及形式和内容的关系问题，而不仅仅是孤立地、抽象地就形式论形式。他所提出的形式的合目的性才产生美的观点，在英国经验主义美学中是新颖独特的。

关于多样。荷加斯指出，多样性是自然界呈现的最重要特征。各种植物、花卉、叶子的形状和颜色，蝴蝶翅膀上、贝壳表面上的彩色花纹，无不以其多样性而悦人眼目。人的全部感觉都喜欢多样变化，而讨厌千篇一律，单调、重复都会令听觉和视觉生厌。但多样性需是一种有组织的多样性，才能产生美；而杂乱无章和没有意图的多样性，本身就是混乱和丑。递减也是一种多样性，也可以产生美。由基部到塔顶逐渐缩小的金字塔，向中心逐渐缩小的漩涡或螺旋形，都是美的形体。荷加斯引证说："莎士比亚在深刻领悟自然方面具有惊人的天才，他曾这样概括美的全部奥妙：变化无穷。"② 可见多样变化在美的创造中具有多么重要的意义。

关于统一。统一是指对象的各个部分之间的一致、整齐或对称。荷加斯认为统一对美的形成有一定的作用。因为看起来是合乎目的的和符合大

---

① ［英］威廉·荷加斯：《美的分析》，耶鲁大学出版社1997年版，第23页。
② ［英］威廉·荷加斯：《美的分析》，杨成寅译，人民美术出版社1986年版，第11页。

的意图的东西，总会使我们的意识得到满足，因而也是令人喜欢的，统一就是属于这类情况。但统一不是产生美的主要原因。否则，对象越显得整齐一致，就越会使眼睛得到快感。但是，实际情况并非如此，认为美的基本原因在于对象的各部分的对称的流行看法是没有根据的。大多数物体（人的面孔也是如此）的侧面总比它们整个的正面能给人以更多的快感。当一位美妇把头稍微转动一点，从而打破面部两侧的完全对称，而面部微微的倾斜使得面部较之完全正面的那种直的平行的线条有更多的变化时，这样的面孔总是看来更令人喜欢的，因此被称为优美的头姿。所以，"整齐、统一或对称，只有能形成合乎目的性的观念时，才能使人喜欢"①。

关于单纯。单纯作为形式美构成原则之一，是不能与多样的原则分开的。单纯而不多样就会十分平淡无味，顶多也只是不使人讨厌而已。但是，如果使单纯与多样结合起来，单纯就会使人喜欢，因为它能提高多样给予人的快感，使眼睛能够更轻松地感受多样性。没有一件由直线构成的物体，能像金字塔那样，虽具有这么少的部分，却具有这么多的变化。就其单纯和多样来说，这是最适当的形式。古今最优秀的雕刻群像之一《拉奥孔和他的两个儿子》的作者们，宁愿犯一个荒唐的错误，使两个儿子的身材只有父亲的一半（虽然从一切特征来看，两个儿子都是成年人），这只是为了把自己的构图纳入一个金字塔的范围内。据此，荷加斯指出："单纯甚至可以赋予多样以美，使多样更加便于领会。艺术作品总是在追求单纯，因为它能使优美的形式不显得混乱。"②

关于复杂。荷加斯说："我把形体的复杂性确定为构成形体的线条的这样一种特色：它迫使眼睛以一种爱动的天性去追逐它们；这个过程给予意识的满足使这种形式堪称为美。"③ 复杂作为形式美的一种原则，其心理基础是人的爱好追求的天性，它能给人以满足和乐趣。所以，荷加斯认为，除了多样以外，复杂这条规则比其他规则都更能直接地引起秀美的感觉。多样性实际上包括复杂性，也包括所有其他规则。以人的头发而论，最可爱的是下垂的鬈发；许多绺鬈发自然地形成了许多波浪和交叉的曲线，使眼睛由

---

① ［英］威廉·荷加斯：《美的分析》，杨成寅译，人民美术出版社1986年版，第30页。
② ［英］威廉·荷加斯：《美的分析》，耶鲁大学出版社1997年版，第32页。
③ ［英］威廉·荷加斯：《美的分析》，杨成寅译，人民美术出版社1986年版，第35页。

于追逐的乐趣而感到极端高兴,尤其在一阵微风将它们吹动的时候。不过,复杂应当避免过分,假定把这些头发弄乱,它们就会变得很不好看。

关于尺寸。荷加斯指出:"尺寸能使优美增添雄伟","当眼前出现巨大的美的形体时,我们的意识则会体验到一种快感,恐惧就变成崇敬感"。① 可见,尺寸和体积的巨大是形成崇高和崇高感的重要因素。层峦叠嶂、汪洋大海、雄伟的教堂和宫殿,都以尺寸和体积取胜,以其非凡的形象引起我们注意。但是,尺寸要避免过大,否则就会变成笨拙、沉重,甚至可笑。不恰当的和不可相容的过量,总会引人发笑,特别是在这种过量的形式不很优雅,也就是它们的外形很单调的时候,更是如此。如假发过大,戴在不相称的人的头上,就变得滑稽可笑。荷加斯试图从形式上说明滑稽感产生的原因,这是有新意的。

在西方美学史上,对于形式美的原则的探讨可以追溯到公元前5世纪古希腊的毕达哥拉斯学派。② 毕达哥拉斯学派提出美在于各部分之间的对称和比例,而比例则存在于数之中。从毕达哥拉斯学派,经过赫拉克利特,到柏拉图和亚里士多德,都将"多样中的统一"作为产生形式美的基本原则。这种思想奠定了西方美学中关于形式美理解的基础,它在中世纪和文艺复兴时期美学中都以不同方式表达出来。比荷加斯稍早的英国经验主义美学家哈奇生在论述绝对美时,还是遵循着"多样中统一"的形式美规律,并且强调统一性是认可任何形式为美的普遍基础。荷加斯虽然列出了六项构成形式美的规则,但就其总的观念而论,他仍然认为美在于"多样中统一"。不过,就六项原则对于构成形式美的作用而言,荷加斯认为更重要的是多样和复杂,而统一、整齐、单纯等则需与多样结合起来才能产生美。他甚至认为,多样性不仅包含复杂性,而且也包括所有其他规则。同时,他还明确指出:"美的整体依赖于不断变化的多样性"③,"巧妙组合的艺术,就是巧妙运用多样化的艺术"④。这种强调多样变化重于统一整齐的思想,显示出荷加斯在美学和艺术上的革新精神,也为他的蛇形线

---

① [英]威廉·荷加斯:《美的分析》,杨成寅译,人民美术出版社1986年版,第39、38页。
② [波]W.塔塔尔凯维奇:《西方六大美学观念史》,刘文潭译,上海译文出版社2006年版,第228页。
③ [英]威廉·荷加斯:《美的分析》,耶鲁大学出版社1997年版,第112页。
④ [英]威廉·荷加斯:《美的分析》,杨成寅译,人民美术出版社1986年版,第47页。

最美的论点提供了基础。

第三节　蛇形线的美及其体现

荷加斯认为，形式的无限多样性的表象都是由线条构成的，要深入分析形式美，就必须考察线条的性质及其各种不同组合。他将构成对象无限多样的形式的线条划分为四类，即直线、圆弧线、波状线和蛇形线，并指出，在最优美的形体上，直线最少；波状线比直线和圆弧线更能创造美，可称之为"美的线条"；最美的是蛇形线，"蛇形线赋予美以增大的魅力"①。关于波状线，荷加斯认为，它作为"美的线条"，由两种对立的曲线组成，变化更多，因此更美、更舒服、更有装饰性。随便哪一座房子，总会有一个房间使我们可以找到以不同方式运用的波状线。墙冠和壁炉上的浮雕装饰，如果没有 S 形曲线所增添的变化，会非常单调和缺乏图案感。这种曲线完全是由波状线组成的，各种波状线只要运用得好，都是有装饰性的，但严格地说，只有一种"准确的波状线"才可以称得上是"美的线条"。按照荷加斯的示例图，它中间既不过于隆起，显得笨拙，也不是太直，显得平淡。关于蛇形线，荷加斯认为它比波状线更加富于多样变化，因而也更能使人的视觉感到满足和舒服。他说：

> 蛇形线，波状起伏，同时朝着不同的方向旋绕，引导眼睛以舒适愉快的方式追逐其无限的变化多样性，如果允许我这样表达的话。由于这种线条具有如此多不同方向的旋转，可以说它（尽管是一条线）包含着各种不同的内容……这不仅使想象得以自由，从而使眼睛获得满足，而且感受到它所包括的容量和内容的多样性。②

按照荷加斯的理解，蛇形线之所以能赋予美以增大的魅力，原因就在于它充分体现了"多样性中统一"的形式美原则，表现出"无限的变化多样性"，这最适宜于眼睛爱动和追逐的天性，因而能"使眼睛获得满足"，

---

① ［英］威廉·荷加斯：《美的分析》，耶鲁大学出版社 1997 年版，第 41 页。
② ［英］威廉·荷加斯：《美的分析》，耶鲁大学出版社 1997 年版，第 42、50 页。

并"使想象得以自由"。这实际上已触及形式美产生的心理和生理基础问题，是颇富启发性的。

正如荷加斯认为在多种多样的波状线中只有一种"准确的波状线"才可以称得上是"美的线条"一样，他认为在蛇形线中，也只有一种"准确的蛇形线"才能称为"富有吸引力的线条"。在他的示例图中，这条蛇形线被画成一根美的铁丝围绕在一个圆锥形的优美而多样的形体上。在论述蛇形线的构图时，荷加斯又以丰饶角的形状为例，指出由于角的弯曲而且旋扭起来，因而从波状线变成了蛇形线。他对此分析道：第一，角本身之所以美，是因为它优雅地朝着两个不同的方向弯曲；第二，不论在它的表面画什么线条，这些线条都是有吸引力的，因为所有的线条都由于角的弯曲而在某种程度上成为蛇形线。最后，当角被锯开，它的空壳的里外都可以看到时，眼睛追随着这些蛇形线转就会特别舒服轻松，因为线的弯曲、一高一低都呈现在眼前。由此，荷加斯认为，只要遵照形式美的基本规则，巧妙运用美的线条（波状线）和富有吸引力的线条（蛇形线），将这些线条掺杂使用，甚至和与之相对的简单线条配合起来，就可以创造出优美的形式。

荷加斯将他的蛇形线理论广泛应用于对于人体、面部、姿态、行为以及艺术作品的构图的分析中。他认为人体和蛇形线的关系最为密切。在整个人体上，肌肉和骨骼都是由这些美的曲线构成的，这些曲线以其多种多样的对比关系而变成更加复杂的美的线条，并组成一股卷入一股的曲形的连绵不断的波浪。由此可以看出，"人体较之于自然创造出来的任何形体具有更多的由蛇形线构成的部分，这就是它比所有其他形体更美的证据，也是它的美产生于这些线条的证据"[1]。优秀的古代雕像正是充分表现出由蛇形线构成的人体美。如赫克里斯的隆起的肌肉，显示着趣味的优雅和雄伟。如果从一座优秀的古代雕像上除去它的弯弯曲曲的蛇形线，它就会从精美的艺术作品变成一个轮廓呆板、内容单调的形体，整个趣味的优雅就会消失。

荷加斯通过分析指出，蛇形线既体现在人体的静态上，也体现在人体的动态上。"人体和四肢处于静态时的最美的姿态，取决于柔和地弯曲着的对比，即是从大多属于准确的蛇形线的线条。"[2] 在有神气的姿态中，这

---

[1] [英] 威廉·荷加斯：《美的分析》，杨成寅译，人民美术出版社1986年版，第59页。
[2] [英] 威廉·荷加斯：《美的分析》，杨成寅译，人民美术出版社1986年版，第118页。

第九章 荷加斯

类线条显得比一般更舒展而修长，而在懒洋洋的姿态中，这类线条则显得比优美的适中程度稍小。最有吸引力的人，如果采取了使他的身体和四肢呈现简单线条的姿态，也会使他的外观变丑。处于运动中的人体更增强了形体的多样性，形成美或丑的全部规则都与人体动作有关。一切运动都是线条的运动，动作的优美取决于造成形体的优美的同一些规则。在这里，荷加斯指出，以蛇形线为标志的优美动作，在我们的每一种活动中不是经常发生的。没有这种动作，生命活动照样进行，它们只是动作姿态的装饰性部分。因此，它们不是自然需要所引起的，要获得它们，就得通过模仿，而且只有经常重复，它们才能成为习惯动作。在养成符合具有吸引力和美的线条的动作习惯的方法中，荷加斯特别赞赏"小舞步"这种舞蹈。他说："小舞步包含有大量符合蛇形线的、只能纳入一定大小限度的协调多样的动作，因此这种舞蹈无疑是一种美妙的动作安排。"[1] 他还指出，小舞步的地面轮廓也是由蛇形线组成的，这蛇形线有时随着时尚而有所变化。

综上所述，荷加斯对蛇形线的美的性质、原因以及它在人体和艺术构图中的运用和体现等，都作了具体而详尽的分析。这可以说是《美的分析》中最有独创性的部分。荷加斯的分析紧密结合着他对自然的独特观察，也融合了他个人丰富的绘画艺术经验，因而获得了实际的支撑。同时，他的这些分析是以前面所归纳的形式美的基本规则为基础的，在逻辑上也具有合理性。为了支持他的论点，他在"序"中还引证了一些伟大艺术家的相关论述。据说，米开朗基罗就曾教导学生，一定要以金字塔形的、蛇形的和摆成一种、两种或三种姿态的形体作为构图的基础。荷加斯"非常高兴能在上面提到的米开朗基罗的原则中找到支持"[2]。

对于荷加斯的《美的分析》以及其中论述的观点，人们的评价是颇不一致的。有人称赞他的书中"有许多真知灼见"[3]，也有人批评他是"美的冒牌的预言者"[4]。不过，荷加斯的著作无论在当时还是后来，都产生了较

---

[1] [英] 威廉·荷加斯：《美的分析》，杨成寅译，人民美术出版社1986年版，第127页。
[2] [英] 威廉·荷加斯：《美的分析》，杨成寅译，人民美术出版社1986年版，第7页。
[3] [英] 马德琳·梅因斯通等：《剑桥艺术史》（2），钱乘旦译，中国青年出版社1994年版，第270页。
[4] [美] K. E. 吉尔伯特、[德] H. 库恩：《美学史》，纽约：麦克米伦公司1939年版，第263页。

大影响。伯克在1756年发表的《关于崇高与美两种观念根源的哲学探讨》中，就引用了荷加斯的蛇形线论点来加强他的理论，认为荷加斯"关于美的线条的思想一般地说是极为正确的"①。莱辛在1754年发表的评论中，对荷加斯的《美的分析》表示欢迎，认为书中的见解对整个艺术材料给予了崭新的解释，足以破除趣味无争辩这一陈旧的谚语，并且"很可能足以使美一词所表示的不仅有感觉，而且同样有思想"②。不过，后来，莱辛在给荷加斯的著作德译本所写的序言中，又指出了荷加斯的见解中的难点：根据什么理由，来确定构成美的线条（即准确的波状线）曲率的程度和种类？对此，荷加斯除援引未加分析的例子外，却没有找到答案。莱辛则认为，从数学上加以研究能解决这个难题。

莱辛的意见是有道理的。荷加斯对于波状线、蛇形线之美的说明，多在举例子，却缺少理论论证。他在说明这些线条和各种形式美的基本规则时，所依据的实际上是经验主义美学的"美即快感"的学说，即以是否引起人的视觉的快感作为判断形式美丑的根据。这就难免偏向于主观经验，而忽视客观分析。所以，尽管《美的分析》中有许多真知灼见，但它却"未能如作者希望的那样令人信服，也不能叫人将就接受"③。伯克在《论崇高与美》中曾指出适宜性不是产生美的原因，实际上就是不同意荷加斯的有关看法。荷加斯对于形式美的分析，本来属于不带相应内容的、相对独立的、抽象的形式的领域，可是他又试图将这些抽象的形式原则和类型运用到对于带有相应内容的、再现的、具体的形式（如面部、表情、性格、姿态、动作等）的解释中，而后者的美实际上却不能由孤立的具有高度抽象的几何美的形式来构成，这就难免陷于不能自圆其说。尽管具有以上不足，荷加斯仍将西方传统的形式美的研究大大向前推进了一步，他"单单从造型艺术得来的对美的分析乃是多样性中的统一这一抽象原则在最高水平上的表现"④，其承前启后的作用是不容忽视的。

---

① 文艺理论译丛编辑委员会编：《文艺理论译丛》（5），人民文学出版社1963年版，第57页。
② [英] 鲍桑葵：《美学史》，张今译，商务印书馆1985年版，第269页。
③ [英] 马德琳·梅因斯通等：《剑桥艺术史》（2），钱乘旦译，中国青年出版社1994年版，第270页。
④ [英] 鲍桑葵：《美学史》，张今译，商务印书馆1985年版，第271页。

第十章 休谟

休谟是英国经验论哲学的完成者，同时也是近代欧洲不可知论的创始人。休谟的不可知论具有怀疑论色彩，因此，他也是西方近代怀疑论的主要代表。休谟把自己的哲学称为"人的科学"或"人性科学"，并将逻辑、伦理学、美学和政治学作为人性科学的最基本内容。他不仅发展了经验主义认识论，而且也是经验主义美学的集大成者。

休谟（David Hume，1711—1776年）出生于苏格兰爱丁堡一个不富裕的贵族家庭，1722年进爱丁堡大学学习，1725年辍学回家，专心自学，起初主要学习法律和文学，后来转而系统地学习哲学和批评学（即美学）。在自传中，休谟曾写道："在很早的时候，我就被爱好文学的热情所支配，这种热情是我一生的主要情感，而且是我的快乐的无尽宝藏。我因为好学、沉静而勤勉，所以众人都想，法律才是我的适当的专业。不过除了哲学和一般学问的钻研而外，我对任何东西都感到一种不可抑制的嫌恶。"[①]休谟这种对哲学的兴趣，是和他的表亲、苏格兰著名哲学家和美学家亨利·霍姆（Henry Home）的影响分不开的。1734年，休谟由于经济和身体原因，经人介绍到布里斯托尔从事商业活动，但很快就放弃经商，于同年隐居到法国全力从事哲学研究和写作。1737年，休谟在写成他的哲学奠基作《人性论》之后，回到英国，该书于1739—1740年分三卷出版。此后，他又撰写了一些有关政治和经济等方面的论文。1745年以后，休谟曾做过英格兰一贵族的私人教师，也曾做过辛克莱将军的秘书，到过法国、奥地利和意大利。1751年，休谟移居爱丁堡，次年被选为苏格兰律师协会图书馆管理人，他利用馆藏资料，撰写了一部《英国史》。1763年他去巴黎，担任英国驻法国大使馆秘书，后升任使馆代办。在巴黎期间，休谟和狄德

---

① [英]休谟：《人类理解研究》，关文运译，商务印书馆1982年版，第1页。

罗、达朗贝尔、爱尔维修、霍尔巴哈等法国启蒙思想家交往甚密。1766年回国后，休谟曾升任英国副国务大臣，1769年退休爱丁堡，直至逝世。

休谟的主要著作，除《人性论》（1739－1740）外，还有《道德和政治论文集》（1741－1742）、《人类理解研究》（1748）、《道德原则研究》（1751）、《宗教自然史》（1757）、《自然宗教对话录》（1779）等。其中，《人类理解研究》和《道德原则研究》是在《人性论》第一卷和第三卷的基础上改写而成的。

第一节　不可知论的经验论

休谟生活在英国资产阶级"光荣革命"结束到产业革命开始的社会变革的时代。资产阶级革命的成功，使英国资产阶级已经成为统治阶级的一部分。取得政权的资产阶级既要加强对劳动人民的统治，又要继续反对封建复辟势力。同时，利用取得的政权推动科技和生产的发展，成为当时英国资产阶级的当务之急。从资产阶级革命胜利到18世纪中叶，正是英国资本主义经济大发展并为即将到来的产业革命做好物质和技术准备的时期。作为一位启蒙思想家，休谟顺应时代的潮流，反映了取得革命胜利的资产阶级的利益、愿望和要求。在经济理论上，休谟"对当时英国迅速发展的资本主义社会作了进步的和乐观的赞扬"[1]；在政治上，他支持英国资产阶级革命后建立的君主立宪制度，是"辉格党寡头统治的热烈拥护者"[2]。

在社会政治思想上，休谟不同意用自然状态来说明社会的起源。他认为，人类不会长期停留在社会以前的野蛮状态，所谓的"自然状态"实际上不曾存在过，它不过是哲学家们所虚构的。人类的最初状态就是有社会性的。对于政府的起源，休谟也提出了不同于前人的看法。他认为，那些体现公共利益的正义法则不是自然形成的，是通过人们公共的协议而建立起来的。正是通过这种协议，才确立私有制，保证财物占有的稳定性。但是，人们往往只顾及眼前个人利益，而不顾及甚至损害他人的利益。为了

---

[1] ［德］恩格斯：《反杜林论》，载《马克思恩格斯选集》第3卷，人民出版社1972年版，第281页。

[2] ［德］恩格斯：《反杜林论》，载《马克思恩格斯选集》第3卷，人民出版社1972年版，第282页。

克制人们的弱点，使之处于不得不遵守正义法制的必然形势之下，就有必要建立政府，以保障私有制和公共利益。利益是政府所赖以建立的直接依据，执政者不能损害臣民利益，而政府既经确立，臣民就要服从它，以便维护社会秩序和安宁。休谟这些主张，为维护现存的英国资产阶级统治秩序提供了理论支持。

在哲学认识论上，休谟继承并贯彻了洛克和 G. 贝克莱的经验论观点，提出了怀疑论即不可知论的认识论学说。和一切经验论哲学家一样，休谟坚持认为一切知识来源于经验。但在对经验的具体分析上，他却提出了不同观点。他把人的感觉经验称为"知觉"（perception），然后又把知觉分为"印象"（impression）和"观念"（idea）两类。所谓印象，是指人们有所听、有所见、有所触、有所爱、有所憎、有所欲时所产生的较活跃的知觉，包括了所有初次出现于灵魂中的我们的一切感觉、情感和情绪。所谓观念，就是在反省上述感觉和运动时人们所意识到的较不活跃的知觉，是通过记忆和想象这两种官能对以前感觉过的印象在头脑中的再现。印象和观念的差别在于它们进入人的意识时强烈程度和生动程度各不相同，此外并无本质上的区别。休谟还进一步论证了印象和观念的依存关系，他将印象和观念区分为简单的和复合的两种，指出简单印象和简单观念总是互相对应、互相类似的，由此推论，它们之间必定有因果的产生关系。由恒常的经验发现，简单印象总是先于它的相应观念出现，从无相反。因此，休谟断言：印象是观念的原因，"我们的全部简单观念在初次出现时都是来自简单印象，这种简单印象和简单观念相应，而且为简单观念所精确地复现"[①]。由于复合观念都是由简单观念构成的，所以这也表明：人心中的一切观念，不论是简单的还是复合的，都起源于简单印象。

休谟关于观念起源的理论不只是他的认识论的重要内容，而且也是他的哲学体系的基础。他把印象当作人的一切观念的来源，强调认识的来源只能是感觉经验，既不像洛克那样将感觉和反省作为观念的两个来源，因而陷入二元论；也不像贝克莱那样最终放弃了以人类经验为源而诉诸上帝的经验，从而陷入宗教神秘主义。休谟力求把一切知识来自经验的原则贯彻到底，但他关于印象和观念对应性的理论完全固守感觉经验，抹杀了感

[①] ［英］休谟：《人性论》上册，关文运译，商务印书馆1983年版，第16页。

性认识与理性认识之间质的区别，实际上是把人们的一切认识限制于感觉经验以内，表现出狭隘经验论的观点。

在回答"感觉印象从何而来"这一认识论的根本问题时，休谟表现出怀疑论和不可知论观点。他写道："至于由感官所发生的那些印象，据我看来，它们的最终原因是人类理性所完全不能解释的。我们永远不可能确实地断定，那些印象还是直接由对象发生的，还是被心灵的创造能力所产生，还是由我们的造物主那里得来的。"①他既不同意用客观存在着的外物来说明感觉印象的产生，也反对贝克莱那样用心灵和上帝的作用来说明感觉印象的产生，而只能指出感觉"是由我们不知的原因开始产生于心中"②的。由于这种不可知论观点，休谟对物质或精神本原的问题回避做出明确回答，但是，他的怀疑论哲学并未超脱唯物主义和唯心主义，而是动摇于两者之间。

休谟认为人类理性的一切对象可以分为两种，因此，人类的知识也分为两类，一类是关于"观念的关系"的知识；另一类是关于"实际的事情"的知识。数学和逻辑的知识属于前者，因果关系的知识属于后者。两类知识具有不同特点。第一类知识具有"直觉的确定性和解证的确定性"，人们只凭思想的作用就可以推导出来，不必依据在宇宙中任何地方存在的任何东西。第二类知识则只具或然性，而没有确定性，它的获得必须依赖于对实际存在的事物的经验和观察。休谟认为建立在经验基础上的因果关系知识构成了大部分知识，因此他着重论述了因果关系问题。他认为因果关系观念的基本条件在于必然的联系，即有果必有因，有因必有果。这种因果联系的发现不是凭借于理性，而是凭借于经验。当观察到类似的现象多次重复或"恒常会合在一起"，从而在人的心灵上产生习惯性的影响时，便形成了因果观念。在休谟看来，"必然联系"这一观念只是心灵的习惯，因果观念的获得完全是人为的，并不具有客观基础。人们尽管对事物产生了因果联系的观念，但绝无理由肯定事物之间存在真实的因果联系。就事物之间是否存在因果联系而言，休谟认为这是一个无法知晓的问题。他写道："当我们说一个物象和另一个物象相联系时，我们的意思只是说，它

---

① ［英］休谟：《人性论》上册，关文运译，商务印书馆1983年版，第101页。
② ［英］休谟：《人性论》上册，关文运译，商务印书馆1983年版，第19页。

们在我们的思想中得到一种联系。"① 就是说，因果联系只存在于心中，而不是存在于对象中。这样，休谟便由因果关系问题上的怀疑论和不可知论而滑向主观唯心主义。

总之，休谟在经验论的基础上，建立了近代欧洲哲学史上第一个不可知论的哲学体系，它对当时和后世西方哲学发展都产生了广泛影响。由于休谟建立的精神哲学体系直接以人性本身为研究对象，不仅包括认识论学说、社会伦理和政治学说，而且包括"研究人类的鉴别力和情绪"的批评学（即后来的美学），所以，他的哲学认识论以及社会政治和伦理思想也都影响着他的美学思想。在《人性论》《人类理解研究》和《道德原则研究》中，休谟都有关于美学问题的论述，此外，他还写有《论趣味的标准》《论悲剧》《论艺术和科学的兴起和发展》等关于美学的论文，从而把英国经验主义美学推向一个高峰。E. 卡西勒说："休谟哲学在美学领域也占有重要的地位，而且从方法论观点来看，其贡献完全是有独创性的。"② 这一评价是符合实际的。

第二节 美学和哲学认识论的关系

在英国经验论哲学家中，休谟是最关心和热爱文艺和美学的一个。他自称爱好文学的热情是他一生的主要情感和快乐的无尽宝藏，他和同时代的英国美学家霍姆、哈奇生在学术上有密切交往。在1739年出版的《人性论》中，休谟就将美学列为他要建立的人的科学中所包括的四门学科之一，并对美学学科的独立性和重要性作了明确论述。他认为作为人的科学的基础的"人性"本身主要由两个部分构成，即理智和情感，它们应分别由不同学科加以研究。对"理智"的研究属于认识论，而对"情感"的研究则属于伦理学、美学和政治学。他说："逻辑的唯一目的在于说明人类推理能力的原理和作用，以及人类观念的性质；道德学和批评学研究人类的鉴别力和情绪。"③ 这里明确指出了美学（批评学）和逻辑（认识论）

---

① ［英］休谟：《人类理解研究》，关文运译，商务印书馆1982年版，第69—70页。
② ［德］E. 卡西勒：《启蒙哲学》，顾伟铭等译，山东人民出版社1988年版，第299页。
③ ［英］休谟：《人性论》上册，关文运译，商务印书馆1983年版，第7页。

趣味与理性：西方近代两大美学思潮

在研究对象和范围上的区别。在 1748 年出版的《人类理解研究》中，休谟进一步阐明了这一思想。他说：

> 伦理学和美学与其说是理智的对象，不如说是趣味和情感的对象。道德的和自然的美，只会为人所感觉，不会为人所理解的。如果我们企图对这一点有所论证，并且努力地确定它的标准，那么我所关心的则是一种新的事实，即人类一般的趣味。①

休谟提出伦理学和美学属于情感研究领域，以趣味和情感为对象，而不是以理智为对象。这使人想到舍夫茨别利关于对善和美的判断不是属于事实，而是属于情感的价值判断的主张。事实上，休谟曾受到舍夫茨别利思想的影响，他的这一区分，不仅总结和概括了英国经验论美学研究的基本特点，而且对以后的美学研究，特别是康德的美学产生了重要影响。

休谟虽然认为美学和哲学认识论是有区别的，但是他却强调要用"哲学的精密性"来指导审美趣味研究。他认为精神哲学或人性科学有两种研究途径，一是把人看作为情趣所影响的行动的东西加以考察；二是把人当作有理性的东西加以考察。前一种是"轻松而明显的哲学"，后一种是"精确而深奥的哲学"。这两种研究、两种哲学各有其特殊优点，前一种较易进入日常生活，指导人的行为；后一种可以精密地考察人性，发现规范我们理解、刺激我们情趣的原则。精确而深奥的哲学对于轻松而明显的哲学具有重要的补益作用，如果没有前一种哲学，则后一种哲学便不能在理论上达到十分精确完善的地步。按照休谟的理解，哲学认识论属于精确深奥的研究，而伦理学和美学则属于轻松明显的研究，后者的研究只有借助于前者的研究，才能摆脱肤浅，走向深刻。这对艺术和审美情趣来说尤为明显。"一个艺术家，如果除了他的细微的趣味和敏锐的了解以外，还精确地知道人类理解的内部结构和作用，各种情感的活动，以及能分辨善和恶的那种情趣，那他一定更能刺激起我们的各种情趣来。"② 人们要想胜任

---

① 北京大学哲学系外国哲学史教研室编译：《十六—十八世纪西欧各国哲学》，商务印书馆 1975 年版，第 670 页。

② [英] 休谟：《人类理解研究》，关文运译，商务印书馆 1982 年版，第 12—13 页。

愉快地描写人生和风俗的外表现象，就不得不从事人的内部的考究。画家要运用丰富的色彩描绘出形象的最幽美动人的姿态，就必须同时注意到人体的内在结构、组织和功用。总之，"在任何情形下，精确都是有助于美丽的，正确的推论都是有助于细微的情趣的"①。

休谟认为，人的科学必须建立在经验和观察之上，他的哲学的突出特点就是大量细致的经验心理分析。在美学上他也主要运用心理分析方法去探讨他所关心的一些基本问题，这不仅表现了他对英国经验派传统的继承，而且也体现了他将哲学的精确性运用于美学的努力。为了对美的本质、审美趣味和艺术问题做出精确心理分析，休谟将他在认识论中提出的观念联想理论和在伦理学中提出的同情说广泛应用于美学中。观念联想理论由霍布斯提出，洛克加以解释，到休谟又将它系统化，并作为其哲学的主要论证依据。按照休谟的解释，观念联想是在想象的基础上从一个观念联系到另一个观念的心理活动，它主要有类似、时空接近和因果关系三种。不但因果必然性需由联想说明，人们关于物体和心灵存在的信念也要用联想加以说明。从某种意义上说，休谟的不可知论就是建立在观念联想的分析上的。至于同情说，和他的观念联想理论也是一脉相承的。因为同情就是人和人之间情绪和情感的互相感应和传染，是由心灵联想形成人与人之间情感状态上的同感和联系。从观念联想理论和同情说在美学中的应用，可以清楚看到休谟的美学思想和他的认识论以及伦理学的联系，也可以清楚了解休谟的经验论美学注重心理分析的突出特点。

第三节　美的本质和成因

尽管休谟认为美是不能下定义的，而只能借着一种鉴别力或感觉被人辨识，但是，他仍然对美的本质和成因问题作了许多思考和阐述，从而构成他的美学思想的核心内容。问题在于休谟对于美的本质和成因的论述，多数是结合论述情感和伦理问题，从不同角度、不同侧面进行阐明的，不仅所强调的重点不同，而且在观点上也不一致，所以，人们在理解他的论述时，容易只见一面，各执一词，形成不同看法。例如有的论者认为休谟

---

① ［英］休谟：《人类理解研究》，关文运译，商务印书馆1982年版，第13页。

对美的本质的看法是主观论的,因为他明确指出美只存在于人的主观心灵之中;也有的论者认为休谟是美的客观论者,因为他把美看成是对象中能使观赏者产生快感的能力。可见我们要正确、全面地把握休谟对美的本质的看法,就需要对他从不同侧面、不同重点所做的论述进行具体分析。

休谟强调人的科学或精神哲学必须建立在经验和观察之上,他对美、丑问题的研究也是以经验和观察为出发点的。同时,他对美、丑的考察同对人的情感和伦理问题的考察是密切联系在一起的。休谟以感觉论观点考察人的情感,认为情感的本性是关于快乐和痛苦的感觉,德和恶、美和丑都是建立在这些特殊的感觉基础上,因此,快乐和痛苦既是德和恶的本质,也是美和丑的本质。在《人性论》中,休谟写道:

> 如果我们考察一下哲学或常识所提出来用以说明美和丑的差别的一切假设,我们就将发现,这些假设全部都归结到这一点上:美是一些部分的那样一个秩序和结构,它们由于我们天性的原始组织、或是由于习惯、或是由于爱好,适于使灵魂发生快乐和满意。这就是美的特征,并构成美与丑的全部差异,丑的自然倾向乃是产生不快。因此,快乐和痛苦不但是美和丑的必然伴随物,而且还构成它们的本质。①

这一看法虽然是休谟归纳哲学或常识的假设而得出的,但他表示同意这种意见,并随即按照这个意见做了许多发挥。这段论述值得注意的有两点:第一,明确指出快乐构成美的本质,是美的特征及美和丑的全部差异,这实际上就是把美等同于审美主体的快乐情感,正如吉尔伯特和库恩所说:"休谟把美与快感相等同,把快感与我们积极生存的原动力相等同。"② 第二,分析作为美的本质的快乐产生的原因,一方面是对象的各部分之间的秩序和结构,这是客体方面的条件;另一方面是人的天性的原始组织、习惯、爱好,这是主体方面根源,审美主体的快乐就是由于对象的

---

① [英] 休谟:《人性论》下册,关文运译,商务印书馆1983年版,第333—334页。
② [美] K. E. 吉尔伯特、[德] H. 库恩:《美学史》,纽约:麦克米伦公司1939年版,第244—245页。

第十章 休谟

条件适宜于主体心灵而产生的。

从上述对美的本质的基本观点出发,休谟从不同方面对美作了考察和分析。首先,休谟认为美不是对象的一种性质,它只是对象在人心上所产生的效果,所以只存在于观赏者的心里。最能表达休谟这一观点的,是他在《道德原则研究》中以下这段论述:

> 欧几里得充分解释了圆的所有性质,但是对于圆的美在任何命题中都未置一词。理由是不言而喻的。美不是圆的性质。美不在于圆的线条的任何一部分,圆周各部分到圆心的距离是相等的。美仅仅是这个图形在那个因具备特有组织或结构而容易感受这样一些情感的心灵上所产生的一种效果。你们到圆中去寻找美,或者不是通过感官就是通过数学推理而到这个图形的一切属性中去寻求美,都将是白费心思。①

这同一段话也出现在休谟的《论怀疑派》中。在那里,休谟还写道:"即使只有心灵在起作用,感受到厌恶或喜爱的感情,它也会断定某个对象是丑陋的、可厌的,另一对象是美丽的、可爱的;我要说,即使在这种场合,这些性质也不是真实存在于对象之中的东西,而只是属于那进行褒贬的心灵感受。"② 为了说明这种观点,休谟还举出过多种例证作具体分析。如关于圆柱的美,他就指出:美不在于圆柱的任何一个部分或部位,而是当这个复杂图形呈现于一个对那些精致感觉比较敏感的理智心灵时从整体中产生的。在观察者出现之前,存在的仅仅是一个具有特定尺寸和比例的图形,"只是从观察者的情感中,它的雅致和美才产生出来"③。人们还经常提到休谟在《论趣味的标准》中所表述的一个论断:"美不是事物本身里的性质,它只存在于观赏者的心中。"④ 这虽然是休谟在转述一种哲

---

① [英]休谟:《道德原则研究》,曾晓平译,商务印书馆2001年版,第143页。
② [英]休谟:《论怀疑派》,载《人性的高贵与卑劣——休谟散文集》(以下简称《休谟散文集》),杨适等译,上海三联书店1988年版,第6页。
③ [英]休谟:《道德原则研究》,曾晓平译,商务印书馆2001年版,第144页。
④ [英]休谟:《论趣味的标准》,载[美]D.汤森编《美学:西方传统经典读本》,波士顿:琼斯与巴特利特出版社1996年版,第139页。

学观点中讲的，但也符合他自己的看法。如果从以上论述来看，那么休谟确实是在强调美的主观性，强调具有特殊组织结构的人的心灵对美的产生的决定作用，因而说他是美的主观论者不无一定道理。

不过，休谟上述论述主要是在讨论道德、审美与认识活动的区别这一论题时讲的。按照他的理解，审美和道德都是依赖于情感，而情感的问题和认识的问题是不同的。认识涉及真假，完全是对于对象的知觉，是由已知的事实和关系推出未知的事实和关系，而情感涉及的是感受，感受不同于对象的认知，它是心灵对完全现成的事实和对象关系而发的。由此，休谟对审美和认识的区别作了以下说明："一切自然的美都依赖于各部分的比例、关系和位置；但是倘若由此而推断，对美的知觉就像对几何学问题中的真理的知觉一样完全在于对关系的知觉，完全是由知性或智性能力所作出的，那将是荒谬的。在一切科学中，我们的心灵都是根据已知的关系探求未知的关系；但是在关于趣味或外在美的一切决定中，所有关系都预先清楚明白地摆在我们眼前，我们由此出发根据对象的性质和我们器官的气质而感受到一种满足或厌恶的情感。"① 正是为了进一步阐明这一道理，休谟举出圆的美和圆柱的美进行了分析。他所强调的是对于对象的美的感受和对于对象的真的认知是不同的，并非要完全否定对象的属性在产生美中的作用。在上面所引的这段论述中，就有"一切自然的美都依赖于各部分的比例、关系和位置"的明确论述，而且将"对象的性质"也看作产生审美满足情感的根据之一。

事实上，休谟在对美的本质的论述中也有侧重另一方面的看法，就是肯定对象的性质是引起审美主体快乐情感的必要条件，甚至认为对象产生快乐的形相便构成为美的本质。他说："虽然美和丑比起甜和苦来，可以更加肯定地说不是事物本身的性质，而是完全属于内外感官感觉到的东西，不过我们还是应该承认，对象本身必有某种性质，按其本性是适于在我们的感官中引起这些特殊感受的。"② 也就是说，美虽然不是对象的性质，却不能脱离对象的性质。美虽然属于感觉、感受，但这种感觉、感受

---

① ［英］休谟：《道德原则研究》，曾晓平译，商务印书馆2001年版，第143页。
② ［英］休谟：《论趣味的标准》，载［美］D. 汤森编《美学：西方传统经典读本》，波士顿：琼斯与巴特利特出版社1996年版，第143页。

并不是心灵独自引起的，而必须以对象的某种性质为条件。休谟不但多次提到对象的秩序、结构、形式、比例、关系、位置等是美的产生所依赖的对象的性质和条件，而且认为对象的方便和效用对形成它的美来说也是必要的。他说："我们所赞赏的动物和其他对象的大部分的美是由方便和效用的观念得来的"，"在一种动物方面产生体力的那个体形是美的；而在另一个动物方面，则表示轻捷的体形是美的。一所宫殿的式样和方便对它的美来说，正像它的单纯的形状和外观同样是必要的"。① 正是根据对上述这类无数事例的考察，休谟断言："美只是产生快乐的一个形相，正如丑是传来痛苦的物体部分的结构一样；而且产生痛苦和快乐的能力既然在这种方式下成为美和丑的本质，所以这些性质的全部效果必然都是由感觉得来的。"② 所谓产生快乐的形相，也就是对象适宜于心灵并引起其快乐的某种性质。这里，休谟显然是在指明构成美的本质的客观方面，而这一论断又恰恰是在他关于"快乐和痛苦构成美和丑的本质"的论断之后紧接着出现的，这两个论断互相矛盾是显而易见的。

尽管休谟在美的论述中，既讲到产生美的客观因素，也讲到产生美的主观原因，但他的基本观点是把美的本质看作对象适合于主体心灵而引起的愉快情感，正是审美主体的这种情感和感受决定着对象的美与丑，换言之，不是美引起美感，而是美感决定美。正如他在《论怀疑派》里所说：

  在美丑之类情形之下，人心并不满足于巡视它的对象，按照它们本来的样子去认识它们；而且还要感到欣喜或不安，赞许或斥责的情感，作为巡视的后果，而*这种情感就决定人心在对象上贴上"美"或"丑"、"可喜"或"可厌"的字眼*。很显然，这种情感必然依存于人心的特殊构造，这种人心的特殊构造才使这些特殊形式依这种方式起作用，造成心与它的对象之间的一种同情或协调。③（重点标记为笔者所加）

---

 ① ［英］休谟：《人性论》下册，关文运译，商务印书馆1983年版，第334页。
 ② ［英］休谟：《人性论》下册，关文运译，商务印书馆1983年版，第334页。
 ③ ［英］休谟：《论怀疑派》，载北京大学哲学系美学教研室编《西方美学家论美和美感》，商务印书馆1980年版，第109页。

依这段论述看，美是由审美主体的情感附加给对象的，而审美主体情感则是依存于人心的特殊结构的，总之，人的心灵、情感、感受才是美的确定者，所以从主导方面来看，休谟还是属于美的主观论者。这和休谟在哲学上主张只有感觉经验（知觉）才具有真实存在性，而感觉经验发生的真正原因却无法知道的怀疑论和不可知论，是有密切关系的。

从快乐的情感构成美的本质这一认识出发，休谟还进一步从人心构造和心理功能上探讨了快乐情感发生的原因，提出了美和同情作用及对象效用相关的同情说和效用说。休谟认为，大多数种类的美都是由同情作用这个根源发生的。同情是人性中一个强有力的原则，一切人的心灵在其感觉和作用方面都是类似的，凡能激动一个人的任何感情，也总是别人在某种程度内所能感到的，一切感情都可以由一个人传到另一个人，而在每个人心中产生相应的活动。这种人与人之间在感情上的互相感应和传达便是同情作用。同情对于我们的美感有一种巨大的作用，"我们在任何有用的事物方面所发现的那种美，就是由于这个原则发生的"[1]。"例如一所房屋的舒适，一片田野的肥沃，一匹马的健壮，一艘船的容量、安全性和航行迅速，就构成这些各别对象的主要的美。在这里，被称为美的那个对象只是借其产生某种效果的倾向，使我们感到愉快。那种效果就是某一个其他人的快乐或利益。我们和一个陌生人既然没有友谊，所以他的快乐只是借着同情作用，才使我们感到愉快。"[2] 按休谟的解释，同情作用是基于因果关系的观念的联想。当我们看到任何情感的原因时，我们的心灵也立刻被传递到其结果上，并且被同样的情感所激动。看到对象的效用，我们便会联想它可以给其拥有者带来利益和引起快乐的效果，所以借着同情也感到愉快。对此，休谟举例说，房主向我们夸耀其房屋的舒适、位置的优点和各种便利细节。很显然，房屋美的主要部分就在于这些特点。这是为什么呢？休谟对此分析道：

> 一看到舒适，就使人快乐，因为舒适就是一种美。但是舒适是在什么方式下给人快乐的呢？确实，这与我们的利益丝毫没有关系；而

---

[1] [英]休谟：《人性论》下册，关文运译，商务印书馆1983年版，第618—619页。
[2] [英]休谟：《人性论》下册，关文运译，商务印书馆1983年版，第618页。

第十章 休谟

且这种美既然可以说是利益的美,而不是形相的美,所以它之使我们快乐,必然只是由于感情的传达,由于我们对房主的同情。我们借想象之力体会到他的利益,并感觉到那些对象自然地使他产生的那种快乐。①

这里值得注意的是,休谟认为,在同情作用中虽然涉及对象的效用和对人的利益,但作为审美主体,我们只是借助于想象,设身处地体会到物主的利益,而实际上,对象"与我们的利益丝毫没有关系",即不涉及我们自己的利益。这种观点既不同于哈奇生的美感不涉及利害计较的主张,也不同于霍布斯的美涉及个人欲望的看法,在经验论美学中是具有独创性的。"这一学说实在是康德的'没有目的观念的合目的性'或他的'不关利害的快感说'的近似的前身。"②

结合论述美与同情作用的关系,休谟还谈到美与效用的关系。如果说前者是从人的心理构造方面立论的,那么后者则是从对象与人的关系方面着眼的。他说:"许多工艺品都是依其对人类功用的适合程度的比例,而被人认为是美的,甚至许多自然产品也是由那个根源获得它们的美。"③在分析同情作用时,他也指出,这种作用可以推广到桌子、椅子、写字桌、烟囱、马车、马鞍、犁,可以推广到每一种工艺品,"因为它们的美主要由于它们的效用而发生,由于它们符合于它们的预定的目的而发生"④。休谟还以田地的美为例,指出"最能使一块田地显得令人愉快的,就是它的肥沃性,附加的装饰或位置方面的任何优点,都不能和这种美相匹敌"⑤。田地是如此,而在田地上长着的特殊的树木和植物也是如此。"长满金雀花属的一块平原,其本身可能与一座长满葡萄树或橄榄树的山一样的美;但在熟悉两者价值的人看来,却永远不是这样。"⑥他进一步对此分析说:"不过这只是一种想象的美,而不以感官所感到的感觉作为根据。肥沃和

---

① [英]休谟:《人性论》下册,关文运译,商务印书馆1983年版,第401页。
② [英]鲍桑葵:《美学史》,张今译,商务印书馆1985年版,第236页。
③ [英]休谟:《人性论》下册,关文运译,商务印书馆1983年版,第619页。
④ [英]休谟:《人性论》下册,关文运译,商务印书馆1983年版,第401页。
⑤ [英]休谟:《人性论》下册,关文运译,商务印书馆1983年版,第401页。
⑥ [英]休谟:《人性论》下册,关文运译,商务印书馆1983年版,第402页。

价值显然都与效用有关；而效用也与财富、快乐和丰裕有关；对于这些，我们虽然没有分享的希望，可是我们借着想象的活跃性而在某种程度上与业主分享到它们。"① 可见美和对象的效用固然有关，但这种美要借助想象、通过同情作用而实现，所以它是一种"想象的美"，而不是仅仅依靠感官的感觉的美。所谓想象的美和感觉的美，也就是前面讲同情作用时提到的利益的美和形相的美，这两种美的区别在于前者要涉及对象的内容意义（效用、对人的利益等），而后者只涉及对象的外在形式。从休谟对于美和同情以及效用相关联的强调看，他显然是把美的内容看得比形式更为重要的，这也有纠正形式主义美学观点的作用。

休谟所理解的同情作用并不限于人，也可以推及无生命的对象。而且关于构成对象形式美的一些规则，如平衡、对称等，他也认为和同情作用相关。他说："绘画中有一条最为合理的规则，就是：把各形象加以平衡，并且把它们非常精确地置于它们的适当的重心。一个姿势不平衡的形象令人感到不愉快，因为这就传来那个形象的倾倒、伤害和痛苦的观念；这些观念在通过同情作用获得任何程度的强力和活跃性时，便会令人痛苦。"② 他还说："建筑学的规则也要求柱顶应比柱基较为尖细，这是因为那样一个形状给我们传来一种令人愉快的安全观念，而相反的形状就使我们顾虑到危险。这种顾虑是令人不快的。"③ 这两个例子都是讲对象（包括无生命的柱子）的不同形状和形体可以使人产生安全观念、危险观念和跌倒的观念，通过想象和同情的作用，又令观者感到愉快或不快。实际上，这已经接近后来出现的移情说了。总之，休谟的同情说充分体现了经验派美学用心理分析方法探讨美的本质问题的鲜明特点，它对伯克、康德以及后来的许多美学家都产生了重要影响。

第四节　趣味的心理特点和标准

和美的本质问题相关联，休谟还对审美趣味的标准问题作了专门探

---

① ［英］休谟：《人性论》下册，关文运译，商务印书馆1983年版，第402页。
② ［英］休谟：《人性论》下册，关文运译，商务印书馆1983年版，第402页。
③ ［英］休谟：《人性论》下册，关文运译，商务印书馆1983年版，第334页。

第十章 休谟

讨。他的论文《论趣味的标准》《论趣味和激情的敏感性》等便是对这一问题的专题论述。所谓"趣味",在休谟著作中就是指鉴赏力、审美力,它是休谟和英国经验论美学考察和阐述美感或审美心理时运用的一个核心概念。按照休谟的理解,人性主要由理智和情感两个部分构成,前者关系知识和认识问题,后者则关系道德和审美问题,所以,趣味不同于理性。他说:

> 这样,理性和趣味的范围和职责就容易确断分明了。前者传达关于真理和谬误的知识;后者产生关于美和丑、德性和恶行的情感。前者按照对象在自然界中的实在情形揭示它们,不增也不减;后者具有一种创造性的能力,当它用借自内在情感的色彩装点或涂抹一切自然对象时,在某种意义上就产生一种新的创造物。①

按照上述论述,趣味具有以下几个主要特点:第一,情感性。它不是像理性那样,根据已知的或假定的因素和关系,引导我们发现隐藏的和未知的因素和关系,以获得真假的知识,而是在一切因素和关系摆在我们面前之后,使我们从整体感受到一种满足或厌恶、愉快或不愉快的情感。第二,主观性。它不是按照对象在自然界中的实在情形反映它们,而是基于人心特定的组织和结构,用借自内在情感的色彩涂抹一切自然对象。因此,"实存于事物本性中的东西是我们的判断力的标准,每个人在自身中感受到的东西则是我们的情感的标准"②。第三,创造性。这是与趣味的情感性和主观性密切相关的。正因为趣味不是像理性那样如实认识对象,而是要以主观感情渲染和改造对象,所以它就具有一种创造性的能力,能产生一种新的创造物。这就涉及想象的问题,休谟说:"世上再没有东西比人的想象更为自由;它虽然不能超出内外感官所供给的那些原始观念,可是它有无限的能力可以按照虚构和幻象的各种方式来混杂、组合、分离、分割这些观念。"③ 趣味的创造性正是借助于想象和情感的互相作用,按照

---

① [英]休谟:《道德原则研究》,曾晓平译,商务印书馆2001年版,第146页。
② [英]休谟:《道德原则研究》,曾晓平译,商务印书馆2001年版,第23页。
③ [英]休谟:《人类理解研究》,关文运译,商务印书馆1982年版,第45页。

· 361 ·

虚构方式对感觉印象进行加工改造的一种无限的能力,它实际上是形象思维的一种体现。

基于以上对趣味和理性不同的特点的分析,休谟也肯定了趣味的多样性和相对性。他说:"世人的趣味,正像对各种问题的意见,是多种多样的——这是人人都会注意到的明显事实。"[①] 又说:"如果你们是些聪明人,你们每个人就应当承认别人的趣味也可以是正当的。许多趣味不同的事例会使你承认,美和价值这二者都仅仅是相对的,它们存在于一种使人感到满意的感受之中。"[②] 尽管如此,休谟却没有把趣味的多样性和相对性加以绝对化,成为相对主义。恰恰相反,他在承认审美趣味存在差异性和多样性这个客观事实的前提下,却要寻找和探求一种"足以协调人们不同感受"的共同的"趣味的标准",论证作为一种普遍性褒贬原则的"趣味和美的真实标准"是确实存在的。这也是他的著名论文《论趣味的标准》所要解决和回答的主要问题。

首先,休谟驳斥了把趣味的相对性加以绝对化,不承认有普遍性原则的看法,肯定了趣味具有普遍原则和真正标准。他指出,人们对于艺术和美的感受和判断虽然存在分歧,但不能认为每一种看法都是正确的。例如,谁如果硬把微不足道的英国诗人奥吉尔看成像密尔顿一样的天才,人们就一定会认为他是在大发谬论,把丘垤说成和大山一样高,这样的感受是荒唐而不值一笑的。同时,他又指出,创作是有规则的,这些规则的基础就是经验,"它们不过是根据在不同国家不同时代都能给人以快感的作品总结出来的普遍性看法"[③]。尽管人们的趣味存在差异和变化,但是那些伟大作家和优秀作品却能在不同时代、不同地方受到人们的共同赞赏和喜爱。"同一个荷马,两千年前在雅典和罗马受人欢迎;今天在巴黎和伦敦还被人喜爱。地域、政体、宗教和语言方面的千变万化都不能使他的荣誉受损。"[④] 真正的天才,其作品历时愈久,传播愈广,愈能得到人们衷心的

[①] [英]休谟:《论趣味的标准》,载古典文艺理论译丛编辑委员会编《古典文艺理论译丛》(5),人民文学出版社1963年版,第1页。

[②] [英]休谟:《论怀疑派》,载《休谟散文集》,杨适等译,上海三联书店1988年版,第7页。

[③] [英]休谟:《论趣味的标准》,载古典文艺理论译丛编辑委员会编《古典文艺理论译丛》(5),人民文学出版社1963年版,第4页。

[④] [英]休谟:《论趣味的标准》,载古典文艺理论译丛编辑委员会编《古典文艺理论译丛》(5),人民文学出版社1963年版,第6页。

第十章 休谟

敬佩，这说明审美趣味是具有共同性和一致性的。经过这些考察和分析，休谟得出结论：

> 尽管趣味仿佛是千变万化，难以捉摸，终归还是有些普遍性的褒贬原则；这些原则对一切人类的心灵感受所起的作用是经过仔细探索可以找到的。按照人类内心的原本结构，某些形式或性质应该引起愉快，其他一些引起不愉快……①

这里，休谟不仅指出趣味的普遍原则是存在的，因而趣味的共同标准是可以找到的，而且认为这些普遍原则和共同标准是基于共同的人性，即"人类内心原本结构"，也可以说是"人同此心，心同此理"。他说："自然本性在心的情感方面比在身体的大多数感觉方面还更趋一致，使人与人在内心部分还比在外在部分显出更接近的类似。"② 这种人性上的普遍一致就是趣味具有普遍性、一致性的根本原因。

在肯定趣味具有普遍原则和真实标准之后，休谟接着探讨了两个问题：第一，为何人们会脱离趣味的普遍原则和真实标准，对美做出不同判断和不正确感受？第二，怎样确定和找到趣味的普遍原则和真实标准？

关于第一个问题，即造成离开趣味标准的差异和分歧的原因，休谟指出了以下几点，并作了详细分析。

其一，器官不健全。"一切动物都有健全和失调两种状态，只有前一种状态能给我们提供一个趣味和感受的真实标准。"③ 在器官健全的前提下，如果人们的感受完全一致和大体相同，我们就可以由此获得完善的美的观念。反之，如果内心器官有毛病或缺陷，那么那些指导我们美丑感受的普遍原则，就会被抑止、被削弱，不能起正常作用。

其二，缺乏趣味敏感性。"多数人所以缺乏对美的正确感受，最显著的原因之一就是想象力不够敏感，而这种敏感正是传达较细致的情绪所必

---

① ［英］休谟：《论趣味的标准》，载［美］D. 汤森编《美学：西方传统经典读本》，波士顿：琼斯与巴特利特出版社1996年版，第142页。
② ［英］休谟：《论怀疑派》，载朱光潜《西方美学史》，人民文学出版社2002年版，第227页。
③ ［英］休谟：《论趣味的标准》，载古典文艺理论译丛编辑委员会编《古典文艺理论译丛》(5)，人民文学出版社1963年版，第6页。

不可少的。"① 休谟非常重视想象力或趣味的敏感在审美中的作用，认为只有具有一种趣味的敏感性，才能产生出对于各种美和丑的易感性。"如果你让具有这种能力的人看一首诗或一幅画，那种敏锐精细的感觉力就会把他领进诗与画的全部情景中去，他不仅能对其中的神来之笔尽情入微地品玩，那些粗疏或谬误之处也逃不脱他的感受，他会感到厌恶不快。"② 然而，人们的趣味的敏感性是不同的，高度敏感的趣味能精确感受到最微小的对象，即使对象的各种性质混合在一起，也能准确地将它们分辨出来；反之则表明趣味的迟钝。为说明敏感性的差异，休谟引述了《堂吉诃德》中一段故事：两个善品酒的人品尝一桶酒，一个人说酒虽不错，但有一点皮子味；另一个人说有一股铁味，两个都受到别人嘲笑。可是等把酒桶倒干后，发现桶底果然有一把拴着皮条的旧钥匙。休谟认为，审美趣味和口味很相似，只有趣味敏感的鉴赏者才能辨别出美与丑的精微差别，获得更多的美的感受。所以，"对于美与丑有敏捷锐利的知觉，就是我们精神上趣味的完善的标志"③。

尽管人们趣味敏感的程度有很大差异，因而趣味有高有低是一个不可抹杀的事实，但休谟却指出，趣味的敏感性是可以通过训练得到提高和改善的。首先要在一门特定的艺术领域里不断训练，不断观察和鉴赏一种特定类型的美。在评论任何重要作品之前应对它一读再读，从各种角度对它进行仔细的观察和细心的思考。其次，还要常常对不同类型和水平的美进行比较，并评估它们相互的差异。一个人如果没有机会比较不同类型的美，就根本没有资格对任何对象下断语，也不知道怎样褒贬得恰如其分。而"真正有资格估计眼前对象的优点并在历代天才的产物当中给予它以适当位置的，应该只是那些对不同时代不同国家交口赞美的各个作品经常进行观察、研究和比较的人"④。

---

① [英]休谟：《论趣味的标准》，载古典文艺理论译丛编辑委员会编《古典文艺理论译丛》(5)，人民文学出版社1963年版，第7页。

② [英]休谟：《论趣味和激情的敏感性》，载《休谟散文集》，杨适等译，上海三联书店1988年版，第172页。

③ [英]休谟：《论趣味的标准》，载[美]D.汤森编《美学：西方传统经典读本》，波士顿：琼斯与巴特利特出版社1996年版，第144页。

④ [英]休谟：《论趣味的标准》，载古典文艺理论译丛编辑委员会编《古典文艺理论译丛》(5)，人民文学出版社1963年版，第10页。

第十章 休谟

其三，偏见的影响。休谟认为批评家要对艺术作品做出真实的、恰如其分的评价，必需摆脱一切偏见，除了研究放在眼前的对象之外，不作任何其他考虑。"一切艺术作品为了产生应有的效果，必须从一定的角度来观察。如果观察者的立足点（实际的或想象的）和作品所要求的不一致，他对作品就无法欣赏。"① 而听任偏见驱使的人就无法做到这一点，他总是死抱住自己原来的立足点，不肯换到作品所要求的角度。比如，假使作品是为不同时代不同国度的读者写的，而批评家却毫不考虑他们的特殊看法，满脑子装的只是自己时代和国家里的观点，凭这些就贸然谴责原来作品所针对的读者认为是美妙的东西。又比如，假使作品是为公众而写的，批评家阅读它时却怀着对作者的个人恩怨和一己利益，这样他的感受就变质了，他的趣味也就离开了真实的标准。

其四，判断力不强。休谟认为趣味和理性、鉴赏力和判断虽然有区别，却是互相联系的。"理性尽管不是趣味的基本组成部分，对趣味的正确运用却是不可缺少的指导。"② 在对美的感受和品鉴中，固然主要依靠趣味和鉴赏力，但理性和判断力的作用也是不可忽视的。休谟写道："有许多种美，尤其自然的美，最初一出现就抓住我们的感情、博得我们的赞许；而在它们没有这种效果的地方，任何推理要弥补它们的影响或使它们更好地适应于我们的趣味和情感都是不可能的。但是也有许多种美，尤其那些精巧的艺术作品的美，为了感受适当的情感，运用大量的推理却是不可少的；而且一种不正确的品味往往可以通过论证和反思得到纠正。有正当的根据断定，道德的美带有这后一种美的鲜明的特征，它要求我们的智性能力的帮助，以便赋予它以一种对人类心灵的相应的影响力。"③ 这里休谟将美分为自然美、艺术美、道德美三种，分别指出了它们在对人的情感和心灵产生影响时，理性所起的不同程度的作用。就艺术作品的鉴赏而论，他还具体指出，要发现作品整体的一致性和完善性，判断作品采用的手段对达到目标是否合适，推断作品中人物的思考和行动方式是否符合他

---

① ［英］休谟：《论趣味的标准》，载古典文艺理论译丛编辑委员会编《古典文艺理论译丛》(5)，人民文学出版社1963年版，第10页。

② ［英］休谟：《论趣味的标准》，载古典文艺理论译丛编辑委员会编《古典文艺理论译丛》(5)，人民文学出版社1963年版，第11页。

③ ［英］休谟：《道德原则研究》，曾晓平译，商务印书馆2001年版，第24—25页。

· 365 ·

们的性格和处境,等等,这些细致分析除需要正确趣味外,如果缺乏高明的见识和判断力也决不能成功。

以上休谟对趣味产生差异、离开真实标准的种种原因所做的阐述,是建立在对人类审美经验的考察和心理分析的基础上的,它对人们认识审美心理的规律,提高审美鉴赏能力,都提供了很有价值的见解。"主张正当的审美趣味是培养出来的,这是当时英国整个美学学派的特征。"① 这些阐述从另一方面来看,也就是回答了具备哪些主观条件,人们对美的感受和判断才能符合趣味的普通原则和真实标准,这也就为确立和寻找趣味的普遍原则和真实标准铺平了道路。但是,休谟认为完全具备上述条件,真正有资格对任何艺术作品进行判断并且把自己的感受树立为审美标准的人是不多的,所以,他把确立趣味的普遍原则和真实标准的希望寄托在少数杰出批评家身上。他说:

即使在风气最优雅的时代能对优美艺术做出正确判断的人也是极少见的。卓越的智力,结合着敏锐的感受,由于训练而得到增进,通过比较而进一步完善,并且还清除了一切偏见,只有具备这些可贵品质才能称得上是真正的批评家。这类批评家,不管在哪里找到,如果彼此判断一致,那就是趣味和美的真实标准。②

至此,休谟对于如何找出和确定趣味的普遍原则和真实标准问题终于做出了明确的回答。他认为依靠这种普遍的、真实的标准,就可以协调趣味的千差万别,肯定一种趣味,否定另一种趣味。但是,休谟又进一步指出,有两种原因所形成的趣味差异是审美中的正常表现,也是无法避免的,因而是不能找到一种共同标准来协调和评判不同的感受的。这两个趣味差异的原因,一个是个人气质的不同;另一个是当代和本国的习俗与看法。

关于因个人气质不同而产生的趣味差异,休谟主要是指由于鉴赏者的

---

① [美] K. E. 吉尔伯特、[德] H. 库恩:《美学史》,纽约:麦克米伦公司 1939 年版,第 246 页。
② [英] 休谟:《论趣味的标准》,载 [美] D. 汤森编《美学:西方传统经典读本》,波士顿:琼斯与巴特利特出版社 1996 年版,第 147—148 页。

第十章 休谟

性格、气质、年龄等方面的不同,对不同作家、不同内容、不同类型、不同风格、不同形式的作品所产生的不同的偏好和喜爱。如情绪热烈的青年比较容易受到热恋和柔情等描写的感染,而年长的人则比较喜爱有关持身处事和克制情欲的至理名言。人们总是喜爱选择适合自己性格和气质的作品,且易形成特殊的共鸣。有人喜欢崇高,有人喜欢柔情;有人喜欢喜剧,有人喜欢悲剧;有人偏爱辞藻的华美和雕饰,有人偏爱文句的洗练和朴实。对此,休谟认为:"就一个批评家而言,只称许一个体裁或一种风格,盲目贬斥其他一切是不对的;但对明明适合我们的性格和气质的作品,硬要不感到有所偏好也是几乎不可能的事。这种偏好是无害的,难免的;按理说也毋须纷争,因为根本没有解决此种纷争的共同标准。"①

关于因受当代和本国习俗影响而产生的趣味差异,休谟主要是指鉴赏者总是更喜爱作品中类似自己时代和国家的描写和人物,并且容易被它们深深感动,而对于体现不同风俗的描写和人物,对于与他们自己毫无共同之点的场面,则会比较冷淡。对于鉴赏者的这种不同爱好和反应,显然也是无法强求的。

总之,休谟对于审美趣味的研究,既承认趣味的多样性、差异性,又肯定趣味的一致性、普遍性。他虽然承认趣味的多样性、差异性、相对性,却没有走向相对主义,而是要努力确立趣味的普遍原则和标准,借以协调趣味的差异,提高人的鉴赏力。他尽管肯定趣味有普遍原则和标准,却也没有把它们绝对化,而是认为有些趣味的差异是正常的、难免的,不能也不必用一种共同标准去协调。这些看法对于解决长期以来在趣味标准问题上的疑难和争论,对于克服在趣味多样性和普遍性问题上各执一端的片面性,都起到了积极而重要的作用。尽管休谟并没有也不可能以辩证的观点去看待趣味的相对与绝对、差异和一致的关系,也没有深刻揭示趣味的普遍原则和标准形成的社会历史原因,但他对审美趣味的研究和观点,却代表了那个时代所达到的最高水平。

---

① [英]休谟:《论趣味的标准》,载古典文艺理论译丛编辑委员会编《古典文艺理论译丛》(5),人民文学出版社1963年版,第14—15页。

第五节　诗歌、悲剧和艺术发展

休谟对文学有高度修养和浓厚兴趣,他在论述美和审美趣味问题时,也都同时论述到文学艺术问题。他的文艺理论除见于少数几篇专题论文外,还散见于他的各种著作中,所涉及的方面较广,而较有特色的,主要有关于诗歌、悲剧以及艺术发展等问题的论述。

关于诗歌的作用和创作问题。像其他英国经验主义美学家一样,休谟很重视诗歌和艺术在培养人的优良品性方面所起的特殊作用。他说:"对于改进人们的气质和性情来说,没有什么比学习诗歌、雄辩、音乐或绘画中的美更有益的了。它能给人以某些超群出俗的优雅的感受;它所激起的情感是温和柔美的;它使心灵摆脱各种事务和利益的匆忙劳碌;娱悦我们的思考;使我们宁静;产生一种适当的伤感情绪,这种伤感是一切心情中最宜于爱情和友谊的。"① 这里讲到诗歌和艺术可以陶冶人的优美的情感,并使人得到休息和娱悦,已接触到文艺的审美教育作用的特点。关于诗歌的这种特殊作用,休谟还用不同方式对它加以阐明,例如他认为诗歌和雄辩、历史在作用和目标上是有区别的。"雄辩的目标是说服,历史的目标是教导,诗歌的目标是用移情动魄的手段给人快感。"②

诗歌之所以具有移情动魄的作用,是和诗歌创作的情感特点紧密相关的。休谟认为,诗歌的突出特点就是以生动形象真实地表现情感。他说:"通过生动的形象和表现而使每一种情感贴近于我们,并使它看上去仿佛真实和实在,正是诗的任务;一个确定无疑的证据是,无论哪里发现那种实在,我们的心灵都倾向于被它强烈地影响。"③ 诗必须表现强烈的情感,描绘任何冷淡的和漠不相关的事情都是违反诗的创作规律的;同时,诗表现的情感还应当真实和贴近于读者,这种情感应是"人人在自己内心中具有的",并"与我们每天感受的情感相似",这样才能得到读者的同情和共

---

① [英]休谟:《论趣味和情感的敏感性》,载《休谟散文集》,杨适等译,上海三联书店1988年版,第175页。
② [英]休谟:《论趣味的标准》,载古典文艺理论译丛编辑委员会编《古典文艺理论译丛》(5),人民文学出版社1963年版,第11页。
③ [英]休谟:《道德原则研究》,曾晓平译,商务印书馆2001年版,第73页。

鸣。对此，休谟以田园诗为例分析，由于田园诗描绘出一种优雅温柔的、宁静的意象，它在它的人物身上表现这种宁静，并给读者传达一种相同的情感，因而成为唤起读者同情和快乐的主要源泉，很少有哪种诗是比田园诗更令人愉快的。

在诗歌形象表现的各种激情和感情中，休谟特别推崇崇高的激情和温柔的情感。他写道："诗的巨大的魅力在于崇高的激情如恢宏大度、勇敢、藐视命运等的生动的形象，或温柔的感情如爱和友谊等的生动的形象中，这些生动的形象温暖人心，向人心传播类似的情感和情绪。"① 依他的看法，尽管所有种类的激情当被诗激发出来时，都可以让人得到一种情感的满足，然而那些更崇高或更温柔的情感却有一种特殊的影响力。唯有它们才激发我们对诗中人物命运的兴趣，或传达对这些人物的性格的敬重和好感，并由于一个以上的原因而使人快乐。这里值得注意的是，休谟明确提出了"崇高"这一审美范畴，并将它与温柔并列为两种不同的情感形象，这是他把讨论道德美时提出的"崇高"运用到艺术美中来的。在英国经验主义美学家中，不少人都关注朗吉努斯早已提出的"崇高"这一审美范畴，休谟是其中之一。后来伯克写了经验派美学论崇高范畴的经典之作，不能说和这种不断地关注与探讨没有关系。

休谟还将他的观念联想的理论应用于说明诗歌创作，充分肯定了想象在诗歌创作中的重要作用。按他对观念的解释，观念有记忆观念和想象观念两种，这两种观念的一个明显差别是，想象不受原始印象的次序和形式的束缚，而记忆却完全受到这方面的束缚。"想象可以自由地移置和改变它的观念。我们在诗歌和小说中所遇到的荒诞故事使这一点成为毫无疑问。"② 诗歌创作中的想象虽然需有相应的印象为它先行开辟道路，却可以按照虚构和幻象的各种方式来组合、分离、改造这些观念，创造实在中不存在的形象。休谟说："诗歌中甚至雄辩中的美，许多是靠虚构、夸张、比喻，甚至滥用和颠倒词语的本来意义形成的。要想制止这种想象力的奔放，叫各种表现手法都合乎几何学那样的真实性和准确性，那是极其违背

---

① [英]休谟：《道德原则研究》，曾晓平译，商务印书馆2001年版，第112页。
② [英]休谟：《人性论》上册，关文运译，商务印书馆1983年版，，第21页。

文艺批评规律的。"① 这里已涉及诗歌的形象思维和科学的抽象思维的区别问题。

关于悲剧的美感效应问题。在《论悲剧》一文中,休谟试图对悲剧何以能使观众从悲哀、恐惧等不快情感中得到快感这一美学中的老问题做出新的解释。他首先检讨了两种解释。一种解释是悲剧的激情可以使人从令人不快的懒散倦怠状态中摆脱出来,因而能使人得到快感。休谟认为这种解释有困难,因为悲剧中令人愉快的那同一个悲痛的对象,如果实际地出现在我们面前,尽管它可以有效地治愈懒散和倦闷,但它引起的却是不快。另一种解释是,由于观众相信悲剧的情节是虚构的,所以他们为悲剧人物的不幸而感到的痛苦可以得到缓和,并且由此可得到"自我安慰",因而能使悲痛转化为快感。休谟认为这种解释也不充分,他举西塞罗在演说中对西西里长官万莱斯肆虐屠杀场面的悲惨描述为例,说明悲剧中即使描写实实在在的悲痛情节,也能使读者从不快里得到愉快。

在批驳以上解释后,休谟对悲剧快感的成因提出了自己的解释。他认为雄辩和悲剧的这种奇特效应是来自描述悲惨场面的雄辩和悲剧艺术本身。在雄辩中,以栩栩如生方式描述对象的天才,集中一切动人情景的技巧,安排处理这些对象和情景的判断力,所有这些杰出才能的运用,加上语言文字的表达力量,修辞和韵律之美,就能综合地在读者心中产生极大的满足感,激发起无比愉快的活动。这种想象和表达的美如果和激情结合起来,是可以给人心以美的情感享受的。悲伤、怜悯、义愤的冲动和激情,在美的情感引导下,就能向新的方向发展。这些美的情感由于成为主导的情绪,支配了整个人心,就把悲伤、怜悯、义愤等情感转变为自身,至少给它们以强烈的渲染,从而改变它们原来的性质。心灵由于同时被激情所振奋,为雄辩所陶醉,整个地感到一种强烈的运动,并由此产生愉悦之情。休谟认为,上述对雄辩的分析同样适用于悲剧,但还应补充一点,即悲剧是一种模仿,而模仿总是自然而然地使人快意。这一特点使悲剧唤起的激情更易变得柔和,并使全部情感转变为一种一致的强烈的愉快享受。总之,休谟认为悲剧的悲伤、愤怒、怜悯之所以能转化为快感,是由

---

① [英]休谟:《论趣味的标准》,载[美] D. 汤森编《美学:西方传统经典读本》,波士顿:琼斯与巴特利特出版社1996年版,第140页。

第十章 休谟

于艺术表现的技巧。"想象的生动真切,表达的活泼逼真,韵律的明快有力,模仿的惟妙惟肖,所有这些都自然而然地自发地使人心愉快。"① 如果所表现的对象也具有某种感情,那么借助于这种上升为心灵中主导的情绪,仍然会引起我们的快感。"情感,虽然也许自然而然地,以及被一个真实对象的单纯现象刺激起来时,可能是痛苦的,但当它被精湛的技艺所提升,就变得流畅、柔和、平缓了,以致给人以最大的享受。"②

按照休谟的解释,悲剧艺术表现技巧所引起的想象活动和愉快感觉必须超过痛苦感情,上升为主导的活动,才能使后者向前者转化,如果相反,想象活动和愉快感受没有居于主导,那就会使前者从属于后者,转化为后者,增加我们所感受到的痛苦。所以,他指出悲剧中描写的某一情节不可过于残忍和凶暴,否则,它可能刺激起如此强烈的恐怖感情,以致不能柔化为快感。艺术的表现力如果用于描写这类性质的情节上,只能增加我们的不快。

在西方美学史上,对于悲剧快感的探讨始于亚里士多德。在《诗学》中,亚里士多德认为悲剧能给予我们一种它特别能给的快感,"这种快感是由悲剧引起我们的怜悯与恐惧之情,通过诗人的模仿而产生的"③。可见,亚里士多德认为悲剧特殊的快感既有形式、手段方面的原因,也有内容、作用方面的原因。就前者而言,悲剧是模仿,而模仿的作品总是能给人快感的。就后者而言,悲剧能使怜悯、恐惧的痛苦情感得到"净化",这也是它们能统一转为快感的重要原因。休谟虽然也接受了亚里士多德关于悲剧的模仿引起快感的观点,却只是着眼于形式、技巧方面的考察,而忽视了悲剧内容、作用和悲剧快感形成的关系,因而比较片面,也不够深刻,但他试图从心理过程上说明悲剧唤起的不同性质感情的相互作用和运动,还是有一定新意的。

关于艺术发展的社会政治条件问题。在《论艺术与科学的兴起和发

---

① [英]休谟:《论悲剧》,载《外国美学》编委会编《外国美学》第1辑,商务印书馆1985年版,第335页。
② [英]休谟:《论悲剧》,载《外国美学》编委会编《外国美学》第1辑,商务印书馆1985年版,第335页。译文有改动。
③ [古希腊]亚里士多德、[古罗马]贺拉斯:《诗学·诗艺》,罗念生、杨周翰译,人民文学出版社1982年版,第43页。

展》一文中，休谟探讨了艺术发展同社会政治状况之间的关系问题。休谟认为艺术和科学都是属于靠少数人的事情，它不像那些在大量人群中发生的事件，常常可以找到确定的、可以理解的原因，艺术的兴起和发展在很大程度上是受机遇或难以探明的原因的影响，但也不能把它全部归结为机遇。从事艺术并有杰出成就的人虽然在所有时代和所有国家里总是很少，但他们总不是孤立的现象，而是民族和人民中具有产生他们的土壤。"点燃诗人灵感的火焰不是从天上降下来的，它只是在大地上奔腾的东西，从一个人胸中传到另一个人，当它遇到最有素养的材料和最幸运的安排时，就燃烧得最旺盛明亮。因此，关于艺术和科学的兴起、进步的问题，并非全是少数人的鉴赏力、天才和特殊精神的问题，也是一个涉及整个民族的问题。在某种程度上，我们可以把后者看作是一般的原因和原则。"① 这里，休谟明确肯定艺术的发展有其外部的社会原因和历史条件。他就是根据这一原则，对艺术发展的社会政治条件进行了探讨，提出了四点带规律性的认识，其中主要是以下两点：

第一，艺术只有在自由的政体下才能得到发展。休谟通过考察历史，论证专制政治都是阻碍艺术发展的。在专制政治下，君主不受任何法律约束，完全按个人意愿主宰社会。他所做的只是委派他下属的全权行政官吏，而这些行政官吏在辖区内也可以没有任何约束地为所欲为。这种野蛮政治贬抑人民，扼杀了想象和创作的自由。处于这种统治之下的人民不过是奴隶，不会有追求精致趣味的奢望。"所以，要期待艺术和科学能首先从君主政权下产生，等于期待一个不可思议的矛盾。"②

在自由的国家里，情况就不同了。一个共和国如果没有法律就不能存在，在法律的保护下，人们得到生命和财产的安全，从安全产生了对知识和艺术的追求和渴望，这才使艺术的发展有了可能。艺术和科学的发展都需要互相学习和竞争以唤起生气勃勃和主动活跃的精神，使人们的天赋和才能有充分施展的天地。这种条件也只有自由政体才能提供，所以自由政体是艺术和科学唯一适宜的摇篮。

---

① ［英］休谟：《论艺术和科学的兴起与发展》，载《休谟散文集》，杨适等译，上海三联书店1988年版，第37页。
② ［英］休谟：《论艺术和科学的兴起与发展》，载《休谟散文集》，杨适等译，上海三联书店1988年版，第40页。

第二，虽然艺术适宜于在自由政体下发展，但它们也可以移植到其他政体的国家中去。共和国对于科学的发展最有利，而开明的君主国对于文艺的发展最有利。休谟的这一观点是承接前一观点而来的。他认为最早由自由国家发明的政治艺术可以由开明的君主国加以保持，在开明的君主国里，行政官吏必须服从治理整个社会的一般法律，必须按照规定的方式行使国王赋予他的权力，因而它能在相当程序上保证人民的安全，为艺术发展提供必要条件。虽然共和国和开明君主国都提供了艺术发展条件，但两种社会制度却造成了不同的社会环境。在共和国里，人们要想升迁必须眼睛向下，争取人民的选票；在开明君主国里，想升迁必须将注意力朝上，讨得君主的宠爱。在前者要得到成功，必须靠勤勉、能力和知识，因而最能得到成功的是知识上的天才；在后者则要靠机敏、谦恭和文雅，因而最易得到成功的是趣味优雅之士。这两种社会环境造成了不同的结果：共和国比较自然地培育了科学，开明君主国比较自然地培育了文雅的艺术。

除以上两点外，休谟对艺术发展的规律还提出了两点看法。一点看法是，一些独立的国家彼此为邻、在贸易和政治上保持联系，最有利于艺术的发展。因为这些邻近国家之间自然产生的相互学习和竞争，是促进艺术发展的一个显著动力。另一点看法是，在任何国家里当文艺发展到高峰后就必然趋于衰落，因为艺术得到高度发展的最佳条件不可能保持长久。休谟所提出的这些看法，有些带有明显的历史局限性，有些分析也牵强附会，缺乏说服力。但他试图用历史观点观察艺术发展，寻找艺术发展的外部动因，并体现了资产阶级启蒙思想家反对封建专制的精神，在当时是具有进步作用的。

第十一章　伯克

　　伯克是英国经验主义美学思潮的最杰出、最重要的代表之一，他最坚决、最彻底地把经验主义哲学原理具体应用于美学研究，充分表现出英国美学的感觉论倾向和唯物主义倾向，并使之带有心理学和生理学的显著特点。无论是从对一系列重要美学范畴的阐述来看，还是从美学研究方法来看，伯克都可以说是英国经验主义美学的总结者。

　　伯克（Edmund Burke，1729—1797年）生于爱尔兰的一个律师的家庭。1744年进入都柏林三一学院，1750年移居伦敦，入中殿律师学院进修。此时正值启蒙运动席卷全欧、法国百科全书派活动高潮时期，伯克受到卢梭等启蒙思想家的影响，发表了《为自然社会辩护，或对贫困和罪恶的一个考察》，揭露现实弊端。在律师学院学习结束后，伯克一度游历英国和法国。1756年，他发表了美学论文《关于崇高与美两种观念根源的哲学探讨》。从此开始在英国有些影响，并在国外受到狄德罗、莱辛、康德等美学家的注意，莱辛翻译并加注出版了这部著作，但伯克从此再也没有发表过美学著作，而是将注意力转向政治活动。1758年他创办的《纪事年鉴》第一卷问世。1765年他进入下院，任辉格党议会领袖罗金厄姆侯爵的秘书。他积极参加乔治三世时代的宪法论争，发表了题为"关于目前不满情绪的根源"的小册子，主张限制王权，政府主要人选由全国人民通过国会决定，要相信群众和群众信赖的代表有能力做出合理选择。1774年他当选为国会议员，在任期间仍关心如何削弱王权。他曾就关于美洲殖民地问题、印度问题，在国会发表数篇著名演说，影响甚大。1789年法国大革命爆发后，伯克怀有敌意，于第二年发表《关于法国革命感想》，反对法国大革命。这不但引起许多英国人士的批评，就连其同党福克斯也与他决裂。从在英国的影响来说，伯克一生作为政治家比他作为美学家的名声更大，但他从来没有系统地表述过他的基本思想，只是在讨论具体问题时作

第十一章 伯克

一些阐述。

伯克的《关于崇高与美两种观念根源的哲学探讨》一书在1757年发表时包括五个部分：（1）论崇高与美所涉及的快感和痛感以及人类基本情欲；（2）论崇高；（3）论美；（4）论崇高与美的成因；（5）论文学的作用与诗的效果。1759年再版时，伯克对全书作了一些修改，并加进去一篇《论趣味》，作为全书的导论。

伯克这部美学著作是在朗吉努斯和康德之间西方关于崇高与美这两种审美范畴的最重要的文献。在西方美学史上，朗吉努斯首先论述崇高问题，但他主要是把崇高作为文章风格，试图找出崇高风格的构成因素。伯克则发展了这种认识，将崇高作为一个独立的审美范畴，并使之与美这一审美范畴相并列。把崇高与美严格地区别开来，阐明它们各自的特点，这是伯克的首创。他对崇高感的心理生理基础以及崇高对象的特质作了深入细致的分析，对西方美学中崇高问题的研究起到了承前启后的作用。康德早年受伯克影响，写过《关于美感和崇高感的考察》。在《判断力批判》中，康德吸收了伯克关于崇高的许多观点。"康德关于崇高的整个理论都受到伯克的影响。"①

伯克的美学理论是以经验主义的哲学和方法为基础的。在认识论上，他完全恪守洛克的原则，否认任何天赋观念的存在，把感觉看作认识的唯一源泉，并用感觉经验去解释观念的形成。在方法论上，他遵循培根所提出的经验归纳法，以经验的事实作为研究美学的出发点。他亲身作了许多有趣的观察，并利用这些经验材料论证自己的观点，因而使他对美学问题的探讨能够不囿于前人思路的束缚而具有独创性。他大胆运用所掌握的科学的心理学于美学研究，从心理学和生理学的角度去解释美学现象，形成探索方法上的显著特点，这一方法产生了深远的影响。总之，伯克美学理论的独创性和局限性，都是和他的经验主义的和心理学的特殊研究方法密切相关的。康德在《判断力批判》中评论了伯克对崇高和美的单纯经验性的解释，认为它"作为心理学的评述，对我们内心现象的这些分析是极为

---

① ［美］K. E. 吉尔伯特、［德］H. 库恩：《美学史》，纽约：麦克米伦公司1939年版，第322页。

出色的，并且给最受欢迎的经验性人类学研究提供了丰富的素材"①，同时也指出"要使经验心理学跨入哲学学科的行列，这几乎是任何时候都不可能的"②。

第一节　崇高感和美感的心理生理基础

英国经验主义哲学家对人的意识活动的研究，有两个不同的侧重点。洛克派经验主义者侧重认识和知性方面，主要考察观念及其联想，而霍布斯则侧重本能和情绪方面，主要考察情欲和情感之类活动。伯克在认识论上完全恪守洛克的原则，坚持人的认识和一切观念都来自感觉经验。但是，在分析崇高和美两种观念的起源时，伯克却偏向霍布斯，首先从人的情欲和情感出发，着重探讨了崇高感和美感形成的心理和生理基础。

伯克从考察人的最朴素、最自然的感情——痛苦和快乐开始，认为大多数能对人的心情产生强有力的作用的感情，无论是单纯的痛苦或快乐，还是对痛苦或快乐的缓解，几乎都可以简单分成两类：一类涉及"自我保存"；另一类涉及"社会交往"。这两类感情符合不同目的，前者是要维持个体生命的本能；后者是要维持种族生命的生殖欲和满足互相交往的愿望。总的来说，崇高感源于自我保存的感情，美感则源于社会交往的感情。

在分析崇高感和自我保存的感情的关系时，伯克指出，涉及自我保存的感情大部分主要与痛苦和危险有关，它们一般只在生命受到威胁的场合才激发起来，在人的情绪上主要表现是恐怖或惊惧，而这种恐怖或惊惧正是崇高感的基本心理内容。正是基于以上原因，崇高感才与自我保存的感情密不可分，而令人恐惧的对象便成为崇高的来源。他说："凡是必然适合于引起痛苦和危险观念的事物，即凡是必然令人恐怖的，或者涉及可恐怖的对象，或是多少类似恐怖那样发挥作用的事物，就是崇高的一个来源。"③ 涉及自我保存的感情主要与痛苦相关，痛苦是人心能感觉的最强有

---

① ［德］康德:《判断力批判》，邓晓芒译，人民出版社2002年版，第118页。
② ［美］K. E. 吉尔伯特、［德］H. 库恩:《美学史》，纽约：麦克米伦公司1939年版，第325页。
③ ［英］伯克:《关于崇高与美两种观念根源的哲学探讨》（以下简称《论崇高与美》），牛津大学出版社1990年版，第36页。

第十一章 伯克

力的情感,它在力量上远比快乐较强烈。崇高感的主要内容是恐怖,它本来也是一种痛感,但崇高对象引起的恐怖和实际生命危险产生的恐怖,两者在情感调质上却显得不同。对实际生命危险的恐怖只能产生痛感,而对崇高对象的恐怖却能由痛感转化成快感。这是为什么呢?伯克对此的解释是:

> 当危险或痛苦太迫近时,它们就不能产生任何愉快,而只是单纯的恐怖。但是如果相隔某种距离,并得到了某些缓和,危险和痛苦也可以变成愉快的。①

这就是说,崇高感的形成既要使人感到危险,又要使危险不太紧逼,相隔一定距离,不致成为真正的危险。这样,由于危险受到缓和,加上其他原因,崇高对象引起的恐怖便可由痛感而转化为一种愉悦。这种看法已经隐伏着以后的所谓"心理距离"说的萌芽。

在分析美感和社会交往的感情的关系时,伯克将属于社会交往的感情分成两种:首先是两性的交往,它满足种族繁衍的需要;其次是一般的交往,除了一般人与人之间的社交要求外,还有其他动物,甚至有时还有无生命的世界。如果说属于自我保存的感情总体上注重痛苦和危险,那么属于社会交往的感情则主要是喜悦和快乐。美感即起源于此。

关于两性交往的感情,伯克认为它的目的在于生殖和绵延种族生命,属于性欲,但他指出在这方面人和动物是有显著差异的。艾迪生曾经认为动物偏爱自己的同种,是由于它们在种属内发现美感,伯克不同意这种观点。他认为动物对于同种的偏爱是受某种其他规律的支配,而不是由于美感,只有人才能在异性间的情欲中产生美感,这是因为人的情欲和动物的性欲是有区别的。"人可以适应较大变化和复杂关系,把一般的情欲和某些社会性质的观念结合在一起,这种社会性质的观念指导而且提高了人的情欲,虽然人和其他动物都有这种情欲。"② 这种"混合的情欲"叫作"爱",而爱的对象是异性的美。人爱异性,一般也是因为那是异性,是一般自然

---

① [英] 伯克:《论崇高与美》,牛津大学出版社1990年版,第36—37页。
② [英] 伯克:《论崇高与美》,牛津大学出版社1990年版,第39页。

规律在起作用；但同时人也爱人体美的某些特点，不仅因为对象是异性。伯克在这里想要说明的是，正是由于人把两性间的情欲与社会性质的观念相结合，从而将它提升为爱的情感，所以，这类社会交往的感情才成为美感的起源。因为这种爱的情感正是一般美感的主要心理内容，应该说，伯克能看到人的两性间的情欲具有社会性质，属于爱的情感，是有其深刻性的。但是，他并不能真正了解"社会性质"的科学内涵。他说："我把这美称为一种社会的性质，因为每逢见到男人和女人以至其他动物而感到愉快和欢喜的时候……他们都在我们心中引起对他们身体的温柔和爱慕的情绪，我们愿他们和我们接近。"① 这里讲美是一种社会的性质，实际上还是讲美的对象能满足人之间互相交往的要求，而且主要还是从满足生理需要出发的，因而是相当肤浅的理解。

关于另一种社会交往的感情，即一般人与人之间社交的要求，伯克认为它是和"孤独"相对的。绝对的完全的孤独，即完全排斥在全部交往以外，是一种想象得出的巨大而确实的痛苦，完全孤独的生活违背我们的生存目的，而任何特定社交的快乐大大地超过了由于缺乏这种特定享受而引起的不安。所以，人要求社交或群居，是为了摆脱孤独的痛苦，享受交往的快乐。这仍然是从生理学的观点来解释人的社交要求和感情，把社交或群居归结为人的本能需要。伯克认为，第二种社会交往的感情和第一种社会交往的感情，虽然都属于社会的感情，但两者也有不同，因此和美及美感的关系也有差别。第一种社会是两性的社会，属于这种社会的情感被称为爱，包含色情的混合，其对象是女性的美；第二种社会是人与人乃至其他动物的大社会，属于这种社会的情感也类似地被称为爱，但是它不混有色情，其对象是美。总之，属于社会交往的感情是一种爱和类似爱的感情，正是这种感情构成了美感的心理基础。伯克说：

> 美是一种名称，我将它用于引起我们的爱和温柔的感觉，或者与此最相似的其他情感的一切事物的这种性质。爱的情感产生于积极的愉快。②

---

① ［英］伯克：《论崇高与美》，牛津大学出版社1990年版，第39页。
② ［英］伯克：《论崇高与美》，牛津大学出版社1990年版，第47页。

第十一章 伯克

如果说崇高是以自我保存所形成的痛苦和恐怖的情感作为心理基础的，那么美就是以社会交往所形成的爱和快乐的情感作为心理基础的。崇高的快感是由痛感转化而来的，而美的快感则是直接和爱的情感相依存的，这就是伯克在分析崇高感和美感的不同起源时所形成的总体认识。

伯克认为，第二种社会交往的感情种类复杂，可以派生出多种形式，符合不同目的。其中主要有三种，即同情（sympathy）、模仿（imitation）和竞争心或向上心（ambition or emulation），它们分别符合于不同的美的种类，形成不同的美感。

（一）同情

在三种涉及交往的感情中，伯克对同情谈得最多，因为他认为"同情是我们关心别人诸多感情中的第一种"。同时，在英国经验主义美学家中，同情也是一直受到关注的一个美学话题。在伯克之前，艾迪生、休谟都论及同情问题，休谟对同情在美的形成和审美中的作用已经做过深刻的研究，以致形成了有些美学史著作所说的"关于同情的魔力的原则"[1]，这也是促使伯克对同情问题给予更多注意的一个原因。但他对同情的看法也有不同于以往的地方，首先，他把同情看作社会交往必需的感情，同时又带有自我保存的性质：

> 同情是我们关心别人的基本情感，我们像别人感动一样被感动，从不会对别人所做或受难冷漠旁观。同情应该看作一种代替，由此我们设身处在别人的地位，在许多方面别人怎样感受，我们也就怎样感受。因此，这种情感可能还带有自我保存的性质。[2]

其次，他强调同情是一种本能，和理性无关。对于同情的探索的一种常见做法，是将这种感情的原因归于推理对于我们面前对象的某些结论。伯克不同意这种看法，他说："这些感情的原因纯粹产生于我们身体的机

---

[1] ［美］K. E. 吉尔伯特、［德］H. 库恩：《美学史》，纽约：麦克米伦公司1939年版，第256页。

[2] ［英］伯克：《论崇高与美》，牛津大学出版社1990年版，第41页。

械结构或产生于我们自然的心情和气质"①,它"先于任何推理,由一种本能来完成"②。这再次表现出他的生理学的观点。

最后,他认为文艺欣赏和悲剧效果主要基于同情:

> 主要地就是根据这种同情原则,诗歌、绘画以及其他感人的艺术才能把情感由一个人心里传递到另一个人心里,而且常常能在不幸、苦难乃至死亡上嫁接上愉快。大家都看到,有一些在现实中令人震惊的事物,放在悲剧和其他类似的艺术表现里,却可以成为高度快感的来源。③

这里涉及悲剧何以产生快感的问题。西方美学中向来有一种颇具影响的看法,就是认为悲剧能产生快感的原因在于它是虚构的。和伯克差不多同时代的法国文人丰特奈尔就是持这种观点,认为悲剧既是虚构,便可减轻观众对剧中人物不幸遭遇的痛苦感情,将这种忧伤调节到某种程度,使之成为一种快感。休谟在《论悲剧》中曾提到过这种观点,并表示质疑。伯克也不赞成此说,他指出,对于并非虚构的、真正的悲惨事件和人们的厄运,我们也会因受感动而感到愉快。没有任何帝国的昌盛,没有任何国王的权势,能像马其顿国的衰亡、倒霉的王子的不幸那样令人感到愉快。如同寓言中的特洛伊的陷落一样,历史上的灾变使我们深受感动。如果受难者是陷于厄运的人间豪杰,此时,我们的欣喜是升华的欢愉。无论是历史中所追溯的,还是我们目睹的,灾难和厄运总是令人感动并感到欣喜。"这是因为当恐怖不太迫近时,它总是产生一种欣喜的感情,而同情则往往伴随着愉快,因为它产生于爱和社交感情。"④ 悲剧与真正的灾难和不幸的差别,是在于它可由仿效的效果而产生快感,但实际上,真正的灾难和厄运比仿效的艺术和悲剧,能激发更大的同情,引起更大的快感。他为此举了一个美学史上颇为著名的例子:如果有一天观众正在紧张地等待观看由最受欢迎的演员表演的现有的最崇高、最感人的悲剧,忽然有人报告

---

① [英]伯克:《论崇高与美》,牛津大学出版社1990年版,第43页。
② [英]伯克:《论崇高与美》,牛津大学出版社1990年版,第43页。
③ [英]伯克:《论崇高与美》,牛津大学出版社1990年版,第41页。
④ [英]伯克:《论崇高与美》,牛津大学出版社1990年版,第42页。

说：在剧院附近的广场上正要处死一个地位显赫的要犯，这时，剧场就会空荡无人，大家会争着去看处死要犯，这就"宣告了真实的同情的胜利"。据此，伯克指出：

> 悲剧越接近现实，使我们离虚构的观念越远，它的力量就越大。但是不管它的力量如何大，它都比不上它所表现的事物本身。①

这个结论是建立在真正的灾难比悲剧还能激发更大同情的看法的基础上的，它要求悲剧接近现实，有其正确的一面，但完全否定艺术虚构的作用，甚至认为艺术总不如现实本身具有影响力，这就未免失之片面。

（二）模仿

伯克认为，模仿作为一种社会的情感，能使人得到快乐，它和同情出自同一原因。"同情使我们关心别人所感受到的，而模仿则使我们仿效别人所做的，因此，我们从模仿里以及一切纯然属于模仿的东西里得到快感。"② 和同情一样，模仿也是出自人的自然本能，不受任何推理功能的干预。正是通过模仿，我们学习日常事务，形成我们的仪表、思想和生活方式，所以"它是最强的社会联系之一，是一种人们互相服从的行为准则"③。和亚里士多德一样，伯克也把模仿看作艺术的基础：

> 绘画和许多其他愉快的艺术之所以有力量，主要基础之一就是摹仿。……如果诗或绘画所描绘的对象本身是我们不愿在现实中看到的，我们相信它在诗或画中的力量就只是由于模仿而不由于对象本身。……但是如果诗或画所描写的对象是我们在现实中要抢着去看的，不管它引起哪种奇怪的感觉，我们都可以相信那诗或画的力量从对象本身性质得来的就远远超过从模仿的效果或模仿的熟练技巧（不管它多么卓越）得来的。④

---

① ［英］伯克：《论崇高与美》，牛津大学出版社1990年版，第43页。
② ［英］伯克：《论崇高与美》，牛津大学出版社1990年版，第45页。
③ ［英］伯克：《论崇高与美》，牛津大学出版社1990年版，第45页。
④ ［英］伯克：《论崇高与美》，载朱光潜《西方美学史》，人民文学出版社2002年版，第234页。

这里值得注意的是，伯克认为艺术的美感有的来自模仿的对象本身，有的来自模仿的效果或技巧。如果是后者，艺术的力量归因于模仿或模仿的技巧引起的愉快；如果是前者，则归因于同情，或其他与同情关联的原因。这种区分有助于说明模仿对象不同的艺术在美感形成上的差异，但把两者完全割裂，也不符合艺术实际。即使是模仿的对象本身能唤起美感的艺术，其感染力仍必需借助于模仿的形式技巧。在艺术美感的形成中，同情和模仿的作用实际上是密不可分的。

（三）竞争心或向上心

伯克认为，模仿固然是使我们本性日臻完美的一种手段，但如果限于模仿，互相仿效，人类将不会有任何进步。所以，要推动社会进步，就需要有竞争心作补充。竞争心是"自己在人类公认的有价值的东西方面期望超过旁人"的要求，"正是这种情欲驱使人们用各种方法突出表现自己，激发人们与众不同的思想，并以此为乐"。结合竞争心说明美感，是伯克的一个独创。他主要是把竞争心同崇高感相联系，因为崇高对象能提高一个人对自己的估价，引起对人心是非常痛快的那种自豪感和胜利感。

> 在面临恐怖的对象而没有真正危险时，这种自豪感就可以被人最清楚地看到，而且发挥最强烈的作用，因为人心经常要求把所观照的对象的尊严和价值或多或少地移到自己身上来。朗吉努斯所说的读者读到诗歌词章中风格崇高的章节时，自己也从内心里感到光荣和伟大的感觉，那就是这样起来的。①

在前面论述自我保全的感情时，伯克曾分析崇高中的恐怖能由痛感转化为快感，是由于危险处于某种距离以外而受到缓和，这里又进一步指出是由于审美主体的自豪感和胜利感发挥作用。这不仅和朗吉努斯对崇高的效果的解释相衔接，而且和后来康德认为崇高感是一种自我尊严和精神胜利的看法，也是恰相吻合的。此外，他在后来说明崇高的充分原因时，还

---

① ［英］伯克：《论崇高与美》，载朱光潜《西方美学史》，人民文学出版社 2002 年版，第 234—235 页。

提出人的身心两方面功能需要通过劳动和练习才能保持正常和健康，而"恐怖对于人的心理构造中较精细的部分就是一种练习"。如果痛苦和恐怖实际上没有害处，那么这些情绪就能将粗细器官中危险的、制造麻烦的一些累赘物加以清除，所以就能产生快感。可以说，在西方美学家中，伯克是对崇高感的心理和生理基础分析得最为充分的人物之一。

伯克对崇高感和美感的心理和生理基础作了较为全面、系统的探讨，不仅在方法上是独特的，而且在内容上也是具有独创性的，它可以说是伯克美学思想中最富有启发意义的部分，对后来西方有关这一问题的深入研究产生了重要影响。但是他在从人的情欲出发解释崇高感和美感的成因时，脱离了人的社会实践和历史发展，仅仅把人看作具有固定不变的心理和生理特性的抽象生物，片面强调人的本能作用和生理需要，这就有把作为社会性的审美情感加以生理学或生物学化的危险。

第二节 崇高和美的对象的性质

在分析了崇高和美的主观方面的心理和生理基础之后，伯克转向讨论崇高和美的客观方面的对象的性质，这部分讨论占了他的论文的相当大的篇幅，也最集中地表现出他的美学研究的感觉论和经验论的特点。他在研究崇高和美的对象所特有的性质时，主要就是运用经验的归纳方法。同时，他把他的考察仅仅局限于事物的感性方面的性质，这些性质只需通过感官和想象直接地作用于人的某种基本感情，立即便产生崇高感和美感，不需要理性的作用。伯克的感觉论和唯物论美学思想的形而上学的局限性在这里表现得特别明显。

（一）崇高的对象的性质

伯克是从崇高的主观经验即崇高感开始，探讨崇高的客观对象的特性的。他认为崇高的对象在人心中产生的主要效果就是恐怖：

> 自然界的伟大和崇高所引起的情感，当起因作用强烈时，就是惊惧。在惊惧这种精神状态中，心灵的一切活动都由某种程度的恐怖而停顿。这时心灵完全被对象占领住，不能同时考虑到任何其他东西，

因此不能就占领它的那个对象进行推理。因此产生崇高的巨大力量，它不但不是由推理产生的，而且还使人来不及推理，就用不可抗拒的力量驱赶我们。惊惧是崇高的最高程度的效果，次要的效果是钦美、崇敬和尊重。①

崇高的对象的共同效果是惊惧和恐怖，同时，它还排除了理性或推理的作用。"没有一种情感能像恐惧那样有效地使精神丧失一切行动与推理的能力。因为恐惧是害怕痛苦或死亡，它以类似真实的痛苦方式起作用。因此，一切对于视觉是恐怖的事物也是崇高的。"② 那么，对象的哪些性质是能产生恐怖感并形成崇高呢？伯克认为，形成崇高的对象的感性性质主要是：

体积的巨大。"度量的巨大是崇高的一个很重要的原因。"③ 这也是崇高与美在对象的特性上的一个最显著区别。巨大的事物，如果我们附加了偶然的恐怖的观念，它就无可比拟地变得更大了，例如广阔无垠的海洋。在度量中，高度不如深度重要，从悬崖绝壁向下看时比向上看同样高度的物体更使我们心惊肉跳，因而更具产生崇高的力量。规模的巨大看来是崇高的建筑的必要条件，对于几个小构造，想象不可能产生任何无限的观念。

晦暗或模糊。为了使事物显得恐怖可怕，晦暗或模糊似乎很有必要。当我们知道危险的真实程度时，当我们的眼睛习惯了危险时，恐惧就会大大减弱。在一切危险的场合，黑夜会大大增加我们的畏惧。因此，几乎所有的异教神庙总是黑暗的。弥尔顿在诗中常运用模糊或晦暗的力量来增强恐怖事物的秘密，从而形成"朦胧的壮丽"。无论在自然中，还是在诗中，晦暗、模糊、不确定的形象比清晰、确定的形象还能产生更大的效果，形成更崇高的情感。

力量。崇高的事物，无一不是力量的某种变形。力量、强暴、痛苦与恐怖是一起蜂拥而入思想的观念。"看到一个有巨大力量的人或任何其它动物，在考虑以前，你有的想法是什么？是因为感觉到这种力量对你，对

---

① [英]伯克：《论崇高与美》，牛津大学出版社1990年版，第53页。
② [英]伯克：《论崇高与美》，牛津大学出版社1990年版，第53页。
③ [英]伯克：《论崇高与美》，牛津大学出版社1990年版，第66页。

你的安适、快乐、利益有用？不，你感觉到的情绪是唯恐这种巨大的力量会用于劫掠和破坏。这种力量从其一般伴随的恐怖中衍生出一切崇高。"①如果力量是有用的，而且可以用于我们的利益和快乐，并使它服从我们，那么这种力量决不会是崇高的。上帝的力量是最显著的，无论是上帝做出的公正的定罪还是它所恩赐的仁慈，都不能完全消除那种不可抗拒的因力量而自然产生的恐怖。

无限。崇高的另一个来源是无限。无限具有使精神充满某种令人愉快的恐惧的倾向，这是崇高最真实的效果。如果某一巨大物体的各部分连续成无限的数量，我们就以类似的方式产生错觉，想象就不会受到妨碍物体随意延伸的阻挡，从而产生无限的效果。各部分的连续与一致组成人为的无限。各部分在一个方向持久连续，刺激感官产生想象；各部分保持一致和不变，相同的物体似乎不断继续，想象也就无休止。古代神庙每边有一连串均匀的立柱，古老教堂中有许多长廊，都是根据连续与一致性的原则，形成宏伟的效果。

壮丽。壮丽也是崇高的来源之一。大量本身辉煌或有价值的事物是壮丽的。星光灿烂的天空，总会产生壮丽的观念，这不能归因于一颗颗单独存在的星星本身，数量是形成壮丽的一个原因。此外，外观的无序也增强了壮丽感。

除了以上主要特性外，伯克提到的崇高对象的性质还有空无（如空虚、无知、孤寂、静默），困难（如需要巨大力量和劳动来实现的工作），响度（如风暴、雷电或炮击的声响），突然性（如强大的声音突然开始或停止）等等。具有这些性质的对象，除自然物和自然现象外，还有人造物、社会现象乃至艺术作品，但这些性质都必须直接作用于人的感官和想象。从伯克的论述中，可以看出他十分重视想象在形成崇高中的作用。他说："恐惧其实和想象是不可分离的伴侣。且想象越多，恐惧越甚。"② 崇高对象的各种性质，只有通过想象的作用，才能产生崇高感。

（二）美的对象的性质

伯克认为美和崇高不仅源于不同的心理基础，而且在对象的性质上也

---

① [英]伯克：《论崇高与美》，牛津大学出版社1990年版，第60页。
② [英]伯克：《论崇高与美》，牛津大学出版社1990年版，第64页。

是完全不同的。崇高感源于自我保存的感情，主要心理内容是恐怖；美感源于社会交往的感情，主要心理内容是爱。如果说，崇高的对象的性质主要是与引起恐怖的情感有关，那么，美的对象的性质主要是与引起爱的情感有关：

> 我所谓美，是指物体中能引起爱或类似情感的某一性质或某些性质。我把这个定义只限于事物的纯然可感觉的性质……我同样地把这种爱也和欲念或性欲分开；所谓爱指的是在观照一个美的事物时……心灵所产生的那种满足，欲念或性欲却是驱使我们占有某些对象的一种心灵力量，这些对象之所以能吸引我们，并不是因为它们美，而是由于依靠完全不同的手段。①

这个美的定义有三点值得注意：第一，承认美的客观性，肯定美是属于对象本身的客观的性质。后面他还说："美大半是物体的某种性质，通过感官的中介，在人的心灵上机械地起作用。"② 这种观点无疑是唯物主义的。第二，认为美是物体中引起爱的一种性质，它不是欲求的对象，不涉及欲念。这个看法后来经过发挥，和美的非功利性相联系，在近代美学和现代美学中都有重大影响。第三，把美限于事物的纯然可感觉的性质上，认为美只和感觉、感性有关，不涉及理性、理智。这个观点在后来对于美的形成原因的具体分析中还有阐明，它充分表现出经验主义美学片面强调感觉经验的特点。

在提出美的定义以及考察美的对象的特质的原则之后，伯克首先对当时最为流行的一些美的学说进行了分析批判。他首先批评了"美在比例"这一长期流传、影响广泛的学说：

> 比例如同一切关于秩序的观念一样，几乎是完全和方便联系在一起；因此，它必须被认为是理智的产物，而不是作用于感觉和想象力的最根本原因。我们发现一个物体美，不是靠长时间的注意和

---

① ［英］伯克：《论崇高与美》，牛津大学出版社1990年版，第83页。
② ［英］伯克：《论崇高与美》，牛津大学出版社1990年版，第102页。

第十一章 伯克

探究，美不需要借助于我们的推理；它甚至和意志无关。美的出现引起我们一定程度的爱，就像冰块或烈火之产生冷或热的观念一样的灵验。①

这里重申了美不涉理性和推理，只涉及感觉和想象力的观点，并以此为据，否定了"美在比例"说，因为比例被认为是理智的产物，是靠测量的办法发现的，是数学的对象。"但美确实不是一个属于测量方面的观念；它同计算和几何学也没有什么关系。"② 接着，伯克分别从植物美、动物美、人体美进行具体考察和分析，说明比例不是美的原因。就人体说，同一种比例，既可存在于美丽的身体上，也可存在于丑陋的身体上。无论是雕像还是活人，在比例上可以相差很远，但是仍可以都是美的。况且比例美的的拥护者彼此之间对于人体的比例的看法也极不一致，没有人会证明这些比例究竟是否是美男子或美女身上的比例。总之，"如果我们能够证明在不存在美的情况下照样可以见到这一些比例，而美常常是在不具备这些比例的情况下存在的，而且这种美的存在总是可以归诸其他比较明确的原因，那么我们自然可以断定比例和美不是同样性质的观念"③。

其次，伯克批评了"美在适宜或效用"的看法。这种看法认为效用观念，即关于整体的各部分符合它的目的的观念，是美的原因。英国画家荷加斯在《美的分析》中就主张此说。伯克指出，比例说实际上也是以适宜说为基础的，最常想到的一个关于比例的观念，就是手段对于某种目的的适宜性。他批评适宜说"没有足够地考虑到经验"，并讥讽地说："根据这个原理，猪的楔形大鼻子加上鼻尖强韧的软骨，它的深陷进去的小眼以及整个头部的形状，既然非常适合于用鼻子挖地、掘地找东西吃的职能，就该是非常美了。"④ 他否认美和效用有关。"花卉是植物界最美的一个部分，

---

① ［英］伯克：《论崇高与美》，载古典文艺理论译丛编辑委员会编《古典文艺理论译丛》(5)，人民文学出版社1963年版，第39—40页。
② ［英］伯克：《论崇高与美》，载古典文艺理论译丛编辑委员会编《古典文艺理论译丛》(5)，人民文学出版社1963年版，第39—40页。
③ ［英］伯克：《论崇高与美》，载古典文艺理论译丛编辑委员会编《古典文艺理论译丛》(5)，人民文学出版社1963年版，第48页。
④ ［英］伯克：《论崇高与美》，载古典文艺理论译丛编辑委员会编《古典文艺理论译丛》(5)，人民文学出版社1963年版，第49页。

它又引起我们什么效用观念呢？""美所产生的效果是先于任何有关效用的知识的。"①

最后，伯克批评了"美在圆满"的观点，这是和"美在适宜"的观点密切相连的另一种颇为流行的看法。在驳斥这种观点时，伯克举例说，美这种品质在女性身上是最高级的，但它却几乎总是伴随着柔弱和不圆满的观念。女人们很懂得这一点，所以她们学习娇声娇气咬着舌头讲话，扭扭捏捏地走路，装得弱不禁风甚至装出病态。"烦恼中的美是最动人的美。羞涩之态也有差不多同样的力量。"② 可见，圆满本身决不是美的原因。

在批驳上述各种流行的美的学说之后，伯克转向考察和分析"美的真正的原因"，即"在我们凭经验而发现美的那些东西里，或者激起我们的爱或某种与之相当的情感的东西里，这些感性品质是以什么方式配置起来的"。③ 他列举的美的对象的感性品质主要有：

体积小。在大多数语言里，爱的对象都是用指小词来称呼的。在日常谈话里，我们总是在所爱的每个东西上加上爱称 little（小）。在除了我们人类以外的动物中间，我们倾向于喜爱小动物。可见美的对象的量比较地说是小的。在这里也可以见出美与崇高的对立："崇高作为崇敬的原因，总是发生在庞大而可怕的对象上；而后者（指爱——译者）则发生在小而惹人喜欢的对象上；我们屈服于我们所崇敬的东西，但我们却爱屈服于我们的东西；在前一种场合，我们被迫依从，而在后一种场合则我们因受奉承而依从。"④

光滑。这一品质对美来说是必不可少的。植物叶子的美，园林小溪的美，动物毛皮的美，美女皮肤的美……无不与光滑相关。美的相当大的一部分效果归功于这一品质。随便哪一个美的对象，假如它的表面凹凸不平，那么，不管它在其他方面可能样子很好，它也再不能使人喜爱。

---

① ［英］伯克：《论崇高与美》，载古典文艺理论译丛编辑委员会编《古典文艺理论译丛》(5)，人民文学出版社1963年版，第50、51页。
② ［英］伯克：《论崇高与美》，载古典文艺理论译丛编辑委员会编《古典文艺理论译丛》(5)，人民文学出版社1963年版，第53页。
③ ［英］伯克：《论崇高与美》，载古典文艺理论译丛编辑委员会编《古典文艺理论译丛》(5)，人民文学出版社1963年版，第55页。
④ ［英］伯克：《论崇高与美》，载古典文艺理论译丛编辑委员会编《古典文艺理论译丛》(5)，人民文学出版社1963年版，第56页。

渐次的变化。美的物体不是由带棱角的部分所组成的，它的各个部分从不沿着同一条直线一直向前延伸。它们在人眼前通过不断的偏离而发生变化，你却很难确定一点作为这种偏离的起点或终点。如看一只美丽的鸟，通过整个身体你看不到一个突然的凸出部，然而整个身体又在不断地变化。据此，伯克认为画家荷加斯关于"美的线条就是蛇形曲线"的观点正好印证了他的理论。

娇柔。一种娇柔的外貌，甚至纤弱的外貌，对美来说几乎是不可缺少的。粗壮有力的外貌引起崇高感，对美是很有损害的。花类最显著的是它的柔弱和转瞬即逝的持续期，但它给予我们以最生动的美和优雅的观念。女性的美在颇大程度上是由于她们的纤弱或娇柔。

颜色之美。美的物体的颜色不能晦暗混浊，而必须明快洁净。但它们不能是最强烈的颜色，而是每种颜色中较柔和的颜色。假如它不得不有一种强烈的颜色，那这种颜色就必须同其他颜色一起构成多样的变化，使每种颜色的强度大为减弱。

结合论述美的对象的特质，伯克还讨论了"丑"和"优美"这两个重要的审美范畴。关于"丑"，伯克认为，"丑的本质在一切方面都恰好和我们提出作为美的要素的那些品质相反"[1]。丑虽是美的对立面，却不是比例和适宜性的对立面。因为有的东西虽然非常丑，但却合乎某种比例并且适合某种用途。"丑同样可以完全和一个崇高的观念相协调。"丑本身不一定就崇高，但是如果它和引起强烈恐怖的那些品质结合在一起，它会显得崇高。这种观点在西方近现代美学中都有一定影响。

关于"优美"（gracefulness），伯克认为它和美没有多大区别。但是，"优美这个观念是属于姿态和动作的"[2]。它要求身体微屈，各部分要姿态自若，不被突然的棱角所分开。"优美的全部魔力就包含在这种姿势和动作的悠闲自若、圆满和娇柔里。"[3] 这种从姿态和动作的特点上去界定优美

---

[1] ［英］伯克：《论崇高与美》，载古典文艺理论译丛编辑委员会编《古典文艺理论译丛》(5)，人民文学出版社1963年版，第60页。

[2] ［英］伯克：《论崇高与美》，载古典文艺理论译丛编辑委员会编《古典文艺理论译丛》(5)，人民文学出版社1963年版，第61页。

[3] ［英］伯克：《论崇高与美》，载古典文艺理论译丛编辑委员会编《古典文艺理论译丛》(5)，人民文学出版社1963年版，第61页。

的看法，在英国经验主义美学中也是别具一格的。

总的看来，伯克对崇高与美的对象的特质的分析，肯定了崇高和美都是属于对象本身的客观的性质，从而表现出唯物主义立场。但他在阐明这些性质时，主要着眼于强调对象的形式因素，严重忽视内容因素，这种形式主义倾向使他的许多结论很难经得起人们列举其他事例的反驳，因而也缺乏充分的说服力。

第三节　诗表现崇高和美的特点

伯克在论述崇高的对象的特质时，对诗与画的不同作了比较分析，同时，在论文的最后一部分，又专门探讨了诗和一般文学作品在表现崇高和美的方法和手段上的特点，这两部分相互联系，构成了伯克关于诗与画的审美特点的理论，它弥补了论文在论述崇高与美时，较多涉及自然对象而较少涉及文学艺术的不足。

伯克首先分析了诗与画在形象的表现及其效果上的区别。法国美学家杜博斯（Abbé Dubos, 1670—1742年）在《诗与画的批判性感想》中，认为"画比诗较明晰，所以也较优越"。伯克反对这种看法。他认为，意象的清晰对情感的影响不是绝对必要的，为了达到影响情感的目的，可以不通过任何形象，而只利用言辞来产生作用。诗用生动活泼的语言描述，只能产生模糊的、不完善的对象的观念，然而这种描述却能比清晰地表现对象的观念的图画产生更强烈的情绪，这正如在自然中晦暗的、模糊的形象比清晰、明确的形象还能产生更大的效果。

> 诗不管是多么晦暗，比起绘画来，对情绪的统治力还更普遍，更强烈。为什么晦暗的观念，如果表达得恰当，其感动力还比明晰的观念更大呢？我想这在自然（本性）中可以找到理由。凡是引起我们的欣美和激发我们的情绪的都有一个主要的原因：我们对事物的无知。等到认识和熟悉了之后，最惊人的东西也就不大能再起作用。……在我们的所有观念之中最能感动人的莫过于永恒和无限；实际上我们所

第十一章 伯克

认识得最少的也莫过于永恒和无限。①

为了证实上述观点,伯克举密尔顿诗中所塑造的撒旦的形象和《旧约》中约伯的形象为例,指出它们正是由于形象晦暗混茫、捉摸不定,才产生了动人心魄的效果。所以,"实际上,模糊、含混、不确定的形象对于幻想比清晰、确定的形象具有更大的力量"②。

其次,伯克分析了诗在物质表现手段及其效果上的特点。诗和一般文学作品的物质表现手段是语言或词语。要了解诗的审美特点,就必须了解语言或词语表现崇高和美的特殊方式。为此,伯克对词语的效果作了考察,认为如果词最大限度发挥其效力,在听者的心中可产生三种效果。第一是声音;第二是图象,或者由声音象征的事物的表象;第三是前面一种或二种效果产生的心灵的感情。但他又认为除非想象力作了特别的努力,在通常的交谈和阅读时,词语很少能在心中激起任何意象。"不仅由通常称为抽象的观念,其根本不能形成任何意象,甚至那些具体、真实的存在,在我们交谈时也不会在想象中引起任何观念。"③ 由于词语只能通过声音间接象征事物的形象,而不能象形、色等物质表现手段那样直接描绘事物的形象,所以,伯克认为诗和文学产生的效果与绘画和造型艺术产生的效果是有区别的。绘画和一切造型艺术可唤起事物的形象,而诗和文学一般并不唤起事物的形象。

诗确实很少靠唤起可感知的意象的能力去产生它的效果。我深信如果一切描绘都必然要唤起意象,诗就会失掉它的很大一部分力量。④

诗虽然不能依靠直接描绘事物的真实形象,形成对象的崇高和美的效果,却可以通过间接的方法,即显示事物在人心中所产生的效果,来表现对象的崇高与美,从而产生更能令人感动的作用。在此,伯克举了荷马对

---

① [英]伯克:《论崇高与美》,载朱光潜《西方美学史》,人民文学出版社2002年版,第236页。
② [英]伯克:《论崇高与美》,牛津大学出版社1990年版,第58页。
③ [英]伯克:《论崇高与美》,牛津大学出版社1990年版,第155页。
④ [英]伯克:《论崇高与美》,牛津大学出版社1990年版,第155页。

海伦的美所做的描绘为例。荷马并没有对她的美的具体细节进行冗长描绘，而只写特洛依国议事会的元老们见到海伦的美时所引起的惊赞，但用这种方法反而更使我们感动。由此，伯克进一步指出：

> 诗和修词不像绘画那样能在精确描绘上取得成功，它们的任务在于通过同情而不是通过模仿去感动人，在于展示事物在叙事者或旁人心中所产生的效果，而不在于把那些事物本身描绘出一种很清晰的意象来。①

诗不是通过模仿而是通过同情去影响人的感情，所以，"诗就其普遍的意义说，不能严格贴切地被称为一门模仿的艺术"②，它应当通过词和语言的力量强烈地传授感情，通过感情的传染，燃起别人已经点燃的感情之火。

伯克关于诗与画比较的论述，对诗在物质的手段、形象表现和审美效果上的特点做了见解独到的分析。他提出诗中晦暗、模糊的形象比绘画中清晰、明确的形象更能激发人的幻想和感情，诗不是依靠对事物形象的描绘，而是通过显示事物在人心的中感受，依靠同情作用去感动人心。这些见解和古典主义者坚持"艺术模仿自然"、强调理性和明晰的文艺主张是相对立的，而和新兴的浪漫主义的文艺理想却恰相符合。他关于诗与画分别的理论对莱辛产生了重要影响。在写《拉奥孔》之前，莱辛在和曼德尔生的通信中曾提到伯克的看法。在《拉奥孔》里，莱辛认为诗不应该像绘画那样模仿和描写物体美的图画，而应就美所引起的效果来描绘美，或者化美为媚，描绘动态中的美。这和伯克的看法有明显的类似。而且莱辛也是以荷马写海伦的美作为例子。当然，莱辛对诗与画的界限和区别，比伯克论述得更全面、更深刻。伯克指出诗与画在形象的表现上有区别是对的，但是他认为诗以语言为媒介，很少能唤起感性意象，则是不符合创作实际的一种片面看法。诗虽然不能像绘画那种直接作用于视觉产生形象，却能通过语言间接作用于想象而在脑海中产生形象。诗的感人效果和它产

---

① ［英］伯克：《论崇高与美》，牛津大学出版社 1990 年版，第 157 页。
② ［英］伯克：《论崇高与美》，牛津大学出版社 1990 年版，第 157 页。

生的意象不是对立的，而是相联系的。莱辛虽然指出诗在唤起意象上受到语言媒介的限制，却并没有否认诗可以而且需要唤起意象。他说："诗人还要把他想在我们心中唤起的意象写得就象活的一样，使得我们在这些意象迅速涌现之中，相信自己仿佛亲眼看见这些意象所代表的事物，而在产生这种逼真幻觉的一瞬间，我们就不再意识到产生这种效果的符号和文字了。"[1] 可见将意象完全排除在诗的领域之外，是不符合诗和文学的创作特点和规律的。

第四节 趣味的内涵和普遍原则

伯克的《论趣味》一文是他的美学著作《关于崇高与美两种观念根源的哲学探讨》于1759年再版时补加进去的。休谟的《论趣味的标准》是1757年发表的。有的论著认为伯克这篇论文是针对休谟论文中的否认审美趣味的客观标准的不可知论观点的，实际并非如此。休谟的论文主要是论证趣味的普遍原则和真实标准问题，而伯克的论文主要也是探讨这一问题，而他们两人在论文中对这一问题都作了肯定回答，即承认趣味的普遍原则和共同标准是存在的。从《论趣味》的主要观点看，伯克在许多方面似乎都受到休谟的影响，但他对趣味的性质和内涵以及趣味的普遍原则形成的基础等问题，又作了比休谟更进一步的研究和探讨。

关于趣味的性质和内涵，伯克明确指出："我对趣味这词的解释只不过是指心灵的能力，或是那些受到想象作品与优雅艺术感动的官能，或是对这些作品形成判断的官能。"[2] 他认为趣味涉及三种心理功能：感官、想象力、判断力或推理能力。

> 所谓趣味，就其最普遍的词义说，不是一个简单的概念，它分别由感官的初级快感的知觉，想象力的次级快感，以及关于各种关系、人的情感、方式与行为的推理能力的结论各部分组成。所有这一切都

---

[1] [德] 莱辛：《拉奥孔》，朱光潜译，人民文学出版社1979年版，第91页。
[2] [英] 伯克：《论崇高与美》，牛津大学出版社1990年版，第13页。

是形成趣味的必要条件，所有这一切的基本组成在人心中都是相同的。①

在构成趣味的各种心理功能中，伯克认为感官和感觉是最基本的，"因为感觉是我们一切观念的伟大本源，因此也是我们一切愉快的来源"②。感觉的缺陷会产生缺乏审美鉴赏力。在感觉的基础上，想象力和情感成为审美趣味中最活跃的因素。

> 除了感觉提供的观念以及其附带的痛苦与愉快，人心具有一种自身的创造力，或随意按感官接受形象的次序与方式来描绘事物的形象，或用一种新的方式，根据一种不同的次序组合那些形象。这种能力称为想象力。……想象力是愉快与痛苦的最广阔的领地，它也是恐惧与希望以及有关的一切情感的区域。③

想象力可以按照新的方式改变从感官接受的观念或形象，所以它是一种创造力，和愉快、恐惧等审美情感的内容直接相关。想象力既可从自然对象的性质产生愉快，也可从事物的相似性产生愉快。"人心在寻找相似时比在搜索差异时自然地有一种更大的愉快与满足，因为在得到相似时，我们产生新的形象，我们联想、创造，我们扩充素材。"④ 这里涉及联想在审美心理功能中的作用问题，是英国经验论美学中传统的话题。伯克在谈到由于事物相似性形成联想、想象并产生快感时，还特别提到洛克关于巧智寻找相似、判断寻求差异的论点，可见他也是受到洛克的"观念的联想"的学说的影响的。

伯克把判断力或推理列为趣味的组成部分和必要条件之一，这是他在《论趣味》中提出的一个新观点。他指出，对于事物可感知的特性的认识几乎只涉及想象，表现情感也只涉及想象，它们可以不借助任何推理。"但是如同许多想象的作品不局限于表现感觉的对象，也不局限于依靠情

---

① [英]伯克：《论崇高与美》，牛津大学出版社1990年版，第22页。
② [英]伯克：《论崇高与美》，牛津大学出版社1990年版，第22页。
③ [英]伯克：《论崇高与美》，牛津大学出版社1990年版，第16—17页。
④ [英]伯克：《论崇高与美》，牛津大学出版社1990年版，第17页。

第十一章 伯克

感的力量,而是将本身延伸至人的风俗、性格、行为、计划,他们的关系、德行、罪恶,进入判断的领地,通过注意、推理的习惯得到提高,所有这一切构成了被认为是趣味对象的很大一部分。"① 因此,良好的趣味不仅要依赖于感觉和想象力,还需要依赖于理解和判断力;而判断力的缺陷则会导致错误的或拙劣的趣味。他强调理解力的重要作用:

> 一涉及处理,妥帖得体,融贯一致,总之,一涉及最好的有别于最坏的审美趣味的地方,我坚信在那里理解力在起作用,而且只有理解力在起作用。②

伯克在这里多次强调理解力或判断力对审美趣味的作用,而他在《关于崇高与美两种观念根源的哲学探讨》中,一直强调崇高感和美感只涉及感觉和想象等感性作用,排斥理性作用,这两者的矛盾是十分明显的。但他在重版全书时,虽补进《论趣味》作为导论,对原书中的观点却没有改动,这只能反映他的美学思想的发展变化。伯克这一观点上的改变,可能和受到休谟的《论审美趣味》的影响有关。因为休谟在论文里也强调理性和判断力对于形成良好的审美趣味具有重要作用。不过,休谟并没有把理性和判断力作为趣味的基本组成部分,而只是强调趣味和理性、鉴赏力和判断力二者之间的联系。在这一点上,伯克比休谟更进了一步,因为他把理性和判断力纳入趣味之中。这种观点无疑对后来的德国古典美学产生了影响。

伯克在《论趣味》中提出的另一个重要问题是关于趣味的普遍原则和共同基础问题,这也是他试图在论文中回答的主要问题。他首先驳斥了那种认为趣味没有确定的原则和任何标准的看法,肯定趣味存在有确定的原则和规律。他说:"如果趣味没有固定的原则,如果想象力不是根据某些确定不变的规律而受到影响,那么我们在这儿就几乎是白费力气了。"③ 而他的目的就是要寻找这种"共同的、确实无疑的原则"。"根据这些原则,

---

① [英]伯克:《论崇高与美》,牛津大学出版社1990年版,第22页。
② [英]伯克:《论崇高与美》,载朱光潜《西方美学史》,人民文学出版社2002年版,第241页。
③ [英]伯克:《论崇高与美》,载古典文艺理论译丛编辑委员会编《古典文艺理论译丛》(5),人民文学出版社1963年版,第69—70页。

想象力受到感染，并提供令人满意的推理方法。"① 其次，他探讨了形成趣味的普遍原则和标准的基础，认为人性在感官、想象力和判断力三个趣味的组成部分方面大体上都是一致的。他说："人了解外界对象的一切自然能力是感知、想象与判断。而且首先是与感知有关。我们确实而且必须假设所有人的感觉器官的构造是几乎或完全相同的，因此所有的人感知外界对象的方式是完全相同或很少差异的。"② 这种感觉器官构造和感知对象方式的一致，说明物体对人所造成的感觉印象是基本相同的，对一个人眼睛是明亮的东西，对另一个人的眼睛也是明亮的。同一物体当它自然地、单纯地作用时，在一个人身上引起快感和痛感，它一定对全人类也产生相同快感和痛感。例如，光明使人愉快，黑暗使人恐惧。对美的事物也存在着感觉的一致：

> 任何一个美的东西，无论是人、兽、鸟，或是植物，即使是展现在一百个人面前，他们都会很快地同意说：它是美的，尽管有人认为它不尽如人意，或者还有其他东西比它更美好。我相信没有人会认为鹅比天鹅更美，或认为弗里斯兰母鸡胜过孔雀。③

在伯克看来，正因为感觉是确定的、不是任意的，所以趣味的基础对所有人来说都是共同的，从而鉴赏就有了普遍的原则和标准。

不仅人的感觉具有一致性，想象力也具有一致性。想象力只能改变从感官接受的观念，却不能脱离感觉印象产生任何完全新的东西。"既然想象力只是感觉的表现，感觉由于现实事物而愉快或不愉快，依据同一原则，想象力也只能由于意象而愉快或不愉快，因此人们的想象力的一致性与人们的感觉的一致性同样是非常接近的。"④ 就审美趣味属于想象而言，其原则对所有人都是相同的。至于推理或判断力，伯克认为如果感觉不是不确定和任意的，对于对象的推理就有了充分的基础。他承认无知、疏忽、偏见、固执等会影响对事物的判断，损害人的趣味。但是，"这些原

---

① ［英］伯克：《论崇高与美》，牛津大学出版社1990年版，第13页。
② ［英］伯克：《论崇高与美》，牛津大学出版社1990年版，第13页。
③ ［英］伯克：《论崇高与美》，牛津大学出版社1990年版，第15页。
④ ［英］伯克：《论崇高与美》，牛津大学出版社1990年版，第17页。

第十一章 伯克

因对作为理解对象的每一事物产生不同看法，不会导致我们假设不存在既定的推理原则。实际上，总的说来，可以看出在趣味方面比起依赖直接推理的事物来，人类存在更少分歧。对维吉尔作品中描述的优点比起对亚里士多德理论的真伪来，人们的意见更为一致"[1]。

在肯定趣味的普遍原则和共同基础时，伯克并没有否定人们在趣味上的差异，他认为这种差异一方面是由于敏感性和判断力生来就有很大的悬殊；另一方面是由于对于对象注意的精粗程度。此外，训练的深浅以及知识的多寡也起重要作用。所以，通过经验和观察，不断地注意对象，反复训练，扩大知识，可以改进我们的鉴赏力。

对比伯克和休谟对趣味的普遍原则和标准的论述，可以看出他们都是试图从人性的一致性来寻求趣味的普遍、共同基础的。正如休谟认为趣味的共同标准是基于"人类内心结构"的一致，伯克也认为趣味的普遍原则是基于"人的器官的构造"的相同。这种仅仅从人性乃至人的生理结构上来观察和分析美感和趣味的观点，是以脱离社会实践和历史发展的抽象的人性作为前提的，因而用它解释同人类社会实践与历史发展有着密切联系的美感和趣味问题，当然也是捉襟见肘、不能令人满意的，这也表现了旧唯物主义的一般局限性。但伯克坚持美感和趣味的普遍原则和客观标准，对反对美学中的主观主义和相对主义仍然起到了一定的历史作用。

---

[1] ［英］伯克：《论崇高与美》，牛津大学出版社1990年版，第23页。

第四篇　理性主义美学

第十二章　笛卡尔

笛卡尔是 17 世纪法国杰出的哲学家，西方近代哲学的始祖之一。史学家们把 17 世纪的欧洲称为"理性的时代"，笛卡尔的理性主义哲学就是这一时代的旗帜。他的思想既是西方近代"两个重要而背驰的哲学流派的源泉"①，也是西方近代两大重要而分歧的美学思潮的源泉。

笛卡尔（René Descartes，1596—1650 年）出身于一个法国贵族家庭，父亲是布勒丹省议院参议员。他于 1604 年进入拉·弗雷士的耶稣会公学，接受传统教育。在校 8 年间，他除了学习神学和经院哲学外，还学习了数学和一些自然科学。同时，课外还读了大量杂书，接触到一些科学的新思想。从教会学校毕业后，笛卡尔于 1616 年被授予法学硕士学位，但他并不满足于书本研究，决心到"世界这本大书"中找学问。1618 年他到荷兰参加军队，后来又到德国参加巴伐利亚公爵的军队。1921 年辞去军职后，遍游欧洲许多国家，结识很多著名科学家，并收集各方面资料。之后，笛卡尔便定居巴黎，专门从事科学研究，企图建立起新的科学体系和哲学体系。1929 年，笛卡尔为了排除干扰，另找一个适于进行科学研究的环境，迁居到资产阶级已经取得政权的荷兰，在那里隐居了 20 年，并写下了他的绝大部分著作。1649 年，他应瑞典女王的邀请赴宫廷讲学，不幸患病，次年在斯德哥尔摩逝世。

笛卡尔的哲学著作主要有《指导心灵的规则》（1628 年写成，死后出版）、《谈谈方法》（1637）、《第一哲学沉思集》（1641）、《哲学原理》（1644）、《论心灵的感情》（1649）。他的美学思想大多散见于上述哲学著作，另外还表

---

① ［英］罗素：《西方哲学史》下卷，马元德译，商务印书馆 1982 年版，第 92 页。

第十二章 笛卡尔

现在他的《音乐提要》以及《致麦尔生神父的信》（1630）、《致友人论巴尔扎克书简的信》、《致伊丽莎白王后的信》（1649）等书简中。

第一节 先验论的理性主义

笛卡尔生活的17世纪上半期，欧洲资产阶级已经登上历史舞台，但大多数国家还在封建统治之下。在法国封建君主专制制度下，新兴的资产阶级和封建贵族阶级处于相互妥协的状态，但思想领域中占统治地位的宗教神学却严重阻碍着资本主义经济的发展，为神学服务的经院哲学是科学发展的最大障碍。为了促进科学和认识的发展，必须批判经院哲学，建立一种以追求真理为目的、有利于人类征服自然界的新哲学。笛卡尔和英国的培根一起，共同承担了这一历史赋予的任务。

为了批判经院哲学，探寻科学真理，建立新哲学，笛卡尔非常重视科学认识的方法论，把认识论问题放在哲学研究的首要地位。他发表的第一部哲学著作就是《谈谈方法》，主题就是"谈谈正确运用自己的理性在各门学问里寻求真理的方法"[①]。笛卡尔认为，那种正确判断、辨别真假的能力，也就是我们称为良知或理性的那种东西，是人人均等的，但要获得真理的知识，必须遵循正确方法，以正确运用自己的理性。"因为单有聪明才智是不够的，主要在于正确地运用才智。杰出的人才固然能够做出最大的好事，也同样可以做出最大的坏事；行动十分缓慢的人只要始终循着正道前进，就可以比离开正道飞奔的人走在前面很多。"[②]

笛卡尔强调方法论在认识中的作用，对批判经院哲学具有重要意义。经院哲学的方法是以《圣经》的论断、宗教的信条为前提，用一系列固定的逻辑公式（如三段论法）进行推论，得出维护教会利益的结论，这种方法的基础是盲目信仰和抽象论断。笛卡尔明确指出，只有依靠正确运用自己的理性，才能避免错误，获得真知。这与经院哲学的盲目信仰和抽象推论是完全对立的。

笛卡尔认为，为了寻求真理，必须以理性为标准，对以往的各种知识

[①] ［法］笛卡尔：《谈谈方法》，王太庆译，商务印书馆2000年版，第1页。
[②] ［法］笛卡尔：《谈谈方法》，王太庆译，商务印书馆2000年版，第3页。

作一个总的检查，对一切都尽可能地加以怀疑。他说："要想追求真理，我们必须在一生中尽可能地把所有的事物都来怀疑一次。"① 在笛卡尔看来，我们已有的观念和论断有很多都是极其可疑的，这些观念有的来自感官，而感官是会骗人的；有的来自梦境，而梦境是虚幻的；还有些观念来自演绎或推理，但人们在这方面也会犯错误。所以，要想在科学上建立起某种坚定可靠、经久不变的东西，就需要把人们历来信以为真的一切见解统统清除出去，再从根本上重新开始，甚至连"上帝存在"这种教条，笛卡尔认为怀疑也是允许的。笛卡尔虽然提出"普遍怀疑一切"，他却声明这种怀疑不同于怀疑论者和不可知论者。他说："我的整个打算只是使自己得到确信的根据，把沙子和浮土挖掉，为的是找出磐石和硬土。"② 在笛卡尔看来，怀疑不过是手段，而去伪存真、破旧立新才是目的，这就是所谓"方法论的怀疑"。他把怀疑看作积极的理性活动，要把一切放到理性的尺度上检验和校正，坚信理性的权威，这对迷信上帝权威的经院哲学是沉重打击。

笛卡尔在《谈谈方法》中明确提出四条方法论原则。首要的一条就是："决不把任何我没有明确地认识其为真的东西当作真的加以接受，也就是说，小心避免仓率地判断和偏见，只把那些十分清楚明白地呈现在我的心智之前，使我根本无法怀疑的东西放进我的判断之中。"③ 这就是说，凡属心智清楚明白地认识到的，都是真的。这是笛卡尔提出的真理标准，也是笛卡尔理性主义认识论的关键之点。笛卡尔的理性主义认识论，并不排斥经验在认识中的作用，但认为感觉经验有片面性，单凭感觉经验得不到普遍的科学真理，所以不能作为真理标准；只有理性的清楚明白认识才能作为真理标准。这一真理标准，既是反对宗教神秘主义，也是区别于经验主义的。

笛卡尔要用他的方法找出一条最清楚、最明白的原理，作为他的形而上学，首先是认识论的出发点。他认为我可以怀疑一切，但有一件事是无可怀疑的，即"我怀疑"。我怀疑，就是我思想。既然我思想，那就必定

---

① ［法］笛卡尔：《哲学原理》，关文运译，商务印书馆1959年版，第1页。
② ［法］笛卡尔：《谈谈方法》，王太庆译，商务印书馆2000年版，第23页。
③ ［法］笛卡尔：《谈谈方法》，载《十六—十八世纪西欧各国哲学》，商务印书馆1975年版，第144页。

第十二章 笛卡尔

有一在思想的"我",即思想者。由此,笛卡尔得出了"我思故我在"这个著名的结论。他写道:

> 当我愿意像这样想着一切都是假的时候,这个在想这件事的"我"必然应当是某种东西,并且发觉到"我思想,所以我存在"这条真理是这样确实,这样可靠,连怀疑派的任何一种最狂妄的假定都不能使它发生动摇,于是我就立刻断定,我可以毫无疑虑地接受这条真理,把它当作我所研求的哲学的第一条原理。①

笛卡尔进一步指出,"我思故我在"中的"我"的"全部本质或本性只是思想",它并不需要任何地点以便存在,也不依赖任何物质性的东西,即不依赖于人的身体和大脑而能单独存在。笛卡尔一般把它称为"心灵",是一种精神实体,也是认识的主体。"我思故我在"这一命题是笛卡尔整个哲学体系的奠基石,也是他的认识论的出发点。诚如著名哲学史家罗素所说:"这段文字是笛卡尔的认识论的核心,包含着他的哲学中最重要之点,笛卡尔以后的哲学家大多都注重认识论,其所以如此主要是由于笛卡尔。'我思故我在'说得精神比物质确实,而(对我来讲)我的精神又比旁人的精神确实。因此,出自笛卡尔的一切哲学全有主观主义倾向,并且偏向把物质看成是唯一从我们对于精神的所知、通过推理才可以认识(倘若可认识)的东西。"②

笛卡尔不仅用他的方法确定了心灵或灵魂的存在,而且也论证了上帝的存在。他说,我的心中有一个上帝的观念,这是一个最完满的观念;而我的存在是不完满的、有缺陷的,不可能产生任何比我们自己完满的东西,因此,它只能来自一个心外的绝对完满的本体,即上帝本身,所以说上帝存在。笛卡尔的这个论证,和经院哲学家安瑟尔谟关于上帝存在的本体论证明几乎是同样的,足见他仍受经院哲学的影响。不过,笛卡尔的"上帝"是经过改造的上帝,它是要用来论证物质世界及其可知性。笛卡

---

① [法]笛卡尔:《谈谈方法》,载《十六—十八世纪西欧各国哲学》,商务印书馆1975年版,第147—148页。
② [英]罗素:《西方哲学史》下卷,马元德译,商务印书馆1982年版,第87页。

尔论证说,我们每人心中都有关于外部物质世界的观念,而且这些观念都是"清楚明白"的;我们的认识能力和各种观念不是来自别处,而只能来自上帝,上帝不会欺骗我们,所以我们所"清楚明白"地感觉到周围物质世界的存在也就是真实可靠的。

笛卡尔在经过普遍怀疑和论证之后,最后确立了三种实体:自我(心灵)、上帝和物体(物质世界)。他把上帝称为绝对的实体,认为心灵和物体两种相对的实体都是上帝所创造的,这表明他仍保留着经院哲学的客观唯心主义。同时,他又认为心灵和物体这两种实体是彼此独立、互不依赖的。心灵的根本属性是思想,物体的根本属性是广延。能思想的东西必无广延,有广延的东西不可能思想。这就是说,物质和意识、思维和存在,谁也不决定谁,谁也不依赖谁。这是典型的二元论。

在认识论方面,笛卡尔还提出了"天赋观念论"。他认为人有三种观念:"有一些是我天赋的,有一些是从外面来的,有一些是我自己制造出来的。"① 所谓"从外面来的"观念,就是通过感官获得的感觉经验或感性认识。笛卡尔认为这种观念常常是混乱的错觉,是不可靠的认识,如他说:"有许多经验逐渐破坏了我以前加给我的感官的全部信任。因为我多次看到,有些塔我远看好像是圆的,而我近看却是方的;耸立在塔顶上的巨大塑像从塔底下看却是小小的塑像,这样,在其他无数场合中,我都看出根据外部感官所下的判断是有错误的。"② 所谓"自己制造出来的"观念,就是由心灵虚构和捏造的观念,如美人鱼、飞马以及其他这一类的怪物。笛卡尔认为这种观念纯属虚妄,不能作为认识依据。所谓"天赋的"观念,是指理性本身固有的、与生俱来的观念,也可以说是一种不证自明的知识。像数学的原理、逻辑的范畴、思维的"我"、绝对完美的上帝之类观念,笛卡尔都说它们是天赋的、理性所固有的。天赋观念不是通过感官来的,而是由澄清而专一的心灵所产生的,所以它也就是笛卡尔所说的"直觉"。天赋观念具有清楚明白的普遍性和必然性,所以笛卡尔把它们当作绝对真理。他认为以天赋观念为基础,运用类似数学的推理方法,通过

---

① [法]笛卡尔:《第一哲学沉思集》,载《十六—十八世纪西欧各国哲学》,商务印书馆1975年版,第167页。

② [法]笛卡尔:《第一哲学沉思集》,庞景仁译,商务印书馆1986年版,第80—81页。

从概念到概念的理性演绎，就可以获得确实性的知识。笛卡尔看到了理性认识比感性认识更深刻、更能反映事物的本质，看到了思维的能动性和认识的主观能动作用，这是有积极意义的。但他贬低感性认识，否认理性认识和思维活动需以感性认识为基础，而把理性认识说成是"天赋的"，这就是使他的理性主义具有了唯心主义的先验论的性质，因而受到唯物主义的经验论者洛克的深刻批判。

第二节 上帝的完满性与美的来源

笛卡尔创立的近代理性主义哲学，为近代理性主义美学的形成和发展奠定了基础。正如 E. 卡西勒所说："笛卡尔没有把系统美学包括进他的哲学中去，但他的整个体系包含了一种美学理论的大致轮廓。"[1] 他的理性主义的基本原则在继之而来的法国古典主义文艺思潮和美学思想中，得到全面贯彻和体现。古典主义文艺思潮和美学思想的出发点，就是作为普遍永恒的人性的理性。它强调文艺要符合理性，符合理性和自然的真实才美；要表现普遍的、永恒的人性，而不是描写个别的、偶然的东西；要严格遵守规则，注重思想和语言的清楚、明晰；等等，从而形成完整的理性主义美学思想的体系。不过，就笛卡尔本身的美学思想而言，还见不出一套完整的美学体系。他主要是结合哲学问题，对于一些具体的美学问题进行了论述，其中涉及美、美感以及想象和诗歌创作等问题。

笛卡尔在形而上学中肯定了上帝的存在，同时也赞颂了上帝的美。对于笛卡尔来说，上帝的存在不是宗教的天启真理，而是通过理性而认识和推论的结果，人是先有"我思"而后才认识到上帝的存在。他说："单从我存在和我心里有一个至上完满的存在体（也就是说上帝）的观念这个事实，就非常明显地证明了上帝的存在。"[2] 理性和对上帝的信仰本来是矛盾的，但笛卡尔何以要从理性推论出上帝存在呢？原来在笛卡尔看来，肯定了上帝存在，也就是肯定了人的理性和获得真的知识的能力，肯定了自然的秩序和规律，因而也就为人取得对于事物的真实、完满的知识提供了保

---

[1] ［德］E. 卡西勒：《启蒙哲学》，顾伟铭等译，山东人民出版社1988年版，第273页。
[2] ［法］笛卡尔：《第一哲学沉思集》，庞景仁译，商务印书馆1986年版，第52页。

证。他说:"当我认识到一个上帝之后,同时我也认识到一切事物都取决于他,而他并不是骗子,从而我断定凡是我领会得清楚、分明的事物都不能不是真的……因此,我非常清楚地认识到,一切知识的可靠性和真实性都取决于对于真实的上帝这个唯一的认识,因而在我认识上帝之前,我是不能完满知道任何其他事物的。"[1] 按照笛卡尔的理解,上帝既赋予人以理性和判断能力,也赋予自然以秩序和规律,同时把与规律相应的概念赋予人,因此,就保证了一切知识的可靠性和真实性。实际上,笛卡尔的上帝只是为了肯定自然规律的存在以及人的认识的真实性而做出的一种不得已的设定。他理解的上帝仅仅是心灵、理性和自然、规律的创造者,一旦创造完毕,上帝就不再对人类和自然产生任何作用,因而就再也用不着上帝了。在某种意义上,笛卡尔的上帝非常接近客观的自然。他曾明确指出,自然指的就是上帝本身,或者上帝在各造物里所建立的秩序和安排。后来斯宾诺莎批判继承笛卡尔的思想,提出唯物主义的"实体"论,认为上帝和自然表达同一个意思,都是表示作为万物存在原因的实体。

由此可见,在笛卡尔的哲学体系中,上帝是一切事物的创造者,是自然的规律和人的理性的来源,因而,它也是真、善与美赖以存在的基础与保证。他说:"我们在思考上帝这个与生俱来的观念时,我们就看到,他是永恒全知、全能的,是一切真和善的泉源,是一切事物的创造者,而且它所具有的无限完美的品德(或善),分明是毫无缺点的。"[2] 笛卡尔不仅认为上帝是美的源泉,而且认为上帝本身也具有无与伦比的美。他说:在我们探索自然规律之前,"我认为最好是停下来一些时候专去深思这个完满无缺的上帝,消消停停地衡量一下他的美妙的属性,至少尽我的可以说是为之神眩目夺的精神的全部能力去深思、赞美、崇爱这个灿烂的光辉之无与伦比的美"[3]。按照笛卡尔的理解,上帝是一个完满的是者,具有一切完满性,因而也就是"至完美的存在"。显然,上帝的美的属性与完满性的属性是一致的。将美和完满相统一,是理性主义美学的一个重要观点。斯宾诺莎也提出过实体是"绝对圆满"的观点,并将"圆满性"和美看作

---

[1] [法]笛卡尔:《第一哲学沉思集》,庞景仁译,商务印书馆1986年版,第74—75页。
[2] [法]笛卡尔:《哲学原理》,载《笛卡尔思辨哲学》,尚新建等译,九州出版社2004年版,第70页。
[3] [法]笛卡尔:《第一哲学沉思集》,庞景仁译,商务印书馆1986年版,第54页。

同一个意思。我们知道，在欧洲美学史上，新柏拉图主义和基督教神学的美学思想的一个基本观点，就是主张美在上帝，认为上帝就是最高的美，是世间一切感性事物的美的最后根源。笛卡尔虽然也论及上帝之美，却与新柏拉图主义和基督教神学的美在上帝的主张有原则区别。这是因为笛卡尔的上帝与新柏拉图主义和基督教神学的上帝具有不同的意义。新柏拉图主义和基督教神学是要人们通过感性事物的美，去观照和体会上帝的美，"从上帝的作品中去赞美上帝"；而笛卡尔则是要以上帝的存在和上帝之美，来保证自然规律的存在和理性认识的真实性，让人从认识自然规律和获得真理中去达到人生的终极追求和无限完美。

通过理性的推演，在形而上学的思辨中去寻求美的本质和最终来源，是理性主义美学的一个共同特点。从笛卡尔到斯宾诺莎再到莱布尼茨，都毫无例外地肯定和赞美上帝的全能和完美，并将之作为美之终极根源。和笛卡尔一样，莱布尼茨也称"上帝是一个绝对完满的存在"，并认为上帝是形成整个世界的和谐一致性的原因，因而也就是与"和谐"同义的美的源泉。但是，不管是笛卡尔还是斯宾诺斯或莱布尼茨，他们哲学中的"上帝"尽管仍然有宗教神学的色彩，但都在各自的理性主义哲学体系中具有了新的含义，因而也启发了人们对美的本源的新的思考。

第三节 美的定义与形式美

虽然笛卡尔认为较之上帝的完美来，世界上的事物的完美在某种范围内都是有限的，但却肯定世界上事物"亦具有几分完美性"。[①] 在《谈谈方法》中，他要人们"用自己的眼睛指导自己的行动，以及用这种方法去享受颜色的美"[②]，从而获得审美愉快。可以说，肯定现实美是笛卡尔从理性主义出发对美做进一步推论的前提。在答麦尔生神父的信（1630）中，笛卡尔较完整的阐明了他对"美之所以为美"的看法。他说：

一般地说，所谓美和愉快所指的都不过是我们的判断和对象之间

[①] ［法］笛卡尔：《哲学原理》，关琪桐译，商务印书馆1935年版，第31页。
[②] ［法］笛卡尔：《谈谈方法》，王太庆译，商务印书馆2000年版，第62页。

的一种关系；人们的判断既然彼此悬殊很大，我们就不能说美和愉快能有一种确定的尺度……①

这段论述包含两个最基本看法。一是将美看作对象与主体（判断）之间的一种关系；二是将美和美感（愉快）混为一谈，从人的审美差异性推导出美的相对性。虽然在笛卡尔之前，西方美学史上也有许多从主客体关系谈美的言论，但似乎都没有笛卡尔讲得这么明确，并且以"美的定义"的形式出现。在进一步解释这一美的定义时，笛卡尔援引了他在早年写的《音乐提要》（1618）中的论述：

在感性事物中，凡是令人愉快的既不是对感官过分容易的东西，也不是对感官过分难的东西，而只是一方面对感官既不太易，能使得感官还有不足之感，使得迫使感官向往对象的那种自然欲望还不能完全得到满足，另一方面对感官又不太难，不致使感官疲倦，得不到娱乐。②

在这里，审美对象与主体的关系实际上成了一种刺激与反应的关系，即审美对象的刺激必须对审美主体感官保持在适当的程度——既不太易，使感官满足；也不太难，使感官疲倦。只有当审美对象的刺激与审美感官的反应相适宜，处于协调和谐状态时，才能使人感到愉快，也才能产生美。其实，这与其说是在论美，不如说是在论美感，即审美愉快必备的先决条件。在同一部著作中，笛卡尔还指出，为了获得审美愉快，在对象和感官之间必须要求有一个均衡适当的比例，使感官不至于受到不适当刺激的侵害。如炮声和雷声的轰鸣对耳是有害的，所以这种声音不能让听觉产生愉快；来自太阳的过分刺目的强光，对眼是有害的，所以如果直接观看也不会令视觉产生愉快。③ 按照笛卡尔的意见，只有那种使人们既不厌烦

---

① ［法］笛卡尔：《致麦尔生神父的信》，载北京大学哲学系美学教研室编《西方美学家论美和美感》，商务印书馆1980年版，第78—79页。
② ［法］笛卡尔：《致麦尔生神父的信》，载北京大学哲学系美学教研室编《西方美学家论美和美感》，商务印书馆1980年版，第79页。
③ ［法］笛卡尔：《音乐提要》，载［波］W. 塔塔科维兹《美学史》第3卷，海牙·巴黎，1974年，第374页。

也不疲劳的事件与安排、音程与节奏，才是令人愉快的。在审美感受中，既要避免那些混乱而令人难以捉摸的形象，又要避免那些枯燥而令人厌倦的东西。总之，美同愉快是联系在一起的，而愉快则产生于刺激与反应的适宜，这是笛卡尔在《音乐提要》中阐述的基本观点。基于此，吉尔伯特和库恩在《美学史》中将笛卡尔的美的定义解释为"美是平稳的刺激"是合理的。但我们考察笛卡尔对于美的认识却不能到此为止。

笛卡尔把美看作判断与对象、主体与客体之间的一种关系，其理解不仅限于对象的刺激与外在感官之间的关系的适合或协调，也包括对象与人的内在心灵之间的关系的适合或协调。他说，声音的美和声音的愉快是相联系的，而声音的愉快又来自声音与人的内在心理状态的适应。声音中以人声为最愉快，"因为人声和人的心灵保持最大程度的对应或符合"①。在人声中，类似于一个好朋友的声音比一个敌人的声音更能使我们感到愉快，因为他们分别受同情和反感的作用与影响。这就将美或愉快直接同人的心理状态、特别是人的情感反应互相联系起来了。更进一步，笛卡尔又指出美是和人的本性相符合、相对应的。他在《心灵的感情》中写道：

> 我们的内在感官或理性，按照事物符合或违背我们的本性，指使我们将它们称之为善或恶；同样，我们的外在的感官，特别是视觉，按相同的方式向我们显示，称它们为美或丑。②

按照笛卡尔哲学的理解，所谓人的"本性"，就是人的良知或理性。因为理性或良知不仅是人生而有之、人人均等具有的，而且"是唯一使我们成为人、使我们异于禽兽的东西"③。只有理性才代表着人的最本质的属性。笛卡尔的主要哲学命题"我思故我在"，其意义正在于它抓住了也揭示了人的最本质的属性。他告诉人们，只有当人思维的时候，人才存在，人才是人。思维就是人们全部本性或本质。诚如他所说："我确实认识到

---

① ［法］笛卡尔：《音乐提要》，载［波］W. 塔塔科维兹《美学史》第3卷，海牙·巴黎，1974年，第374页。
② ［法］笛卡尔：《心灵的感情》，载［波］W. 塔塔科维兹《美学史》第3卷，海牙·巴黎，1974年，第373页。
③ ［法］笛卡尔：《谈谈方法》，王太庆译，商务印书馆2000年版，第4页。

我存在，同时除了我是一个在思维的东西之外，我又看不出有什么别的东西必然属于我的本性或属于我的本质，所以我确实有把握断言我的本质就在于我是一个在思维的东西，或者就在于我是一个实体，这个实体的全部本质或本性就是思维。"① 笛卡尔视理性、思维为高于一切的实在，理性是衡量万物的尺度，理性首先是衡量人的尺度。理性既是判断真假的标准，也是判断善恶、美丑的标准。笛卡尔认为美必须和人的本性相符合，也就是肯定了美必须和人的理性向符合。凡是符合理性的事物就是美的；反之，凡是违背理性的事物就是丑的。较之笛卡尔原来以人的感官接受的难易来作为判断美丑的标准的看法，这种以对人性（理性）的符合不符合作为判断美丑标准的看法，更充分地体现了他的理性主义的基本观点和原则，也是更为深刻的。

笛卡尔还从对象的形式方面对美做过考察和论述。在《音乐提要》中，他批评了那些否定音乐的和谐比例关系的音乐家，并且对音调和音程的条理性以及二者之间的相互关系作了图解式的描述。他对各种比例的详细分析，多半同数学分析联系在一起，也从一个方面表现出他的理性主义的态度和方法。正如吉尔伯特和库恩所说："对笛卡尔来说，音乐中一定的比例与均衡的美，最终要依赖于它们在数学意义上的最高论证。"② 在致友人论巴尔扎克书简的信中，笛卡尔将这种对音乐的比例与协调的美的论证，扩展到文学或文辞中，他赞赏巴尔扎克③"文辞的纯洁"之美，正在于部分与部分、部分与整体之间的比例与协调：

> 这些书简里照耀着优美和文雅的光辉，就像在一个十全十美的女人身上照耀着美的光辉那样，这种美不在某一特殊部分的闪烁，而在所有部分总起来看，彼此之间有一种恰到好处的协调和适中，没有一部分突出压倒其他部分，以至失去其余部分的比例，损害全体结构的完美。④

---

① [法]笛卡尔：《第一哲学沉思集》，庞景仁译，商务印书馆1986年版，第82页。
② [美] K. E. 吉尔伯特、[德] H. 库恩：《美学史》，纽约：麦克米伦公司1939年版，第208页。
③ 巴尔扎克（Jean - Louis Balzac，1597—1654年），法国文学家、批评家，法兰西学院元老之一。其影响最大的著作是《书简》，曾多次再版。
④ [法]笛卡尔：《致友人论巴尔扎克书简的信》，载北京大学哲学系美学教研室编《西方美学家论美和美感》，商务印书馆1980年版，第80页。

第十二章　笛卡尔

这种从对象的各部分之间的比例与协调去寻找美的观点，是自古希腊以来西方美学中的一种传统看法，它可以上溯到毕达哥拉斯派关于"身体美在于各部分之间的比例对称"的论述，笛卡尔基本上是沿袭了这种看法。不过，他又把对象各部分的比例协调与感官接受的难易联系起来，为形式美找到了主观的依据。同时，他强调美不在部分而在整体的观点，与理性主义哲学强调整体性、统一性、秩序性的观点是互相联系的，从而赋予了这一传统美学命题以新的意义。后来，从莱布尼茨直到沃尔夫、鲍姆加登的理性主义美学思想中所形成的"完善"的概念，以及"美在完善"的命题，都强调整体中各部分的统一与和谐，这和笛卡尔强调美在整体协调统一的思想是一脉相承的。

第四节　美感差异与审美心理

从美是判断和对象之间的关系这一美的定义出发，笛卡尔强调了美的相对性。因为人们的判断有很大差异，所以美就不能有一种确定的尺度。这种看法和他强调理性能够清楚明白认识一切的观点颇不一致，而他以审美判断的差异性来证明美的相对性，则是混淆了美与审美的区别。他对美的相对性的论述，实则都是关于美感的差异性的论述。关于美感的差异性，笛卡尔主要是从两方面来分析的。其一是人们的审美观念或审美理想不同，如他所谈到的对花坛布置的美的不同看法和判断。虽然按照感觉的难易，一个花坛的各部分如果只有一两种形状而安排又全是一致的是较为合适的，但"实际情况是按照某一批人的幻想，有三种形状的最美，按照另一批人的幻想，有四种、五种或更多形状的最美"[1]。这里所谓"幻想"，实际上就是审美观念。其二是审美中的联想作用，如他所说："同一件事物可以使这批人高兴得要跳舞，却使另一批人伤心得想流泪；这全要看我们记忆中哪些观念受到了刺激。例如某一批人过去当听到某种乐调时是在跳舞取乐，等到下次又听到这些乐调时，跳舞的欲望就会又起来；就反面

---

[1] ［法］笛卡尔：《致麦尔生神父的信》，载北京大学哲学系美学教研室编《西方美学家论美和美感》，商务印书馆1980年版，第79页。

来说，如果有人每逢听到欢快的舞曲时都要碰到不幸的事，等他再听到这种舞曲，就一定会感到伤心。"① 按照笛卡尔的解释，这种联想作用就是条件反射作用。

笛卡尔对美感发生的心理过程和机制也作过论述。在《心灵的感情》中，笛卡尔对喜悦、愤怒等心灵的感情的发生，从生理学、心理学的角度作了研究。他认为，审美感受始于感觉，感觉引起神经的兴奋；这种兴奋，由于化成了一定量度并体现在使整个人体保持平衡的比例中，因此是令人愉快的、有益的。在《音乐提要》中，笛卡尔认为，人们对于声音美和音乐的爱好，源于声音的刺激与人的内在感情的对应。音乐节奏的一般趋势是，人们的内在情感或激情与音乐中的节奏是互相对应的。缓慢的节奏和调子引起厌倦忧伤之类温和安静的情绪，急促轻快的节奏和调子引起快乐或愤怒之类活泼激昂的情绪。这是用"同声相应"的自然法则来说明音乐美感的发生。笛卡尔也注意到审美心理体验和结构的丰富性和复杂性，他在《心灵的感情》中写道：

> 当我们阅读书中描述冒险经历的奇怪故事，或在剧院观看关于它们的表演时，按照它们呈现于我们想象的情景，它唤起我们悲哀、快乐、爱、恨以及各种可能的感情。但是进一步，我们真正体验到愉快，因为我们感受到这些感情在我们内部被创造，这是一种理智的愉快。这种愉快可由悲哀引起，正如它以同样方式可由其他情感引起一样。②

这段论述表明，笛卡尔认为审美心理体验既包括各种不同的情感活动，也包括想象和理智活动。想象可以唤起各种可能唤起的情感，但这些不同的感情经过想象的创造和理智的整合，却最终转化为一种愉快的体验。这种对审美心理结构和过程的描述是较为深刻的，它已涉及审美愉快发生与审美心理各种构成因素之间的关系问题，特别是将审美愉快看作一

---

① ［法］笛卡尔：《致麦尔生神父的信》，载北京大学哲学系美学教研室编《西方美学家论美和美感》，商务印书馆1980年版，第79页。
② ［法］笛卡尔：《心灵的感情》，载［波］W. 塔塔科维兹《美学史》第3卷，海牙·巴黎，1974年，第374页。

种"理智的愉快",强调了理性在审美中的作用,表现出理性主义美学的突出特点。

笛卡尔在形而上学中只谈理性,不谈情感,这并不是说他不重视情感。他后来写了《心灵的感情》一书,专门从生理学、心理学和伦理学不同方面研究感情问题,这种研究大致属于笛卡尔哲学的物理学和伦理学范围。总的看来,笛卡尔对感情的作用,是持肯定态度的。他认为人一生的祸福只是依感情为转移,"那些最能为感情所鼓动的人,是能够在这一生中享受最多的欢乐的"[①]。同时,他又指出感情应受理性的支配。他说:"智慧在这一点上有主要的用处,它教我们如何做感情的主人,如何巧妙的支配感情,使感情所引起的灾祸很可以受得了,甚至使我们从所有的感情中都取得快乐。"[②] 他还指出,快乐是心灵一种惬意的感情,由心灵在拥有善时泛起的快乐构成。我们的理智一旦发现我们拥有某种善的东西,想象力会立即在大脑中形成某种印象,这种印象启动了大脑的某种活动或精神,从而刺激起快乐的感情。这种拥有善的快乐,是"理性的快乐"。联系到上面笛卡尔将审美愉快称为"理智的愉快"的说法,可见他认为审美愉快和善的快乐都是受理性支配的,因而也都是具有正面价值的。

第五节 诗与想象和理性

较之对于美和美感的论述来,笛卡尔对诗和文学的言论更为零散和少见。在《谈谈方法》中,笛卡尔表示他看重雄辩,并且热爱诗词,他称赞"雄辩优美豪放无与伦比;诗词婉转缠绵动人心弦"[③]。但他认为"雄辩和诗词都是才华的产物,而不是研究的成果"[④],所以,"一个人只要有绝妙的构思,又善于用最佳的辞藻把它表达出来,是无法不成为最伟大的诗人的,哪怕他根本不知道什么诗法"[⑤]。这表明他已充分注意到诗、文学与哲

[①] [法] 笛卡尔:《心灵的感情》,载周辅成编《西方伦理学名著选辑》上卷,商务印书馆1964年版,第631页。
[②] [法] 笛卡尔:《心灵的感情》,载周辅成编《西方伦理学名著选辑》上卷,商务印书馆1964年版,第631页。
[③] [法] 笛卡尔:《谈谈方法》,王太庆译,商务印书馆2000年版,第6页。
[④] [法] 笛卡尔:《谈谈方法》,王太庆译,商务印书馆2000年版,第7页。
[⑤] [法] 笛卡尔:《谈谈方法》,王太庆译,商务印书馆2000年版,第7页。

学、科学的重要区别。实际上，在后人整理的笛卡尔的早期作品中，他已对诗与哲学、诗人与哲学家作过比较。他说：

> 在诗人的作品中而不在哲学家的著作中找到影响深远的判断，似乎出人意料。理由是，诗人是由热情和想象的激发而写作。在我们身上，就像在打火石上一样拥有知识的火花；哲学家把它们从理性中抽象出来，但是诗人则是从想象的迸发中提炼，所以他们闪烁得更加灿烂。①

在这里，笛卡尔异乎寻常地认为许多影响深远的判断不在哲学家的著作中，而在诗人的作品中，因为诗人是由热情和想象的激发而创作的，所以能让人们智慧的火花闪耀得更为灿烂。根据笛卡尔自述，他曾做过一个梦，在梦中他面临两种抉择：一是各种知识的百科辞典；二是诗人们的作品选集。他选择了第二种。他认为诗是神圣灵感和智能之源，存在着比哲学家更伟大的点燃人们之火花的能力。② 这些可能不是他后来一贯的看法。实际上，笛卡尔最为推崇的还是哲学和哲学家，甚至认为"一个国家最大的好事就是拥有真正的哲学家"。不过，这里推崇诗人的理由则是在于诗人是借助想象和热情而创作的，和哲学家凭借理性获取知识是不同的方式和途径。这种以想象与理性两种不同的心理能力来界定诗与哲学区别的看法，培根早在《学术的进展》一书中就明确地提出来了，笛卡尔不过是重复这种看法。但是，对于想象这种心理能力以及它和理性的关系问题，笛卡尔却作了进一步的研究。

按照笛卡尔的理解，想象和理性分别处于人的心灵的不同部分和层次，各自有不同的性质和功能。关于想象，笛卡尔的解释是："想象是一种用于物质性的东西的特殊思想方式"③，"想象不是别的，而是去想一个物体性东西的形状或影像"④。这表明想象的最明显的特点是它始终同事物的具体表象或形象相联系，它的对象是事物的感性形象。在《第一哲学沉

---

① 《笛卡尔选集》卷十，巴黎，1902年，第217页。
② 《笛卡尔选集》卷十，巴黎，1902年，第182—184页。
③ [法] 笛卡尔：《谈谈方法》，王太庆译，商务印书馆2000年版，第31页。
④ [法] 笛卡尔：《第一哲学沉思集》，庞景仁译，商务印书馆1986年版，第26—27页。

思集》的第六沉思中，笛卡尔结合论述物质性东西的存在以及人的灵魂和肉体之间的实在区别，对想象活动和理性活动的分别以及这种分别的标志作了更详细的描述。他指出：想象"这种思维方式与纯粹理智之不同仅在于：在领会时，精神以某种方式转向其自身，并且考虑在其自身里的某一个观念；而在想象时，他转向物体，并且在物体上考虑某种符合精神本身形成的或者通过感官得来的观念"①。总之，理性转向精神，是观念的抽象；想象转向物体，是观念的具象，这是两种不同的思维方式。

笛卡尔认为，想象是和虚构相联系的。"因为，如果我把我想象成一个什么东西，那么实际上我就是虚构了。"② 想象和虚构的联系，说明想象是对已有表象的加工改进，是一种创造形象的活动。我们知道，在笛卡尔所说的观念的三个来源中，有一种就是虚构的和凭空捏造出来的，如人鱼、鹫马以及诸如此类的其他一切怪物，这种观念显然和想象相关。但笛卡尔认为这种观念不能作为认识的依据，所以，他认为要获得正确认识，既不能依靠感官，也不能依靠想象，而只能依靠理智功能。尽管笛卡尔否认想象具有正确认识事物的作用，他却肯定想象必须以真实事物为基础。他说：

> 当画家们用最大的技巧，奇形怪状地画出人鱼和人羊的时候，他们也究竟不能给它们加上完全新奇的形状和性质，他们不过是把不同动物的肢体掺杂拼凑起来；或者就算他们的想象力达到了相当荒诞的程度，足以捏造出什么新奇的东西，新奇到使我们连类似的东西都没有看见过，从而他们的作品给我们表现出一种纯粹出于虚构和绝对不真实的东西来，不过至少构成这种东西的颜色应该是真实的吧。③

这种既承认想象的创造性和虚构性，又肯定想象的构成成分的真实性、实在性的观点，应当说是全面的、辩证的，也是符合文艺创作中想象活动的实际情况和规律的。总的看来，笛卡尔虽然在哲学形而上学中有抬

---

① ［法］笛卡尔：《第一哲学沉思集》，庞景仁译，商务印书馆1986年版，第78页。
② ［法］笛卡尔：《第一哲学沉思集》，庞景仁译，商务印书馆1986年版，第26页。
③ ［法］笛卡尔：《第一哲学沉思集》，庞景仁译，商务印书馆1986年版，第17页。

高理性、贬低感觉乃至想象活动的倾向，但他并没有否认想象作为一种特殊思想方式在把握事物上的特点，以及它在文艺创作中的独特作用。有些著作认为笛卡尔"忽视了想象在文艺中的重要性，文艺被认为完全是理智的产物"①，这是根据不足的。笛卡尔的缺陷是把想象和理性这两种心理活动截然分离并把二者互相对立起来，也就是把形象思维和抽象思维绝对分离和对立起来，不承认想象或形象思维的认识作用，这就为后来古典主义文艺创作和美学理论一味强调理性对文艺的支配作用，忽视想象和情感在创作中的特殊功能，打下了基础。贯穿于17、18世纪美学中的理性与想象力之争，其来源之一就是笛卡尔的有关论述。

笛卡尔虽然割裂了想象与理性的联系，但他认为想象和情感在诗的创作中是具有重要作用的。在《致伊丽莎白王后的信》中，他谈到诗人"写诗的倾向是来自器官冲动的强大的刺激"，在这种冲动中，可以看到心灵比通常更加有力和更加增强的感叹。正是这种内心的感情冲动，"激活了这些想象并使它成为诗"。② 这里讲到了诗歌创作的冲动以及情感与想象的相互作用，是对文艺创作心理的较为具体、深刻的描述，在笛卡尔的论述中是罕见的。它表明笛卡尔在高扬理性旗帜时，并没有完全无视文艺创作的特点，也没有像后来的法国古典主义美学那样走极端——将艺术与科学在理性基础上等同起来。在笛卡尔的理性主义哲学整体中，他的美学思想似乎表现出某种复杂性和混杂性。他强调理性与想象的对立，抬高理性，贬低想象，但他仍然把想象留给了诗和艺术。而以笛卡尔理性主义为基础建立起来的法国古典主义美学，在强调理性对文艺支配作用的同时，却要把想象力拒之于艺术大门之外。"然而，要把想象力彻底拒之于艺术理论大门之外，这看来只是一个可疑的荒谬的开端。这种拒绝岂不是对艺术的实际否定吗？对艺术对象的沉思方式中的这种转变，难道不会使所研究的对象变得毫无价值并使之失去真正的意义吗？"③ 这一疑问，恰恰是理性主义美学在发展其基本思想的过程中所遇到的一个新的难题，而这个难题却是笛卡尔本人所未曾想到的。

---

① 朱光潜：《西方美学史》，人民文学出版社2002年版，第179页。
② ［法］笛卡尔：《致伊丽莎白王后的信》，载［波］W. 塔塔科维兹《美学史》第3卷，海牙·巴黎，1974年，第374—375页。
③ ［德］E. 卡西勒：《启蒙哲学》，顾伟铭等译，山东人民出版社1988年版，第278页。

第十三章 布瓦洛

在17世纪风靡法国的古典主义文艺思潮中，产生了一部在当时和后来都有很大影响的美学著作，这就是布瓦洛（Nicolas Boileau，1636—1711年）的《诗的艺术》。如果说高乃依、拉辛和莫里哀三大戏剧作家代表着古典主义文艺创作的最高成就，那么布瓦洛则是古典主义文艺理论的最高权威。他的《诗的艺术》一书总结了古典主义创作的成就和经验，表达了古典主义的美学原则和文艺理想，被人们称为古典主义的美学法典。

法国古典主义文艺思潮是特定的历史条件下的产物。法国的中央集权的君主制度、资产阶级对王权的让步和妥协，是它形成的社会政治基础；笛卡尔的理性主义则为它的形成提供了哲学基础。在考察《诗的艺术》这部古典主义法典时，我们必须充分估计到这两个因素对布瓦洛美学思想的影响作用。

布瓦洛在《诗的艺术》中总结和提出古典主义的美学原则和文艺理想，是以笛卡尔的理性主义作为哲学基础的。笛卡尔是近代唯心主义的唯理论的第一个代表，他强调"理性""良知"的作用。所谓"理性""良知"，按照笛卡尔的解释，就是指人人具有的善于判断和辨别真假的能力。他说："那种正确地作判断和辨别真假的能力，实际上也就是我们称之为良知或理性的那种东西，是人人天然地均等的。"[1] 又说："说到理性或良知，既然它是唯一使我们成为人并且使我们与禽兽有区别的东西，所以我很愿意认为它在每一个人身上都是完整的。"[2] 在笛卡尔看来，理性是先天的与生俱来的一种普遍的人性，是真理性的认识的来源。人对于一切都应

---

[1] 北京大学哲学系外国哲学史教研室编译：《西方哲学原著选读》，商务印书馆1985年版，第362页。

[2] 北京大学哲学系外国哲学史教研室编译：《西方哲学原著选读》，商务印书馆1985年版，第362页。

当诉诸理性的权威,把它们"放在理性的尺度上校正"。这种哲学观点反对盲从和迷信,在当时具有反对宗教神学的进步意义。但是,把理性看作一种"天赋观念",认为它与感性认识无关、是生来就有的,这就割断了理性与感性、认识与实践的联系,陷入了唯心主义的先验论。布瓦洛把笛卡尔的理性主义全部应用到观察和研究文艺问题上来,他的《诗的艺术》,实际上就是理性主义在美学上的具体体现。

就西方美学思想传统而言,布瓦洛的《诗的艺术》显然受到古罗马贺拉斯《诗艺》的影响。贺拉斯在《诗艺》中提出的文艺"寓教于乐"说、人物性格类型说、效仿古典说等等,都被布瓦洛吸收到自己的美学理论中来,并且按照古典主义文艺实践经验作了新的补充和发挥。不仅如此,在书的写法上,也可以看出《诗艺》对《诗的艺术》影响的明显痕迹。除此之外,布瓦洛还从古希腊罗马的其他的文艺理论和美学著作中吸取了理论营养,如亚里士多德的《诗学》、朗吉努斯的《论崇高》等等。不过,他在接受这些理论时,也都是从理性主义的哲学思想和古典主义的文艺经验来理解和说明的。

《诗的艺术》是用诗体写成的,全书有一千多行,共分四章。第一章总论对于文艺创作的要求;第二章论次要诗体,如牧歌、悲歌、颂歌等;第三章论主要诗体,即悲剧、史诗、喜剧;第四章论作家的道德修养。综观全书,所涉及的理论问题相当广泛,对创作所定的清规戒律也相当繁多。这里仅就其中一些重要的美学理论问题加以论述和评价。

第一节 从理性出发的真善美统一原则

《诗的艺术》以"理性"作为全部理论的出发点,作为对文艺的最高要求。在第一章开始,布瓦洛就强调诗人固然需有天才,但尤其需要理性,因为只有依靠理性,作品的形式才能服从内容并与内容达到统一,才能获得真、善、美的价值。他说:

在理性的控制下韵不难低头听命,
韵不能束缚理性,理性得韵而丰盈。
但是你忽于理性,韵就会不如人意;

第十三章 布瓦洛

你越想以理就韵就越会以韵害理。
因此,首先须爱理性:愿你的一切文章
永远只凭着理性获得价值和光芒。①

如前所述,布瓦洛这里所反复强调的"理性",来自笛卡尔的理性主义哲学。笛卡尔认为,理性是人先天具有的正确判断和辨别真假、善意、美丑的能力,是一种普遍永恒的人性,也是人获得真知的出发点。布瓦洛接受了笛卡尔的理性概念,同时又赋予它体现当时法国君主专制政治所要求的道德规范的意义。它既指科学推理的"理性",也指道德实践的"理性"。布瓦洛把笛卡尔理性主义哲学和法国君主专制的思想道德标准具体运用到文艺中来,要求一切作品都要以理性为准绳,做到合乎"常情常理"。这样,"崇尚理性"就成了他的最高的美学原则。他一再强调,作品"必须与理性完全相合,一切要恰如其分,保持着严密尺度"②;"情节的进行、发展要受理性的指挥,绝不要冗赘场面淹没着主要目的"③;"切不可乱开玩笑,损害着常情常理:我们永远也不能和自然寸步相离"④。总之,在布瓦洛看来,理性是决定文学创作能否成功的首要关键,也是文学作品中具有指挥、控制作用的思想灵魂。如果一个作家想离开理性去寻找他的文思,那就必然会偏离正路,误入歧途。布瓦洛强调要以理性作为文学创作和评论的最高标准,不是凭空提出的,而是从古典主义作家的创作成就中总结出来的。古典主义文学是崇尚理性的文学。高乃依的悲剧描写理性和感情的剧烈冲突,通过悲剧英雄的坚强意志克制了个人感情,理性得到最后胜利;拉辛的悲剧谴责那些情欲横流、丧失理性的贵族人物;莫里哀的喜剧对一切不合理性的封建思想道德和风俗礼教加以嘲笑。这都显示着理性对于创作的支配作用。

笛卡尔的理性主义哲学认为理性是知识的来源,从理性得来的知识才是最可靠的知识,理性才能使人获得真理性的认识。所以他认为真理的标

---

① [法]布瓦洛:《诗的艺术》,任典译,人民文学出版社1959年版,第3—4页。其中"义理"改译为"理性",下同。
② [法]布瓦洛:《诗的艺术》,任典译,人民文学出版社1959年版,第39页。
③ [法]布瓦洛:《诗的艺术》,任典译,人民文学出版社1959年版,第56页。
④ [法]布瓦洛:《诗的艺术》,任典译,人民文学出版社1959年版,第57页。

准不在于实践,而只是在于思想、观念是否"清楚、明白";思想、观念的"清楚、明白"就是真理的标准。这种观点也反映在布瓦洛的美学观点中,布瓦洛认为文艺作品必须真。但是要达到真,就必须依靠理性,符合理性,使作品中的一切都表现得合情合理,使观众感到可信。他说:

> 切莫演出一件事使观众难以置信:
> 有时候真实的事很可能不像真情。
> 我绝对不能欣赏一个背理的神奇,
> 感动人的绝不是人所不信的东西。①

这段论述中包含两点意思:第一,作品要使人感到可信,就不能背理。换句话说,作品的真实性必须以理性为基础和标准。第二,作品要使人感到可信,就不能去表现"真实的事",而要表现出"真情"。"真实的事"是个别的真,未必合乎情理;"真情"是一般的真,也就是理性的体现的真。所以文艺不应该表现个别的真事,而应该表现一般的真情,只有这样才能达到符合理性的真实,也才真正使人感到可信。由此可见,布瓦洛是从理性出发来看待文艺的真实性的。片面强调理性、一般性,而忽视感性、个别性,有可能使文艺走向概念化。但布瓦洛明确指出文艺的真实性不等于描写真实的事,这是具有辩证思想的。

文艺体现理性是通过具体形象实现的。体现理性和模仿自然,在布瓦洛看来,其实就是一回事。所以,他在强调理性的同时,也要求诗人研究自然、模仿自然。他认为作家"唯一钻研的就该是自然人性","永远也不能和自然寸步相离"。在古典主义者看来,凡是自然的就是真的。布瓦洛在《诗简》中说:

> 虚假永远无聊乏味,令人生厌,
> 但自然就是真实,凡人都可体验:
> 在一切中人们喜爱的只有自然。②

---

① [法]布瓦洛:《诗的艺术》,任典译,人民文学出版社1959年版,第33页。
② 朱光潜:《西方美学史》,人民文学出版社2002年版,第183页。

第十三章 布瓦洛

钻研自然、模仿自然，就能够达到真，也能够体现理。自然、理性、真理，在古典主义者的心目中，是三位一体的东西，因为他们所理解的"自然"，是由理性统辖的、和真理一致的自然，主要是指自然的普遍性、规律性，尤其是指普遍的人性。所以，在提倡研究自然的同时，布瓦洛也给诗人划定了研究和模仿自然的具体范围，即"好好地认识都市，好好地研究宫廷"①，也就是要求文艺反映封建贵族和新兴资产阶级的生活和理想，并以前者为主；至于下层人民的社会生活就不能登大雅之堂了。从这里，我们一方面可以看到古典主义文艺理论中包含某些现实主义因素；另一方面也可以看到这种现实主义因素带有很大的局限性。

总之，在布瓦洛看来，崇尚理性是古典主义文艺的最高的美学原则，模仿自然则是对于体现理性的一个补充。理性是先验地存于人的心灵之中的，是认识的主体；自然则是存在于天生的事物之上的，是认识的客体。依靠理性去钻研自然，就能求得自然之理，亦即是真。真是由理性产生的，真的东西必然要符合理性。美也是由理性产生的，美的东西也必然要符合理性。理性是一种普遍永恒的人性，所以，符合理性的东西也必然带有普遍性和永恒性。真是普遍的、永恒的，美也是普遍的、永恒的。因此，真和美在文艺中必然是统一的，真是美的必要条件，美的必须是真的。布瓦洛在《诗简》中写道：

> 只有真才美，只有真可爱，
> 真应统治一切，寓言也非例外；
> 一切虚构中的不折不扣的虚假，
> 也只为使真理现得格外显眼。
> 你知道我的诗为什么传遍各省，
> 到处使人民倾心，公卿动听？
> 这并非因为诗的声音永远嘹亮，
> 让听众都感到余韵绕梁。
> ……

---

① [法] 布瓦洛：《诗的艺术》，任典译，人民文学出版社1959年版，第55页。

> 而是因为诗的真实，毫无谎言，
> 能感动人心，并且一目了然。①

布瓦洛强调文艺必须真实，必须体现真理。唯有真才美，唯有真才能感动人心。虽然他所说的真实、真理都是要以先验的理性作为前提的，但是如此明确地提倡真实，反对虚谎，坚持真与美的统一，却是体现着现实主义美学的要求的。为了达到真美结合，他不但提出文艺的内容要合乎自然的常理常情，而且还提出要表达作者的真情实感：

> 当你描写哀情时你就该丧气垂头，
> 你要想使我流泪自己就必须先哭。②

合乎常理常情，要忌荒诞离奇；表达真情实感，则要忌虚伪造作。布瓦洛最反对诗人的无病呻吟，言不由衷。他写道："我最恨无病呻吟，那种人真是荒诞，他说他情如火热，缪斯却水冷冰寒；他装出多痛多愁，嘴疯狂心里平静，为着要吟成诗句便自称无限痴情。"③ 这虽然主要是针对当时文坛上的弊病而说的，却揭示了诗人对所描写的生活必须有真切的情感体验的艺术规律，因此也是值得重视的。

亚里士多德在《诗学》中提出，艺术模仿的真，可以使现实中丑的事物在艺术中成为唤起人的美感的对象。布瓦洛在《诗的艺术》中发挥了这一看法。他说：

> 绝对没有一条蛇或一个狰狞怪物，
> 经艺术模拟出来而不能供人悦目；
> 一枝精细的画笔引人入胜的妙技，
> 能将最惨的对象变成有趣的东西。④

---

① 北京大学哲学系美学教研室编：《西方美学家论美和美感》，商务印书馆1980年版，第81页。
② ［法］布瓦洛：《诗的艺术》，任典译，人民文学出版社1959年版，第40页。
③ ［法］布瓦洛：《诗的艺术》，任典译，人民文学出版社1959年版，第19页。
④ ［法］布瓦洛：《诗的艺术》，任典译，人民文学出版社1959年版，第30页。

这段论述涉及现实中的丑如何转化为艺术美的问题。按照布瓦洛的看法，要实现这种转化，还是要依赖艺术模拟的真。这是从另一个侧面证实了文艺作品中真与美的统一。

布瓦洛不仅认为文艺中的真与美是统一的，而且认为文艺中的善与美也是统一的。他指出作家要有道德修养，"时时处处富有高尚的感情"，这样才能保持"无邪的诗品"，使作品既能给人以教育，又能给人以美感。他说：

> 一个有德的作家，具有无邪的诗品，
> 能使人耳怡目悦而绝不腐蚀人心；
> 他的热情绝不会引起欲火的灾殃，
> 因此你要爱道德，使灵魂得到修养。①

布瓦洛所说的道德，无非是指人性的善恶，它和"理性""良知"实际上也是统一的。理性、良知本来就是一种辨别是非、善恶、美丑的能力。从理性出发，善和真可以说是统一的。唯有真的才是美的，也唯有善的才是美的，所以，真、善、美在文艺中可以而且应该达到统一。布瓦洛劝导作家说：

> 作者们，我有忠言，请为我侧耳静听。
> 你那丰富的虚构是否想受人欢迎？
> 那么，你的缪斯要多发些谠论鸿言，
> 处处能把善和真与趣味融成一片。
> 一个贤明的读者不愿把光阴虚掷，
> 他还要在欣赏里能获得妙谛真知。②

这里，布瓦洛明确地把真、善、美的统一作为古典主义文艺的最高理

---

① ［法］布瓦洛：《诗的艺术》，任典译，人民文学出版社1959年版，第65页。
② ［法］布瓦洛：《诗的艺术》，任典译，人民文学出版社1959年版，第64页。

想,从而将笛卡尔的理性主义哲学转化成了古典主义文艺的美学原则。能够将古典主义的创作经验和文艺要求,提高到美学的高度加以总结、概括,同时又将理性主义的哲学原则具体应用到分析和解决文艺问题中来,这可以说是布瓦洛美学思想的突出特色,也是他在美学思想史上的一个重要贡献。

第二节 模式化、凝固化的创作法规

在布瓦洛的《诗的艺术》中,对于古典主义文艺观点的阐述,主要是结合着诗人的创作来谈的。布瓦洛不仅对作家创作的整个过程,从观察和研究自然、创作构思、艺术表现到润色修改,作了全面论述,而且明确区分了各种文学种类或体裁,详细说明了每种文体的特殊性质和写作技巧,指出了易犯的错误。可以毫不夸张地说,《诗的艺术》堪称古典主义文学的创作大全。在这些内容繁多的创作条目中,关于人物刻画的理论和关于形式技巧的要求,向来是更受到人们重视的。

如前所述,布瓦洛是从理性出发来看待摹仿自然的,他所说的"自然",主要是指"人的自然"或"自然人性"。所以,他认为文艺表现理性、摹仿自然,都要通过刻画人物。贺拉斯在《诗艺》中提出:诗人要想工巧地描写自然,就须多多研究生活中的人物类型和性格。布瓦洛在《诗的艺术》中继承和发挥这一观点,认为善于观察、研究人和人性,是成功地刻画人物的先决条件。他说:

> 谁能善于观察人,并且能鉴识精审,
> 对种种人情衷曲能一眼洞彻幽深,
> 谁能知道什么是风流浪子、守财汉,
> 什么是老实、荒唐,什么是糊涂、吃醋,
> 则他就能成功地把他们搬上剧场,
> 使他们言、动、周旋,给我们妙呈色相。
> 搬上台的各种人处处都要天然形态,
> 每个人象画出时都要用鲜明色彩。
> 人性本陆离光怪,表现为各种容颜,

> 它在每个灵魂里都有不同的特点;
> 一个轻微的动作就泄露个中消息,
> 虽然人人都有眼,却少能识破玄机。①

这里要求作家观察人、认识人,对人情衷曲要"鉴识精审""洞彻幽深",并且要求作品中的人物要呈现每个人物的不同特点,都可以说是体现着人物创造上的现实主义观点。在另一个地方,布瓦洛还提出人物刻画需使人"感到自然本色",例如写英雄人物,既不能写得渺小可怜,也不能写得毫无微疵。如同荷马刻画阿喀琉斯,既写他的伟大心灵,也写他急躁、受到屈辱后生气流泪,这就显得真实,而且使人爱看。布瓦洛也朦胧看到了人物性格和生活环境是互相联系的,劝告作家"对各国、各时期还要研究其习俗:往往风土的差异便形成性格特殊"。所有这些论述,都是对古代现实主义和法国古典主义优秀创作经验的总结,很能使人得到启发。

但是,布瓦洛这些关于人物塑造的现实主义观点没有贯彻到底,封建宫廷的趣味、片面强调理性和普遍性、对于古典法则的盲从,都使他不能彻底走向现实主义的典型理论,而只能以模式化、类型化来代替对人物性格典型化的要求。他虽然也看到人性在各人身上的表现有不同的特点,但又把人物的性格特点仅仅按照人物的类别加以区分,并且将它们凝固化,似乎每个人物的性格特点都是永不变易的。例如,他认为后代作家如果选取古代文学中的题材、人物,就要按这些人物原有的性格来写,不能有发展、创造:

> 写阿伽门农就该写他骄蹇而自私;
> 写伊尼就该写他对天神畏敬之情。
> 凡是写古代英雄都该保持其本性。②

阿伽门农和伊尼斯分别为荷马史诗《伊尼亚特》和维吉尔的史诗《伊尼特》中的人物,布瓦洛以他们为例,说明传统的人物性格是不可动摇

---

① [法] 布瓦洛:《诗的艺术》,任典译,人民文学出版社1959年版,第54—55页。
② [法] 布瓦洛:《诗的艺术》,任典译,人民文学出版社1959年版,第38页。

的,也就是认为写人物只能按照一个固定的模式。贺拉斯的《诗艺》中认为不同年龄的人有不同性格特点,刻画人物必须按年龄的类型赋予不同性格。布瓦洛继承发挥了这种人物类型化的传统看法。《诗的艺术》中有几段著名的"论年龄诗",其中写道:

> 光阴改变着一切,也改变我们性情:
> 每个年龄都有其好尚、精神与行径。
> ……
> 你教演员们说话万不能随随便便,
> 使青年象个老者,老者象个青年。①

这最后两句诗,几乎是重复贺拉斯《诗艺》中的语言。诗中详细论青年人、中年人、老年人各有哪些特点,也显然是摹仿贺拉斯而来的。把不同年龄的人物性格凝固化,并用这种类型的表面特征来代替对人物本质特点的揭示,既难以真正描绘出人物的个性特征,也不能充分反映人物的普遍本质,是不能创造出真正的典型人物的。如果高乃依、拉辛、莫里哀等古典主义作家按照这种人物创造理论来写作,那就绝不可能塑造出像唐罗狄克、安德洛玛刻这样成功的悲剧人物形象,以及像达尔杜弗、阿尔巴贡这样典型的喜剧人物形象。

古典主义者十分重视形式技巧,这也是古典主义创作理论的一个重要内容。布瓦洛认为文艺的"第一要诀是动人心、讨人喜欢"②,既要使人受到教育,也要让人得到娱乐。要做到这一点,就须注重艺术的表现技巧。《诗的艺术》对各种文体的写作技巧作了详细论述,其中涉及如何安排情节,如何剪裁布局,如何组织结构,如何运用语言,如何叙述、描写等各个方面的表现技巧问题。特别是对于语言,布瓦洛更是特别重视。他说:

> 总之,语言不通顺,尽管你才由天授,

---

① [法]布瓦洛:《诗的艺术》,任典译,人民文学出版社1959年版,第55页。
② [法]布瓦洛:《诗的艺术》,任典译,人民文学出版社1959年版,第31页。

第十三章 布瓦洛

> 不论写些什么总归是涂抹之流。①

根据当时古典主义作家的创作经验,布瓦洛还对如何才能做到语言优美提出了一些要求。如避免浮词滥调,不断变换文词;避免拗字拗音,精选和谐字眼;避免含糊、晦涩,要求语言清晰、纯净;等等。这些有关形式技巧的规律,对于形成完美的艺术形式是具有积极意义的。不过形式技巧终究还是为内容所决定的,是为表现内容服务的,任何一种形式技巧都不能凝固化、刻板化,也不能看作是适用于一切作品的尺度和规范。而布瓦洛却要把他提出的对形式技巧的要求,作为作家必须服从的规范和不可变更的金科玉律,这就有可能使一些本来也不错的表现技巧变成束缚作家创作的框框,不利于作家艺术创造性的发挥和形式技巧的创新。如对于剧情的纠结要以突然揭破秘密作结的技巧要求,就是如此。这虽然也是结束剧情的手法之一,却不是唯一的或最好的手法。因此没有必要硬要一切作者"必须"作为规则遵守。至于说要求作家的笔调"要雄壮而不骄矜,要风雅而无虚饰",固然也表现出布瓦洛对古典风格的推崇和提倡,但如果要用这种风格来统一一切作品,那也是难以做到并且对创作亦是有害无益的。规范化,是中央集权的君主专制统治的要求,布瓦洛的创作理论在许多方面也是反映了这种要求的。

古典主义者把古希腊、罗马文学奉为典范,认为古典之所以能经历时间的考验而永为人们所赞赏,就是因为它们反映了自然中普遍的东西,符合理性的要求。所以,通过摹仿古典,就可以学会怎样认识自然和表现自然。布瓦洛称赞荷马说:"他的书是众妙之门,并且是取之不尽:不论他拈到什么,他都能点成金。"这就是把希腊古典看成了取之不尽的宝藏,不可逾越的典范。他在给贝洛勒的信中,认为当时法国最伟大的作家们的成功都要归功于对于古典作家的模仿,甚至说"形成拉辛的是索福克勒斯和欧里庇得斯"。本来,文艺的发展总是包括着对于古典文艺的批判继承和革新创造,可是,布瓦洛只看到继承,而看不到创造;同时他又用继承古典代替摹仿自然,这就造成了本末倒置。

古典主义者推尊古典,一方面表现在他们大都借用古希腊、罗马文学

---

① [法]布瓦洛:《诗的艺术》,任典译,人民文学出版社1959年版,第12页。

和历史中的题材来表现他们的思想感情；另一方面也表现在他们认为古典作品中体现的创作规则，后人都须谨遵毋违。而这些规则已经在亚里士多德、贺拉斯等古典文艺理论家的著作中被总结出来了，所以要模仿古典规则，就要反复研读他们的文艺理论著作如《诗学》、《诗艺》等。布瓦洛《诗的艺术》中许多观点，都是来自《诗学》、《诗艺》。他所制订的许多规则，也都是从古典作品和古代文艺理论著作中引申出来的。例如对于"三一律"的规定，就是如此。《诗的艺术》说：

> 但是我们，对理性要服从它的规范，
> 我们要求艺术地布置着剧情发展；
> 要用一地、一天内完成的一个故事
> 从开头直到末尾维持着舞台充实。①

这里所说的戏剧只能用一地、一天、一个故事，即地点、时间、情节的"三一律"。早在文艺复兴时期，意大利文艺理论家卡斯特尔韦特罗就对戏剧的时间、地点、事件三方面的限制作了归纳，形成了"三一律"的雏形。但是直到 17 世纪初，人们对"三一律"还有争论。拥护"三一律"的人往往从亚里士多德的《诗学》中寻求根据，实则亚里士多德只要求情节整一，而对剧情的时间与地点并没有提出具体限制。关于戏剧时间，《诗学》中说过"就长短而论，悲剧力图以太阳的一周为限"，这是亚里士多德根据当时雅典剧坛戏剧比赛的习惯，希望能在一个白天（太阳一周）之内演完一个剧作家的三出悲剧附带一出笑剧，它是一个并不严格的规定。但是由于误解，后人遂把亚里士多德所说的演出时间作为剧情时间，使其变成为一条生硬的规定。实际上文艺复兴时期不少有成就的戏剧家早就以他们成功的创作实践，证明了"三一律"并非永恒不变的法规。可是布瓦洛却从维护理性规范出发，把"三一律"作为古典主义文艺理论的一个重要法则加以论述，而完全不考虑艺术创作发展的实际。从这里也可以看到布瓦洛的古典主义美学观点的刻板性和保守性。

---

① ［法］布瓦洛：《诗的艺术》，任典译，人民文学出版社 1959 年版，第 32—33 页。

第十四章 斯宾诺莎

在欧洲近代哲学史上，斯宾诺莎是继笛卡尔之后的另一个理性主义哲学的代表人物，他对笛卡尔哲学既有继承和发挥，又有批判和否定，从而形成欧洲哲学史上最完备的哲学形而上学体系之一。他以自己独特的哲学观点来观察和解释美学问题，提出了一系列独创的美学观点，丰富和深化了理性主义美学思想。但是，由于他没有写过专门的美学著作，他的美学思想在西方美学史研究中一直被严重忽视，国内外一些有影响的西方美学史著作中极少有具体论述他的。这势必影响到我们对近代理性主义美学形成和发展的全面而科学的认识，应当得到补正。

斯宾诺莎（Benedictus de Spinnoza，1632—1677 年）出生于荷兰阿姆斯特丹的一个犹太商人家庭，其先辈原是居住在西班牙的犹太人，由于受当地宗教法庭的迫害而逃亡到葡萄牙，后又迁至荷兰。斯宾诺莎早年曾在犹太教会学校里接受教育，主要课程是希伯来文、旧约全书和犹太经典。这种犹太神学教育对后来他的哲学思想的形成产生了影响。从犹太学校毕业后，斯宾诺莎按父亲意愿开始从事商业。这时他结识了一位人文主义者范·丹·恩德。在恩德创办的拉丁语学校里，斯宾诺莎通过拉丁文大量阅读了布鲁诺、培根、霍布斯、笛卡尔等人的著作，研究了自然科学和当时先进的哲学，由此开始摆脱犹太神学，形成无神论思想。他不但在朋友中间宣传无神论，主张上帝并非超自然的精神主宰，而是自然本身；否认天使存在、灵魂不灭等，而且拒绝遵守犹太教的教规和仪式。教会当局不能容忍斯宾诺莎的触犯，先是警告和暂时停止其教籍，后又采取收买手法，但都遭到斯宾诺莎的坚决抵制。最后，教会当局在 1656 年对斯宾诺莎采取了最极端的惩罚，将他永远开除教籍，并要求阿姆斯特丹当局将他从城市里驱逐出去。斯宾诺莎被迫离开阿姆斯特丹后，靠一些志同道合的朋友帮助，以磨光学镜片为生。就在这一时期，斯宾诺莎撰写了他的第一部哲学著作《神、人及其幸福简论》。

　　1660年，斯宾诺莎迁居于莱因斯堡，潜心研究和著述。这可能是他一生学术活动最丰富的时期。后来，他又迁居至伏尔堡和海牙，继续他的著述。由于反动势力的阻挠破坏，斯宾诺莎在世时，仅出版了两本著作。一本是以他真名发表的《笛卡尔哲学原理》；另一本是匿名出版的《神学政治论》。后者于1670年出版，由于其反对宗教神学的鲜明倾向而立即轰动全国，同时也遭到反动势力的围剿。在教会的要求下，荷兰政府发布命令禁止发售和传播此书。

　　诚如哲学家罗素所说，斯宾诺莎"是伟大哲学家当中人格最高尚、性情最温和可亲的"，"在道德方面，他是至高无上的"。[1] 他一生为真理和自由而奋斗，且过着清贫生活。1673年，普鲁士帕拉廷选帝侯卡尔·路德维希亲王仰慕他的才华，邀请他到海德堡大学任哲学教授。邀请书中允许他享有哲学思考的最大自由，并相信他不会滥用此种自由以动摇公众信仰的宗教。斯宾诺莎虽然认为这是他能公开讲学的好机会，但终于还是谢绝了这一邀请。他在复函中说："我不知道为了避免动摇公众信仰的宗教的一切嫌疑，那种哲学思考的自由将应限制在何种范围。"[2] 由于贫病交加，斯宾诺莎在45岁时便过早离开人世。

　　斯宾诺莎的著作，除上面提到的以外，最重要的还有《知性改进论》和《伦理学》，这是他的两本主要哲学著作。《知性改进论》写于1661—1662年，是一部未完成的著作，主要讲认识论和方法论。《伦理学》写于1662—1675年，断续经历了13年，是斯宾诺莎一生哲学思想的结晶，他在该书中既系统地论述了哲学世界观，也论述了认识论和伦理观，从而构造了他的整个哲学体系。此外，斯宾诺莎逝世后，由他的朋友收集编成的《斯宾诺莎书信集》（以下简称《书信集》），也是理解和研究他的哲学思想的重要文献。斯宾诺莎在他的哲学著作中，广泛涉及美学问题，并与其哲学和伦理学思想浑然一体，以独特视角对许多美学问题做的新的思考和论述。

---

[1] [美]罗素：《西方哲学史》下卷，马元德译，商务印书馆1982年版，第92页。
[2]《斯宾诺莎书信集》，洪汉鼎译，商务印书馆1996年版，第201页。

第十四章 斯宾诺莎

第一节 实现"人生圆满境界"的哲学

斯宾诺莎的哲学研究具有强烈的伦理动机和伦理目的，这也构成了他的哲学思想的鲜明特征之一。在《知性改进论》导言"论哲学的目的"中，斯宾诺莎明确指出："我志在使一切科学都集中于一个目的或一个理想，就是达到……最高的人生圆满境界。"① 所谓"最高的人生圆满境界"，也就是他所说的"至善"（summum bonum），即"对人的心灵与整个自然相一致的认识"②。也就是说，要达到道德上的人生圆满境界，就要使人的心灵达到对整个自然界这一永恒无限的东西的认识与把握。所以，对斯宾诺莎来说，寻求真理与寻求至善、寻求理想的生活是结合在一起的，哲学和各门科学都是实现人生圆满境界的工具和手段。他把自己的最主要的哲学著作叫作《伦理学》，充分显示出他对伦理学的高度重视。可以说，伦理学是斯宾诺莎思想体系的核心和基础。他的哲学世界观和认识论的建立，都是以伦理学目的的实现为出发点的。明确这一点，无论是对于我们理解他的哲学思想，还是理解他的美学思想，都是至关重要的。

斯宾诺莎的哲学世界观是以实体学说为中心展开的。按照斯宾诺莎的看法，要最终达到人生圆满境界，必须先使自己并帮助别人充分了解自然。他的实体学说就是对自然界的存在及其本质特征的探究。在伦理学中，斯宾诺莎对实体下了一个定义。他说："实体（substantia），我理解为在自身内并通过自身而被认识的东西。换言之，形成实体的概念，可以无须借助于他物的概念。"③ 这就是说，实体是独立存在的，不依赖他物而存在；对实体的认识也只有通过它自身来认识，而不能通过别的东西来认识。围绕这一定义，斯宾诺莎还对实体的本性作了具体说明。实体具有唯一性，宇宙间只有一个实体，不能存在多个实体。实体是自因，它产生和存在的原因只能在自身，而不能以任何别的东西作它的原因。实体在时间

---

① ［荷］斯宾诺莎：《知性改进论》，载《十六—十八世纪西欧各国哲学》，商务印书馆1975年版，第232页。
② ［荷］斯宾诺莎：《知性改进论》，载《十六—十八世纪西欧各国哲学》，商务印书馆1975年版，第232页。
③ ［荷］斯宾诺莎：《伦理学》，贺麟译，商务印书馆1997年版，第3页。

上和空间上是永恒的、无限的，它是无所不包的整个自然。

斯宾诺莎在论述实体时，有时将它称为"神"，也有时将它称为"自然"。神、自然、实体，在斯宾诺莎的哲学中表达的是同一个概念，他在著作中常用"神或实体""神或自然""自然或神"来表述。神、自然、实体本来各有其本质规定的内涵，但斯宾诺莎却把它们等同加以使用，让这些概念相互制约和相互补充，从而使其哲学体系里的最高存在得到了更充分、更全面的表述，构成关于世界本原的实体学说。斯宾诺莎关于神与自然等同的观点，虽然具有泛神论的色彩，但和传统的宗教神学的观点却是根本对立的。按照宗教神学的观点，神是自然的创造者，自然是神的创造物，神是超自然的精神性的主宰，神与自然是对立的。而斯宾诺莎的观点却与此相反，他说："我并不……把神同自然分开。"① 又说："神的动作正如神的存在皆基于同样的自然的必然性。"② 在斯宾诺莎看来，神不是超自然的精神主宰，神就是自然本身。神的力量就是自然的力量，神的法则就是自然的法则。这里表现出斯宾诺莎卓越的无神论思想，它鲜明地反映了17世纪荷兰革命的资产阶级思想体系与宗教神学世界观的根本对立。

斯宾诺莎的实体学说还包括实体属性和样式的理论。他认为，所谓属性，就是构成实体的本质的东西。实体具有无限多的属性，但能被人认识的属性只有两种，即思想和广延。具有广延的物质与具有思想的心灵并不是单独存在的两种实体，而只是作为神或自然这唯一实体的两种属性，同时存在于实体之内。这里，表现出斯宾诺莎的实体学说和笛卡尔实体观念的根本区别。笛卡尔认为具有广延属性的物体（身体）和具有思想属性的心灵是两种对立的实体，它们构成两种互不依赖的本原即物质本原和思想本原，同时，它们都是由上帝这个绝对实体所创造的。斯宾诺莎反对这种二元论观点，他说："思想的实体与广延的实体就是那唯一的同一的实体，不过时而通过这个属性，时而通过那个属性去了解罢了。"③ 斯宾诺莎虽然提出了一元论的实体学说，但他又认为思想和广延两种属性是彼此独立、互不决定的，主张身体和心灵互不影响又同时发生的身心两面论，因而并

---

① 《斯宾诺莎书信集》，洪汉鼎译，商务印书馆1996年版，第28页。
② ［荷］斯宾诺莎：《伦理学》，贺麟译，商务印书馆1997年版，第167页。
③ ［荷］斯宾诺莎：《伦理学》，贺麟译，商务印书馆1997年版，第49页。

未同二元论彻底决裂。

斯宾诺莎认为,无限的实体通过样式来体现自己的存在。样式,就是实体的各种特殊状态,即"分殊"。实体的本性先于它的分殊,因为实体是自因的,分殊则依赖他物。实体作为整体、原因、本质说明世界的整体性和无限性,而样式作为部分、结果、现象表现了世界的多样性和有限性。实体与样式的关系在斯宾诺莎那里,具有整体与部分、无限与有限、一般与个别、本质与现象、原因与结果等关系的性质,这种看法具有辩证法思想的因素。

如果说,斯宾诺莎的唯物主义实体学说对自然的存在及其规律性作了阐明,从而为实现伦理上的"至善"目的奠定了基础,那么他的理性主义的认识论,则是要通过对人的理智进行"改进"以得到完满的知识,从而为实现"至善"目的铺平道路。斯宾诺莎指出:"必须尽力寻求一种方法来医治知性,并且尽可能开始时纯化知性,以便知性可以成功地、无误地、并尽可能完善地认识事物。"[①] 为此,他先对认识的方式或知识的种类进行了分析,把知识分为三种:第一种是他称为"意见或想象"的感性知识。其中又包括两类:一类是由传闻或符号得来的知识;另一类是从"泛泛经验",即由个人感官得来的知识。第二种是他称为"理性"的知识。它是由对于事物的特质具有共同概念和正确观念并经过推理而得来的知识。第三种他称为"直观知识"。这是由神的某一属性的形式本质的正确观念出发,直接达到对事物本质的洞察的正确知识。

在以上三种知识中,斯宾诺莎认为第一种感性知识是不正确的知识。因为它们或是依据"未为理智所规定的经验",或是依据回忆和想象,仅仅是一种具有偶然性、个别性的观念,所以是片断的、混淆的、不可靠的。他认为,只有第二种理性知识和第三种直观知识,才能教导我们认识和辨别真理与错误,才是具有必然性和可靠性的"真知识"。不过他认为这两种知识在取得途径和可靠性程度上又有所差别。理性知识是经由推理得来的间接知识;直观知识则是由直接领悟把握事物本质获得的知识。前者虽然也具有必然性、确定性,但还不是绝对可靠的知识;后者则是最具必然性、确定性的绝对可靠的知识。斯宾诺莎将这种直观知识称为"真观

---

① [荷] 斯宾诺莎:《知性改进论》,贺麟译,商务印书馆1986年版,第22页。

念"。他说："凡具有真观念的人无不知道真观念包含最高的确定性。因为具有真观念并没有别的意思，即是最完满、最确定地认识一个对象。"①

真观念学说是斯宾诺莎对认识论的一个独特贡献。关于真观念，斯宾诺莎认为它需具有"内在标志"和"外在标志"。所谓外在标志，就是"真观念必定符合它的对象，这就是说（这是自明的）凡客观地包含在理智中的东西，一定必然存在于自然中"②。所谓内在标志，就是"单就其自身而不涉及对象来说，就具有真观念的一切特性"③。就是说，真观念具有自身的清楚明晰性。正因为如此，所以，斯宾诺莎认为真观念具有最高的确定性。真观念既是我们获取正确认识的出发点和规范，也是我们检验认识的真理性的标准。据此，斯宾诺莎指出，心灵的最高努力和最高德性，都在于依据第三种知识即直观知识来理解事物，"从这第三种知识可产生心灵的最高满足"④。因而认识的主要目的就是要获取理性知识，特别是真观念或直观知识，以达到道德上的"至善"境界。这里表现出斯宾诺莎哲学的认识论与伦理学的统一。

斯宾诺莎的理性主义认识论和笛卡尔在思想上有明显的继承关系，两者同样片面强调理性认识的可靠性，否认感性认识的可靠性，并割裂了理性认识与感性认识的关系。但两者也有原则区别。斯宾诺莎虽然否认理性认识来源于感性认识，但他不同意用笛卡尔的天赋观念来说明它们的产生。在他看来，属于理性认识的真观念，也"必定符合它的对象"，因而，"观念的次序和联系与事物的次序和联系是相同的"⑤。这实际上是肯定了理性认识的客观实在性，具有唯物主义性质。不过，由于思想的局限，斯宾诺莎并未能科学地说明理性认识的产生。

第二节 美丑观念与事物的圆满性

斯宾诺莎的哲学以达到"人生圆满境界"为依归，这种人生圆满境界

---

① [荷]斯宾诺莎：《伦理学》，贺麟译，商务印书馆1997年版，第82页。
② [荷]斯宾诺莎：《伦理学》，贺麟译，商务印书馆1997年版，第30页。
③ [荷]斯宾诺莎：《伦理学》，贺麟译，商务印书馆1997年版，第44页。
④ [荷]斯宾诺莎：《伦理学》，贺麟译，商务印书馆1997年版，第256页。
⑤ [荷]斯宾诺莎：《伦理学》，贺麟译，商务印书馆1997年版，第49页。

既是至善，也是至真，同时也就是至美。在伦理学中，斯宾诺莎总是把理性的完善与人的德性、人生快乐互相联系，如他所说："人的真正活动力量或德性就是理性"①，"人生的最高快乐或幸福即在于知性或理性之完善中"②。在斯宾诺莎看来，知识论、伦理学和美学是互相结合的，真、善、美也是互相结合的。在进一步考察斯宾诺莎的美学思想时，我们必须注意到他的美学思想的这一显著特点。

在《伦理学》和《书信集》中，斯宾诺莎多次直接谈到美、丑问题，这些谈论实际上是对人们一般持有的美丑观念所做的阐释和评论。在他看来，美丑观念和善恶观念一样，并非指自然和事物本身的性质，而是人按照事物给予人的感受和作用，而对自然事物所做的解释和评价。他说："我绝不把美或丑、和谐或纷乱归给自然，因为事物本身除非就我们的想象而言，是不能称之为美的或丑的、和谐的或紊乱的。"③ 这就是说，美、丑不在自然事物本身，而是人对事物的一种想象。在另一处，斯宾诺莎对这一观点作了更详细的阐述。他写道：

>　　美并不是在知觉者心中引起的一种被知觉对象的性质。如果我们的眼睛的网膜长一些或短一些，或者我们的气质不像现在这样，那么现在对于我们表现美丽的事物将表现是丑陋的，而现在是丑陋的事物将对我们表现是美丽的。最美的手通过显微镜来看是粗糙的。有些事物远处看是美丽的，但是近处一看却是丑陋的。因此，事物就本身而言、或就神而言既不是美的，也不是丑的。④

这段话明确表达了两点意思：第一，美、丑不是指被知觉对象或自然事物本身的性质；第二，对美、丑的感受依赖于人的主体条件和对于知觉对象的主观感觉。有的研究者据此认为斯宾诺莎是主张"美在主观"的，"在美学上是一个主观论者"⑤。但我们必须明白，斯宾诺莎这里所讲的美

---

① ［荷］斯宾诺莎：《伦理学》，贺麟译，商务印书馆1997年版，第210页。
② ［荷］斯宾诺莎：《伦理学》，贺麟译，商务印书馆1997年版，第228页。
③ 《斯宾诺莎书信集》，洪汉鼎译，商务印书馆1996年版，第142页。
④ 参见［波］W. 塔塔科维兹《美学史》第3卷，海牙·巴黎，1974年，第380—381页。
⑤ 参见［波］W. 塔塔科维兹《美学史》第3卷，海牙·巴黎，1974年，第369页。

丑其实是指美丑观念，上述看法只是他对人们一般持有的美丑观念所做的分析和评论。在他看来，美、丑观念和善、恶观念一样，都不是对于事物本性的理智的了解，所以不是表示自然事物本身性质的事实判断；而是"以想象代替理智"，依据自然事物对于人的作用和感受，来解释和评价自然事物，因而都是反映着自然事物对人关系的价值判断。他说："只要人们相信万物之所以存在都是为了人用，就必定认其中对人最有用的为最有价值，而对那能使人最感舒适的便最加重视。由于人们以这种成见来解释自然事物，于是便形成善恶、条理紊乱、冷热、美丑等观念。"① 这种从自然事物与人的关系来解释美丑观念的看法，也是包括笛卡尔、霍布斯在内的 17 世纪许多哲学家的共同主张，我们当然不能将这种主张简单地归结为美的主观论。

在上述引文中，斯宾诺莎认为善恶、美丑观念的形成是来自一种成见，这种成见就是他所批驳的"万物有目的"论。按照这种成见，自然万物无一不有目的，它们与人一样，都是为着达到某种目的而行动，无一非为人用。正是基于这种成见，人们便想象着自然事物对于人的作用和价值，于是便形成善恶、美丑观念，并把这些观念当作事物的重要属性。他指出：

> 像我早已说过那样，他们相信万物都是为人而创造的，所以他们评判事物性质的善恶好坏也一概以事物对于他们的感受为标准。譬如，外物接于眼帘，触动我们的神经，能使我们得舒适之感，我们便称该物为美；反之，那引起相反的感触的对象，我们便说它丑。②

在斯宾诺莎看来，美丑、善恶观念既是来自万物有目的的成见，那它们就不是属于事物本身，也不能把它们当作事物本身的性质，因为"自然本身没有预定的目的，而一切目的因只不过是人心的幻象"③。这里表现了斯宾诺莎哲学的一个重要观点，就是万物受制于绝对必然性的观点。按照

---

① ［荷］斯宾诺莎：《伦理学》，贺麟译，商务印书馆1997年版，第41页。
② ［荷］斯宾诺莎：《伦理学》，贺麟译，商务印书馆1997年版，第42页。
③ ［荷］斯宾诺莎：《伦理学》，贺麟译，商务印书馆1997年版，第39页。

第十四章 斯宾诺莎

这种观点,自然界中存在的各种物体都处于不间断的因果系列的链条之中,具体事物之间存在着因果必然联系。任何事物的发生都有其所以发生的必然原因,它们都是宇宙普遍秩序的必然结果。他说:"自然中没有任何偶然的东西,反之一切事物都受神的本性的必然性所决定而以一定方式存在和动作。"① 这种观点彻底排除了神学目的论。因为在斯宾诺莎看来,神既不为目的而存在,也不为目的而动作,神只按照它自己本性的必然性而动作。他说:"自然的运动并不依照目的,因为那个永恒无限的本质即我们称为神或自然,它的动作都是基于它所赖以存在的必然性;像我所指出的那样,神的动作正如神的存在皆基于同样的自然的必然性。"② 既然万物有目的论不能正确解释自然事物,那么由此成见而形成的善恶、美丑观念当然也不能正确说明自然事物本身的性质,它们仅仅是人们依照事物对人的作用和价值、对事物所做出的想象和评价。对此,斯宾诺莎进一步明确指出:

> 就善恶两个名词而论,也并不表示事物本身的积极性质,亦不过是思想的样式,或者是我们比较事物而形成的概念罢了。因为同一事物可以同时既善又恶,或不善不恶。譬如,音乐对于愁闷的人是善,对于哀痛的人是恶,而对于耳聋的人则不善不恶。③

这里讲善恶是一种思想的样式或概念,而所举例则又关系美丑,可见美丑和善恶一样,也是一种思想的样式或概念。因为善恶、美丑概念或观念反映的不是事物本身的性质,而是作为对象的事物与主体人之间的关系,所以,它们可以因人而异。"这人以为善的,那人或将以为恶;这人认为条理井然的,那人或将以为杂乱无章;这人感到欣悦的,那人或会表示厌恶。"④ 这就是说,善恶、美丑概念都是具有相对性的,同一件事物,在不同的观点下,对于不同主体而言,可以是善、美,也可以是恶、丑。没有一件事物,就其自身性质来看,可以称为善或恶、美或丑。从这一点

---

① [荷] 斯宾诺莎:《伦理学》,贺麟译,商务印书馆1997年版,第29页。
② [荷] 斯宾诺莎:《伦理学》,贺麟译,商务印书馆1997年版,第167页。
③ [荷] 斯宾诺莎:《伦理学》,贺麟译,商务印书馆1997年版,第169页。
④ [荷] 斯宾诺莎:《伦理学》,贺麟译,商务印书馆1997年版,第42页。

看，吉尔伯特和库恩指出，斯宾诺莎认为"美仅仅存在于由于符合我们需求而被赋予其某种价值的偶然对象之中"①，这是有道理的。

斯宾诺莎认为，虽然就事物本身性质上说，无所谓善恶、美丑，但从自然事物与人的关系上说，仍需保持善恶、美丑的概念。他又指出，尽管善恶的观念会因人而异，却存在着"人人共同之善"，即他所谓的"最高善"。他写道："最高善之为人人所共同，乃基于理性的本身，而不是出于偶然的事实，因为最高善是从人的本质推出，而人的本质又是为理性所决定。"② 这种基于理性、从人的本质推出的人人共同之善，实际上也就是人们判断善恶的共同的标准和尺度。据此，斯宾诺莎明确指出了善恶的含义和区别：

> 所谓善是指我们所确知的任何事物足以成为帮助我们愈益接近我们所建立的人性模型的工具而言。反之，所谓恶是指我们所确知的足以阻碍我们达到这个模型的一切事物而言。③

这一善恶定义显然是以自然事物与人性（人的本质）的关系为基准，通过理性推导出来的。如果我们注意到斯宾诺莎在著作中总是将美丑观念与善恶观念相提并论的，那么，他为善恶所下的定义，对我们准确把握他对美丑含义的理解应该是最具启发性的。

斯宾诺莎在论述美、丑和善、恶两对概念时，还经常与圆满性、不圆满性这一对概念相提并论。他甚至明确指出："圆满性和不圆满性的名称类似于美和丑的名称。"④ 圆满一词，拉丁文原文作 perficere，有完成、圆满或完善多重意义。在斯宾诺莎看来，圆满和不圆满这一对概念，和善恶、美丑概念一样，都不是表示事物本身性质的概念。"应用圆满和不圆满等概念于自然事物的习惯，乃起于人们的成见，而不是基于对自然事物

---

① [美] K. E. 吉尔伯特、[德] H. 库恩：《美学史》，纽约：麦克米伦公司1939年版，第231页。
② [荷] 斯宾诺莎：《伦理学》，贺麟译，商务印书馆1997年版，第196页。
③ [荷] 斯宾诺莎：《伦理学》，贺麟译，商务印书馆1997年版，第169页。
④ 《斯宾诺莎书信集》，洪汉鼎译，商务印书馆1996年版，第216页。

的真知。"① 圆满和不圆满概念也是建立在"万物有目的"论这种成见的基础上的。因为人对于自然和人为的事物，总有习于构成一般的观念，并且即认这种观念为事物的模型。他们又以为自然事物都是有目的的，本身即意识到这些模型。于是，如果事物符合人们对于那类事物所形成的一般观念，就被称为圆满；反之，如果事物不十分符合人们对于那类事物所预先形成的模型，便被称为不圆满。"所以圆满和不圆满其实只是思想的样式，这就是说，只是我们习于将同种的或同类的个体事物，彼此加以比较，而形成的概念。"② 这种以人们关于事物的类型观念为基准，经过人的想象而形成的圆满和不圆满概念，在斯宾诺莎看来，像善恶、美丑概念一样，只是表现人们对于事物的理解和评价，而不是表示事物本身的性质。

斯宾诺莎明确指出，应当严格区分两类根本不同的解释自然的概念。他说："我认为那些由平常语言习惯而形成的概念，或者那些不是按照自然本来面目而是按照人类的感觉来解释自然的概念，绝不能算作最高的类概念，更不能把它们和纯粹的、按照自然本来面目解释自然的概念混为一谈。"③ 在他看来，上述作为思想样式的圆满和不圆满概念就是属于按照人类感觉来解释自然的概念，与之相一致的美丑、善恶的概念亦是如此。他认为，用于表示事物本质和本性的圆满性的概念应是不同于上述内涵的另外一种概念。他说："正如善恶一样，圆满性也是相对的术语，除非我们把圆满性认作事物的本质。在这个意义下，正如我们上面已经说过的，神具有无限的圆满性，即无限的本质和无限的存在。"④ 在斯宾诺莎的哲学术语中，"圆满性"是一个用来表示实体、神或自然性质的重要概念，其内涵十分确定。如他所说：

实在性和圆满性我理解为同一的。⑤

圆满性就是实在性。换言之，圆满性就是任何事物的本质。⑥

---

① [荷] 斯宾诺莎：《伦理学》，贺麟译，商务印书馆1997年版，第167页。
② [荷] 斯宾诺莎：《伦理学》，贺麟译，商务印书馆1997年版，第168页。
③ 《斯宾诺莎书信集》，载洪汉鼎《斯宾诺莎哲学研究》，人民出版社1993年版，第471页。
④ [荷] 斯宾诺莎：《笛卡尔哲学原理》，王荫庭、洪汉鼎译，商务印书馆1997年版，第151页。
⑤ [荷] 斯宾诺莎：《伦理学》，贺麟译，商务印书馆1997年版，第45页。
⑥ [荷] 斯宾诺莎：《伦理学》，贺麟译，商务印书馆1997年版，第169页。

>我所谓圆满性仅指实在性或存在而言。①
>
>事物按其本性愈圆满,则它包含的存在愈多和愈必然,反之,事物按其本性包含的存在愈必然,则必更圆满。②

由此可见,斯宾诺莎所说的圆满性,是和实在性、存在、本质、本性、必然性等同一的范畴,它表示事物的存在、本质及其必然性。事物的实在性或存在越多,其圆满性程度就越高。"实体比其他样式或偶性包含更多的实在性,由此……实体也比偶性包含更必然的和更圆满的存在。"③正是在这种意义上,斯宾诺莎指出,实体、神或自然具有最高的圆满性或绝对圆满性。他说:"神的本质排除一切不圆满性,而包含绝对圆满性。"④这种绝对圆满性也就是自然的永恒秩序和固定法则,万物皆循此而出。正如斯宾诺莎所说:"万物皆循自然的绝对圆满性和永恒必然性而出"⑤,"万物都是按照最高的圆满性为神所产生,因为万物是从神的无上圆满性必然而出"⑥。

在斯宾诺莎看来,整个宇宙是一个由所有存在物组成的有机整体,每个事物,就其以某种限定的方式存在而言,都是整个宇宙这一有机整体的一部分,都服从统一的自然规律和法则。如果我们将事物放在整个宇宙这个有机整体中,"从神圣的自然之必然性去加以认识"⑦,那么,就会看到万物都是由自然的必然的规律所决定的。任何事物的发生都有其所以发生的必然原因,它们都是宇宙普遍规律和法则的逻辑必然结果。"因为未有不从自然的致动因的必然性而出,而可以构成任何事物的本性的,而且无论任何事物只要是从自然的致动因之必然性而出的,就必然会发生。"⑧所以,我们不应当从有限事物出发,以个人的感情好恶来判断其为圆满或不圆满。"要判断事物的圆满与否,只须以事物的本性及力量为标准,因此

---

① [荷]斯宾诺莎:《笛卡尔哲学原理》,王荫庭、洪汉鼎译,商务印书馆1997年版,第67页。
② [荷]斯宾诺莎:《笛卡尔哲学原理》,王荫庭、洪汉鼎译,商务印书馆1997年版,第67页。
③ [荷]斯宾诺莎:《笛卡尔哲学原理》,王荫庭、洪汉鼎译,商务印书馆1997年版,第68页。
④ [荷]斯宾诺莎:《伦理学》,贺麟译,商务印书馆1997年版,第13页。
⑤ [荷]斯宾诺莎:《伦理学》,贺麟译,商务印书馆1997年版,第39页。
⑥ [荷]斯宾诺莎:《伦理学》,贺麟译,商务印书馆1997年版,第33页。
⑦ [荷]斯宾诺莎:《伦理学》,贺麟译,商务印书馆1997年版,第257页。
⑧ [荷]斯宾诺莎:《伦理学》,贺麟译,商务印书馆1997年版,第168—169页。

第十四章 斯宾诺莎

事物的圆满与否,与其是否娱人的耳目,益人的身心无关。"①

显然,斯宾诺莎这里所说的作为事物的实在性、本质和必然性的圆满性,和他上面提到的人们对事物加以比较而形成的作为思想样式的圆满和不圆满的概念,在内涵上是完全不同的。所以,斯宾诺莎说:"我这里所说的并不是指人们由于迷信或无知所欲求的美或其他圆满性。"② 毫无疑问,斯宾诺莎认为美和圆满性是相联系的,事物所包含的圆满性和实在性越多,也就更为完美。如他所说:"观念正如事物自身,各个不同,一个观念较其他观念更为完美或所包含的实在性更多,正如一个观念的对象也较其他观念的对象更为完美或所包含的实在性更多。"③ 不过,由于斯宾诺莎对于事物圆满性的内涵的理解不同于作为思想样式的圆满和不圆满的概念,所以,和这种圆满性相联系的美,也必然不同于作为思想样式的美丑概念。因为后者是人们对事物加以比较,按照事物给予人的感受和作用而形成的概念;而前者则只与自然事物的本性、本质、实在性和必然性相关,也就是上面所说的"只须以事物的本性及力量为标准"。这种以自然事物的本性的必然性为依归的美,当然不是前面论到的按照人的感觉来评价自然的美丑观念,它应当被理解为斯宾诺莎所说的"人的心灵与整个自然相一致的认识"④,亦即从对于神的某一属性的正确观念而达到对于事物本质的直观。这种直观知识是"在永恒的形式下去认识事物",即"就事物被包含在神内,从神圣的自然之必然性去加以认识"⑤,因而能达到最高的圆满性,由此可产生最高的精神满足。它是至真,也是至善,同时也是至美。这种美显然不是那种从人的感觉和感受来认识的美,而是超越感性的理性和直观的美,是与神或自然的本性的必然性和谐一致的美,它也就是斯宾诺莎哲学要达到的最终追求——"最高的人生圆满境界"。这种将真、善、美统一于事物的圆满性的观点,是斯宾诺莎的一个独特贡献,也是西方美学史上关于美的本质的理性思辨的又一重要进展。

---

① [荷]斯宾诺莎:《伦理学》,贺麟译,商务印书馆1997年版,第43页。
② [荷]斯宾诺莎:《笛卡尔哲学原理》,王荫庭、洪汉鼎译,商务印书馆1997年版,第67页。
③ [荷]斯宾诺莎:《伦理学》,贺麟译,商务印书馆1997年版,第56页。
④ [荷]斯宾诺莎:《知性改进论》,载《十六—十八世纪西欧各国哲学》,商务印书馆1975年版,第232页。
⑤ [荷]斯宾诺莎:《伦理学》,贺麟译,商务印书馆1997年版,第257页。

第三节　想象、无意识与文艺创造

斯宾诺莎在论述人的心灵的性质和认识活动时，都谈到想象、联想、梦幻和虚构等问题。这些阐述本身虽然不是针对文艺问题讲的，却和文艺的创造、欣赏及批评有着非常密切的关系，从而构成斯宾诺莎美学思想的另一个重要组成部分。

在斯宾诺莎的认识论中，想象被看作和理智互相区别的一种认识方式。关于这种认识方式的性质和特点，斯宾诺莎有清晰、明确的阐述。我们先来看看他对于想象的界说：

> 凡是属于人的身体的情状，假如它的观念供给我们以外界物体，正如即在面前，即我们便称为"事物的形象"，虽然它们并不真正复现事物的形式。当人心在这种方式下认识物体，便称为想象。①
>
> 想象是心灵借以观察一个对象，认为它即在目前的观念，但是这种观念表示人的身体的情况，较多于表示外界事物的性质。②

从以上界说来看，斯宾诺莎所谓的想象具有如下的基本性质：第一，想象起源于我们的身体受到某个外物的激动或影响，想象中的观念与身体感受外界物体的刺激相对应。斯宾诺莎明确指出："人心想象一个物体是由于人身为一个外界物体的印象所激动、所影响，其被激动的情况与其某一部分感受外界物体的刺激时相应。"③ 这可以说是揭示了想象的客观来源。同时，他还指出，想象只可由个别的物体刺激起来。"我说'个别的'，因为想象永远只可为个别的事物刺激起来。例如一个人单是读一篇浪漫小说，只要他不读同性质的别的小说，他必定记忆得较完全些，因为那一篇小说可以单独活跃在他的想象中。"④ 想象正因为与个别的、有形的事物相联系，所以它在文艺创作和欣赏中才具有具体性、生动性、鲜明性。

---

① ［荷］斯宾诺莎：《伦理学》，贺麟译，商务印书馆1997年版，第64页。
② ［荷］斯宾诺莎：《伦理学》，贺麟译，商务印书馆1997年版，第177页。
③ ［荷］斯宾诺莎：《伦理学》，贺麟译，商务印书馆1997年版，第65页。
④ ［荷］斯宾诺莎：《知性改进论》，贺麟译，商务印书馆1986年版，第48页。

第二，想象是人的身体的情状的观念，它以"形象"的方式去认识事物。想象作为一种观念，它的对象是人体受外物激动所产生的情状。按照斯宾诺莎的理解，外物激动人体所产生的情状是物理的和生理的产物，即广延的样式；而关于人体的情状的观念，则是思维的和心理的产物，即思想的样式。他说："当人心凭借它的身体的情状以考察外界物体时，我便称它是在想象着物体，此外人心便不能在别的方式下想象外界物体当作现实存在。"① 可见，想象是人心凭借其身体情状的观念以认识事物的方式。这种人的身体情状的观念，供给我们以外界物体，"视如即在面前"。所以，斯宾诺莎将其称为"事物的形象"或"事物的意象"。他说："事物的意象乃是人体内的感触，而这些感触的观念表示被当作即在目前的外在物体。"② 又说："必须仔细注意观念或心灵的概念与由想象形成的事物的形象二者之区别。"③ 由此可见，以形象的方式而不是以概念的方式来认识事物，是想象最基本的性质和最主要的特点之一。正因为如此，想象成为文学艺术认识和反映现实的主要心理构成因素和思维方式。

第三，想象作为人的身体情状的观念，它表示人的身体的当前的情状，多于表示外界事物的性质。按照斯宾诺莎的看法，人的身体的情状的观念是通过人对外界事物的感触以认识外界事物，它既包含外界事物的性质，也包含人的身体的性质，可以说是一种混淆的观念。这种观念主要是表示人的身体受激动而呈现的某种情况，虽然这种情况也包含外界物体的性质，却不是完全客观地反映外界事物的性质和本质。所以，斯宾诺莎又说："想象就是一个观念，这观念正所以表示人的身体现时的情状，而不表示外界物体的性质，并且表示得模糊而不明晰。"④ 他举例说，当我们望见太阳时，我们总想象着太阳距我们大约有二百英尺远。即使知道了太阳的真实距离后，我们仍然想象太阳离我们很近。这是因为心灵只凭身体的感触，去想象太阳的大小。这就是说，想象是按照我们身体的感触去说明太阳的性质所产生的观念，它不能客观地、明晰地表示太阳本身的性质。由于想象产生的事物的形象并不完全表示外物的性质，而是更多地表现被

---

① ［荷］斯宾诺莎：《伦理学》，贺麟译，商务印书馆1997年版，第70页。
② ［荷］斯宾诺莎：《伦理学》，贺麟译，商务印书馆1997年版，第120页。
③ ［荷］斯宾诺莎：《伦理学》，贺麟译，商务印书馆1997年版，第89页。
④ ［荷］斯宾诺莎：《伦理学》，贺麟译，商务印书馆1997年版，第172页。

感知的人自己身体的性质，所以它可以说是客观事物的主观观念，在很大程度上要受人自己主观条件的制约和影响。"每个人都可以按照其自己的身体的情状而形成事物的一般形象。"① 所以，想象必然因人而异，"各人都各按照他习于联结或贯穿他心中事物的形象的方式，由一个思想转到这个或那个思想"②。对此，斯宾诺莎举例说，如果一个军人看见沙土上马蹄痕迹，他将立即由马而转到骑兵，再转到对战事的联想；而一个乡下农夫则会由马而转到对于他的犁具、田地等事物的联想，因而形成不同的想象和思想。这对于理解文艺创作和欣赏中想象和联想的个别差异性以及形象的独特性产生的心理原因是很有意义的。

第四，想象是"我们把不在面前的东西，认为即在面前的这种常常发生的认识作用"③。这就是说，人心对于曾经一度激动人心的外物，即使当这物既不存在，也不即在面前时，也能够设想这物，视如即在面前。对此，斯宾诺莎举例说，保罗心中的"彼得"观念，只是表示保罗的身体状况，而不是表示彼得的本性；因此只要保罗的身体状态持续着，保罗的心灵即能认识彼得，以为即在目前，纵使彼得并不即在面前。其实，这里所说的保罗心中的"彼得"观念，就是心理学所说的记忆表象，而想象就是人在头脑里对记忆表象进行分析综合、加工改造，从而形成新的表象的心理过程。斯宾诺莎关于记忆表象是想象的基础和材料的看法，和现代心理学的看法是一致的。同时，他又指出想象对记忆表象的复现和改造具有能动性和创造性，"因为如果当心灵想象着不存在的事物如在面前，同时，又能够知道那些事物并不现实地存在时，则心灵反将认想象能力为其本性中具有的德性，而非缺陷，尤其是当这种想象能力单独依靠它自己的性质，换言之，即心灵的想象能力是自由的时候"④。这就是说，心灵的想象能力可以自由地创造并不现实地存在的事物，使其如在面前。毫无疑问，这对我们认识想象力的自由创造的特性以及它在文学艺术创造中的重要作用是非常有启发性的。

在斯宾诺莎的理解中，想象一词所指的范围是较为宽泛的。他在谈到

---

① [荷] 斯宾诺莎：《伦理学》，贺麟译，商务印书馆1997年版，第79页。
② [荷] 斯宾诺莎：《伦理学》，贺麟译，商务印书馆1997年版，第66页。
③ [荷] 斯宾诺莎：《伦理学》，贺麟译，商务印书馆1997年版，第64页。
④ [荷] 斯宾诺莎：《伦理学》，贺麟译，商务印书馆1997年版，第65页。

第一种知识时,认为它包括两种考察事物的方式:一种是"通过感受片面地、混淆地和不依理智的秩序而呈现给我们的个体事物得来的观念",也就是人的知觉经验;另一种是"从记号得来的观念;例如,当我们听到或读到某一些字,便同时回忆起与它们相应的事物,并形成与它们类似的观念,借这些观念来想象事物",这其实就是再造想象。斯宾诺莎把这两种观念统称为"第一种知识、意见或想象"①,这就把属于知觉经验和记忆表象的观念也包括在想象中了。他对想象的论述,往往结合着记忆和联想:

  假如人身曾在一个时候而同时为两个或多数物体所激动,则当人心后来随时想象着其中之一时,也将回忆起其他的物体。②
  每当我们想象着一个曾经与别的东西在一起看见过的对象时,我们立刻便回忆起那些别的东西,因此我们想到这一个东西立刻便会联想到那另一个东西。③

  这种将想象和回忆、联想相提并论的看法,和同时代的经验论哲学家的看法是类似的,如霍布斯就认为"想象和记忆就是同一回事"④,他在关于想象的论述中也包含了联想的心理活动。不过,斯宾诺莎对与记忆和联想相关的想象另有新的解释。他说:"记忆不是别的,只是一种观念的联系,这些观念包含人身以外的事物的性质,这种在人心中的观念的联系与在人身中的情况的次序或联系正相对比。""我说这种观念联系之发生是依照人身中情况或情感的次序和联系,如此便可以有别于依照理智次序而产生的观念联系,所谓理智是人人相同的,依照理智的次序足以使人心借事物的第一原因,以认识事物。因此我们更可以明白知道何以人心能从对于一物的思想,忽而转到对他物的思想,虽然此物与他物间并无相同之处。"⑤ 这里不仅指出记忆的联想是"人心中的观念的联系",而且指出"这种观念联系之发生是依照人身中情况或情感的次序和联系",它与依照理智次序

---

 ① [荷]斯宾诺莎:《伦理学》,贺麟译,商务印书馆1997年版,第79—80页。
 ② [荷]斯宾诺莎:《伦理学》,贺麟译,商务印书馆1997年版,第65页。
 ③ [荷]斯宾诺莎:《伦理学》,贺麟译,商务印书馆1997年版,第140页。
 ④ [英]霍布斯:《利维坦》,黎思复、黎廷弼译,商务印书馆1985年版,第8页。
 ⑤ [荷]斯宾诺莎:《伦理学》,贺麟译,商务印书馆1997年版,第65—66页。

而产生的观念联系是不同的。所谓理智的次序,就是"借事物的第一原因以认识事物"的次序,即"从自然事物或真实存在推出"的真实表现实在因果联系的次序。而人身中情况或情感的次序,虽然也包含外界事物的性质,却主要是表示人的身体的当前的情状,因而它掺杂着人身自己的性质。所以,由此而产生的观念的联系不是表现客观事物本身真实联系的观念联系,而是按照各人"习于联结或贯串他心中事物的形象的方式"而形成的观念联系。所以,理智的观念联系是客观的、逻辑的,而联想、想象的观念联系则是主观的、情感的。应该说,斯宾诺莎对于联想的观念联系不同于理智的观念联系的分析,较为深刻地揭示了联想的特点和规律,也是对霍布斯的联想思想的补充和发展。它与后来洛克提出的来自"习惯的联合"的观念的联想,颇相类似。

对于与文艺创造密切关联的创造想象以及想象与虚构的联系问题,斯宾诺莎也有专门论及。他认为想象可以构想"不存在的事物","一个人想象着一匹有翼的马,但是他并不因此即肯定此有翼之马的存在"[1],这就是指创造出新的表象的创造想象。而虚构则是想象借以创造新表象的重要手段之一。他说:"我所谓虚构只是指虚构一物的存在而言","虚构的观念是关于可能的事物的,而不是关于必然或不可能的事物的"。[2] 通过虚构或创造想象形成的观念,是对已有的各种表象重新进行改造、综合而创造出来的,是现实中许多不同事物的观念凑合而成的。诚如斯宾诺莎所说:"虚构的观念绝不是简单的,而是自然界中许多的事物和动作的混淆的观念凑合而成的,或可更妥当地说,是由于同时考察这些多数的不同的观念而并未经过理智的承认。"[3] 这实际上已经涉及文艺创作中想象的特点以及典型化的问题。斯宾诺莎认为,人们对自然界所产生的各种离奇幻想以及神话中创造的精怪和幽灵的故事,都是创造想象和虚构的产物,"如树木说话,人在转瞬之间就变成石头或变成泉水,鬼魂出现在镜子里面,无中生有,甚或神灵变成野兽,或转成人身,以及其他类此的东西,不可胜数"[4]。

值得注意的是,斯宾诺莎还谈到与想象有关的梦和其他无意识活动。

---

[1] [荷]斯宾诺莎:《伦理学》,贺麟译,商务印书馆1997年版,第91页。
[2] [荷]斯宾诺莎:《知性改进论》,贺麟译,商务印书馆1986年版,第35、36页。
[3] [荷]斯宾诺莎:《知性改进论》,贺麟译,商务印书馆1986年版,第41页。
[4] [荷]斯宾诺莎:《知性改进论》,贺麟译,商务印书馆1986年版,第39页。

第十四章　斯宾诺莎

他在论及身心关系时，认为身体的状态并不简单地听命于心灵，身体只就它是基于自然的规律而言，有许多远超出人的理智或意识的因素，如"梦游者可以在睡梦中做出许多为他们清醒时所不敢做的事情来。这些事实足以表明身体单是按照它自身性质的规律，即可做出许多事情来，对于这些事情那身体自己的心灵会感到惊讶的"①。这就是说，梦是不受心灵控制的，是意识所没有想到的。"当我们梦着我们在说话时，我们相信我们的说话是出于心灵的自由命令。但实际上，我们却并未说话，即或在梦中说话，这种说话也是身体不依赖于意志的运动的结果。"② 不仅梦是心灵或意识所无法控制的，还有一些类似的非理性的想象活动也是如此，如斯宾诺莎所指出："疯人、空谈家、儿童以及其他类此的人，都相信他们的说话是出于心灵的自由命令，而其实是因为他们没有力量去控制他们想说话的冲动。"③ 尽管斯宾诺莎认为这些身体按照自然规律发生的心理现象还没有被人确切了解，但他已经隐约指出了在意识背后隐蔽着的非理性的因素。我们看到，20世纪以来西方哲学、美学和心理学中所热烈探讨的无意识问题，特别是弗洛伊德精神分析中关于意识与无意识的理论，在斯宾诺莎那里实际上早已涉及了。

在斯宾诺莎的认识论中，想象和理智的区别是一个基本问题。他认为想象和理智作为两种不同的认识方式，在产生过程、依据法则和认识作用上都存在着巨大的差别。首先，想象和理智的差别是认识的受动与主动的差别。在斯宾诺莎看来，想象起源于我们的身体受到某个外界物体的激动和影响，是基于人身情状的观念，因而是由外物激动人体的情况所决定的，所以想象在认识上是受动的。他说："无论你对于想象采取什么看法，但是你必须承认想象与理智不同，而且必须承认心灵由于有了想象便处于受动地位"，"想象是无确定性的，心灵由于想象而受动"。④ 与此相反，理智则不是起源于人的身体受到外界物体的激动，而是产生于人的心灵的主动，是由人的心灵自身的内在本质所决定的，所以理智在认识上是主动

---

① [荷] 斯宾诺莎：《伦理学》，贺麟译，商务印书馆1997年版，第101页。
② [荷] 斯宾诺莎：《伦理学》，贺麟译，商务印书馆1997年版，第103—104页。
③ [荷] 斯宾诺莎：《伦理学》，贺麟译，商务印书馆1997年版，第103页。
④ [荷] 斯宾诺莎：《知性改进论》，贺麟译，商务印书馆1986年版，第49—50页。

的。他说："只有通过理智的力量，我们才可以说是主动的。"① 其次，想象和理智的差别是认识的偶然与必然的差别。按斯宾诺莎理解，想象既是起源于人体的情状，并依赖于人身情状的秩序和联系，所以它所产生的观念联系是偶然的而不是必然的。与之相反，理智的认识起源于表现事物内在本质的一般概念，并依赖于人人相同的理智的秩序，因而它的观念联系是反映客观事物的必然因果联系。正如斯宾诺莎所指出的，"理性的本性在于真正地认知事物或在于认知事物自身，换言之，不在于认事物为偶然的，而在于认事物为必然的"，"由此推知，无论就过去或未来说来，只有凭借想象的力量，我们才把事物认为是偶然的"。② 最后，想象和理智的差别是认识的正确和不正确的差别。斯宾诺莎认为，想象作为人体情状的观念，只是包含外界事物的性质，但并不表示外界事物的性质。想象中的观念联系与在人身中的情况的次序或联系正相对比，只是包含人身以外事物的性质的观念联系，而不是解释外界事物性质的观念联系。所以，想象不可能提供对于外界事物的正确知识。他说："只要人心想象着一个外界物体，则人心便对它没有正确的知识。"③ 与之相反，理智不是人体情状的观念，而是真实表现自然事物形式本质的客观概念。理智中的观念联系是真实表现实在的因果系列和秩序的观念联系，因而也就是客观解释外界事物性质的观念联系。所以，斯宾诺莎认为，通过理智，"我们的心灵可以尽量完全地反映自然"④，达到对事物本质的正确知识。

斯宾诺莎对于理智的推崇和对于想象的贬抑，鲜明地表现出他的理性主义的立场，但他并没有否认想象作为一种认识方式存在的必要性和特殊作用，反而认为"想象并不只是由于单纯的真理的出现而消散"⑤，他甚至认为"心灵的想象，就其自身看来，并不包含错误"⑥，只要我们认清想象和理智的区别，不以想象的观念代替事物的本质，那么，想象就不仅有其存在的必要性，而且在某些领域还发挥着理智不能代替的重要作用。斯宾

---

① ［荷］斯宾诺莎：《伦理学》，贺麟译，商务印书馆1997年版，第264页。
② ［荷］斯宾诺莎：《伦理学》，贺麟译，商务印书馆1997年版，第83页。
③ ［荷］斯宾诺莎：《伦理学》，贺麟译，商务印书馆1997年版，第70页。
④ ［荷］斯宾诺莎：《知性改进论》，贺麟译，商务印书馆1986年版，第54页。
⑤ ［荷］斯宾诺莎：《伦理学》，贺麟译，商务印书馆1997年版，第172页。
⑥ ［荷］斯宾诺莎：《伦理学》，贺麟译，商务印书馆1997年版，第64页。

诺莎在论述和解释《圣经》时一再指出,《圣经》中的预言和故事正是借助于想象之力而创造的。他说:"预言家借助于想象,以知上帝的启示,他们可以知道许多为智力所不及的事,这是无可置辩的。这是因为由语言与形象所构成的观念比由原则与概念所构成的为多。"① 又说:"预言家把几乎一切事物理解为比喻和寓言,并且给精神上的真理穿上具体形式的外衣,这是想象所常用的方法。"② 这里所说借助想象,构造形象,运用比喻和寓言,使精神内容获得具体形式,以及由形象所构成的观念比概念更为丰富多样等,不只是限于《圣经》,也是一切文艺创作中常见现象和普遍规律,它实际上也是肯定了想象对于文学艺术创造的重要意义和特殊作用。

  理智和想象的区别和关系问题,是近代经验主义和理性主义哲学和美学中共同关注却存在分歧的一个问题。在斯宾诺莎之前,经验主义代表人物培根、霍布斯和理性主义代表人物笛卡尔都探讨过这个问题。培根明确划分和科学界定了想象和理性为人类的不同认识能力,并指出诗和哲学分别属于想象和理性两个不同领域,却并不将二者对立;霍布斯把想象和判断看作两种不同的心理能力,认为二者互相联系又互相补充,诗应兼备想象和判断,并以想象为重。笛卡尔同样认为想象和理性是两种不同的认识方式,但他强调二者处于心灵的不同部分和层次,彼此分离和对立,正确认识的获得只能依靠理性,不能依靠想象。不过,他并不否定想象对于诗的重要作用,甚至将想象和理性作为区分诗人和哲学家的一种标志。斯宾诺莎在理智和想象的关系问题上,基本上是继承了笛卡尔的观点,然而他对于理智和想象作为两种认识方式的区别,从哲学上作了更深入、更系统的论述,也更加强调了理性和想象的互相排斥和对立,以及想象的知识的不可靠性,甚至认为虚构的、错误的和可疑的观念皆起源于想象,这就更突出地表现出理性主义在想象与理性关系问题上的片面性和绝对化倾向。当然,斯宾诺莎也和笛卡尔一样,并不否认想象对包括文艺在内的某些领域中存在的必要性和特殊作用。从这一点来看,理性主义和经验主义可以说是从不同途径和方式上共同接触到了艺术创造和思维的特点问题。

---

① [荷] 斯宾诺莎:《神学政治论》,温锡增译,商务印书馆1963年版,第33页。
② [荷] 斯宾诺莎:《神学政治论》,温锡增译,商务印书馆1963年版,第33页。

第四节 情感、快乐与审美经验

斯宾诺莎在其早期著作《神、人及其幸福简论》中已经论及人的情感问题,而在《伦理学》中更用了两个部分专门讨论情感问题,由此可见,情感研究在斯宾诺莎的哲学—伦理学中的地位。斯宾诺莎关于情感的理论,主要探讨了人类情感的起源和基础、情感的性质和力量,情感的种类和样式、情感与想象以及情感与理性的关系等问题,其目的在于找到一条人心能征服自己情感和控制自己行为,以达到人类自由和幸福的正确途径。由于情感问题和审美问题关系十分密切,而且伦理学和美学问题常常是互相联系的,因此,斯宾诺莎的情感理论也具有美学意义。

和讨论想象时一样,斯宾诺莎在讨论情感时,也为它作了一个界说,他说:

> 我把情感理解为身体的感触,这些感触使身体活动的力量增进或减退,顺畅或阻碍,而这些情感或感触的观念同时亦随之增进或减退,顺畅或阻碍。①

这个界说里,有两点值得注意。第一,情感与人的身体活动的力量增进或减退、顺畅或阻碍直接相关。所谓身体活动的力量,是指人的身体竭力保持自己存在的冲动。斯宾诺莎说:"冲动是人的本质自身,就这本质被决定而发出有利于保存自己的行为而言。"② 而当人对它的冲动有了自觉,也就是成了"我们意识着的冲动",那就是欲望。斯宾诺莎认为,正是这种身体保持自己存在的冲动和欲望,构成了情感的基础。他说:"这个构成情绪的形式或实质的观念,必然要表示或表明身体的情状,或身体的某一部分的情状。身体或身体任何一部分所以具有这种情状,乃由于身体的活动力量或存在力量的增加或减削、助长或受限制。"③ 斯宾诺莎这种

---

① [荷] 斯宾诺莎:《伦理学》,贺麟译,商务印书馆1997年版,第98页。
② [荷] 斯宾诺莎:《伦理学》,贺麟译,商务印书馆1997年版,第151页。
③ [荷] 斯宾诺莎:《伦理学》,贺麟译,商务印书馆1997年版,第165页。

从身体保持自己存在的冲动和欲望出发，由身体活动的力量增进或减退、顺畅或阻碍来说明情感产生的看法，和霍布斯的情感理论颇相类似。霍布斯在《利维坦》中就是用生命运动的加强和辅助、阻碍和干扰来说明欲望和嫌恶两种基本情欲的产生的。第二，情感既包括身体的感触，又包括这些感触的观念。前者属于生理方面，可以说是广延属性的样式；后者属于心理方面，可以说是思想属性的样式。情感的广延样式和思想样式表明了情感具有的双重性质。在斯宾诺莎看来，虽然情感包括生理的感触和心理的观念两重性质，但他认为对于伦理学和心理学来说，应更着重于情感作为感触的观念的心理方面的性质。如他在情绪的总界说中指出："情绪，所谓心灵的被动，乃是一个混淆的观念，通过这种观念心灵肯定其身体或身体的一部分，具有比前此较大或较小的存在力量，而且由于有了这种混淆的观念，心灵便被决定而更多地思想此物，而不思想他物。"[①] 在《伦理学》中，斯宾诺莎常常称情感为"关于身体感触的观念"，并将情感归属于"思想的各个样式"。[②]

上述情感的产生过程和性质表明，情感与想象是互相联系、互相统一的。想象和情感都是由于我们身体受到外界事物的激动所产生的情状而形成的，都是我们凭借自己身体情状而形成的观念，两者的产生过程和性质是基本一致的。所以，斯宾诺莎指出："情感只是一种想象，就想象表示人的身体的情况而言。"[③] 也就是说，就作为表示人的身体的情况的观念而言，情感和想象是一样的。它们的区别在于，想象是通过人的身体的情状的观念而对于激动我们身体的外界事物的认识，它供给我们以外在世界的知识；而情感乃是通过人的身体的感触的观念而对于激动我们身体的外界事物的反应，它并不供给我们外在世界的知识，而是表现我们对于身体活动的力量的增加或减少、促进或阻碍的态度。

基于情感与想象的一致和联系，斯宾诺莎阐述了与审美经验密切相关的两种情感—想象活动。一种是由类似联想产生的同情作用。如他所说："假如我们想象着某物具有与平常引起心灵快乐或痛苦的对象相似的性质，

[①] [荷] 斯宾诺莎：《伦理学》，贺麟译，商务印书馆1997年版，第164页。
[②] [荷] 斯宾诺莎：《伦理学》，贺麟译，商务印书馆1997年版，第45页。
[③] [荷] 斯宾诺莎：《伦理学》，贺麟译，商务印书馆1997年版，第177页。

虽然某物与此对象相似的性质,并不是这些情感的致动因,而我们仍然会仅仅由于这些性质相似之故,而对那物发生爱或恨的情感。"① 这就是说,某物虽然不直接引起我们的快乐或痛苦的情感,但由于我们联想到该物的性质相似于平常引起我们快乐或痛苦的对象,那么心灵受到这种性质的意象的激动,也将立刻会发生快乐或痛苦的情感。这显然是由于对两物相似性质的联想而产生相似的情感联想,从而引起了相同的情感反应。这种联想与情感相结合的心理活动,在审美经验和文艺创作中表现得相当普遍。文艺创作中常用的比喻、象征、拟人等艺术手法,从心理基础上看都是相似联想及其引发的情感活动。"悲落叶于劲秋,喜柔条于芳春。"这里的悲或喜显然是由于相似联想而产生的。如果在对自然对象的审美活动中,对于自然对象的类似联想与其所唤起的情感直接融合为一体,那就极易形成审美和艺术中常见的移情现象。比斯宾诺莎较晚的经验派美学家哈奇生就是用类似联想及其唤起的情感来解释自然事物何以能象征人的心情的。

另一种是由设身处地的想象产生的同情作用。如斯宾诺莎所说:"当一个人想象着他所爱的对象感到快乐或痛苦时,他也将随之感到快乐和愁苦;爱者所感快乐或痛苦之大小和被爱的对象所感到的快乐或痛苦的大小是一样的。"② 这就是一个人通过想象形成所爱对象感到快乐或痛苦的意象,并由此意象引起与所爱对象相同的情感反应,亦即对所爱的对象表示同情,随对象快乐而快乐、痛苦而痛苦。这种想象中的同情作用在文艺创作和欣赏中也极为普遍,如文艺创作中作家随所塑造的心爱人物同悲共喜,文艺欣赏中观赏者为作品中的心爱人物的苦难和不幸流下痛苦的泪水,等等。对于这种审美中的同情作用,经验派美学家最为关注,并作了较多探究。如休谟认为同情是人性中的一个强有力的原则,是人与人之间在感情上的互相感应和传达,大多数种类的美和美感都是由同情作用这个根源发生的。伯克明确指出:"同情应该看作一种代替,由此我们设想处在别人的地位,在许多方面别人怎样感受,我们也就怎样感受。"③ 他把同情称为社会交往的感情,认为文艺欣赏和悲剧效果主要就是基于同情原

---

① [荷] 斯宾诺莎:《伦理学》,贺麟译,商务印书馆1997年版,第112页。
② [荷] 斯宾诺莎:《伦理学》,贺麟译,商务印书馆1997年版,第116页。
③ [英] 伯克:《论崇高与美》,牛津大学出版社1990年版,第36页。

则。斯宾诺莎在他们之前就对同情作用作了论述,他又把同情称为"情感模仿作用",说:"这种情感模仿作用,就其关于痛苦之感而言,便称为'同情'"①,同情和怜悯是同义的,"同情是为我们想象着我们同类中别的人受灾难的观念所伴随的痛苦"②。这种将同情与怜悯相等同的看法,和霍布斯在《利维坦》中所持的看法是一致的,它们都涉及了对于悲剧情感效果的特点的理解问题。

在斯宾诺莎之前,笛卡尔和霍布斯都曾论述过情感的种类问题。斯宾诺莎可能受到他们相关论述的影响,但他对情感的种类另提出自己的看法。在《伦理学》中,他提出三种基本情感作为人类一切情感的原始情感,这就是快乐、痛苦和欲望。欲望是指人的一切努力、本能、冲动、意愿等情绪,斯宾诺莎将其界定为"人的本质自身,就人的本质被认作为人的任何一个情感所决定而发出某行为而言"③。快乐是心灵过渡到较大完满的情感,它是"一个人从较小的圆满到较大的圆满的过渡"④。痛苦是心灵过渡到较小完满的感情,它是"一个人从较大的圆满到较小的圆满的过渡"⑤。所谓较大的圆满和较小的圆满,即指增加或促进人保持自己存在的努力和减少或妨碍人保持自己存在的努力,所以斯宾诺莎说:"快乐与痛苦乃是足以增加或减少、助长或妨碍一个人保持他自己的存在的力量或努力的情感。"⑥欲望、快乐和痛苦都是以人保持他自己存在努力或冲动为基础的,因而都是人的本质自身。正是在这个意义上,斯宾诺莎将这三种情感确定为人的原始情感,认为所有其他情感都是从三种原始情感而来的,它们或者是由这三种情感组合而成(如心情的波动),或是由这三种情感派生出来(如爱、恨、希望、恐惧等)。

在《伦理学》中,斯宾诺莎对于从三种原始情感派生出来的各种情感样式都作了考察和界说,他认为这些情感样式均属于被动的情感。所谓被动的情感,是就人是被动的而言的情感,或者说,它们是当人的心灵具有

---

① [荷] 斯宾诺莎:《伦理学》,贺麟译,商务印书馆1997年版,第120页。
② [荷] 斯宾诺莎:《伦理学》,贺麟译,商务印书馆1997年版,第156页。
③ [荷] 斯宾诺莎:《伦理学》,贺麟译,商务印书馆1997年版,第151页。
④ [荷] 斯宾诺莎:《伦理学》,贺麟译,商务印书馆1997年版,第151页。
⑤ [荷] 斯宾诺莎:《伦理学》,贺麟译,商务印书馆1997年版,第152页。
⑥ [荷] 斯宾诺莎:《伦理学》,贺麟译,商务印书馆1997年版,第147页。

混淆的观念或被外在的原因所决定而引起的情感。与此相反，主动的情感则是就人是主动的而言的情感，就是当人的心灵具有正确的观念、心灵是主动时所产生的情感。主动的情感只是与快乐或欲望相关联，如斯宾诺莎所说："就心灵是主动的而言，在所有与心灵相关联的一切情绪中，没有一个情绪不是与快乐或欲望相关联的。"① 因为痛苦乃是表示心灵的活动力量之被减少或限制的情绪，所以就心灵是主动的而言，没有痛苦的情绪会与它相关联，但唯有快乐和欲望的情绪才能与它相关联。正是从这种主动的情感出发，斯宾诺莎充分肯定了包括审美情感在内的快乐情感。他说：

> 没有神或人，除非存心忌妒的人会把人们的软弱无力，烦恼愁苦，引为乐事，或将人们涕泣，叹喟，恐惧以及其他类似之物，即所谓精神薄弱的表征认作德性。反之，我们所感到的快乐愈大，则我们所达到的圆满性亦愈大，换言之，吾人必然地参与精神性中亦愈多。所以能以物为己用，且能尽量善自欣赏（只要勿因过度而感厌倦，因享受一物而至厌倦，即不能谓为欣赏），实哲人分内之事。如可口之味，醇良之酒，取用有节，以资补养，他如芳草之美，园花之香，可供赏玩。此外举凡服饰，音乐，游艺，戏剧之属，凡足以使自己娱乐，而无损他人之事，也是哲人所正当应做之事。②

这里直接论及对于自然之美和艺术之美的欣赏及以所获得的娱乐，在斯宾诺莎的著作中是突出的。而他对于包括审美活动在内的快乐情感的充分肯定，则体现出反封建和反宗教迷信的鲜明倾向，而且和他追求人生至善的伦理思想是完全一致的。

在斯宾诺莎列举和界定的情感样式中，还有两种情感样式，是和审美经验有着密切关系的。这就是和崇高感相联系的惊异和恐惧，以及和滑稽感相联系的轻蔑和嘲笑。关于惊异，斯宾诺莎认为它是由对象的新奇以及心灵凝注于对象的想象造成的。他说："惊异是心灵凝注于一个对象的想

---

① ［荷］斯宾诺莎：《伦理学》，贺麟译，商务印书馆1997年版，第149页。
② ［荷］斯宾诺莎：《伦理学》，贺麟译，商务印书馆1997年版，第206页。

象，因为这个特殊的想象与别的想象没有联系。"① 心灵之所以凝注于一个对象，就是由于想象的对象的新奇和特殊，以致失去了事物形象间的相互联系和排列次序，于是，心灵被决定只能观察那对象。所以，惊异也就是"关于特殊事物的想象"② 或 "关于新奇事物的想象"③。由于引起惊异的对象不同，惊异可以表现为不同的情绪。"如果这种惊异是被我们所畏惧的东西所引起，便叫作惊骇（consternatio）。因为对于祸害之猝然来临的惊异，使我们的心灵完全为这种祸害所占据，不能更想它物，借以避免祸害。反之，假如我们感觉惊异的是人的智慧、勤勉或类似的东西，只要我们认为具有这种特殊品质的人远远超过了我们自己，那么这种惊异便叫作敬畏（veneratio）。又如惊异的对象是人的愤怒、忌妒或类似的东西，便叫作恐怖（horror）。"④ 这里提到的惊骇、敬畏和恐怖，就是后来伯克和康德在解释崇高感时都提到的几种情绪因素。伯克认为崇高感主要来源于对象引起的恐怖，它的快感是由痛感转化而来的；康德也认为崇高感带有惊叹、崇敬甚至恐惧的情绪，它所得到的愉快是间接产生的愉快。至于在崇高感中痛感或不愉快感何以会转化为愉快感，伯克和康德又分别作了各自不同的解释。值得注意的是，斯宾诺莎也谈到了在想象中恐惧如何会转为快乐。他说："我们每一想象着危险，总是认为祸在眉睫，便被决定感到恐惧，但是这种决定能力，却受到脱险的观察所阻碍。我们既已脱险，我们便将危险的观察与脱险的观念联在一起，而这脱险的观念重新使得我们摆脱恐惧，所以我们又感觉到快乐。"⑤ 这种通过联想作用以摆脱危险从而使恐惧转变为快乐的看法，是颇为新颖独特的。后来伯克指出，崇高的对象虽然引起我们危险的观念，却又并不使人们真正陷入危险，所以才能由恐惧转化为愉快。这和斯宾诺莎的看法是十分相似的。

斯宾诺莎认为，与惊异相反的情绪就是轻蔑。轻蔑的起因大都由于我们最初惊异、爱慕或畏惧一个对象，或者因为我们看见别人也惊异、爱慕或畏惧这同一的对象，或者因为初看起来，它与我们所惊异、爱慕或畏惧

---

① ［荷］斯宾诺莎：《伦理学》，贺麟译，商务印书馆1997年版，第152页。
② ［荷］斯宾诺莎：《伦理学》，贺麟译，商务印书馆1997年版，第141页。
③ ［荷］斯宾诺莎：《伦理学》，贺麟译，商务印书馆1997年版，第152页。
④ ［荷］斯宾诺莎：《伦理学》，贺麟译，商务印书馆1997年版，第141页。
⑤ ［荷］斯宾诺莎：《伦理学》，贺麟译，商务印书馆1997年版，第136—137页。

的别的对象有相似之处。但是当那物到了眼前，加以仔细观察，使我们不能不否认那物有什么足以引起我们惊异、爱慕或畏惧的原因，于是因那物即在眼前，心灵只得被决定思想它之所无，而不去思想它之所有。所以，斯宾诺莎说："轻蔑是对于心灵上觉得无关轻重之物的想象，当此物呈现在面前时，心灵总是趋于想象此物所缺乏的性质，而不去想象此物所具有的性质。"① 和轻蔑相结合的情绪就是嘲笑。"嘲笑（irrisio）是由于想象着我们所恨之物有可以轻视之处而发生的快乐。"② 嘲笑起于对我们所恨或所畏惧的对象的轻视，只要我们一轻视所恨对象，则我们便因而否认它的存在，由此也可感觉快乐。斯宾诺莎还特别指出，嘲笑和笑之间是有很大的区别的。"因为笑与诙谐都是一种单纯的快乐，只要不过度，本身都是善的。"③ 这些精当的分析，对于解释滑稽感的性质和成因是很有意义的。在斯宾诺莎之前，霍布斯也论述过笑的情感。他也认为嘲笑起于对被嘲笑对象的轻视和鄙夷，笑的情感就是发现对象弱点、突然想到自己优越时引发的"突然荣耀感"。斯宾诺莎的见解和霍布斯的见解都对后来关于滑稽感的研究产生了影响。

---

① ［荷］斯宾诺莎：《伦理学》，贺麟译，商务印书馆1997年版，第153页。
② ［荷］斯宾诺莎：《伦理学》，贺麟译，商务印书馆1997年版，第154页。
③ ［荷］斯宾诺莎：《伦理学》，贺麟译，商务印书馆1997年版，第206页。

第十五章 莱布尼茨

莱布尼茨是17世纪末到18世纪初德国最重要的哲学家和数学家。他在哲学上接受并发展了笛卡尔的理性主义，成为近代理性派哲学的主要代表之一，同时他对笛卡尔哲学的某些观点也持批判态度，形成了以单子论为核心的客观唯心主义的哲学体系。他的思想不仅对德国启蒙运动产生了巨大影响，而且作为德国理性主义美学形成的主要思想来源，对18世纪德国美学和文艺理论的发展起了决定性的作用。正如吉尔伯特和库恩所说："由于莱布尼茨的综合能力，他似乎成了自己的时代最先进的思想家。可以断言，在莱布尼茨的著作中，孕育着使鲍姆加登在1750年成为美学的正式奠基者的思想萌芽。……人们甚至认为，他的思想部分地预示了康德的学说。"[1]

莱布尼茨（Gottfried Wihelm Leibniz, 1646—1716年）出生于莱比锡，父亲是莱比锡大学道德哲学教授，也是一位知名的法学家。莱布尼茨才满6岁时，父亲便去世了。他从小学习拉丁文，并从父亲留下的丰富藏书中接触到大量拉丁作家的古典著作，后来又学习希腊文，阅读了西塞罗、柏拉图等古希腊作家的作品。15岁时进入莱比锡大学，主要修习法学，但同时对哲学和自然科学也有浓厚兴趣，读了许多近代哲学家和科学家如培根、康帕内拉、开普勒、伽利略以及笛卡尔等人的著作，这为他以后成为博学多能的人物奠定了良好基础。在莱比锡大学读书期间，莱布尼茨还曾到耶拿大学学习了一段时间。1666年他准备好了法学博士论文，但莱比锡大学却因他过于年轻而拒绝给他法学博士学位。而纽伦堡附近的阿尔特道夫大学很快就接受了他的论文，授予他博士学位，并要聘他为教授。他因

---

[1] ［美］K. E. 吉尔伯特、［德］H. 库恩：《美学史》，纽约：麦克米伦公司1939年版，第229—230页。

另有他图没有接受聘请,并从此离开了莱比锡。

1668年莱布尼茨经人介绍到美因茨大主教手下任外交官,开始了他的政治和外交生涯。他参加了新教与天主教之间和解的谈判活动,试图找到一种实体理论作为两派教会重新结合的哲学基础,并由此对笛卡尔的实体学说进行了批判。1672年,莱布尼茨被派往巴黎担任外交工作。在那里,他开始和一些著名科学家和哲学家如惠更斯、马勒伯朗士、阿尔诺等交往。其间,1673年他又短期访问英国,结识了波义耳等英国著名科学家和思想家。回到巴黎后,他潜心研究数学,于1675—1676年发明了微积分。大体在同一时期牛顿也发明了这一数学理论。但发表论文的时间,牛顿是1687年,莱布尼茨是1684年,后者较早。

1676年莱布尼茨接受了汉诺威的不伦瑞克公爵任用他为宫廷参议和王家图书馆长的职务,返回德国途中特地到荷兰去访问了斯宾诺莎。此后,他便定居于汉诺威,长期服务于汉诺威公爵乔治,时间长达近40年。在此期间,他曾多次到欧洲各地旅行,推动科学事业发展。在他倡导和推动下,普鲁士于1700年在柏林成立了科学院,并任命他为该院的第一任院长。

莱布尼茨是西方哲学史上少数几个博学的人之一。他的学术研究范围非常广泛,除了哲学和数学之外,在法律、史学、逻辑学、物理学等学科上都曾做出重要贡献。莱布尼茨著作浩繁,哲学方面的主要有《形而上学论》(1686)、《新系统》(1695)、《人类理智新论》(1704)、《神正论》(1710)、《单子论》(1714)、《基于理性的自然与神恩的原则》(1714),他的美学思想主要散见于上述哲学著作之中。

第一节 以单子论为核心的形而上学体系

莱布尼茨生活的时代,资本主义在西欧若干国家已得到迅速发展,并开始取代封建旧制度。但是,当时德国经济社会的发展则较西欧其他国家要落后得多。虽然早在15世纪下半叶德国已产生了资本主义萌芽和相当繁荣的工商业城市,但是德国新的社会经济的发展由于各种原因在后来显得相当缓慢。从外部来看,由于新航路开辟后贸易中心转到大西洋沿岸地区,德国经济发展和意大利一样日渐低落。从内部来看,16世纪上半叶在

第十五章 莱布尼茨

德国发生的宗教改革运动的失败，进一步助长了原来就已存在的地方封建割据势力。由于德国境内信奉路德派新教的诸侯和信奉天主教的诸侯之间的对立和斗争，加之受到外国利用和干涉，终于酿成17世纪的"三十年战争"（1618—1648年）。这场在德国境内进行的旷日持久的国际战争，对德国经济造成极大破坏，在德国进一步形成四分五裂封建割据局面，从而严重阻碍了资本主义的发展。在这种条件下成长起来的德国资产阶级，由于力量弱小、极不成熟，必然带有软弱性和妥协性。莱布尼茨作为德国资产阶级的思想家，在政治上一方面在一定程度上表现出对当时德国分裂状况的不满；另一方面又对当时的德国封建政权持肯定的态度。他的哲学思想也反映出17世纪德国资产阶级的特性。

莱布尼茨的哲学体系是一个以单子论为核心的客观唯心主义的形而上学体系。单子论主张构成世界万物的基础是单子。所谓单子，按照莱布尼茨的解释，它是一种组成复合物的单纯实体，没有部分，也不具有广延性。因此，它不是物质性的东西，而只可能是一种精神性的东西。莱布尼茨曾明确地说："一切单纯的实体和被创造出来的单子就都可以称为灵魂。"[①] 唯物主义的原子论认为万物是由物质的原子构成的，而莱布尼茨的单子论则认为万物是由精神性的单子构成的。不过莱布尼茨所说的单子并非个人所具有的主观精神，而指的是充满宇宙的客观精神。

莱布尼茨认为，单子作为万物的本源和基础，具有一系列特性。首先，单子是不可分的、没有部分的，它不能以自然的方式通过各部分的组合或分解而产生或消灭，因此，它的产生和消灭都只能是由于上帝的力量，这实际上是认为单子是不生不灭、永恒存在的。

另外，单子像灵魂一样具有"知觉"和"欲望"，它对其他单子和由单子构成的事物能进行"知觉"或"表象"，而且，不同的单子具有不同的知觉和表象能力。事物之所以相互区别开来，就是由于构成它们的单子具有高低不等的知觉能力；事物的发展变化，也就是单子这种知觉由模糊、混乱到明白、清楚或相反的变化发展。按照单子所具有的"知觉"的清晰程度的不同，莱布尼茨对单子作了等级上的划分。最高等级的是构成

[①] 北京大学哲学系外国哲学史教研室编译：《西方哲学原著选读》上卷，商务印书馆1985年版，第479页。

上帝的单子，它的知觉能力最强，无所不知；其次是构成人的灵魂的单子，它具有"意识"和"理性"，不仅能知觉和认识被上帝创造的现实世界，而且能通过反省的方式认识自身；最后是构成人以外的其他动物灵魂的单子，它具有较清晰的知觉和记忆力，但不具有意识；最低等级的是构成植物以至无机物的单子，它实际上没有什么认识能力，只具有极不清晰的"微知觉"。这些观点带有万物有灵论的色彩。

莱布尼茨认为："单子并没有可供某物出入的窗户"[①]，它是一个封闭、孤立的东西，没有什么东西可以进入其内部来造成变化，各单子之间也不发生相互作用和影响。然而单子在欲望推动下又是不断变化发展的，一个单子有某种变化，其余单子也要随之相应变化，否则整个序列的连续性就被破坏。既然各单子间不能互相影响，那么又如何解释每个单子不断变化而整个单子序列的连续性仍能保持不变呢？莱布尼茨提出"前定和谐"说来加以解说。他认为，上帝创造每一个单子时，就已预见到一切单子的全部变化发展的情况，既预先规定了每个单子发展变化的历程和内容，也同时规定了周围其他单子发展变化的历程和内容，使其变化发展相互和谐地一致进行，因此能保持其为一个连续的整体。他比喻说，整个宇宙好比一个无比庞大的交响乐队，每一乐器的演奏者都按照上帝事先谱就的乐曲演奏出各自的旋律，而整个乐队却自然地奏出一首完整和谐的交响乐曲。莱布尼茨的"前定和谐"说是其哲学的一个中心，也最能表现其哲学的特征。他用此说不仅来证明上帝的存在及其全智、全能、全善，而且也阐明这个世界是"一切可能的世界中最好的世界"。此说最明显地表现出莱布尼茨唯心主义单子论的宗教神学色彩。

莱布尼茨的唯心主义的单子论根本否定了物质实体本身，把实体看成完全是精神性的东西，这实际上是把人所具有的精神和意识夸大成了普遍存在的东西。不过，他提出单子论是针对当时机械唯物主义者的物质实体观念的局限的，因而包含着丰富的辩证法思想。

莱布尼茨的认识论，是其单子论体系的一个组成部分，是其单子论的哲学基本原理在关于人类认识问题上的具体运用。在莱布尼茨看来，认识

---

① 北京大学哲学系外国哲学史教研室编译：《西方哲学原著选读》上卷，商务印书馆1985年版，第477页。

第十五章 莱布尼茨

主体就是精神单子（心灵），认识只是人类心灵这种较高级的单子的"知觉"在其内在原则推动下的某种发展。由于单子无"窗户"可供事物出入，是一封闭存在，不可能受到其他事物作用，所以，它的一切认识就不可能是外物对心灵影响的结果，而只能是内在固有的。他说："我们灵魂的一切思想和行动都是来自它自己内部，而不能是由感觉给予它的。"[1] 这表明他的认识论在根本观点上，和笛卡尔的唯心主义唯理论即先验论是一致的。

在《人类理智新论》中，莱布尼茨明确指出了他和洛克在认识问题上的根本分歧，并系统论述了自己的认识论。洛克在《人类理智论》中批判了天赋观念论，主张人心原来是一块"白板"。而莱布尼茨则不满于这一批判，坚持笛卡尔的天赋观念论。洛克认为我们的全部知识是建立在经验上的，知识归根到底都是导源于经验的。莱布尼茨则与此相反，认为有些真理性的知识并非来自经验而是天赋的。他写道："感觉对于我们的一切现实认识虽然是必要的，但是不足以向我们提供全部认识，因为感觉永远只能给我们提供一些例子，也就是特殊的或个别的真理，然而印证一个一般真理的全部例子，不管数目怎样多，也不足于建立这个真理的普遍必然性。"[2] 这就是说，带有普遍必然性的真理不可能来源于感觉经验，那就只能是心灵先天固有的。接着，莱布尼茨论证说，在纯粹数学中，还有逻辑以及形而上学和伦理学中，都充满着这样的必然的真理，它们是"不依靠实例来证明，因此也不依靠感觉的见证的"[3]，"它们的证明只能来自所谓天赋的内在原则"[4]。这些观点都是建立在将理性认识和感性认识、真理的普遍性和特殊性相割裂、相对立的基础之上的，因而不仅是先验论的，也是形而上学的。

莱布尼茨虽然赞同笛卡尔的天赋观念论，但他不是像笛卡尔那样，认为这些观念是现成的天赋于人心中的，而是强调天赋观念的潜在性，认为"观念和真理就作为倾向、禀赋、习性或自然的潜能天赋在我们心中，而

---

[1] [德] 莱布尼茨：《人类理智新论》上册，陈修斋译，商务印书馆1982年版，第36页。
[2] [德] 莱布尼茨：《人类理智新论》上册，陈修斋译，商务印书馆1982年版，第3—4页。
[3] [德] 莱布尼茨：《人类理智新论》上册，陈修斋译，商务印书馆1982年版，第4页。
[4] [德] 莱布尼茨：《人类理智新论》上册，陈修斋译，商务印书馆1982年版，第4页。

不是作为现实天赋在我们心中的"①。他将这一思想用一块"有纹路的大理石"来作比喻，认为心灵既不是像一块完全一色的大理石或空白的板，也不是在上面已存在着完全刻成的像。而是"在这块石头上本来有些纹路，表明刻赫尔库勒的像比刻别的像更好，这块石头就会更加被决定〈用来刻这个像〉，而赫尔库勒的像就可以说是以某种方式天赋在这块石头里了"②。虽然赫尔库勒的像已天赋在大理石里，但要使它显现出来，还需"加工""琢磨"，使其变得"清晰"。莱布尼茨在这里把天赋观念看成是有一个从潜在到现实、从模糊到清晰的发展过程，并非一成不变，这虽然还是唯心主义的先验论，却包含着认识是一个发展过程的辩证法的思想因素。

第二节　美的本质与"前定和谐"

莱布尼茨的美学思想是他的哲学思想的直接延伸，他的美学言论散见于其哲学著作和书信集中，而论述得较集中的问题则有关于美的本质和来源、美感的性质和特点以及音乐的美等。

莱布尼茨对美的本质和来源的看法，是建立在他的"前定和谐"说的基础上的。前面我们已经提到，"前定和谐"说是莱布尼茨在解释单子之间的相互关系及其发展变化如何能形成一个连续整体时提出的一种新学说，根据这种学说，上帝在创造每一个单子时，就已经预先规定了一切单子的变化发展的历程和内容，因而所有单子的变化发展便达到相互和谐和一致。莱布尼茨首先用这种学说论证灵魂与形体的和谐和一致。他说：

> 这些原则给予我一种方法，来自然地说明灵魂和形体的结合或一致。灵魂遵守它自身的规律，形体也遵守它自身的规律，它们的会合一致，是由于一切实体之间的预定的和谐，因为一切实体都是同一宇宙的表象。③

---

① ［德］莱布尼茨：《人类理智新论》上册，陈修斋译，商务印书馆1982年版，第7页。
② ［德］莱布尼茨：《人类理智新论》上册，陈修斋译，商务印书馆1982年版，第6—7页。
③ ［德］莱布尼茨：《单子论》，载北京大学哲学系外国哲学史教研室编译《西方哲学原著选读》上卷，商务印书馆1985年版，第490页。

第十五章 莱布尼茨

按照预定和谐说,灵魂依据目的因的规律,凭借欲望、目的和手段而活动;形体依据动力因的规律或运动而活动。这两个界域——动力因的界域和目的因的界域,是互相协调一致的。莱布尼茨的这种看法和当时抛弃目的因的哲学风气有明显不同,他力图将目的因和动力因统一起来解释世界,对后来德国美学发展产生了重大影响。莱布尼茨不仅用前定和谐说来论证身心之间的和谐一致,而且推而广之,将它运用到一切单子、一切事物之间。在他看来,这世界好比一架钟,其中部分与部分以及部分与全体都安排得十分妥帖,各部分虽然各走各的却又自然彼此一致,成为一种和谐的整体,而上帝就是做出这种安排的钟表匠,这个由上帝精心安排并作为和谐整体的世界,是一切可能的世界中最好的世界。从美学观点看,它也就是最美的,因为它充分体现了和谐、秩序与美的统一。莱布尼茨在阐述他所引进的"一种新的和谐,即前定和谐"时写道:

> 因为事实上我把知觉给予了所有这些无限的存在物,其中每一个都像一个动物一样,赋有灵魂(或某种类似的能动原则,使之成为一个真正的单元)以及这个存在物要成为被动的所必需的东西,并且赋有一个有机的身体。然而这些存在物从一个一般的至高无上的原因接受了它们既是能动又是被动的本性(也就是说它们所具有的非物质性和物质性的东西),因为否则的话,如作者所很好地指出的,它们既是彼此独立的,就绝不能产生出我们在自然中看到的这种秩序,这种和谐和这种美。①

这段论述清楚地表明,莱布尼茨认为美与秩序、和谐是统一的,它们都是按照"至高无上的原因"(即上帝的预先规定和安排)所产生的结果。也就是说,美的本质在和谐,而美的起源在上帝。在《论智慧》中,莱布尼茨进一步阐明了美在和谐、秩序以及和谐在于多样性中的统一性的思想:

> 的确,全部存在是某种力,这种力越大,存在就越高、越自由。

---

① [德]莱布尼茨:《人类理智新论》下册,陈修斋译,商务印书馆1982年版,第517—518页。

进而言之，这种力越大，源于统一性和统一性之中的多样性就越丰富，因为——支配着外在于它的多，并在自身内部预先形成多。多样性中的统一性不是别的，只是和谐，并且由于某物与一物较之与另一物更为一致，就产生了秩序，由秩序又产生出美，美又唤醒爱。由此可见，幸福、快乐、爱、完美、存在、力、自由、和谐、秩序和美都是互相联系着的，……当灵魂感到自身中有一种伟大的和谐、秩序、自由、力或完美，从而欢欣鼓舞时，就引起快乐。①

这里所说的"力"是莱布尼茨单子论中的一个重要概念。针对当时机械唯物主义者强调物质完全依赖外力推力而不成其为自身独立的实体的观点，莱布尼茨提出了实体本身就具有能动的"力"，因而能够自己运动变化的观点来与之相对立。他认为，每一个单子也就是一个"力"的中心，单子就是在"力"的推动下不断变化发展而又与其余一切单子的变化发展保持和谐一致的。正是在这种能动的"力"的推动下，产生了"多样性中的统一性"，产生了"和谐"和"秩序"，又产生出美。

莱布尼茨的"前定和谐"说，认为上帝是形成整个世界的和谐一致性的原因，因而上帝也就是一切美的源泉。他在阐述"前定和谐"的新的体系时，提醒人们"尤其是了解对于上帝的伟大和圆满性的认识在这里被提高到何种程度"，并声称："我现在对于事物和美的这一至高无上源泉，是充满了何等的赞美和爱。"② 在《神正论》"前言"中，他明确指出："一切美都是上帝光辉的一种发射物（emanation）。"③ 在莱布尼茨看来，"上帝是一个绝对完全的存在"④，他是全智、全能、全善的。上帝要给这个世界以最大限度之完善，所以，"关于宇宙的美和善，我们平常总归之于上帝所做的工作"⑤。他说："我觉得，形而上学与几何学之永久真理，'善'的原理，'正义'的原理，以及'完全'的原理，都是由于上帝的理性而

---

① ［德］莱布尼茨：《论智慧》，载［德］E. 卡西勒《启蒙哲学》，顾伟铭等译，山东人民出版社1988年版，第118页。
② ［德］莱布尼茨：《人类理解智新论》上册，陈修斋译，商务印书馆1982年版，第34页。
③ 雅克编：《莱布尼茨集》卷二，巴黎，1842年，第3页。
④ ［德］莱布尼茨：《形而上学序论》，陈德荣译，（台北）商务印书馆1979年版，第1页。
⑤ ［德］莱布尼茨：《形而上学序论》，陈德荣译，（台北）商务印书馆1979年版，第3—4页。

第十五章　莱布尼茨

来的。"① 这就是说，真、善、美都是来源于上帝的理性和对世界的预先的安排，因此，真、善、美自然是统一的。由于上帝是全智、全能、全善的，因此他所创造的世界也必然是"一切可能的世界中最好的世界"。莱布尼茨并不否认世界上有丑恶的存在，但他认为恶的存在正可以衬托善，使善显得更善，所以，部分的丑恶适足以造成全体的和谐。这种所谓"乐观主义"，固然也体现出启蒙运动者的一般倾向，但在实际上却起到了为当时德国的现存秩序进行辩护的作用。

莱布尼茨对于美的本质的看法，也表现在他对音乐美的论述之中。他认为音乐和诗歌都具有"令人难以置信的感人力量"，能使人"激起任何一种感情"②，并获得愉悦。要解释这种令人愉悦的审美现象，必须要探究音乐美的成因。他首先指出音乐的美是基于数之间的协调与和谐：

　　音乐令我们陶醉，尽管它的美仅仅在于数的协调与和谐。我们不断地感受着发音体每隔一段时间重复出现的节拍和振动，虽然事实上我们的心灵是不知不觉地受到影响。依靠协调带给视觉的愉快是同一性质，来自其他感觉的愉快也是如此。而这一切可以归结为某种东西的相似性，虽然我们不能说明那种东西是什么。

这段论述不仅指出了音乐的美在于数的协调与和谐，而且指出了作用于视觉和其他感觉的艺术所引起的审美愉快，也都与协调和和谐相关。虽然音乐的美在于数的协调与和谐，但我们在感知音乐美时却是不知不觉、未加注意的，也就是知其然而不知其所以然。这种审美的特点，在后面我们讨论莱布尼茨对美感特性的论述时还会详细论及。

莱布尼茨虽然认为音乐美在于数的和谐，却不能说他是"在坚持建立于美与数学比例等同基础上的保守观点"③。恰恰相反，莱布尼茨在指出音乐的数学基础的同时，也力求揭示形成音乐的审美意义的"形而上学的原因"。"而揭示最终的形而上学的原因，则把人们引向上帝所创宇宙之和谐

---

① [德]莱布尼茨：《形而上学序论》，陈德荣译，（台北）商务印书馆1979年版，第5页。
② 《莱布尼茨全集》卷六，日内瓦，1768年，第306页。
③ [苏]舍斯塔科夫：《美学史纲》，樊莘森等译，上海译文出版社1986年版，第161页。

的直觉。"① 莱布尼茨说:"音乐,就它的基础说,是数学的;就它的显现说,是直觉的。"② 这里所谓"直觉"的显现,按照吉尔伯特和库恩的解释是,"音乐和谐的这种直觉表现显然象征着,它提供了上帝为现实世界所拟定的最为美好的蓝图,他的天意创造了一个最大可能的多样性同最大可能的秩序性相结合的世界"③。我们认为,吉尔伯特和库恩的这种理解是合理的,因为它与莱布尼茨的"前定和谐"的学说以及和谐在于多样性中的统一性的思想是完全吻合的,与莱布尼茨关于一种事物可以说明或象征另一种事物的看法也是一致的。实际上,莱布尼茨认为建立在数学基础之上的音乐的和谐,是具有更深广的理性意义的。他写道:

> 正如无论什么东西都没有音乐的和谐使人那么感到快乐一样,无论什么东西也没有大自然奇妙的和谐使人感到快乐,而音乐仅仅是大自然奇妙和谐的一种预示,一种小小的迹象。④

很显然,莱布尼茨把构成音乐之美的和谐,仅仅看作大自然奇妙和谐的一种预示,也就是按上帝安排形成的世界整体的和谐的一种象征,这和莱布尼茨关于美来自上帝"前定和谐"的总的看法是完全一致的。

总之,莱布尼茨对于美的本质和来源的观点都是以他的"前定和谐"论为基础的。由于"前定和谐"论是为了论证上帝的存在和万能,从根本上说是唯心主义和僧侣主义的,所以,莱布尼茨对美的本质和来源的观点也就免不了具有极大的局限性。不过,他将目的因引入对世界和美的解释中,试图揭示某种最终的形而上学的原因,在物质形体与实体形式、可感形象与理性世界之间建立联系,这种方法论上的革新,对于后来德国美学发展的影响是非常之大的。他的哲学思想的追随者沃尔夫以及鲍姆加登所提出的"美在完善"的观点,就是同"前定和谐"的目的论分不开的。

---

① [美] K. E. 吉尔伯特、[德] H. 库恩:《美学史》,纽约:麦克米伦公司 1939 年版,第 227 页。
② [美] K. E. 吉尔伯特、[德] H. 库恩:《美学史》,纽约:麦克米伦公司 1939 年版,第 227 页。
③ [美] K. E. 吉尔伯特、[德] H. 库恩:《美学史》,纽约:麦克米伦公司 1939 年版,第 227 页。
④ [德] 卡西勒编:《莱布尼茨哲学著作集》卷二,莱比锡,1906 年,第 132 页。

"完善"近似于莱布尼茨所说的"和谐"。康德虽然否定了鲍姆加登的美在完善的看法,却仍坚持审美活动中的内外对应见出天意安排的目的论,这也多少受到了莱布尼茨的唯心主义的唯理论和先验论的影响。

第三节 审美趣味与"混乱的知觉"

莱布尼茨关于美感或审美趣味的理论是他的哲学认识论的组成部分。按照莱布尼茨提出的"连续性"原则,任何事情都不是一下完成的,而是要经过程度上以及部分上的中间阶段,才能从小到大或者从大到小。他把这一原则贯彻到认识论中,认为观念并非一下完成、一成不变的,而是有个发展过程。"那些令人注意的知觉是逐步从那些太小而不令人注意的知觉来的。"① 按照观念由模糊到清晰的发展过程,莱布尼茨将观念区别为"明白的和模糊的"以及"清楚的和混乱的"四种。"一个观念,当它对于认识事物和区别事物是足够的时,就是明白的。"② 比如,如果对一棵植物有一个明白的观念,就能够把它从邻近的其他植物中辨别出来。否则,观念就是模糊的。明白的观念又分为"清楚的"和"混乱的"两种。"我们并不是把能作区别或区别着对象的一切观念叫作清楚的,而是把那些被很好地区别开的、也就是本身是清楚的、并且区别着对象中那些由分析或定义给予它的、使它得以认识的标志的观念叫作清楚的;否则我们就把它们叫作混乱的。"③

与以上几种认识水平不同的观念的区分相一致,莱布尼茨还将知识分为四等,即:1. 模糊的、含混不清的知识。这种知识不能分辨对象之特征,如一团团模糊不清的梦境。2. 若明若暗、不明了清楚的知识。这种知识可以认识和区别各种现象,但又不晓得道理,不能理智地给它们下定义。3. 明确的、清楚的知识。这种知识可给事物下定义或做出科学的说明,如用构成金子的定义来区别真金与假金。4. 充分的、直觉的知识。这

---

① [德] 莱布尼茨:《人类理智新论》上册,陈修斋译,商务印书馆1982年版,第12—13页。
② [德] 莱布尼茨:《人类理智新论》上册,陈修斋译,商务印书馆1982年版,第266页。
③ [德] 莱布尼茨:《人类理智新论》上册,陈修斋译,商务印书馆1982年版,第267—268页。

种知识能认识事物的全部特征,清楚了解一个概念中所含有的一切原始的原素,并能对它们集中概括,做出最完整的评述,因而也是最完善的知识。① 这四等知识中的第二等,即若明若暗、不明了清楚的知识,它是同一种"既是明白的又是混乱的"观念相一致的。莱布尼茨对此种观念作了专门论述:

> 一个观念是可以同时既是明白的又是混乱的;而那些影响感官的感觉性质的观念,如颜色和热的观念,就是这样的。它们是明白的,因为我们认识它们并且很容易把它们彼此加以辨别;但它们不是清楚的,因为我们不能区别它们所包含的内容。因此我们无法给它们下定义。我们只有通过举例来使它们得到认识,此外,直到对它的联系结构都辨别出来以前,我们得说它是个不知道是什么的东西。②

莱布尼茨在阐述四等知识的第二等时,是举对诗和画的鉴赏作为例子的。他说:"有的时候,我们真可以明白地晓得(这就是说,我们在晓得的当时毫无疑问)一首诗或一张图画,是做得好的还是做得不好的,但是其所以好还是不好的道理,则我们并不晓得。这种的知识,还不是明了清楚的。"③ 这非常明显地表示,莱布尼茨是把审美鉴赏的认识放在第二等知识之中的,换言之,在莱布尼茨所做的知识和观念的区分之中,审美认识或鉴赏力、审美趣味,大体上是属于若明若暗、不明了清楚的知识,或是"既是明白的又是混乱的"观念。对于审美趣味在认识上的这种特点,莱布尼茨有更明确的说明:

> 我们看到画家和其他艺术家对于什么好和什么不好,尽管很清楚地意识到,却往往不能替他们的这种审美趣味找出理由,如果有人问到他们,他们就会回答说,他们不欢喜的那种作品缺乏一点"我说不

---

① [德]莱布尼茨:《形而上学序论》,陈德荣,(台北)商务印书馆1979年版译,第57—58页。
② [德]莱布尼茨:《人类理智新论》上册,陈修斋译,商务印书馆1982年版,第267页。
③ [德]莱布尼茨:《形而上学序论》,陈德荣译,(台北)商务印书馆1979年版,第57页。

第十五章 莱布尼茨

出来的什么"。①

既清楚地意识到审美对象的好与不好,又说不出好与不好的理由,也就是知其然而不知其所以然。这里"我说不出来的什么"(je ne sais quoi),正如朱光潜先生所指出,它在当时特别在德国成为美学家们的一种口头语,指的正是还不能认识清楚的美的要素,它和莱布尼茨论明白的又是混乱的观念时所说的"不知道是什么的东西"的意思颇相近似。

莱布尼茨不仅从认识等级和认识特点上对审美趣味作了分析,还将审美趣味、鉴赏力与理解力进行比较,进一步揭示其特点。他说:

> 与理解力不同的审美趣味是一些混乱的知觉,人们不能对它给予充分地说明和解释。它是某种接近本能的东西。②
> 人们永远无法探明,事物的令人愉悦性是什么,或者,这种愉悦性为我们提供了哪一类完善。因为这种令人愉悦的事被感知,是通过我们的情绪,而不是通过我们的理解力。③

这里指出了审美趣味与理解力区别之点,强调审美趣味是一种不同于理解力的认识和情感活动,并且明确指出"审美趣味是一些混乱的知觉",所谓"混乱的知觉",莱布尼茨认为它是由一些察觉不到的"微知觉"组成的。他说:"任何时候在我们心中都有无数的知觉,但是并无察觉和反省;换句话说,灵魂本身之中,有种种变化,是我们察觉不到的,因为这些印象或者是太小而数目太多,或者是过于千篇一律,以致没有什么使彼此区别开来;但是和别的印象联系在一起,每一个也仍然都有它的效果,并且在总体上或至少也以混乱的方式使人感觉到它的效果。"④ 对此,莱布尼茨用我们在海岸上听到的波浪或海啸的声音来作例子。我们要像平常那

---

① [德] 莱布尼茨:《关于知识、真理和观念的默想录》,载北京大学哲学系美学教研室编《西方美学家论美和美感》,商务印书馆1980年版,第85页。
② [美] K. E. 吉尔伯特、[德] H. 库恩:《美学史》,纽约:麦克米伦公司1939年版,第228页。
③ [美] K. E. 吉尔伯特、[德] H. 库恩:《美学史》,纽约:麦克米伦公司1939年版,第228页。
④ [德] 莱布尼茨:《人类理智新论》上册,陈修斋译,商务印书馆1982年版,第8—9页。

样听到这声音,就必须听到构成整个声音的每一个波浪的声音,但是每一个波浪的小的声音是察觉不到的,它只有和别的声音在一起合成整个混乱的声音时,才能为我们听到。不过,个别小浪声不论多么小,我们也必须对其中的每个声音有点知觉;否则,我们就不会对成千成万波浪的声音有所知觉,因为成千成万个零合在一起也不会构成任何东西。① 可见混乱的知觉是由众多察觉不到的"微知觉"组成的,对于这些"微知觉",我们在混乱的知觉中虽然不能辨别出来,却能在总体中感觉到它的效果。所以,作为混乱的知觉的审美趣味,同样是由微知觉组成的。对于这些微知觉,我们虽然不能一一将它们辨别出来,却能在总体上以混乱的方式感觉到它们的效果。莱布尼茨不仅强调审美趣味和微知觉的联系,而且具体指出微知觉对于趣味的作用。他们说:

> 这些微知觉,就其后果来看,效力要比人们所设想的大得多。就是这些微知觉形成了这种难以名状的东西,形成了这些趣味,这些合成整体很明白、分开各部分则很混乱的感觉性质的影像,这些环绕着我们的物体给予我们的印象,那是包含着无穷的,以及每一件事物与宇宙中所有其余事物之间的这种联系。②

微知觉不仅形成了趣味,而且也是引起情绪和快乐的原因:

> 这种微知觉也是那种不安的原因,我指出这种不安就是某种这样的东西,它和痛苦的区别只是小和大的区别,可是他常常由于好像给它加了某种刺激性的风味而构成我们的欲望,甚至构成我们的快乐。③

从以上论述,我们可以看到莱布尼茨是将审美趣味和理解力严格加以区别的,并且它也不同于可对事物下定义或做出科学说明的科学的认识。从他把审美趣味归入若明若暗、不明了清楚的知识之列以及属于混乱的知

---

① [德]莱布尼茨:《人类理智新论》上册,陈修斋译,商务印书馆1982年版,第9页。
② [德]莱布尼茨:《人类理智新论》上册,陈修斋译,商务印书馆1982年版,第10页。
③ [德]莱布尼茨:《人类理智新论》上册,陈修斋译,商务印书馆1982年版,第11页。

觉来看，他基本上是把审美趣味看作一种感性活动，而不属于理性认识的活动。这种看法和英国美学家舍夫茨别利及哈奇生在"内在感官"说中强调审美活动的感性性质和不假思索的观点具有很大的相似性。由此可见，理性主义美学和经验主义美学是既互相对立，又互相联系的。

尽管莱布尼茨把审美趣味看作较低的认识阶段和属于混乱的知觉的活动，但他并没有切断它和理性之间的联系，因此，说他把审美和理性活动对立起来，是一种主张"感知美的非理性主义性质的观念"①，也是欠妥的。按照莱布尼茨的单子论，每个单子都如灵魂一样具有知觉，凭它的知觉就能反映整个宇宙。虽然单子在知觉的清晰程度上有区别，但是，"单子都以混乱的方式追求无限，追求全体"②。正因如此，在莱布尼茨看来，各种较低知识阶段和混乱的知觉，也都包含着无限的物体给予我们的印象，以及每一件事物与宇宙中其余事物之间的联系。他说："也就是用这些感觉不到的知觉，说明了灵魂和身体之间的这种奇妙的前定和谐，甚至是一切单子或单纯实体之间的前定和谐。"③ "甚至于可以说，由于这些微知觉的结果，现在孕育着未来，并且满载着过去，一切都在协同并发，……只要有上帝那样能看透一切的眼光，就能在最微末的实体中看出宇宙间事物的整个序列。"④ 这些论述虽然带有神秘主义色彩，却表明莱布尼茨认为混乱的知觉或微知觉，也是包含着他们自身的理性内容和意义的，审美趣味虽然不是理性思考，它却是联系着理性内容的。我们在前面提到，莱布尼茨认为音乐和绘画的美虽然以数学的比例关系为基础，但它们却具有"形而上学的原因"。对音乐的美感，不仅是对音的数学比例的外在形式的感觉，而且也把人们引向对上帝所创宇宙之和谐的直觉，音乐不过是大自然和整个世界奇妙和谐的一种象征，因此，这种美感是蕴含着理性内容的。他甚至明确指出，审美的感官快感"在实际上都是混乱认识的理智的快感"⑤。这一切当然不是说莱布尼茨已经清楚地认识到审美活动中感性与理性的关

---

① [苏] 舍斯塔科夫：《美学史纲》，樊莘森等译，上海译文出版社1986年版，第161页。
② [德] 莱布尼茨：《单子论》，载北京大学哲学系外国哲学史教研室编译《西方哲学原著选读》上卷，商务印书馆1985年版，第487页。
③ [德] 莱布尼茨：《人类理智新论》上册，陈修斋译，商务印书馆1982年版，第11页。
④ [德] 莱布尼茨：《人类理智新论》上册，陈修斋译，商务印书馆1982年版，第10页。
⑤ [德] 莱布尼茨：《自然与神恩的原则》，载门罗·C.比尔兹利《美学简史：从古希腊至当代》，纽约：麦克米伦公司1966年版，第154页。

系，而只表明他试图在感性和理性之间做出某种调和，而这种调和难免是互相矛盾的。

莱布尼茨对美感的看法还有一点值得注意，就是他认为美感不涉及利害。他说："对美的事物的观照，本身就是令人愉悦的。拉斐尔的一幅画打动了慧眼观注者，即使这种观注者从中得不到任何益处。"① 这和哈奇生认为美感或内在感官不涉及利害而令人愉快的看法也是颇相似的。但莱布尼茨同时又强调审美和艺术的道德作用，他坚信艺术可以用于增强人们的美德和宗教观念，对人们进行虔诚的教育，道德可以和审美结合起来，人们在致力于真正的善时，"必须有某种活生生的东西来打动我们"②。

总的来说，莱布尼茨从他的认识论出发，对美感或审美趣味的性质、特征、作用都作了新的阐述。他把美感和认识论联系起来，明确指出美感是一种明白的又混乱的认识，从而使美感在认识论体系中找到了定位，换句话说，也就是确立了美学在认识论体系中的地位，他的这一贡献对后来德国美学的发展产生了巨大影响。鲍姆加登正是在他的认识论学说和美学思想的直接影响下，将美学定义为以感性认识的完善为对象的科学。德国启蒙运动时期的美学，可以说是在莱布尼茨理性主义哲学和美学思想的指引下前进的。

---

① ［美］K. E. 吉尔伯特、［德］H. 库恩：《美学史》，纽约：麦克米伦公司1939年版，第229页。
② ［德］莱布尼茨：《人类理智新论》上册，陈修斋译，商务印书馆1982年版，第177页。

第十六章 鲍姆加登

在欧洲近代美学发展史上，鲍姆加登具有独特地位，他在西方美学史上第一个将美学命名为"Aesthetica"并使其成为一门独立学科，因而被称为"美学之父"。同时，他继承和发扬了莱布尼茨—沃尔夫的美学思想，成为一个完整的理性主义美学体系，从而成为大陆理性主义美学的终结者。他的美学思想对德国启蒙运动产生了重要影响，因而他也是18世纪德国启蒙运动的先驱之一。

鲍姆加登（Baumgarten，1714—1762年）生于柏林，父亲是一位牧师。他青年时代求学于普鲁士哈勒大学。哈勒大学当时是德国莱布尼茨派的理性主义哲学的中心，莱布尼茨派学者沃尔夫在那里任教，鲍姆加登深受莱布尼茨和沃尔夫理性主义哲学的熏陶。大学毕业后，他留校任教，后来又受聘于法兰克福大学，担任哲学教授。他的主要美学著作是以博士论文形式发表的《关于诗的哲学默想录》（1735）和未完成的专著《美学》（1750）。此外，还著有《形而上学》（1739）、《"真理之友"的哲学书信》（1741）和《哲学伦理学》（1751）等。

第一节 美学作为独立学科建立的意义

鲍姆加登在美学史上的最主要贡献，就是通过为美学命名和定义，使美学成为一门独立的学科，并使其在哲学中获得了和逻辑学相互分立和并列的地位。1735年，年仅21岁的鲍姆加登在他的博士论文《关于诗的哲学默想录》中，第一次提出用"Aesthetica"（意为"感性学"）这个名称来区分一种特殊的科学。他写道："希腊的哲学家和教会的神学者曾经慎重地区别感性事物（αἰσθητά）与理性事物（νοητά）。显而易见，他们并不把理性事物同感性事物等量齐观，因为他们以这名称敬重远离感觉（从而，远离形象）的事物。所以，理性事物应该凭高级认识能力作为逻辑学的对象去认识，而感性事物［应该凭低级认识能力去认识］则属于知觉的科学，或感性学（Aesthetica）。"①鲍姆加登认为认识理性事物的高级认识能力和认识感性事物的低级认识能力应分别由两门科学来研究，前者属于逻辑学；后者属于感性学——美学。对于年轻时的这一发现，鲍姆加登显然非常重视，并坚持对这一问题进行深入探索。1750年，他的一部研究感性认识的专著出版，书名就是用"美学"。这也标志着美学作为一门新的独立的科学的正式诞生。正是在这部著作中，鲍姆加登第一次为美学下了一个定义，并明确提出美学应是一门独立科学。他说：

> 正确，指教导怎样以正确的方式去思维，是作为研究高级认识方式的科学，即作为高级认识论的逻辑学的任务；美，指教导怎样以美的方式去思维，是作为研究低级认识方式的科学，即作为低级认识论的美学的任务。美学是以美的方式去思维的艺术，是美的艺术的理论。②

鲍姆加登为什么要将专门研究感性认识的美学提升到在哲学中与逻辑学相平列的地位？提出美学作为一门新的独立学科究竟有什么重要意义？要深刻理解这一问题，就需要分析鲍姆加登创立美学科学的理论背景以及他所依据的理论前提。

鲍姆加登所处的18世纪上半叶，在德国占统治地位的哲学是莱布尼茨和沃尔夫的理性主义哲学。莱布尼茨是德国理性主义哲学最重要的代表人物，他接受并发展了笛卡尔的理性主义，建构了以单子论为核心的形而上学体系。沃尔夫直接继承了莱布尼茨的哲学，他的哲学从内容上说，不过是把莱布尼茨哲学系统化了，因而也被称为莱布尼茨—沃尔夫哲学。鲍姆加登直接受业于沃尔夫，是沃尔夫哲学的信徒和"个别加工者"。③因此，

---

① ［德］鲍姆加登：《关于诗的哲学默想录》，载《缪灵珠美学译文集》第2卷，中国人民大学出版社1987年版，第130页。
② ［德］鲍姆加登：《美学》，载朱光潜《西方美学史》，人民文学出版社2002年版，第289—290页。
③ ［德］黑格尔：《哲学史讲演录》第4卷，贺麟、王太庆译，商务印书馆1997年版，第192页。

第十六章 鲍姆加登

鲍姆加登的美学是以莱布尼茨和沃尔夫的哲学作为基础的。正如吉尔伯特和库恩所说:"在莱布尼茨的著作中,孕育着使鲍姆加登在1750年成为美学的正式奠基者的思想萌芽。"[①] 莱布尼茨以单子论为基础,提出了维护天赋观念论的先验论的认识论。他依据连续性原则,认为人的认识有一个由低级到高级的发展过程,也就是天赋观念从潜在到现实、从模糊到清晰的发展过程。据此,他把人的认识或观念分为"明白的"和"模糊的"。明白的认识可以认识和区别各种事物;模糊的认识则含混不清,不能分辨对象,如梦境。明白的认识又分为"清楚的"和"混乱的"两种。清楚的或明确的认识不仅能认识和区别事物,而且可给事物下定义或做出科学的说明,也就是要经过逻辑思维;混乱的认识虽然可以认识和区别各种现象,但却未经分析,不晓得道理,只认识到事物的印象,不能理智地给它们下定义,如那些影响感官的感觉性质的观念,就属于这种"既是明白的又是混乱的"认识。莱布尼茨进而明确地将审美趣味和鉴赏力归入混乱的认识,指出"与理解力不同的审美趣味是一些混乱的知觉"[②]。这种混乱的知觉是由众多察觉不到的"微知觉"组成的,对于这些"微知觉",我们无法将它们一一辨别出来,只能从总体上以混乱的方式感觉到它们的效果。显然,在莱布尼茨的认识体系中,审美趣味和审美认识是一种感性认识活动,属于较低的认识阶段,与属于高级阶段的理性认识是有质的区别的。

沃尔夫(Christian Wolff,1679—1754年)是莱布尼茨哲学的忠实信徒。他经莱布尼茨推荐,从1907年起在哈勒大学担任数学兼哲学教授,后来还曾做过柏林大学的副校长。他全面继承了莱布尼茨的哲学观点并使之进一步系统化和通俗化。黑格尔说:"沃尔夫哲学在康德以前一直占据统治地位。"[③] 他在哲学上对于鲍姆加登的影响是直接而重要的。沃尔夫对哲学作了有系统的分门别类,他将哲学分为属于知识能力的"理论哲学"和属于意志能力的"实践哲学"两大部分。理论哲学包括本体论、宇宙论、

---

① [美]K.E.吉尔伯特、[德]H.库恩:《美学史》,纽约:麦克米伦公司1939年版,第229页。
② [美]K.E.吉尔伯特、[德]H.库恩:《美学史》,纽约:麦克米伦公司1939年版,第228页。
③ [德]黑格尔:《哲学史讲演录》第4卷,贺麟、王太庆译,商务印书馆1997年版,第192页。

心理学和神学等；实践哲学包括伦理学、经济学和政治科学等。而逻辑作为科学方法的学问，则是哲学中各分支科学的总导引。在沃尔夫那里，心理学包括理性心理学和经验心理学，前者研究心灵本身的"形而上学"；后者从知觉经验上去研究和说明心灵现象。在经验心理学中，沃尔夫涉及某些审美问题。同时，他对心灵能力作了分类，认为认识能力包括低级活动和高级能力两类，前者是指感觉、想象、创造能力、记忆；后者是指注意、思索、悟性。尽管沃尔夫在心理学中注意到感觉、记忆和想象的能力，但他和莱布尼茨一样，认为它们仅仅是低级的感性认识活动，与研究理性认识的逻辑学是不能相提并论的。

鲍姆加登作为莱布尼茨和沃尔夫哲学的继承者，显然非常清楚地了解他们对"清楚的"和"混乱的"认识，高级认识能力和低级认识能力所作的分别。实际上，"在这整个完整的系统中，激情和感官知觉都是从抽象智力的角度来加以描述的，因此，都是消极地，按照把它们和一个抽象的观念区别开来的属性来描述的"①。理性主义哲学不仅强调理性认识和感性认识的区别，而且把理性认识和感性认识对立起来，片面强调理性认识，贬低和轻视感性认识。在沃尔夫构建的庞大的哲学体系和各分支学科中，研究理性认识的逻辑学被放在哲学及其各学科总导引的地位，唯独感性认识没有专门学科进行研究，它实际上被排斥在哲学认识论之外。鲍姆加登认为理性主义哲学忽视感性认识是不合理的，如果不对包括审美和艺术在内的感性认识进行深入的理性思考和分析，那么人类知识体系就不可能是完善的。在以往的哲学体系中，研究理性认识的有逻辑学，研究意志的有伦理学，而研究感性认识却没有专门学科。因此，他提出应当有一门新学科——美学来专门研究感性认识，并使这一学科在哲学的领地内赢得一席之地。尽管鲍姆加登仍然是在理性主义哲学的前提下提出这一问题的，但是他的这一主张却突破了理性主义的某些片面性和局限性，也弥补了以往哲学体系的缺陷。正如鲍桑葵所说："鲍姆加登在美学同逻辑学和伦理学之间，划分了明确的界限。这本身就是对哲学的重大贡献。"②

鲍姆加登在《美学》中力陈将美学立为一门独立的哲学学科的必要性

---

① ［英］鲍桑葵：《美学史》，张今译，商务印书馆1985年版，第240页。
② ［英］鲍桑葵：《美学史》，张今译，商务印书馆1985年版，第244页。

和正确性，并且回答了各种对于这门新学科的诘难。在回答"感官的感受、想象、虚构、一切混乱的感觉和情感都不配引起哲学家的关注"的责难时，鲍姆加登回答道："哲学家是人当中的一种人，假使他认为，人类认识中如此重要的这一部分与他的尊严不相配，那就失之欠妥了。"① 在他看来，真正的哲学家应该关注一切与人性相关的东西，感性认识作为人类认识中重要的部分，不应在哲学家的视野之外。对于人的审美或以美的方式思维的艺术进行共相的理论考察，是哲学家的一项重要任务。这一论断不仅为哲学提供了新的研究课题，也为后来的德国文化和艺术批评提供了新的研究课题。

鲍姆加登竭力为感性认识和美学的价值辩护。在回答"审美感受的混乱是一切错误之母"的责难时，他写道："混乱也是发现真理的必要前提，因为本质的东西不会一下子从暗中跃入思维的明处。从黑夜只有经过黎明才能到达正午。"② 这里，鲍姆加登显然坚持了莱布尼茨关于认识或观念具有从模糊到清晰的发展过程的思想。同时，他进一步认为："明晰的认识和混乱的认识二者并不互相排斥。"③ 感性认识作为理性认识的基础，是发现真理的必要前提。美的思维和艺术作为一种特殊的认识形式，也能通向真理。如果对混乱的认识或感性认识不闻不问，不对之加以完善，那就会大量地、广泛地出现谬误。而美学的功用正在于"推进认识的提高，使之越过能明晰认识的界限"，既"为一切内省的精神活动和一切自由的艺术打下基础"，也"为那些主要以知性认识为基础的科学提供适当的材料"。④ 这样，鲍姆加登就将过去受到轻视的美学提升到应该享有的重要地位。

鲍姆加登使美学成为一门独立的学科，这既来自他对莱布尼茨和沃尔夫哲学的深刻反思，也得益于当时美学研究的崭新进展。从18世纪初叶起，英国和欧洲大陆不同国家的哲学家及文艺批评家都在注意和论证想象、情感以及审美趣味问题。在英国，经验主义美学家艾迪生和哈奇生探讨了审美的"想象的快感"和"内在感官"，休谟甚至明确提出了美学和逻辑分别属于情感和理智两个不同的研究领域，在他的哲学体系中，美学

---

① ［英］鲍姆加登：《美学》，简明等译，文化艺术出版社1987年版，第15页。
② ［英］鲍姆加登：《美学》，简明等译，文化艺术出版社1987年版，第15页。
③ ［英］鲍姆加登：《美学》，简明等译，文化艺术出版社1987年版，第15页。
④ ［英］鲍姆加登：《美学》，简明等译，文化艺术出版社1987年版，第14页。

和逻辑被列为不同学科。在意大利，格拉维纳和缪越陀里论述了想象对于诗歌的重要作用，维柯发现和提炼出"诗性逻辑"，并把与理智对立的想象看作是诗的最初和永恒的源泉。"可以说，维柯的真正的新科学就是美学。"① 在法国，杜博斯强调艺术与情感紧密相连，并把对诗歌的判断归于情感。在瑞士，博德默和布赖丁格反对戈特舍德片面强调理性对诗的作用，更加强调想象的自由表现。在德国，早在鲍姆加登之前，比尔芬格尔等人就曾提出应在亚里士多德的逻辑体系之外，建立以想象力为研究对象的逻辑学。这一切表明，到了18世纪中叶，美学本身的发展已经为它形成为一门独立学科准备了充分的条件。鲍姆加登受到这一时代美学新探求的深刻影响，同时也集中融汇了各种探求的成果，以终生不渝的努力和追求真理的勇气，终于促成了美学作为一门新的独立学科的诞生。这不仅对于美学史，而且对于人类思想史，都是一个极为重要的贡献。

第二节　美学和美的定义

鲍姆加登的《美学》，按原计划分为"理论美学"和"实践美学"两部分。但这部著作在1750年只出版了第一卷，1758年又出版了未完成的第二卷。由于疾病折磨，鲍姆加登未能全部完成他的著作便去世了。在《美学》第一卷的开头，鲍姆加登便为美学下了一个定义。

> 美学（自由艺术的理论、低级认识论、美的思维的艺术和与理性类似的思维的艺术）是感性认识的科学。②

这个定义将美学界定为研究感性认识的科学，同时又从四个方面对这一界定作了具体解释。这四个方面是：自由艺术的理论、低级认识论、美的思维的艺术和与理性类似的思维的艺术。应当说，这个定义是鲍姆加登受莱布尼茨—沃尔夫哲学影响并吸纳当时美学研究成果所作的一个新归

---

① ［意］克罗齐：《作为表现的科学和一般语言学的美学的历史》，王天清译，中国社会科学出版社1984年版，第75页。

② ［德］鲍姆加登：《理论美学》，汉堡：梅诺尔出版社1983年版，第2页。

第十六章 鲍姆加登

纳,它集中地表达了鲍姆加登对美学这门新科学的性质、定位和对象的认识。不过,这个定义当时也受到一些质疑。德国启蒙运动的代表人物赫尔德在《批评之林》中肯定了鲍姆加登关于美学是美的艺术的理论的提法,但对美学是"美的思维的艺术"的提法则有保留意见,在赫尔德看来,科学和艺术是有原则区别的,彼此不能混淆。这说明对于鲍姆加登提出的美学的定义,需要加以辨析和探讨。

鲍姆加登虽然是从四个方面来解释"美学是感性认识的科学"这个总的定义的,但这四个方面所涵盖的范围和具体内容显然是不完全一样的。其中,"低级认识论"和"感性认识的科学"实际是同一的概念,它们都是来自沃尔夫的哲学中的提法。沃尔夫将人的认识能力明确划分为低级能力和高级能力。研究高级认识即理性认识的逻辑学,也就是他的哲学体系中的认识论。鲍姆加登认为认识论不应只包括研究理性认识的科学,还应包括研究感性认识的科学。所以,他把逻辑学称作高级认识论,与此相对立,把美学称作低级认识论。这里并无贬低美学的意思,而是要强调美学与逻辑学的在研究对象上的区别,并使两者彼此并列,同属于哲学认识论。实际上,这个规定主要是将美学作为一门独立学科纳入哲学之中,厘清其性质,并为之定位。如前所述,这是鲍姆加登的一个重要贡献。在鲍姆加登看来,美学作为感性认识的科学或低级认识论,其研究范围是相当广泛的。他说:"感性认识是指,在严格的逻辑分辨界限以下的,表象的总和。"[1] 在他所列举的"低级认识能力"中,既包括了沃尔夫所说的感觉、想象、虚构、记忆力,也包括洞察力、预见力、判断力、预感力、表述力、情感力等,这无疑是启蒙主义者所关注的人性的重要组成部分。鲍姆加登以研究和改进低级认识能力作为美学的研究对象和旨归,这不仅大大扩充了美学的范围,而且具有强烈的启蒙思想的特点。

关于美学是"自由艺术的理论"。这应是美学作为感性认识的科学所包括的内容的一个方面。在西方,"艺术"这一词所包含的涵义非常广泛。它既可泛指人类活动的技艺,包括一切非自然的人工制品;也可专指绘画、雕塑、建筑、音乐、舞蹈、戏剧、文学等专供欣赏的各种艺术作品。鲍姆加登所说的"自由艺术"就是后一种含义,它又称作"美的艺术",

---

[1] [德] 鲍姆加登:《美学》,简明等译,文化艺术出版社 1987 年版,第 18 页。

是 18 世纪通用的概念。从亚里士多德以来,人们往往把诗学和修辞学作为美学的代用语,法国和德国的古典主义者都把美学看作诗学。鲍姆加登不同意这种看法。他认为"美学的范围更广",它不仅包括诗学和修辞学共有的对象,也包括其他艺术所共有的对象。美学通过阐明这些对象,使每种艺术可以更卓有成效地在自己的领域里驰骋。他说:"美学理论的法则——它好似各别艺术理论的北斗星——分散在一切自由的艺术中,它包含的领域更为广阔。"① 这类似于将美学看作艺术哲学。这里值得注意的是,鲍姆加登把艺术理论直接归入研究感性认识的科学,也就是把艺术看作一种感性认识,具有感性认识的特点。这和当时流行的理性主义的艺术观点是大相径庭的。从法国古典主义到德国古典主义,都强调艺术要受理性的支配,排斥想象、幻想、情感等感性活动在艺术中的作用。和鲍姆加登同时代的德国文艺理论权威戈特舍德在其所著《批判的诗学》中,就认为文艺基本上是理智方面活动,只要依据理性,掌握一套规则,就可以如法炮制。这本著作在当时德国文坛影响很大,鲍姆加登敢于与之针锋相对,强调文艺的感性性质和特点,这在当时也算是理论上的一个突破。

关于美学是"美的思维的艺术和与理性类似的思维的艺术",这是美学作为感性认识的科学所包括的内容的另一个方面。它所要研究的主要是认识的美或美的认识问题,也就是审美问题。所谓"美的思维",也就是"以美的方式进行思维"。鲍姆加登说:"美学是同人的心灵中以美的方式进行思维的自然禀赋一起产生的。"② 可见,"以美的方式进行思维"是人天生的审美能力,这种审美能力和人天生的逻辑推演能力是并存的;后者即是"以严密的逻辑方式进行的思维"。鲍姆加登在此将审美能力、审美认识称为"美的思维"或"以美的方式进行思维",是为了更好地阐明它与"逻辑的思维"或"以逻辑方式进行思维"之间的区别和联系,同时也是为了显示美的认识中所包含的理性成分。他认为美的认识或美的思维同样可以达到真,但这是审美的真,而不是逻辑的真。就二者都能达到真而言,它们都属于思维;但以二者把握真的方式和途径而言,它们属于不同的思维方式。所以,美的思维不同于逻辑思维,二者不能互相代替。"如

---

① [德] 鲍姆加登:《美学》,简明等译,文化艺术出版社 1987 年版,第 36 页。
② [德] 鲍姆加登:《美学》,简明等译,文化艺术出版社 1987 年版,第 22 页。

果说逻辑思维努力达到对这些事物清晰的、理智的认识，那么，美的思维在自己的领域内也有着足够的事情做，它要通过感官和理性的类似物以细腻的感情去感受这些事物。"① 这里已接触到两种不同思维方式，即抽象思维与形象思维问题。

上文中解释"美的思维"时提到的"理性的类似物"，和美学定义中"与理性类似的思维"实际上是同义的。所以，笔者认为，"美的思维"和"与理性类似的思维"两个概念在内涵上是一致的，只是从不同角度加以表述而已。鲍姆加登采用"类似理性的思维"的概念，和沃尔夫采用的"近似理性的思维"的概念是有联系的，但二者也有不同。按照鲍姆加登在《形而上学》中的解释，"类似理性"包括下述内容：（1）认识事物的一致性的低级能力；（2）认识事物的差异性的低级能力；（3）感官的记忆力；（4）创作能力；（5）判断力；（6）预感力；（7）表述力。② 这和鲍姆加登在同一书中对"低级认识能力"的解释，在内容上是相同的。不过，"类似理性的思维"这一提法却更好地表达了感性认识的独立性和它同理性认识的同等价值，也更好地表达了美的认识作为一种思维方式的特殊性。它表明美的认识尽管属于感性认识，但又不是纯粹的感性认识。在这种感性认识中体现着某种与理性相类似的内容，因而也具有类似理性的性质，它和理性认识一样具有巨大的认识意义。鲍桑葵在《美学史》中认为，"类似理性"这一概念意味着"理性在混乱的认识领域内的相似物或畸形变体"。③ 可见，在"类似理性的思维"的概念中，已经显示出将感性认识和理性认识调和起来的倾向，这在美学发展中是具有创新意义的。

这里还需要说明，鲍姆加登在谈到美学研究美的思维和与理性类似的思维时，都用了"艺术"一词，以致人们认为他将美学既看成科学又看成艺术是矛盾的。其实，鲍姆加登这里所说的"艺术"是有其特定含义的。他在《美学讲课稿》中说："美学是一种科学，只不过它仍旧会是一种艺术。"又说："艺术就是使某种事物更加完善的各种规则的总和。"④ 他认为逻辑思维有其理性规则，美的思维也应有其理性规则。美的思维的规则也

---

① [德] 鲍姆加登：《美学》，简明等译，文化艺术出版社1987年版，第43页。
② [德] 鲍姆加登：《理论美学》，汉堡：梅诺尔出版社1983年版，第207页。
③ [英] 鲍桑葵：《美学史》，张今译，商务印书馆1985年版，第241页。
④ [德] 鲍姆加登：《美学》，简明等译，文化艺术出版社1987年版，"前言"第9—10页。

就是美学所要研究的"美的思维的艺术"。

在《美学》中,鲍姆加登还有一段重要论述是与美学的研究对象相关的。他说:

> 美学的目的是感性认识本身的完善(使感性认识完善),这就是美。与此相反的是感性认识的不完善,这就是丑,它是应当避免的。①

这里,鲍姆加登不仅将美、丑作为美学研究的对象,而且替美、丑下了一个定义。这个美的定义——美是感性认识的完善,虽然不能算是鲍姆加登的独创,但也表达了他对美的独特理解。"完善"(perfection)这个概念是理性主义哲学中一个重要概念,它在笛卡尔、斯宾诺莎和莱布尼茨的思想中起到过很大作用。沃尔夫继承了这一概念并将它用于解释美,他说:"美在于一件事物的完善,只要那件事物易于凭它的完善来引起我们的快感。"② 这里把完善看作事物的一种性质,当这种事物的性质引起主体快感的反应,就产生了美。按照沃尔夫的理解,"完善"意味着整体对部分的逻辑关系,即多样性中的统一。对象完整无缺,整体与部分互相协调,这种整体的性质就是完善。但沃尔夫哲学中的"完善"概念和莱布尼茨的"前定和谐"说是相联系的,因而也具有目的论的色彩。照莱布尼茨看来,现存的世界由于上帝精心安排,成为一个寓多样性于统一性之中的和谐整体,因而是最完善的,也就是美的。鲍姆加登从沃尔夫那里直接接受了"完善"的概念,也接受了他对于美的解释,同时又将它们与感性认识结合起来,提出了美是感性认识的完善的定义,从而赋予"美即完善"说以新的内容、新的理解。

对于"美是感性认识的完善",鲍姆加登并未作进一步的详细的解释。但后来的研究者却对此做了两种不同的解读。一种解读认为它的含义是指"凭感官认识到的完善"。这里的完善是指事物的一种属性,这种属性既可由理性认识到,也可凭感官认识到。由理性认识到的完善即是真;凭感官

---

① [德] 鲍姆加登:《理论美学》,汉堡:梅诺尔出版社1983年版,第11页。
② [德] 沃尔夫:《经验心理学》,载朱光潜《西方美学史》,人民文学出版社2002年版,第288—289页。

认识到的完善就是美。如果凭感官见出事物的不完善，那就是丑。① 另一种解读认为它的含义是指"感性认识自身的完善"，也就是"完善的感性认识"。完善的感性认识就是美，不完善的感性认识就是丑。这里完善不限于指感性认识的对象和事物的属性，而且指感性认识本身，即主体认识本身。"完善的感性认识就是现象，也就是充分地而且是如实地把握了现实世界直接显现出来的现象的丰富性和多样性。"② 以上两种解读笔者认为都是可以成立的，而且都可以找到根据。鲍姆加登关于美的定义是直接承接沃尔夫的美的定义。在沃尔夫的定义中，完善指的就是事物和对象的一种属性。但鲍姆加登也明确指出美是感性认识本身的完善或完善的感性认识，并对此作了阐明。他还明确指出："感性认识的美和事物的美，本身都是复合的完善，而且是无所不包的完善。"③ 所以，笔者的理解，美是感性认识的完善，既指认识的事物和对象的完善，也指主体认识本身的完善，是主体和客体两方面的结合。否则就无法理解鲍姆加登所说的"丑的事物本身可以被想为美的，而美的事物，也可以被想为丑的"④。从这方面来说，鲍姆加登的美的定义还是富有新意的。

第三节　美的认识与诗的创造

既然鲍姆加登认为美学是美的思维的艺术和自由艺术的理论，那么，美学必然要将美的认识和艺术作为研究的基本问题。纵观他的《关于诗的哲学默想录》和《美学》两部著作，其内容也是围绕这两大基本问题展开的，而其中最有价值的则是他对美的认识的本质特征和诗的创造的特殊规律的深入分析和阐述。

美的认识或认识的美，也就是美的思维问题，是鲍姆加登首先关注的问题。他在《美学》中对美的认识的本质、内容、特点等都做了探讨。他

---

① 朱光潜:《西方美学史》，人民文学出版社2002年版，第290页。
② [德] 鲍姆加登:《美学》，简明等译，文化艺术出版社1987年版，"前言"第8页。
③ [德] 鲍姆加登:《美学》，载刘小枫主编《人类困境中的审美精神——哲人、诗人论美文选》，知识出版社1994年版，第5页。
④ [德] 鲍姆加登:《美学》，载马奇主编《西方美学史资料选编》（上），上海人民出版社1987年版，第694页。

认为感性认识的美是由以下三个方面构成的。第一是各种思想的一致。这种一致是与某一事物相关的，是一种现象，它是事物和思想的美。这种美作为认识本身的美的首要部分，不同于对象和物质的美。第二是秩序的一致。没有秩序就无完善可言。我们以秩序设想美的事物，既是内在一致的，又是与事物一致的，从而形成秩序和安排的美。第三是符号的一致。没有符号就不能感知符号标识的东西。各种符号的内在一致，同时也与秩序和事物相一致，从而形成表达的美。显然，以上三个方面既包括了思想内容的美，又包括了形式表现的美，是内容和形式、思想和表达的相互一致和协调。鲍姆加登认为上述三个方面互相协调一致，同时，又同认识的丰富、伟大、真实、鲜明、生动等特质达到和谐一致，那么，认识就会达到完善，就会表现出感性认识的美，而且是普遍有效的美。

按照鲍姆加登的理解，美的思维或美的认识从本质上说也是对于真的认识。但是美的思维或美的认识所要达到的是审美的真，而逻辑的思维或逻辑的认识所要达到的是逻辑的真。审美的真同逻辑的真（狭义的）是有根本区别的，这是他在《美学》中深入论述的一个重要问题。他首先区分了客观的真和主观的真，前者指形而上学的真、质料的真；后者指"特定心灵中的客观真实的表象"、精神的真。逻辑的真和审美的真都是客观的真、形而上学的真在特定的主体的心灵中获得的一种形态，都是主观的真、精神的真，但两者却分属于人的不同的认识能力把握的对象。

> 这种形而上学的真一会儿展现在纯精神意义上的知性之前，也就是说，它包含在知性清晰地构想出来的客体之中，这种真我们也可以称为狭义的逻辑的真；这种形而上学的真一会儿又是与理性相类似的思维和低级认识能力的对象，而且仅仅是或主要是它们的对象，这样，我们就把它叫做审美的真。①

可见，审美的真和逻辑的真在认识和把握真的途径和方式上是不同的。逻辑的真是通过知性和理智才能认识和把握的真，它要达到对于事物本质的清晰的理性认识，是一般的、抽象的真。审美的真是通过感官、感

---

① ［德］鲍姆加登：《美学》，简明等译，文化艺术出版社1987年版，第41页。

受和理性类似物去认识和把握的真,是个别的、具体的真。"严格意义上的真实事物所具有的真,只是当其能被感官作为真来把握时,而且只有当其能通过感觉印象、想象或通过同预见联系在一起的未来的图像来把握时,方始为审美的真。"① 显然,这里对审美的真和逻辑的真所做的区分和界定,已经触到了人类认识和把握现实世界的两种不同的思维方式——形象思维和抽象思维的区别。所谓审美的真,就是要通过表象、想象、幻想、情感以及理性类似物,在富于个别特征和丰富细节的感性形象中表现出客观事物的真实和真理,它应当体现出感性与理性、个别与普遍、形象与思想的结合和统一,而这正是美的认识和形象思维不同于逻辑的认识和抽象的思维的基本特征。在西方美学史上,对于形象思维的认识和探索,最初是以对想象的研究为中心展开的。发展到17、18世纪,英国经验主义美学家对想象的心理特点以及想象在审美和文艺中的作用作了深入的探讨,从而也进一步推动了对于形象思维问题的研究。处于18世纪上半叶的维柯和鲍姆加登在此基础上,通过《新科学》和《美学》两部著作,对形象思维的特点和规律从理论上作了初步的分析和归纳。鲍姆加登提出的"审美的真",和维柯提出的"诗性逻辑"一样,都接触到形象思维中感性与理性,个别与普遍互相结合的特殊规律问题,标志着形象思维的研究在那个时代所达到的一个新的水平。

鲍姆加登认为美的认识能够达到审美的真,也就是凭感性就能认识到的真,这是对感性认识的价值的新的确认。17、18世纪,英国经验主义和大陆理性主义在认识论上展开的争论,主要就是围绕感性认识与理性认识的关系问题展开的。经验主义强调感性认识的价值,认为认识来源于感性经验;理性主义强调理性认识的价值,认为认识来源于先验理性。鲍姆加登是莱布尼茨和沃尔夫理性主义哲学的忠实信徒,他研究美学的出发点和立足点都是理性主义哲学,但他克服了理性主义片面抬高理性认识、贬低感性认识的偏见,认为审美的感性认识同样可以达到理性认识才能达到的"形而上学的真",感性认识中也包含着"理性类似的东西",这无疑是对理性主义片面性的一种纠正。不过,鲍姆加登仍然将感性认识和理性认识看作是互相分割的、对立的,并且认为感性认识只是达到理性认识的"必

---

① [德]鲍姆加登:《美学》,简明等译,文化艺术出版社1987年版,第52页。

要前提"。他虽然在美的认识的论述中显示出要将感性认识和理性认识加以调和的倾向,却并不了解感性认识和理性认识的内在统一性以及达到两者有机统一的过程和途径。

鲍姆加登对于美的认识所达到的真的特殊内涵也做了阐明,从而使审美的真和逻辑的真的区别更为明晰。这里他借用了亚里士多德《诗学》中"可然律"的概念,提出了"审美的可然性"的论断,认为审美的真是不完全确定的、可然性的真。他说:"在美的思维中呈现出来的很多东西并不是完全确定的,它的真不能完全清楚地被知觉到。……我们对什么东西并不确信无疑,但尽管如此从中又找不到假,这种东西就是可然的。所以,审美的真,就其基本意义而言,就是一种可然性,它处在真的那样一个阶段,在这个阶段虽然没有达到完全确定,但又看不到假。"① 这段论述认为审美的真不可能达到逻辑的真那样完全确定和清晰,实际上也是涉及到形象和概念、具象和抽象两种形式的真的区别,也就是形象思维和抽象思维的区别。

关于诗的特性及创作问题,也是鲍姆加登集中论述的一个美学问题。他在《关于诗的哲学默想录》中从诗的概念、诗的知识、诗的秩序和诗的语言等各个方面详细阐述了关于诗的创作的法则和规律,堪称一部"哲理诗学"。在阐明诗的概念时,鲍姆加登给诗下了一个定义,称"诗是一种完善的感性的言辞"②。所谓感性的言辞,就是"含有感性表象的言辞"③,它由感性表象、表象的互相关系以及作为其符号的文字所组成。一篇感性言辞,如果其各组成部分都为领悟感性表象而发并能充分唤起感性表象,那就是完善的感性言辞。显然,鲍姆加登这个诗的定义的关键词——感性表象和完善,都是来自莱布尼茨和沃尔夫的哲学,所谓感性表象,是混乱的认识或低级认识能力形成的表象,它和明确的概念是相区别的。诗与哲学的根本区别,就在于它不求概念之明确,而只求表象之明晰。所以,鲍姆加登认为,富于诗意的表象不是明确的,而是混乱的但明晰的表象。混乱

---

① [德] 鲍姆加登:《美学》,简明等译,文化艺术出版社1987年版,第75—76页。
② [德] 鲍姆加登:《关于诗的哲学默想录》,载《缪灵珠美学译文集》第2卷,中国人民大学出版社1987年版,第89页。译文稍有改动。
③ [德] 鲍姆加登:《关于诗的哲学默想录》,载《缪灵珠美学译文集》第2卷,中国人民大学出版社1987年版,第88页。译文稍有改动。

的表象越是具有"周延广阔的明晰性",越是富于诗意。我们对事物想得越确定,它们的表象就包含越多的东西。一个感性表象所包含的因素越多,它也就越是具有"周延广阔的明晰性",因而也就越是富有诗意。"个体在各方面都是确定的。所以,特殊的表象是最高度富有诗意的。"① 纵观鲍姆加登的诗的定义及其解说,他始终强调的是诗的感性形象以及形象的明晰性、生动性、丰富性和独特性,这也就是他后来反复强调的"感性认识的完善",亦即美。所以,他在这里所要揭示的正是诗歌的审美特点。尽管这些论述多是采用了前人已有的说法,但是,鲍姆加登却能将其综合起来,对诗的审美特点做了较为深入的哲学沉思,并形成较为完备的理论形态。德国启蒙运动美学家赫尔德曾经说,鲍姆加登的诗的定义是有史以来最好的定义。②

鲍姆加登非常重视想象和情感在诗的创作中的地位和作用。他把从想象中分离与混合的成分产生的混合表象称为"心象",心象就是由想象新造的表象。心象不仅具有类似感觉的鲜明性和生动性,而且具有形象的丰富性和概括性。"当表现了某一种或某一类的一个心象,同种或同类的其它心象会重新浮现。"③ 所以,由想象创造的心象是局部与整体、个别与一般的统一,它更富于诗意。从表现心象出发,鲍姆加登还谈到了诗与画的区别。他认为"画只在平面上表现一个心象",而诗则可以表现众多心象和任何观念。"所以,在诗的心象上比在画上,有更多事物倾向于统一。因此诗比画更为完善。"④ 这种强调诗画有别的看法和后来莱辛强调诗画界限的观点是颇相一致的。鲍姆加登进一步指出,由想象所创造的富于诗意的表象,是"混合地显示为对我们或好或坏的事物的表象",这种表象必然唤起我们热烈的情感。"所以,唤起最热烈的情感是最大限度富有诗意的。"⑤

---

① [德] 鲍姆加登:《关于诗的哲学默想录》,载《缪灵珠美学译文集》第2卷,中国人民大学出版社1987年版,第93页。
② 参见 [意] 克罗齐《鲍姆加登的〈美学〉》,载《外国美学》编委会编《外国美学》第2辑,商务印书馆1986年版,第479页。
③ [德] 鲍姆加登:《关于诗的哲学默想录》,载《缪灵珠美学译文集》第2卷,中国人民大学出版社1987年版,第100页。
④ [德] 鲍姆加登:《关于诗的哲学默想录》,载《缪灵珠美学译文集》第2卷,中国人民大学出版社1987年版,第103页。
⑤ [德] 鲍姆加登:《关于诗的哲学默想录》,载《缪灵珠美学译文集》第2卷,中国人民大学出版社1987年版,第97页。

在诗与自然的关系问题上，鲍姆加登坚持了亚里士多德的模仿说，认为"诗是自然及其从属行为之模仿"①。莱布尼茨认为，现存的世界是一切可能的世界中最好的世界，最大程度的完善性应该到现存的世界中去寻找。鲍姆加登继承了这一观点，他将自然即感官知觉可以认识的世界，看作诗的范型。所以，模仿自然是艺术的法则，也是诗的本质。但鲍姆加登并未将模仿自然与照搬自然中实有的事物画上等号；恰恰相反，他讲模仿自然是要达到审美的或艺术的真实，这种审美的真实不是复制现存个别事物的真实，而是要达到可然性的真实，即亚里士多德所说的按照可然律和必然律为可能的真实。所以，他认为诗的创造需要虚构，"诗人的描写必须包含诗的可然性，这样，诗人的描写在那个虚构的新世界中就象在我们这个世界上一样占有它的地位"②。对于诗人们来说，"虚构不但是可以容许的，而且是不可避免的。"③ 这些看法都包含有辩证的、合理的内容。

鲍姆加登提出和探讨的美学问题，实际上就是摆在西方近代美学思想界面前的基本问题。他对于美、美的认识和诗的特性所作的论述，直接启发了康德。康德虽然不满意理性主义者关于美在完善的看法，但他的艺术概念和鲍姆加登的艺术概念是一致的。正如克罗齐所说："康德总是以鲍姆加登的方式来理解艺术，把艺术作为知性概念的感觉和想象的外现。"④ 由此可以明白，为什么康德是当时少数给予鲍姆加登本人以相当评价的美学家之一。

鲍姆加登的《美学》是用拉丁文写的，文字晦涩、艰深，长久没有其他文字译本，加之他的著作中充满了一般性论述和枯燥的理性法则，所以，他的美学思想一直没有被人充分理解，对于他的美学贡献的评价也多有分歧。与他同时代的美学家如温克尔曼、莱辛等，对他的《美学》都持有批评态度。赫尔德虽然在许多方面肯定了他的贡献，但也提出了批评意见。大多数美学史著作也认为鲍姆加登对美学的贡献是名义上的，而不是

---

① ［意］鲍姆加登：《关于诗的哲学默想录》，载《缪灵珠美学译文集》第2卷，中国人民大学出版社1987年版，第128页。

② ［德］鲍姆加登：《美学》，简明等译，文化艺术出版社1987年版，第113页。

③ ［德］鲍姆加登：《关于诗的哲学默想录》，载《缪灵珠美学译文集》第2卷，中国人民大学出版社1987年版，第109页。

④ ［意］克罗齐：《作为表现的科学和一般语言学的美学的历史》，王天清译，中国社会科学出版社1984年版，第117页。

第十六章 鲍姆加登

实际上的。有的甚至认为鲍姆加登虽然为美学施了洗礼、赋予了名称,但是,"这个新名称并没有真正的新内容"①。这些看法是有失客观、公允的。有些现代西方哲学和美学著作已对鲍姆加登的思想作了重新研究和评价,如德国现代哲学家 E. 卡西勒的《启蒙哲学》等。我们以上对鲍姆加登美学思想所做的评述足以说明,鲍姆加登不仅仅是通过给美学命名和定义,使美学成为哲学中一门独立学科,而且他对许多美学问题的看法也是具有创新性的。鲍姆加登生活的时代,理性主义及其在文艺上的表现古典主义在德国处于统治地位。理性主义和古典主义贬低感性认识,否定审美认识的价值;强调文艺需受理性支配,排斥感觉、想象、情感等感性活动在文艺中的作用,反对个性化。鲍姆加登在这两个方面都反其道而行之。他论证了感性认识及审美认识虽然同理性认识及逻辑认识在方式、法则上是有区别的,但它同样可以达到真,成为理性类似物,从而使审美的感性认识的价值有了新的定位。同时,他也论证了诗的感性形象和个性化特征,充分肯定了感知、想象、情感、幻想对于诗的创造的重要作用。诚然,鲍姆加登是一个理性主义者,他始终坚持逻辑认识高于审美认识,"始终完全服从严格的理性规则;他不容许有例外,因为他不想看到纯逻辑规范的严格性有丝毫的放松。但是,他却在理性法庭上为纯审美直觉辩护。他想证明,直觉也是受内在法则支配,并借此来挽救直觉。即使这种法则同理性法则并不一致,但却是与理性相类似的"②。鲍姆加登这些重大的观点转变不仅为美学思想做出了独到的贡献,而且使他"处在一个新运动的门槛上"③。他的思想一方面促进了欧洲文艺从古典主义到浪漫主义的发展;另一方面又启发了后来的德国哲学家对美学的新思考,影响了德国古典哲学和美学的形成。

---

① [意] 克罗齐:《作为表现的科学和一般语言学的美学的历史》,王天清译,中国社会科学出版社 1984 年版,第 63 页。后来,克罗齐在《鲍姆加登的〈美学〉》中对这种评价有所纠正。
② [德] E. 卡西勒:《启蒙哲学》,顾伟铭等译,山东人民出版社 1988 年版,第 342 页。
③ [英] 鲍桑葵:《美学史》,张今译,商务印书馆 1985 年版,第 242 页。

第五篇 经验主义与理性主义美学的特点和理论体系

第十七章 经验主义与理性主义美学的特点

第一节 经验主义美学的基本特点

英国经验主义美学是西方美学从古代向近代转型中最早形成的美学思潮之一,它继承了以希腊美学为开端的西方古典美学传统,但又按照时代的发展和需要发展了西方古典美学传统,不仅对传统美学命题和范畴作了新的阐释,而且提出和回答了时代提出的新的美学问题,提出和阐明了一系列的新的美学概念和范畴,以新的观念和方法研究和论述了美学和艺术上一些重要理论,因而将西方美学大大向前推进一步,并和理性主义美学一起,为美学学科在西方的正式确立做出了贡献。

西方美学发展到近代,出现了一个明显的变化,就是美学研究的主要对象由审美客体逐渐向审美主体转变,对人的审美经验或审美意识的研究开始上升到美学研究的主要地位。这一趋向在英国经验主义美学中表现得尤为突出,因而成为英国经验主义美学在研究对象上的一大特点。这一趋向和特点的形成,和整个西方近代哲学的变化是一致的。从16世纪末到18世纪中叶的西欧哲学,无论是英国经验论还是大陆唯理论,都是将认识论放在突出地位。经验论和唯理论的分歧和论战,也都是以认识论问题为中心展开的。"近代思想的这两种倾向同古代思想的两种倾向的区别在于,近代思想的两种倾向有着共同的出发点,那就是思想着、感受着和知觉着的主体。"① 近代以前的西方哲学,总的来说是以本体论的问题作为哲学的

---

① [英]鲍桑葵:《美学史》,张今译,商务印书馆1985年版,第227页。

第十七章　经验主义与理性主义美学的特点

中心问题的。发展到近代，则开始发生了根本的改变，认识论问题变成了日益突出的问题之一。这种转变直接影响到美学的定位，如果说，在文艺复兴时期以前，美学主要属于本体论或存在学说的一部分，那么在近代，美学已不再是以前那种主要以本体论为基础的学科，而成为主要以认识论为基础的学科。这正是近代美学的主要研究对象开始从审美客体向审美主体转变的哲学前提。

英国经验主义美学之所特别重视审美主体、审美经验的研究，还与经验主义哲学的基本原理和方法直接相关。英国经验主义美学以经验主义哲学为基础，强调感性认识，重视感觉经验，倡导经验的观察和归纳，是其主要特点，也是它和理性主义美学的基本区别。经验主义美学家把这一原则和方法贯彻和应用于美学具体问题的研究中，必然会将注意力集中于观察和研究审美主体在审美鉴赏和艺术创造中的感性经验，分析审美主体经验的性质、特点和形成的规律。经验主义美学家的著作中虽然对美和艺术的本体论问题也有所涉及，但它们已不像西方古代美学家那样，主要努力于寻找美的本质和来源以及艺术的本质和来源这类形而上学的问题的答案，也不像古典主义者把研究兴趣主要放在艺术作品的内容和形式本身，寻求艺术作品创作的规范和原则，对艺术作品进行分类等。"相反，这个美学学派感兴趣的是艺术欣赏主体，它努力去获得有关主体内部状态的知识，并用经验主义手段去描述这种状态。它主要关心的不是艺术作品的创作，即艺术作品的单纯的形式本身，而是关心体验和内心中消化艺术作品的一切心理过程。"[①]

英国经验主义美学把审美经验或美感以及与之相关的感觉、想象、情感等问题的研究提到首要地位。其研究成果中最具代表性、创新性的理论是"内在感官"说和"审美趣味"论，这两种学说在美学史上都产生了重大影响。有的美学史家称英国经验主义美学思潮为"'内在感官'新学派"，有的西方美学研究者称 18 世纪美学发展阶段是"趣味的世纪"。"内在感官"说由舍夫茨别利提出，哈奇生作了一进一步发挥。他们都认为"内在感官"是一种不同于外在感官的天生的审辨美丑和善恶的能力，具有直觉性、非功利性、社会性和普遍性。这是在西方美学史上第一次明确

[①] [德] E. 卡西勒：《启蒙哲学》，顾伟铭等译，山东人民出版社 1988 年版，第 310 页。

趣味与理性：西方近代两大美学思潮

指出美感的特殊的主体来源，对探讨美感形成的原因及其特性提供了一种重要参照。"审美趣味"论作为英国经验主义美学的核心理论，贯穿在艾迪生、哈奇生、休谟、雷诺兹、伯克等美学家的著作中，而其较完整的理论形态则是由休谟和伯克共同构建的。其理论内容包括趣味的内涵、性质和特点，趣味的心理构成因素，趣味的普遍标准及形成的基础，趣味普遍共同性和个别差异性的关系，趣味个别差异性形成的原因，趣味的先天因素和后天因素的关系，趣味的培养及其途径，等等。总的来说，经验论美学家都把"趣味"看作鉴赏、感受和审辨事物美丑的能力，是产生美感的心理功能。它和获得事物真假知识的认识能力是有明显区别的，感觉、想象、情感是"趣味"最基本、最活跃的构成因素。有的美学家将趣味和理性加以对比，强调二者之间的区别；有的则承认趣味与理性相关，也有的把判断力或推理列为趣味的组成部分之一。几乎所有美学家都肯定趣味具有共同性和普遍性，同时也肯定趣味具有多样性和差异性，并对它们之间的关系及各自形成的原因作了多方面的探讨。结合审美经验的考察和研究，经验论美学家还对想象和情感及其与审美的关系作了深入探讨，提供了内容丰富的论述。这些都是西方美学中关于美感或审美经验理论的重大发展，对康德关于审美判断力思想的形成，对后来种种审美心理学说的发展，都具有深刻影响。

和研究对象从审美客体、美的本质开始主要转向审美主体、美感经验相伴随，英国经验主义美学在研究方法上也由形而上的思辨研究开始主要转向形而下的经验研究，而且特别侧重于对审美现象进行心理学和生理学的科学研究。这也是经验主义美学的一大特色，西方美学从古希腊罗马的柏拉图、普罗提诺到中世纪的奥古斯丁、托马斯·阿奎那，都是从先验的理念出发，进行主观的甚至是神秘的哲学思辨，这种研究方法长期影响着西方美学发展。直到17世纪的大陆理性主义美学，也仍然延续着这种影响。而英国经验主义美学则受经验主义哲学方法的深刻影响，强调从感性经验出发，重视对客观现象的观察、实验，力求通过对经验的分析和归纳形成对于美学问题的理解和认识。洛克说："我们的一切知识都是建立在经验上的，而且最后是导源于经验的。"[①] 休谟认为，人的科学必须建立在

---

① [英]洛克：《人类理解论》上册，关文运译，商务印书馆1983年版，第68页。

第十七章 经验主义与理性主义美学的特点

经验和观察之上,他的精神哲学包括美学的一个突出特点,就是大量细致的经验的心理分析,他对美、趣味和悲剧快感等美学问题的研究都是建立在对观察材料和经验的科学分析和归纳的基础之上的。伯克也是以经验的事实作为研究崇高与美以及审美趣味等美学问题的出发点,他还用亲身观察的经验材料来论证自己的观点,并且主要是从心理学和生理学的角度去研究和阐释美与崇高、审美经验、悲剧快感等美学问题,特别是对崇高感和美感的心理和生理基础作了独创性的分析。这种从经验出发,侧重对审美现象进行心理学和生理学研究的方法,对近代美学的走向产生了引导作用。

英国经验主义美学在对审美现象进行心理学和生理学的研究和解释中,形成了许多新的审美心理学说和概念,其中应用广泛、影响较大的有"观念联想"说、"同情"说等。观念联想理论由霍布斯提出,洛克加以解释,到休谟又将它系统化,它是经验论哲学和美学的主要论证依据之一。按照经验论哲学家和美学家的论述,观念联想属于想象,它是在想象基础上从一个观念联系到另一个观念的心理活动。如果说判断是认识事物间差异的能力,那么,作为想象的观念联想则是认识事物间相似的能力。观念的联想和"巧智"是同一种心理活动,因为"巧智"也是把各种相似相合的观念结合在一起。对于许多重要美学现象,如美、趣味的差异、审美快感、诗的形象创造等,经验论美学家都运用了观念联想的理论去加以解释。"同情"说也是以观念联想为基础的,但它侧重于说明情感活动。这种理论认为,一切人的心灵在其感觉和作用方面都是类似的,凡能激动一个人的任何感情,也总是别人在某种程度上所能感到的,一切感情都可以由一个人传到另一个人,而在每个人心中产生相应的活动。这种人与人之间在感情上的互相感应和传达便是同情作用。这种同情作用,被经验论美学家广泛用来阐释美的生成、审美愉快、文艺欣赏以及悲剧审美效果等,以致被有的美学史家称作"关于同情的魔力的原则"。[①] 在论述审美心理活动中的观念联想和同情作用时,经验论美学家还涉及移情作用的审美现象,因而它也是后来形成的移情说的滥觞。

---

① [美] K. E. 吉尔伯特、[德] H. 库恩:《美学史》,纽约:麦克米伦公司1939年版,第256页。

趣味与理性：西方近代两大美学思潮

英国经验主义美学顺应时代需要，从当时的审美实践经验出发，结合艺术欣赏和创作的新情况，对传统的美学命题作了新的探索和阐释，同时又提出了一些新的美学范畴，深刻阐明了艺术和审美中许多新问题，从而更新了美学研究的内容，这也是经验主义的一个特点和贡献。如何使古典的美学传统与近代的审美经验相结合，是经验论美学家关注的中心问题。因而，对于西方古典的传统美学范畴的思考和批判，始终贯穿于英国经验主义美学发展的过程。"在这个批判的领域中，思考工作采取了环境为它规定的方式，即同构成当代局势的主要事实的既定的对比进行斗争。而且随着思考逐渐打破传统的樊笼，它的成果愈来愈带有经验性了——这里指的是更富于生气了，更具体了，更接近于它的努力后来产生的真正的哲学思辨了。"[1]

对于美这一传统美学命题的思考和批判，仍然构成了英国经验主义美学的一个主要内容。在经验派美学家中，有的继续在形而上学的哲学思辨中探求美的本质的答案，如舍夫茨别利和休谟；有的则从审美鉴赏和艺术创造的实际出发，通过研究审美事实，去概括美的对象的形式上的特征和原则，如荷加斯、霍姆和伯克；还有的试图对美进行分类，并相应提出新的美学范畴，如哈奇生、霍姆。总之，是要对美这一传统美学命题注入新的内容。其中，舍夫茨别利对于美的精神本源的思考，休谟从对象与主体的关系说明美的本质的理论，伯克、荷加斯关于美的对象特质和美的形式原则的分析，哈奇生和霍姆关于绝对美和相对美的区分等，都为德国古典美学进一步解决美的本质问题提供了重要的思想资料。

英国经验主义美学家非常重视对崇高这一美学范畴的研究，他们比以往任何时代的美学家都更为注意和美相区别的崇高现象以及对崇高的审美经验。这和那个时代的整个精神状态以及审美理想和趣味的变化是一致的。艾迪生提出了"伟大"这一范畴，并使之与美相并列，极力推崇大自然崇高美；休谟赞赏诗的巨大魅力在于崇高的激情，并将它与温柔并列为两种不同的情感形象；霍姆论述了"宏伟"这一范畴，分析了它和美在对象特性及主体感受上的区别。而伯克，则以崇高与美两种观念根源的探究作为论著的主题，第一次将崇高提升为一个独立的审美范畴，将其与美严

---

[1] ［英］鲍桑葵：《美学史》，张今译，商务印书馆1985年版，第238页。

格区别开来。他对崇高感的心理生理基础的探讨和对崇高对象特质的描述，将西方美学对崇高范畴的研究提升到一个新的水平，具有承前启后的作用。

英国经验主义美学虽然以审美经验的研究为重点，但也仍然关注艺术问题。对于诗与想象、艺术与模仿、悲剧的审美效果、诗与画的区别、艺术的作用以及艺术发展的规律等各种问题，经验论美学家都在古典美学传统的基础上重新进行了思考，提出了新的观点和论断，而其中较为突出、影响较大的则是他们对艺术与想象的关系以及艺术的道德教育作用的论述。从培根、霍布斯到艾迪生、休谟，都很重视艺术和想象的关系问题，从而使这一问题成为英国经验主义美学的主要问题之一。而霍布斯、舍夫茨别利和哈奇生则从人性和心理基础上阐述了美与善、美感与道德感的统一，从而为深入认识艺术和道德的关系提供了理论依据。舍夫茨别利明确提出要使艺术和美德、艺术学和道德学结为朋友，并突出强调了艺术对形成人的道德、塑造人的心灵的特殊教育作用。这正反映了启蒙运动时期资产阶级美学家对于文艺的新的要求，因而引起普遍反响。

由于英国经验主义美学是以经验主义哲学为基础的，因而受到经验主义哲学片面强调感觉经验和感性认识，而贬低理性认识作用的影响，同时，经验主义美学家又强调美学不同于认识论，不是以理智为对象，而是以情感为对象，因此在考察和分析审美经验时，过分偏重审美的感性和直接性的特点，强调情感、情欲在审美中的作用，而忽视了审美活动的理性方面，甚至认为审美是与理性无关的。经验主义美学家偏重从人的情欲出发解释美学现象，尤其注重对审美经验的心理和生理基础的研究，但由于他们不能科学地了解人性和人的本质，脱离了人的社会实践和历史发展，仅仅把人看作具有固定不变的心理和生理特性的动物性的人，而不是看作社会的人，这就不能科学地说明审美现象和审美意识的社会性质。经验主义美学对于审美现象所做的经验的、心理学的描述，固然对解决美学问题提供了丰富的资料，但由于缺乏理性的哲学思考，它对美学问题的解释还难以达到哲学应有的理论高度。这些都显示出英国经验主义美学的不足和局限性。但同它的贡献相比较，这些不足和局限性是次要的，并且在当时历史条件下，也是不可避免的。

第二节　理性主义美学的基本特点

大陆理性主义美学是在理性主义哲学的基础上形成和发展起来的，它的特点和理性主义哲学的特点密切相关。大陆理性主义和英国经验主义都是西方近代哲学发生"认识论的转向"的推动力量和重要成果，它们都把认识论作为哲学的突出问题和主要问题，但两者对认识的起源、途径和方法问题却存在着完全不同的看法。经验主义认为一切知识都起源于感觉经验，认识须从感觉经验开始，理性知识必须以感觉经验为基础；理性主义则认为有普遍必然性的理性知识不能来自感觉经验，而只能来自理性本身固有的某种先天观念，因而也否认理性知识须以感觉经验为基础。可以说，对于认识起源和途径问题的不同答案，是区分理性主义和经验主义的基本标准和分水岭。黑格尔指出，近代哲学在消除思维与存在的对立的做法上分为两种主要形式。"一种是实在论的哲学论证，一种是唯心论的哲学论证；也就是说，一派认为思想的客观性和内容产生于感觉，另一派则从思维的独立性出发寻求真理。"[①] 这里所说正是经验主义和理性主义在认识起源和途径上的根本对立。由此出发，形成了经验主义和理性主义两派哲学的不同特点。经验派哲学强调认识的经验来源，强调感性认识的重要性和实在性，注重经验和与经验相关的问题，倡导经验归纳法；理性派哲学则强调认识的理性来源，强调理性认识的可靠性和必要性，注重理性和与理性相关的问题，倡导理性演绎法。经验主义和理性主义两种美学思潮的特点就是建立在上述两派哲学的特点基础之上的，是两派哲学上的特点在美学研究中的具体体现。鲍桑葵在《美学史》中对此有很好的概括。他说："如果说从个性中最富于个性的东西出发的英国学派是从观察训练有素的艺术感觉或分析不关利害的快感的条件，上升到美学观念的话，那么，就我们的研究目的而论，和莱布尼茨学派一脉相承的笛卡尔学派就是下降到美学观念，因为从根本上说，它企图把自己的主要用来研究认识的唯智主义学说扩大运用到感觉和知觉的现象上来。"[②] 可见，理性主义和经

[①] ［德］黑格尔：《哲学史讲演录》第4卷，贺麟、王太庆译，商务印书馆1997年版，第8页。
[②] ［英］鲍桑葵：《美学史》，张今译，商务印书馆1985年版，第239页。

第十七章　经验主义与理性主义美学的特点

验主义在美学研究的途径和方法上是完全不同的。如果说，经验主义美学是从审美和艺术的感觉经验出发，通过由下而上的经验归纳，对美学现象做出经验的描述和理论的说明，那么，理性主义美学则是从既定的理性观念和体系出发，通过由上而下的理性思辨，构建关于美学现象的概念、范畴和理论体系并对此做出阐明。

和经验主义美学将研究的主要对象转向人的审美经验和审美心理不同，理性主义美学仍然将对美的本质和本源的形而上学的思考放在重要的地位。在西方传统美学中，从古希腊罗马美学到中世纪美学，关于美的本质和本源问题的形而上的探讨，都是同哲学中的本体论学说相联系的，甚至可以说就是本体论学说在美学中的运用和延伸。如柏拉图的美在理念说，普罗提诺的美在"太一"流溢的理式说，奥古斯丁和阿奎那的美根源于上帝说，等等。理性主义美学对于美的本质和本源的研究，也是建立在理性主义哲学的本体论学说的基础上的。如上所述，近代哲学将认识论问题提到首位，使之一跃而成为哲学的主要问题。但这并没有动摇形而上学在哲学中的基础地位，事实上，近代注重认识论的哲学家几乎也都是重视本体论的，这是因为他们的认识论需要以世界的存在和本质规定为依据，无论认识的对象，还是认识的主体都需要以本体论作为基础和前提。作为认识对象的实体问题，就是一个从认识论角度来看的本体论问题。理性主义哲学家要为人的理性和外部世界找到一个共同的实体性存在作为二者统一的根据，因此他们的哲学着眼于最高实体的客观实在性，最高实体存在是他们全部哲学的逻辑前提。从笛卡尔论证自我（心灵）、上帝和物质三种实体，到斯宾诺莎阐明实体即神或自然，再到莱布尼茨提出单子论，充分显示出理性主义哲学家对于形而上学和本体论的执着追求。理性主义美学关于美的本质和本源问题的学说，基本上就是从各种本体论和实体范畴出发，通过理性思辨而推导出来的。如笛卡尔认为上帝是最高的、绝对的实体，是具有一切完满性的存在，因而也是一切真、善、美的泉源。斯宾诺莎认为实体、神或自然具有最高的圆满性或绝对的圆满性，圆满性即是事物的实在性、本质和必然性，而美与圆满性是一致的。莱布尼茨认为上帝是一个绝对完满的存在，它在创造每一个单子时，已经预先规定了一切单子的变化发展的历程和内容，并使所有单子的变化发展达到相互和谐一致，就是这种"前定和谐"创造了美。所以，美的本质在和谐，而美的来源在上帝。莱布尼茨哲学的追随者沃尔夫和鲍姆加登接受了"前定和谐"说,又将和谐的概念发展成完善的概念,提出美在于事物的完善和美是感性认识的完善,从而成为理性主义美学中具有代表性的美的定义。这一切对于美的本质和来源的形而上的理性思辨,是在人的理性所论证的新的世界图景中展开的,因而极大地推进和丰富了西方传统的美的哲学。

经验主义美学对于美的本质的探讨,着重在分析引起人的快感的美的对象的感性形式上的特征,而理性主义美学对于美的本质的思考则着重在追寻唤起美的观念的对象的理性内容的性质。尽管在经验主义美学家中,也有人继续对美的本质从某些方面进行理性思辨,但这些理性思辨终究也不能完全脱离对于美的对象的感性特征的认识。同样,在理性主义美学家中,也有的论及美的对象在感性形式上的某些特征,但这些感性特征最终都要上升到对于美的理性性质的追寻。鲍桑葵在《美学史》中,认为理性主义和经验主义两种倾向的性质,可以用"普遍性"和"个别性"这两个逻辑术语加以论述,经验主义要求根据个人的感受所宣告的内容来推出关于实在的学说,而理性主义则坚持宇宙中理性体系和必要联系一面。从美的本质探讨来看,经验主义美学和理性主义美学的差别,就是强调美的个别性和感性形式与强调美的普遍性和理性内容两种倾向的分歧。理性主义美学所强调的美的普遍的理性内容,主要表现为两个向度。一个向度指向最高实体的存在、本质和规律性、目的性,如笛卡尔所说上帝的完满性,斯宾诺莎所说神或自然的绝对圆满性,莱布尼茨所说的单子的"前定和谐"以及沃尔夫所说的事物的完善等。这些概念既体现着世界的合规律性(如斯宾诺莎所说"万物皆循自然的绝对圆满性和永恒必然性而出"[①]),也体现着世界的合目的性(如莱布尼茨所说的"一切实体之间的预定的和谐"[②]),它是理性主义美学用于揭示美的形成的某种最终的形而上的原因。另一个向度是指向人的理性和普遍人性。对于人的理性和主体性的张扬,是笛卡尔所开创的理性主义认识论的基本特点。笛卡尔视理性为高于一切的实在,理性既是消除思维和存在对立、通向普遍必然性真理的唯一途

[①] [荷] 斯宾诺莎:《伦理学》,贺麟译,商务印书馆 1997 年版,第 39 页。
[②] [荷] 斯宾诺莎:《单子论》,载《西方哲学原选读》上卷,商务印书馆 1985 年版,第 490 页。

第十七章 经验主义与理性主义美学的特点

径,也是人人具有的天赋良知和本性;既是衡量万物的尺度,也是衡量人的尺度。理性主义者都把理性看作人人所共有的普遍人性,认为人与人之间存在着普遍的共同理性。而美的本质则和这种普遍人性和共同理性是互相联系的。笛卡尔认为美是人的判断和对象之间的一种关系,肯定美必须和人的本性相符合;斯宾诺莎认为一般所说的美丑都是就自然事物与人的关系而言的,人的理性和人性模型是判断美丑、善恶的标准和尺度,等等,都是强调了美的本质与人类理性和共同人性的关系。这也是美的本质研究的重要进展。

经验主义美学强调美学和认识论的区别,认为美学属于情感研究领域,以趣味和情感为对象,而不是以理智为对象(休谟),审美判断不是属于事实的认知,而是属于情感的价值判断(舍夫茨别利)。无论是"内在感官"说还是"审美趣味"论,强调的都是美感与认识、趣味与理性的区别。休谟明确指出,理性和趣味属于不同范围,前者传达真假的知识;后者产生美丑的情感。与此相反,理性主义美学则强调美学和认识论的联系,强调美感的认识性质而不是它的情感性质。"在这整个完整的系统中,激情和感官知觉都是从抽象智力的角度来加以描述的,因此,都是消极地,按照把它们和一个抽象的观念区别开来的属性来描述的。"[1] 笛卡尔在为数不多的美学论述中,虽然也肯定了审美经验中包含各种情感活动,但他从总体上却把美感看作"一种理智的愉快",强调了理性在审美中的作用。斯宾诺莎尽管也看到情感的某些样式和审美经验有联系,但他强调的是一切情感都必须被理性所征服和控制。他在论及人们对于具体事物美丑的一般感受时,着重讲感官、知觉、想象等感性知识的作用,但在论及与事物的圆满性相一致的超验的美时,却强调直接达到对事物本质洞察的直观知识的作用。到了莱布尼茨便直接将美感的研究纳入他的哲学认识论之中,他从单子论的认识论出发,认为观念和认识存在着由模糊到清晰、由低级到高级的发展过程。美感或美的认识既非最低级的模糊的观念和知识,亦非高级的清楚的观念和知识,而是属于一种"既是明白的又是混乱的"观念和若明若暗、不明了清楚的知识。美感认识基本上属于感性认识,和概念的理解力相区别,但又不能完全脱离理性认识。总之,在莱布

---

[1] [英]鲍桑葵:《美学史》,张今译,商务印书馆1985年版,第240页。

尼茨看来，审美认识"既非感性的同时又非理性的"，"审美情趣和理性既不可同一亦不可分离"。[①] 他将美感作为认识的一种形式，把美感纳入认识论，实际上确立了美学在哲学认识论体系中的地位。莱布尼茨哲学和美学思想的继承人沃尔夫和鲍姆加登便是以此为基础继续发挥，明确提出美学是感性认识的科学和低级认识论，美感认识属于感性认识，同时也具有与理性相类似的性质，是"类似理性的思维"。这就将美学与认识论的关系以及美感的认识性质表达得更为显豁。可以说，将理性主义的认识论学说扩展运用到以感性知觉为特点的审美现象的研究中，试图对审美认识与逻辑认识的区别和联系予以哲学的论证，是理性主义美学一个重要特点和重大贡献。它对于审美认识性质的阐明，和经验主义美学对于审美快感特性的分析，是从两个不同方面对于审美经验性质的透视和把握，虽然各有其片面性，却为后来德国古典美学对两者进行综合准备了条件。

在艺术本性问题上，经验主义美学强调艺术的感性性质和特点，重视想象和情感在艺术中的重要地位和作用，着重于对艺术创作和欣赏的心理体验、心理过程和心理特点的观察与分析；理性主义美学则强调艺术的理性性质和作用，忽视想象和情感在艺术中的地位和作用，侧重在对艺术作品内容和形式上各种规范和法则的制订。关于想象的性质、特点及其在审美和艺术中的地位和作用问题，是贯穿于经验主义美学发展全过程的一个重要问题。培根提出哲学属于理性、诗歌属于想象；霍布斯论述想象和判断的区别以及两者在诗中不同作用；洛克指出"巧智"和观念联想与审美的关联；艾迪生阐明审美中想象的快感的特质；休谟强调想象对于趣味和诗的特殊作用；伯克认为想象和情感是趣味中最活跃因素；等等，充分显示出想象是经验主义美学探究审美和艺术本性的一个核心概念和范畴。以想象为中心，经验主义美学深入阐述了艺术中形象思维与抽象思维的区别和联系，将艺术本质和规律的研究大大向前推进了一步。

比较而言，理性主义美学极少对于艺术与想象关系有深入探究和专门论述。在理性主义认识论体系中，想象被列为感性认识，它不可能提供正确、可靠的知识，因而和理性认识是完全对立的。抬高理性、贬低感知和

---

① ［美］K. E. 吉尔伯特、［德］H. 库恩：《美学史》，纽约：麦克米伦公司1939年版，第228页。

第十七章　经验主义与理性主义美学的特点

想象是理性主义认识论的基本倾向，这势必影响到理性主义美学对想象在艺术中作用的看法。当然，在理性主义美学家中，也不是全都否定想象在文艺中的作用。如笛卡尔虽然在认识论中贬低想象，但在具体论到诗歌时，又不能不承认诗与哲学的区别在于想象与理性，事实上肯定了想象在文艺中的独特作用。但由于他毕竟是把想象和理性对立起来的，不承认想象的认识作用，也就不可能真正把想象作为一种形象思维，确立它在艺术中的独特地位。这就为后来古典主义美学和文艺理论一味强调理性对文艺的支配作用，忽视想象和情感在艺术创作中的特殊功能，打下了基础。古典主义美学作为理性主义在文艺中的具体运用，不仅将理性作为衡量文艺价值的最高准绳，而且将理性原则贯穿于文艺作品从内容到形式的方方面面；不仅强调文艺要从理性和道德准则出发进行创作，而且强调文艺要以对人进行理性和道德教育为基本目的。在片面强调理性对文艺作用的同时，古典主义美学却"要把想象力彻底拒之于艺术理论大门之外"[1]，这就走向了否定艺术的形象思维的特点的极端。可以说，贯穿于17、18世纪欧洲美学发展中的理性和想象力之争，就是理性主义美学和经验主义之争的一个缩影。这场争论在德国，集中表现为理性主义文艺理论家戈特舍德与苏黎世派的论战。而理性主义美学的最后一位代表人物鲍姆加登则多少看出了理性主义者在艺术问题上走向理性极端的缺陷和危险，初步论证了审美认识和逻辑认识作为两种认识方式的区别，"在理性法庭上为纯审美直觉辩护"[2]，使理性主义否定想象、情感对艺术重要作用的倾向有所匡正，从而也就促进了理性主义美学和经验主义美学走向融合。

理性主义美学家不是把自己仅仅限制在美学现象之内，不是停留在对审美感性经验进行观察和描述，而是从理性观念和体系出发，超越感性现象和经验，对美学问题进行理性的推导和思辨。他们不断地追寻美的形而上学的终极来源及其所蕴含的普遍的理性内容，寻找美感或审美官能的特殊本性及其同悟性、理性的联系和差别，探讨艺术同理性以及精神生活其他领域之间的关系问题，从而使美学问题被置于系统哲学的指导和关注之下，得到了真正的哲学洞察。这为美学成为一门科学做出了重要贡献，因

---

[1] [德] E. 卡西勒：《启蒙哲学》，顾伟铭译，山东人民出版社1998年版，第278页。
[2] [德] E. 卡西勒：《启蒙哲学》，顾伟铭译，山东人民出版社1998年版，第342页。

为,"如果美学把其活动局限于为艺术作品的创作定出技术规则,局限于就艺术作品对观赏者产生的影响作心理学的观察,那么,美学就不会是一门科学,并且永远也不可能成为科学。这样的活动是一种经验主义的活动,是与真正的哲学洞察完全对立的,而且从方法论观点来看,它与真正的哲学洞察形成了最鲜明的对照"①。理性主义美学对于美、美感和艺术的理性基础和理性性质的强调,对于克服关于各种美学问题的肤浅理解,深化美学研究,具有重要推动作用。

理性主义美学是以理性主义哲学为基础形成和发展起来的,它深受理性主义哲学强调理性认识、贬低感性认识的片面性的影响,而且把美学作为一种认识论,企图将主要用来研究认识的理性主义学说直接扩大运用到远比认识问题复杂得多的审美和艺术现象上来,这就使其在强调美、审美和艺术的理性基础和理性性质的同时,严重忽视了它们的感性基础和感性性质,忽视了感知、想象、联想、幻想和情感等在审美和艺术中的重要地位和独特作用,不仅在理论上否定了审美和艺术的特点和特殊规律,而且脱离了审美和艺术的实际,架空了美学理论。理性主义美学解释美学问题的出发点是理性,然而这种理性并非人们在社会实践基础上,经由感性认识的飞跃形成的对于客观世界本质和规律的理性认识,而是理性主义哲学家反复强调的作为认识的绝对开端的自我意识和先天观念(如笛卡尔所谓"天赋观念"、莱布尼茨所谓"天赋的内在原则"等),因而它从根本上说是先验论和唯心主义的,这就使理性主义美学建立在一个基础并不牢固的沙滩上,而它对美学问题的理解也难免带有主观主义和唯心主义的倾向。这一切都表现出理性主义美学的历史局限性。

---

① [德] E. 卡西勒:《启蒙哲学》,顾伟铭译,山东人民出版社1998年版,第334页。

第十八章 经验主义美学的理论体系

英国经验主义美学的形成和发展几乎历经两个世纪，不仅时间漫长，而且涌现出一大批美学家和美学名著。经验主义美学家中既有哲学家，也有文学家、艺术家，还有道德学家和评论家。他们的美学论述，有的包含在哲学著作中，更多的则是专门的美学著作，其美学专著数量之多，是理性主义美学所不能比拟的。经验主义美学家的论著，不仅内容十分丰富多样，而且极富创造性和创新性。它们在新的时代条件下，以新的哲学思想为基础，结合新的审美和艺术实践，对传统美学中的一些基本理论问题提出了新的看法，同时提出了一系列新的美学概念、范畴和命题，从而和理性主义美学一起，完成了西方美学从古代向近代的转型。而其中最能显示经验主义美学的特色和创造性的理论，主要是关于美的感性特征和经验性质、关于审美经验、趣味和内在感官、关于文艺、想象和天才创造、关于崇高、滑稽、悲剧、喜剧诸审美范畴等方面的一些重要问题。这些问题以对人的情感和趣味的研究为基点，互相联系、彼此贯通，构成了经验主义美学完整的理论体系。

第一节 美的感性特征和经验性质

经验主义美学是奠立于经验主义哲学基础之上的。经验主义哲学强调感性经验是人的认识的唯一来源，强调感性认识或经验的重要性和确实性，强调观察、实验，倡导经验归纳法。这一切为经验主义美学分析和解决美学问题提供了方法论。和理性主义美学从思维和观念出发去寻求美的本质问题的回答完全不同，经验主义美学则坚持从感觉和经验出发去寻找美的性质和成因的答案。对于经验主义美学家来说，美与其说是理性思辨的对象，不如说是经验领悟的对象。所以，从人的感性经验和情感（快感）出发，一方面分析和描述引起主体的审美快感的对象的感性性质和特征；另一方面研究和分析对对象产生审美反应的主体的心理能力和结构，从而对美的感性的形式的特征和主观的心理经验的性质做出新的解释和说明，是经验主义美学关于美的本质探讨的新的方向和路径。

从客观实际和具体经验出发，研究和分析美的感性性质和形式特征，这也是西方美学史上早已有之的传统思想和方法。如果说，柏拉图代表着对美的抽象的理性思辨的传统，那么，亚里士多德则代表着对美的具体的经验研究的传统。尽管亚里士多德没有写过论美的专著，但他对美是什么的问题仍然做出了明确的回答。他认为美是引起愉悦或快感的对象，这种快感不同于生理的快感；美具有一系列形式特征，美的主要形式是"秩序、匀称与明确"[1]，此外，还同体积、安排以及部分与整体的有机统一相关联；美与善互相联系，又互相区别。"善常以行为为主，而美则在不活动的事物身上也可见到。"[2] 以上这些看法着重从事物的感性性质（形式）和主体的感性经验（快感）上去找寻美是什么的答案，显然主要是从经验的观察和归纳中得出的，而并非源于某种理性观念的推演。这一传统在希腊化和古罗马时期，由伊壁鸠鲁、西塞罗等加以继承和发展。伊壁鸠鲁强调美与感觉经验及愉快感受的联系，西塞罗则强调美的形式特征。直至文艺复兴时期，一些著名的艺术家也还主要是从感性形式方面来界定美。如阿尔贝蒂认为"美是各个组成部分各在其位的一种和谐与协调"，达·芬奇认为"美感完全建立在各部分之间神圣的比例关系上"，等等。这些无疑都对经验主义美学关于美的研究产生了影响。

不过，经验主义美学家对于美的研究绝非仅仅是对于以往美的经验研究的继承和接受，而是在新的哲学方法论基础上，自觉地以经验为出发点，将观察和经验归纳的方法运用于美学研究，并通过对于审美经验的心理学分析，将美的经验研究发展到一个新的阶段，使其取得了突破性的进展。一方面，经验主义美学对于引起审美快感的对象的感性性质和形式特征的考察和分析，更为具体、丰富和更有独创性，并由此衍生出各种审美概念和范畴，如哈奇生、霍姆、荷加斯、伯克等在这方面都有专门而详细

---

[1] ［古希腊］亚里士多德：《形而上学》，吴寿彭译，商务印书馆2007年版，第295页。
[2] ［古希腊］亚里士多德：《形而上学》，吴寿彭译，商务印书馆2007年版，第294页。

第十八章 经验主义美学的理论体系

的论述。另一方面,经验主义美学强调了审美主体对美的产生的作用,认为对象的美、丑是依赖于作为审美主体的人的感受和情感的,只有令人产生愉快或爱的情感的对象及其性质才能被认为是美的。所以,审美主体的快感和痛感不仅是判断对象美和丑的标准,也是美和丑的本质。这也就是从主体经验角度,强调了美的主观性、相对性的方面。如霍布斯、艾迪生、哈奇生、霍姆等,都不同程度地体现出这种倾向,而休谟则是这种观点的最集中、最完整的表达者。当然,就美与审美主、客体的关系而言,经验主义美学家中的各种看法还是相当复杂的,不能一律认为他们都主张美的主观论,反对美的客观论。但从总的倾向来看,他们都强调了审美主体的心理体验和情感反应在形成美中的作用。从这种变化看,塔塔尔凯维奇认为18世纪英国美学的新趋势是"对于美的客观的理解,转变到主观的领会"[①] 的看法,还是有道理的。

这里,我们主要从美与主体的心理体验和情感的关系、美与对象的感性性质和形式的关系两个方面,对经验主义美学家关于美的论述进行综合分析,看看他们是如何通过描述美的经验性质,去寻求美是什么的新答案的。

霍布斯是经验主义美学中第一个从心理分析出发探讨美的成因的美学家。他从人的意向和事物的不同关系区分出两种最基本的情欲:欲望和嫌恶。欲望和嫌恶两种情欲也就是爱和憎两种情感。善是人所欲望的对象,恶是人所嫌恶的对象。而美则是善之一种,"指的是某种表面迹象预示其为善的事物"[②]。所以,美和善一样,都是人所欲望和爱的对象。美、丑、善、恶都和人的欲望、嫌恶、爱、憎情感相关,是表明对象和人、客体和主体间价值关系的概念。判断它们的标准不能从对象本身得出,而只能从作为主体的人身上得出。在经验主义美学家中,霍布斯第一个指出了美与人的情欲、情感的密切关系,强调了美的主观性、相对性的一面。但他也指出了美与善的区别,提出美须具有预示善的"外表"和"形状",也就是要有鲜明的外在形式。这就涉及对象的感性特征问题。

---

① [波] W. 塔塔尔凯维奇:《西方六大美学观念史》,刘文潭译,上海译文出版社2006年版,第154页。

② [英] 霍布斯:《利维坦》,黎思复、黎廷弼译,商务印书馆1985年版,第37页。

洛克继霍布斯之后，为经验主义美学发展奠定了更为坚实的哲学基础。他认为美属于由简单观念结合而成的复杂观念，它来源于感觉经验，又经过心灵的能动作用，是主客观统一的产物。作为一种复杂观念，美"是形相和颜色所配合成的，并且能引起观者的乐意来"①。这种从对象的感性特征和主体的快感体验两方面来理解和界定美的看法，后来便在经验主义美学中成为一种传统。

艾迪生是结合着"想象的快感"来论美的。他把美看作一种引起想象的快感的对象，这种想象快感具有"不知不觉""不假思索"的直觉性和非自觉性。人们一旦发现美，便心荡神驰欣然向往，"美立即在想象中弥漫着一种内在的快感和满足"②。这就指出了美同审美主体的情感反应的密切关系。进一步，艾迪生又指出事物的美丑不是绝对的，而是依赖于作为审美主体的人的。他说："一件物比另一件物也许并不具有更多的真正的美或丑，因为如果我们人被构造成另外样子，现在我们觉得是可厌的东西，也许就会觉得它可爱。"③ 这就走向了强调美的主观性、相对性的方面。不过，艾迪生认为在自然事物和艺术作品中还存在另一种美。"这种美在于颜色的鲜艳或丰富多彩，各部分的对称和比例适当，物体的安排和布置，或者这一切的恰当配合和互相协调。"④ 这明显是指事物的感性形式美。艾迪生认为这种形式美不同于"人类的美"，似具有更大的普遍性，却没有进一步说明它的原因，也没有说明如何与美的相对性相统一。

哈奇生的《论美和德行两种观念的根源》是英国经验主义美学中首部专门论美的著作。作者开宗明义，说："美，是指'在我们心中唤起的观念'"⑤，从而明确提出了"美在观念"说。但哈奇生所说的"观念"，并不是理念，而是由内在感官所接受的知觉。虽然哈奇生认为美的观念和快感是由事物本身的某些属性唤起的，但他却否认这些事物属性本身是美的，也否定美在事物本身。"因为美，像其他感性观念的名称那样，当然

---

① [英] 洛克：《人类理解论》，关文运译，商务印书馆1983年版，第132页。
② [英] 艾迪生、斯梯尔等：《旁观者》第3卷，伦敦，1945年，第280页。
③ [英] 艾迪生、斯梯尔等：《旁观者》第3卷，伦敦，1945年，第280页。
④ [英] 艾迪生、斯梯尔等：《旁观者》第3卷，伦敦，1945年，第281页。
⑤ [英] 哈奇生：《论美和德行两种观念的根源》，载《缪灵珠美学译文集》第2卷，中国人民大学出版社1987年版，第58页。

指某一心灵的知觉。……假如没有一颗美感的心灵来观照事物,我真不知道那些事物怎样能够称为美。"① 这种美在心灵、美感决定美的论断,显然是美的主观论,由此也就会将美等同于审美主体感官的快感。这也是经验主义美学中对于美的最有代表性的看法。不过,哈奇生毕竟还是承认美的观念和快感是由事物本身的某些属性所唤起的,所以,他在论绝对美和相对美时,又具体分析了唤起美的观念的对象的感性形式特征,提出"凡是能唤起我们美的观念的形状,似乎是那些具有多样中统一的形状"②。接着,他对大量自然实际事物中多样性与统一性的关系作了考察,并得出结论:"我们这里所说的事物之美,用数学的话来说,就好像是统一性与多样性的复比。"③ 同时又指出,尽管"人们对于美有不同的爱好,可是统一性还是我们认可任何形式为美的普遍基础"④。这就肯定了美和对象的某些感性形式特征是相关的。这里提到"事物之美"和形式的美,和前面否定事物本身具有美的看法显然是有矛盾的,说明即使是主张美在主观观念的论者,也无法完全否定美的客观基础。

如果说哈奇生主要代表着从主观观念和快感来理解美的倾向,那么,与他同时代的荷加斯则恰好与此相对,主要代表着从对象的感性形式来认识美的倾向。在《美的分析》中,荷加斯试图回答的中心问题就是:"依据自然中什么原则我们认为某些东西的形式是美的,另一些东西的形式是丑的。"⑤ 他坚信美在大自然和艺术品本身,只要系统地观察自然和艺术作品并加以归纳,就可以发现形式美的基本规则,获取关于形式美的完整知识。经过研究,荷加斯提出六条构成形式美的基本规则。这些规则就是:"适宜、多样、统一、单纯、复杂和尺寸——所有这一切互相补充,有时互相制约,共同合作而产生了美。"⑥ 这些形式规则,总的来看仍然是西方

---

① [英]哈奇生:《论美和德行两种观念的根源》,载《缪灵珠美学译文集》第2卷,中国人民大学出版社1987年版,第61页。
② [英]哈奇生:《论美和德行两种观念的根源》,载《缪灵珠美学译文集》第2卷,中国人民大学出版社1987年版,第62页。
③ [英]哈奇生:《论美和德行两种观念的根源》,载《缪灵珠美学译文集》第2卷,中国人民大学出版社1987年版,第62页。
④ [英]哈奇生:《论美和德行两种观念的根源》,载《缪灵珠美学译文集》第2卷,中国人民大学出版社1987年版,第77页。
⑤ [英]威廉·荷加斯:《美的分析》,耶鲁大学出版社1997年版,第17页。
⑥ [英]威廉·荷加斯:《美的分析》,耶鲁大学出版社1997年版,第23页。

美学中早已提出的"多样中的统一"的形式美的规律的体现。不过，荷加斯在统一性与多样性之中，更加强调多样性，认为"美取决于连绵不断的多样性"。同时，他又认为各种形式规则都须与对象的目的、功能相适合，也就是要具有"形式的合目的性"，否则就会失去美。这实际上已经涉及形式美与内容的关系。根据形式美的原则，荷加斯提出并论证了蛇形线是最有美的魅力的线条，成为西方美学史上关于形式美的一个著名论断。不过，值得注意的是，荷加斯在说明各种形式规则和蛇形线何以美时，所依据的实际上还是"美即快感"的学说，即以形式是否引起人的视觉的快感作为判断其为美丑的根据。这说明，在英国经验主义美学中，即使着重于关于审美对象的感性特征的客观分析的美学家，也不能完全忽视美和审美主体情感体验的关系。

休谟是经验主义美学的集大成者，他的美论在经验主义美学中也最有代表性。由于休谟认为美学属于情感研究领域，所以他是以感觉论为基础，通过考察人的情感，来探讨美的本质和成因的。他认为情感的本性是关于快乐和痛苦的感觉，美和丑便是建立于这些特殊的感觉基础上的。因此，他对美的定义是："美是一些部分的那样一个秩序和结构，它们由于我们天性的原始组织，或是由于习惯，或是由于爱好，适于使灵魂发生快乐和满意。这就是美的特征，并构成美与丑的全部差异，丑的自然倾向乃是产生不快。因此，快乐和痛苦不但是美和丑的必然伴随物，而且还构成它们的本质。"[①] 这个定义明确提出快乐构成美的本质，是美的特征，也是美和丑的全部差异，就是把美等同于审美主体的快乐情感。这是经验主义美学代表性定义"美即快感"的最完整表述。同时，这个定义还指出了作为美的本质的快乐形成的原因，一方面是对象的各个部分之间的秩序和结构，这是客体方面的条件；另一方面是人的天性的原始组织、习惯、爱好，这是主体方面的根源。审美主体的快乐就是由对象的性质适于主体心灵而产生的。从这个定义出发，休谟认为美不是对象的一种性质，它只是对象在人心上所产生的效果和情感。美是由审美主体的情感附加给对象

[①] ［英］休谟：《人性论》下册，关文运译，郑之骧校，商务印书馆1983年版，第334页。

第十八章 经验主义美学的理论体系

的,"它只存在于观赏者的心中"。① 这显然是美的主观论。但是,休谟又承认美和对象的性质还是相关的。"对象本身必有某种性质,按其本性是适于在我们的感官中引起这些特殊感受的。"② 他不但多次提到秩序、结构、形式、比例、关系、位置等,是美的产生所依赖的对象的感性形式因素,而且认为对象的方便和效用对形成它的美来说也是必要的。这也是他区分"形相美"和"利益美"的依据。可见,休谟在强调主体的快感对美的决定作用时,也不忽视对象的性质与美的关系。

伯克在《关于崇高与美两种根源的哲学探讨》这部影响甚大的美学名著中,从产生美的主体的心理基础和形成美的对象的感性性质两方面,对美是什么的问题作了具体深入分析。他首先从人的情欲和情感出发,探讨美的心理根源,认为属于人的社会交往的感情——爱和类似爱的感情,是产生美的心理基础。美总是被用于引起我们爱或类似感情的事物,而爱的感情产生于确定的快乐。以此为基础,伯克提出一个美的定义:"美是指物体中能引起爱或类似情感的某一性质或某些性质。"③ 这个定义虽然以主体的情感为前提,但落脚点却是指物体或对象的性质,也就是说,肯定美是属于对象本身的性质。他又说:"美大半是物体的某种性质,通过感官的中介,在人的心灵上机械地起作用。"④ 这清楚不过地说明,伯克是承认美的客观性的,和休谟认为美在心灵、美即快感的观点是有根本分歧的。而且,伯克把他的定义"只限于事物的纯然可感觉的性质",也就是对象的感性性质。他认为,只要分析"在我们凭经验而发现美的那些东西里,或者激起我们的爱或某种与之相当的情感的东西里,这些感性品质是以什么方式配置起来的",就可以找到美的真正原因。接着,他就具体分析了构成美的对象的感性性质,包括体积小、光滑、渐次的变化、娇柔以及颜色的明快、柔和等。这些分析仅仅着眼对象的感性形式,严重忽视了美的理性内容,表现出以感觉论为基础的美论的片面性。正由于此,伯克也否

---

① [英]休谟:《论趣味的标准》,载[美]D.汤森编《美学:西方传统经典读本》,波士顿:琼斯与巴特利特出版社1996年版,第139页。
② [英]休谟:《论趣味的标准》,载[美]D.汤森编《美学:西方传统经典读本》,波士顿:琼斯与巴特利特出版社1996年版,第143页。
③ [英]伯克:《论崇高与美》,牛津大学出版社1990年版,第83页。
④ [英]伯克:《论崇高与美》,牛津大学出版社1990年版,第102页。

认美和效用有关。这和休谟的主张也是颇不一致的。

综上所述，经验主义美学家关于美的本质的探讨是以感性经验为基础的，主要涉及两个方面的问题，一是美与审美主体情感（快感）的关系；二是美与审美对象性质的关系。其中，有的美学家着重于从主体情感解释美的本质和成因，偏向于美的主观性，甚至认为美即快感；有的美学家则着重于从对象性质说明美的本质和成因，偏向于美的客观性，甚至认为美在感性形式本身。无论他们的看法中有着怎样的偏颇，却开辟了一条从主客体及其相互关系中去寻找美的本质的途径，其中涉及的美的主观性与客观性、内容与形式、感性与理性、功利性与非功利性等问题，以深刻的启发性，极大地推进了西方美学对于美的本质的思考。

第二节 审美经验、内在感官和趣味

经验主义美学十分重视和强调对审美经验的研究，并将它置于美学研究的中心地位。这有两方面的原因。从哲学基础方面看，经验主义哲学作为一种认识论，不仅将认识主体问题作为哲学的一个中心问题，而且极为重视作为认识主体的人的感性认识和感觉经验的研究，包括人的感觉、记忆、想象、情感、情绪、意欲等心理活动，都是经验主义哲学家重点研究的对象。从霍布斯、舍夫茨别利到休谟，几乎都结合研究人性，对人的情感问题作了系统而深入的研究。他们对美学问题特别是审美经验的研究，就是同关于人性、人的情欲等问题的研究结合着的。从美学本身方面看，经验主义美学对美和艺术的研究，都是从感性经验出发的，也就是以审美主体的经验作为基础的。经验主义美学家既不是通过逻辑思辨去追寻美的本质的形而上学的结论，也不是用理性去确定艺术内容和形式的原则和规范，他们所注重的是审美欣赏和艺术创作主体的内部体验和心理过程，并由此去考察和研究美的本质和艺术的特点，这就使关于审美经验的研究自然处于美学研究的中心地位。

如果说，理性主义美学家基本上是在哲学认识论的框架中来考察审美经验，将审美活动等同于低级的认识或"混乱的知觉"，着重在研究和阐明审美的认识性质和特点，那么，经验主义美学家所做的则是与此不同的另一种研究工作。在他们看来，美感和认识、趣味和理性是分属于不同学

第十八章 经验主义美学的理论体系

科的研究对象。正如休谟所说:"逻辑的唯一目的在于说明人类推理能力的原理和作用,以及人类观念的性质;道德学和批评学研究人类的鉴别力和情绪。"① 理智和情感作为人性的两个构成部分,分别由不同学科加以研究。前者属于认识论和逻辑学,而后者则属于伦理学和美学。"伦理学和美学与其说是理智的对象,不如说是趣味和情感的对象。"② 所以,对于美感、趣味的研究主要涉及人的情感领域,不能局限于认识论。从霍布斯、舍夫茨别利、艾迪生、哈奇生到休谟、伯克,这些经验主义美学代表人物,几乎都是首先从考察人的情感和情欲出发,来研究审美经验或美感问题的。在他们看来,情感的本性是关于快乐和痛苦的感觉,美和丑都是建立在这些特殊的感觉基础上的。对于美丑的判断不是属于认知的事实判断,而是属于情感的价值判断,美感就是关于对象的审美判断中所获得的"心理的愉快"和"灵魂的快乐"。所以,他们主要不是从认识论上来研究审美经验,而是从心理学上来研究审美经验;重点不是探讨审美经验的认识性质和特点,而是探讨审美经验的情感性质和特点。这种对审美经验的心理分析,经由英国经验主义美学家的倡导和推行,在近代西方美学中成为一种重要传统,推动了美学研究范式的转变。

从思想渊源上看,经验主义美学注重审美经验的情感特点和心理分析的传统,可以上溯到古希腊的亚里士多德。尽管没有使用过表示审美经验的特有术语,也没有系统的专门论述,但从亚里士多德的《诗学》和伦理学著作中,我们仍然读到他对审美经验的心理状态和特点的描述。他认为审美经验是一种从审美对象的注视或倾听中得到的强烈快感的经验,"观看美的对象或聆听音乐——就像被海妖塞任的歌声迷住的人的情景一样"③。从对美的对象的单纯观看或聆听音乐的声音而得到的感动和愉快,不同于由于吃、喝而得到的生理的快感。前者经验只属于人,是人的一项特征。动物固然也有它们的快感,但那都是从滋味和气味中得到的,不像人从感觉美或和谐中还能感受到快感。这些论述显然是从情感(快感)上

---

① [英]休谟:《人性论》上册,关文运译,商务印书馆1983年版,第7页。
② [英]休谟:《人类理解研究》,载《十六—十八世纪西欧各国哲学》,商务印书馆1975年版,第670页。
③ [波] W. 塔塔科维兹:《古代美学》,杨力等译,中国社会科学出版社1990年版,第216页。

来描述审美经验的特点。亚里士多德还分析了欣赏艺术得到的快感,认为它是来自艺术的模仿和形式方面的技巧、着色、音调感、节奏感等原因。"模仿出于我们的天性,而音调感和节奏感也是出于我们的天性。"① 这就是说,美感乃是植根于人的天性,是人特有的心理功能。罗马时期的西塞罗继承和发展了亚里士多德这一观点,他认为人对于绘画、雕塑和其他艺术作品的评价"借助于一种内在的感觉","这种能力是我们共有的感官中与生俱来的"。② 人对于对象的美、妩媚与和谐具有一种天生的特殊感受力,这种感受力是任何别的动物都不具有的。这种试图为美感寻找一种特殊的心理能力的看法,影响了后来对于审美经验的心理学探讨。"内在的感觉"这种提法,被经验主义美学家发展为一种学说。

西方古代对于审美经验的心理学描述,仅仅是处于一种萌芽状态,它既不系统,也不深刻。真正现代意义上的完整的审美经验的心理学研究,还只能说是从英国经验主义美学才开始的。经验主义美学家自觉地以心理学的方法探讨和解释审美经验问题,对形成审美经验的心理能力、审美经验的心理因素和心理过程、审美经验的情感性质和心理特点、美感的共同性和差异性的心理基础、审美能力的先天因素和训练培养等问题都作了全面、深入的研究,提出了诸如"内在感官""想象快感""趣味""敏感""同情"以及"巧智"和"观念联想"等一系列范畴和理论命题,从而使审美经验的心理学研究产生了质的飞跃。

英国经验主义的审美"内在感官"说的创导者是舍夫茨别利。舍夫茨别利强调美与善的统一,同时也强调审美感和道德感的统一。他认为,审辨美丑、善恶不能靠通常的、外在的五种感官,而必须靠一种在人心中的"内在感官"。所谓"内在感官",就是指人天生就具有的审辨美丑和善恶的特殊心理能力,它既指审美感,也指道德感,这两者根本上是相通的和一致的。内在感官既能感知事物的外表形象,辨识比例和声音,也能感觉到情感的会意与不会意,审视情操和思想,从而能感觉与发现事物和情感的丑恶与美好。内在感官植根于自然和人性,"人对于事物中崇高优美性

---

① [古希腊]亚里士多德、[古罗马]贺拉斯:《诗学·诗艺》,罗念生、杨周翰译,人民文学出版社 1982 年版,第 12 页。

② [古罗马]西塞罗:《论演说》,载[波] W. 塔塔科维兹《古代美学》,杨力等译,中国社会科学出版社 1990 年版,第 276 页。

第十八章 经验主义美学的理论体系

有共同而自然的感觉"①。舍夫茨别利之所以将人心中审辨美丑善恶的特殊能力称为"内在感官",主要是因为它在起作用时和视觉、听觉等外在感官具有同样的直接性,不需要经过思考和推理,所以,它在性质上还不是理性的思辨能力,而是类似感官作用的直觉能力。"眼睛一看到形状,耳朵一听到声音,就立刻认识到美、秀丽与和谐。行动一经觉察,人类的感动和情欲一经辨认出(它们大半是一经感觉就可辨认出),也就由一种内在的眼睛分辨出什么是美好端正的,可爱可赏的,什么是丑陋恶劣的,可恶可鄙的。"② 这就是审美的直觉性特点。不过,舍夫茨别利又指出内在感官不是属于人的"动物性的部分",而是要借助于人心和理性,所以,它属于一种高级的感官,这其实已接触到审美感中直觉与理性的关系问题。可以说,舍夫茨别利通过"内在感官"说,开辟了审美经验的心理分析的新途径,对经验主义美学趣味理论的形成和发展产生了重要影响。

舍夫茨别利的"内在感官"说通过他的继承者哈奇生的发展而得到进一步完善。哈奇生着重研究人接受和理解美的观念的能力,他把这种特殊能力称作"美感"(sense of beauty)。在具体解释美感时,哈奇生发挥了"内在感官"说。他认为人有两种感官:一为接受简单观念、感知对自己身体的利害关系的外在感官;二为接受复杂观念、感知事物价值(善恶美丑)的内在感官。接受简单观念的外在感官只能感到较微弱的快感;接受复杂观念的内在感官却可获得较强大的快感。哈奇生说:"我们将把我们感受匀称美、秩序美、和谐美的能力称之为内在的感官。"③ 这就将"内在感官"和"美感"认作同一概念了。接着,哈奇生指出并分析了美感或内在感官的两大特点。其一,内在感官具有和外在感官相类似的直接性,"它的快感并不起于对有关对象的原则、比例、原因或效用的知识,而是立刻就在我们心中唤起美的观念"④。这其实就是舍夫茨别利论到的审美的

---

① [英] 舍夫茨别利:《论美德或功德》,载周辅成编《西方伦理学名著选辑》上卷,商务印书馆1964年版,第759页。
② [英] 舍夫茨别利:《论特征》,载[美] S. M. 凯翰、A. 迈斯金编《美学:综合选集》,布莱克威尔出版公司2008年版,第83页。
③ [英] 哈奇生:《论美和德行两种观念的根源》,载[苏] 奥夫相尼科夫《美学思想史》,吴安迪译,陕西人民出版社1986年版,第125页。
④ [英] 哈奇生:《论美和德行两种观念的根源》,载[美] D. 汤森编《美学:西方传统经典读本》,波士顿:琼斯与巴特利特出版社1996年版,第122页。

直觉性特点，不过哈奇生更强调了美感不涉及理性知识。其二，内在感官不涉及利害观念。"这种感官不同于因期待利益的自私而生的快乐"，"美与谐调的观念，像其他感性观念一样，是必然令人愉快，而且直接令人愉快的"。① 这些论述不仅清楚地指出了审美的内在感官和普通外在感官的区别，而且具体接触到美感心理的特点，对后来的审美经验研究产生了重要影响。此外，哈奇生虽然像舍夫茨别利一样，认为美感是天生的，具有普遍性，但又承认"教育和习俗可以影响我们的内在感官"②，由于联想观念等原因，美感也出现差异性。这些观点也成为趣味理论探讨的内容。

和"内在感官"说相并立，艾迪生提出了"想象快感"说来解释审美经验。他认为想象的快感是指来自视觉对象的快感，"这些快感来自于伟大、非凡或美的事物的景象"③。它既可直接来自眼前对象，也可来自记忆、想象形成的视觉对象之意象。前者为初级想象快感，如欣赏自然对象产生的快感；后者为次级想象快感，如欣赏艺术作品产生的快感。想象的快感以意象为基本内容，主要通过想象引起惊愕、惊奇以致愉快、兴奋等情感。它既不同于感官的生理满足产生的快感，也不同于悟性的思考活动产生的快感，其突出特点是具有直觉性和非自觉性。"只须张开眼睛，美景便映入眼帘，颜色会自动地绘入幻想中，观赏者无须多予思考或多费心思。我们不知不觉就被所见的事物的对称感动，立刻称赞一个对象的美，而无须探讨它所以然的原因或诱因。"④ 想象的快感不仅比悟性快感更容易获得，而且更能吸引人、感动人。"美立即在想象中弥漫着一种内在的快感和满足……一旦发现它，就使人心荡神驰欣然向往，通过心灵的一切机能散发一种兴奋和愉快。"⑤ 虽然这些对美感经验的论述都是描述性的，但却接触到美感心理的构成因素和特点等重要问题，特别是关于美感中想象与快感互相交织的观点，非常富于启发性。艾迪生还对"趣味"的心理内

---

① [英]哈奇生：《论美和德行两种观念的根源》，载[美] D. 汤森编《美学：西方传统经典读本》，波士顿：琼斯与巴特利特出版社1996年版，第123页。
② [美]哈奇生：《论美和德行两种观念的根源》，载《西方美学家论美和美感》，商务印书馆1980年版，第100页。
③ [英]艾迪生、斯梯尔等：《旁观者》第3卷，伦敦，1945年，第279页。
④ [英]艾迪生：《旁观者》，载《缪灵珠美学译文集》第2卷，中国人民大学出版社1987年版，第36页。
⑤ [英]艾迪生、斯梯尔等：《旁观者》第3卷，伦敦，1945年，第280页。

第十八章 经验主义美学的理论体系

涵作了分析,指出良好的趣味应当包括热烈的想象力和敏锐的判断力,并使二者达到结合。趣味在一定意义上是人们生来就具有的,但仍要有些方法来培育它和提高它,这些观点也是趣味理论中所探讨的问题。

英国经验主义美学对于审美经验的心理学研究,最突出的成果是趣味理论。趣味理论在"内在感官"说和"想象快感"说中已有了发展基础,乔治·迪基就将哈奇生的"内在感官"说直接称为"初创的趣味理论"。[①] 但"趣味"(taste)作为一种美学范畴的提出以及理论的建构,却是由休谟首先完成的。休谟明确提出,趣味和情感是美学和伦理学的研究对象,正如理智是认识论和逻辑学的研究对象。趣味和理性在性质、范围和功能上是不同的。"前者传达关于真理和谬误的知识;后者产生关于美和丑、德行和恶行的情感。前者按照对象在自然界中的实在情形揭示它们,不增也不减;后者具有一种创造性的能力,当它用借自内在情感的色彩装点或涂抹一切自然对象时,在某种意义上就产生一种新的创造物。"[②] 按照休谟的理解,所谓"趣味",就是产生美和丑的情感的能力,即审美力或鉴赏力,它是英国经验主义美学考察和阐述美感或审美心理时运用的一个核心概念。舍夫茨别利和哈奇生提出和论述的审美的"内在感官"和"美感"、艾迪生提出的"想象快感"和"鉴赏力",其内涵和"趣味"概念是基本一致的,都是指审美心理能力。这种对感受和领会美的特殊心理能力的探讨,构成了英国经验主义美学的一个基本主题,而休谟的趣味理论则集其大成。休谟对趣味区别于理性的特点作了深入分析和阐述,指出趣味不同于理性的认识性,而具有情感性;不同于理性的客观性,而具有主观性;不同于理性的实在性,而具有创造性。基于对趣味和理性不同的特点的分析,休谟肯定了趣味的多样性和相对性,但他并没有对此加以绝对化,而是在承认趣味差异性的前提下,努力寻找一种"足以协调人们不同感受"的共同的"趣味的标准"。"尽管趣味仿佛是千变万化,难以捉摸,终归还是有些普遍性的褒贬原则;这些原则对一切人类的心灵感受所起的作用是经过仔细探索可以找到的。"[③] 休谟认为,这种趣味的普遍原则和共同标准

---

① [美]乔治·迪基、R. J. 斯克拉芬编:《美学:批评文选》,纽约,1977年,第569页。
② [英]休谟:《道德原则研究》,曾晓平译,商务印书馆2001年版,第146页。
③ [英]休谟:《论趣味的标准》,载[美]D. 汤森编《美学:西方传统经典读本》,波士顿:琼斯与巴特利特出版社1996年版,第142页。

趣味与理性：西方近代两大美学思潮

是基于"人类内心结构"的普遍一致。这些看法，有助于克服长期以来在趣味的多样性与普遍性问题上各执一端的片面性。休谟非常重视想象力或趣味的敏感性（delicacy）在审美中的作用，认为只有具有一种趣味的敏感性，即敏感的想象力和感觉力，才能产生出对于各种美丑的易感性，辨别出美丑的精微差别。虽然休谟认为趣味和理性相区别，理性不是趣味的基本组成部分，但他也指出理性对趣味的正确运用是不可缺少的指导。特别是对于艺术美和道德美的品鉴，理性和判断力的作用是不可忽视的。这些看法对后来康德关于审美判断力的分析产生了积极影响。

伯克继承并发展了休谟提出的趣味理论，对趣味的性质和内涵、趣味的普遍原则和差异性等问题作了进一步研究。他明确提出，趣味作为感受美和艺术并形成判断的"心灵的官能"，是"由感官的初级快感的知觉，想象力的次级快感，以及关于各种关系、人的情感、方式与行为的推理能力的结论各部分组成"的。① 在构成趣味的上述三种心理功能中，伯克认为感官和感觉是最基本的，感觉的缺陷会导致缺乏审美鉴赏力。在感觉的基础上，想象力和情感成为审美趣味中最活跃的因素，"想象力是愉快与痛苦的最广阔的领地"②。理解力和判断力也是良好趣味的重要条件，判断力的缺陷会导致错误的趣味。伯克将理解力和判断力看作趣味的心理构成部分，这比休谟仅仅指出理性和判断力对趣味有指导作用，却不是趣味的基本组成部分，在观点上是更进了一步。以上对趣味的心理组成部分的分析，可以说是伯克对审美心理构成因素研究上的一个重要贡献。此外，伯克还着重论述了趣味的普遍原则和共同基础问题，认为人性在感官、想象力和判断力等方面的大体一致，是形成趣味普遍原则和标准的基础，这和休谟关于趣味的普遍原则和标准基于"人类内心结构"的普遍一致的看法是相似的，都是从共同人性乃至人的生理结构上解释趣味和美感的普遍性问题，脱离了社会历史实践。在肯定趣味的普遍原则时，伯克并没有否认个人在趣味上存在的差异性，他认为这种差异主要产生于两种原因，或是由于天然的敏感性不同，或是由于对于对象注意程度不同。这里的"敏感性"，也是休谟特别提到一个审美概念。和大多数经验主义美学家一样，

---

① ［英］伯克：《论崇高与美》，牛津大学出版社 1990 年版，第 22 页。
② ［英］伯克：《论崇高与美》，牛津大学出版社 1990 年版，第 17 页。

伯克也认为人们的趣味尽管有程度的不同，但是通过培养训练，趣味是可以得到改善的。

和伯克几乎同时写了《论趣味》的杰拉德（Alexander Gerard，1728—1795年），和休谟、伯克一样，着重研究了趣味的内涵和标准问题。他将趣味分析为七种"内在的感觉"（internal sences），或者"想象的能力"（powers of imagination），它们感受新奇、崇高、美、模仿、和谐、荒诞与德行。这一理解，不仅将"趣味""内在感官""想象快感"诸说统一起来，而且扩大了趣味所感受的范围，使除了美以外的其他各种审美性质都成了趣味的对象。关于趣味标准，杰拉德承认审美偏爱的实际上的多样性，但他坚持认为，通过对各种对象在欣赏者身上的效果的归纳研究，可以找到评价的普遍标准，通过它们，趣味的分歧在一定限度内可以得到协调。这与休谟、伯克的看法是一脉相承的。

除了各种审美经验心理研究成果外，关于美感的心理发生机制问题，还有影响广泛的两种观点值得注意，即"观念联想"说和"同情"说。"观念联想"侧重说明审美中想象活动。霍布斯对此已有所论述，而洛克则正式提出这一概念，艾迪生、哈奇生、霍姆、休谟、伯克等在解释审美经验时几乎都运用了这种心理学说。"同情"说也是以观念联想为基础的，但它侧重于说明审美情感活动。许多经验主义美学家都以此说来解释审美经验的生成，其中尤以休谟和伯克的解释最详，这也是后来出现的审美移情说的一个来源。

第三节　艺术、想象与创造力

经验主义美学对于艺术的研究，是以对艺术创造和艺术作品的心理学的分析为基本特点的。其中，最为突出的一个问题，是对艺术与想象的关系的考察与研究。一方面，经验主义哲学重视感性经验，与感性经验相关的感觉、记忆、联想、想象等心理活动，本来就是经验主义认识论中考察和分析的重点内容。以此为基础，经验主义美学自然会将重心转向想象及其与文艺关系问题的研究。另一方面，经验主义美学家重视从心理学上分析艺术的本质和特点，考察其与哲学、历史等意识形式的根本区别，这就使想象、情感等心理因素在文艺创造中的地位和作用问题更加突显出来。

和想象问题相关联，艺术创作中的虚构、创造性以及天才的作用等问题，也成为经验主义美学家所关注的问题。经验主义和理性主义两派美学家在艺术问题上，对于想象与理性、创造与法则、天才与规范、自由与规律，各自强调一个侧面，从而使想象与理性之争成为西欧 18 世纪文艺思想上争论的一大焦点。

关于想象及其与文艺的关系问题，在西方美学史上经历了一个漫长的发展过程。指称想象这种心理活动，在古希腊和罗马分别为 phantasia 和 imaginatio 两个词。在中世纪和文艺复兴时期，phantasia 和 imaginatio 两词并用，也没有意义上的差别；16、17 世纪古典主义理论家还继承着这种用法。但是，在中世纪后期，已有个别作者以这两个词分别指程度上不同的两种心理活动：phantasia 指高级的、富于创造性的想象，而 imaginatio 指低级的幻想或梦想。不过，对这二词的使用又有地域的差异：德、意作者一般以 phantasie，fantasia 指高级的想象；英、法作者恰恰相反，常以 imagination 指高级的想象。① 在古希腊哲学、心理学和美学中，"想象"是不受重视的。亚里士多德对想象的性质有所论述，认为"想象就是萎褪了的感觉"②。想象和记忆属于心灵的同一部分，想象既不同于感觉，也不同于判断，但他在《诗学》里却没有提到想象这个概念。《诗学》指出："诗人的职责不在于描述已发生的事，而在于描述可能发生的事，即按照可然律或必然律可能发生的事。"③ 这是诗和历史的区别之所在。诗人和艺术家模仿的对象有三种：一是过去有的或现在有的事；二是传说中的或人们相信的（亦译"设想的"）事；三是应当有的事。为了获得诗的效果，诗人也可模仿"不可能发生而可能成为可信的事"④。按照这些论述，诗是应该也必然包含着想象的活动的。但将想象和艺术联系在一起的却不是亚里士多德，而是公元 1 世纪的希腊学者阿波罗尼阿斯。后者指出想象的巧妙和智

---

① 中国社会科学院外国文学研究所外国文学研究资料丛刊编辑委员会编：《外国理论家作家论形象思维》，中国社会科学出版社 1979 年版，第 4—5 页。
② 中国社会科学院外国文学研究所外国文学研究资料丛刊编辑委员会编：《外国理论家作家论形象思维》，中国社会科学出版社 1979 年版，第 8 页。
③ ［古希腊］亚里士多德、［古罗马］贺拉斯：《诗学·诗艺》，罗念生、杨周翰译，人民文学出版社 1982 年版，第 28 页。
④ ［古希腊］亚里士多德、［古罗马］贺拉斯：《诗学·诗艺》，罗念生、杨周翰译，人民文学出版社 1982 年版，第 101 页。

第十八章 经验主义美学的理论体系

慧远远超过模仿,它能创造没有见过的事物,正是"它造作了那些艺术品"①。在文艺复兴时期,想象开始受到一些文论家和艺术家的重视,对于想象进行研究分析的文字也逐渐多起来,其中有的直接将想象与艺术创造相联系,指出想象是诗和艺术必不可少的心理功能。如意大利文学批评家卡斯特尔韦特罗发挥了亚里士多德关于诗与历史区别的论述,指出历史的题材是由世间发生的事件的经过或是由上帝的意志提供的,而"诗却不然,诗的题材是由诗人凭他的才能去找到或是想象出来的"。诗人之所以得到赞赏,"是由于他会处理的故事是由他自己想象出来的,是关于本来不曾发生过的事物的"②。西班牙诗人乌阿尔德说:"我们把诗歌这门学问隶属于想象,用意就是要大家知道那些善于作诗的人是和理智隔离很远的。"③ 意大利哲学家、语言学家马佐尼更明确地指出:"想象是做梦和达到诗的逼真所公用的心理能力。""这种能力决不能是按事物本质来形成概念的那种理智的能力。""因为诗依靠想象力,它就要由虚构的和想象的东西来组成。"④ 这些观点对后来经验主义美学家探讨艺术和想象的关系问题产生了直接影响。不过,想象的概念真正成为思考的中心则是在17世纪。经验主义哲学创始人培根推动了这一转变。随着经验主义美学的发展,想象在艺术中的地位和作用问题,成为理解艺术的本质和特征中的核心问题,并形成了对艺术创造进行心理分析的一个研究领域,从而极大地促进了关于文艺创作的心理特点以及艺术不同于哲学、科学的特殊思维方式的研究。

培根把想象看作一种特殊的心理能力,并赋予其前所未有的地位。他指出,人类的理性能力分为记忆、想象和理性三种。这三种心理能力分别对应于历史、诗和哲学。"历史与人的记忆关涉,诗歌与想象力联系在一起,而哲学则与理性相对应。"⑤ 想象是诗区别于历史、哲学的根本特点,也是诗的创造的心理起因。"诗是真实地由于不为物质法则所局限的想象

---

① 中国社会科学院外国文学研究所外国文学研究资料丛刊编辑委员会编:《外国理论家作家论形象思维》,中国社会科学出版社1979年版,第9页。
② 伍蠡甫主编:《西方文论选》上卷,上海译文出版社1979年版,第192页。
③ 中国社会科学院外国文学研究所外国文学研究资料丛刊编辑委员会编:《外国理论家作家论形象思维》,中国社会科学出版社1979年版,第10—11页。
④ 伍蠡甫主编:《西方文论选》上卷,上海译文出版社1979年版,第200、201页。
⑤ [英]培根:《弗朗西斯·培根著作集》第3卷,伦敦,1870年,第329页。

而产生的。"① 这是从心理能力和思维方式上来说明诗和艺术的本质和特点，已接触到诗作为形象思维与哲学作为抽象思维两者的区别问题。关于想象的特点，培根认为主要体现在它的自由性和创造性。"想象因为不受物质规律的束缚，可以随意把自然界里分开的东西联合，联合的东西分开。这就在事物之间造成不合法则的匹配与分离。"② 诗的特性和想象的特性是一致的，这就是诗和艺术之所以特别重视创造性的根本原因。由于诗是创造想象的产物，所以，培根认为虚构也是诗区别于历史的重要特点。"诗无非是虚构的历史。"③ 这一论断说明诗虽然必须真实地反映现实，却不必描写现实中真实事件，这和亚里士多德关于诗人和历史家差别的论述是一致的。不过，培根对于诗需要虚构的原因，又从心理学上作了新的解释，指出诗作为"虚构的历史"比真实历史更能"使人心满足"。"因为真实历史所表现的行动与事件比较普通，不那么错综复杂，诗便授予它们更多的离奇罕见的事物、更多的意外和互不相容的变化，这样，诗就显得有助于胸怀的宏敞和道德，也有助于愉快。"④ 这显然是从诗对人产生的心理效果和作用上进一步说明想象和虚构对于诗和艺术的重要性，并且把想象和诗的情感作用统一起来了。

霍布斯是经验派心理学的开拓者。他的想象理论接受和继承了培根的思想，并将其加以发展，对想象的性质、种类、特点等作了更为细致的分析。霍布斯对想象的研究是以感觉为基础的，认为想象是人对外界事物产生感觉之后所留下的痕迹。"想象便不过是渐次衰退的感觉。"⑤ 霍布斯在这里几乎是引用了亚里士多德的原话来说明想象的来源及其与感觉的关系，他因此又把想象和记忆看作"同一回事"。但这只是被他称为的"简单的想象"。此外，还有另一种想象，他称之为"复合的想象"。这种想象不是按原先呈现于感觉的状况构想整个客体，而是将若干个不同的感觉重新组合成一个新形象。"例如把某次所见到的一个人和另一次所见到的一

---

① 伍蠡甫主编：《西方文论选》上卷，上海译文出版社1979年版，第247页。
② [英] 培根：《弗朗西斯·培根著作集》第3卷，伦敦，1870年，第343页。
③ [英] 培根：《学术的进展》，载《外国理论家作家论形象思维》，中国社会科学出版社1979年，第14页。
④ [英] 培根：《学术的进展》，载伍蠡甫主编《西方文论选》上卷，上海译文出版社1979年版，第248页。译文有所改动。
⑤ [英] 霍布斯：《利维坦》，黎思复、黎廷弼译，商务印书馆1985年版，第7页。

匹马在心中合成一个人首马身的怪物时情形就是这样。"① 这就是心理学上通常所说的创造想象。霍布斯指出，这种想象"只是心理的虚构"，文学的创造和欣赏主要与这种想象直接相关。在论述想象时，霍布斯还涉及联想这种心理活动，这就是后来由洛克提出的"观念的联想"理论的最早的表述。他还将想象分为受欲望控制的和不受欲望控制的两类，前者具有明确的目的性和高度的能动性、创造性，是艺术创造和科学发明中最常见的心理活动。霍布斯的创见还在于他对想象和判断两种心理能力的区别作了明确的界定，指出想象是认识事物之间相似的能力，判断是认识事物之间差异的能力。后来，洛克将此发展为"巧智"和"判断力"的区别理论，从而在美学和文艺学研究中产生广泛影响。霍布斯指出，好的诗歌，"判断和想象二者都是必需的，可是想象应该更重要些"②。这种看法既强调了想象对于诗和艺术创造的重要作用，又认为想象需要有判断的帮助，想象与判断在创作中应当兼备和互相结合，这已经涉及文艺创作中形象思维和抽象思维的关系问题。

洛克在其哲学著作《人类理解论》中，虽然没有对想象直接进行论述，但他对"巧智"概念的提出和阐明，实际上是关系到想象的问题的。他说："巧智主要见于观念的撮合。只要各种观念之间稍有一点类似或符合时，它就能很快地而且变化多方地把它们结合在一起，从而在想象中形成一些愉快的图景。"③ 这里，洛克把巧智和想象相提并论，而且他对巧智所做的心理解释，实质上和想象的心理活动是类似的。接着，他区分巧智和判断力的差别，认为巧智是把各种相似相合的观念结合在一起，而判断力则把各种差别互异的观念加以仔细分辨，它们是分属两种不同的心理活动和心理能力的。这种看法和霍布斯关于想象和判断的区别的论述几乎是一样的，虽然洛克是用"巧智"代替了"想象"。不过，洛克的观点和霍布斯的看法也有区别。霍布斯虽然指出想象和判断是两种不同心理功能，却认为这两者是互相联系和结合的，所以诗的创作中想象和判断都是必需

---

① ［英］霍布斯：《利维坦》，黎思复、黎廷弼译，商务印书馆1985年版，第8页。
② ［英］霍布斯：《利维坦》，载《外国理论家作家论形象思维》，中国社会科学出版社1979年版，第15页。
③ ［英］洛克：《人类理解论》，载朱光潜《西方美学史》，人民文学出版社2002年版，第205页。

的。洛克在区分巧智和判断力为不同的心理功能后，却不是强调两者的联系和结合，而是强调两者的对立和不同方向的发展，前者经由情感和愉悦而通向审美；后者则经由理性规则而通向知识。艺术和审美中经常出现的隐喻和影射（明喻）"正是巧智使人逗趣取乐的地方，它们很生动地打动想象，受人欢迎，因为它的美令人不假思考就可以见到"①。但是，判断力却与隐喻和影射恰恰相反。所以，不能用真理和理性的规则去衡量这种巧智。这说明艺术和审美不同于理性的判断和认识，形象思维和抽象思维各有不同的规律。除巧智外，洛克还论述了"幻想的观念"，这也是与想象相关的。他说："幻想的观念是简单观念的组合；那些简单观念在实在事物里从未结合或一起出现过，例如马头合上人身而成的理性动物，像神话所描写的怪物。"② 这显然是指一种创造想象，它在神话和一切文艺创作中都具有重要作用。另外，洛克提出并加以阐明的"观念的联想"（association of idea），特别是基于"习惯的联合"而产生的观念联想，也是和想象相关的一种心理活动，它在艺术创作和审美活动中是一种发挥重要作用的普遍现象。

艾迪生提出的"想象的快感"说，主要属于审美欣赏的心理探讨，但他对想象与艺术创造的关系也有论述。和培根、霍布斯一样，艾迪生也认为想象力是诗人区别于哲学家的根本特点，他说："诗人应该尽力去培养自己的想象力，正好比哲学家应当尽力去培养自己的理解力。"③ 想象力和理解力的区别，同洛克所说的巧智和判断力的区别，基本上是一致的。艾迪生撰有专文论述和发挥洛克的"巧智"概念，指出真正的巧智是艺术创造不可缺少的才能。他在强调想象力对于文艺创作的重要作用时指出："一个伟大的作家必须天生有健全和旺盛的想象力，以便能够从外界的事物取得生动的观念，把这些观念长期保留，及时把它们组合成最能打动读者想象的形象和描写。"④ 在艾迪生看来，作家之所以能创造出比自然美更

---

① ［英］洛克：《人类理解论》，载朱光潜《西方美学史》，人民文学出版社2002年版，第205页。
② ［英］洛克：《人类理解论》，载《外国理论家作家论形象思维》，中国社会科学出版社1979年版，第19—20页。
③ ［美］艾迪生、斯梯尔等：《旁观者》第3卷，伦敦，1945年，第294页。
④ ［美］艾迪生、斯梯尔等：《旁观者》第3卷，伦敦，1945年，第294页。

第十八章　经验主义美学的理论体系

高的艺术美，就是得力于想象和虚构。诗人能够"以想象本身的一些观念来满足想象，也就是描写某一现实事物时，修缮自然使之更为完美，描写某一虚构时，把自然的组成部分，配合得比原来更美"①，这显然是从更深刻的意义上来理解想象在艺术中的重要地位和作用的。和重视作家的想象力相联系，艾迪生也极重视作家的创造性和天才。他认为，艺术中第一流伟大的天才，并非求助于技巧或学识，而是仅凭"纯粹的天生才能"就创造出使他们那个时代和子孙后代惊诧的作品。这些天生的天才人物"从来不受艺术规则的束缚和限制"，其想象力极为奔放和丰富，其作品描写里充满想象的崇高美。荷马、莎士比亚就是这种第一流的伟大天才，伟大天才的作品是独一无二的，无法模仿。由此，艾迪生指出："在思想方式或表达方式上没有独特之处，没有完全属于自己的东西的作者，极少能在世界上成为一位非凡人物。"② 像这样大力推崇艺术的天才和创造性，同当时古典主义倡导艺术要遵循规则、模仿古典，形成了鲜明对照。

　　休谟对于想象和情感在诗歌创作中的作用都有深入分析。他认为观念有记忆观念和想象观念两种。记忆完全受原始印象的次序和形式的束缚，而想象则不受原始印象的束缚。"想象可以自由地移植和改变它的观念。我们在诗歌和小说中所遇到的荒诞故事使这一点成为毫无疑问。"③ 诗歌创作中的想象虽然需要有相应的印象为它先行开辟道路，却可以按照虚构和幻象的各种方式来组合、分离、改造这些观念，创造实在中不存在的形象。诗歌中的形象美，许多是靠虚构、夸张、比喻等造成的。"要想制止这种想象力的奔放，叫各种表现手法都合乎几何学那样的真实性和准确性，那是极其违背文艺批评规律的。"④ 可见，休谟是把想象力以及由此形成的思维方式、表现手法作为诗和艺术的特殊规律来看待的。实际上，这就是艺术的形象思维和科学的抽象思维的区别问题，它也是经验主义美学在艺术问题上所探讨的核心问题。

　　杰拉德在《论天才》（1774）中发挥了休谟关于想象与记忆区别的观

---

① ［美］艾迪生、斯梯尔等：《旁观者》第3卷，伦敦，1945年，第299页。
② ［美］艾迪生、斯梯尔等：《旁观者》第3卷，伦敦，1945年，第484页。
③ ［英］休谟：《人性论》上册，关文运译，商务印书馆1983年版，第21页。
④ ［英］休谟：《论趣味的标准》，载［美］D. 汤森编《美学：西方传统经典读本》，波士顿：琼斯与巴特利特出版社1996年版，第140页。

点,并且进一步强调了想象的创造性和新颖性。他指出,想象可以以全新的关系将心灵中的观念联系起来,使用不同于派生了这些观念的实物所采用的联系纽带,将观念编织在一起,并常常令原型互无关联的观念结合为一体。想象和想象的联想力如此强大,"以至于它可以给予一些无关的思想某种凝聚力,使它们以无数的组合方式呈现出来;许多组合异于感觉感知过的所有形态,由此产生了新的创造"①。杰拉德进一步认为,正是在想象和想象的创造力的这种活动中,我们可以发现天才的起源。天才要求具备一种联想的特殊活力,要产生这种活力,想象必须具有综合性、规律性和主动性。在天才身上,联想能力更强大,想象更大胆。"当联想原则强大并且有广泛影响力的时候,它们自然而然形成与自身力量大小相称的那种无限的繁殖力,无穷的创造力,这种力量不仅仅是真正天才的必要成分之一,而且是首要及至关重要的。"② 杰拉德指出,荷马就是这种天才的典范。像这样将想象力、创造力和天才有机联系和统一在一起,可以说是集中地表达出经验主义美学对于艺术创作的追求,这已是浪漫主义美学和文艺思想的先声了。

第四节 崇高、喜剧和悲剧

审美范畴的研究是经验主义美学的一项主要成就。经验主义美学家一方面对自古希腊以来形成的重要美学范畴作了进一步拓展和深入研究,赋予其新的内涵和意义;另一方面又适应时代审美和艺术的新实践、新发展,提出并阐明了许多新的美学范畴,从而对后来的西方美学中审美范畴研究起到了开拓作用。其中,研究和论述较多的审美范畴,主要是崇高、悲剧和喜剧。

崇高这一美学概念的提出,应当追溯到古罗马时代朗吉努斯的《论崇高》。这篇著作虽然在16世纪才被首次发现,但它却使"崇高一词成为美学

---

① [英]亚历山大·杰拉德:《论天才》,载[英]拉曼·塞尔登编《文学批评理论——从柏拉图到现在》,刘象愚等译,北京大学出版社2000年版,第143—144页。
② [英]亚历山大·杰拉德:《论天才》,载[英]拉曼·塞尔登编《文学批评理论——从柏拉图到现在》,刘象愚等译,北京大学出版社2000年版,第144—145页。

批评或修辞批评的术语（这是希腊—罗马时代流行大量同类术语之一）"①。但这篇著作主要是一部修辞学著作，其中所说的崇高，首先指的是文章风格的崇高。作者把崇高看作一切伟大作品共有的一种风格，描述了崇高的风格的特征，分析了形成崇高的风格的要素。这篇著作于1674年由布瓦洛译成法文，从而极大地推动了对于崇高的思考和研究。在17世纪晚期，随着人们对大自然观赏的新的感受的发现，崇高开始更引起人们的兴趣和关注。到了18世纪，崇高问题进一步在美学中获得重视，并得到新的认识。经验主义美学家将其发展成为一个独立的审美范畴，并使之与美这一审美范畴相并列。他们不仅将崇高与美严格区别，充分揭示它们各自的特点，而且对崇高倍加推崇，有的甚至倾向于将其列于美之上。于是，崇高的范畴和美的范畴一样，开始占据美学思想的中心地位。由于崇高概念的拓展，它"越来越成了一个承载艺术中所有笛卡尔的美学所压制或没有加以说明的因素的大容器"②。这无疑动摇了传统的美的概念，扩大了审美范围，其结果是承认美以外的其他审美性质也能提供直接的审美满足。

在英国经验主义美学家中，霍布斯最早提出了"壮美"这一概念，并将这一概念与"姣美"概念对列，但他认为这只是美的事物体现的不同形态，所以在英语中便用不同字来表达拉丁文中美的意义。舍夫茨别利在著作中已较多论及"崇高"的概念，并扩展了审美范围。他将崇高和优美并列为"内在感官"所感受的对象，认为人们观看和感受自然对象，往往喜欢其更为蛮荒和可怕的方面。巨大的沙漠和海洋，阴冷的荒原和丛林，具有它们"独特的美"，并且能给予人们以新的观照的快乐。同时，他还指出崇高是天才创作中不同于平易的一种风格。由于舍夫茨别利强调美与善的统一以及艺术的道德作用，所以，他非常重视崇高在审美和艺术中的作用。

艾迪生是英国经验主义美学中首先将崇高作为一个审美范畴并加以专门研究的美学家。他在分析想象的快感的来源时，将伟大（greatness）、非凡（新奇）和美的事物的景象三者并列，认为三者都是引起想象快感的审美对象。艾迪生将伟大又称为宏伟、壮丽等，其含义就是崇高。在分析伟大的对象的特征时，艾迪生认为伟大不仅指一个对象的体积巨大，而且指

---

① ［英］鲍桑葵：《美学史》，张今译，商务印书馆1985年版，第139页。
② ［英］S. H. 蒙克：《崇高：18世纪英国批评理论研究》，密歇根大学，1960年，第233页。

一片风光的全景的宏伟。他描述道:"这样的风景是旷朗的平野,苍茫的荒漠,耸叠的群山,峭拔的悬崖,浩瀚的汪洋,那里使我们感动的不是景象的新奇或美,而是一种粗豪的壮丽。"① 无论是从艾迪生将伟大和非凡及美并列为审美对象来看,还是从他对伟大的自然对象的特征的描述看,崇高都不再主要是指一种文章的风格,而是与美对等的一个审美范畴。这是自朗吉努斯提出崇高概念以来,关于崇高研究的重要进展。艾迪生对崇高感的心理特点也作了分析,认为伟大的事物之所以能引起想象的愉快,是因为人们的想象喜欢抓住过分超过它的掌握能力的对象,所以,一旦见到伟大景象,"便陷入一种愉快的惊讶中",人们在领悟它们之际,"感到灵魂深处有一种快乐的平静与惊异"。② 这种将崇高感解释为惊愕和愉快的情感混合的看法具有一定创造性,也为后来的伯克、康德进一步分析崇高感提供了参照。值得注意的是,在引起想象快感的三个来源中,艾迪生认为伟大较之新奇和美,更能为观赏者的心灵提供"深浓的乐趣"和巨大的享受。从这点出发,他甚至认为艺术作品还不如自然景物。因为艺术作品虽然也能具有自然景色的美丽或新奇,却难具有自然景色的宏伟壮丽。艾迪生对于大自然的粗犷的崇高美的推崇和对于伟大天才的作品的"崇高想象的迸发"的赞赏,反映出一个新的时代审美趣味的变化,也表现出崇高在美学中地位的改变。

继艾迪生之后,亨利·霍姆(Henry Home,1696—1782 年)在《批评原理》中也专门论述了崇高问题。对于崇高这一范畴,霍姆采用了多个不同的词来表达,如庄严(elevate)、伟大(greatness)、宏伟(grand)、崇高(sublime)等。这些词的内涵相近,但也有差别。霍姆指出,伟大与庄严不同,前者是由巨大的量产生的;而后者是由巨大的高度产生的。一个巨大的对象使观赏者努力扩充自己的身躯,而一个高耸的对象则产生一种不同的表现:它使观赏者踮起脚尖向上伸展。霍姆在著作中用得较多的词是宏伟,并且往往将它和崇高并用,他说:"宏伟和崇高具有双重的含义:通常它们表示事物中的特性,由此产生了宏伟感和崇高感;有时也指宏伟

---

① [英]艾迪生:《旁观者》,载《缪灵珠美学译文集》第 2 卷,中国人民大学出版社 1987 年版,第 38 页。
② [英]艾迪生、斯梯尔等:《旁观者》第 3 卷,伦敦,1945 年,第 279 页。

感和崇高感本身。"① 宏伟的对象是巨大或广大的,这是它与美的区别所在。但仅仅尺寸的巨大,还不足以构成宏伟。宏伟的对象除了巨大,还需具有增加其美的特性,因为令人愉悦是美和宏伟的共同特点。霍姆认为,罗马的圣彼得大教堂,埃及的金字塔,伸入云霄的阿尔卑斯山,都可以称之为宏伟。宏伟和美虽然都是令人愉快的,但愉快的情感还是有差别的。美所产生的情感是一种和谐的直接的愉快,而宏伟所激发的情感却"比单纯的快乐庄严得多"②。看来,霍姆并没有像后来伯克和康德那样,将宏伟或崇高与美完全分割开来。

休谟虽然没有专门论述崇高的范畴,但他在讨论道德美时却提出了崇高的问题。他引述朗吉努斯的话说,崇高经常不外是恢宏大度的回声或影像;这种品质在任何一个人身上显现出来,纵然他一言不发,它也激起我们的赞美和钦敬。对于心灵的伟大或性格的高贵的任何卓越的事例,人们都会受到心灵的震撼。这些论述着重谈道德的崇高,弥补了以前经验主义美学家多从自然论崇高的不足,同时也指出道德、心灵或性格的崇高激起人的情感主要是赞美、钦敬以至震撼,却不会像自然的崇高那样令人恐怖和惧怕。休谟也谈到诗中的崇高的感情,说:"诗的巨大的魅力在于崇高的激情如恢宏大度、勇敢、藐视命运等的生动的形象,或温柔的感情如爱和友谊等的生动的形象中,这些生动的形象温暖人心,向人心传播类似的情感和情绪。"③ 这里,休谟明确提出了诗中崇高的情感的形象,并将它与温柔的情感的形象相并列,同时,他还指出,这两种情感比其他各类情感更有一种特殊的影响,唯有它们才激发我们对诗中人物命运的兴趣,或传达对这些人物的性格的敬重和好感,并可由一个以上的原因而使人快乐。

伯克综合了英国经验主义美学对崇高问题探讨的成果,在《关于崇高与美两种观念根源的哲学探讨》中,从感觉论和经验论出发,将崇高和美作为各自独立的两大审美范畴,通过对比研究,对崇高作了全面分析和阐明,可以说是经验主义美学关于崇高研究的总结性成果。伯克把崇高看作一种美之外的、与美无关的东西,从而使崇高与美严格区别开来。他认为

---

① [英] H·霍姆:《批评原理》,纽约,1833年,第95页。
② [英] H·霍姆:《批评原理》,纽约,1833年,第96页。
③ [英] 休谟:《道德原则研究》,曾晓平译,商务印书馆2001年版,第112页。

崇高和美在产生的心理基础、对象的感性性质以及主体的情感效果三个方面，都是有明显区别的，因而也就各自具有不同的特点。从产生的心理基础来看，伯克认为，崇高感源于自我保存的感情，而美感则源于社会交往的感情。自我保存的感情是要维持个体生命的本能，涉及这类感情主要与痛苦和危险相关，它们一般只在生命受到威胁的场合才激发起来，在人的情绪上主要表现是恐怖或惊惧。这种恐怖或惊惧就是崇高感的基本心理内容，而令人恐惧的对象便成为崇高的来源。与此相反，作为美感的心理来源的社会交往的感情，是要维持种族生命的生殖欲和满足互相交往的愿望，属于这类情感是一种爱和类似爱的情感，爱的情感导致喜悦和快乐。所以，美总是用于引起我们爱和与此类似的情感的事物。从对象的感性性质看，伯克认为，崇高的对象的心理效果主要是惊惧和恐怖，与此相关，崇高的对象在感性品质上主要表现为：体积的巨大；晦暗或模糊；力量的巨大；无限；壮丽；空无；响度；突然性；等等。这些性质直接作用于人的感官和想象，形成崇高形象的特点，并产生恐惧感。与此不同，美的对象的品质主要与引起爱或类似情感有关，主要表现为：体极小；表面光滑；渐次的变化；娇柔或纤弱；色彩的和谐；等等。结合崇高与美在对象性质上的显著差别，伯克还指出，丑的本质虽然和美相反，却可以和崇高相协调，从而进一步强调了崇高和美是根本不同的。从主体的情感效果看，伯克指出，美感的内容是爱和类似的感情，它直接引起主体的快感，而崇高的内容是惊惧和恐怖，它本身是一种痛感。主体在观赏崇高对象时获得的快感是由痛感转化而来的，它可以说是一种间接的快感。

崇高感中的恐怖如何能由痛感转化为审美的快感呢？这是崇高研究中颇为有趣的一个难题。伯克对此作了心理学和生理学的分析和解释。首先，崇高对象引起的恐怖和实际生命危险产生的恐怖在情感调质上是不同的。崇高对象虽然使人感到危险和恐怖，却又具有某种距离，使人感到不致成为真正的危险。"如果相隔某种距离，并得到某些缓和，危险和痛苦也可以变成愉快的。"[①] 其次，崇高对象能提高一个人对自己的估价，引起对人心是非常愉快的那种自豪感和胜利感。"在面临恐怖的对象而没有真正危险时，这种自豪感就可以被人最清楚地看到，而且发挥最强烈的作

---

① ［英］伯克：《论崇高与美》，牛津大学出版社1990年版，第36—37页。

第十八章 经验主义美学的理论体系

用,因为人心经常要求把所观照的对象的尊严和价值或多或少的移到自己身上来。"[①] 最后,人的身心两方面功能需要通过劳动和练习才能保持正常和健康,而"恐怖对于人的心理构造中较精细的部分就是一种练习"。如果恐怖和痛苦实际上没有害处,那么这些情绪就能将粗细器官中危险的、制造麻烦的一些累赘物加以清除,从而使人产生快感。可以说,在西方美学家中,伯克是对崇高感的心理和生理基础分析得最为充分的人物之一。他对崇高所做的全面、系统的探讨,不仅在方法上是独特的,而且在内容上也是具有独创性的,它是在朗吉努斯和康德之间西方关于崇高这一审美范畴研究的最高成就,对后来康德的崇高理论产生了最直接的影响。

经验主义美学家对悲剧和喜剧两个审美范畴也作了新的探讨。这两个审美范畴来自于古希腊的戏剧。古希腊悲剧起源于悲叹酒神狄俄尼索斯在尘世遭受的痛苦并赞美他的再生的"酒神颂";喜剧起源于祭祀酒神的狂欢歌舞和民间滑稽戏。在古希腊,除荷马史诗外,悲剧和喜剧是影响最大的文艺形式,演戏是雅典每年祭神节和文娱节的一个重要项目。公元前5世纪左右,希腊悲剧和喜剧发展达到高峰。从理论上总结悲剧和喜剧创作经验的任务是由亚里士多德在《诗学》中完成的。亚里士多德提出了西方美学史上第一个完整的悲剧定义,认为悲剧是对于一个严肃的行动的模仿;它的媒介是语言;模仿的方式是借人物的动作来表达;借引起怜悯与恐惧来使这种情感得到净化。其中关于悲剧作用和效果的"净化"说,是历来研究亚里士多德悲剧理论的学者们争论不休的一个问题,争论的焦点是对"净化"的含义的解释。亚里士多德对于喜剧也有定义式的表述,认为喜剧是对于比较坏的人的模仿。所谓"坏"不是指一切恶而言,而是指丑而言,其中一种是滑稽。亚里士多德的悲剧和喜剧理论长期成为西方美学研究的重要内容,也是探讨悲剧和喜剧两个审美范畴的基础。

经验主义美学家对悲剧的探讨,主要还是集中在悲剧的审美效果的问题上。亚里士多德认为悲剧给我们一种特别的快感,这种快感是由悲剧引起我们的怜悯与恐惧之情,通过诗人的模仿而产生的。这也是悲剧美感的突出特点。然则,悲剧引起我们的怜悯、恐惧、哀伤之情如何能转化为审

[①] [英]伯克:《论崇高与美》,载朱光潜《西方美学史》,人民出版社2002年版,第234—235页。

美的快感呢？对此，经验主义美学家通过心理分析试图做出新的解释。艾迪生认为，悲剧的快感并非直接来自恐怖的描写和恐怖的情感，而是产生于我们自己阅读时所形成的想法。当我们观看这些恐惧的描写时，想到它们对我们毫无危险，心里就觉得轻松。"我们把它们看作是可怕的，同时又是无害的；所以，它们越显得可怕，我们就越能从自身的安全中获得快乐。"[①] 这和后来伯克解释崇高中的恐怖何以能转化为快感的观点颇有些类似。休谟在《论悲剧》中对悲剧快感的成因提出了另一种解释，认为悲剧的这种奇特效应是来自于描写悲惨场面的悲剧艺术本身。他分析道，悲剧描写对象的想象和表达的美，是可以给人心以美的情感享受的。悲剧是一种模仿，而模仿总是自然而然地使人快意的。总之，"想象的生动真切，表达的活泼逼真，韵律的明快有力，模仿的惟妙惟肖，所有这些都自然而然地自发地使人心愉快"[②]。当悲剧艺术的想象、模仿和表达的美所引起的愉快成为主导的情绪，支配了整个人心，就能把悲剧中的悲伤、怜悯、义愤等情感转变为自身，至少给它们以强烈的渲染，将它们变得柔和、平缓，从而使其由痛感转化为一致的快感。这种从悲剧艺术表现的美和技巧来说明悲剧快感的看法，和亚里士多德关于艺术模仿引起快感的观点有联系，但又从心理过程上说明了悲剧唤起的不同性质感情的相互作用和运动，还是相当有新意的。

伯克另提出"同情"说来解释悲剧快感的来源，他认为同情是社会交往必需的感情，同时又带有自我保存的性质。同情就是设身处在旁人的地位，旁人怎样感受，我们也就怎样感受。"主要就是根据这种同情原则，诗歌、绘画及其他感人的艺术才能把情感由一个人心里传递到另一个人心里，而且能在不幸、苦难乃至死亡上嫁接上愉快。……有一些在现实中令人震惊的事物，放在悲剧和其他类似的艺术表现里，却可以成为高度快感的来源。"[③] 同情产生于爱和社交感情，所以它往往伴随着快乐。当我们为悲剧人物的灾难和厄运而感动，而恐怖又不太迫近时，同情就会产生一种愉快的感情。伯克还指出，悲剧与真正的灾难和不幸的差别，是在它可由

[①] [英] 艾迪生、斯梯尔等：《旁观者》第3卷，伦敦，1945年，第298页。
[②] [英] 休谟：《论悲剧》，载《外国美学》第1辑，商务印书馆1985年版，第335页。
[③] [英] 伯克：《论崇高与美》，牛津大学出版社1990年版，第41页。

第十八章　经验主义美学的理论体系

仿效的效果而产生快感，但实际上，真正的灾难和厄运比仿效的悲剧，能激起更大的同情，引起更大的快感。他举例说，如果有一天观众正在观赏现有的最崇高、最感人的悲剧，忽然有人报告说：在剧院附近的广场上正要处死一个地位显赫的要犯，这时，剧场就会空荡无人，大家会争着去看处死要犯，这就"宣告了真实的同情的胜利"。伯克由此说明，悲剧的快感既不是由于艺术虚构，也不是由于艺术表现。基于同情原则，现实的悲剧比艺术的悲剧更令人感动并感到愉快，只要恐怖不太迫近。"在这里，伯克好像把现实当作一种形象来看待了，也就是把它从它的实在关系和实在兴趣中抽象出来了。"它似乎提出这样一种见解："如果我们不带实用兴趣去注视实在事物的话，我们就可以从审美上来注视实在事物。"①

经验主义美学家对于喜剧范畴的探讨，主要也是涉及喜剧的审美效应问题。喜剧引起人笑的感情，笑的原因是什么呢？霍布斯对此提出了一种独特看法，他认为大家习以为常的事，平淡无奇，不能引人发笑。凡是令人发笑的必定是新奇的，不期然而然的，笑的原因在于发笑者突然感到自己的优越。"笑的情感不过是发现旁人的或自己过去的弱点，突然想到自己的某种优越时所感到的那种突然荣耀感。"② 霍布斯又把这种"突然荣耀感"称作"骤然的自荣""骤然给自己喝彩"。这种荣耀感除了具有不期然而然的突发特点外，主要是来自对被笑对象的鄙夷、轻视，以及相比之下感到自己的优越，所以，它在美学史上被称为喜剧"鄙夷说"。霍布斯从人性自私的观点出发，认为笑是缺乏同情心的表现，是伟大人物所不取的，这就否定了喜剧和笑的积极作用。这种观点受到舍夫茨别利的门徒哈奇生的批评。哈奇生和舍夫茨别利一样，不赞成霍布斯人性自私的理论，认为笑的感情不涉及个人利害关系，它与同情心和善行是结合的。他也不赞成霍布斯的鄙夷说，认为在模仿性的滑稽作品和滑稽性的讽刺中，我们的笑没有恶意或傲慢的气味，也不会认为比所笑的对象有任何优越之处。不过，霍布斯关于笑或喜剧感的独创性观点对后来康德、黑格尔关于喜剧感的研究却产生了很大影响，鄙夷说也成为西方美学史上最为著名的喜剧理论之一。

---

① ［英］鲍桑葵：《美学史》，张今译，商务印书馆1985年版，第266页。
② 朱光潜：《西方美学史》，人民文学出版社2002年版，第204页。

第十九章 理性主义美学的理论体系

理性主义美学在其形成和发展的过程中,既继承了古希腊和中世纪美学发展中形成的许多重要理论成果,又以理性主义哲学为基础,结合近代文艺发展和审美实践要求,提出并回答了许多新的重要理论问题。不同的理性主义美学家具有各自的理性主义哲学体系,同时也面对不同国家和不同时期文艺和美学发展的状况,因而他们所提出并论述的美学问题,并不完全一致。然而,又由于理性主义哲学思潮和派别在一些基本哲学问题上的相同观点和立场,而且不同国家和不同时期文艺和美学发展又是互相影响和联系着的,所以,从总体上看,理性主义美学家所提出和论述的理论问题仍然是互相联系并具有一致性的。其中,最能体现理性主义美学的倾向和特色并且较为集中的理论问题,主要是关于美的理性本质和超验性质、关于美的认识的性质、地位和特点、关于文艺与理性的关系以及创作规则等几个关键性问题。理性主义美学在这些关键问题上的理论主张及其构成的理论体系,是以对人的理性和认识的研究为基点的,和经验主义美学存在根本分歧。

第一节 美的理性本质和超验性质

正如黑格尔所说,理性主义"是从思维、从内心出发的哲学",是"从思维的独立性出发寻求真理"。[①] 理性主义哲学家和美学家认为具有普遍必然性的知识不是来自感性经验,而是来自理性本身;肯定具有普遍必然性的理性认识比感性认识具有可靠性和真理性。因此,他们在寻找"美是什么"或"美在何处"问题的答案时,也不是从感性经验出发,而是从

---

① [德]黑格尔:《哲学史讲演录》第4卷,贺麟、王太庆译,商务印书馆1997年版,第8页。

第十九章 理性主义美学的理论体系

理性思维出发,依靠理性进行演绎推理或思辨,以达到对美的本质的理性认识。这样,他们所关注的重点就不是关于美的感性的、形式的特征,而是关于美的理性的、普遍的本质,换句话说,不是美的经验性质,而是美的超验本质。

一般说来,理性主义哲学家和美学家都是在他们各自构建的形而上学或本体论体系中,探讨和阐明他们对于美的本质的看法的。从笛卡尔到斯宾诺莎,再到莱布尼茨和沃尔夫,他们对于美的来源和本质的论述,几乎都和他们的实体学说相联系。笛卡尔认为有三种实体:上帝、心灵和物体,上帝是绝对实体,心灵和物体是相对实体。心灵和物体两种相对实体是互不相关的,它们都是绝对实体上帝所创造的。上帝是一个完满的是者,具有一切完满性,因而也就是"至完美的存在",是一切真、善和美的泉源。笛卡尔论证上帝的存在时,一再使用"完满""完美"的概念,不仅肯定了上帝之美,而且将上帝的美的属性与完满性、完美性的属性统一起来,从而也就赋予了美以超验的内涵。笛卡尔所说的上帝的完满性,不仅有"完满无缺"的意思,而且还包括了统一性、单纯性、不可分性、无限性、必然性等含义,因此,它才被笛卡尔称为"灿烂的光辉之无与伦比的美"[①]。这种超验的美,当然是无法凭借感觉经验去认识的,而只能通过笛卡尔所说的"由理性的光辉所产生的""直觉"才能把握。

西方美学从古希腊罗马到中世纪,已经形成了一个从超验的世界中去寻找美的根源和本质的传统。柏拉图、普罗提诺、奥古斯丁、托马斯·阿奎那等就是这一传统的主要代表人物。柏拉图认为美的事物之所以美,是由于分有了"美本身"。"美本身"先于具体的美的事物,是个别事物的美的来源和本质。那么"美本身"是什么呢?柏拉图指出就是"美的理念";"理念"是绝对的、永恒的精神性的实体。这种理念说不是从感性事物上寻求美的根源,而是从超验的理念中寻找美的源泉,这就将美的本质探讨从感性经验转向了理性演绎,开启了美的哲学探讨的理性思辨传统。新柏拉图主义创立者普罗提诺继承和完善了柏拉图的美论,提出绝对超验的无形本体"太一"或神是全部美的终极本原,物体美不在物质本身,而在分享了神所流溢的"理式"。最高的美是纯粹理式的美,需靠理性去观照。

[①] [法]笛卡尔:《第一哲学沉思集》,庞景仁译,商务印书馆1986年版,第54页。

中世纪神学美学代表奥古斯丁主张上帝是美的本体，一切美都来源于上帝，认识美只能依靠来自上帝的理性。另一代表人物托马斯·阿奎那同样认为"事物之所以美，是由于神住在它们里面"，强调美的超验的来源和本质。笛卡尔关于上帝之美和上帝是美之源泉的说法，就是继承了这种从超验世界中去寻找美之根源和本质的传统。不过，笛卡尔实体学说中的上帝和宗教神学中的上帝还是有区别的。他论证上帝的存在，是为了论证物质世界的存在和理性认识的真实性。所以，他肯定上帝之美并不是要否定现实世界之美，肯定上帝是美之源泉也不是要否定现实世界自有美的原因。他在论述现实事物"美之所以为美的道理"时，指出："美和愉快所指的都不过是我们的判断和对象之间的一种关系"①，就是要从主客体的关系寻求美的本质和成因，并由人的判断的差异，推导出美的相对性。这和从超验世界寻求美的本质的传统是不一样的，显然有别于新柏拉主义和基督教神学美学贬低甚至否定现实事物美的观点。

斯宾诺莎反对笛卡尔心、物彼此分离的二元论的实体学说，另提出一元论的实体学说。他将实体称为"神"或"自然"，而所谓"神"，绝不是笛卡尔实体学说中唯心主义的上帝，而是与自然合为一体的存在，神就是自然本身。在说明实体、神或自然的性质时，斯宾诺莎提出了"圆满性"这一范畴。他说："圆满性就是实在性。换言之，圆满性就是任何事物的本质。"② 在斯宾诺莎的理解中，圆满性是和实在性、存在、本质、本性、必然性等同一的范畴，它表示事物的存在、本质及其必然性。事物的按其本性包含的存在愈多和愈必然，则其圆满性程度越高。实体、神或自然具有最高的圆满性或绝对圆满性。这种绝对圆满性即是自然的永恒秩序和固定法则，"万物皆循自然的绝对圆满性和永恒必然性而出"③，事物所包含的圆满性和实在性越多，也就更为完美。这样，斯宾诺莎就将美和圆满性相联系。他认为，通过理性直观，由神的某一属性的形式本质的正确观念出发，从神圣的自然必然性去认识事物，就能够达到最高的圆满性，从而可产生最高的精神满足，这也就是斯宾诺莎哲学所追求的目的和理

---

① [法]笛卡尔：《致麦尔生神父的信》，载北京大学哲学系美学教研室编《西方美学家论美和美感》，商务印书馆1980年版，第79页。
② [荷]斯宾诺莎：《伦理学》，贺麟译，商务印书馆1997年版，第169页。
③ [荷]斯宾诺莎：《伦理学》，贺麟译，商务印书馆1997年版，第39页。

想——"最高的人生圆满境界",它是至真,也是至善,同时也就是至美。显然,斯宾诺莎所讲的与实体的最高圆满性相联系的美,绝不是那种由人的感觉和感受来评价自然的美,而是与自然的本性的必然性和谐一致的美,是超越感性的理性和直观的美。这是理性主义美学对于美的理性本质和超验性质所做的一个新的概括和阐明,它较之笛卡尔关于美在上帝的完满性的看法,显得更为深刻也更为独特。不过,斯宾诺莎又认为人们一般所谓的美,并非他所理解的圆满性意义上的美。它不是指知觉对象或自然事物本身的性质,而是依据自然事物对于人的作用和感受所做的评价。"外物接于眼帘,触动我们的神经,能使我们得舒适之感,我们便称该物为美。"① 这和笛卡尔从主客体关系上说明美的看法是一致的。

莱布尼茨的实体学说既不同于笛卡尔的二元论,也不同于斯宾诺莎唯物主义一元论,而是一种客观唯心主义的单子论。单子论认为世界万物是由精神性的单子构成的。单子也可以称为"灵魂",它是充满宇宙的客观精神。单子不可分,没有"部分",是真正"单纯"的实体。单子不能由各部分的组合或分离而自然地产生或消灭,它的产生和消灭只能是由于上帝的力量。单子"没有可供事物出入的窗户",各单子间是彼此独立的。但单子所构成的事物却又是互相作用、互相影响的,从而构成一个和谐的整体。莱布尼茨认为这是由于上帝在创造每一个单子时就已预先确定其本性和发展变化,使其在以后的全部发展过程中自然地与其他单子的发展变化相互和谐一致,这就是他所说的"前定和谐"。莱布尼茨对于美的本质和来源的看法,就是建立在这种"前定和谐"说的基础上的。他认为上帝是形成整个世界的和谐一致的原因,因而上帝也就是一切美的源泉。和笛卡尔一样,莱布尼茨也说"上帝是一个绝对完满的存在",因而,"一切美都是上帝光辉的一种发射物"。② 他认为,世界事物按照上帝的预先规定,"从一个一般至高无上的原因",产生出和谐和秩序,由和谐和秩序又产生出美。所以,"完美、存在、力、自由、和谐、秩序和美都是互相联系着的"③。由此可见,在莱布尼茨看来,美的本质就在于和谐。他所说的其他

---

① [荷] 斯宾诺莎:《伦理学》,贺麟译,商务印书馆1997年版,第42页。
② 《莱布尼茨集》,巴黎,1842年,第3页。
③ [德] E. 卡西勒:《启蒙哲学》,顾伟铭等译,山东人民出版社1988年版,第118页。

概念，如秩序、自由、完美、力等，都是以和谐为中心的。所谓"力"，也是单子论中的一个重要的概念。莱布尼茨认为实体本身就具有能动的"力"，单子就是在"力"的推动下不断变化发展而又与其余一切单子的变化发展保持和谐一致的。正是在这种能动的"力"的推动下，产生了"多样性中的统一性"，产生了和谐和秩序，又产生出美。莱布尼茨不仅将和谐理解为"多样性中的统一性"，而且深入揭示出形成和谐的目的因和动力因，使美即和谐具有了合目的性和合规律性的内涵。这就使理性主义美学在美的本质的探讨上又向前跨越了一大步，而且使美的理性内容和超验性质有了更明确的规定性。他将目的因和动力因统一起来并引入对美的解释中，试图揭示美的形成的某种最终的形而上学的原因，在可感形象与理性世界之间建立起联系，这种探索思路上的革新，对后来德国美学发展，特别是德国古典美学的产生具有重要影响。

莱布尼茨理性主义哲学的继承者沃尔夫不仅将莱布尼茨的哲学思想系统化和通俗化，而且对莱布尼茨的美学思想也作了进一步发挥。他在莱布尼茨美在和谐说的基础上，提出了美在完善的看法，将美定义为："一种适宜于产生快感的性质，或是一种显而易见的完善。"[1] 这个定义一方面指出美在于客体事物的完善；另一方面又指出这种完善需引起人的主体方面的快感。尽管这是从主客体两方面说明美的产生条件，但关键在于"完善"（perfection）这一概念。完善这个概念虽然在中世纪和文艺复兴时期一些哲学家和美学家的言论中也使用过，但只是到了近代，完善一说才获得独立的意义。在笛卡尔、斯宾诺莎和莱布尼茨的思想中，完善这一概念都起过很大作用。笛卡尔的完满性概念、斯宾诺莎的圆满性概念、莱布尼茨的和谐概念，都包含完善的含义。这个概念不仅与美相关，而且也与真和善相关。"一般来说，不妨说完善性就是在各个部分对整体都予以认可而不予以对抗的时候一个整体的性质。"[2] 在沃尔夫的著作中，"完善"就是意味着整体对部分的逻辑关系，即多样性中的统一性。对象完整无缺，整体与部分互相协调和和谐，这种整体的性质就是完善。但沃尔夫哲学中的"完善"概念和莱布尼茨的"前定和谐"说是相联系的，是一种客观的

---

[1] 北京大学哲学系美学教研室编：《西方美学家论美和美感》，商务印书馆1980年版，第88页。
[2] ［英］鲍桑葵：《美学史》，张今译，商务印书馆1985年版，第242页。

第十九章 理性主义美学的理论体系

"形而上学"概念，它不仅具有理性性质，而且具有目的论的色彩。

鲍姆加登是莱布尼茨—沃尔夫哲学的信徒。他从沃尔夫那里直接接受了"完善"的概念，也接受了他对于美的解释，同时又将它与感性认识结合起来，提出了美是感性认识的完善的新定义。按照鲍姆加登的理解，美不仅仅包括事物和对象的完善，而且包括"感性认识本身的完善（使感性认识完善）"[①]。正如他所说："感性认识的美和事物的美，本身都是复合的完善，而且是无所不包的完善。"鲍姆加登将事物的完善与感性认识的完善结合起来理解美是必要的。因为一方面，美的产生涉及主体和客体两者的条件，如果只讲对象的完善，不讲主体感性认识的完善，就无法解释"丑的事物本身可以被想为美的，而美的事物，也可以被想为丑的"[②]。另一方面，事物的完善既可由理性认识来把握，亦可由感性认识来把握。由理性认识把握的完善，就是真和善，而不是美。只有通过感性认识的完善去把握对象的完善，才能形成美。所谓感性认识本身的完善，"就是充分地而且如实地把握了现实世界直接显现出来的现象的丰富和多样性"。可见，鲍姆加登是很重视感性认识在美的认识和美的产生中的作用的。不过，鲍姆加登又将完善的感性认识称作是"美的思维"或"类似理性的思维"，说明其中已蕴含着某种类似理性的性质和内容。由此可见，鲍姆加登已经在某种程度上突破了理性主义的限制，试图从感性形式和理性内容的调和上来理解美。这对后来康德的美学思想是有启示作用的。

第二节 审美认识和美的思维

理性主义者认为具有普遍必然性的真理知识不是来自感性经验，而是来自理性本身，因此，抬高理性认识，贬低感性认识。但他们并非一概认为感性知识都不可靠，也并非全盘否定感性认识的作用。笛卡尔指出，所谓"思想"（cogitatio）不仅包括理智的活动，而且包括意志的活动、想象的活动和感官的活动。他甚至认为"直觉"中不仅包含着理智，而且也包

[①] ［德］鲍姆加登：《理论美学》，汉堡：梅诺尔出版社1983年版，第11页。
[②] ［德］鲍姆加登：《美学》，载马奇主编《西方美学史资料选编》（上），上海人民出版社1987年版，第694页。

含了想象、感知和记忆诸因素。理性主义哲学家和美学家在日常生活中并不完全怀疑感性知识,而且在与感性经验有着紧密联系的审美和艺术领域,也重视感觉、想象、记忆等感性认识活动的特殊意义和作用。笛卡尔和斯宾诺莎对想象都有完整的分析和论述,并且对情感都有专门的详细的研究,其中都涉及与审美相关的问题。莱布尼茨及其追随者沃尔夫和鲍姆加登更在其理性主义认识体系的框架中,对审美活动与感性认识和理性认识的关系作了具体和系统的分析研究,提出了"美的认识"和"美的思维"的命题和理论,从而形成理性主义美学中最具代表性的审美学说。

理性主义对审美活动的基本看法是将审美看作一种认识活动,着重在探讨审美认识的性质、特点及其在人类认识活动中的地位和作用。在西方美学史上,将审美看作一种认识活动早在古希腊美学中就存在。柏拉图就是对于美的认识做出完整阐述的第一人。在柏拉图看来,对于"美本身的观照是一个人最值得过的生活境界"。但人要认识"美本身",达到最高境界的美,必须经过一个循序渐进逐步上升的认识过程。他认为人的认识分为两种:一种是对可见世界的感觉、知觉;另一种是对理念世界的理性思维。与此相对应,美的认识也分为两种:一种是认识到"美的东西";另一种是认识到"美本身"。前者只能具有美的"意见";后者才能获得美的"知识"。柏拉图关于美的认识过程和种类的见解,是建立在他的"灵魂回忆"说的基础之上的。美的认识过程被解释为通过具体事物的美以唤起对灵魂本来就具有的"美本身"的回忆过程,这当然是唯心主义的。但他明确地提出美的认识包含感性和理性两个阶段,并且强调理性在美的认识中的重要作用,这是对审美理论的一个重要贡献。中世纪经院美学的代表托马斯·阿奎那也把审美看作一种认识活动。他认为善涉及欲念,使欲念得到满足;而美却只涉及认识功能,单凭认识就立刻使人愉快。审美或认识美要靠视觉和听觉,这都是与认识关系最密切并为理智服务的感官。对美的欣赏是一种"理性观照"的认识活动,具有不假思索的直接性的特点。最高的美具有神性的性质,需要借助于理性知识才可能被认识。这些看法对后来理性主义美学有着较大影响。

不过,理性主义哲学家和美学家对于审美认识问题的探讨,是建立在一个全新的哲学基础上的。理性主义哲学与从古希腊到中世纪的哲学形态明显不同,后者把本体论或存在论放在至高无上的地位,而前者则将认识

第十九章 理性主义美学的理论体系

论或知识论放在哲学的核心位置上。理性主义哲学不仅在哲学中突出了认识论问题,而且在认识论中突出了理性的地位和作用问题。理性既是科学知识的唯一来源,也是认识的可靠性和真理性的唯一标准。由于否认理性知识需以感觉经验为基础,强调理性知识与感觉经验的根本区别,理性认识和感性认识被置于互相对立的地位。因此,在理性主义哲学系统中,"激情和感官知觉都是从抽象智力的角度来加以描述的,因此,都是消极地,按照把它们和一个抽象的观念区别开来的属性来描述的"①。在理性主义者看来,感知、记忆、想象乃至情感这些感性经验或感性活动,同理性认识或抽象观念具有完全不同的属性,因而是互相区别开来的。既然如此,那么,与感知、记忆、想象、情感等感性经验密切相关的审美活动究竟属于什么性质呢?它与感性认识和理性认识是什么关系呢?如果它是属于感性认识,又如何与美的理性性质相统一呢?这就是理性主义美学在审美认识上需要回答的问题。

笛卡尔认为"美和愉快所指的都不过是我们的判断和对象之间的一种关系"②,美感或审美愉快的发生,需以对象与人的外在感官之间关系的适合或协调,和对象与人的内在心灵之间关系的对应或符合,作为先决条件。审美感受始于感觉和感官对于对象刺激的反应,同时也源于内在心灵和感情与对象刺激的对应。审美心理活动既包括想象、联想,也包括理智、判断。想象可以唤起各种不同的情感活动,但这些不同的感情经过想象的创造和理智的整合,最终转化为一种愉快的体验——"这是一种理智的愉快(intellectual pleasure)"③。笛卡尔的这些论述表明,他认为审美活动既不能脱离感性经验,也不能离开理性判断。而把审美愉快称作"理智的愉快",则强调了审美的认识性质以及理性在审美中的作用,表现出理性主义美学的特点。

斯宾诺莎没有对审美问题做过专门阐述,但从他对于美丑观念、圆满性以及情感等问题的论述中,仍然可以看出他对审美问题的一些看法。他

---

① [英]鲍桑葵:《美学史》,张今译,商务印书馆1985年版,第240页。
② [法]笛卡尔:《致麦尔生神父的信》,载北京大学哲学系美学教研室编《西方美学家论美和美感》,商务印书馆1980年版,第79页。
③ [法]笛卡尔:《心灵的感情》,载[波]W. 塔塔科维兹《美学史》第3卷,海牙·巴黎,1974年,第374页。

趣味与理性：西方近代两大美学思潮

在评论一般人所说的美丑观念时，认为它们不是表示自然事物本身的性质，而是依据自然事物对于人的作用和感受而对于对象所做的评价。所以，对美丑的感受必然依赖于人的感官条件和主观感觉。"外物接于眼帘，触动我们的神经，能使我们得舒适之感，我们便称该物为美。"① 这就肯定了审美的感性经验性质。但是，斯宾诺莎又认为，圆满性才是事物的实在性和本质，美和圆满性相联系，事物所包含的圆满性和实在性越多，也就更为完美。这种和事物的圆满性相统一的美，显然不是那种从人的感觉和感受来认识的美，而是超越感性的理性的和直观的美。它只能由斯宾诺莎所说的"直观知识"，即由神的某一属性的形式本质的正确观念出发，直接达到对事物本质的洞察，才能把握到，因而能使人产生最高的精神满足。斯宾诺莎所说的两种美是具有不同意义的，因而所说的两种美的认识也就具有不同的性质，但对这两种美和美的认识之间是什么关系，斯宾诺莎却没有说明。

在理性主义美学家中，莱布尼茨是对审美认识做出完整阐述的第一人。他以哲学认识论为基础，对美的认识的性质、特点、地位和作用都作了分析和阐明。根据莱布尼茨的单子论，单子在其不断变化发展中，由于"前定和谐"，始终保持着整个序列的连续性。他把连续性原则贯彻到认识论中，认为认识和观念是由低而高的发展过程，可以分为许多种类和等级。首先，可以将观念区分为"明白的和模糊的"两种；其次，"明白的"观念又可分为"清楚的和混乱的"两种。这种明白观念中的混乱观念，即"同时既是明白的又是混乱的观念"，属于一种"若明若暗、不明了清楚的知识"。莱布尼茨认为，美的认识和观念就是属于这种观念和知识；它一方面区别于模糊的、含混不清的观念和知识；另一方面也区别于清楚的、明确的知识。所以，他明确指出，美的认识或审美趣味与科学认识或理解力是有区别的。"与理解力不同的审美趣味是一些混乱的知觉，人们不能对它给予充分地说明和解释。它是某种接近本能的东西。"② 人们可以感觉到对象什么是美，什么是不美，却往往不能替他们的这种审美趣味找出理

---

① ［荷］斯宾诺莎：《伦理学》，贺麟译，商务印书馆1997年版，第42页。
② ［美］K. E. 吉尔伯特、［德］H. 库恩：《美学史》，纽约：麦克米伦公司1939年版，第228页。

第十九章 理性主义美学的理论体系

由。"人们永远无法探明，事物的令人愉悦性是什么，或者，这种愉悦性为我们提供了哪一类完善。因为这种令人愉悦的事被感知，是通过我们的情绪，而不是通过我们的理解力。"① 从以上论述看来，莱布尼茨是将审美趣味与理解力严格加以区别的，是将审美认识与可对事物下定义或做出科学说明的逻辑认识严格加以区别的，这就突显了审美的认识不同于科学的理性认识的特点。从他把审美活动归入若明若暗、不明了清楚的知识之列，将其定性为"混乱的知觉"来看，他基本上还是把美的认识看作一种感性活动，而不属于概念的理性活动。但他又认为"混乱的知觉"同样包含着无限的物体给予我们的印象，以及每一件事物与宇宙中所有其余事物之间的内在联系，同样说明了一切单子或单纯实体之间的前定和谐。所以它也是包含着自身的理性意义的。审美趣味或美的认识虽然不同于理性思考，但它却是联系着理性内容的。他也和笛卡尔一样，把审美的快感称作"被混乱地认识的理智的快感"②。总之，在莱布尼茨看来，审美认识"既非感性的同时又非理性的"③，"审美趣味和理性既不可同一亦不可分离"④。这就从认识上，较为深刻地揭示了审美活动的性质和特点，确立了审美认识在哲学认识论中的地位和作用。虽然布莱尼茨关于美的认识的理论并没有辩证地解决审美活动中感性和理性的关系问题，但他却指出了审美同感性认识和理性认识的特殊联系，并试图在感性和理性之间做出某种调和，这一贡献对后来德国美学特别是德国古典美学的发展产生了巨大的影响。

莱布尼茨哲学的继承者沃尔夫将莱布尼茨关于认识的学说系统化，对灵魂能力进行了分类。按照这一分类，认识能力包括"低级活动"和"高级能力"两类。低级活动包括感觉、想象、虚构、记忆。高级能力包括注意、思索、悟性。同时，沃尔夫又将心理学分为两种，即经验心理学和理性心理学。经验心理学以知觉为出发点，从知觉经验上去研究和说明心理

---

① ［美］K. E. 吉尔伯特、［德］H. 库恩：《美学史》，纽约：麦克米伦公司1939年版，第228页。
② ［德］莱布尼茨：《自然与神恩的原则》，载［美］门罗·C. 比尔兹利《美学简史：从古希腊至当代》，纽约：麦克米伦公司1966年版，第154页。
③ ［意］克罗齐：《作为表现的科学和一般语言学的美学的历史》，王天清译，中国社会科学出版社1984年版，第52页。
④ ［美］K. E. 吉尔伯特、［德］H. 库恩：《美学史》，纽约：麦克米伦公司1939年版，第228页。

现象;理性心理学研究心灵本身的"形而上学",其目的在于认识灵魂的内在的抽象本性。沃尔夫在经验心理学中,企图只从基本的表象力中引导出各种能力,他的唯理论心理学大部分都是研究这个问题的。这里,他涉及有关美和审美的问题,可见他将审美问题主要是放在感性认识活动中来研究的。沃尔夫在认识论上具有调和唯理论和经验论的倾向,他较为重视感性认识,并对此作了较多研究。但是,他仍然把感性认识仅仅看作低级认识能力,与研究高级认识能力的逻辑学是不能相提并论的,实际上在理性主义认识论中也是没有独立地位的。沃尔夫哲学的信奉者鲍姆加登正是由于不满意在沃尔夫哲学体系和各分支学科中,感性认识没有取得应有地位的状况,才明确提出应当建立一门新学科——美学,来专门研究感性认识,使其在哲学的领地内赢得一席之地。

鲍姆加登的贡献不仅在于为研究感性认识的学科取了一个名称,更在于他确立了美学应以美的认识、美的思维和自由艺术作为对象,以达到感性认识的完善——美为目的。他明确提出了"美的认识"和"美的思维"的概念,并对美的认识和美的思维的性质、特点、地位、作用等作了全面地阐述,较深入地揭示出审美认识的独特内涵和特殊规律,因而是对莱布尼茨关于审美认识理论的重要发展。

在鲍姆加登的美学中,"美的思维"是一个核心概念。他指出,审美学说是"关于美的认识的本质的理论,以及通过正确途径获得美的认识的方式方法的理论"①。美的认识理论,就是美的思维的理论。鲍姆加登称它为"美的思维的艺术和与理性类似的思维的艺术"(这里"艺术"一词即"规则"之意)。他说:"美学是以美的方式去思维的艺术。"②又说:"美学家所关心的是在美的思维对象中显现出来的完善。"③ 这里,"美的思维""以美的方式去思维""与理性类似的思维"(或"类似理性的思维"),都是同一概念内涵的不同表述。鲍姆加登将审美认识称为"美的思维"或"以美的方式进行思维",是为了更好地阐明它与"逻辑的思维"或"以逻辑方式进行思维"之间的区别和联系,同时也是为了显示美的认识中所

---

① [德]鲍姆加登:《美学》,简明等译,文化艺术出版社1987年版,第35页。
② [德]鲍姆加登:《美学》,载朱光潜《西方美学史》,人民文学出版社2002年版,第289—290页。
③ [德]鲍姆加登:《美学》,简明等译,文化艺术出版社1987年版,第34—35页。

第十九章 理性主义美学的理论体系

包含的理性成分。他说："如果说逻辑思维努力达到对这些事物清晰的、理智的认识，那么，美的思维在自己的领域内也有足够的事情做，它要通过感官和理性的类似物以细腻的感情去感受这些事物。"① 可见美的思维和逻辑思维是对事物的两种不同的认识方式。逻辑思维是通过清晰概念和理智去认识事物，美的思维则是通过感觉、感情和"理性的类似物"去感受事物，两者各有特点，不能互相代替。这里讲"美的思维"，除了肯定它具有不脱离感觉、感情的具体感受的特点外，同时又指出它具有与理性类似的某种性质。这也就是上面所说的"与理性类似的思维"或"类似理性的思维"概念中必然包括的含义。"类似理性"这一提法是鲍姆加登从沃尔夫哲学中借用过来的，但它包含的内容却更为丰富。按鲍姆加登的解释，它包括认识事物一致性的低级能力、认识事物差异性的低级能力、感官的记忆力、创造力、判断力、预感力、命名力等。"类似理性的思维"这一概念可以说是更好地表达了审美认识作为一种思维方式的特殊性。它表明审美认识尽管属于感性认识，但又不是单纯的感性认识。在这种感性认识中体现着某种与理性相类似的内容，因而也具有类似理性的性质，具有理性认识的同等价值。

按照鲍姆加登的理解，美的思维或美的认识从本质上说也是对于真的认识。但美的思维或美的认识所要达到的是审美的真，而逻辑思维或逻辑的认识所要达到的是逻辑的真。逻辑的真和审美的真都是客观的真、形而上学的真在特定的主体的心灵中获得的一种形态，是主观的、精神的真，但两者却分属于人的不同的认识能力把握的对象。逻辑的真是"纯精神意义上的知性"的对象，是通过知性和理智才能认识和把握的真，是一般的、抽象的真。审美的真是"与理性相类似的思维和低级认识能力的对象"，是通过感觉、想象和"理性类似物"去认识和把握的真，是个别的、具体的真。"严格意义上的真实事物所具有的真，只是当其能被感官作为真来把握时，而且只有当其能通过感觉印象、想象或通过同预见联系在一起的未来的图像来把握时，方始为审美的真。"② 如果说，美的思维和逻辑思维是两种不同的认识形式，那么审美的真和逻辑的真就是两种不同的认

---

① ［德］鲍姆加登：《美学》，简明等译，文化艺术出版社1987年版，第43页。
② ［德］鲍姆加登：《美学》，简明等译，文化艺术出版社1987年版，第52页。

识成果。显然，鲍姆加登这些论述已经接触到人类认识和把握现实世界的两种不同的思维方式——形象思维和抽象思维的区别，接触到审美认识的感性与理性、个别与普遍、形象与思想互相结合和统一的特点，是理性主义美学在审美认识研究上的最重贡献之一，它给予了康德美学思想以直接的影响。

第三节 艺术、理性与规则

理性主义哲学的创始人笛卡尔在西方哲学史上第一个将人的理性抬到至高无上的地位。在他看来，理性既是获得真理的知识的唯一来源，也是检验知识的真理的唯一标准。笛卡尔这一新知识理想包含了知识和才能的一切领域和方面。不仅比较严格意义上的各门科学都需要符合这一理想，而且艺术也得服从这种严格的要求。"艺术同样也要受到理性规则的衡量和检验，因为只有经过这种检验，才能证明它是否包含纯正的、永恒的和本质的内容。"[①] 正是基于这种要求，理性主义美学家将笛卡尔的理性原则用之于艺术领域，强调理性对于艺术性质和艺术创作的决定作用。在他们看来，理性既是衡量和判断艺术的真善美的价值的标准，也是艺术创作的出发点和支配原则。艺术创作从内容到形式都要服从理性，遵循依照理性制订的规则。只有依理性指导而创作的艺术作品才具有认识价值和道德教育意义。这就使艺术与理性的关系问题成为理性主义美学中一个十分突出的问题，并且对西方艺术理论的发展变化产生了重大而深刻的影响。

在西方美学史上，从理性出发来考察和评判艺术问题的美学思想可以追溯到古希腊的柏拉图。柏拉图贬低乃至排斥古希腊反映现实的"模仿的诗"和"模仿者的诗人"，其理由就是指责其违背理性。在他看来，诗人的创作不是靠理性，而只凭灵感，是在"失去平常理智而陷入迷狂"状态下写成的，所以诗人不能说明自己的作品，诗不能作为教育人的工具。再者，柏拉图认为一切模仿的诗和艺术都是逢逆人心的无理性部分，使人性中的低劣部分得到培养发育，对人产生坏的心理作用。《理想国》卷十说："模仿诗人既然要讨好群众，显然就不会费心思来模仿人性中理性的部分，

---

① ［德］E. 卡西勒：《启蒙哲学》，顾伟铭等译，山东人民出版社1988年版，第272页。

第十九章 理性主义美学的理论体系

他的艺术也就不求满足这个理性的部分了；他会看重容易激动情感的和容易变动的性格，因为它最便于模仿。"① 依照柏拉图的伦理学说，人的灵魂是由理智、意志和情欲这三部分组成的。情欲是人性中低劣的部分，它应当受到理智的节制。所以艺术也应当满足人性中的理性部分，发挥理智对情感的节制作用。但模仿的诗人和艺术家却利用人性中的弱点，满足人们的情欲，使情感失去理性的控制。这当然不符合柏拉图对诗和艺术的要求，所以，他宣布要把这样的诗和艺术驱逐出"理想国"，而代之于一种符合理性标准和教育规范的诗和艺术。柏拉图这种从理性出发观察和判别艺术，强调艺术的理性性质和作用的观点，是以其"理念论"哲学为基础的，在西方美学思想发展中产生了很大影响。

罗马时代的著名诗人和文艺批评家贺拉斯所作《诗艺》，虽然受到亚里士多德的文艺思想的影响，继承了模仿自然的观点，但他在总结罗马文学创作经验，针对当时文艺提出的问题发表意见时，却非常强调理性和规则对于文艺创作的重要性。他认为"要写作成功，判断力是开端和源泉"②。判断力一词，拉丁文是 sapere，亦可译作"智慧"或"正确的思考"，就是指人的理性。贺拉斯认为创作要取得成功，首先要知道应该写什么和不应该写什么，以及怎样才能写得合情合理，恰如其分。这就必须由作家的理性作指导，指出创作中需有理性作用固然也有道理，但把理性强调成为创作的开端和源泉，就不免显得本末倒置。贺拉斯正是从理性出发，要诗人学习希腊古典文艺典范，并提出古典主义的合式原则和合理原则，作为文艺创作的规范。他要求作品的内容、情节、情景要"合情合理"，人物刻画要定型化和类型化，做到"恰如其分"，结构要首尾一致，条理清晰，注意整体效果。这些规范都是建立在普遍永恒的理性基础上的，是以理性作为判断标准而形成的。贺拉斯《诗艺》中的理性原则、合式原则等为 17 世纪法国古典主义文艺理论提供了直接的传统借鉴和思想依据。

法国古典主义理论继承和发展了西方美学思想中强调理性的文艺传统，并且主要以笛卡尔的理性主义哲学作为理论基础，自觉地将理性主义

---

① ［古希腊］柏拉图：《文艺对话集》，朱光潜译，人民文学出版社 1980 年版，第 84 页。
② ［古希腊］亚里士多德、［古罗马］贺拉斯：《诗艺·诗艺》，罗念生、杨周翰译，人民文学出版社 1982 年版，第 154 页。

原则应用于文艺领域，建立了一个理性主义的文艺理论体系，成为理性主义美学在理论上的集中表现。古典主义文艺的基本要求最初是由沙坡兰代表法兰西学院对高乃依的剧作《熙德》进行评判时提出来的。在由沙坡兰执笔的《对熙德的感想》中，作者明确提出了艺术要以理性作为最高原则的要求。他说："一个剧本仅能供人娱乐，如果这种娱乐不以理性为根据，如果娱乐的产生不通过某些使它合乎正规的道路，正是这些道路使娱乐成为有教益的东西，那么这个剧本仍旧不能算作好的剧本。"① 艺术要"以理性为根据"，要"合乎理性"，这就是沙坡兰提出的用来评判《熙德》乃至一切艺术作品的根本标准。他对作品提出的其他要求，如情节、人物要"近情近理"，符合必然性和普遍性等，也都是创作要"合乎理性"的延伸。这些观点后来都被布瓦洛在《诗的艺术》中吸收和发挥了。

布瓦洛的《诗的艺术》是法国古典主义文艺理论的代表作，是理性主义美学关于艺术理论的经典文献。这部著作从头至尾浸透了笛卡尔的理性主义思想，可以说是没有笛卡尔的笛卡尔美学。正如《法国文学史》作者朗生（G. Lanson）所说："《诗的艺术》的出发点，就是《论方法》的出发点：理性。"② "理性"是《诗的艺术》中反复出现的词汇，也是贯穿全书的一条红线。比起以前的各种相关论述来，布瓦洛显然更加强调了理性对于文艺的至高无上的意义和作用。他明确地提出："首先须爱理性：愿你的一切文章永远只凭着理性获得价值和光芒。"③ 这就是说，艺术的价值——真善美都来自理性，只有理性才是衡量艺术价值高低、好坏的尺度，只有"理性的光芒"才能照亮创作的成功之路。布瓦洛反复强调的"理性"，就是笛卡尔所说的"良知"，它是人先天具有的正确判断和辨别真假好坏的能力，是一种普遍永恒的人性，也是人获得真知的出发点。不过，布瓦洛所指的"理性"也有不同于笛卡尔所指的作为科学推理的"理性"的地方，这就是它还包括当时法国君主专制政治所要求的道德规范的内容。所以，在布瓦洛看来，艺术的真需凭借理性，艺术的善也需凭借理性，而"只

---

① ［法］沙坡兰：《法兰西学院关于悲喜剧〈熙德〉对某方所提意见的感想》，载《古典文艺理论译丛》（5），人民文学出版社1963年版，第101—102页。
② 朱光潜：《西方美学史》，人民文学出版社2002年版，第182页。
③ ［法］布瓦洛：《诗的艺术》，任典译，人民文学出版社1959年版，第4页。

有真才美"①，美是依赖于真和善的，所以艺术的美也要凭借理性。总之，只有从理性出发，艺术才能达到真善美统一这个古典主义文艺的最高理想。布瓦洛当然明白，艺术是不能沦为抽象说教的，所以，他在强调艺术的理性原则时，也提出艺术要模仿自然，要求作家"永远也不能和自然寸步相离"②。但布瓦洛所说的"自然"，并不是指一般感性现实世界和真实事物，而是指体现在事物中的"常情常理"，核心就是他所说的"自然人性"，即理性主义者所假定的普遍永恒的人性。所以，在古典主义者的理解中，"自然"和"理性"是完全统一的。理性是先验地存在于人的心灵之中的，是认识的主体；自然则存在于外界事物之上，是认识的客体。只有依靠理性去观察和钻研自然，才能求得自然之理即真，才能表现自然的"常情常理"和普遍永恒的人性。可见，布瓦洛提出艺术模仿自然是经过理性主义改造的，他讲的自然就是由理性统辖的自然，和理性相符合的自然，自然原则也是对理性原则的一个补充。所以，他指出作品中情节的发展"要受理性的指挥"③，"绝对不能欣赏一个背理的神奇"④；人物的塑造要符合其所属的类型性格和定型性格，并且处处要表现得"始终如一"。不仅作品的内容要符合理性，而且作品的形式也要服从理性的规范，如文辞的清晰、典雅，段落的匀称、得宜，结构的统一、完整，以及戏剧的"三整一律"，等等。这些要求和笛卡尔理性主义哲学的精神也是完全一致的。

笛卡尔在哲学中抬高理性，贬低想象，否认想象具有正确的认识作用，从而使想象和理性互相对立起来，但他并没有否认想象对于艺术创造的独特作用。以布瓦洛为代表的古典主义美学似乎比笛卡尔走得更远，它在强调理性对文艺支配作用的同时，却"要把想象力拒之于艺术理论大门之外"⑤。布瓦洛的《诗的艺术》主张艺术模仿自然，这显然是受到亚里士多德的《诗学》的影响。亚里士多德明确指出："诗人的职责不在于描述已发生的事，而在于描述可能发生的事，即按照可然律或必然律可能发生

---

① [法] 布瓦洛：《诗简》，载北京大学哲学系美学教研室编《西方美学家论美和美感》，商务印书馆1980年版，第81页。
② [法] 布瓦洛：《诗的艺术》，任典译，人民文学出版社1959年版，第57页。
③ [法] 布瓦洛：《诗的艺术》，任典译，人民文学出版社1959年版，第56页。
④ [法] 布瓦洛：《诗的艺术》，任典译，人民文学出版社1959年版，第33页。
⑤ [德] E. 卡西勒：《启蒙哲学》，顾伟铭等译，山东人民出版社1998年版，第278页。

的事。"① 这就自然将想象包括在艺术模仿自然的命题之中了。罗马时代和文艺复兴时期对于亚里士多德的模仿说的阐释和发挥，大都是和想象说相联系的，特别是文艺复兴时期意大利文学批评家卡斯特尔韦特罗在诠释《诗学》时，更加突出了想象是诗的题材和历史题材相区别的关键。然而，对于这些不断丰富和发展的艺术想象学说，布瓦洛却从理性出发加以排斥。《诗的艺术》里对于想象这样一个关系艺术性质和特征的重要问题，居然只字未提。这种抬高理性、排斥想象的艺术观点代表着理性主义美学对于艺术问题的基本倾向，同艺术创作的实际是背道而驰的。由此引发了贯穿于17、18世纪欧洲美学中的理性与想象力之争。

布瓦洛以理性为基础的古典主义艺术理论在相当长时期里对欧洲各国文艺和美学的发展产生了重大影响。在英国，古典主义文学批评家和诗人蒲柏（A. Pope，1688—1744年）在其所著《批评论》中，继承和发扬了布瓦洛的古典主义文艺主张，同样强调艺术创作中理性和规则的重要性。蒲柏认为理性是支配人性的一种与生俱来的能力，它能比较一切、权衡一切，对人起到节制作用。在文学批评中，人的理性具体表现为"判断力"。判断力的标准来自"追随自然"和研读古典所形成的规则。他说："首先要追随自然，按它的标准来下判断，这标准是永远不变的。"② 又说："古代的创作法则，并非臆造，而是被发现的，法则就是自然，只不过是规范化了。"③ 在蒲柏看来，艺术追随自然和遵循法则是一致的，因为"法则就是自然"，是人的理性依照自然定下的规范。所以，理性、自然、法则是统一的，它们都建立在普遍永恒的人性的基础之上，也就是"艺术的源泉、目的和检验的标准"。

古典主义文艺理论在德国的代表人物是戈特舍德。戈特舍德是18世纪前半叶德国权威的文艺理论家。他是沃尔夫理性主义哲学的信奉者和宣传者，把理性看得高于一切。他的著作《批判的诗学》就是以莱布尼茨—沃

---

① ［古希腊］亚里士多德、［古罗马］贺拉斯：《诗学·诗艺》，罗念生、杨周翰译，人民文学出版社1982年版，第28页。
② ［英］蒲柏：《批评论》，载北京大学西语系资料组编《从文艺复兴到十九世纪资产阶级文学艺术家有关人道主义人性论言论选辑》，商务印书馆1971年版，第116页。
③ ［英］蒲柏：《批评论》，载北京大学西语系资料组编《从文艺复兴到十九世纪资产阶级文学艺术家有关人道主义人性论言论选辑》，商务印书馆1971年版，第116页。

第十九章 理性主义美学的理论体系

尔夫的理性主义哲学为基础的，是按照理性主义原则建立起来的诗学。其主要观点和布瓦洛的《诗的艺术》如出一辙。和布瓦洛一样，戈特舍德也强调理性是衡量文学创作和审美判断的标准。他在讨论"趣味"（Geschmack）的好坏之别时，认为"与理性确定的规则相一致"的趣味才是"好趣味"，只有符合理性确定的规则，才会有真正的文学创作和审美判断。关于艺术的性质，戈特舍德也采纳了自然模仿说。但他所说的"自然"，是贯穿着理性原则的、有序的、完美的自然。如他所说："上帝按照一定的数量、尺度和重量创造了自然，自然本身就是完美的。因此，艺术如果也想贡献美的东西，那就只能模仿自然模式。"① 这几乎是莱布尼茨的理性主义"前定和谐"论的翻版。戈特舍德非常强调文艺的理性作用和道德教育功能。为此，他提倡文艺创作要从理性和道德准则出发，说："首先要根据要达到的目的的特点，选择一条富有教育意义的道德准则，它将是整个作品的基础。据此，要想出一件具有普适性的事件，情节就出现在其中，所选的那条道德准则也就具有了感性的具体性，变得一目了然。"② 这种图解思想的创作方法显然是违背艺术规律的。沿此方法创作，也必然要排斥艺术中想象和情感的特殊作用。而这恰恰是戈特舍德文学理论的特点和弱点。围绕着艺术中理性与想象、理智与情感的关系问题，戈特舍德和当时的苏黎世派文艺理论家展开论战，他的重理性、重理智、重规则的文艺主张，受到重想象、重情感、重创造的苏黎世派的反驳和批评。而稍后的德国理性主义美学家鲍姆加登则进一步看出了理性主义者在艺术问题上片面强调理性有走极端的缺陷和危险，而试图在理性与感性之间进行调和。他不仅论证了审美认识和逻辑认识、感性认识和理性认识，作为不同的认识方式具有同样的认识价值，而且也论证了文艺的感性化、形象化和个性化特征，肯定了感知、想象、情感、幻想对于文艺创造的重要作用，从而对理性主义美学在艺术问题上的偏颇作了一定的匡正。

---

① ［德］戈特舍德：《为德国人写的批判诗学试论》，载范大灿《德国文学史》第2卷，译林出版社2006年版，第56页。
② ［德］戈特舍德：《为德国人写的批判诗学试论》，载范大灿《德国文学史》第2卷，译林出版社2006年版，第58页。

第六篇 经验主义与理性主义美学的汇合和历史影响

第二十章 康德美学及其对经验主义和理性主义的调和

西方近代哲学和美学发展到康德，产生了关键性的转折。在此之前，近代自培根、笛卡尔以来的西方哲学和美学思想分为经验主义和理性主义两大派。经验主义派别或思潮，在哲学认识论上，强调认识的经验来源，强调感性认识的重要性和实在性，往往以这样或那样的方式，贬低乃至否定理性认识的作用和确定性。在美学思想上，则主张从感觉经验出发，通过由下而上的经验归纳，去观察和分析美学问题，强调美的感性基础和经验性质，强调美感或审美趣味的情感性质和心理特点，强调想象、情感、天才在艺术中的特殊地位和作用，忽视乃至否定理性在审美和艺术中的作用。理性主义派别或思潮，在哲学认识论上，强调认识的理性来源，强调理性认识的可靠性和必然性，否定认识起源于感觉经验的原则和感性认识的作用及可靠性。在美学思想上，则主张从既定的理性观念和体系出发，通过由上而下的理性思辨，去分析和研究美学问题，强调美的理性基础和超验本质，强调审美的认识性质和功能，强调理性、规则对于艺术的重要性和作用，忽视乃至否定想象、情感在审美和艺术中的特殊地位和作用。经验主义和理性主义这两大派别和思潮的分歧和对立，既代表了西方近代认识论发展的基本走向，也反映了西方近代美学思想发展的基本走向。虽然这两派也存在相互作用和影响，但就总的趋势来说，其分歧和对立却是异常分明的。康德处在经验主义和理性主义两派的对立和斗争得到充分发展和展开的时代，他看出两派各有其片面性，又各有其合理性，企图通过批判，在先验唯心主义基础上将两者调和起来，从而形成了他从哲学到美学领域里的对经验主义和理性主义的综合。这就推动近代西方哲学和美学

第二十章　康德美学及其对经验主义和理性主义的调和

思想产生了关键性的转变。

本章拟对康德的美学思想进行评述，并着重论述他是怎样在美学领域中对经验主义和理性主义进行调和及综合的，由此显示经验主义和理性主义这两大美学思潮经过近两个世纪的对立和发展，终于在康德美学里汇合起来了。

第一节　先验唯心主义哲学

康德（Immanuel Kant，1724—1804年）是18世纪末至19世纪初德国古典哲学的创始人，也是德国古典美学的奠基人。他出生在东普鲁士的哥尼斯堡一个皮匠家庭，父母都是虔敬派教徒。8岁时，他进入一个虔敬派学校念书，16岁时进入哥尼斯堡大学。1746年开始做家庭教师，1755年到哥尼斯堡大学当讲师，1770年成为逻辑与形而上学的教授，1797年退休。他的一生除学习、教学和做研究工作外，没有参加过其他重要社会活动。除了到附近的但泽作过一次旅行之外，他也从来没有离开过出生地哥尼斯堡。他过着平静而规律的生活，看起来似乎刻板单调，然而他的内心生活却是既丰富而又紧张的。他不断地研究和思考着各种问题，把毕生的精力都献给了哲学事业。

康德的思想，经过了一个从自然科学到神学、从向往革命到畏惧革命、从唯物主义到主观唯心主义的发展过程。学术界一般把他的思想发展分为两个时期。1770年以前是前批判时期。这一时期他特别注重研究自然科学问题，具有比较多的朴素唯物主义和辩证法因素。在1755年出版的《自然通史与天体理论》中，康德批判了以牛顿为代表的宇宙不变论，提出了"星云说"的假设，认为太阳系是起源于星云状态的物质微粒。对此，恩格斯曾给予很高评价，认为它是在"形而上学思维方式的观念上打开了第一个缺口"[①]。1770年以后，康德转入批判时期。这时，他从自然科学转入哲学，提出了他的先验唯心主义的哲学观点。他陆续发表的三本著作《纯粹理性批判》（1781）、《实践理性批判》（1788）和《判断力批判》（1790）构成了他的先验唯心主义的完整体系。其中，《纯粹理性批

[①] 《马克思恩格斯选集》第3卷，人民出版社1972年版，第96页。

判》是系统阐述他自己的哲学基本观点、特别是认识论的著作,讲的是知识的来源与知识在什么条件之下才可能的问题,认为知识是先天的形式与感性材料结合而成,这构成了他的先验唯心主义的主要部分。《实践理性批判》是他的伦理学著作,是用他的先验唯心主义去研究人的道德行为的原则,说明道德原则为什么是先天的、先验的。《判断力批判》前一部分是美学,是用他的先验唯心主义去研究美的问题,说明为什么美是先天的、先验的分;后一部分是目的论,认为有机体和自然界具有内在的目的性。在欧洲哲学史上,康德是第一个将自己的哲学体系公开称为"先验的唯心主义"的哲学家。

康德哲学的基本观点是承认在人的意识之外存在着客观世界,亦即他所说的"物自体"的世界,但他认为物自体是不可知的,是超乎经验之外的,是人的认识能力所不可能达到的"彼岸世界"。康德在表面上对唯物主义与感觉论作了一定的让步,承认"一切认识都以经验开始",由于"自在之物"刺激我们的感官才产生印象与观念。但是康德又认为这些经验的东西还不成为知识,它只能作为材料。知识是由两种成分配合而成的:一种是外来感觉的杂乱无章的质料,一种是内心的有条有理的形式。这些形式是人的认识能力本身就具有的,是先天的意识形式。它不是从经验中得来的,而是先于经验的。这些认识形式不依赖于经验,但是一切经验之可能都必须以它为条件或依据才成。列宁说:"康德哲学的基本特征是调和唯物主义和唯心主义,使二者妥协,使各种相互对立的哲学派别结合在一个体系中。当康德承认在我们之外有某种东西、某种自在之物同我们表象相符合的时候,他是唯物主义者;当康德宣称这个自在之物是不可认识的、超验的、彼岸的时候,他是唯心主义者。在康德承认经验、感觉是我们知识的唯一源泉时,他是在把自己的哲学引向感觉论,并且在一定的条件下通过感觉论而引向唯物主义。在康德承认空间、时间、因果性等等的先验性时,他就把自己的哲学引向唯心主义。"[①] 这段论述概括了康德哲学体系的主要特点,揭示了康德哲学中的内在矛盾。

康德哲学以批判人的认识能力为其主要目的,故称为批判哲学。这种批判哲学是在接受和批判理性主义和经验主义哲学的基础上逐渐形成的。

[①] 《列宁选集》第2卷,人民出版社1972年版,第200页。

第二十章 康德美学及其对经验主义和理性主义的调和

他在哲学上曾先后受到莱布尼茨—沃尔夫的理性主义哲学和休谟的经验主义哲学的深刻影响,但他却以批判精神对这两种哲学倾向作了分析。他既不同意像沃尔夫那样,对人的认识能力的可能界限未详加探讨,就断定理性认识的可靠性而否定感性认识;也不同意像休谟那样,对人的认识能力的可能限度未详加探讨,就断定感性认识的确实性而否定理性认识。他把前者称作独断论,把后者称作经验论、怀疑论。与两者均不同,康德哲学的目的是对人的认识能力详加探讨,对认识的起源、范围和界限加以规定。于是,他对传统的认识论进行了批判与改造,系统地提出了他的"先验哲学",这就是在哲学史上有名的"哥白尼式的革命"。

在康德之前,经验主义者只承认来自感性经验的"后天综合判断"的确实性,否定认识的先天能动作用;理性主义者只承认以不矛盾律为依据的"先天分析判断"的可靠性,否定认识的经验基础。康德认为这两方面都没有注意到"先天综合判断"。他提出了这一类判断,并将"先天综合判断如何可能"的问题,作为他的认识论的中心问题。通过考察先天综合判断,康德提出了先验唯心主义。所谓先验唯心主义,是讲人的认识能力本身就具有一种认识形式。这些认识形式是先于经验的,不来自经验,不依赖于经验,而一切经验之可能、一切知识的普遍性和必然性,都必须以这种先天的认识形式为条件或依据。康德通过对理性主义和经验主义的批判,认识到知性与感性结合起来的必要性。他认为人的知识是先天的认识形式和后天的感觉表象相结合而成的,这就是他所说的"先天综合判断"。按照康德的看法,知性是"意识从其自身产生观念的能力"。意识自身产生出一些知性范畴,人的认识发挥其主观能动性,用这种范畴把感性知识结合起来,使其具有一定的形式,才使经验对象的知识成为可能。知性范畴是先天固有的、主观的、和经验无关的思想形式。正是由于我们把这些范畴加在具有时间空间性的感觉上,用它们来整理统一感性经验,才能形成有条有理的知识。知性范畴不仅是构成知识本身的条件,也是构成知识对象的条件。康德把知性的作用称为"先验统觉",认为这种"先验自我"的能动的统觉能力,就是感性和知性能够结合成为知识的根本保证。康德强调了认识的主动性和范畴的作用,但他把构成知识和知识对象条件的范畴说成是先验的,否认它是事物的反映,使认识失去了客观基础。著名哲学家罗素说,康德的先验唯心主义认识论"把始于笛卡尔的主观主义倾向

· 551 ·

带到了一个新的极端"。①

康德的美学是他的哲学体系的一个组成部分。所以，我们要认识他的美学思想，首先要从弄清他的哲学体系入手。这里，我们先结合分析他的《判断力批判》，说明美学和他的整个哲学体系的关系。

第二节　美学：联结自然与自由的桥梁

康德研究美学并不是从审美和艺术的实践经验出发，不是为了从理论上对这些实践经验给予总结，而是从他的哲学体系出发，是为了使他的哲学体系能够构成得完整。康德哲学以批判人的认识能力为其主要目的，故称为批判哲学。他在《判断力批判》"导言"中一开始就明白指出："我们全部认识能力有两个领地，即自然概念的领地和自由概念的领地；因为认识能力是通过这两者而先天地立法的。现在，哲学也据此而分为理论哲学和实践哲学。"②康德的《纯粹理性批判》和《实践理性批判》就是分别研究这两部分哲学的。《纯粹理性批判》所讨论的是如何认识自然的必然，而在认识能力上则主要是涉及"知性"。什么是"知性"呢？康德说："意识从其自身产生观念的能力，认识的主动性，就应该叫作知性。"③就是说，人的意识自身产生出一些概念、范畴，人的认识发挥它的主动性，用这些概念、范畴把感性知识结合起来，这种主观的认识能力就是知性。康德认为，"知性的纯粹概念或纯粹范畴"总共有十二个，人就是通过这先天就有的知性的十二个范畴来整理感性认识的。由于人把这些先天的知性范畴加到自然上去，自然才具有了一定的规律性。这些由人的知性赋予范畴的对象，只能是现象界，而不是"物自体"。在《实践理性批判》中，康德讨论了如何达到道德的自由，主要涉及的认识能力是"理性"。康德认为理性是一种最高的认识能力。知性的认识只涉及"现象"，而不能达到"物自体"。理性却要求超出"现象"的范围以外而达到对"物自体"的认识。理性所企图达到的有三个"理念"：（一）"灵魂"，它是一切精

---

①　[英]罗素：《西方哲学史》下卷，马元德译，商务印书馆1982年版，第246页。
②　[德]康德：《判断力批判》，邓晓芒译，人民出版社2002年版，第8页。
③　[德]康德：《纯粹理性批判》，载全增嘏主编《西方哲学史》下册，上海人民出版社1985年版，第65页。

神现象的最完整的统一体；（二）"世界"，它是一切物理现象的最完整的统一体；（三）"上帝"，它是以上两者的统一。理性所追求的这三个"理念"都是"物自体"，都是"现象"以外的。当理性去追求它们时，不可避免地倾向于用知性的范畴去认识它们，这就要陷入不可解决的自相矛盾，即"二律背反"，如世界的有限性和无限性、单一性和复杂性等。这一事实说明理性是软弱无力的，通向"物自体"的大门对于理性来说也是关闭着的。但是，"纯粹理性"不能解决的问题，"实践理性"却可以解决。所谓"实践理性"，就是一种先天的不依赖于经验的道德意识。每个人都按照自己的"实践理性"办事，不接受外来的控制，因而每个人都得到自由的全面的发展，这就是所谓的"意志自由"。必然属于现象界，而自由则属于"自在之物"。认识自然的必然要靠知性，达到道德的自由则要靠理性。康德认为哲学的这两个领地、两个部分各自形成一个独立的系统，二者之间存在着一个不可逾越的鸿沟，自然概念的领地和自由概念的领地好像分开为两个世界。但是，"自由概念应当使通过它的规律所提出的目的在感官世界中成为现实"，"自然界也必须能够这样被设想，即它的形式的合规律性至少会与依照自由规律可在它里面实现的那些目的的可能性相协调"。① 所以，如何在自然的必然和道德的自由之间架一座桥梁，把两个世界联结起来，就成为康德哲学所必须解决的一个问题。经过长期思索，康德认为"判断力"就是所需要的桥梁。这样，他便写出了《判断力批判》，以"判断力批判作为使哲学的两部分成为整体的结合手段"。

什么是"判断力"呢？康德说："一般判断力是把特殊思考为包含在普遍之下的能力。"② 也就是说，判断力是把特殊的东西包含于普遍的概念中的能力。如果普遍的概念，即规则、原理或规律是所予的，而把特殊的东西纳入其中，这就是"规定性的判断力"。知性的范畴加之于感性的材料就借助于这种判断力。但是，如果所予的是特殊的东西，要去寻找普遍的概念，那么，这种判断力就是"反思性的判断力"。结合反思性的判断力，康德提出了"自然的合目的性"的概念。他说："自然的合目的性是

---

① ［德］康德：《判断力批判》，邓晓芒译，人民出版社2002年版，第10页。
② ［德］康德：《判断力批判》，邓晓芒译，人民出版社2002年版，第13页。

一个特殊的先天概念,它只在反思性的判断力中有其根源。"① 康德所说的"目的",是指造物主在造物时设计安排中所存在的目的。用康德的话说就是:"有关一个客体的概念就其同时包含有该客体的现实性的根据而言,就叫作目的。"② 所谓"自然的合目的性"有两种。一种是"在先于一切概念而对该对象的领会(apprehensio)中使对象的形式与为了将直观与概念结合为一般知识的那些认识能力协和一致"③,就是说对象的形式符合主体的认识能力(想象力和知性),康德称它是"主观的形式的合目的性"。另一种是"按照物的一个先行的、包含其形式之根据的概念,而使对象的形式与该物本身的可能性协和一致"④,就是说对象的形式符合它们的本质,康德称它是"客观的实在的合目的性"。康德说:"这样,我们就可以把自然美看作是形式的(单纯主观的)合目的性概念的表现,而把自然目的看作是实在的(客观的)合目的性概念的表现。"⑤ 前者是审美判断力,它是通过愉快或不愉快的情感来判定主观的形式的合目的性的机能;后者是目的论的判断力,它是通过知性和理性来判定自然的客观的实在的合目的性的机能。《判断力批判》就是据此分为"审美判断力批判"和"目的论判断力批判"两个部分。前一部分是美学;后一部分是目的论。

为什么判断力能够作为在知性和理性、自然必然和道德自由之间的桥梁呢?康德的回答是:人的心灵能力可以归结为三种,即"认识能力,愉快和不愉快的情感和欲求能力"⑥,也就是一般所说的"知"、"情"、"意"。有关"知"的部分的认识能力是知性,属于自然概念的领域;有关"意"的部分的认识能力是理性,属于自由概念的领域;有关"情"的部分的认识能力就是判断力。正像"情"是介于"知"和"意"之间的心灵机能一样,判断力也是介于知性和理性之间的认识能力。判断力同样地在自身包含着一个先天原则,并且又因愉快和不愉快的感情必然地和欲求能力结合着,所以它既略带知性的性质,又略带理性的性质。正因为如

---

① [德] 康德:《判断力批判》,邓晓芒译,人民出版社2002年版,第15页。
② [德] 康德:《判断力批判》,邓晓芒译,人民出版社2002年版,第15页。
③ [德] 康德:《判断力批判》,邓晓芒译,人民出版社2002年版,第27—28页。
④ [德] 康德:《判断力批判》,邓晓芒译,人民出版社2002年版,第28页。
⑤ [德] 康德:《判断力批判》,邓晓芒译,人民出版社2002年版,第28页。
⑥ [德] 康德:《判断力批判》,邓晓芒译,人民出版社2002年版,第11页。

此，判断力"就使得从自然概念的领地向自由概念的领地的过渡成为可能",从而在知性和理性、自然必然和道德自由之间架起一座桥梁。

由此可见，康德的美学就是审美判断力研究，也就是审美哲学。它是要寻找一个将哲学中的两个领域（自然概念和自由概念）、两个部分（理论的和实践的）联结成为一个整体的手段。通过审美判断力，康德将知性和理性、自然的必然和道德的自由、现象界和"物自体"、认识论和伦理学结合起来，从而填平了哲学中的两个领域、两个部分之间的鸿沟。这说明，康德的美学或审美判断力研究在他的批判哲学体系中是具有重要地位的。

第三节　美的分析

"美的分析论"是康德的"审美判断力的分析论"的第一部分。所谓"美的分析"，在康德看来，并不是要分析客观现象何以为美，而是要分析为了判别某一对象为美时需要什么样的主观能力。所以，在这部分里，康德集中分析了鉴赏判断的特点，并由此总结出对美的说明。康德说："鉴赏是评判美的能力。但是要把一个对象称之为美的需要什么，这必须由对鉴赏判断的分析来揭示。"①"鉴赏判断"又译作"趣味判断"，即"审美判断"。因为判断力和知性有关，"在鉴赏判断中总还是含有对知性的某种关系"，所以，康德根据认识论中知性四项范畴（即量、质、关系、模态）来考察鉴赏判断的特质，进行美的分析。这些考察和分析，实际上就是对审美意识的心理特征和规律的考察和分析。

一　从质上来看，鉴赏判断是不带任何利害的愉快

康德认为"鉴赏判断是审美的"，它是一种十分特殊的判断力。这种判断和知识判断是完全不同的。知识判断是逻辑的，判断时只是联系于客体；鉴赏判断是情感的，判断时只是联系于主体。所以，在鉴赏判断中，我们所得到的不是关于客体的某种知识，而是主体方面的快感和不快感。康德说："为了分辨某物是美的还是不美的，我们不是把表象通过知性联

---

① ［德］康德：《判断力批判》，邓晓芒译，人民出版社2002年版，第37页。

系着客体来认识,而是通过想象力(也许是与知性结合着的)而与主体及其愉快或不愉快的情感相联系。"① 例如我们欣赏一座建筑物的美,仅仅是主体因建筑物的形式而产生快感,并由这种快感去判别这座建筑物的美,而和对于建筑物的"合乎法则和合乎目的"的认识即客体的知识,是毫无关系的。这样,康德一开始就把鉴赏判断和知识判断完全对立起来,肯定审美不涉及对于对象的认识,只涉及主体的情感感受,从而也就割断了美感与认识的内在联系。

鉴赏判断既然只涉及主体的快感,那么,鉴赏判断的快感和其他快感有什么区别呢?这是康德从质的方面考察鉴赏判断所要解决的中心问题。对于这个问题,康德的看法是其他快感都要涉及利害关系,而鉴赏判断的快感却是没有任何利害关系的。利害关系需意识到该对象是实际存在着的事物,同时和欲望能力有关。可是我们要判别一个对象是否美,并不关系于这对象的存在,也不欲知道这对象的存在与否对于我们是否重要,而是只要知道我们在纯粹的观照里怎样地去判断它,是否单纯事物的表象在我们心里就夹杂着快感。所以,"每个人都必须承认,关于美的判断只要混杂有丝毫的利害在内,就会是很有偏心的,而不是纯粹的鉴赏判断了。我们必须对事物的实存没有丝毫倾向性,而是在这方面完全抱无所谓的态度,以便在鉴赏的事情中担任评判员"②。例如观赏一座建筑物的美和占有这座建筑物,两者所产生的快感就是根本不同的。后者涉及对象的实际用途,对事物的存在有倾向性,带有利害感;前者则只与对象的外表形象(形式)有关,不对事物的存在有倾向性,不带利害感。所以,只有前者才是审美的愉快。

康德将三种不同特性的愉快进行对比分析。一种是感官上的快适所引起的愉快,如饥饿时吃上美味的佳肴,可以满足生理需要,使人直接地获得官能享受而感到愉快。这种愉快"通过感觉激起了对这样一个对象的欲求",是一种欲念的满足,所以是和利害结合着的。另一种是道德上的赞许所引起的愉快,即对于善的愉快,如作了一件好事后精神上感到愉快。这种愉快虽然和快适的愉快有所区别,但同样是和利害结合着的。为什么

---

① [德]康德:《判断力批判》,邓晓芒译,人民出版社2002年版,第37页。
② [德]康德:《判断力批判》,邓晓芒译,人民出版社2002年版,第39页。

呢？因为善是意欲的对象。对于善的愉快都含有一个目的概念，"因而都包含有理性对（至少是可能的）意愿的关系，所以也包含对一个客体或一个行动的存有的愉悦，也就是某种兴趣［利害］"①。例如我们赞许善的行为，是因为理性上认为尊重善的行为是有利的，不尊重善的行为是有害的，所以，它是理性驱使我们去欲求的对象。由此而引起的愉快必然是同理性上的利害感结合在一起的。第三种即鉴赏判断所产生的愉快，这是审美的愉快。它对于对象的存在没有任何欲求，超脱了一切（包括道德的或生理的）利害关系，所以，只有它才是唯一的自由的愉快。康德因此得出结论："在所有这三种愉悦方式中惟有对美的鉴赏的愉悦才是一种无利害的和自由的愉悦；因为没有任何利害、既没有感官的利害也没有理性的利害来对赞许加以强迫。"②康德所说的"自由"，就是指审美愉快完全不受欲念或利害关系的强迫，只是对对象的形式起观照活动而造成愉快。感官快适的愉快和道德赞许的愉快，一个是自然欲望的对象；另一个是受理性规律驱使我们去欲求的对象，它们都受到欲念或利害关系的强迫，对对象的存在有所求，所以它们都不能给我们以自由。

二 从量上来看，鉴赏判断是没有概念而普遍令人愉快的

康德认为鉴赏判断的对象都是单个的具体的形象，并且必须把对象直接保持在主体的快感或不快感上，所以，就逻辑的量的范畴方面来看，一切鉴赏判断都是单个的判断。一般说来，单个的判断只以单个的具体的事物为对象，是不能显出普遍性的。但是，鉴赏判断却不然。鉴赏判断本身就带有审美的量的普遍性，那就是说，它对每个人都是有效的。当一个人把某一事物称为美时，他相信他自己会获得普遍赞同并且对每个人提出同意的要求，他假定别人也这样判断着，也同样感到这种愉快。这就是说，鉴赏判断产生的愉快是有普遍性的。康德指出，鉴赏判断的普遍性是可以从前面关于"鉴赏判断是不带任何利害的愉快"的说明中引申出来的。因为假若一个人觉得一个对象使他愉快，并不涉及利害关系，他就必然断定这个对象有理由让一切人都感到愉快。"既然它不是建立在主体的某个爱

---

① ［德］康德：《判断力批判》，邓晓芒译，人民出版社2002年版，第42页。
② ［德］康德：《判断力批判》，邓晓芒译，人民出版社2002年版，第45页。

好之上(又不是建立在某个另外的经过考虑的利害之上),而是判断者在他投入到对象的愉悦上感到完全的自由:所以他不可能发现只有他的主体才依赖的任何私人条件是这种愉快的根据,因而这种愉快必须被看作是植根于他也能在每个别人那里预设的东西之中的;因此他必定相信有理由对每个人期望一种类似的愉悦。"① 不过,鉴赏判断的普遍性不是要求客观的普遍性,而是要求主观的普遍性。客观的普遍性是对象的普遍性,就对象的属性作普遍性的判断,这是逻辑判断的普遍性;主观的普遍性是人人共同的感觉,就对象在主体心中所引起的感觉来假定判断的普遍性,这才是鉴赏判断的普遍性。

康德认为,鉴赏判断的愉快具有主观的普遍性,这是它和感官快适的愉快的一个重要区别。在感官快适的主观判断中,每个人的判断只是依据着他个人的感觉,当他说某一对象令他满意时,也只是局限在他个人范围内,所以,感官快适的愉快不可能也不需要具有普遍有效性。你说葡萄酒好喝,我说白兰地好喝,各人的感觉可以不一样。在这方面争辩,把别人和我不同的判断看成是不正确的,这是愚蠢的。但是,鉴赏判断却不是这样的。如果一个人判断某一对象为美,他不仅仅是为自己这样判断着,而且也是每个人这样判断着,所以他要求着别人与他同意。如果他们的判断不相同,他会说他们没有鉴赏力。说一个对象美,像认识一件事物的真一样,它要求普遍的承认。所以鉴赏判断是具有普遍性的。从这一点说,它和逻辑判断有类似点。正是由于这个原因,康德才将鉴赏、审美称作"判断"。

但是,鉴赏判断的普遍性是不基于任何概念的普遍性,这又是它和逻辑判断的根本区别。逻辑判断的普遍性是从概念产生出来的,而概念则是通过抽象比较形成的。鉴赏判断的普遍性却与此恰恰相反,它不需要抽象比较,也不需要形成概念。譬如我们见到一朵玫瑰花,对它的单个表象做出判断,说"这朵玫瑰花是美的",这是鉴赏判断。但是,如果我们对许多玫瑰花的单个表象进行抽象比较以形成概念,然后得出结论说"玫瑰花一般是美的",这就不是鉴赏判断,而是逻辑判断了。由于审美的普遍性和逻辑的普遍性不同,不凭借概念,不涉及客体,所以康德称它是"特殊样式的普遍性"。从这一点上来看,鉴赏判断和关于善的判断也是不同的。

---

① [德]康德:《判断力批判》,邓晓芒译,人民出版社2002年版,第46页。

第二十章　康德美学及其对经验主义和理性主义的调和

"善只是通过一个概念而被表现为某种普遍愉悦的客体",而美则不然,"我们通过(关于美的)鉴赏判断要求每个人在一个对象上感到愉悦,却并不是依据一个概念"。①

鉴赏判断的普遍性究竟来自何处呢?康德以为要弄清这个问题,就要先研究在鉴赏判断里是愉快先于判断,还是判断先于愉快?解决这个问题是理解鉴赏判断的关键,因此值得十分注意。如果愉快在先,由愉快而生判断,那么这种愉快只是感官的快适,只能具有个人有效性。只有判断在先,由判断引起愉快,这才是审美的愉快,才能具有普遍传达性。所以,鉴赏判断的普遍性只能来自判断。但是,鉴赏判断不同于逻辑判断。逻辑判断是客观的普遍性,因为只有知识才是客观的,并且以此使一切人达到彼此一致。鉴赏判断仅仅是主观的,不依存于对象的任何概念的,所以,它的普遍可传达性的规定根据便不是认识的对象,而是人们主观上的内心状态。

康德说:"在一个鉴赏判断中表象方式的主观普遍可传达性由于应当不以某个确定概念为前提而发生,所以它无非是在想象力和知性的自由游戏中的内心状态(只要它们如同趋向某种一般认识所要求的那样相互协和一致),因为我们意识到这种适合于某个一般认识的主观关系正和每一种确定的认识的情况一样必定对于每个人都有效,因而必定是普遍可传达的。"② 根据康德的解释,鉴赏判断不是像逻辑判断那样,用确定的知性范畴来束缚想象,使它符合于一定的概念,而是让想象力与知性处于相互协调的自由的运动中。由于各种认识能力(主要是想象力和知性)的相互协调、自由活动,所以就产生了审美的愉快。这种主观的内心状态就是鉴赏判断的主要内容。由于一切人对认识功能的互相协调和自由活动都有共同的感觉,所以这种主观的内心状态也就是鉴赏判断具有普遍传达性的根本原因。

三　从关系上来看,鉴赏判断是无目的的合目的性

康德认为有两种合目的性,一种是客观的合目的性;另一种是主观的

---

① [德] 康德:《判断力批判》,邓晓芒译,人民出版社2002年版,第49页。
② [德] 康德:《判断力批判》,邓晓芒译,人民出版社2002年版,第53页。

合目的性。所谓客观的合目的性，是以对象对于目的的关系为前提的，如果我们想在一事物上表现出客观的合目的性，那就必须先有一个指明这事物应成为什么的概念。客观的合目的性或者是外在的，即对象的有用性；或者是内在的，即对象的完善性。对象的有用性是对象对于人的功用目的，它要涉及利害；对象的完善性是对象在概念上符合其目的，它要依据概念。可是，鉴赏判断既不涉及利害，也不凭借概念，所以，从客观的合目的性上来说，鉴赏判断既无外在目的（有用性），也无内在目的（完善性），从而也就与任何特定的目的无关。

康德说："既然鉴赏判断是一个审美判断，即一个基于主观根据之上的判断，它的规定根据不可能是概念，因而也不可能是某种规定了的目的，那么凭美这样一个形式的主观合目的性，对象的完善性就决不能被设想为一种自称是形式的、然而却还是客观的合目的性。"① 就是说，审美不具有客观的合目的性，没有任何特定的目的，不依赖于完善性概念。如果我们看见一匹马长得壮健均匀，躯体各部分的构造有机地相互依存，因而觉得它具有适应于生存等特定的客观目的，那么这就要涉及功利、概念，因而就不是审美判断了。

从客观的合目的性上说，鉴赏判断是无目的的；但从主观的合目的性上说，鉴赏判断却又具有一种合目的的性质。这是为什么呢？因为审美是对象的形式适合于主体的认识能力，从而引起想象力和知性的互相协调和自由活动。这种想象力和知性的自由协调，似乎是由一种"意志"预先安排的，所以就具有一种主观的合目的的性质。这种主观的合目的性，只和对象的形式有关，不涉及对象的内容、意义（利害、概念），所以，它是一种形式的合目的性，又称作没有目的的合目的性形式。康德说："在评判上单以某种形式的合目的性、亦即某种无目的的合目的性为基础的美，是完全不依赖于善的表象的，因为后者是以一个客观的合目的性、亦即是以对象与某个确定的目的的关系为前提的。"② 例如我们判断一朵花为美，并不需要知道一朵花究竟是什么，它作为植物的构成部分具有什么特定目的功能，也就是说，欣赏者根本不会顾及花的客观目的。它只是由于这朵

---

① ［德］康德：《判断力批判》，邓晓芒译，人民出版社2002年版，第63—64页。
② ［德］康德：《判断力批判》，邓晓芒译，人民出版社2002年版，第62页。

花的形式（外在形象）恰好符合人的各种认识能力的自由活动，从而引起情感上愉快的主观的合目的性。

谈到这里，康德将美分为两种。一种是自由美，它不以对象的概念为前提，不属于依照着概念按它的目的而规定的对象，而是自由地单纯依形式给人以愉快。康德认为属于自由美的例子有花、希腊风格的描绘、框缘或壁纸上的簇叶饰、无标题的幻想曲等，它们都不是一定概念下的客体，本身并无意义；另一种是依附美，它要附属于一个概念，以这样的一个概念以及按照这个概念的对象的完善性为前提，属于那些依附一个特殊目的的概念之下的对象。康德认为一个人的美、一匹马或一座建筑物的美，便是依附美，它们都是以一个目的的概念为前提的，事物需符合其完善性的概念。按照康德的看法，"使一个对象在某个确定概念的条件下被宣称为美的那个鉴赏判断是不纯粹的"①。所以，只有在判断自由美时，那鉴赏判断才是纯粹的。因为审美只涉及形式，所以感官的快适、目的概念、道德观念的参与，就要妨碍和破坏鉴赏判断的纯粹性。这种看法充分表现出康德美学思想的形式主义的一面。但是，康德又认为美和善的统一、审美的愉快和理智的愉快相结合，对鉴赏是有益的，符合美的理想的并不是自由美，而是依附美。他说："要想从中寻求一个理想的那种美，必定不是什么流动的美，而是由一个有关客观合目的性的概念固定了的美，因而必定不属于一个完全纯粹的鉴赏判断的客体，而属于一个部分智性化了的鉴赏判断的客体。"② 从这里可以看出康德对于美的分析是充满矛盾的。

四　从模态上来看，鉴赏判断是没有概念而具有必然性的

必然性是知性中的样式范畴，它是指事物间的必然联系。在鉴赏判断中，美的形象和审美的快感之间就具有必然联系。康德说："对于美的东西我们却想到，它对于愉悦有一种必然的关系。"③ 就是说，只要我们见到美的形象，就必然会产生审美的快感。但是，鉴赏判断的必然性是一种特殊的必然性。它既不同于理论上的客观必然性，也不同于实践上的道德的

---

① ［德］康德：《判断力批判》，邓晓芒译，人民出版社2002年版，第65页。
② ［德］康德：《判断力批判》，邓晓芒译，人民出版社2002年版，第69页。
③ ［德］康德：《判断力批判》，邓晓芒译，人民出版社2002年版，第73页。

必然性。由于鉴赏判断不是客观的和知识的判断，所以这种必然性不是从一定的概念引申出来的。那么，这种必然性究竟在什么意义上说的呢？康德说："这种必然性作为在审美判断中所设想的必然性只能被称之为示范性，即一切人对于一个被看作某种无法指明的普遍规则之实例的判断加以赞同的必然性。"① 就是说，鉴赏判断的必然性是一切人对于用实例来显示无法指明的普遍规则的判断，都会表示赞同的那种必然性。因为鉴赏判断不涉及概念，只引起想象力和知性的自由活动，所以，由实例（某一形象显现）所显示的普遍规则是不能指明的。对于这种判断，为什么一切人必然会赞同呢？康德为解决这个问题，假定了一种所谓先验的"共通感"，认为这种共通感就是鉴赏判断之所以具有必然性的条件。他说："鉴赏判断必定具有一条主观原则，这条原则只通过情感而不通过概念，却可能普遍有效地规定什么是令人喜欢的、什么是令人讨厌的。但一条这样的原则将只能被看作共通感……只有在这前提之下，即有一个共通感（但我们不是把它理解为外部感觉，而是理解为出自我们认识能力自由游戏的结果），我是说，只有在这样一个共同感的前提下，才能作鉴赏判断。"②

康德所假定的"共通感"，是诸认识能力自由活动的结果，所以，它不是通过概念而是通过情感规定着审美愉快的普遍必然性。虽然康德声称这共通感是有理由被假定的，但它在现实中并不存在。把鉴赏判断的普遍必然性建立在这种先验的普遍人性的基础上，恰好表现了康德的美的分析的主观唯心主义性质。

通过从质、量、关系、模态四个方面对鉴赏判断的分析，康德比较充分地阐明了审美心理不同于逻辑认识和道德意识的特点。他指出审美与功利无关，不同于一般快感和道德活动；审美与概念无关，不同于逻辑认识；审美与特定的目的无关，不同于目的论判断。审美判断的基本性质在于：它是对象的形式适应人的认识功能，使想象力和知性互相协调和自由活动，从而引起的一种愉快的情感。康德着重强调的是审美意识活动的特殊性，他比前人更充分地认识到审美意识活动中的许多特殊矛盾。他认为鉴赏判断中包含着一系列矛盾：既无利害而又产生愉快；既无概念而又具

---

① ［德］康德：《判断力批判》，邓晓芒译，人民出版社2002年版，第73页。
② ［德］康德：《判断力批判》，邓晓芒译，人民出版社2002年版，第74—75页。

有普遍性；既无目的又有合目的性；既是主观的却又有必然性。他在《审美判断力的辩证论》中还讨论了鉴赏判断的"二律背反"，即鉴赏判断既不根据规定的概念、又要根据概念的矛盾，指出鉴赏判断虽不根据规定的概念、却要根据未规定的概念。这一切说明他是多么重视审美意识的复杂性和特殊性。他突出地提出了审美中的主观和客观、认识和情感，感性和理性、愉悦和功利、个别和普遍等矛盾对立的方面，虽然他自己并没有使这些矛盾得到合理的解决，却启发着我们如何抓住审美意识中的特殊问题并着重加以研究。这可以说是康德的"美的分析"在美学思想发展中所起到的最重要的积极作用。

不过，康德对美和鉴赏判断的分析是植根在他的先验唯心主义基础之上的。他在哲学上反对反映论，在美学上也必然否认审美与认识的关系。他一再强调"审美的规定根据只能是主观的"，审美不是对于客观对象的认识和反映。他在强调审美意识和逻辑认识、道德活动的区别时，却相当地忽视了它们之间的联系，时时表现出将它们对立起来的倾向。这样，在他对美和鉴赏判断的分析中，也就包含了超功利、非理性和形式主义的方面。从他后面提出的"美是德性—善的象征"（第59节）的观点上看，康德的美学思想是包含着深刻矛盾的。

第四节 崇高的分析

康德的"审美判断力的分析论"第二部分是"崇高的分析论"。这部分在康德的美学体系中具有特殊的重要性，因为它表现出康德美学思想的发展。例如，在"美的分析论"中，康德认为美只涉及对象的形式，而不涉及它的内容意义，否认它和道德上的善具有内在联系。可是在"崇高的分析论"中，康德却特别强调崇高和理性观念的联系，并把道德感看作崇高感的基础。用这种观点再来看美，康德便改变了美只涉及对象形式的看法，而肯定了"美是德性—善的象征"[①]。康德的美学思想是具有深刻的矛盾的，这矛盾突出表现在"美的分析论"和"崇高的分析论"两部分强调的侧面不一致。

---

① ［德］康德：《判断力批判》，邓晓芒译，人民出版社2002年版，第200页。

在分析崇高时，康德首先将美（美感）和崇高（崇高感）进行了比较，指出它们二者的一致和区别。关于美（美感）和崇高（崇高感）的一致方面，康德认为有以下几点：第一，两者"都是自身令人愉快的"，就是说两者的判断都不是连系于客体以求得知识，而是联系于主体以产生快感和不快感。第二，两者的判断都是以符合反思性判断为前提的，所以它们既不是感官的，也不是逻辑的判断。它们所引起的愉快既不是感官的快适，也不是像道德那样的愉快，而是对象符合人的认识能力即主观的合目的性所引起的愉快。第三，两种判断都是单个判断，但它所引起的愉快却具有普遍有效性。因为美的判断和崇高的判断具有以上的一致性，所以对美的分析原则也同样适用于崇高，就是说，"对崇高的愉悦必须正如对美的愉悦一样，按照量而表现为普遍有效的，按照质而表现为无利害的，按照关系而表现出主观合目的性，按照模态而把这主观合目的性表现为必然的"①。正如康德在"美的分析"中实际上所分析的只是美感一样，康德在"崇高的分析"中所分析的也只是崇高感，这是我们必须首先明确的。

虽然美（美感）和崇高（崇高感）作为审美判断的两个方面具有一致性，但康德着重论述的却是两者的区别。关于审美判断为什么要区分为美和崇高两部分，康德在《判断力批判》"导言"中已指出了。他说："对由反思事物的（自然的和艺术的）形式而来的愉快的感受性不仅表明了主体身上按照自然概念在与反思判断力的关系中的诸客体的合目的性，而且反过来也表明了就诸对象而言根据其形式甚至无形式按照自由概念的主体的合目的性；而这样一来就是：审美判断不仅作为鉴赏判断与美相关，而且作为出自某种精神情感的判断与崇高相关"。② 就是说，美和崇高作为审美判断虽然都是对象的合目的性所引起的愉快，但前者表示着客体方面按照自然概念联系到主体的合目的性，而后者则表示主体方面按照自由概念联系到对象的合目的性。这是从康德哲学的体系来看美和崇高两种审美判断的区别。在"崇高的分析论"中，康德又将这一思想具体展开，从以下几方面阐明了美（美感）和崇高（崇高感）的差异。

第一，从对象上看，美是涉及对象的形式，而崇高却涉及对象的"无

---

① ［德］康德：《判断力批判》，邓晓芒译，人民出版社 2002 年版，第 85 页。
② ［德］康德：《判断力批判》，邓晓芒译，人民出版社 2002 年版，第 27 页。

形式"。对象的形式是有限制的，而与崇高相关的对象的"无形式"却是无限的，它只能被设想为一个完整体。因此，美是一个不确定的知性概念的表现，而崇高却是一个理性概念的表现，美的愉快是和质结合着，而崇高的愉快却是和量结合着。

第二，从愉快的样式上看，美的愉快是直接、单纯的愉快，而崇高的愉快则是间接的、由痛感转化而来的愉快。在美所引起的愉快中，"直接带有一种促进生命的情感，因而可以和魅力及某种游戏性的想象力结合起来"；可是，在崇高所引起的愉快中，愉快情绪却只能是间接产生的。"它是通过对生命力的瞬间阻碍、及紧跟而来的生命力的更为强烈的涌流之感而产生的，所以它作为激动并不显得像是游戏，而是想象力的工作中的严肃态度。因此它也不能与魅力结合，并且由于内心不只是被对象所吸引，而且也交替地一再被对象所拒斥，对崇高的愉悦与其说包含积极的愉快，毋宁说包含着惊叹或敬重，就是说，它应该称之为消极的愉快。"① 崇高感中夹杂着惊叹、恐惧、敬重等情绪，它的愉快不是单一的，而是复合的，需经过痛感，方能形成快感。

第三，从内心状态上看，对美的鉴赏以内心的静观为前提，而对崇高的审美判断却结合着内心的运动。"在大自然的崇高表象中内心感到激动；而在对大自然的美的审美判断中内心是处于平静的静观中。这种激动可以（尤其是在开始的时候）比之于那种震动、即对于同一个客体的快速交替的排斥和吸引。"②

第四，从来源上看，关于美我们可以从对象的形式上找到一个根据，而关于崇高我们则只能在我们主观的心灵中找到。这一点被康德称之为"崇高与美的最重要的和内在区别"。康德认为，在美的审美判断中，对象的形式本身带有一种合目的性，因此，对象的形式对于我们的判断力好像是预先被规定着的，它恰好适应人的想象力和知性的和谐自由的活动，从而使本身成为一个愉快的对象。可是在崇高的审美判断中，对象就形式说则和我们判断力相抵触，不适合于我们的认识形象的功能，好像是在对人的想象施加暴力。正是这种对于想象力的不适合性，却激起了人们内心中

---

① ［德］康德：《判断力批判》，邓晓芒译，人民出版社2002年版，第82—83页。
② ［德］康德：《判断力批判》，邓晓芒译，人民出版社2002年版，第97页。

的理性的理念，从而将崇高性带到对象上去。康德写道："我们能说的仅仅是，对象适合于表现一个可以在内心中发现的崇高；因为真正的崇高不能包含在任何感性的形式中，而只针对理性的理念：这些理念虽然不可能有与之相适合的任何表现，却正是通过这种可以在感性上表现出来的不适合性而被激发起来、并召唤到内心中来的。所以辽阔的、被风暴所激怒的海洋不能称之为崇高，它的景象是令人恐怖的；如果我们的内心要通过这样一个直观而配以某种本身是崇高的情感，我们必须已经用好些理念充满了内心，这时内心被鼓动着离开感性而专注于那些包含有更高的合目的性的理念。"① 这就是说，崇高并不是在于对象，而是根源于人们内心中的理性观念，它只能是主观的。"对于崇高我们却只须在我们心中，在把崇高性带入自然的表象里去的那种思想境界中寻求根据。"② 康德这个关于崇高的来源的结论，充分表现出他的美学思想的主观性。

康德将崇高分为两种：数学的崇高和力学的崇高。什么是数学的崇高呢？康德认为它就是"绝对地大的东西"，它的特点是体积的无限大。所谓无限大，是判断力的一个概念，衡量它的尺度不是客观的，而是主观的。康德说："如果我们不单是把某物称之为大，而且是完全地、绝对地、在一切意图中（超出一切比较）称之为大，也就是称之为崇高。"③ 对于这种无限大，我们不能根据某种外在的单位尺度或概念来进行比较，而是只允许在对象本身上见出，"它是一种只能自身相等的大"。这样一种自身无限大的对象为什么能产生崇高感并使人愉快呢？康德认为这与它所引起的两种矛盾的心理活动相关。对象的无限大，要求一种"能把它思考为一个整体"的内心能力，对于这一点，想象力是无能为力的。但这种对想象力的不适合性恰好在我们内部唤醒一种超感性能力，这种超感性的能力就是理性，理性"要求着绝对的整体作为一个现实的观念"。想象力必须扩张以适应理性能力的无限，但是它却终于不能和理性观念相应合，由此显示出我们的认识能力中"理性使命对于感性的最大能力的优越性"。这种人的内心中理性能力对于感性能力的优越和胜利，使人的精神得到提高，于

---

① ［德］康德：《判断力批判》，邓晓芒译，人民出版社2002年版，第83—84页。
② ［德］康德：《判断力批判》，邓晓芒译，人民出版社2002年版，第84页。
③ ［德］康德：《判断力批判》，邓晓芒译，人民出版社2002年版，第88页。

第二十章 康德美学及其对经验主义和理性主义的调和

是，人们"把这对于主体中人性理念的敬重变换为对于客体"，这样就产生了崇高感。康德说："真正的崇高必须只在判断者的内心中，而不是在自然客体中去寻求……谁会愿意把那不成形的、乱七八糟堆积在一起的山峦和它们那些冰峰，或是那阴森汹涌的大海等等称之为崇高的呢？但人心感到在他自己的评判中被提高了，如果他这时在对它们的观赏中不考虑它们的形式而委身于想象力，并委身于一种哪怕处于完全没有确定的目的而与它们的联结中、只是扩展着那个想象力的理性，却又发现想象力的全部威力都还不适合于理性的理念的话。"①

根据康德的分析，在美的鉴赏判断中，想象力在它自由的活动中联系着知性，想象力和知性通过它们的一致性而达到和谐，产生愉快；在崇高的审美判断中，想象力则联系着理性，想象力和理性通过它们的对立而表现出和谐。"由于想象力在对大小的审美估量中不适合通过理性来估量"，所以崇高引起不愉快；"这种不愉快在我们心中激起对我们的超感官的使命的情感，而按照这一使命，发现任何感性的尺度都与理性的理念不相适合，这是合目的性的，因而是愉快的"②。总之，在面对无限大的对象时，之所以会有崇高感并产生愉快，就是由于通过想象力的无能之感而发现着主体自身的理性的无限能力，用康德的话说："这种想象力在能力上的不合目的性对于理性理念和唤起这些理念来说却被表现为合乎目的的。"③

什么是力学的崇高呢？康德说："自然界当它在审美判断中被看作强力，而又对我们没有强制力时，就是力学的崇高。"④ 就是说，力学崇高的对象必须一方面具有巨大的力，这种力可以超越各种大的障碍；另一方面它对于我们又不具有威力。所谓威力，必须是能够超越自身具有力量的东西的抵抗的。而崇高对象对于我们却不能做到这一点。这样，力学的崇高就会在主观心理反应上显出相应的矛盾。一方面，它的巨大的力量使我们的力量对它不相应，因而"它被看作恐惧的对象"；另一方面，我们又不是对它感到"真正的恐怖"，因为如果对象真的使人感到恐怖，我们就会避开它，不可能对它产生愉快。可是，事实上它却对我们具有吸引力，并

---

① ［德］康德：《判断力批判》，邓晓芒译，人民出版社2002年版，第95页。
② ［德］康德：《判断力批判》，邓晓芒译，人民出版社2002年版，第97页。
③ ［德］康德：《判断力批判》，邓晓芒译，人民出版社2002年版，第99页。
④ ［德］康德：《判断力批判》，邓晓芒译，人民出版社2002年版，第99页。

使我们感到愉快。这是什么原因呢？这就是因为它让我们在内心里发现了另一种超越自然界巨大力量的抵抗的能力。康德说："险峻高悬的、仿佛威胁着人的山崖，天边高高汇聚挟带着闪电雷鸣的云层，火山以其毁灭一切的暴力，飓风连同它所抛下的废墟，无边无际的被激怒的海洋，一条巨大河流的一个高高的瀑布，诸如此类，都使我们与之对抗的能力在和它们的强力相比较时成了毫无意义的渺小。但只要我们处于安全地带，那么这些景象越是可怕，就只会越是吸引人；而我们愿意把这些对象称之为崇高，因为它们把心灵的力量提高到超出其日常的中庸，并让我们心中一种完全不同性质的抵抗能力显露出来，它使我们有勇气能与自然界的这种表面的万能相较量。"① 所谓在我们内心中显露的"一种完全不同性质的抵抗能力"究竟是什么呢？康德认为这就是我们的理性能力，也就是维护我们的人格和使命的自我尊严感。正是这种理性能力和自我尊严感，使我们在面对力量巨大的自然时，虽然感到物理上的无力，却能判定我们不屈属于它，并且具有一种对自然的优越性。"以这样一种方式，自然界在我们的审美评判中并非就其是激起恐惧的而言被评判为崇高的，而是由于它在我们心中唤起了我们的（非自然的）力量，以便把我们所操心的东西（财产、健康和生命）看作渺小的，因而把自然的强力（我们在这些东西方面固然是屈服于它之下的）决不看作对于我们和我们的人格性仍然还是一种强制力，这种强制力，假如事情取决于我们的最高原理及对它们的主张或放弃的话，我们本来是不得不屈从于它之下的。所以，自然界在这里叫作崇高，只是因为它把想象力提高到去表现那些场合，在其中内心能够使自己超越自然之上的使命本身的固有的崇高性成为它自己可感到的。"②

康德认为崇高来自我们内心中被唤起的理性能力，这种理性能力实际上就是康德所说的"实践理性"或道德观念。所以，他认为道德观念才是形成崇高的主要基础。"事实上，没有道德理念的发展，我们经过文化教养的准备而称之为崇高的东西，对于粗人来说只会显得吓人。"③ 康德这种看法，把崇高感与人的社会意识的发展联系起来，无疑是有道理的。但

---

① ［德］康德：《判断力批判》，邓晓芒译，人民出版社2002年版，第100页。
② ［德］康德：《判断力批判》，邓晓芒译，人民出版社2002年版，第101页。
③ ［德］康德：《判断力批判》，邓晓芒译，人民出版社2002年版，第104页。

是，他又强调道德观念以及对于道德观念的情感都是"存在天赋里"，这种先天的道德观念和道德情绪是每个人都禀具的，并且把这看作崇高的审美判断具有必然性的原因。这就显得自相矛盾了。康德的崇高理论是从主观唯心主义出发的。他完全否定崇高现象的客观性，认为它只能在我们自己的观念中找到，这就否定了崇高感有其客观来源，而把它仅仅归结为主观内心的产物。他对崇高感的起因和特点的分析，都是以"先验的理性"为基础的。崇高感之所以能够形成，不愉快感之所以能转化为愉快感，都是先验的理性理念的作用。这样，康德就使自己对崇高感的矛盾的心理活动的分析建立在以先验理性为基础的逻辑推论上，而完全忽视了经验事实。这不仅使他的许多论点显得自相矛盾，而且也使他的一些理论难以用来说明复杂的客观现象。

第五节 艺术、天才和审美理念

"审美判断力批判"在美的分析论和崇高的分析论之后论述了艺术问题。关于美的分析论和崇高的分析论主要是从鉴赏方面来谈的；关于艺术问题的论述则主要是从创作方面来谈的，其中论到了艺术的特性、天才、审美观念以及艺术分类几个方面的问题。应该看到，康德的艺术理论虽然是以美的分析论作为基础的，但是较之美的分析论在思想上却有了重大发展。在美的分析论中，康德强调审美、鉴赏的本质特征是"非功利""无概念""无目的的合目的性"；在艺术理论中，他却指出艺术、天才要以目的概念作为基础，要以理性理念、伦理道德为内容，虽然它的形式必须是审美的。这种审美与艺术、鉴赏与天才的区别，深刻地显示着康德美学思想的内在矛盾。

关于艺术，康德首先是从它和自然、科学以及手工艺的区别，来论述艺术的特性。第一，艺术不同于自然。康德说："艺术与自然不同，正如动作（facere）与行动或一般活动（agere）不同，以及前者作为工作（opus）其产品或成果与后者作为作用（effectus）不同一样。我们出于正当的理由只应当把通过自由而生产、也就是把通过以理性为其行动的基础的某种任意性而进行的生产,称之为艺术。"① 这就是说,艺术是人的创造物,它不同于自然作用的结果。人创造艺术作品,是以理性作为基础的,是通过自由意志,按照一定的目的进行的,所以,它不是象蜜蜂做蜂窝那样出于本能的活动。由于艺术要涉及目的、意志、理念,所以,艺术创造并不是单纯的审美活动。第二,艺术不同于科学。康德说:"艺术作为人的熟巧也与科学不同(能与知不同),它作为实践能力与理论能力不同,作为技术则与理论不同(正如测量术与几何学不同一样)。"② 这就是说,科学是知识,属于理论的能力;艺术是技能,属于实践的能力。对于艺术来说,不仅要有完备的知识,而且要有从事艺术创作的技巧。第三,艺术不同于手工艺。康德说:"艺术甚至也和手艺不同;前者叫做自由的艺术,后者也可以叫做雇佣的艺术。我们把前者看作好像它只能作为游戏、即一种本身就使人快适的事情而得出合乎目的的结果(做成功);而后者却是这样,即它能够作为劳动、即一种本身并不快适(很辛苦)而只是通过它的结果(如报酬)吸引人的事情、因而强制性地加之于人。"③ 这里,康德显然是把艺术看作一种游戏,并将它同劳动对立起来。依康德的看法,艺术和游戏都是自由的活动,都是本身就愉快的事情,所以艺术和游戏是一致的。这个看法就是后来出现的艺术即游戏说的来源。康德认为游戏和劳动是对立的,因而艺术和劳动也是对立的。这种看法如果单就资本主义社会"异化的劳动"来看,当然也有一些道理,但若就劳动和艺术的一般关系来看,则是不正确的。马克思指出,劳动作为人的本质的表现是一种自由的活动,在劳动中"人也按照美的规律来建造";在共产主义社会里,劳动将成为人生第一需要,每个人既是劳动者,又是艺术家。这就否定了艺术和劳动是根本对立的看法。

为了进一步说明艺术的特性,康德在把艺术和自然、科学、手工艺加以区别之后,又在艺术中区分出"美的艺术"。他先把艺术分为机械的艺术和审美的艺术,前者只是为了达到认识的目的,后者则是以快感作为直接的企图。然后,又将审美的艺术分为快适的艺术和美的艺术。快适的艺

---

① [德] 康德:《判断力批判》,邓晓芒译,人民出版社 2002 年版,第 145—146 页。
② [德] 康德:《判断力批判》,邓晓芒译,人民出版社 2002 年版,第 146 页。
③ [德] 康德:《判断力批判》,邓晓芒译,人民出版社 2002 年版,第 147 页。

第二十章 康德美学及其对经验主义和理性主义的调和

术只引起感觉上的快感,单纯以享乐为它的目的,如人们在筵席间活泼自由的高谈阔论,用谐谑和欢笑造成快乐气氛,以及其他只是为了当前的娱乐消遣。美的艺术则与此相反,它不是单纯的官能感觉的快感,而是一种反思判断力。康德说:"相反,美的艺术是这样一种表象方式,它本身是合目的性的,并且虽然没有目的,但却促进着对内心能力在社交性的传达方面的培养。"① 也就是说,美的艺术是没有任何实际目的的,它只有形式上的合目的性;同时,它又确有陶冶人的性情的社会作用,服从于外在目的。康德认为只有这种美的艺术才能体现出艺术的本质和特性。一方面,艺术必须是无目的的合目的性形式,是审美的活动;另一方面,艺术又要涉及目的概念和理性理念,不是纯粹的审美活动。所以,艺术不是康德所说的"自由美",而是"依附美"。它是审美与理性的统一,即在无目的合目的性形式中,表达出理性目的概念的内容。这就是康德所分析的艺术的基本特性。

从艺术的基本特性出发,康德论述了艺术和自然的关系。他说:"在一个美的艺术作品上我们必须意识到,它是艺术而不是自然;但在它的形式中的合目的性却必须看起来像是摆脱了有意规则的一切强制,以至于它好像只是自然的一个产物。"② 又说:"美的艺术作品里的合目的性,尽管它是有意的,但却不显得是有意的;就是说,美的艺术必须看起来像是自然,虽然人们意识到它是艺术。"③ 这就是说,艺术不同于自然,因为它是人为的、有意图的、有目的的,它完全符合着一切规则;但艺术又要貌似自然,因为它是形式上的合目的性,看不出它是人为的、有意图的、有明确目的的,它好像一点也不受人为造作的强制所束缚,没有丝毫死板固执、矫揉造作的地方。康德对艺术和自然关系这种看法,意在将艺术的自由和自然的必然统一起来。它既不同于浪漫主义片面强调自由创造的看法,也不同于古典主义片面强调规律法则的看法,而是二者兼而有之。

康德认为"美的艺术是天才的艺术",因为美的艺术只有作为天才的作品才有可能。所以,他在分析了艺术的特性后,接着便转入对于天才的

---

① [德] 康德:《判断力批判》,邓晓芒译,人民出版社2002年版,第149页。
② [德] 康德:《判断力批判》,邓晓芒译,人民出版社2002年版,第149页。
③ [德] 康德:《判断力批判》,邓晓芒译,人民出版社2002年版,第150页。

分析。什么是天才呢？康德说："天才就是给艺术提供规则的才能（禀赋）。由于这种才能作为艺术家天生的创造性能力本身是属于自然的，所以我们也可以这样来表达：天才就是天生的内心素质（ingenium），通过它自然给艺术提供规则。"① 这里，康德是把天才看作艺术创造的独特心理功能，这种心理功能是天生的、属于自然的，不是人工所能培养的。正是通过天才，自然给艺术制定规则。这后一点意思需要联系前面康德对艺术与自然关系的分析才好理解。按照康德的看法，艺术不同于自然，又要看起来像自然；艺术是自由的创造，又要符合自然的规律。因此，艺术创造必须要有规则。但是，艺术的规则"不能要约在一个公式里，以便成立为规范"，如果这样，规则就是作为概念而存在的。而对于艺术作品的审美判断却不能以概念作为基础。所以，艺术的规则不是按照既成的公式摹仿出来的，而是通过艺术家的天才在创造作品中形成的，换句话说，"自然就必须在主体中（并通过主体各种能力的配合）给艺术提供规则"。② 总之，天才给艺术制定规则，既是符合自然的规律的，又是体现创造的自由的，是艺术的自由和自然的必然的结合。正由于此，美的艺术只有通过天才才能创造出来。

康德把天才的特点归纳为以下四个方面：1. 独创性，这是天才的主要特点。因为天才是一种既不能依照任何规则来创造，也不能依照任何规则来学习的才能。2. 典范性。天才的作品虽是独创，却"同时又必须是典范，即必须是有示范作用的"。它本身虽不是模仿的，却能对别人"成为评判或法则的准绳"。3. 自然性。天才是怎样创造出它的作品来的，不能科学地加以说明，"它是作为自然提供这规则的"。所以，它不能在规范形式里传达给别人，使别人能够创造出同样的作品来。4. 天才是属于美的艺术的才能，"自然通过天才不是为科学、而是为艺术颁布规则；而且这也只是就这种艺术应当是美的艺术而言的"③。从以上四点来看，康德强调的重点是天才的不可摹仿的独创性，是艺术的自由创造，所以他解释说："天赋才能的独创性是构成天才品质的本质的部分"，"天才是与模仿的精

---

① ［德］康德：《判断力批判》，邓晓芒译，人民出版社2002年版，第150页。
② ［德］康德：《判断力批判》，邓晓芒译，人民出版社2002年版，第151页。
③ ［德］康德：《判断力批判》，邓晓芒译，人民出版社2002年版，第152页。

第二十章　康德美学及其对经验主义和理性主义的调和

神完全对立的"。① 他之所以认为天才只是对艺术的才能，而不是对于科学的，就是因为艺术不能通过模仿去学习，而科学则可以通过模仿去学习。

除了上面给天才归纳的四个特点外，康德在分析了"审美理念"之后，又对天才的特点作了补充，另提出了四个方面的特性。这四个方面的特性保留了原先的四个特点的意思，但突出指出了天才作为表达审美理念的功能，需要想象力和知性的互相结合和自由协调。天才"作为一种艺术才能，是以对作为目的的作品的一个确定的概念为前提的，因而是以知性为前提的，但也以作为这概念的体现的某种关于材料、即关于直观的（即使是不确定的）表象为前提，因而以想像力对知性的关系为前提"②。天才一方面使想象力获得不受制于一切规律的自由；另一方面，想象力又与规律制约的知性之间保持自由协调，以显出不是有意安排的主观合目的性。据此，康德又给天才下了一个新的定义："天才就是：一个主体在自由运用其诸认识能力方面的禀赋的典范式的独创性。"③ 这个定义把天才作为艺术创造的特殊的心理功能的含义表达得更为明显了。它比以往出现的各种神秘的天才的理论，的确是要深刻得多。不过，康德只强调天才是天生的，和后天培养无关，并且认为艺术创作就是决定于这种天生的才能，这又表现出他的先验的唯心主义观点的严重缺点。

康德认为，审美和艺术，欣赏和创造，鉴赏力和天才，是有联系而又有区别的。"为了把美的对象评判为美的对象，要求有鉴赏力，但为了美的艺术本身，即为了产生出这样一些对象来，则要求有天才。"④ 也就是说，审美欣赏是凭借鉴赏力；艺术创造却是凭借天才。因此，康德在讨论天才时，也分析了天才和鉴赏力的关系问题。他首先论述了天才和鉴赏力的区别。这种区别实则是艺术美和自然美的区别，因为自然美的评定只需要鉴赏力，而艺术美的可能性是要求着天才的。艺术美和自然美有什么区别？康德说："一种自然美是一个美的事物；艺术美则是对一个事物的美的表现。"⑤ 这就是说，自然美是事物本身的美，而艺术美则是事物的表现

---

① ［德］康德：《判断力批判》，邓晓芒译，人民出版社 2002 年版，第 152 页。
② ［德］康德：《判断力批判》，邓晓芒译，人民出版社 2002 年版，第 162 页。
③ ［德］康德：《判断力批判》，邓晓芒译，人民出版社 2002 年版，第 163 页。
④ ［德］康德：《判断力批判》，邓晓芒译，人民出版社 2002 年版，第 155 页。
⑤ ［德］康德：《判断力批判》，邓晓芒译，人民出版社 2002 年版，第 155 页。

(即形象再现)的美。美的艺术并不一定要求所描写的事物本身是美的,而只是要求对事物的形象描写是美的,这正是艺术美胜过自然美的地方。康德说:"美的艺术的优点恰好表现在,它美丽地描写那些在自然界将会是丑的或讨厌的事物。复仇女神,疾病,兵燹等等作为祸害都能够描述得很美,甚至被表现在油画中。"① 这就是说,艺术美不仅可以拿自然的美作为描写的对象,而且也可以拿自然的丑作为描写的对象。只要自然丑在艺术中能够得到美的描写或表现,那么,自然丑也可以转化为艺术美。但是,康德又认为有一种自然丑不能表现为艺术美,那就是令人作呕的现象,因为"这对象的艺术表象与这对象本身的自然在我们的感觉中就不再有区别,这样,那个表象就不可能被认为是美的了"②。基于同一理由,他认为雕塑艺术必须把丑恶的对象从它的表现范围中排除出去。这一看法和莱辛在《拉奥孔》中的看法是相似的。其次,康德认为艺术美和自然美的区别还表现在对它们的评判上。他说:

> 为了把一个自然美评判为自然美,我不需要预先对这对象应当是怎样一个事物拥有一个概念;亦即我并没有必要去认识质料的合目的性(即目的),相反,单是没有目的知识的那个形式在评判中自身单独就使人喜欢了。但如果对象作为一个艺术品被给予了,并且本身应当被解释为美的,那么由于艺术在原因里(以及在它的原因性里)总是以某种目的为前提的,所以首先必须有一个关于事物应当是什么的概念作基础;而由于一个事物中的多样性与该事物的内在规定的协调一致作为目的就是该事物的完善性,所以在对艺术美的评判中同时也必须把事物的完善性考虑在内,而这是对自然美(作为它本身)的评判所完全不予问津的。③

这段话对于了解康德美学思想的发展和内在矛盾是很重要的。在康德看来,对自然美的判断不涉及概念、目的,而只是单纯形式本身令人愉

---

① [德]康德:《判断力批判》,邓晓芒译,人民出版社2002年版,第156页。
② [德]康德:《判断力批判》,邓晓芒译,人民出版社2002年版,第156页。
③ [德]康德:《判断力批判》,邓晓芒译,人民出版社2002年版,第155页。

第二十章　康德美学及其对经验主义和理性主义的调和

快；但对艺术美的判断则必须涉及概念、目的以及对象的完善性。在"美的分析论"中，康德是否定审美涉及概念、目的以及完善性考虑的，但在艺术美的分析中，他却又肯定了这一切，可见美的分析中对审美的特点的规定，只是符合自然美而不符合艺术美。

关于天才和鉴赏力的关系的另一个问题，是两者在艺术创作中的作用问题，亦即在艺术创作中是天才更重要还是鉴赏力更重要？康德认为这个问题也就是想象力和判断力哪个更重要？他的看法是判断力比想象力重要，也就是鉴赏力比天才更重要。原因是判断力能使想象力和知性相协调，使想象力在自由活动里适合着知性的规律性。康德说："为了美起见，有丰富的和独创的理念并不是太必要，更为必需的却是那种想像力在其自由中与知性的合规律性的适合。因为前者的一切丰富性在其无规律的自由中所产生的无非是胡闹；反之，判断力却是那种使它们适应于知性的能力。"① 因此，鉴赏力对于天才具有着训育和管束的作用，它指导天才的飞翔，使之保持合目的特性。根据以上分析，康德认为如果在艺术作品中鉴赏力和天才发生了矛盾而不得不牺牲一种的话，"那就宁可牺牲天才"。这个结论和前面对于天才的分析明显地存在着矛盾。在分析天才时，康德一再强调天才对于艺术的重要性，认为"美的艺术只有作为天才的作品才有可能"，可是在这里他又认为天才对于艺术是可有可无的；在论述天才的特性时，康德强调天才需要想象力和知性的结合，想象力的自由活动对于知性规律性是协调的，可是，在这里他又认为天才只是想象力，和知性、判断力似乎是对立的。形成这一矛盾的思想根源还是在于他把美的形式和内容相割裂的看法。他认为"天才所能做的只是向美的艺术作品提供丰富的材料"，但要"把这形式给予美的艺术却需要鉴赏力"。这就是说，天才涉及的主要是理念内容，而鉴赏力涉及的却是美之所以为美的形式。一方面，康德认为理念内容是美的艺术所不可缺少的，所以他强调天才对于美的艺术是必要的条件；另一方面，康德又认为美在形式而不涉及内容，而缺乏美的形式，艺术也就不成其为艺术，所以他又肯定鉴赏力比天才更重要。康德企图统一美的形式和内容表现之间的矛盾，但他始终没有做到这一点。

在讨论天才时，康德分析了构成天才的心理能力，并且将它和审美理

---

① ［德］康德：《判断力批判》，邓晓芒译，人民出版社2002年版，第164页。

念的形成与表达联系起来。他说:"天才真正说来只在于没有任何科学能够教会也没有任何勤奋能够学到的那种幸运的比例,即为一个给予的概念找到各种理念,另一方面又对这些理念加以表达。"① 可见天才作为艺术创作的才能,是同审美理念的形成和表现分不开的。这样,康德就提出了"审美理念"这一重要范畴,并对它进行了分析。

什么是审美理念呢? 康德说:

> 我把审美[感性]理念理解为想象力的那样一种表象,它引起很多的思考,却没有任何一个确定的观念、也就是概念能够适合于它,因而没有任何言说能够完全达到它并使它完全得到理解。很容易看出,它将会是理性理念的对立面(对应物),理性理念与之相反,是一个不能有任何直观(想象力的表象)与之相适合的概念。②

> 审美[感性]理念是想象力的一个加入到给予概念之中的表象,这表象在想象力的自由运用中与各个部分表象的这样一种多样性结合在一起,以至于对它来说找不到任何一种标志着一个确定概念的表达,所以它让人对一个概念联想到许多不可言说的东西,对这些东西的情感鼓动着认识能力,并使单纯作为字面的语言包含有精神。③

从以上论述可以看出,康德所谓的"审美理念"具有以下特征:

第一,审美理念是由想象力所形成的表象显现,所以它不同于理性理念,具有感性特征。理性理念是一种概念,是抽象的,没有感性的形象与之相切合。而审美理念却离不开感性形象,它须通过想象力所创造的形象显现出来,所以是个别的、具体的、丰富多样的。

第二,审美理念是从属于某一概念的,它可以使人想起许多思想,所以它不是属于低级的感性认识,不是单纯的表象。表象虽是个别的、具体的、形象的,却并不显示理性理念的内容。审美理念却需在感性形象中显出理性理念的内容,所以,它带有普遍性、概括性、思想性。

---

① [德] 康德:《判断力批判》,邓晓芒译,人民出版社 2002 年版,第 161 页。
② [德] 康德:《判断力批判》,邓晓芒译,人民出版社 2002 年版,第 158 页。
③ [德] 康德:《判断力批判》,邓晓芒译,人民出版社 2002 年版,第 161 页。

第二十章 康德美学及其对经验主义和理性主义的调和

第三，审美理念虽然从属于某一概念，却又很难找出它所表现的是"一个确定的概念"；虽然可以使人想起许多思想，却又没有任何确定的思想与之完全相适应。这是为什么呢？因为在审美理念中，理性理念已经转化为感性形象，思想和概念已经渗透在感性形象中，普遍性、概括性是通过个别性、具体性得到表现的，也就是说，理性和感性，思想和形象，普遍和个别，在审美理念中是统一的，所以，它虽然包含有理、思想、普遍，却又不同于"确定的概念"和确定的思想。

综合以上关于审美理念的基本特点，可以看出，康德所说的审美理念，概括地说，就是理性理念的感性形象，是理性理念与感性形象的统一。这和我们今天所说的艺术典型，基本上是相近的。

审美理念是如何形成的呢？康德认为它是创造性的想象力，根据理性中更高的原则，对实际自然所提供的材料进行加工改造而创造出来的。他说："想象力（作为生产性的认识能力）在从现实自然提供给它的材料中仿佛创造出另一个自然这方面是极为强大的。"[①] 就是说，形成审美理念的想象力不仅仅是一种对经验的记忆，而且还具有创造性，能够重新把经验加以改造，使其成为"某种胜过自然界的东西"。这种对经验的改造，不仅是根据一般的"联想律""类比律"，而且是"按照着高高存在理性里的诸原则"。也就是说，在形成审美理念中，创造性的想像是与更高的理性原则相结合的，它力求超出经验的范围，以企求达到理性理念的形象显现，从而赋予这些观念以一种客观现实的外貌。康德说："诗人敢于把不可见的存在物的理性理念，如天福之国，地狱之国，永生，创世等等感性化；或者也把虽然在经验中找得到实例的东西如死亡、忌妒和一切罪恶，以及爱、荣誉等等，超出经验的限制之外，借助于在达到最大程度方面努力仿效着理性的预演的某种想象力，而在某种完整性中使之成为可感的，这些在自然界中是找不到任何实例的。"[②] 按照康德的理解，一个理性理念可以有许多感性形象来显现它，但没有哪一个感性形象能够完全显现它。感性形象显现理性理念的程度是有差别的。只有在感性形象中达到理性的"最高度"，理性理念得到完满、充分显示的，才配称为审美理念。所以审

---

① [德]康德：《判断力批判》，邓晓芒译，人民出版社2002年版，第158页。
② [德]康德：《判断力批判》，邓晓芒译，人民出版社2002年版，第158—159页。

美理念在显现理性理念中所达到的高度，是一般自然事物所不能比拟的，它也就是康德所说的"另一自然"。总之，审美理念虽是感性形象，却不是经验世界的简单复现，而是由想象力根据理性理念，对经验进行加工改造所创造出来的。这里，康德实际上是涉及了艺术创作如何对自然加工改造，亦即艺术创作的典型化问题。

康德的"审美理念"说，说明艺术创作既要有感性形象，又要表达出理性内容，指出了感性与理性、个别与普遍、形式与内容在艺术形象创造中的辩证统一关系。他认为审美理念虽然涉及概念，但是又不是表现某一确定的概念，它比概念更为丰富多样，在思想上具有许多"不可言说的东西"，也就是能够以有尽之言表达出无穷之意，使形象显现联系到许多不能完全用语言来表达的深广思致。这种看法对我们研究审美和艺术创作中形象思维的特点和规律是很有启发作用的。不过，康德虽然提出了感性与理性、形式与内容之间的矛盾，但它前后看法不一致，对二者如何达到有机统一并没有真正给予解决。而且，康德关于审美理念的论点是建立在他的先验唯心主义的哲学基础之上的。他所说的理性理念不是从现实生活中所概括出来的，而是一种先天的、超现实的理念，这就使审美理念丧失了反映客观现实的内容。

在讨论"审美理念"之后，康德又给美下了一个定义。他说："我们可以一般地把美（不管它是自然美还是艺术美）称之为对审美理念的表达。"① 这个定义和"美的分析论"中所下的"美在形式"的定义显然是不同的。这两个定义最明显地反映出康德美学思想中对立的两个方面，即形式主义和表现主义。康德试图统一这两个方面，但他始终没使两者达到真正的统一。而他美学中的这两个方面，对后来西方美学理论的影响都是巨大的。

第六节 康德美学的调和特征

康德的哲学既批评了经验主义，也批评了理性主义，力图将它们妥协或结合到一个体系中。他在美学上的基本立场也是要求达到经验主义和理

---

① ［德］康德：《判断力批判》，邓晓芒译，人民出版社 2002 年版，第 165 页。

第二十章 康德美学及其对经验主义和理性主义的调和

性主义的调和。英国经验主义美学强调美和审美的感性性质，认为美感就是感性的快感，快感就是美的本质；德国理性主义美学强调美和审美的理性基础，认为美感是对完善的含混认识，完善就是美的本质。康德认为这两派都把美和美感与相关的概念混淆起来，没有揭示美和美感本身的特质。他认为审美判断不是单纯感官的快感，而是属于先天的综合判断；同时又认为审美判断不同于目的论的判断，"完善"的概念是属于目的论判断力，而不属于审美判断力。这就既批判了经验主义美学，也批判了理性主义美学。他把经验主义美学的快感论和理性主义美学的目的论结合起来，提出审美判断既同愉快和不愉快的情感相联系，又符合"主观的合目的性"；既是个体对于个别事物的判断，又具有普遍性和必然性。他看出经验主义美学片面强调美和审美的感性性质，理性主义美学片面强调美和审美的理性基础，都无法合理解释美和审美的本质问题，试图通过批判和纠正二者的片面性，将它们调和或综合起来，提出美的理想和审美理念是感性与理性、特殊与普遍相结合的观点，使长期分歧中的理性主义和经验主义两派美学达到汇合。这一基本立场在"审美判断力批判"中表现得非常明显，并且贯穿始终。

在"美的分析论"中，康德从四个方面对鉴赏判断作了分析，指出鉴赏判断是不带任何利害的愉快；是没有概念而普遍令人愉快的；是无目的的形式的主观的合目的性；是没有概念而具有普遍必然性的。这四个方面的规定，既包括了审美鉴赏力的消极方面的规定，即审美愉快是无利害的、非概念的、不具客观合目的性的；又包括了审美鉴赏力的积极方面的规定，即审美愉快具有主观形式的合目的性和基于共通感的主观普遍性和必然性。总地说来，康德认为审美判断是对象的形式适应人的认识功能，使想象力和知性协和一致和自由活动，从而引起的一种自由的愉快情感，它是以人类本性中某种共同的、普遍性的东西为基础的。这里，康德不仅突出地提出了美和审美的本质或特性问题，而且对这一问题作出了既不同于经验主义美学也不同于理性主义美学的深刻回答。

康德在"美的分析论"中，对经验主义美学和理性主义美学既有批判，也有吸收。他一方面批判了英国经验主义美学将美和审美等同于感官上快适的愉快的看法，指出这种快适的愉快不仅是和利害结合着的，而且不具有鉴赏判断所要求的普遍性和必然性；另一方面也批判了德国理性主义美学将美和审美等同于对象的完善性和"完善被含混地思维"的看法，指出完善性依赖于对象的概念和目的，而鉴赏判断的规定根据不可能是概念，也不可能是某种规定了的目的，所以完全不依赖于完善性概念。在纠正经验主义美学和理性主义美学各自片面性的同时，康德也吸收了两派中一些合理的成分。实际上，"美的分析论"中的许多个别论点都是经验主义美学家已经提到过的。如审美判断只与主体的愉快或不愉快的情感相联系，不涉及对于对象的认识，不带任何利害，没有概念等论点，在英国经验主义美学家舍夫茨别利、哈奇生、休谟、伯克等人的论述中就有同样的看法。又如审美判断是对象形式适合主体认识能力（想象力和知性）的和谐自由活动，具有主观合目的性的观点，同德国理性主义美学家莱布尼茨的美在"前定和谐"说和目的论也是一脉相承的。至于审美判断具有主观的普遍必然性以及作为其先天条件的共通感，不仅和经验主义美学家有关审美趣味的普遍共同标准的看法相关，也与理性主义美学家关于先天理性和普遍人性的信条相合拍。这些都可以看到康德美学与经验主义和理性主义美学的继承关系。不过，康德把这些分散的甚至对立的观点调和起来综合成了一个整体，并将其纳入先验唯心主义哲学体系之中，形成了一套自成系统的新的美学理论，这就使人们对于美和审美本质的认识达到一个新境界，从而显示出康德美学的独创性。

经验主义美学和理性主义美学在分别强调美和审美的感性性质与强调美和审美的理性基础上，互相分歧和对立，使美和审美中感性和理性的关系问题突显出来，而解决这一问题自然成为康德美学的基本任务。正如鲍桑葵所说，康德所继承的美学问题包含在这样一个问题中："一种快感怎么也能具有理性的性质？"① 这也是在经验主义美学和理性主义美学两种美学思潮汇合中，摆在近代美学思想界面前的问题。这个问题和摆在近代思想界面前的普遍哲学问题——"怎样才能使感官世界和理想世界调和起来？"是一致的。在"美的分析论"中，康德通过对鉴赏判断中包含的各种矛盾的分析和综合，指出美感虽是一种感性经验，却有理性基础，已经对美和审美中理性和感性的关系问题做出了回答。在"崇高的分析论"中，康德对问题的回答又作了进一步的发展。

---

① ［英］鲍桑葵:《美学史》，张今译，商务印书馆1985年版，第368页。

第二十章　康德美学及其对经验主义和理性主义的调和

康德认为，崇高和美、崇高感和美感作为审美判断的两个方面是具有一致性的。它们都是以反思性的判断为前提的，其愉快依赖于想象力与知性或理性的概念能力协和一致，具有主观合目的性。这两种判断都是单一的，却具有普遍有效性。不过两者之间却有显著区别，在"崇高的分析论"中，康德着重考察和论述了崇高与美的区别，并由此对崇高和崇高感的本质和来源作了深刻分析。他指出，崇高与美的最重要的和内在的区别在于：在美的审美判断中，对象的形式对于我们判断力仿佛是预先规定的，带有某种合目的性，它恰好适应人的想象力和知性的和谐自由活动，从而自身构成一个愉快的对象；相反，在崇高的审美判断中，对象按其形式则显得对我们的判断力而言是违反目的的，与我们的表现能力是不相适合的，仿佛对人的想象力是强暴性的。正是这种对于想象力的不适合性，却激起了人们内心中的理性理念，从而将崇高感赋予对象。这种想象力的不合目的性对于理性理念和唤起这些理念来说却被表现为合目的性，因而是愉快的。由于崇高和美的这种内在区别，所以两者在判断者的内心状态上是不同的。康德说：

> 正如同审美的判断力在评判美时将想象力在其自由游戏中与知性联系起来，以便和一般知性概念（无需规定这些概念）协调一致；同样，审美判断力也在把一物评判为崇高时将同一种能力与理性联系起，以便主观上和理性的理念（不规定是哪些理念）协和一致，亦即产生出一种内心情调，这种情调是和确定的理念（实践的理念）对情感施加影响将会导致的那种内心情调是相称的和与之相贴近的。①

这就是说，在对美的审美判断中，想象力与知性相联系，以便和不确定的知性概念协调一致；而在对崇高的审美判断中，想象力与理性相联系，以便和不确定的理性的理念协和一致。这两者都是感性和理性的结合，可是结合的具体内容是不一样的，产生的愉快的性质也有区别的。可以说，从"美的分析论"到"崇高的分析论"，康德从不同方面考察和论述了审美中感性和理性的关系问题，试图以不同的方式将两者调和起来，

---

① ［德］康德：《判断力批判》，邓晓芒译，人民出版社2002年版，第95页。

回答审美中愉快的情感何以具有理性的性质的问题。

我们知道,英国经验主义美学家对于崇高的审美现象曾有许多单纯经验性的考察和说明。尤其是伯克首先将崇高和美作为并列的两个重要美学范畴,对两者的特点从对象性质到生理、心理基础都作了充分论述。康德对伯克的论述作了研究,并在"崇高的分析论"中对其作了批判的分析。他指出,伯克对崇高和美的经验性的说明,尽管可以为某种更高的研究提供素材,却不足以构成对于鉴赏力的批判,因为它缺乏对于这种能力的一个先验的探讨。康德对崇高的分析,在一些方面也受到伯克的影响。例如,伯克认为崇高产生的快感是由痛感转化而来的,这种愉快的产生,和人在观照恐怖的对象而又不感到真正危险时,引起的自豪感和胜利感有关。康德接受了这种看法。不过,他对崇高的分析却比伯克或任何经验主义美学家要深刻得多。伯克主要是从生理学和心理学的角度来说明崇高感,着重于对崇高和崇高感的感性方面的描述,过分强调人的生理本能以及感性活动在崇高感中的作用,却忽略了它们的理性内容和基础。康德纠正了伯克的经验性说明的片面性,以先天原则作基础,对崇高做出先验的说明,强调理性的理念在崇高感中的所起的重要作用,肯定道德观念是形成崇高的主要基础,这就与伯克具有了本质的区别,使人们对崇高的审美判断中所包含的感性和理性的特殊关系的认识达到一个更高的层次,从而成为后来西方美学中一切关于崇高的讨论的基础。席勒、黑格尔以及新黑格尔派的布拉德雷对崇高的看法,无不受到康德的影响。

在"美的分析论"中,康德结合美的合目的性以及自由美和依附美的区分,论述了"美的理想"问题。在"崇高的分析论"中,康德在"纯粹审美判断的演绎"部分,结合艺术和天才,论述了"审美理念"问题。这两个问题,一个是从审美鉴赏方面谈的;另一个是从艺术创造方面谈的,但两个问题都集中涉及到审美判断力和感性与理性、个别与普遍的关系问题,而且表现着康德美学思想的矛盾和发展,是值得特别重视的。

"美的理想"就是"美的普遍标准"或"鉴赏的最高典范"。康德指出,审美的规定根据不是客体的概念,因此,"要寻求一条通过确定的概念指出美的普遍标准的鉴赏原则是劳而无功的"。[①] 但他认为,感觉(愉悦

---

① [德]康德:《判断力批判》,邓晓芒译,人民出版社2002年版,第67页。

第二十章　康德美学及其对经验主义和理性主义的调和

和不悦）的普遍可传达性，亦即这样一个无概念而发生的可传达性，一切时代和民族在某些对象的表象中对于这种情感尽可能的一致性，却提供了一种经验性的标准，"即一个由这实例所证实了的鉴赏从那个深深隐藏着的一致性根据中发源的标准"①。它对一切人都是共同的。每个人必须根据它来评判一切作为鉴赏的客体，甚至评判每个人的鉴赏本身，所以它是"鉴赏的原型"，这鉴赏原型便是"美的理想"。康德说：

> 理念意味着一个理性概念，而理想则意味着一个单一存在物、作为符合某个理念的存在物的表象。因此那个鉴赏原型固然是基于理性有关一个最大值的不确定的理念之上的，但毕竟不能通过概念、而只能在个别的描绘中表现出来，它是更能被称之为美的理想的，这类东西我们虽然并不占有它，但却努力在我们心中把它创造出来。但它将只是想象力的一个理想，这正是因为它不是基于概念之上，而是基于描绘之上的；但描绘能力就是想象力。②

由此可见，美的理想一方面基于理性，涉及有关一个最大值（最高度）的不确定的理念；另一方面又不能通过概念，而只能在个别的描绘（形象）中表现出来，这种个别形象的描绘能力就是想象力。这种理性和想象力、不确定的理念和个别形象的结合，就在我们心中形成为美的理想。通过美的理想，康德对审美判断中感性与理性、个别与普遍的关系作了最明确的揭示。但他又认为理想的美并非"做出了一个纯粹的鉴赏判断"的自由美，而是"由一个有关客观合目的性的概念固定了"的依附美，所以，"按照一个美的理想所作的评判不是什么单纯的鉴赏判断"。③

康德认为，评判美的对象要求有鉴赏力，创造美的艺术则要求有天才。在分析构成天才的各种内心能力时，他提出并论述了"审美理念"问题。"审美理念"和"美的理想"在基本含义和内容上大致是一致的，但前者比后者在看法上更为成熟、论述上更为充分。按照康德的理解，审美

---

① ［德］康德：《判断力批判》，邓晓芒译，人民出版社2002年版，第68页。
② ［德］康德：《判断力批判》，邓晓芒译，人民出版社2002年版，第68页。
③ ［德］康德：《判断力批判》，邓晓芒译，人民出版社2002年版，第72页。

理念是想象力的一个表象,"它引起很多的思考,却没有一个确定的观念、也就是概念能够适合于它,因而没有任何言说能够完全达到它并使它完全得到理解"①。换句话说,这种想象力的表象加入到给予的概念之中,却"找不到任何一种标志着一个确定概念的表达,所以它让人对一个概念联想到许多不可言说的东西"②。由此可知,审美理念一方面不同于理性理念,因为理性理念是一个不能有任何直观(想象力的表象)与之相适应的概念,而审美理念则是想象力的表象;另一方面审美理念也不同于单纯的表象,因为想象力的表象要根据理性理念,它从属于一个不确定的概念,让人对一个概念联想到许多不可言说的东西,引起很多的思考。在审美理念中,理性理念已经转化为感性形象,思想和概念已经渗透在个别表象中,普遍性、概括性是通过个别性、具体性得到表现的。也就是说,理性与感性、思想与形象、普遍与个别、内容与形式,在审美理念中是互相结合和统一的。概括地说,审美理念就是理性理念的感性表现,是理性理念与感性形象的统一。从艺术美的创作过程看,审美理念就是形象思维,从艺术美的形象塑造看,审美理念就是艺术典型。显然,康德对审美理念所作的分析和说明,已经包含了后来黑格尔提出的"美是理念的感性显现"说的雏形。通过对审美理念内涵的揭示,康德对审美意识的本质和特征作了最充分的概括,也对审美意识中感性与理性关系问题作了最深刻的回答。由此,各持一端的经验主义和理性主义两种美学思潮终于在康德美学中达到了汇合。

康德美学虽然突出地提出了审美中感性与理性、个别与普遍、形式与内容之间的矛盾问题,并试图将矛盾双方调和或结合起来,但他的看法前后颇不一致,许多观点甚至互相矛盾和对立。总的看来,他只是努力将矛盾双方加以调和或综合,而对二者如何实现辩证的、有机的统一却始终没有真正地予以解决。在"美的分析论"中,康德从分析鉴赏判断的四个契机,得出美和审美只和对象的形式有关,不涉及对象的内容、意义(利害、概念、目的)的结论,明显地表现出形式主义倾向,似乎肯定了美在形式的观点。但是,他在分析鉴赏判断的合目的性时,又提出存在有自由

---

① [德] 康德:《判断力批判》,邓晓芒译,人民出版社 2002 年版,第 158 页。
② [德] 康德:《判断力批判》,邓晓芒译,人民出版社 2002 年版,第 161 页。

第二十章 康德美学及其对经验主义和理性主义的调和

美和依附美这两种不同的美,"前者不以任何有关对象应当是什么的概念为前提;后者则以这样一个概念及按照这个概念的对象完善性为前提"①。符合他所提出的"纯粹的鉴赏判断"的只有自由美,而符合他所提出的"美的理想"的却又是依附美,这两者显然是分裂的、对立的。在纯粹鉴赏判断中,康德肯定美不涉及概念、不依赖于完善性概念,而在依附美中,却又肯定它是以概念和对象的完善性为前提的,也就是回到他所批判的看法。从"美的分析论"到"崇高的分析论",问题越是深入,康德美学思想的矛盾也就暴露得更加突出。如果说,在"美的分析论"中,康德侧重从审美判断的形式去分析美,倾向于美在形式的看法,那么,在"崇高的分析论"中,他却侧重从内容意义方面去分析崇高和艺术创造,不仅认为"真正的崇高不能包含在任何感性的形式中,而只针对理性的理念"②,而且认为艺术要以目的、概念为基础,以理性理念、道德观念为内容,虽然它的形式必须是审美的。在"崇高的分析论"的"对审美的反思判断力的说明的总注释"中,康德详细探讨了崇高与道德的密切关系,指出"对自然界的崇高的情感没有一种内心的与道德情感类似的情绪与之相结合,是不太能够设想的"③。而在"审美判断力的辩证论"中,康德进一步发展了他的思想,明确提出了"美是德性—善的象征"的看法。④ 这与他在"美的分析"中侧重从形式上分析美、倾向于美在形式的看法是完全不同的,也是互相矛盾的。这种前后互相矛盾对立的观点,固然也反映出康德美学思想的变化,但更根本地在于他的美学思想中存在的内在矛盾,表明他对美和审美中感性与理性、形式与内容、个别与普遍如何达到辩证的、有机的统一的问题,并没有真正得到解决。

康德美学思想中的矛盾以及他无力解决审美中感性和理性的有机统一问题,其原因是多方面的,其中根本的一点就是他基本上沿用了理性主义的形而上学的方法,从先验的概念出发,侧重从分析理性概念来解释审美现象。康德在哲学上虽然试图调和理性主义和经验主义,但它的重点仍然放在理性主义方面。他从理性主义所接受过来的东西远比从经验主义接受

---

① [德]康德:《判断力批判》,邓晓芒译,人民出版社2002年版,第65页。
② [德]康德:《判断力批判》,邓晓芒译,人民出版社2002年版,第83页。
③ [德]康德:《判断力批判》,邓晓芒译,人民出版社2002年版,第108页。
④ [德]康德:《判断力批判》,邓晓芒译,人民出版社2002年版,第200页。

过来的多，他提出的先验唯心主义学说，认为人的认识能力本身就具有一种认识形式，这些认识形式不是来自经验，而是先于经验，是先天的意识形式，而一切知识之构成都必须以这种先天的认识形式为依据或条件，这和笛卡尔的先验论是一脉相承的。他用形而上学的观点看待认识问题，将"自在之物"与"现象界"、主体与客体、认识内容与认识形式、感性认识与理性认识割裂开来，把这些本来是联系起来的东西看成对立的，只是形而上学地把它们拼凑在一起。康德就是运用这种先验的、形而上学的观点和方法来分析美和审美问题的。他经常将美和审美意识中本来互相联系的东西割裂开来，绝对化地把它们对立起来，抽象地去考虑它们的对立关系，然后再机械地将它们加以拼凑和调和。对于美的内容与形式、感性与理性、个别与普遍的关系问题，对于自由美与依附美、自然美与艺术美、鉴赏力与天才、美与崇高、美与善的关系等问题，康德都是用这种方法来认识和处理的。这就是康德对审美中的诸多矛盾只能加以调和而不能达到真正统一的基本原因。

第二十一章　经验主义、理性主义美学与西方近现代美学

正如经验主义和理性主义的对立形成近代认识论的基本走向，并构成近代西方哲学发展的主线一样，经验主义和理性主义美学的对垒和分歧，也成为近代西方美学发展的主线和基本走向。这两种美学思潮的对垒和分歧，对西方近代以至现代美学的发展和演变产生了深远的影响。它们不仅直接影响着18世纪法、德启蒙运动美学家的思想，并且成为以康德、黑格尔为代表的德国古典美学的主要思想资源，而且在20世纪以来的西方现代各主要美学流派中仍然发挥着重要的影响和作用。

第一节　经验主义、理性主义美学与法、德启蒙运动美学

18世纪上半叶开始的法国启蒙运动，是欧洲继文艺复兴以后的第二次思想解放运动。是行将到来的法国资产阶级革命的思想准备。法国启蒙思想家和唯物主义哲学家高举"理性"的旗帜，猛烈地批判封建专制制度和天主教会，要求建立符合正义的"理性的王国"。他们继承和发展了自古希腊以来的先进的哲学思想，特别是近代英国的培根、霍布斯和洛克的唯物主义的经验论，此外，还继承和发展了笛卡尔哲学中的唯物主义。正如马克思和恩格斯所说："法国唯物主义有两个派别：一派起源于笛卡尔，一派起源于洛克……这两个派别在发展过程中是相互交错的。"[①] 英国唯物主义经验论和笛卡尔的物理学构成"法国唯物主义的两重起源"[②]。

[①]《马克思恩格斯全集》第2卷，人民出版社1957年版，第160页。
[②]《马克思恩格斯全集》第2卷，人民出版社1957年版，第166页。

法国启蒙运动哲学家的思想直接来自英国。恩格斯说:"至于讲到思想,那么18世纪法国哲学家伏尔泰、卢梭、狄德罗、达兰贝尔和其他人大力阐明的那些思想,不是首先产生在英国又是产生在哪儿呢!"① 启蒙运动的哲学发端于英国,并从英国传播到法国。英国唯物主义经验论哲学家培根、霍布斯、洛克的认识论,对法国启蒙运动哲学家伏尔泰、孔狄亚克、拉美特利、爱尔维修、狄德罗和霍尔巴赫等都产生了深刻影响。伏尔泰高度评价洛克的哲学,继承和发展了洛克的经验主义原则,强调一切观念都来自感觉经验,并批判笛卡尔的"天赋观念"论。孔狄亚克也极力推崇和宣传洛克的经验论,进一步发展了感觉论原则,用感觉论去反对17世纪的形而上学。拉美特利和爱尔维修都继承和发展了洛克的唯物主义经验论,强调感觉经验是一切认识的来源,并克服了洛克经验论中的唯心主义和不彻底性。法国启蒙运动和唯物主义哲学的最杰出代表狄德罗继承和发展了英国唯物主义经验论,坚持唯物主义反映论,认为"感觉是我们一切知识的来源"②。他有力地批判了巴克莱唯心主义经验论,并发展了培根的认识理论,力图把感性与理性、认识与实验结合起来。

法国启蒙运动哲学也继承和发展了笛卡尔物理学中的唯物主义思想。例如拉美特利的唯物主义就是笛卡尔唯物主义和英国唯物主义的结合。但是,法国启蒙运动哲学同17世纪的形而上学,即笛卡尔、斯宾诺莎、马勒伯朗士和莱布尼茨的形而上学是对立的。马克思、恩格斯指出:"18世纪的法国启蒙运动,特别是法国唯物主义,不仅是反对现存政治制度的斗争,同时是反对现存宗教和神学的斗争,而且还是反对17世纪的形而上学和反对一切形而上学,特别的笛卡尔、马勒伯朗士、斯宾诺莎和莱布尼茨的形而上学的公开而鲜明的斗争。"③

和法国启蒙运动哲学思想基本走向相一致,法国启蒙运动美学思想以唯物主义哲学作为基础,继承和发展了英国经验主义的美学思想。法国启蒙运动美学的倡导者伏尔泰拒斥对于美的本质作抽象的思辨,而主张从艺术和具体的经验事实来谈美。他认为美的东西不在于符合目的或功用,而

---

① 《马克思恩格斯全集》第42卷,人民出版社1979年版,第393页。
② 《狄德罗哲学选集》,江天骥、陈修斋、王太庆译,商务印书馆1983年版,第98页。
③ 《马克思恩格斯全集》第2卷,人民出版社1957年版,第159页。

第二十一章 经验主义、理性主义美学与西方近现代美学

在于能够引起赞美和快乐这两种情感。"'美'这个名称只给予取悦于官能的事，如：音乐、绘画、辩才、诗歌、正规的建筑等等。"[①] 这与英国经验主义美学强调美与快感联系的看法是一致的，其基本出发点是审美的感性经验。对于英国经验主义美学着重探讨的审美趣味问题，伏尔泰也作了认真研究。他认为，"精确的审美趣味在于能在许多毛病中发现出一点美，和在许多美点中发现出一点毛病的那种敏捷的感觉"[②]。审美趣味有好坏高低之分，并可在教育培养中获得完善。不同时代、民族、国家的审美趣味既具有共同性、一致性，也具有特殊性、相对性，这些看法和经验主义美学家艾迪生、休谟等的趣味理论是十分相近的。在文艺观点上，伏尔泰一方面受法国古典主义的影响，崇尚典雅的趣味，维护悲剧的三一律，推崇高乃依和拉辛而贬低莎士比亚，但他也反对古典主义的泥古倾向和法则的束缚，强调被古典主义所忽视的天才和想象对于文艺创作和发展的作用，这和英国经验主义美学在倾向上又是相同的。

法国启蒙运动美学的另一代表人物卢梭主张感觉是认识的根源，感性认识先于理性认识。他同时强调情感高于理性，认为人类知识之源不是理性，而是情感，情感是理性的替代物。他在其主要美学著作《论科学和艺术》中提出了艺术不但不能敦化风俗、反而会败坏风俗的观点，对艺术采取了否定态度。他憎恶束缚天性的文明社会，主张"回到自然"。由此，他认为"一切真正的美的典型是存在于大自然中的"[③]，"审美力是天生就有的"[④]，是一种听命于本能的自然能力。在他提出的自然教育的理论中，就包括审美教育和审美力的培养。在卢梭否定文明、回归自然、贬低理性、崇尚情感的取向中，我们看到了它同英国经验主义哲学和美学在精神上的内在联系。鲍桑葵在《美学史》中，甚至将卢梭和培根、洛克、舍夫茨别利、休谟等一起，列为经验主义倾向和潮流的代表人物。

法国启蒙运动美学的主要代表狄德罗坚持唯物主义的反映论，认为一切观念来自感觉，美的观念也不例外，肯定美的客观性。他在《关于美的根源及其本质的哲学探讨》中，首先对古希腊以来的有代表性的美的见解

---

① ［法］伏尔泰：《哲学通信》，高达观等译，上海人民出版社1986年版，第145页。
② ［法］伏尔泰：《趣味》，载《西方美学家论美和美感》，商务印书馆1980年版，第128页。
③ ［法］卢梭：《爱弥儿》，郭智蓝译，商务印书馆1991年版，第502页。
④ ［法］卢梭：《爱弥儿》，郭智蓝译，商务印书馆1991年版，第501页。

进行了考察和分析，其中包括了对理性主义美学家沃尔夫和经验主义美学家哈奇生的美的学说的分析，而对哈奇生的美的内在感官说和绝对美、相对美之说的分析尤为详尽。对于沃尔夫的美在完善的说法，狄德罗质问道："完善是什么？难道完善这个字眼比美这个词更清楚、更易理解吗？"[①]而对于哈奇生的美是内在感官接受的观念的看法，狄德罗则指出：哈奇生所说的内在感官只是一种推测，没有办法证明它的"现实性"，因而由内在感官所接受的观念去规定事物的美是没有根据的。因此，他称哈奇生的美论是一种"显然奇怪有余而根据不足的学说"[②]。尽管如此，我们还是看到以莱布尼茨—沃尔夫为代表的理性主义美学和以舍夫茨别利—哈奇生为代表的经验主义美学对狄德罗美学思想形成所产生的影响。正是在对莱布尼茨、沃尔夫和舍夫茨别利、哈奇生等不同的美的学说进行分析批判的基础上，狄德罗才提出了自己的"美在关系"说。他说："我把凡是本身含有某种因素，能够在我的悟性中唤起'关系'这个概念的，叫作外在于我的美；凡是唤起这个概念的一切，我称之为关系到我的美。"[③]按照狄德罗的理解，美是由事物本身存在着的真实的关系构成的，这种真实的关系能够被感觉并在悟性中唤起"关系"的概念，因此，"对关系的感觉就是美的基础"。构成事物的美的各种关系是事物本身客观存在的，所以，美是客观存在的。但客观存在的美只有人才能认识，才能判别它为美。所谓"外在于我的美"即指客观存在的美；所谓"关系到我的美"即指被人感觉和认识到的美。这个以"关系"概念为核心，从客体对象和主体认识两方面来界定美是什么的定义，是狄德罗对美学的一个新贡献。此外，狄德罗还将美区分为"实在美"和"相对美"两种。这种区分可能受到哈奇生关于"绝对美"和"相对美"区分的启发和影响，但在概念和实际含义上与后者又是有很大区别的。

在文艺思想上，狄德罗力倡现实主义艺术理论，强调艺术的真实性，把真实地反映现实作为艺术的首要任务和基本要求。他对英国感伤主义小说家理查逊作品中描写的真实性、现实性大加赞赏。同时，对法国古典主

---

① 《狄德罗美学论文选》，人民文学出版社1984年版，第4页。
② 《狄德罗美学论文选》，人民文学出版社1984年版，第14页。
③ 《狄德罗美学论文选》，人民文学出版社1984年版，第25页。

第二十一章 经验主义、理性主义美学与西方近现代美学

义美学主张模仿大自然要符合理性、塑造人物要类型化,以及为创作规定的清规戒律等,都表示不满和反对;认为诗人不应模仿经理性加工过的自然,而应当模仿未经雕琢的粗犷的、原始的自然。与古典主义美学抬高理性、贬低想象不同,狄德罗十分重视想象在艺术创作中的重要地位和作用。他说:"诗人善于想象,哲学家长于推理。"① 正是借助想象,艺术和哲学、艺术的真实和哲学的真实才相互区别。这些看法,和培根、霍布斯、艾迪生、休谟等经验主义美学家的观点是一脉相承的。

18世纪德国的经济政治发展较英国、法国落后,因此,启蒙运动与英、法两国相比也开始较晚。"德国接受启蒙运动思想的影响,开始来自法国,后来又直接来自英国。"② 德国理性主义哲学家莱布尼茨,以及沃尔夫在大学讲坛上改造和发展莱布尼茨哲学所取得的成就,对德国启蒙运动的形成产生了重要作用。德国启蒙运动虽然也以反对封建压迫为主要任务,却不像法国启蒙运动那样激进,主要局限于哲学、文艺等文化思想领域,而且多停留在抽象思考和讨论上。"直到诗歌运动及其旗手莱辛和赫尔德的伟大人格给枯燥无味的理智带来了生气蓬勃的生活和眼光更高的观点,才创造出新的原则。"③

德国启蒙运动美学的开创者是鲍姆加登,他同时也是德国理性主义美学的最后一位重要代表人物。他的美学思想直接渊源于莱布尼茨—沃尔夫的理性主义哲学和美学,但他一反理性主义哲学和美学对于感性认识的贬抑,将研究感性认识的美学提升到和研究理性认识的逻辑学同等的地位,使之成为一门独立的学科。作为一个理性主义者,鲍姆加登始终服从严格的理性规则,但他在理性法庭上为审美直觉辩护。他论证了感性认识虽然同理性认识及逻辑认识在方式上是不同的,但它同样可以达到真,成为"理性的类似物",从而使审美的感性认识的价值有了新的定位。同时,他也论证了诗的感性形象和个性化特征,充分肯定了感知、想象、情感、幻想对于诗的创造的重要作用,在一定程度上纠正了理性主义美学对于文艺与理性关系的片面化理解。这一切表明,鲍姆加登的美学思想中已包含来

---

① 《狄德罗美学论文选》,人民文学出版社1984年版,第163页。
② [德] 文德尔班:《哲学史教程》下卷,罗达仁译,商务印书馆1997年版,第601页。
③ [德] 文德尔班:《哲学史教程》下卷,罗达仁译,商务印书馆1997年版,第603页。

自经验主义美学的合理成分,并且预示着理性主义美学与经验主义美学走向融合的趋向。

温克尔曼是德国启蒙运动中古典主义的代表人物。他运用理性主义和经验主义的哲学方法论研究古希腊造型艺术,在艺术史研究领域开创一代新风。他对于美的本质问题主要不是进行抽象的哲学探讨,而是结合艺术史的实践经验进行思考。在讨论美的正确概念时,他认为"不能运用从普遍到部分、到个别的几何学方法以及从事物的本质中抽出关于它们特征的结论",而只能"从一系列个别的实例中引出大致性的结论"。[①] 这显然是倾向于经验主义的方法的。他从分析古希腊造型艺术中,概括出"高贵的单纯,静穆的伟大"作为理想美的特征,认为美是由单纯、统一、和谐等特征构成的,是"赋予物质以精神"的成果,并且高度推崇希腊艺术最高阶段的"崇高的或雄伟的风格"。从这些见解中,既可以看出理性主义美学的影响,也可以看出经验主义美学的影响。

德国启蒙运动美学的最杰出代表是莱辛。莱辛在哲学思想上深受斯宾诺莎理性主义哲学影响。他认为只有斯宾诺莎哲学才是唯一真正的学说,不存在物质和精神两个实体,只有一个实体,即永恒地存在、不受神的干预而按自己的规律发展的自然界。在美学上,莱辛直接受到英国经验主义美学家荷加斯、霍姆和伯克等的影响。荷加斯的《美的分析》在英国出版以后被译成德文,并由莱辛为译本作序。莱辛对荷加斯的见解表示欢迎,认为书中的意见对整个艺术材料给予了崭新的解释,足以澄清人们关于什么东西能够给人以快感的各种矛盾的看法,并且"很可能足以使美一词所表示的不仅仅有感觉,而且同样有思想"。他也明白地指出了荷加斯的见解中的难点,认为荷加斯对根据什么理由来确定构成美的线条曲率的程度和种类,并没有找到答案。莱辛认为,从数学上加以研究能解决这个难题。[②] 霍姆的《批评原理》出版后也被译成德语,它也得到莱辛的热烈赞许。伯克的《论崇高与美》发表于 1757 年,1759 年增加《论趣味》作为导论并再版。莱辛用了很长时间将这部著作译成德文,并深受其美学见解

[①] [德] 温克尔曼:《论古代艺术》,邵大箴译,中国人民大学出版社 1989 年版,第 150 页。
[②] [英] 鲍桑葵:《美学史》,张今译,商务印书馆 1985 年版,第 269 页。

影响。① 伯克在书中论述了诗与画的区别，对诗在物质手段、形象表现和审美效果上的特点作了分析。这对莱辛具有直接的启发作用。莱辛在写《拉奥孔》之前，在和曼德尔生的通信中就曾提到伯克的看法。在《拉奥孔》这部名著中，莱辛继承和发展了伯克的看法，对诗与画的区别和界限，作了更全面、更深刻的论述。

在《拉奥孔》中，莱辛针对古典主义主张的诗画一致说和温克尔曼论希腊艺术中的一些片面观点，深入论述了诗与画的区别和各自的不同的法则。他强调，造型艺术的最高法律是"美"，而诗的首要法律是"真实"，动作是诗所特有的对象。诗的目的不是描绘静态的物体美，而是要反映动态的、矛盾的、发展变化的现实生活的真实。为此，诗应当描绘"活的能行动的人物"，真实地表现人的内心感情。诗比画表现的范围和内容更广阔，它不仅可以描写丑，而且更宜于表现崇高。这一新的现实主义诗学理论的建立，无疑吸收了英国经验主义美学思想中的合理成分。正如鲍桑葵所说："莱辛也深知他的天才得力于他的学识，他尤其和英国的思想界发生共鸣。谁熟悉英国文献，谁也就能博得他的热烈赞赏。"②

德国启蒙美学的另一代表人物、狂飙突进动的先驱赫尔德深受斯宾诺莎、卢梭等人思想的影响。他在批评康德对理性进行批判的方法时，主张对人的各种认识能力进行心理学研究，试图从经验论来说明人的认识过程。他在《批评之林》中对鲍姆加登的《美学》有中肯的评价，既肯定了鲍姆加登在德国美学发展中的贡献，也指出了其存在的问题。他不赞成鲍姆加登关于"美学是美的思维的艺术"的说法，主张美学是"一切艺术美的理论"。同时，他也批评鲍姆加登及其追随者忽视美的客观性，并提出美是"真的感性形式"。在谈到人体美时，他表示赞同英国美学家荷加斯关于美的线形的论断，可见他也是受到经验主义美学思想影响的。

第二节　经验主义、理性主义美学与德国古典美学

德国古典哲学产生于 18 世纪末到 19 世纪上半叶，其代表人物有康德、

---

① ［英］鲍桑葵：《美学史》，张今译，商务印书馆 1985 年版，第 263—264 页。
② ［英］鲍桑葵：《美学史》，张今译，商务印书馆 1985 年版，第 268—269 页。

费希特、谢林、黑格尔和费尔巴哈等。马克思、恩格斯对"从康德到黑格尔的德国古典哲学"给予了高度评价。恩格斯说:"在法国发生政治革命的同时,德国发生了哲学革命。这个革命是由康德开始的,他推翻了前世纪末欧洲各大学所采用的陈旧的莱布尼茨的形而上学体系。费希特和谢林开始了哲学的改造工作,黑格尔完成了新的体系。从人们有思维以来,还从未有像黑格尔体系那样包罗万象的哲学体系。"① 这段话科学地阐明了德国古典哲学在哲学发展史上的地位。

德国古典哲学是以近代经验主义和理性主义两派哲学为其理论来源的。经验主义和理性主义在认识论问题上的长期对立和争论,为德国古典哲学的产生创造了理论前提。以笛卡尔、斯宾诺莎、莱布尼茨—沃尔夫为代表的理性主义哲学和以洛克、休谟为代表的经验主义哲学,对德国古典哲学家思想的形成产生了直接的影响。康德早期在哲学上经历过莱布尼茨—沃尔夫哲学的陶冶,后来又潜心钻研过休谟的哲学。正如他本人所说,是休谟的影响打破了他的"教条主义的迷梦",从而在"思辨哲学的研究"上找到另一个方向,但康德在批判沃尔夫的独断论的同时,也批判了休谟的经验论、怀疑论。他的目的是要调和经验主义和理性主义,建立先验唯心主义哲学体系。康德以后的德国思辨哲学,基本上继承了大陆理性主义的思辨传统,以致形成马克思所说的 17 世纪的形而上学在德国思辨哲学中的"富有内容的复辟"。费希特继承和发展了笛卡尔思想中的主观唯心主义成分,以"自我论"为中心建立起一个新的思辨形而上学独断体系。谢林接受了斯宾诺莎作为体系的出发点和归宿的统一宇宙观的影响,建立起以"绝对"为对象的客观唯心主义体系。黑格尔可以说是西方近代哲学的集大成者,17 世纪形而上学对他的影响极为深刻。他极为推崇笛卡尔,认为笛卡尔"是近代哲学真正的创始人","在哲学上,笛卡尔开创了一个全新的方向:从他起,开始了哲学上的新时代"。② 黑格尔的《精神现象学》一开始就是沿着由笛卡尔发端的思辨道路前进的,其整个哲学的真正开端正是笛卡尔的"我思故我在",即自我意识的确定性。黑格尔对斯宾诺莎评价也极高。他说:"斯宾诺莎是近代哲学的重点:要么是斯宾诺

---

① 《马克思恩格斯全集》第 1 卷,人民出版社 1956 年版,第 588 页。
② [德] 黑格尔:《哲学史讲演录》第 4 卷,贺麟、王太庆译,商务印书馆 1997 年版,第 65 页。

第二十一章 经验主义、理性主义美学与西方近现代美学

莎主义,要么不是哲学。"① 马克思曾指出,在黑格尔哲学体系的三个因素中,斯宾诺莎的实体是其中之一。在黑格尔的主观知识"外在化"的过程中,斯宾诺莎的实体发挥了中介作用,并上升到黑格尔整个体系的形而上学表述的地位。当然,黑格尔不仅超越了斯宾诺莎,也超越了笛卡尔,他不仅恢复了17世纪的形而上学,而且将它发展成为以"绝对精神"为核心的博大精深的客观唯心主义体系。

德国古典美学是以德国古典哲学作为理论基础而形成和发展起来,而且在许多德国古典哲学家的哲学体系中,美学就是其中重要的组成部分,如康德、谢林、黑格尔的哲学体系中,美学作为其有机组成部分,具有十分重要的地位。正如经验主义和理性主义哲学是德国古典哲学形成的理论前提一样,经验主义和理性主义美学也是德国古典美学产生的理论前提。德国古典美学的创始人康德所要回答的美学问题,就是经验主义和理性主义两派美学长期对峙和发展,向近代美学思想界提出的问题。正如康德在哲学上以批判和调和经验主义和理性主义两派哲学为己任,他在美学上也是将批判和调和经验主义和理性主义两派美学作为重要任务。我们在前面已对康德美学思想及其对经验主义和理性主义两派美学的调和作了详细论述,这里仅就康德对个别经验主义和理性主义美学家思想的继承和批判作一些补充论述。在英国经验主义美学家中,休谟、霍姆和伯克等人的美学著作,康德都很熟悉。前面我们提到,康德曾潜心研究休谟的哲学著作,是休谟的影响使他从独断论的迷梦中惊醒。与此同时,休谟的美学思想也对他产生了影响。休谟认为美学以情感为对象,和以理智为对象的认识论是不同的。他提出情感的愉快就是美的本质;趣味虽然因人而异,但仍具有普遍原则和共同标准,它们基于共同的人性。这些观点,在康德的《判断力批判》中都有所体现,特别是康德提出人类"共通感"是审美判断具有普遍有效性和必然性的先天条件,和休谟提出的共同的"人类内心结构"有着明显的继承关系。康德还受到霍姆美学著作的影响。霍姆的《批评原理》发表于1762年,1763年被译成德文。1764年哥尼斯堡《学术与政治报》上发表一篇书评,据说出自康德之手。霍姆是心理学美学的奠基

---

① [德] 黑格尔:《哲学史讲演录》第4卷,贺麟、王太庆译,商务印书馆1997年版,第100页。

人之一。他从心理学上把审美的愉快解释为无利益感的情绪,不带任何欲求,同时发挥了休谟的趣味普遍标准的观点。这些观点都影响着康德美学思想的形成。

在英国经验主义美学家中,伯克对康德的影响最为明显。康德研究美学,最早就是受到伯克的影响。他在前批判时期发表的《对美感和崇高感的观察》(1764),就是直接受到伯克的论崇高与美的著作的启发,并且基本上是采用伯克的观点来考察美与崇高的问题。和伯克一样,康德当时把审美活动囿于经验范围,并对美感和崇高感作了经验心理学的描述。到了写《判断力批判》时,康德才提出审美判断不能用经验的方法研究,而应该用先验的方法研究。因而他在"崇高的分析论"中专门批判了伯克对崇高和美的单纯经验性的说明。他指出,伯克的说明"作为心理学的评述,对我们内心现象的这些分析是极为出色的,并且给最受欢迎的经验性人类学研究提供了丰富的素材",但是,审美判断必须以某种先天原则作基础,"这种先天原则人们通过对内心变化的经验性法则的探查是永远也达不到的"。①

在德国理性主义美学家中,莱布尼茨、沃尔夫和鲍姆加登对康德都有影响,其中,鲍姆加登的美学思想对康德美学形成的影响更为直接。康德不仅在《纯粹理性判断》中称鲍姆加登是"令人佩服的分析思想家",而且在《判断力批判》中也专门提到他的美学观点。鲍姆加登在《美学》中主张美学是与逻辑学并列的一门独立学科,认为美是感性认识的完善,审美认识是类似理性的思维,诗是一种完善的感性表象。这些思想直接启发了康德。康德批判了鲍姆加登将完善性和美相等同的看法,认为审美判断不依赖于完善性概念,不具有客观内在的合目的性,却提出美是无目的合目的性,即主观形式的合目的性。同时,又认为符合美的理想的依附美仍需以有关客观合目的性的概念和完善性为前提。在艺术概念上,康德和鲍姆加登具有更大的一致性,他认为美的艺术既是无目的的合目的性形式,又要涉及目的概念和理性理念,所以不是自由美,而是依附美。克罗齐在《美学的历史》中说:"说到底,康德关于艺术的概念就是鲍姆加登和沃尔

---

① [德]康德:《判断力批判》,邓晓芒译,人民出版社2002年版,第118、119页。

第二十一章 经验主义、理性主义美学与西方近现代美学

夫学派的那个观念"①,"康德总是以鲍姆加登的方式来理解艺术,把艺术作为知性概念的感觉和想象的外观"②。这虽然讲得有些过分,但也足以说明鲍姆加登在美学上对康德的影响。

在德国古典美学发展中,席勒可以说是从康德到黑格尔之间的一个桥梁。他受康德美学思想极大的影响,主要美学著作都是在接触康德美学思想之后产生的。和康德一样,席勒也接受了英国经验主义和德国理性主义两派美学的影响,并且批判了两派美学思想的片面性,力求将它们调和和综合起来。在《卡里亚斯,或论美》中,席勒列出了解释美的四种理论,即感性—主观的理论(如伯克等人),理性—客观的理论(如鲍姆加登、门德尔松及主张美在完善的那些人),主观—理性的理论(如康德),感性—客观的理论。席勒自称他的理论是第四种理论。他认为前面的三种理论中,每种都包含一定的经验,也都具有一定的真理,但它们的缺点在于都把与美相一致的某一部分当作美本身。在分析经验主义的美论时,席勒指出,伯克学派提出美的直接性和不依存于概念的主张是正确的,但他们把美仅仅作为感性的感受性则是不正确的,因此而受到康德的批判。在分析理性主义的美论时,他认为鲍姆加登等人把美当作直观的完善性,是把逻辑的完善与美相混同了,因此也受到康德的批判。席勒赞同康德对于经验主义和理性主义美论的批判,但又认为康德仍然没有完全弄清美的概念。由于康德从主观唯心主义观点去解决美学问题,使审美中感性和理性的对立未能达到真正统一,所以,席勒试图纠正他的缺陷,对美和审美活动的性质另外做出解释。

在《审美教育书简》中,席勒提出并阐述了他自己的美的学说。他认为人有两种自然冲动,一种是感性冲动,它是由人的物质存在或人的感性天性而产生的;另一种是形式冲动,它来自人的绝对存在或人的理性天性。感性冲动要求使理性形式获得感性内容,使人的天禀转化成现实的现象;形式冲动要求感性内容或物质世界获得理性形式,使千变万化的现象显示出一致和规则。假使感性冲动和形式冲动之间相互作用,人同时有这

---

① [意] 克罗齐:《作为表现的科学和一般语言学的美学的历史》,王天清译,中国社会科学出版社1984年版,第115页。

② [意] 克罗齐:《作为表现的科学和一般语言学的美学的历史》,王天清译,中国社会科学出版社1984年版,第117页。

双重的经验,即他既意识到自己的自由,同时又感觉到他的生存,既感到自己是物质,同时又认识到自己是精神,人就会完全观照到他的人性,唤起一个新的冲动——游戏冲动。席勒说:"感性冲动的对象,用一个普通的概念来说明,就是最广义的生活,这个概念是一切物质存在以及一切直接呈现于感官的东西。形式冲动的对象,用一个普通的概念来说明,就是本义的和转义的形象,这个概念包括事物的一切形式特性以及事物对思维力的一切关系。游戏冲动的对象,用一种普通的说法来表示,可以叫作活的形象,这个概念用以表示现象的一切审美特性,一言以蔽之,用以表示最广义的美。"① 可见,游戏冲动的对象就是美,美就是活的形象,它是感性与理性、内容与形式、物质与精神的统一。结合对于美的解释,席勒对经验主义美学和理性主义美学的片面性作了进一步批判。他指出,美作为人性的完满实现,既不可能是绝对纯粹的生活,也不可能是绝对纯粹的形象。伯克等经验派美学家过于死板地依靠经验的证据,把美当作纯粹的生活;理性派(教条派)美学家仅仅依靠抽象推理,过于脱离经验,又把美当作纯粹的形象。席勒认为,只有克服经验主义和理性主义两种片面性,才能"为经验回到原则,抽象推理回到经验开辟道路"②。

除了论美外,席勒还写了专论崇高的论文。他接受并进一步发挥了康德关于崇高分析的基本思想,认为美与崇高在性质和作用上是完全不同的。美是感性与理性的协调一致,崇高则是感性与理性的不一致。"在美的事物那里,我们感到自由,是因为感性冲动与理性冲动相和谐;在崇高的事物那里,我们感到自由,是因为感性冲动对理性的立法毫无影响,是因为精神在这里行动,仿佛除了它自身的规律以外不受任何其他规律的支配。"③ 在具体分析崇高的成因和特性时,席勒的某些看法与伯克论崇高的一些观点是有联系的,如伯克认为崇高基于人的自我保存的本能和感情;崇高对象既要使人感到危险,又不成为真正的危险;崇高感是一种由痛感转化为快感的混合的情感;等等,这些论点我们都可以在席勒论崇高的论文中见到。由此可见伯克对席勒的影响。但席勒却和康德一样,批判了伯

---

① [德] 席勒:《审美教育书简》,冯至、范大灿译,北京大学出版社 1985 年版,第76—77 页。
② [德] 席勒:《审美教育书简》,冯至、范大灿译,北京大学出版社 1985 年版,第78 页。
③ [德] 席勒:《审美教育书简》,冯至、范大灿译,北京大学出版社 1985 年版,第159 页。

第二十一章 经验主义、理性主义美学与西方近现代美学

克片面强调崇高的感性性质及其生理、心理基础的缺陷,转而强调崇高与人的理性和道德精神的联系,认为崇高的本质是以人的理性自由的意识为基础的,而且崇高所提供的一切快感正是以这种理性意识和精神自由为根据的。

黑格尔是德国古典美学的集大成者。经验主义和理性主义两大美学思潮在德国古典主义美学中的合流,最终是在黑格尔美学中完成的。黑格尔为了建立他的哲学体系,吸收、批判和总结了以前各派的思想成果,把它们融合为一个庞大的体系。他的美学思想作为其哲学体系的构成部分,自然也是对包括理性派、经验派在内的各派美学思想的批判的总结。和康德的基本立场一致,黑格尔也批判了经验主义和理性主义两派美学各自的片面性,主张将两派调和及统一起来。在《美学》的全书序论中,黑格尔指出,对美和艺术的研究存在两种相反的方式,一种方式是把经验作为研究的出发点,仅仅围绕着实际艺术作品的外表进行活动;另一种方式是把理念作为研究的出发点,完全运用理论思考的方式去认识美本身。他认为这两种研究方式都有片面性,真正的美学研究必须将两种研究方式结合起来,达到"经验观点和理念观点的统一"。[①] 我们知道,经验派美学就是主张从经验出发,着重个别感性现象而忽视普遍概念;而理性派美学则主张从逻辑概念出发,着重普遍概念而忽视个别感性现象,它们就是黑格尔所批评的两种片面方式。黑格尔明确指出:"必须把美的哲学概念看成上述两个对立面的统一,即形而上学的普遍性和现实事物的特殊定性的统一。"[②] 这也是他在美学上的基本立场。

黑格尔的全部美学思想都是以他所提出的美的定义为中心而展开的。他给美下的定义是:"美就是理念的感性显现。"[③] 这个定义可以从三个层次来理解。第一是理念,这是"内容,目的,意蕴";第二是感性显现,这是外在表现,即上述"内容的现象与实在";第三是这两方面的互相融贯、互相统一,也就是理性与感性、内容与形式、普遍性和个别性的有机统一。这个美的定义是建立在客观唯心主义哲学基础上的,却蕴藏着丰富

---

① [德]黑格尔:《美学》第1卷,朱光潜译,商务印书馆1979年版,第28页。
② [德]黑格尔:《美学》第1卷,朱光潜译,商务印书馆1979年版,第28页。
③ [德]黑格尔:《美学》第1卷,朱光潜译,商务印书馆1979年版,第142页。

的辩证法。围绕这一定义，黑格尔反复论证美和艺术必须把理性与感性、理念与形象、内容与形式、心灵与实在统一起来，既反对忽视美和艺术的理性内容的片面性，也反对忽视美和艺术的感性形式的片面性。在美和艺术的理性内容与感性形式的统一中，黑格尔又强调理性内容是起主要作用的，因为正是理性内容才能对美的对象起灌注生气的作用并使之达到观念性的统一。黑格尔关于美的论述既是对康德在美学中调和感性与理性矛盾的思想的继承，也是对它的超越。康德的美学扬弃了理性派美学和经验派美学的片面性，使人认识到感性与理性这两种"在意识中是彼此分明独立的东西其实有一种不可分裂性"①。黑格尔肯定了康德的学说对于了解美的概念"确是一个出发点"。同时，他也指出了康德的不足，因为"这种像是完全的和解，无论就判断来说，还是就创造来说，都还只是主观的，本身还不是自在自为的真实"②。就是说，在康德那里，上述对立面的统一还只是在思想中完成的，所以纯粹是主观的。黑格尔克服了康德的缺点，进一步证明这种统一不仅在人的思想中进行着，而且在现实世界中也一直在进行着，所以主观的也是客观的。这就使这种统一"得到更高的了解"。康德美学充满了内在矛盾，美的感性形式与理性内容如何达到真正的统一的问题，在康德美学中始终没有完全解决。到了黑格尔，将辩证的历史的观点运用于美学研究，明确提出美是理念内容与感性显现的统一，并且充分论证了二者达到统一的内在根据，才使由经验派和理性派分歧而引发的摆在近代美学思想界面前的根本问题，获得完满解决。

第三节 经验主义、理性主义美学与现代西方美学

近代西方经验主义和理性主义作为两种对立的哲学思潮和派别，经过康德并最终在黑格尔那里实现了汇合，从而也就标志着两种思潮和派别的结束。但是，经验主义和理性主义在随之而来的现代西方哲学中仍然继续发挥着重要的影响作用。这种影响往往呈现互相交叉和渗透的复杂情况，以致我们很难严格地区分某个现代哲学流派中的理性主义与经验主义两种

---

① ［德］黑格尔：《美学》第1卷，朱光潜译，商务印书馆1979年版，第75页。
② ［德］黑格尔：《美学》第1卷，朱光潜译，商务印书馆1979年版，第75—76页。

第二十一章 经验主义、理性主义美学与西方近现代美学

影响因素。但从总的哲学倾向上看，我们还是可以大致地看出某些流派分别受到这两种不同传统的影响，因而从思想继承关系上，可以说明某些流派基本上是属于经验主义传统还是属于理性主义传统。从现代西方哲学发展的基本情况和总体趋势看，较早出现的实证主义、实用主义和分析哲学等哲学派别，主要受到经验主义传统的影响；而较后出现的现象学、结构主义等哲学派别则主要受到理性主义传统的影响，因此，有学者认为，从现代西方哲学发展看，表现出"经验论由盛而衰，理性论逐步抬头"的趋势。[1] 现代西方美学的发展和现代西方哲学的发展基本上是一致的，一些影响很大的现代西方美学流派都是以其相应的现代西方哲学流派作为思想和理论基础的。因此，经验主义美学和理性主义美学对于现代西方美学的影响，大致和哲学方面的情况相同。其中，主要受到经验主义美学传统影响的美学派别有实证主义美学、心理实验美学、自然主义美学、实用主义美学以及分析美学等；而主要受理性主义美学传统影响的美学流派则有现象学美学、结构主义美学等。

从19世纪中期开始，西方哲学和美学逐渐发生了从近代向现代的转型。在现代西方美学形成的最初阶段，实证主义美学和在实证主义影响下产生的各种心理学美学、社会学美学等流派，直接受到经验主义传统的影响。19世纪30—40年代产生于法国和英国的实证主义，是西方哲学史上第一个明确提出用实证自然科学的精神批判和改造传统形而上学的哲学派别，它开启了西方哲学发展的一个新方向，推动了从近代西方哲学向现代西方哲学的转变。实证主义在理论上继承和发展了休谟的经验主义和现象主义，强调感觉经验，主张从经验或直接所予出发，把现象作为一切认识的根源，拒绝通过理性把握感觉材料。同时，要求经验应是按照实证自然科学的要求获得的，能为科学所检验，科学知识应是"实证的"。它不仅把哲学局限于经验或现象范围，否定认识经验以外的实在的可能性，而且明确提出要抛弃对世界的基础和本质等本体论问题的研究，排斥"形而上学"。所以，就基本思想路线看，实证主义可以说是对传统形而上学提出怀疑的休谟经验主义哲学在新情况下的发展。英国实证主义的主要代表赫伯特·斯宾塞（Herbert Spencen，1820—1903年）更是与英国的经验主

---

[1] 参见《中国大百科全书·哲学Ⅱ》，中国大百科全书出版社1987年版，第989页。

传统直接相连。他提出科学和哲学均应以现象为研究对象，并把人的全部认识功能归结为整理经验，严重忽视由现象而达到本质的理性思维。他的实证主义哲学观点和研究方法对现代西方美学产生了深刻影响，同时，他自己运用这种观点和方法研究美学问题，提出了著名的"剩余精力"（surplus energy）说，以说明游戏、艺术和审美的起源。这种学说是以生物进化论为基础的。它认为高级动物和人的精力除满足直接需求外，尚有没有消耗掉的剩余精力需要发泄，由此便产生了各种游戏。人的审美活动和游戏具有共同的特征，即"不以任何直接的方式推动有利于生活的进程"①。审美活动具有非功利性，"审美情感不是直接辅助任何服务于生活的功用"②，它仅仅是最复杂的情感官能丰富而非过度活动的结果，与最终的功利无关。斯宾塞用生理学和心理学观点来解释审美和艺术的起源，强调审美的非功利性，都与英国经验主义美学传统有着直接联系。

在实证主义的影响下，19世纪后半期的西方美学中，经验的、科学的方法受到重视并被广泛采用，从生物学、生理学、心理学、人类学、社会学的观点去研究美学问题蔚然成风，各种心理学的美学、生理学的美学、人类学的美学以及社会学的美学相继产生，使经验主义美学传统在新的历史条件下得到发展。其中，费希纳（Gustav Theodor Fechner, 1808—1887年）创立的实验美学，在倡导经验主义传统和经验美学的研究方法上尤具代表性。在《美学导论》（1876）中，费希纳提出美学是关于快感与不快感的学说，有两种不同的研究方法：一种是"自上而下"的研究方法，即"从最一般的观念和概念出发下降到个别"；另一种是"自下而上"的方法，即"从个别上升到一般"。这两种方法的出发点是完全相反的，前一种是从一般的观念和概念体系出发，审美经验只被纳入一种由最高观点构造出来的观念的框架；后一种则从引起快感与不快感的经验出发，根据审美的事实和规则自下开始去建造整个美学。这两种研究方法的区别，也就是哲学的研究方法和经验的研究方法的区别。费希纳认为，以康德、谢林、黑格尔为代表的德国观念论美学属于前一种研究方法；而以哈奇生、

---

① ［英］斯宾塞：《心理学原理》，载蒋孔阳主编《十九世纪西方美学名著选》（英法美卷），复旦大学出版社1990年版，第124页。

② ［英］斯宾塞：《心理学原理》，载蒋孔阳主编《十九世纪西方美学名著选》（英法美卷），复旦大学出版社1990年版，第125页。

第二十一章 经验主义、理性主义美学与西方近现代美学

荷加斯和伯克为代表的英国经验论美学则属于后一种研究方法。虽然费希纳认为这两种研究方法并不互相矛盾,可以互相补充,但他又强调"自下美学"是"自上美学"最重要的先决条件,批评哲学美学的体系都好像是"泥足巨人",力主用"自下而上"的方法去回答和解决最重要的美学问题。他开创的实验美学就是运用自下而上的经验美学方法,试图通过心理实验发现对象令人愉快的各种形式,从心理上的快或不快的经验事实出发,制订出一系列心理美学的规则。这种"自下而上"的美学,开创了自觉运用心理学方法和自然科学方法研究美学的新方法,是经验主义美学传统的继承和发扬,显著地表现出经验主义美学对现代西方美学的影响。

20世纪上半叶,在英美两国占据主导地位的自然主义美学、实用主义美学和分析美学等流派,以现代形式和两种不同方式,继承和发展了经验主义传统。20世纪初逐渐形成于美国的自然主义哲学,和实证主义一脉相承。自然主义者一般认为,整个宇宙都由自然组成,一切存在和活动,不管它们内在的性质如何,都是自然的。自然物的产生和消失都有其自然原因。因此,强调要从自然本身去说明自然。它把科学方法与哲学联系起来,将宇宙的一切知识都归于科学研究的范围,相信以科学为依据,并采用科学的经验方法,就能够逐步深入认识自然。所以,主张科学的经验方法是认识自然的唯一可靠的方法。自然主义者一般停留在狭隘的经验主义立场上,不重视理论思维的重大作用。自然主义哲学派别观点庞杂,颇不一致。在此基础上形成的自然主义美学思潮,其内部理论也颇多差异。一般来看,自然主义美学主张将美感经验和艺术活动作为美学研究的出发点和中心,反对脱离美感经验和艺术活动去作美的概念的抽象探讨,同时注重把自然科学的观点和方法运用到美学研究中来,以此来解释和阐明人的审美和艺术活动。美国著名哲学家、美学家乔治·桑塔亚那(George Santayana, 1863—1952年)被认为是自然主义哲学和美学的创始人之一。他在《美感》(1896)和《理性的生活》(1905—1906年)中,从自然主义立场来建树自己的美学思想。在他看来,要规定美的定义,必须完全将美作为人生经验的一个对象,也就是作为一种经验,由美感经验去加以说明。所以,他着重探讨了审美判断与知识判断、道德判断的区别,特别是

趣味与理性：西方近代两大美学思潮

审美快感不同于其他快感的特征，指出"审美快感的特征在于客观化"。[①] 按照桑塔亚那的解释，事物的属性都是由感觉所合成的，亦即是感觉的客观化。感情也如感觉印象一样，在本质上说来是能够客观化的。在审美中，人们也产生着感情客观化。"美是一种感情因素，是我们的一种快感，不过我们却把它当作事物的属性。"[②] 由此，桑塔亚那得出美的定义："美是在快感的客观化中形成的，美是客观化了的快感。"[③] 这显然是由美感经验去规定美的性质。在艺术问题上，桑塔亚那强调艺术与本能的关系，认为艺术的目的在于使人的生物性的冲动得到实现，也就是获得快乐，所以，艺术是使人愉快的最好手段。这种立足于生物学观点的艺术观，突显了它与实证主义和经验主义美学传统的联系。

和实证主义、自然主义哲学相接近的实用主义，是19世纪末20世纪初在美国发展起来并逐步占据主导地位的哲学流派。实用主义者反对思辨形而上学，回避哲学基本问题，拒绝对关于世界的本源、本质等传统哲学问题作出回答，主张把哲学和科学研究的对象限定于人的现实生活和经验所及的范围。他们不仅承认自己是近代经验主义传统的继承者，而且要求超越后者的形而上学性。从基本理论倾向上看，实用主义在某些方面接近实证主义，但它更为强调实践和主体的能动作用，也更为强调非理性的心理活动的重要性。美国实用主义的主要代表杜威（John Dewey，1859—1952年）在实证主义和自然主义等思潮影响下，提出了"经验的自然主义"（empirical naturalism）或"自然的经验主义"（naturalistic empiricism）。其要义是克服将经验与自然、精神与物质分裂的"二元论"，把经验看作主体与对象、有机体与环境之间的相互作用，强调经验与自然的连续性。杜威的美学思想是其经验自然主义哲学的组成部分和直接延伸。在《经验与自然》和《艺术即经验》中，杜威以"经验"为基本范畴建构了他的美学理论。他反对将艺术和审美经验同日常经验分隔开来的流行看法，致力于恢复艺术和审美经验同日常生活经验之间的连续性。在杜威的理解中，经验所包含的意义，远远超出传统哲学把它作为一个认识论概念的范

[①] ［美］乔治·桑塔亚那：《美感》，缪灵珠译，中国社会科学出版社1982年版，第30页。
[②] ［美］乔治·桑塔亚那：《美感》，缪灵珠译，中国社会科学出版社1982年版，第32页。
[③] ［美］乔治·桑塔亚那：《美感》，缪灵珠译，中国社会科学出版社1982年版，第35页。

第二十一章 经验主义、理性主义美学与西方近现代美学

围。他认为经验具有"两套意义",是经验的事物和"能经验的过程"的统一。经验有完整与不完整之分。完整的经验,即杜威所谓的"一个经验"(an experience),是一个整体,它实现了内部整合,达到完满,并与经验之流中其他经验区别开来,带有它自身的个性化的性质及自我满足。任何经验,假如它是完整的,并且在自身冲动的驱动下得到实现的话,都将具有审美性质。这也是艺术和审美经验产生的基础和来源。杜威说:"经验是有机体在一个物的世界中不断奋斗、取得成就并逐步接近的完善,所以,它是艺术的萌芽。即使在朴拙的形式中,它也允诺了一种作为审美经验的令人愉快的感知。"[①] 这种使一个经验变得完满和统一的审美性质是情感性的。情感是运动和黏合的力量,它赋予外表上完全不同的材料一个质的统一,经验因此而具有了审美特征。在杜威看来,具有审美性质的"一个经验"与独特的审美经验之间既有相通性,也有相异性。审美经验与日常经验并无本质的区别,而只有程度的差别。"审美既非通过无益的奢华,也非通过超验的想象而从外部侵入经验之中,而是属于每一个正常的完整经验特征的清晰而强烈的发展。"[②] 艺术和审美经验将自然事物自发地供给我们的满足状态予以强化、精炼、持久和加深,它是自然中一般的、重复的、有秩序的方面和它的特殊的、偶然的、不定的方面所构成的和谐融合,因而它将一个完整的经验变得更为清晰、更为强烈、更为集中。杜威明确地将自己的美学主张称为经验论美学(the experince theory of aesthetics)。但它极大地扩展了英国经验论美学的经验概念,突出地强调了艺术和审美经验同日常生活经验的统一以及它们的实践意义,是经验主义在现代美学中的新发展。

美国著名美学家托马斯·门罗(Thomas Munro,1897—1974年)深受实用主义和自然主义哲学思想影响,并进一步运用进化论和科学实验方法,发展出一种新自然主义。他宣称美学中老式的理性主义方法已经过时,主张在自然主义和实证主义方法基础上,建立一种"科学美学",即倡导"一种科学的、描述性的、自然主义的美学研究方法"[③]。这种科学美

---

① [美]杜威:《艺术即经验》,纽约:企鹅普特南出版公司1980年版,第19页。
② [美]杜威:《艺术即经验》,纽约:企鹅普特南出版公司1980年版,第46页。
③ [美]托马斯·门罗:《作为科学的美学:它在美国的发展》,载《美学与艺术批评杂志》Ⅳ(1951年3月),第164页。

学拒斥传统美学关于美的本质的哲学思辨,采用经验主义的科学方法,集中对审美经验和艺术现象进行描述性的研究。门罗认为,美学作为一门经验科学,包括审美形态学、审美心理学和审美价值学,其研究领域主要是艺术品和与艺术品有关的人类活动。它只需要通过对于艺术作品可以观察到的形式的研究,以及对于艺术创造活动和欣赏活动的经验过程的研究,对艺术和审美经验做出科学的、自然主义的回答,不需要对它们进行超自然的和超经验的解释。门罗提倡的科学美学带有明显的自然化和生物化的倾向,但它进一步将自然主义运用到美学中,强化了美学的经验的、科学的、实证的研究,对经验主义美学传统在20世纪的发展起到了推进作用。

与科学美学密切相关的,还有20世纪出现的各种心理学美学。其中,对艺术和审美研究产生了广泛而深远的影响的两派心理学美学,一派是精神分析心理学美学;另一派是格式塔心理学美学。以弗洛伊德和荣格为代表的精神分析心理学美学,以个体无意识和集体无意识学说为基础,对艺术创作过程和艺术作品中的人物做出心理学的解释,促进了对艺术和审美领域中无意识现象的研究,开辟了美学的新领域。以考夫卡和鲁道夫·阿恩海姆为代表的格式塔心理学美学,通过现代心理实验,将有机整体的观念和方法运用于美学研究,以知觉结构说、异质同构说为理论根据,对艺术创造和审美知觉的特性等问题进行了创造性的研究,提出了新的见解。这些也都与经验主义美学传统有着密切的关系。

20世纪30年代以后长期在英美哲学中居于主导地位的分析哲学,是经验主义传统向另一个方面的发展。从分析哲学的主要创始人罗素、维特根斯坦,到逻辑经验主义学派,再到当代美国分析哲学家,他们大多承认自己的思想来源于休谟的经验主义,或继承了其他传统经验主义者的思想。所以,从思想继承上看,现代英美分析哲学是以经验主义传统为基础的。分析哲学经历了几个发展阶段,而且其中学派林立,观点庞杂,彼此也有很多分歧。但它们的共同特点是重视语言在哲学中的作用,把语言分析当作哲学的首要任务,甚至当作它的唯一任务。因而,"分析哲学"通常也被称为"语言分析哲学"。同时,分析哲学家普遍重视分析方法,强调逻辑分析和概念分析;反对形而上学,忽视或者拒绝研究哲学基本问题。分析哲学的主要代表维特根斯坦(Ludwig Wittgenstein,1889—1951

第二十一章 经验主义、理性主义美学与西方近现代美学

年）在其后期哲学中，提出哲学的任务是描述日常语言的用法，哲学就是对日常语言语法规则的研究。他强调对语言用法的观察，提出了语言游戏说，认为语言如同游戏，是一种没有共同本质的复杂的现实活动。词及其功能具有复杂性和多样性，词的意义在于它在语言中的用法，词的用法包括命题、语言都没有本质，而只有"家族相似"。就语言游戏而言，任何定义概括的一般性和本质性的东西是不存在的。传统的哲学提出的形而上学命题是无意义的、根本无法回答的。在美学上，维特根斯坦认为，关于美是什么之类的命题，也都是属于不可证实的形而上学命题，它是由于我们不理解语言的逻辑而来的。"美的"这个词是个形容词，它的用法较之其他的词更易被人误解，认为事物具有某种美的特质。其实，我们之所以将众多事物称为美的，并非它们有一个共同的美的特质。美的事物只具有"家族相似"，没有共同本质，因此是不可定义的。维特根斯坦反对对美是什么这些无意义的问题作形而上学的探讨，主张美学研究首先应澄清美学概念，深究审美词语在日常用语和具体语境中是如何运用的，以便对具体的审美和艺术问题做出恰当描述。他说："我们称之为表达审美判断的词语，在我们所说的某个时期的文化中，起着非常复杂但又非常明确的作用。要描述这些词的用法，或者描述你所指的一种有教养的趣味，你就必须描述整个文化。"① 也就是说，美学应做的工作是澄清审美词语（aesthetic words），也就是通过描述审美活动所处的生活方式和文化语境，描述这些词语的用法。美学中的这种"语言学转向"，从另一个方面延伸了经验主义的美学传统，也开辟了美学研究的新方向。

如果说，20 世纪以来英美出现的自然主义美学、实用主义美学和分析美学等流派主要受到经验主义传统的影响，那么，在欧洲大陆先后居于主导地位的现象学美学和结构主义美学等流派，则主要受到理性主义传统的影响。现象学形成于 20 世纪初，其创始人是德国哲学家胡塞尔（Edmund Husserl，1859—1938 年），后来发展成为欧洲大陆最重要、最有影响的哲学思潮之一。胡塞尔自己明确阐述过他运用的现象学方法与理性主义的关系，说："这是一种方法，我想用这种方法来反对神秘主义与非理性主义，以建立一种超理性主义（Ueberrationalismus），这种超理性主义胜过已不适

---

① ［英］维特根斯坦：《美学、心理学和宗教的讲演与谈话》，牛津，1996 年，第 8 页。

合的旧理性主义，却又维护它最内在的目的。"① 尽管胡塞尔在不同时期对"现象学"概念的内涵和外延的理解有所不同，但从最一般意义上看，现象学可以定义为是一门关于"意识现象"的学说，更明确地说，它是一门"意识本质论"。按照胡塞尔在完成向先验现象学转变之后对现象学所做的新规定，现象学"可以被称为关于意识一般、关于纯粹意识本身的科学"。这里所说的"意识一般"或"纯粹意识本身"，不仅指意识中的意识活动，而且还包括作为意识活动之结果的意识对象。胡塞尔现象学的主要部分是先验现象学。所谓先验现象学，从方法论上说，它通过"先验的还原"引导人们从"自然态度"进入"哲学观点"，通过"本质还原"引导人们从经验事实进入本质领域；而从对象上说，它所提供的不是实在的、经验的意识现象，而是先验的、本质的意识现象。② "纯粹的或先验的现象学将不是作为事实的科学，而是作为本质的科学（作为'艾多斯'科学）被确立；作为这样一门科学，它将专门确立无关于'事实'的本质知识。"③ 胡塞尔认为，普遍地、理性地认识世界是哲学永远不可丢弃的任务，他终生的努力就是要发现一种完善的方法，建立一个理性的、统一的知识体系。他的现象学方法，包括本质还原和先验还原，都是为了用理性的思维方法认识世界的本质和结构，这和笛卡尔所开创的近代理性主义哲学传统是一脉相承的。

胡塞尔现象学哲学思想的形成，和笛卡尔哲学有非常密切的关系。在《〈笛卡尔的沉思〉引论》中，胡塞尔指出："法兰西最伟大的思想家勒内·笛卡尔（René Descartes）曾通过他的沉思，给先验现象学以新的推动。这些沉思的研究就直接把发展着的现象学改造为先验哲学。因此，人们几乎可以把现象学称为新笛卡尔主义。"④ 笛卡尔通过返回到纯粹的自我我思活动，开创了一种全新的哲学。胡塞尔肯定笛卡尔通过普遍怀疑建立"我思故我在"的命题的历史意义，认为"他的'我思'导向对先验主体

---

① 《胡塞尔1935年3月11日致列维-布留尔信》，载［美］赫伯特·施皮格伯格《现象学运动》，王炳文等译，商务印书馆1995年版，第132页。
② 倪梁康主编：《胡塞尔选集》（上），上海三联书店1997年，第13页。
③ ［德］胡塞尔：《纯粹现象通论》，李幼蒸译，商务印书馆1996年版，第45页。
④ ［德］胡塞尔：《〈笛卡尔的沉思〉引论》，载倪梁康主编《胡塞尔选集》（下），上海三联书店1997年版，第870页。

第二十一章 经验主义、理性主义美学与西方近现代美学

性的第一次抽象把握"①。不过,笛卡尔的普遍怀疑止步于"我思"实体的寻得,将自我看作与物质的实体相对的心灵的实体,从而导致主客分立的二元论。胡塞尔批判笛卡尔的心物二元论,把主体的绝对先在性原则发挥到极致,走向了世界是由先验的主体构成的先验唯心论的一元论。

胡塞尔将"意向性"作为"现象学首要主题"。他提出"意向性"概念,显然是受到他的老师布伦塔诺的影响,但他却将这一概念追溯到笛卡尔,认为在笛卡尔的"我思"中已经明确地突出了意向性的因素。按照胡塞尔的理解,所有意识都是"对某物的意识",朝向对象是意识的根本特性,意向性代表着意识的最普遍结构。他认为,意识活动的结构是由意向行为(Noesis)和意向对象(Noema)共同构成的,在意象对象中,意义和对象已经合为一体,成为意识的一部分。所谓意向性理论就是研究意识如何通过意向行为而构成意识对象的。它既是现象学哲学的核心理论,也是现象学美学的理论基石。现象学美学家英伽登(Roman Ingarden,1893—1970年)和杜弗莱纳(Mikel Dufrenne,1910—1995年)将意向性理论和现象学方法运用于美学研究,对艺术作品、审美对象、审美经验等做出现象学的新解释。英伽登认为,就存在方式而言,文学艺术作品既不同于真实存在的物质客体,也不同于存在于内心之中的观念客体,而是"纯粹意向性客体"(the purely intentional object)。他对艺术作品和审美对象做出区别,认为艺术作品只是界定审美对象的基础,它必须在欣赏者的审美经验中才能成为审美对象。审美对象离不开主体的审美感知和审美态度,只有当对艺术品的感知发生在审美态度和审美经验之中时,艺术作品才能作为审美对象呈现在欣赏者的审美活动中。所以,审美对象只有在审美经验中才能形成,审美经验就是审美对象的形成过程和观照过程,二者是互相关联的。杜弗莱纳也强调审美对象和审美知觉是互相关联、不可分割的。他说:"审美知觉是审美对象的基础"②,"审美对象是审美地被感知

---

① [德]胡塞尔:《现象学》,载倪梁康主编《面对实事本身——现象学经典文选》,东方出版社2000年版,第92页。
② [法]M. 杜弗莱纳:《审美经验现象学》,载《马克思主义文艺理论研究》编辑部编选《美学文艺学方法论》(下),文化艺术出版社1985年版,第604页。

的客体，亦即作为审美物被感知的客体"[1]。这就是说，审美对象只有在审美知觉中才能完成和实现。和英伽登一样，杜弗莱纳也将艺术作品和审美对象加以区别，指出：艺术作品作为一种存在物，当它非审美地被感知时还不能成为审美对象。只有当艺术作品被审美地感知时，才能呈现为"审美要素"，从而使我们把艺术作品理解为审美对象。总之，现象学美学的主要特点是以意向性理论为基础，强调审美对象与审美经验（审美知觉）的不可分性，把审美对象看作由审美意识活动指向和构成的对象，并由此构建艺术作品和审美经验的本体论。这种学说和建立在主客二元对立基础上的传统的美学是有明显区别的，其立足点是胡塞尔通过笛卡尔道路达到的以"先验意识"和"先验主体"为根本的先验论。

20世纪60年代在法国及欧洲大陆取代现象学和存在主义而崛起的结构主义，是理性主义传统对现代西方哲学和美学影响的又一表现。结构主义把语言学中的结构主义方法当作学术研究的普遍方法，主张从既定的语言结构和思维结构（系统、模式）出发来解释其所研究领域的现象，以便从事物混杂的现象背后找出作为其本质的秩序或结构来。尽管结构主义不是一个统一的哲学学派，但其对结构和结构主义方法的理解还是大体一致的。在结构主义者看来，结构是按照一定的模式（规则、秩序）由许多要素和成分组成的一个系统（整体）。组成结构的成分是互相联系的，如果一个成分发生变化，则相互联系的整体也发生变化。在整体与部分（要素）的关系中，整体处于主导地位。对于各种社会和文化现象，只有从整体的观点出发才能理解其各部分的意义。结构主义方法认为，认识对象不是事物的现象，而是事物的内在结构。结构与经验现实无关，不是经验事物的本质，而与模式有关。所谓模式，无非是一种理智和观念的存在，是理性所赋予的。因而，认识事物不是通过对经验的抽象，而是运用先验的模式，即把模式投射于外界现象，以求认识其结构。这显然是一种理性主义的方法。

结构主义美学运用结构主义方法来研究和解释文学艺术现象，对文艺的本质和功能、作品的形式和意义、作品与社会的关系、作品与作者和读

---

[1] ［法］M. 杜弗莱纳：《审美经验现象学》，载《马克思主义文艺理论研究》编辑部编选《美学文艺学方法论》（下），文化艺术出版社1985年版，第604页。

第二十一章 经验主义、理性主义美学与西方近现代美学

者的关系等问题，都作了新的阐释，形成了结构主义神话学、结构主义叙事学以及结构主义文本分析等理论。结构主义创始者列维－施特劳斯（Claude lévi－Strauss，1908—2009 年）结合人类学研究，探讨了原始文化巫术、宗教和神话的构成和意义，建构了结构主义神话学。他将索绪尔对言语和语言的区分运用于神话，认为神话可以分为神话故事（相当于言语）和神话结构（相当于语言），具有"既是历史的又与历史无关的双重结构"①。神话故事虽然在历史中发生着无规则的变化，但其深处却隐藏着稳定的结构。这种稳定的深层结构是存在于人类共同意识中的"无意识结构"，是人的理性活动所赋予的。正是这种深层的无意识结构支配着神话故事的表层结构，并形成神话的意义。施特劳斯说："如果神话中有一种意义，那么它不能是在那些神话组合中的孤立因素中，而只能在那些因素结合的方式中的。"② 因此，他提出"对神话作结构的研究"，即对神话故事进行结构分析，从中识别和分离出"神话素"，再按一定原则进行组合，找到其中固有的"关系束"，以便"破译"它。这样，就可以通过神话历时性的表层结构去把握其共时性的深层结构，理解神话的意义。结构主义文艺理论家罗兰·巴特（Roland Barthes，1915—1980 年）运用语言的结构和模式来研究叙事作品，建立了结构主义叙事学。他认为，结构语言学提供了作为叙事作品结构分析模式的基础。一切叙事作品都共同具有某种可资分析的结构，是一个多层次的等级体系。理解一部叙事作品，不仅仅是弄懂故事的展开，也是辨别故事的"层次"。"要进行结构分析，就必须首先区别多种描写层次并从等级的（结合的）观点去观察这些层次。"③ 为此，巴特将叙事作品分为三个描写层，即"功能"层（内容、意义单位）、"行动"层（人物、行动主体）、"叙述"层（话语、叙述人）。这三个层次构成叙事作品的体系，各层次上有分布关系，不同层次有融合关系。三个层次按逐步结合的方式互相连接起来，下一层次连接到上一层次，并逐步取得意义，最后达到叙事作品的整体融合和统一。显然，无论是施特劳斯的结构主义神话学，还是巴特的结构主义叙事学，其核心都是强调文学

---

① ［法］列维－施特劳斯：《结构人类学》，谢维扬等译，上海译文出版社 1995 年版，第 225 页。
② ［法］列维－施特劳斯：《结构人类学》，谢维扬等译，上海译文出版社 1995 年版，第 226 页。
③ ［法］罗兰·巴特：《叙事作品结构分析导论》，载江西省文联文艺理论研究室主编《外国现代文艺批评方法论》，江西人民出版社 1985 年版，第 257 页。

艺术作品具有某种不变的深层结构，并将作品的意义同结构相联系。他们以对作品结构的客观分析，取代对作品内容和作者主体的研究，提供了文学认识和研究的新思路。然而，他们所寻求的作品的深层结构，不过是人类意识中一种先验的、自足的存在，类似于柏拉图的理念。在他们对作品结构的分析中，我们可以看出明显的主观随意和牵强附会，这正是他们所承接的先验的理性主义传统所具有的局限性的具体表现。

第二十二章　经验主义、理性主义美学的历史地位和当代价值

第一节　经验主义、理性主义美学的历史地位

17、18世纪是世界历史产生重大转折的时期。在欧洲，资本主义的形成和发展以及资产阶级革命的酝酿和爆发，从根本上改写了世界历史，它不仅使西方世界的经济、政治、社会面貌发生了历史性的变革，而且也使西方的思想、文化、社会心理产生了根本性的变化。在自然科学发展和资产阶级政治需要的双重推动下，新的哲学诞生了。紧接着，新的经济学说、新的政治思想、新的宗教主张、新的文化理念、新的文学艺术等，不断登上历史舞台。这是一个急剧变革的历史时代，是一个破旧立新的时代。而近代欧洲经验主义和理性主义两大美学思潮就是在这样的历史背景下，因应时代的变革而产生的。它们以经验主义和理性主义两种新的哲学思想作为理论基础，以反映新时代要求的新的文学艺术和社会审美文化作为重要参照，以继承和变革、创新、发展西方传统美学思想为根本任务，不但对传统美学命题做出了新的解释和说明，而且提出并阐述了一系列新的美学命题、美学观点、美学范畴和美学概念，推动了美学的研究对象、研究重点、研究内容、研究方法乃至整个研究范式的转变，在西方美学史上第一次确立了美学作为独立学科的地位，从而将西方美学发展推进到一个新的阶段，其历史地位和作用是非常重要的。

第一，经验主义与理性主义美学完成了从西方古代美学向近代美学的转型，形成了美学的现代性。

西方古代美学以古希腊美学为滥觞，中间经过希腊化时期，而后由罗马美学继承和发展，经历长达一千年之久。古希腊罗马美学为西方美学发

趣味与理性：西方近代两大美学思潮

展奠定了基础。它一开始就是建立在西方古代哲学基础之上的。西方古代哲学主要是本体论，研究的主要问题是关于世界的本原或本质问题。受此影响，古希腊罗马美学主要是从本体论上理解人类的审美活动和文艺实践，集中在探讨美的本体和艺术本体问题上，形成了以柏拉图和亚里士多德为代表的西方美学的两大主要传统。进入中世纪，经院哲学占据统治地位，它是一种以论证基督教教义为目的的神学本体论。在它的影响下，中世纪的美学也被纳入神学。从神学本体论出发，论证上帝是美的本原和本体，成为中世纪美学的基本命题，其他美学问题也都是围绕这一基本命题展开的。但它所借用的思想资料仍然来自古希腊罗马美学。教父美学和经院美学的代表奥古斯丁和托马斯·阿奎那就是分别受到柏拉图学说和亚里士多德学说的不同影响。发生于14—16世纪的欧洲文艺复兴，是反映正在形成中的新兴资产阶级要求的思想文化运动，具有鲜明的反封建、反神学的倾向。文艺复兴时期美学作为新兴的人文主义文化的组成部分，成为西方近代美学的先声。

西方近代美学的形成和发展，是由17—18世纪的经验主义与理性主义美学来完成的。它的哲学基础是由培根和笛卡尔分别创立的近代经验主义哲学和理性主义哲学。经验主义和理性主义都把认识论作为哲学的突出问题和主要问题，它们之间的分歧和论战，也都是以认识论为中心展开的。可以说，经验派和理性派之构成近代西方哲学的两个基本潮流和派别，从根本上，是由认识论成为当时哲学的突出问题决定的。黑格尔说："近代哲学的出发点，是古代哲学最后所达到的那个原则，即现实自我意识的立场；总之，它是以呈现在自己面前的精神为原则的。"① 如果说近代以前的西方哲学的中心问题是本体论，那么以经验主义和理性主义为代表的近代西方哲学的中心问题就是认识论。在西方哲学史上，近代认识论地位的这一变化被称作"认识论的转向"，它显示了近代哲学与古代哲学的基本区别。

近代哲学的"认识论转向"对近代美学的形成产生了决定性影响。如果说，在西方古代，美学主要是属于本体论的组成部分，那么发展到近代，它已不再是以前那种主要以本体论为基础的学科，而成为主要以认识

---

① ［德］黑格尔：《哲学史讲演录》第4卷，贺麟等译，商务印书馆1997年版，第5页。

第二十二章 经验主义、理性主义美学的历史地位和当代价值

论为基础的学科。与此相联系,美学研究的主要对象开始由审美客体转向审美主体。经验主义美学强调从感觉经验出发研究美学问题,理性主义美学强调从理性思辨出发研究美学问题,但是,它们的共同出发点就是主体,这也是近代美学和古代美学的重要区别。正如鲍桑葵的《美学史》所指出:"近代思想的这两种倾向同古代思想的两种倾向的区别在于,近代思想的两种倾向有着共同的出发点,那就是思想着、感受着和知觉着的主体。"① 由此出发,近代美学的研究重点也由对美的本体的探讨转向对审美意识、审美经验的研究,这在经验主义美学中表现尤为突出。

经验主义与理性主义在推动古代美学向近代美学转型的同时,也促进了美学的现代性的形成。现代性作为"现代社会或工业文明的缩略语"②,是在现代化运动的历史进程中逐渐生成的,是对近代以来西方文明发展进程中那些稳定特性的概括和提升。作为一个价值概念,现代性所代表的是近代以来西方现代化运动所倡导的最基本的价值追求,其思想内核就是理性精神。西方近代文化的核心价值观念,它与中世纪文化的根本区别,就在于它所倡导的理性精神。诚如康德所言,启蒙首先意味着敢于运用自己的理性,摆脱人类加之于自己的不成熟状态。这种理性精神深刻地渗透于经验主义和理性主义哲学中。从广义上讲,它是指一种与宗教信仰和对天启的服从完全对立的思想方式或哲学思维方式,即不是借"神"的启示而是诉诸人性本身,用人的"理性"和"自然之光"来观察世界、认识世界,重新确立人在世界中的作用和位置。在理性精神指引下,经验主义与理性主义美学充分肯定人本身所具有的认识能力,分别将人的感觉经验或理性思维作为解决美学问题的出发点;高度重视人在审美关系中的主体作用,强调人在审美和艺术创造中的能动性和创造性;大力倡导人性论,将普遍共同的人性作为论述美学问题的理论基础和衡量审美及艺术的普遍标准。凡此等等,都反映出美学现代性的形成和发展。因此,如果我们不了解经验主义和理性主义美学,也就不能全面理解美学的现代性。

第二,经验主义与理性主义美学提出和阐明了一系列重要的美学问

---

① [英]鲍桑葵:《美学史》,张今译,商务印书馆1985年版,第227页。
② [英]安东尼·吉登斯、克里斯多佛·皮尔森:《现代性——吉登斯访谈录》,新华出版社2001年版,第69页。

题，确立了美学作为独立学科的地位。

经验主义与理性主义美学分别从不同方面继承了以希腊美学为开端的西方古典美学传统，但又按照时代的要求和审美艺术实践的发展，革新了西方古典美学传统，不仅对传统美学命题和范畴做了新的阐释，而且提出和阐明了一系列新的美学命题、概念和范畴，创造性地发展了西方美学理论。在美的问题研究上，经验主义与理性主义美学继承了对美的本质进行哲学探索的传统，但对"美是什么"的问题作出了新的回答，并围绕这一美学的基本问题提出和阐述了许多新的命题，如美与主客体的关系；美与美感的关系；美与快感；美与对象的感性形式；美与自然的圆满性；美与世界的和谐；美与事物和认识的完善；美的普遍性与相对性；绝对美与相对美；形象美与利益美；等等。这些命题从不同层次、不同方面来解答"美是什么"的问题，极大地丰富了美的本质的理论。在美感和审美经验的研究上，经验主义与理性主义美学在新的哲学基础上，或以认识论为框架，或以心理学为方法，对美感的性质和特点、审美经验的心理过程和构成、审美能力的标准和培养等均作了深入探讨，不但拓展了研究范围，而且提出了一系列新的范畴和学说，如审美内在感官说、想象的快感说、审美趣味说、观念联想说、审美同情说、审美直觉说、审美无利害说、理智的快感说、审美的混乱的知觉说、美的认识类似理性的思维说，等等。由于这些范畴和学说逐步揭示了审美意识和审美心理的奥秘，从而在西方美学中第一次形成了完整、系统的审美经验的理论。在审美范畴的研究上，经验主义与理性主义美学不仅对悲剧和喜剧两大传统范畴重新进行了研究，对悲剧和喜剧审美效果的成因作了新的解说，而且将崇高范畴的研究放到突出地位，全面论述了崇高对象的形式特征、崇高的心理基础和来源、崇高感的心理构成和特点、崇高与美、丑的关系等等，在西方美学史上第一次构建了作为范畴的崇高的系统理论，拓宽了美学研究的领域和视野。在艺术理论上，经验主义与理性主义美学继承和发展了关于艺术的本质和特点的研究，并且对有关艺术创造和欣赏的心理过程作了新的探讨，涉及的问题有艺术与哲学和历史的区别，艺术与自然的关系，艺术中真善美之间的关系，艺术创作与想象、艺术创作与情感、艺术创作与理性和法则，艺术创作与天才和创造力，艺术的道德教育作用等等，从而将对艺术与科学、形象思维与抽象思维的联系与区别的理论认识提升到一个新的

第二十二章 经验主义、理性主义美学的历史地位和当代价值

水平。

随着经验主义与理性主义美学对于美学研究对象的进一步明确,对于审美与艺术的特殊规律认识的进一步深入,美学的学科建设也不断进展。在西方美学史上,美学一开始就是附属于哲学的,从古希腊至中世纪基本上都是如此。进入文艺复兴时期,有更多的文艺家和文艺批评家关注美学问题,美学也进一步成为文艺理论批评的附庸。到 18 世纪,情况发生了重要变化,关于想象、情感及趣味问题,逐步被哲学家和文艺理论家看作与理智、逻辑完全不同的研究对象和领域,在话语领域,美和美感逐渐具有了独立的价值和意义。1725 年哈奇生发表了《论美和德行两种观念的根源》,成为英国经验主义美学中第一篇专门论美的论文。同年,维柯出版了美学专著《新科学》,着重研究想象活动(形象思维)与诗和其他文化创造的关系。克罗齐在《美学的历史》中指出,"维柯的真正的新科学就是美学"①。1739 年休谟在《人性论》中将美学(批评学)列为他要建立的人的科学中所包括的四门学科之一,明确指出了美学和逻辑(认识论)在研究对象和范围上的区别,论述了美学学科的独立性和重要性。1750 年鲍姆加登的《美学》出版,通过为美学命名和定义,使其在哲学中获得了和逻辑学相互分立和并列的地位,从而使美学正式成为一门独立的学科。对美的独立价值和美学学科的独立地位的确立,将美学发展推进到一个新的阶段。

第三,经验主义与理性主义美学的分歧充分揭示出美学问题的内在矛盾,为德国古典美学的形成提供了思想前提。

经验主义与理性主义美学由于其形成的哲学基础根本不同,因而在美学思想上也具有重大的分歧。经验主义哲学认为一切知识起源于感觉经验,强调认识的经验来源,强调感性认识的重要性和实在性,倡导经验归纳法。理性主义哲学则认为普遍必然性的理性知识只能来源于理性本身固有的能力和观念,强调认识的理性来源,强调理性认识的可靠性和必要性,倡导理性演绎法。这种哲学认识论上的对立反映在美学中,形成了经验主义和理性主义两种不同的美学研究途径和方法。经验主义美学是从审

---

① [意]克罗齐:《作为表现的科学和一般语言学的美学的历史》,王天清译,中国社会科学出版社 1984 年版,第 75 页。

· 617 ·

趣味与理性：西方近代两大美学思潮

美和艺术的感觉经验出发，通过经验归纳，"上升到美学观念"；理性主义美学则是从既定的理性概念和体系出发，通过理性思辨，"下降到美学观念"。[①] 由此，两者对于美学的基本问题也形成了彼此不同的观点和学说。在美的本质问题上，经验主义美学着重在描述和分析美的感性特征和经验性质，通过分析引起审美快感的对象的感性形式和产生审美反应的主体的心理经验，从主客体两方面寻求美是什么的答案，形成了美在观念说、美即快感说以及形式美的基本规则等代表性理论；理性主义美学则着重在探求和追问美的理性本质和超验性质，即从最高实体和事物的普遍本质和目的性中去找寻美是什么的答案，提出了美在自然的圆满性、美在世界的"前定和谐"以及美即完善等代表性理论。在审美或美感问题上，经验主义美学以人的情感为基础，主要从心理学上来解释审美经验，着重论述审美的情感性质和心理特点，提出了内在感官、想象快感以及审美趣味等重要学说；理性主义美学则以人的认识为基础，主要从认识论上来说明审美经验，着重阐述审美的认识性质和特点，论证了审美认识是"混乱的知觉"、是完善的感性认识或"类似理性的思维"等重要观点。在艺术问题上，经验主义美学从对艺术创造和作品的心理分析出发，重视艺术不同于其他意识形态的特殊性，强调想象、情感在文艺中的地位和作用，注重艺术形象的独特性、个性化，推崇艺术的天才和创造性；理性主义美学则从理性原则出发，以理性作为衡量和判断艺术性质与价值的标准，强调理性对艺术创作的支配作用，注重艺术形象的普遍性、类型化，重视艺术创作的法则和规范化。

　　经验主义美学和理性主义美学在美的本质、审美性质和艺术本性等美学基本问题上的观点分歧和对立，使人们更清楚地了解到美学问题中包含的不同方面，以及回答美学问题的不同向度，从而使蕴藏于美学问题中的内在矛盾充分地、尖锐地展现出来。在经验与超验、感性与理性、个别与普遍、形式与内容、情感与认识、想象与理智、天才与规则等对立面中，经验主义美学和理性主义美学都各持一端，强调一个方面，忽视另一个方面，因而都表现出片面性。它们固然各具特点、各有贡献，但所达到的也只是片面的真理，这便为德国古典美学在不同矛盾方面的综合中解决美学

---

① ［英］鲍桑葵：《美学史》，张今译，商务印书馆1985年版，第239页。

第二十二章　经验主义、理性主义美学的历史地位和当代价值

问题奠定了基础。德国古典美学的创始人康德正是从经验主义和理性主义两种美学思潮提出的矛盾问题出发，并在解决这一矛盾问题中实现了美学的哥白尼式的超越。正如鲍桑葵在《美学史》中所说："近代美学的特殊意义在于，它构成了康德为了把汇集在他身上的互相抵触的哲学运动加以调和而做出的论述的一个必要的要素，差不多可以说是基本要素。"[①] 可以说，如何解决近代美学提出的美学的基本矛盾问题，使美和审美中特殊的感性形式（形象）与普遍的理性内容（思想）统一起来，构成了德国古典美学的基本主题。康德提出美的理想是不确定的理念与个别形象的结合，席勒提出美是感性冲动与理性冲动相和谐的活的形象，黑格尔提出美是理念的感性显现等，都是为了回答和解决美学的基本矛盾问题，并由此将近代美学发展推向了高峰。

第二节　经验主义、理性主义美学的当代价值

作为近代哲学和美学思潮的经验主义与理性主义，经过康德至黑格尔的批判综合，也就完成了它们的历史使命。但是，它们的历史影响和作用并没有结束。正如我们在前面已经指出，在接下来的现代西方哲学和美学的形成和发展中，它们仍然保持着重要影响。不仅如此，我们今天学习、研究、继承这笔宝贵的遗产，对于在新的时代条件下深化和创新美学理论研究，推进美学学科建设，也仍然是必要的、重要的。克罗齐曾高度评价鲍姆加登对于美学发展的贡献，他同时指出："对我们来说，我认为学习18世纪的美学特别有益，因为当时这门学科刚脱离史前阶段进入历史，开始了它的历史的第一世纪。"[②] 从一定意义上说，这也是指出了学习和研究经验主义和理性主义美学的特殊意义和特殊价值。

诚然，从19世纪后半叶起，近代西方哲学和美学开始向现代西方哲学和美学转型。此后，包括经验主义和理性主义在内的近代西方哲学和美学也成为各派现代哲学和美学反思与批判的对象，特别是对于近代哲学中将理性绝对化而导致的思辨形而上学，以及认识论中主客、心物分割对立的

---

① ［英］鲍桑葵：《美学史》，张今译，商务印书馆1985年版，第231页。
② ［意］克罗齐：《自我评论》，田时纲译，中国社会科学出版社2007年版，第125页。

二元论，现代西方哲学多采取批判和拒斥态度。而这也确实反映出近代西方哲学本身的缺陷和矛盾。但是，西方现代哲学家并不否认包括经验主义和理性主义在内的近代哲学的价值和意义。事实上，他们中许多著名人物在建构自己的哲学观点时，都借鉴和吸收了经验主义和理性主义哲学家的思想资料。如杜威的实用主义直接受到近代经验主义的影响，罗素的数理逻辑研究在很大程度上受到近代理性主义者莱布尼茨的影响，胡塞尔的现象学明确指出笛卡尔哲学是其重要思想来源。在哲学上如此，在美学上也同样如此。像后现代主义中某些学者那样，宣称要同现代性的哲学和美学传统彻底决裂，对包括经验主义和理性主义在内的近代哲学和美学传统持否定态度的看法，毕竟只是昙花一现。经验主义和理性主义美学传统对当代美学发展和建设的价值和作用，在客观上是无法否定的。

我们所说的经验主义和理性主义美学对当代美学建设所具有的价值和意义，一方面指它们提出的某些概念、范畴、命题，经过重新思考和阐释，仍然是我们建构新的美学理论的前提，它们对一些美学问题所持的正确观点和所做的科学论述，仍然是我们进一步探讨各种美学问题的思想资料；另一方面也指它们在美学观点和研究方法上表现出的片面性、局限性为美学探索所提供的经验教训和思想启示，它们的争论所提出的值得进一步研究的美学问题，仍然对我们推进美学研究具有借鉴和参考价值。具体说来，主要有以下几个方面：

首先，经验主义和理性主义美学为当代美学建设和发展提供了可资继承和吸收的丰富的思想资料。恩格斯说："每一个时代的哲学作为分工的一个特定的领域，都具有由它的先驱者传给它而它便由以出发的特定的思想资料作为前提。"[1] 美学作为哲学的一个部门，毫无疑问也是如此。建立科学的当代美学，必须以传统美学理论作为出发点和前提。从时代发展和当代实际着眼，对包括经验主义和理性主义美学在内的近代西方美学传统进行重新审视和阐释，是当代美学建设和发展的一个必不可少的工作。正如克罗齐所说，经验主义和理性主义美学开拓了美学学科历史的新世纪，"它提出的问题、理论、动议是新鲜的、纯正的、明显的、透彻的"[2]。美

---

[1]《马克思恩格斯选集》第4卷，人民出版社1972年版，第485页。
[2]［意］克罗齐：《自我评论》，田时纲译，中国社会科学出版社2007年版，第125页。

第二十二章 经验主义、理性主义美学的历史地位和当代价值

学学科中许多重要的概念、范畴、命题,都是在经验主义和理性主义美学家的著作中第一次提出来并得到充分阐明的。古代美学中一些重要概念、范畴、命题,也都由经验主义和理性主义美学家重新作了研究和阐释。它们不仅涉及面广,内容丰富,而且包含许多正确的、合理的东西,至今仍然值得我们继承和借鉴。如舍夫茨别利、哈奇生提出的审美的"内在感官"说,就是对美感研究的一个新贡献。这种学说第一次明确指出美感的特殊的主体来源和心理原因,认为作为审美主体的人,具有感知事物价值、接受美丑观念的特殊心理能力。内在感官不同于低级感觉的外在感官,却具有和外在感官相类似的直接性;不同于理性思辨能力,却要借助于人心和理性;不涉及利害观念,却直接令人愉快。这些描述已经具体接触到美感的心理特点问题。当然,所谓内在感官仅是一种猜想,在生理学、心理学上都缺乏根据,但人类在长期的实践中,经过反复积累、沉淀和遗传,形成了直接感受美并获得快感的特殊能力,却是不争的事实。又如由艾迪生、休谟、伯克、杰拉德等提出并发展的审美趣味理论,不仅使"趣味"第一次成为核心的美学范畴之一,而且将审美经验的心理分析提升到一个新的水平。趣味理论包括趣味的内涵、性质和特点、趣味的心理构成因素和作用、趣味的差异性及其形成原因、趣味的共同标准及其形成基础、趣味的先天因素和后天因素的关系、趣味的培养及其途径等方面的论述,可以说是对审美经验的第一次全面、系统的研究。休谟和伯克都认为趣味是感受、鉴赏并产生美丑的情感的能力,它与获得事物真假知识的认识能力有明显区别,具有不同于理性能力的情感性、主观性和创造性。它由感知、想象力、情感、理解力等心理功能构成,其中,想象力和情感是最活跃的因素。这些看法较深入地揭示出审美心理的构成和特点,是颇为可取的。此外,还有培根提出想象是诗区别于历史和哲学的根本特点;霍布斯指出想象和判断是不同的认识能力,两者在文艺中具有不同地位和作用;洛克提出"巧智"和判断力是不同的心理功能,前者经由情感和愉悦而通向审美,后者经由理性规则而通向知识;鲍姆加登认为美的认识是不同于逻辑思维的认识方式,它虽然属于感性认识能力,却具有类似理性的性质,是"类似理性的思维",等等,都涉及审美认识和审美心理的特点,涉及艺术的形象思维与抽象思维的区别和联系,对于我们深入认识和揭示审美和艺术的特殊规律具有重要的参考价值。

趣味与理性：西方近代两大美学思潮

其次，经验主义与理性主义美学的分歧和对立为美学探索提供了可以吸取的经验教训和思想启示。经验主义美学以经验主义哲学为基础，相信和重视感觉经验，主要从审美和艺术的感性经验出发研究美学问题，在对美、审美和艺术问题的回答和阐明中，强调的是其感性的、特殊的、形式的、经验的性质和特点；理性主义美学以理性主义哲学为基础，相信和依靠理性思维，主要从既定的理性概念和体系出发研究美学问题，在对美、审美和艺术问题的解决和论述中，强调的是理性的、普遍的、内在的、超验的本质和规律。这种基本倾向上的分歧和对立，决定了两派美学家在对于美、审美和艺术的一些重要理论问题上，也存在观点上的原则分歧和差别。如经验派美学家提出美即快感，理性派美学家提出美在完善；经验派美学家认为美感是一种情感能力，理性派美学家认为美感是一种认识能力；经验派美学家主张想象是艺术的特点，理性派美学家主张理性是艺术的根本。两派彼此分歧和对立的美学倾向和观点，如果就其局部来看，当然也有其合理性，但如就全体来看，就各自坚持自己一面，而否定对方一面来看，就都具有片面性。这种片面性根源于形而上学的思想方法，即用孤立的、绝对的、静止的观点看待认识问题和美学问题，把本来处于相互联系、统一发展过程中的某一方面加以绝对化，使之互相割裂，因而也就得不到全面的、正确的结论。这种经验教训给美学探索带来深刻启示，要求我们在美学问题研究中，必须将感性与理性、特殊与普遍、形式与内容、经验与超验、主体与客体、自由与必然等诸对立面统一起来，在矛盾双方的结合和互动中，去寻找美学问题的答案。

也许正是由于深刻认识到经验主义与理性主义哲学和美学习惯于从孤立的、静止的、片面的观点看问题的流弊，黑格尔才自觉地、系统地批判了形而上学的思维方法，并自觉地、系统地发挥了辩证法思想，又将它全面地、有意识地运用和贯穿于哲学和美学中。他在美学研究中，坚持普遍联系和发展的思想，始终从矛盾双方的对立统一中来分析和解决美学问题。针对经验主义与理性主义在美和艺术的研究方式上各自主张以经验为出发点或以理念为出发点的片面性，黑格尔指出美学研究必须坚持"经验观点和理念观点的统一"①。他在《美学》中给美下的定义："美就是理念

---

① ［德］黑格尔：《美学》第 1 卷，朱光潜译，商务印书馆 1979 年版，第 28 页。

第二十二章　经验主义、理性主义美学的历史地位和当代价值

的感性显现"①，即首先扬弃经验派和理性派的形而上学观念而提出来的，它所包含的辩证法思想，打中了以往一切片面性美学观点的要害。这个美的定义包括多种对立面的统一，即理性与感性的统一，普遍与特殊的统一，内容与形式的统一，实在与观念的统一、主体与客体的统一、无限与有限的统一、自由与必然的统一，等等。正是这两个对立面的统一"才是美的本质和通过艺术所进行的美的创造的本质"②。马克思和恩格斯对于黑格尔哲学中的辩证法，给予了很高的评价。辩证法既是黑格尔哲学中的"合理的内核"，也是他的美学中的"合理的内核"。这是我们今天建设科学的当代美学应当加以继承和发展的。

最后，经验主义与理性主义美学的探索和争论为美学发展提供了值得进一步研究的课题。西方美学发展到近代，其研究的广度和深度都是以前所无法比拟的。"18 世纪——这也许是在基本美学问题的创造性思维的强度和多样性方面仅次于我们今天的一个时期。"③ 由于哲学认识论和科学的进步，美学和其他各知识领域一样充满探索性。因而，经验派和理性派美学能够在古代美学传统基础上，以新的眼光和更广阔的视野提出许多新的美学问题。他们在探索和争论中所提出的问题，比他们自己对这些问题做出的答案，对人类美学思想发展所起的作用应该说更大。因为他们所提供的答案，虽然包含一定的合理性和真理性，但难免具有局限性和片面性；而他们所提出的问题，则许多都是值得美学长期加以探讨和研究的重要的问题，例如美的特殊的感性形式与普遍的理性内容的关系问题；美和审美中主体与客体的关系问题；审美能力的形成和特点问题；美感发生的心理过程和机制问题；崇高的本质、根源和心理反应问题；审美和艺术创造中的形象思维及其与抽象思维的关系问题；等等。而其中居于核心的问题，就是美和审美中感性与理性的关系问题，亦即美的外在的感性形象如何具有内在的理性内容的问题，或者换一种提法，审美的愉快的感觉如何具有理性的性质的问题。这是探讨美的本质的一个关键问题，也是康德和黑格尔所继承并致力加以解决的基本的美学问题。康德批判了经验主义和理性

---

① ［德］黑格尔：《美学》第 1 卷，朱光潜译，商务印书馆 1979 年版，第 142 页。
② ［德］黑格尔：《美学》第 1 卷，朱光潜译，商务印书馆 1979 年版，第 130 页。
③ ［美］门罗·C. 比尔兹利：《美学简史：从古希腊至当代》，纽约：麦克米伦公司 1966 年版，第 196—197 页。

主义在美和审美问题上各持一端的片面性，试图将美和审美中的感性与理性、形式与内容、个别与普遍两个矛盾方面加以调和，并以此界定"美的理想"和"审美理念"，但由于他是从先验唯心主义哲学出发，用形而上学的观点观察和分析美学问题，所以只能将矛盾双方机械地拼凑和调和在一起，而不能达到辩证的、有机的统一。黑格尔克服了康德的不足，将辩证法运用于美学研究，认为美是理性与感性、普遍与个别、内容与形式、观念与实在、主体与客体二者互相融合、协调统一，"结合为一种自由和谐的整体"，从而将人们对美的本质的认识大大向前推进了一步。然而，黑格尔的美的定义和理解，是建立在客观唯心主义基础之上的。他认为绝对理念是客观独立存在的某种宇宙精神，是整个世界的本原。自然界、人类社会和人的思维只不过是绝对理念的外在表现，是绝对理念实现自我发展过程中的一个阶段。所以，美作为理念的感性显现，是理念的自否定、自生发的过程，"是概念到感性事物的外化"[①]，即理念的对象化。总之，黑格尔是将理念与感性形象的统一建立在绝对概念的自我运动和发展的基础之上的，只有理念才是美的内容和美的来源。这样，黑格尔就使美的本质脱离了现实基础和现实来源，从而颠倒了世界的现实关系。

马克思主义创始人批判了黑格尔哲学和美学中的唯心主义观点，并对其"合理的内核"进行了革命性的改造。和黑格尔从绝对理念或绝对精神的自我运动中去寻找美的来源完全相反，马克思主义认为审美和艺术的最深刻的根源应该到人的生产劳动的实践活动中去寻找。在《1844年经济学哲学手稿》中，马克思深刻地指出了人的生产劳动与动物的生产的根本区别。动物和它的生命活动是直接同一的，而人的生命活动则是有意识的、自由的活动。"人的类特性恰恰就是自由的有意识的活动。"[②] 所以，人的生产劳动和动物的生产不同。动物的生产是片面的，只是在直接的肉体需要的支配下生产，只生产自身；而人的生产是全面的，甚至不受肉体需要的支配也进行生产，并且只有不受这种需要的支配时才进行真正的生产，人再生产整个自然界。"动物只是按照它所属的那个种的尺度和需要来建造，而人却懂得按照任何一个种的尺度来进行生产，并且懂得怎样处处都

[①] ［德］黑格尔：《美学》第1卷，朱光潜译，商务印书馆1979年版，第17页。
[②] ［德］马克思：《1844年经济学哲学手稿》，人民出版社1985年版，第53页。

第二十二章 经验主义、理性主义美学的历史地位和当代价值

把内在的尺度运用到对象上去;因此,人也按照美的规律来建造。"① 人在生产劳动中改造对象,既要符合自然的客观规律,也要实现人的目的要求,从而使合规律性与合目的性在对象上达到完美统一,这就是"按照美的规律来建造的"真正含义。通过这种生产,自然界表现为人的现实。"劳动的对象是人的类生活的对象化:人不仅像在意识中那样在精神上使自己二重化,而且能动地、现实地使自己二重化,从而在他所创造的世界中直观自身。"② 这些论述深刻揭示了人的生产劳动与美的创造和审美活动的天然联系,也启示人们:在人的实践活动中包藏着美和审美的真正奥秘。关于美的本质中包含的理性与感性、普遍与特殊、内容与形式、主体与客体、自由与必然诸对立面的统一,康德是在主观思想中完成的,黑格尔是在理念自生发中完成的,他们都没有找到实现这种统一的现实基础。而马克思则第一次将美和审美的发生同人的物质实践活动联系起来,从而为美的本质中诸矛盾对立面的统一找到了坚实的现实基础。虽然马克思并未提供美的本质问题的现成答案,但是他却为解决这一问题开辟了新的道路和方向。沿着这一道路和方向,继续探索美学基本问题的科学答案,正是当代马克思主义美学研究的重要任务。

---

① [德] 马克思:《1844年经济学哲学手稿》,人民出版社1985年版,第53—54页。
② [德] 马克思:《1844年经济学哲学手稿》,人民出版社1985年版,第54页。

参考文献

一 外文著作

1. Shaftesbury, *Characteristics of men, Manner, Opinions, Times, etc.*, ed. J. M. Robertson, 2vols., London, 1990.

舍夫茨别利：《论特征：关于人、习俗、见解、时代等》，J. M. 罗迫逊编，2卷本，伦敦，1900年。

2. Addison&Steele and Others, *The Spectator*, 4vols. edited by Gregory Smith, London, 1958.

艾迪生、斯梯尔等：《旁观者》，4卷本，G. 史密斯编，伦敦，1958年。

3. Francis Hutcheson, *An Inquiry into the Original of Our Ideas of Beauty and Virtue*, London, 1726.

哈奇生：《论美和德行两种观念的根源》，伦敦，1726年。

4. Henry Home, *Elements of Criticism*, ed. Mills, New York, 1833.

H. 霍姆：《批评原理》，米尔斯编，纽约，1833年。

5. William Hogarth, *The Analysis of Beauty*, edited by Ronald Paulson, Yale University Press, 1997.

W. 荷加斯：《美的分析》，R. 波尔森编，耶鲁大学出版社，1997年。

6. David Hume, *Of the Standard of Taste, and other Essays*, The library of liberal arts, Indianapolis, 1980.

D. 休谟：《论趣味的标准及其他论文集》，印第安纳波利斯，1980年。

7. Sir Joshua Reynolds, *Discouses on Art*, London, George Routledge & Sons, Limited.

J. 雷诺兹：《艺术讲演集》，伦敦，乔治·罗特莱基和圣斯出版公司。

8. Edmund Burke, *A Philosophical Enquiry into the Origin of Our Ideas of*

the Sublime and Beautiful, edited with an introduction by Adam Phillips, Oxford, Oxford University Press, 1990.

E. 伯克:《关于崇高与美的观念的根源的哲学探讨》, A. 菲利普斯编, 牛津大学出版社, 1990 年。

9. *English Critical Essays*, 16th—18th Centuries (World's Classics), Oxford University Press.

《英国文艺批评论文集, 16—18 世纪》(世界名著丛书), 牛津大学出版社。

10. *Aesthetics*: *Classic Readings from the Western Tradition*, ed. by Dabney Townsend, Boston, Jones and Bartlett Publishers, 1996.

《美学:西方传统经典读本》, D. 汤森编, 波士顿, 1996 年。

11. *Aesthetics*: *A Critical Anthology*, George Dickie and R. J. Sclafani editors, New York, 1977.

《美学:批评文选》, G. 迪基、R. J. 斯克拉芬编, 纽约, 1977 年。

12. *Aesthetics*: *A Comprehensive Anthology*, edited by Steven M. Cahn and Aaron Meskin, Oxford, Blackwell Publishing Lid, 2008.

《美学:综合选集》, S. M. 凯翰、A. 迈斯金编, 布莱克威尔出版公司, 2008 年。

13. *Aesthetic*: *The Classic Readings*, edited by David E. Cooper, Oxford, Blackwell Publishers Lid, 1997.

《美学:经典读本》, D. E. 库珀编, 牛津, 布莱克威尔出版公司, 1997 年。

14. Katherine Everett Gilbert and Helmut Kuhn, *A History of Esthetics*, New York, The Macmillan Company, 1939.

K. E. 吉尔伯特、H. 库恩:《美学史》, 纽约, 麦克米伦公司, 1939 年。

15. Wladyslaw Tatarkiewicz, *History of Aesthetics*, 3 vols., Hague·Paris, 1970.

W. 塔塔科维兹:《美学史》, 3 卷本, 海牙·巴黎, 1970 年。

16. Monroe C. Beardsley, *Aesthetics*, *from Classical Greece to the Present*, *A Short History*, New York, The Macmillan Co., 1966.

门罗·C. 比尔兹利:《美学简史:从古希腊至当代》, 纽约, 麦克米伦公司，1966 年。

17. Michael Kelly, ed., *Encyclopedia of Aesthetics*, 4 vols., Oxford University Press, 1998.

M. 克里编：《美学百科全书》，4 卷本，牛津大学出版社，1998 年。

18. Peter Kivy, ed., *Essays on the History of Aesthetics*, New York, 1992.

P. 基维编：《美学史论文集》，纽约，1992 年。

19. B. Farrington, *The Philosophy of Francis Bacon*, Chicago, 1966.

B. 法林格顿：《弗兰西斯. 培根的哲学》，芝加哥，1966 年。

20. Emile Krantz, *L'Esthétigue de Descartes*, Praris, 1882.

E. 克兰茨：《笛卡尔的美学学说》，巴黎，1882 年。

21. Miohael Hoeker, ed., *Descartes, Critical and Interpretive Essays*, Baltimore and London, 1978.

M. 霍克编：《笛卡尔：批评和阐释文集》，巴尔的摩，伦敦，1978 年。

22. Scott Elledge and Donald Schier, eds., *The Continental Model：Selected French Critical Essay of the Seventeenth Century*, Minneapolis, 1960.

S. 埃利基、D. 希尔编：《大陆模式：17 世纪法国批评文选》，明尼阿波利斯，1960 年。

23. Clarance DeWitt Thorpe, *The Aesthetic Theory of Thomas Hobbes*, Ann Arbor, 1940.

C. D. 肖伯：《托马斯·霍布斯的美学理论》，安阿堡，1940 年。

24. Peter Kivy, *The Seventh Sense：Francis Hutcheson and Eighteenth – Century British Aesthetics*, New York, Oxford University Press, 2003.

P. 基维：《第七感官：弗朗西斯·哈奇生与英国 18 世纪美学》，纽约，牛津大学出版社，2003 年。

25. Nipada Devakul, *Shaftesbury, Hutcheson and Hume on the Theory of Taste*, Boston, 1983.

N. 迪瓦库：《舍夫茨别利、哈奇生和休谟的趣味理论》，波士顿，1983 年。

26. David Pears, *Hume' System*, Oxford, 1990.

D. 皮尔士：《休谟的体系》，牛津，1990 年。

27. P. Jones, *Hume's Sentiments*, Edinburgh, 1982.

P. 琼斯：《休谟的情感学说》，爱丁堡，1982 年。

28. R. L. Brett, *The Third Earl of Shaftesbury: A Study in Eighteenth Century Literary theory*, London, 1951.

R. L. 布莱特：《舍夫茨别利：18 世纪文学理论研究》，伦敦，1951 年。

29. H. A. Needham, *Taste and Criticism in the Eighteenth Century*, London, 1952.

H. A. 尼德汉姆：《18 世纪趣味与批评》，伦敦，1952 年。

30. George Dickie, *The Century of Taste, The Philosophical Odyssey of Taste in the Eighteenth Century*, Oxford, Oxford University Press, 1996.

G. 迪基：《趣味的世纪，18 世纪趣味的哲学巡视》，牛津大学出版社，1996 年。

31. J. W. Draper, *Eighteenth Century English Aesthetics*, New York, 1968.

J. W. 德雷珀：《18 世纪英国美学》，纽约，1968 年。

32. Walter John Hipple, Jr., *The Beautiful, the Sublime, and the Picturesque in Eignteenth–Century British Aesthetic Theory*, Southern Illinois U., 1957.

W. J. 希普尔：《18 世纪英国美学理论中的美、崇高和画趣》，南伊利诺伊大学，1957 年。

33. Samuel H. Monk, *The Sublime: A Study of Critical Theories in ⅩⅧ-century England*, Michigan University, 1960.

S. H. 蒙克：《崇高：18 世纪英国批评理论研究》，密歇根大学，1960 年。

34. Tom Huhn, *Imitation and Society: the Persistence of Mimesis in the Aesthetics of Burk, Horgarth and Kant*, Pennsylvania State University Press, 2004.

T. 休恩：《模仿与社会：伯克、荷加斯和康德美学中模仿的连续性》，宾夕法尼亚大学，2004 年。

35. Francis X. J. Coleman, *The Aesthetics Thought of French Enlightenment*, Pittsburgh, 1971.

F. X. J. 柯莱曼：《法国启蒙运动的美学思想》，皮梯斯伯格，1971 年。

36. Servanne Woodward, *Diderot and Rousseau's Contributions to Aesthetics*, New York, 1991.

S. 伍德华特：《狄德罗和卢梭对美学的贡献》，纽约，1991 年。

37. Timothy Sean Quinn, *Aesthetics and History: a Study of Lessing, Rousseau, Kant, and Schiller*, Ann Arbor, 1987.

T. S. 奎因：《美学与历史：莱辛、卢梭、康德和席勒研究》，安阿堡，1987年。

38. David Simpson, ed., *The Origins of Modern Critical Thought*: *German Aesthetic and Literary Criticism from Lessing to Hegel*, Cambridge, New York, Cambridge University Press, 1988.

D. 西蒙普森编：《现代批评思想的起源：从莱辛到黑格尔的德国美学和文学批评》，剑桥大学出版社，1988年。

39. John Andrew Bernstein, *Shaftesbury, Rousseau, and Kant*: *an Introduction to the Conflict Between Aesthetic and Moral Values in Modern Thought*, Rutherford, 1980.

J. A. 伯恩斯坦：《舍夫茨别利、卢梭和康德：现代思想中审美与道德价值冲突初探》，卢瑟福，1980年。

40. Levis Baldacchino, *A Study in Kant's Metaphysis of Aesthetic Experience*: *Reason and Feeling*, Lewiston, 1991.

L. 鲍达奇诺：《康德的审美经验形而上学研究：理性和情感》，路易斯通，1991年。

41. René Wellek, *A History of modern Criticism*: 1750—1950, *The later Eighteenth Century*, Yale University Press, 1955.

R. 韦勒克：《近代文学批评史：1750—1950，18世纪后期》，耶鲁大学出版社，1955年。

二　中文译著和著作

1. ［古希腊］柏拉图：《文艺对话集》，朱光潜译，人民文学出版社1980年版。

2. ［古希腊］亚里士多德：《诗学》，罗念生译，人民文学出版社1982年版。

3. ［法］笛卡尔：《谈谈方法》，王太庆译，商务印书馆2000年版。

4. ［法］笛卡尔：《第一哲学沉思集》，庞景仁译，商务印书馆1986年版。

5. ［法］笛卡尔：《哲学原理》，关文运译，商务印书馆1959年版。

6. ［法］布瓦洛：《诗的艺术》，任典译，人民文学出版社1959年版。

7. ［英］培根：《培根论说文集》，水天同译，商务印书馆 1987 年版。

8. ［英］培根：《新工具》，许宝骙译，商务印书馆 1984 年版。

9. ［英］霍布斯：《利维坦》，黎思复、黎廷弼译，杨昌裕校，商务印书馆 1996 年版。

10. ［英］洛克：《人类理解论》（上、下册），关文运译，商务印书馆 1983 年版。

11. ［英］荷加兹：《美的分析》，杨成寅译，佟景韩校，人民美术出版社 1986 年版。

12. ［英］休谟：《人性论》（上、下册），关文运译，郑之骧校，商务印书馆 1983 年版。

13. ［英］休谟：《人类理解研究》，关文运译，商务印书馆 1982 年版。

14. ［英］休谟：《道德原则研究》，曾晓平译，商务印书馆 2001 年版。

15. 《人性的高贵与卑劣——休谟散文集》，杨适等译，上海三联书店 1988 年版。

16. 《崇高与美——伯克美学论文选》，李善庆译，上海三联书店 1990 年版。

17. ［荷］斯宾诺莎：《笛卡尔哲学原理》，王荫庭、洪汉鼎译，商务印书馆 1997 年版。

18. ［荷］斯宾诺莎：《知性改进论》，贺麟译，商务印书馆 1986 年版。

19. ［荷］斯宾诺莎：《神学政治论》，温锡增译，商务印书馆 1997 年版。

20. ［荷］斯宾诺莎：《伦理学》，贺麟译，商务印书馆 1997 年版。

21. 《斯宾诺书信集》，洪汉鼎译，商务印书馆 1996 年版。

22. ［德］莱布尼茨：《人类理智新论》（上、下册），陈修斋译，商务印书馆 1982 年版。

23. ［德］莱布尼茨：《形而上学序论》，陈德荣译，台湾商务印书馆 1979 年版。

24. ［德］莱布尼茨：《新系统及其说明》，陈修斋译，商务印书馆 1999 年版。

25. ［德］鲍姆加登：《美学》，简明、王旭晓译，文化艺术出版社 1987 年版。

26. 《狄德罗美学论文选》，人民文学出版社 1984 年版。

27. ［德］温克尔曼：《论古代艺术》，邵大箴译，中国人民大学出版社 1989 年版。

28. ［德］莱辛：《拉奥孔》，朱光潜译，人民文学出版社 1979 年版。

29. ［意］维柯：《新科学》，朱光潜译，人民文学出版社 1987 年版。

30. ［德］席勒：《审美教育书简》，冯至、范大灿译，北京大学出版社 1985 年版。

31. ［德］康德：《判断力批判》，邓晓芒译，杨祖陶校，人民出版社 2002 年版。

32. ［德］黑格尔：《美学》（三卷本），朱光潜译，商务印书馆 1979—1981 年版。

33. ［德］黑格尔：《哲学史演讲录》（四卷本），贺麟、王太庆译，商务印书馆 1997 年版。

34. 《马克思恩格斯选集》第 1—4 卷，人民出版社 1997 年版。

35. 北京大学哲学系外国哲学史教研室编译：《十六—十八世纪西欧各国哲学》，商务印书馆 1975 年版。

36. 北京大学哲学系外国哲学史教研室编译：《西方哲学原著选读》，（上、下卷），商务印书馆 1985 年版。

37. 北京大学哲学系美学教研室编：《西方美学家论美和美感》，商务印书馆 1980 年版。

38. 《缪灵珠美学译文集》（三卷本），缪灵珠译，中国人民大学出版社 1987 年版。

39. 马奇主编：《西方美学史资料选编》（上、下卷），上海人民出版社 1987 年版。

40. 古典文艺理论译丛编辑委员会编：《古典文艺理论译丛》（5），人民文学出版社 1963 年版。

41. 伍蠡甫主编：《西方文论选》（上、下卷），上海译文出版社 1979 年版。

42. 中国社会科学院外国文学研究资料丛刊编辑委员会编：《外国理论家作家论形象思维》，中国社会科学出版社 1979 年版。

43. 北京大学西语系资料组编：《从文艺复兴到十九世纪资产阶级文学家艺术家有关人道主义人性论言论选辑》，商务印书馆 1971 年版。

44. ［英］拉曼·塞尔登编：《文学批评理论——从柏拉图到现在》，北京大学出版社 2000 年版。

45. 周辅成编：《西方伦理学名著选辑》（上、下卷），商务印书馆 1964 年版。

46. 吴于廑、齐世荣主编：《世界史·近代史编》（上、下卷），高等教育出版社 2001 年版．

47. ［美］斯塔夫里阿诺斯：《全球通史——1500 年以后的世界》，吴象婴、梁赤民译，上海社会科学院出版社 2003 年版。

48. ［美］威尔·杜兰：《世界文明史》（理性开始时代上、下卷），台湾幼狮文化公司译，东方出版社 1999 年版。

49. ［美］罗伯特·金·默顿：《十七世纪英格兰的科学、技术与社会》，范岱年等译，商务印书馆 2002 年版。

50. ［英］亚·沃尔夫：《十八世纪科学、技术和哲学史》，周昌忠等译，商务印书馆 1997 年版。

51. ［英］罗素：《西方哲学史》（上、下卷），马元德译，商务印书馆 1982 年版。

52. ［德］文德尔班：《哲学史教程》(上、下卷)，商务印书馆 1997 年版。

53. 全增嘏主编：《西方哲学史》（上、下册），上海人民出版社 1983、1985 年版。

54. 刘放桐等编著：《新编现代西方哲学》，人民出版社 2000 年版。

55. 叶秀山、王树人总主编：《西方哲学史》（八卷本），凤凰出版社、江苏人民出版社 2004—2005 年版。

56. 陈修斋主编：《欧洲哲学史上的经验主义和理性主义》，人民出版社 1986 年版。

57. 徐瑞康：《欧洲近代经验论和唯理论哲学发展史》，武汉大学出版社 1992 年版。

58. ［德］E. 卡西勒：《启蒙哲学》，顾伟铭等译，山东人民出版社 1988 年版。

59. ［英］约翰·科廷汉：《理性主义者》，江怡译，辽宁教育出版社、牛津大学出版社 1998 年版。

60. 余丽嫦：《培根及其哲学》，人民出版社 1987 年版。

61. 洪汉鼎：《斯宾诺莎哲学研究》，人民出版社 1993 年版。

62. 周晓亮：《休谟哲学研究》，人民出版社 1999 年版。

63. ［意］贝·克罗齐：《作为表现的科学和一般语言学的美学的历史》，王天清译，中国社会科学出版社 1984 年版。

64. ［英］鲍桑葵：《美学史》，张今译，商务印书馆 1985 年版。

65. ［波］W. 塔塔尔凯维奇：《西方六大美学观念史》，刘文谭译，上海译文出版社 2006 年版。

66. ［苏］M. ф. 奥夫相尼科夫：《美学思想史》，吴安迪译，陕西人民出版社 1986 年版。

67. ［苏］β. П. 舍斯塔科夫：《美学史纲》，樊莘森等译，上海译文出版社 1986 年版。

68. 朱光潜：《西方美学史》，人民文学出版社 2002 年版。

69. 李醒尘：《西方美学史教程》，北京大学出版社 1995 年版。

70. 蒋孔阳、朱立元主编：《西方美学通史》（七卷本），上海文艺出版社 1999 年版。

71. 汝信主编：《西方美学史》（四卷本），中国社会科学出版社 2005—2008 年版。

72. 汝信、夏森：《西方美学史论丛》，上海人民出版社 1980 年版。

73. 汝信：《西方美学史论丛续编》，上海人民出版社 1983 年版。

74. ［德］曼弗雷德·弗兰克：《德国早期浪漫主义美学导论》，聂军等译，吉林人民出版社 2006 年版。

75. ［苏］阿尔泰莫诺夫、萨马林等：《十七世纪外国文学史》，田培明等译，上海译文出版社 1981 年版。

76. ［英］安德鲁·桑德斯：《牛津简明英国文学史》（上、下），谷启楠等译，人民出版社 2000 年版。

77. 柳鸣九等：《法国文学史》上册，人民文学出版社 1979 年版。

78. 范大灿：《德国文学史》第 2 卷，译林出版社 2006 年版。

79. ［英］马德林·梅因斯通等：《剑桥艺术史》（17 世纪、18 世纪），钱乘旦译，朱龙华校译，中国青年出版社 1994 年版。

80. ［法］艾黎·福尔：《世界艺术史》（上、下册），张延风、张泽乾译，长江文艺出版社 2004 年版。

人名译名对照表

（按汉语拼音顺序排列）

［法］阿伯拉尔　Abélard, P.
［意］阿尔贝蒂　Alberti. L. B
［美］阿恩海姆　Arnheim, R.
［英］艾迪生　Addison. J.
［法］爱尔维修　Helvétius, C. A.
［古罗马］奥古斯丁　Augustinus, A.
［法］巴特　Barthes, R.
［英］贝克莱　Berkeley, G.
［英］伯克　Burke, E.
［古希腊］柏拉图　Plato
［英］边沁　Bentham, J.
［德］鲍姆加登　Baumgarten, A. G.
［英］鲍桑葵　Bosanquet, B.
［英］波义耳　Boyle, R.
［古希腊］毕达哥拉斯　Pythagoras
［瑞士］布赖丁格　Breitinger, J. J.
［法］布瓦洛　Boileau, N.
［意］达·芬奇　Leonardo da Vinci
［英］德莱顿　Dryden, J.
［古希腊］德谟克利特　Demokritos
［法］狄德罗　Diderot, D.
［英］笛福　Defoe, D.

［法］笛卡尔　Descartes, R.
［法］杜博斯　Dubos, A.
［法］杜弗莱纳　Dufrenne, M.
［美］杜威　Dewey, J.
［德］恩格斯　Engles, F.
［德］费尔巴哈　Feuerbach, L. A.
［英］菲尔丁　Fielding, H.
［德］费希纳　Fechner, G. T.
［法］丰特奈尔　Fontenelle, B. L.
［法］伏尔泰　Voltaire
［奥地利］弗洛伊德　Freud, S.
［法］高乃依　Corneille, P.
［德］戈特舍德　Cottsched, J. C.
［德］歌德　Goethe, J. W.
［英］庚斯勃罗　Gainsborough, T.
［英］哈奇生　Hutcheson, F.
［德］荷尔拜因　Holbein, H.
［英］荷加斯　Hogarth, W.
［古希腊］荷马　Homeros
［德］赫尔德　Herder, J. G.
［古希腊］赫拉克利特　Herakleitos
［古罗马］贺拉斯　Horatius

[德] 黑格尔　Hegel, G. W. F.
[德] 胡塞尔　Husserl, E.
[荷] 惠更斯　Huygens, C.
[英] 霍布斯　Hobbes, T.
[法] 霍尔巴赫　Helbach, P. H. D.
[英] 霍姆　Home, H.
[意] 伽利略　Galilei, G.
[英] 杰拉德　Gerard, A.
[意] 卡斯特尔韦特罗　Castelvetro, L.
[德] 康德　Kant, I.
[意] 克罗齐　Croce, B.
[法] 孔狄亚克　Condillac, É. B.
[法] 拉美特利　La Mettrie, J. O.
[法] 拉辛　Racine, J.
[德] 莱布尼茨　Leibniz, G..W.
[德] 莱辛　Lessing, G. E.
[古罗马] 朗吉努斯　Longinus
[英] 雷诺兹　Reynolds, J.
[英] 理查逊　Richardson, S.
[法] 列维-施特劳斯　Lévi-Strauss, C.
[法] 卢克莱修　Lucretius
[法] 卢梭　Rousseau, J. J.
[佛兰德斯] 鲁本斯　Rubens, P. P.
[法] 路易十四　Louis XIV
[荷] 伦勃朗　Rembrandt
[英] 洛克　Locke, J.
[德] 马克思　Marx, K.
[德] 马勒伯朗士　Malebranche, N.

[意] 马佐尼　Mazzoni, I.
[荷] 曼德维尔　Mandeville
[美] 门罗　Munro, T.
[英] 弥尔顿　Milton, J.
[意] 米开朗基罗　Michelangelo
[法] 莫里哀　Molière
[英] 牛顿　Newton, I.
[英] 培根　Bacon, F.
[英] 蒲柏　Pope, A.
[古希腊] 普罗泰戈拉　Protagoras
[古罗马] 普罗提诺　Plotinos
[美] 桑塔亚那　Santayana, G.
[法] 沙坡兰　Chapelain, J.
[英] 莎士比亚　Shakespeare, W.
[美] 舍夫茨别利　Shaftesbury
[荷] 斯宾诺莎　Spinoza, B.
[英] 斯宾塞　Spencer, H.
[英] 斯蒂尔　Steele, R.
[英] 斯威夫特　Swift, J.
[古希腊] 苏格拉底　Socrates
[意] 托马斯·阿奎那　Thomas Aquinas
[意] 维柯　Vico, G.
[英] 维特根斯坦　Wittgenstein, L.
[德] 维特洛　Witelo
[德] 温克尔曼　Winckelmann, J. J.
[德] 沃尔夫　Wolf, C.
[古罗马] 西塞罗　Cicero, M. T.
[英] 锡德尼　Sidney, P.
[德] 席勒　Schiller, J. C. F.

人名译名对照表

［德］谢林　Schelling, F. W. J.
［英］休谟　Hume, D.
［英］亚当·斯密　Adam Smith
［古希腊］亚里士多德　Aristotle
［古希腊］伊壁鸠鲁　Epikuoros.
［波］英伽登　Ingarden, R.

术语汉英对照表

（按汉语拼音顺序排列）

巴洛克艺术 baroque
白板说 theory of tabula rass
悲剧 tragedy
不可知论 agnosticism
崇高 sublime
丑 ugliness
单子论 monadology
典型 type
多样统一 the unity in variety
二元论 dualism
分析美学 analytic aesthetics
符号 symbol
复杂观念 complex idea
古典主义 classicism
观念的联想 association of ideas
和谐 harmony
宏伟 grand
幻想 illusion
绘画 painting
混乱的知觉 confused perception
鉴赏判断 judgment of taste
经验归纳法 empirical induction
经验主义 empiricism

经院哲学 scholasticism
净化说 theory of catharsis
绝对美 absolute beauty
恐惧 fear
浪漫主义 romanticism
理解力 understanding
理念论 theory of idea
理性 reason
理性主义 rationalism
怜悯 compassion
美 beauty
美的观念 idea of beauty
美的理想 ideal of beauty
美感 sense of beauty, aesthetic feeling
美学 aesthetics
美在关系 beauty as relations
美在完善 beauty as perfection
模仿 imitation
内在感官 inner sense
判断力 judgment
普遍人性 universal humanity
启蒙运动 the Enlightenment

前定和谐　per–established harmony	戏剧　drama
巧智　wit	现实主义　realism
情感　feeling	现象学美学　phenomenological aes-
情节　plot	thetcs
趣味　taste	相对美　relative beauty
趣味的标准　criterion of taste	想象　imagination
人体美　physical beauty	想象的快感　pleasure of the imagi-
人文主义　humanism	nation
人性论　theory of human nature	笑　laugh
三一律　three unities	新柏拉图主义　neo–Platonism
蛇形线　snake curve	形式美　formal beauty
审美教育　aesthetic education	性格　character
审美经验　aesthetic experience	虚构　fiction
审美快感　aesthetic pleasure	依附美　dependent beauty
诗歌　poem	移情说　theory of empathy
实体　substance	艺术形象　artistic image
实验美学　experimental aesthetics	优美　grace
实用主义　pragmatism	圆满性　consummation
实证主义　positivism	真观念　true idea
史诗　epic	真实性　truth
天才　genius	直觉　intuition
天赋观念　innate idea	自然美　natural beauty
同情　sympathy	自然神论　deism
文艺复兴　the Renaissance	自然主义　naturalism
喜剧　comedy	自由美　free beauty

后 记

这本书是我已出版的几部美学著作中酝酿时间最长、花费时间最多的一本。说到写作起因，需要追溯到 22 年以前。1987 年我受国家教委派遣，到英国剑桥大学做学术访问。去时确定了两个任务：一是了解当代英国美学发展状况，掌握它所研究的主要问题；二是为我正在撰写的《审美经验论》收集新的资料，开拓新的思路。到剑桥后，全力投入学术交流和研究，确实掌握了许多新情况、新动向、新资料。一年下来，原先设定的目的基本达到。但还有一个意想不到的收获，就是身临其境，真正感受和领略到历史悠久、影响巨大的英国经验主义哲学和美学传统。在剑桥大学最负盛名的国王学院的大教堂内，陈列着培根、牛顿、德莱顿、罗素等英国最杰出的哲学家、科学家和文学家的雕像，他们也都是剑桥大学的巨子。每当经过这里，我都会感受到英国特有的文化传统的巨大魅力。英国之所以成为近代经验主义哲学的发祥地，除了时代原因外，也是与这个民族的文化和理论传统有着密切关系的。我在考察英国当代美学发展时，仍然时时感觉到这种经验主义传统的深刻影响。这一切使我对英国经验主义美学产生了浓厚的兴趣，并且依凭剑桥大学图书馆得天独厚的图书资料优势，阅读和收集了较丰富的经验主义美学的原著和相关研究资料。

按照原来的研究计划，我想在完成《审美经验论》一书后，对英国近、现代美学进行系统的研究，并打算写一本书。可是，从英国回来后，我立即被调到深圳主持经济特区第一个社会科学院的筹建工作，后又担任首任院长。行政工作的繁忙和负责组织现实研究课题任务的繁重，使我不得不改变研究计划，将对英国美学的研究搁置下来。许多年来，我只能见空插针，对感兴趣的美学问题写一些论文。但我一直没有忘记从英国带回的那些资料。直到 2001 年我从院领导岗位上退下来后，才又有了时间和精力来重理旧业。恰好这时承蒙汝信先生鼎力支持，邀我参与他主编的《西

后 记

方美学史》(四卷本,国家社科基金项目)的编撰工作。我也很自然地承担了其中的英国经验主义美学和大陆理性主义美学(部分)的写作任务,使原来带回的资料充分发挥了作用。2005年我所承担写作任务的《西方美学史》第二卷(文艺复兴至启蒙运动美学)正式出版。此时我又产生了新的想法,就是将经验主义和理性主义两个美学派别或思潮单独列一个研究课题,对其作全面、系统、综合、比较研究。之所以有这个想法,是因为在参与《西方美学史》的编撰中,通过对西方美学发展的重新学习和认识,深感到经验主义与理性主义两大美学派别或思潮在近代西方美学发展中的重要地位,以及它们在整个西方美学发展中承前启后的重要作用。正如在哲学上一样,这两大美学派别或思潮的对立反映出近代西方美学发展的基本走向,构成了康德为了把汇集于他身上的互相矛盾的哲学和美学思想加以调和而产生"哥白尼式革命"的基本要素。它们不仅为德国古典美学的形成提供了思想前提和直接的理论来源,而且对现代西方美学的发展产生着深远的影响。可以说,如果不了解经验主义和理性主义两大对立美学派别或思潮的发展,就不可能深入理解德国古典美学,就不可能真正把握美学的现代性,就不可能全面掌握西方美学发展的脉络和规律。更何况经验主义和理性主义美学提出与探索的许多问题至今仍然是我们关心和研究的内容,它们的分歧与对立为美学探索提供的经验和教训至今仍然为我们留下了深刻的思想启示。基于以上认识,加之我国现在还没有一本对经验主义和理性主义两大美学派别或思潮进行全面、综合、比较研究的美学史著作,所以,我认为从事这一课题研究是很有意义的。

在构思和撰写本书的过程中,我多次改变结构和写法,不受任何既定的研究和写作模式的限制,主要从充分表达思想内容出发,综合采用多种研究模式和写作方式,使历史性研究与思想性研究、宏观性研究与微观性研究、纵向考察方法与横向考察方法、阐释方法与比较方法等,能够互相结合,优势互补,形成有机统一。从全书内容安排上看,绪论、第一篇、第六篇第二十一章、第二十二章,主要是对两大对立美学思潮进行历史性、宏观性、纵向性的研究,包括经验主义与理性主义美学产生的历史背景、文化语境、思想渊源、发展过程、主导精神、历史影响、历史地位和当代价值等内容,试图将两大美学派别或思潮放在整个西方思想史和美学史的发展历程中,阐明其来龙去脉,从宏观上、整体上把握其历史地位和作用、历史贡献和局限。第二篇、第三篇、第四篇,主要是分别对两种美学思潮进行历史性、微观性、阐释性研究,包括对经验主义与理性主义美学的代表人物、代表著作及其主要美学观点、学说、概念、范畴的分析和研究,试图通过对文本的详细解读和在视界融合中重新阐释,在充分理解文本语境和作者原意的基础上,从当代研究水平上认识和评价文本,力求在新的视界中提出新的见解。第五篇、第六篇第二十章,主要是对两大美学思潮进行思想性、综合性、比较性研究,包括经验主义与理性主义美学各自的基本特点,双方的基本分歧,各自提出和阐明的关键理论问题以及由此形成的理论体系,双方的互相影响并走向汇合等,而以康德对经验主义和理性主义两大美学思潮的调和作结。对经验主义美学和理性主义美学各自的特点与理论体系作出准确的把握和深刻的分析,从整体上认识两大美学派别或思潮既互相对立又互相影响从而推动近代西方美学向前发展的基本规律,是本课题研究的重点和难点,也最易形成本书的亮点和特点。这方面的研究具有较大的开拓性、创新性、探索性,也是我在本书研究和写作中思考和用力最多的部分。

  本书在论述中大量引用的原著中的文字,一部分是我自己从英文原著中译出的,大部分则是从名家的中文译著中引出的。这些中文译著都曾在学术界产生过重要影响和作用。它们也为我的研究工作提供了极大的方便。为此,仅向各译者表示感谢。

  我的美学研究长期以来得到我国著名哲学家、美学家汝信先生的指导和帮助。在《西方美学史》写作及本课题确立中,我多次聆听了他的宝贵意见,这次又请他拨冗审阅了本书书稿,并承蒙他的厚爱为本书作序。在此,特向汝信先生表达由衷的谢意和敬意。

  我的美学研究也一直得到中国社会科学出版社的大力支持。出版社黄德志编审非常关心本书的研究和写作,她几年来不断询问本书进展情况,一再表示要编好、出好本书。卢小生编审对本书的编辑和出版给予了大力帮助。在书稿付梓之际,谨向出版社和两位编审再次表示感谢。

2009 年 10 月 18 日